中国国家标准汇编

2007年修订-18

中国标准出版社　编

中国标准出版社
北京

图书在版编目（CIP）数据

中国国家标准汇编：2007 年修订 .18/中国标准出版社编． —北京： 中国标准出版社，2008
ISBN 978-7-5066-5002-1

Ⅰ. 中…　Ⅱ. 中…　Ⅲ. 国家标准-汇编-中国-2007
Ⅳ. T-652.1

中国版本图书馆 CIP 数据核字（2008）第 101143 号

中国标准出版社出版发行
北京复兴门外三里河北街 16 号
邮政编码:100045

网址 www.spc.net.cn
电话:68523946　68517548
中国标准出版社秦皇岛印刷厂印刷
各地新华书店经销

*

开本 880×1230 1/16　印张 39　字数 1 160 千字
2008 年 8 月第一版　2008 年 8 月第一次印刷

*

定价 200.00 元

ISBN 978-7-5066-5002-1

9 787506 650021 >

出 版 说 明

1.《中国国家标准汇编》是一部大型综合性国家标准全集，自 1983 年起，按国家标准顺序号以精装本、平装本两种装帧形式陆续分册汇编出版。《汇编》在一定程度上反映了我国建国以来标准化事业发展的基本情况和主要成就，是各级标准化管理机构，工矿企事业单位，农林牧副渔系统，科研、设计、教学等部门必不可少的工具书。

2. 由于标准的动态性，每年有相当数量的国家标准被修订，这些国家标准的修订信息无法在已出版的《汇编》中得到反映。为此，自 1995 年起，新增出版在上一年度被修订的国家标准的汇编本。

3. 修订的国家标准汇编本的正书名、版本形式、装帧形式与《中国国家标准汇编》相同，视篇幅分设若干册，但不占总的分册号，仅在封面和书脊上注明“2006 年修订-1，-2，-3，……”等字样，作为对《中国国家标准汇编》的补充。读者配套购买则可收齐前一年新制定和修订的全部国家标准。

4. 修订的国家标准汇编本的各分册中的标准，仍按顺序号由小到大排列(不连续)；如有遗漏的，均在当年最后一分册中补齐。

5. 2007 年制修订国家标准 1 410 项，全部收入在《中国国家标准汇编》第 352～367 分册和 2007 年修订-1～修订-23 分册中。本分册为“2007 年修订-18”，收入新制修订的国家标准 28 项。

中国标准出版社

2008 年 6 月

目　　录

ICS 77.060
H 25

中华人民共和国国家标准

GB/T 15970.6—2007/ISO 7539-6:2003
代替 GB/T 15970.6—1998

金属和合金的腐蚀 应力腐蚀试验 第6部分:恒载荷或恒位移下预裂纹试样的制备和应用

Corrosion of metals and alloys—Stress corrosion testing—Part 6: Preparation and use of pre-cracked specimens for tests under constant load or constant displacement

(ISO 7539-6:2003,IDT)

2007-05-14 发布 2007-12-01 实施

中华人民共和国国家质量监督检验检疫总局
中国国家标准化管理委员会 发布

前　言

GB/T 15970在《金属和合金的腐蚀　应力腐蚀试验》总标题下，包括以下部分：

第1部分：试验方法总则(GB/T 15970.1—1995)；

第2部分：弯梁试样的制备和应用(GB/T 15970.2—2000)；

第3部分：U型弯曲试样的制备和应用(GB/T 15970.3—1995)；

第4部分：单轴加载拉伸试样的制备和应用(GB/T 15970.4—2000)；

第5部分：C型环试样的制备和应用(GB/T 15970.5—1998)；

第6部分：恒载荷或恒位移下预裂纹试样的制备和应用(GB/T 15970.6—2007)；

第7部分：慢应变速率试验(GB/T 15970.7—2000)；

第8部分：焊接试样的制备和应用(GB/T 15970.8—2005)；

第9部分：渐增式载荷或渐增式位移下的预裂纹试样的制备和应用(GB/T 15970.9—2007)。

本部分等同采用国际标准ISO 7539-6:2003《金属和合金的腐蚀　应力腐蚀试验　第6部分：恒载荷或恒位移下预裂纹试样的制备和应用》。

本部分作了下列编辑性修改：

——删除国际标准前言。

本部分代替GB/T 15970.6—1998《金属和合金的腐蚀　应力腐蚀试验　第6部分：预裂纹试样的制备和应用》。

本部分与GB/T 15970.6—1998相比主要变化如下：

——删除了与渐增载荷或渐增位移有关的内容；

——增加了残余应力和电极电位变化对试验结果的影响；

——增加说明了试样制备时残余应力可能带来的影响；

——对环境因素的影响进行了较为详细的阐述；对环境试验箱及环境控制和监测进行了详细的说明；

——增加了附录B裂纹扩展速率的测定。

本部分附录A和附录B均为规范性附录。

本部分由中国钢铁工业协会提出。

本部分由全国钢标准化技术委员会归口。

本部分起草单位：钢铁研究总院、冶金工业信息标准研究院。

本部分主要起草人：王玮、金明秀、柳泽燕、冯超。

本部分所代替标准的历次版本发布情况为：

——GB/T 15970.6—1998。

金属和合金的腐蚀　应力腐蚀试验
第6部分:恒载荷或恒位移下预裂纹试样的制备和应用

1　范围

1.1　GB/T 15970的本部分包括了用于研究应力腐蚀敏感性的预裂纹试样的设计、制备以及使用等内容。给出了用于研究应力腐蚀敏感性的预裂纹试样的设计、制备和使用建议。有关切口试样的推荐意见参见附录A。本部分所用的"金属"一词,也包括合金。

1.2　因为在裂纹尖端要求维持弹性约束状态,所以预裂纹试样不适合评价如薄板或线材等细的或薄的材料。通常只适用于评价如厚板、棒和锻件等较厚或较粗的材料。预裂纹试样也适用于焊接件。

1.3　预裂纹试样可用恒载荷设备加载,或用可在施力点产生恒定位移的装置加载,渐增载荷和渐增位移试验在GB/T 15970.9中介绍。

1.4　预裂纹试样突出的优点是:从所测得数据可以计算出已知几何形状和承受已知应力构件的界限缺陷尺寸,如果缺陷尺寸超过临界值,就会产生应力腐蚀破裂。预裂纹试样还可以用于测定应力腐蚀裂纹的扩展速率。在监控正在使用的有缺陷的部件时,可以考虑近期的数据。

2　规范性引用文件

下列文件中的条款通过GB/T 15970的本部分的引用而成为本部分的条款。凡是注日期的引用文件,其随后所有的修改单(不包括勘误的内容)或修订版均不适用于本部分,然而,鼓励根据本部分达成协议的各方研究是否可使用这些文件的最新版本。凡是不注日期的引用文件,其最新版本适用于本部分。

GB/T 15970.1　金属和合金的腐蚀　应力腐蚀试验　第1部分:试验方法总则(GB/T 15970.1—1995,idt ISO 7539-1:1987)

GB/T 20120.2　金属和合金的腐蚀　腐蚀疲劳试验　第2部分　预裂纹试样裂纹扩展试验(GB/T 20120.2—2006,ISO 11782-2:1998,IDT)

3　术语和定义

GB/T 15970.1确立的以及下列术语和定义适用于本部分。

3.1

裂纹长度　crack length

a

有效裂纹长度的测定是从裂纹尖端到试样缺口或到加载点轴线,具体取决于试样的几何形状。

3.2

试样宽度　specimen width

W

有效宽度的测定从试样的背面到缺口面或者是到加载平面,具体取决于试样的几何形状。

3.3

试样厚度　specimen thickness

B

试验试样从一面到另一面的尺寸。

3.4

开侧面槽后,试样厚度的减少　reduced thickness at side grooves

B_n

在侧面槽试样上,两个面上的槽之间的最小尺寸。

3.5

试样半高　specimen half-height

H

对于紧凑拉伸、双悬臂梁和改进楔型张开加载试样,平行于加载方向测量的试样高度的50%。

3.6

施加的载荷　load

P

施加在试样上的载荷,如果方向是使裂纹面分离,认为是正的。

3.7

加载点轴线上的挠度　deflection at loading point axis

V_{LL}

对恒位移试样施加载荷期间,在加载线上产生的裂纹张开位移。

3.8

偏离加载线的挠度　deflection away from the loading line

V_0

在对恒位移试样施加载荷时,在远离加载面的位置产生的裂纹张开位移,如在缺口的刃形边缘上。

3.9

弹性模量　modulus of elasticity

E

在张力中弹性模量(即应力/应变)。

3.10

应力强度因子　stress intensity factor

K_I

是外加载荷、裂纹长度和试样几何尺寸的函数,具有应力×$\sqrt{长度}$的量纲,专门用来确定张开型位移(模型Ⅰ)试样裂纹尖端的弹性应力场的增强。

注:假设实际开裂体的裂纹尖端的塑性区域尺寸与裂纹长度和未开裂带长度相比较小,发现假设试样仅弹性响应下计算出的应力强度因子与实际的开裂体的行为是相关的。在本部分中,模型Ⅰ是假设的,下标Ⅰ给出提示。

3.11

初始应力强度因子　initial stress intensity factor

K_{Ii}

应力腐蚀试验开始时施加的应力强度。

3.12

平面应变断裂韧性　plane strain fracture toughness

K_{Ic}

K_I的界限值。在塑性变形的高约束条件下,在应力强度不断增加的影响下,当K_I到该临界值时,将产生与环境无关的快速裂纹扩展。

3.13

暂定的 K_{Ic} 值　provisional value of K_{Ic}

K_Q

当满足平面应变为主导的有效判据时，$K_Q = K_{Ic}$。

3.14

应力腐蚀破裂敏感性的界限应力强度因子　threshold stress intensity factor for susceptibility to stress corrosion cracking

K_{ISCC}

在塑性变形的高约束条件下的给定试验条件下，即在以平面应变为主的条件下，当应力强度因子高于 K_{ISCC} 时，会产生应力腐蚀裂纹的萌生和扩展。

3.15

暂定的 K_{ISCC} 值　provisional value of K_{ISCC}

K_{QSCC}

当满足平面应变为主的有效判据时，$K_{QSCC} = K_{ISCC}$。

3.16

最大疲劳应力强度因子　maximum stress intensity factor

K_{max}

在循环中的应力强度因子的最高代数值，相对应最大载荷。

3.17

0.2%规定非比例延伸强度　0.2% proof strength, non-proportional extension

$R_{p0.2}$

表示规定非比例延伸率为 0.2%时的应力。

3.18

外加应力　applied stress

σ

来自于对试样施加的载荷产生的应力。

3.19

应力强度因子系数　stress intensity factor coefficient

Y

对特定几何形状的试样，通过应力分析推导出来的一个系数。此系数将给定裂纹长度的应力强度因子与载荷和试样尺寸相关联。

3.20

疲劳载荷比　load ratio in fatigue loading

R

在一个循环周期内，最小载荷与最大载荷代数比值。

$$R = \frac{p_{min}}{p_{max}} = \frac{K_{min}}{K_{max}}$$

3.21

开裂速率　crack velocity

通过连续的裂纹监测方法，测定应力腐蚀裂纹扩展的瞬时速率。

3.22

平均裂纹扩展速率　average crack velocity

由应力腐蚀引起的裂纹长度变化值除以试验时间，求得裂纹扩展平均速率。

3.23

试样的取向 specimen orientation

第一按加应力的方向，第二按裂纹扩展方向标志试样的破断平面。并用字母 X、Y 和 Z 三个参考轴加以表示。此外 Z 与材料加工过程中施加的主工作力方向一致(短横轴)；X 与晶粒流变方向一致(纵轴)；而 Y 则垂直于 X 轴和 Z 轴。

4 原理

4.1 要确保构件在加工制作或随后的使用过程中不产生裂纹状的缺陷是困难的，有鉴于此，使用预裂纹试样。这些缺陷的存在对应力腐蚀破裂是敏感的，而这种敏感性对某些材料(如钛)，在光滑试样的恒载荷试验中不明显。应用线弹性断裂力学的原理，能够借助于平面应变应力强度定量地确定存在于预裂纹试样或构件中的裂纹尖端的应力状况。

4.2 对机械切口进行疲劳预制裂纹的试样，通过在施力点施加恒定载荷或位移，在化学侵蚀性介质中进行试验，目的是借助于应力腐蚀破裂界限应力强度因子 $K_{\mathrm{I\,SCC}}$ 和裂纹扩展动力学来定量地确定产生环境加速裂纹扩展的条件。

4.3 设计和寿命预测中可以应用经验数据。目的是为了保证大型构件内的应力不足以在预先存在的缺陷部位引发环境诱导开裂，或者是在设计寿命或检查周期内确保裂纹扩展量不会造成失稳破坏的危险。

4.4 由于在裂纹尖端化学和电极电位的变化，应力腐蚀破裂受力学和电化学驱动力影响，后者可随裂纹深度、开放程度或形状变化，不仅仅用断裂力学应力强度因子描述。

4.5 力学驱动力包括施加的和残余应力。在实验室试验和应用于更复杂的几何形状时，应考虑后者可能的影响。试样中的残余应力梯度可导致沿裂纹前端非均匀扩展。

5 试样

5.1 总则

5.1.1 凡在断裂韧性试验中，所采用的大范围的标准试样几何尺寸都可以使用。试样的具体类型可因原材料的外形、强度、材料对应力腐蚀破裂的敏感性以及试验目的不同而异。

5.1.2 基本的要求是尺寸要满足以三轴应力为主的(平面应变)条件，在此条件下，塑性变形在裂纹尖端附近受到限制，断裂韧性试验的经验表明，为了测得正确的 K_{Ic} 值，试样的裂纹长度 a 和厚度 B 都不能小于 $2.5(K_{\mathrm{Ic}}/R_{\mathrm{p0.2}})^2$。为保证足够的约束，应尽可能使用大试样，其 a 和 B 至少等于 $4(K_{\mathrm{Ic}}/R_{\mathrm{p0.2}})^2$。从断裂力学的观点看，此时不能具体规定可得到恒定 $K_{\mathrm{I\,SCC}}$ 值的最小试样厚度。在应力腐蚀过程中，侵蚀性环境的存在，可以降低与破断有关以及因此与限制塑性变形所需的尺寸有关的塑性值。然而为了减少约束不足的危险，推荐了类似于断裂韧性试验中使用的有关试样尺寸的规范，即：

a 和 B 不小于 $2.5(K_{\mathrm{I}}/R_{\mathrm{p0.2}})^2$ ……………………………（1）

最好不小于 $4(K_{\mathrm{I}}/R_{\mathrm{p0.2}})^2$ ……………………………（2）

式中的 K_{I} 是试验中外加的应力强度，最后测定的界限应力强度值应该取代式(1)中的 K_{I}，以检验其有效性。

5.1.3 如果试样是用来测定 $K_{\mathrm{I\,SCC}}$，那么初始的试样尺寸可按材料 $K_{\mathrm{I\,SCC}}$ 的估计值来考虑(开始最好将 $K_{\mathrm{I\,SCC}}$ 值估计得高一点，因此采用较实际需要大一些的试样)，在实际使用中，如遇到所用的材料的厚度不能满足有效的条件时，只要能清楚说明所测得的界限应力强度 K_{QSCC} 只与此特殊应用有关，那么可以使用相同厚度的试样做试验。在需要测定作为应力强度函数关系的应力腐蚀裂纹扩展行为时，试样尺寸应按测定裂纹扩展速率的最高应力强度估计值确定。

5.1.4 可以使用两种基本类型的试样：

a) 用于恒位移试验的试样，此类试样都是采用加载螺栓，自身加载；

b) 用于恒载荷试验的试样，此类试样需要外部加载装置加载。

5.1.5 自加载的恒位移试样，因为不需要外加载装置，所以比较经济。另外，此种试样结构紧凑，便于在实际工作环境中进行暴露试验。这类试样可由疲劳预制裂纹产生应力腐蚀裂纹，因此可用于测定 $K_{\mathrm{I\,SCC}}$。在此情况下，必须采用一组试样来精确测定临界值，或者通过裂纹扩展的终止值来求 $K_{\mathrm{I\,SCC}}$。因为在恒位移试验条件下，随裂纹的扩展，应力强度逐渐降低。因此，原则上讲单个试样就足以测量 $K_{\mathrm{I\,SCC}}$，但实际上考虑到 5.1.6 条所述恒位移方法的缺点，常建议采用几个试样（不少于 3 个）。

5.1.6 恒位移试样的缺点：

a) 只能通过位移的变化间接测定外加载荷；

b) 裂纹内生成的氧化物或腐蚀产物能够楔开裂纹表面，从而改变所加的位移和载荷值，也会阻塞裂纹口，从而阻碍了腐蚀介质的进入，并且使得用电阻方法测定裂纹长度的准确性降低；

c) 裂纹分叉、变钝或者裂纹偏离扩展面，都会使测得的裂纹止裂，数据无效；

d) 当裂纹扩展速率低于某一数值后，则认为裂纹止裂，而该值是难以准确测定的；

e) 在裂纹扩展期间，加载系统的弹性松弛能够引起位移增加和产生比预计值更高的载荷；

f) 随时间的推移，在试样内产生的塑性松弛能使试样的载荷较预计值低；

g) 在试验环境中加载有时是不可能的，这会减缓随后试验中裂纹的萌生。

5.1.7 恒载荷试验的优点是能够准确地定量表示应力参数。由于裂纹的扩展导致张开位移量的增加，所以氧化物膜阻塞和胀开裂纹的可能很小。裂纹长度的测定可以很方便地采用许多连续监测方法进行。恒载荷试样的几何形状可以按试验材料的形状、现有的实验装置以及试验目的在很宽范围内进行选择。这意味着可以在弯曲或拉伸加载条件下研究裂纹的扩展，试样可以用来测定 $K_{\mathrm{I\,SCC}}$ 或者测定裂纹扩展速率。前者，是一组带预制疲劳裂纹的试样，通过测定应力腐蚀裂纹在疲劳预裂纹上的萌生进行的。为了避免出现不必要的孕育期，可在恒载荷试样置于试验介质后对其加载。

5.1.8 恒载荷试验的主要缺点是费用高，体积大。这与需要使用外加载系统有关。对于弯曲试样能够在相对简单的悬臂梁试验机上进行试验，但是对于受拉伸加载的试样，则要求使用恒载蠕变断裂试验机或类似的试验机。在这种情况下，为了使其费用降至最低程度，可以用加载链使试样成串加载，这种加载链可以防止试样破断后卸载。庞大的加载系统意味着难以在实际操作介质条件下进行恒载荷试验，但是可以在实际操作系统排出的介质中进行试验。

5.2 试样设计

5.2.1 图 1 列出一些应力腐蚀试验中采用的预裂纹试样的几何形状。

5.2.2 恒载荷试样可以有两种不同类型：

a) 应力强度随裂纹长度的增加而增加型；

b) 应力强度实际上与裂纹长度无关型。

a)型试样适于测定 $K_{\mathrm{I\,SCC}}$ 和研究作为 K_{I} 函数的裂纹扩展速率。而 b)型试样则适于研究应力腐蚀机理等基础研究。

5.2.3 增 K 的恒载荷试样可以承受拉伸或弯曲载荷。根据不同设计，拉伸加载试样在裂纹尖端主要受拉应力（类似于中心裂纹板这样一类远拉伸型试样）或者包含显著的弯曲应力成分（像紧凑拉伸这一类的裂纹线加载型试样）。裂纹尖端存在的这种显著的弯曲应力在应力腐蚀试验中能反过来影响裂纹通道的稳定性，并且对于某些材料能促进裂纹的分叉。弯曲试样可以按三支点或四支点或悬臂弯曲装置加载。

5.2.4 恒 K 恒载试样，可以受扭转载荷，如双扭转单边裂纹板试样，或者受拉伸载荷，如恒值的双悬臂试样。虽然以拉伸加载，但后一种试样产生裂纹线弯曲，使裂纹扩展具有偏离平面的倾向。这种现象可以通过开侧面槽得到抑制。

5.2.5 恒位移试样，通常借助装在试样一个臂上的加载螺栓，顶住另一个臂上的固定平台进行自加载，或者是两个臂上的两个螺栓相对进行自加载。可使用两种类型：

a) $(W-a)$有影响试样，如改进楔形张开加载（改进 WOL）试样。这种试样由于端面接近裂纹尖端而对裂纹尖端的应力场产生影响。

b) $(W-a)$无影响试样，如双悬臂梁 DCB 试样。这类试样的端面远离裂纹尖端，从而保证了端面位置对裂纹尖端的应力场几乎不产生影响。

5.2.6 上述几种几何形状试样具有独特的优点，而被广泛应用于应力腐蚀实验。这些优点是：

a) 悬臂梁弯曲试样，容易加工。用于恒载荷，试验费用低；

b) 紧凑拉伸（CTS）试样，用于恒载荷试验，材料的需用量最少；

c) 自加载双悬臂梁（DCB）恒位移试样，便于在现场条件下进行试验；

d) 改进楔形张开加载（改进 WOL）试样，对于恒位移试验，也可自加载并且试验中材料需用量最少；

e) 为了研究在恒载荷条件下纵向裂纹的径向扩展，可以由厚壁圆筒加工成 C 形试样。

上述各类标准试样的设计详图分别如图 2～图 6 所示。

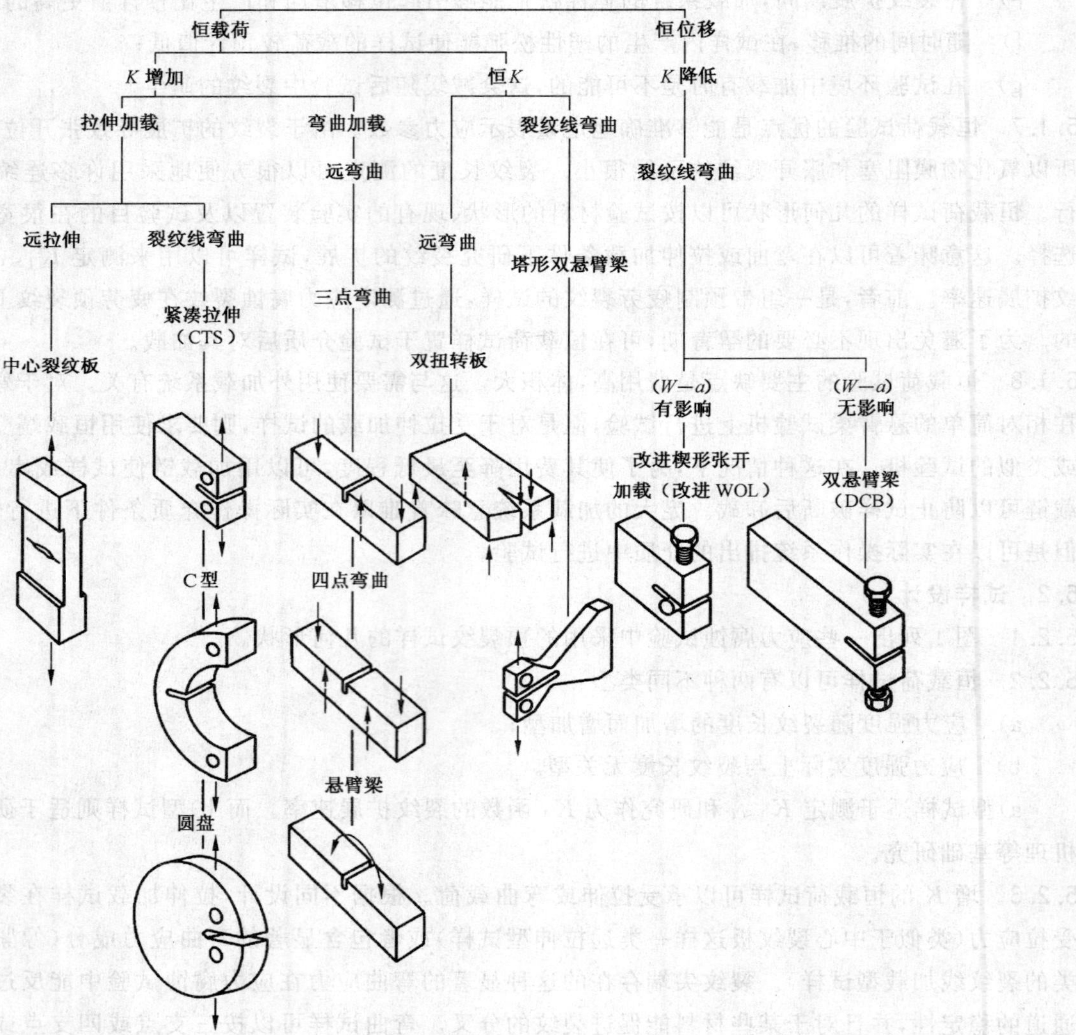

注：在出版的文献中可得到试样的应力强度因子系数。

图 1 应力腐蚀试验中预裂纹试样的几何形状

5.2.7 如果需要的话，例如，在难以准确地控制疲劳裂纹的萌生和(或)扩展的情况下，不妨采用如图 7 所示的人字形切口试样。必要时，此缺口的角度可以从 90°增加到 120°。

5.2.8 在需要测定裂纹张开位移的场合，如在对恒位移试样施加挠度时，安装引伸计的刀口可以加工成如图 8a)所示的切口，切口可以分别用螺钉拧紧或者粘到试样切口的相对的两侧，如图 8b)所示。图 9 展示了一种适用的锥形梁引伸计详图。

单位为毫米

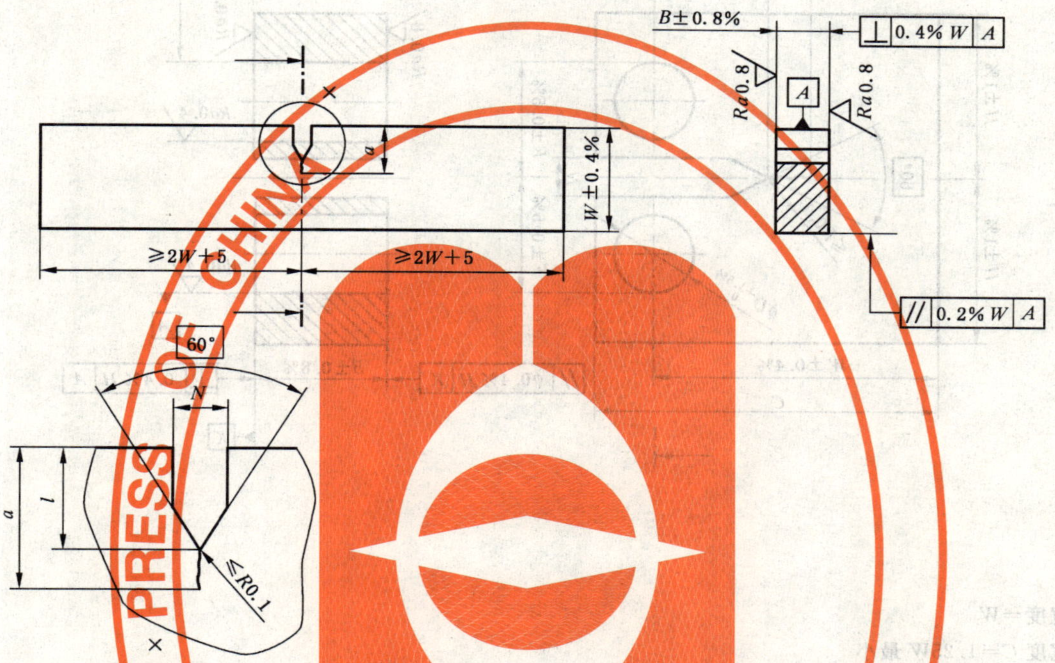

宽度＝W

厚度 $B=0.5W$

切口宽度 $N=0.065W$ 最大(如果 $W>25$ mm)或 1.5 mm 最大(如果 $W\leqslant 25$ mm)

有效切口长度 $l=0.25W\sim 0.45W$

有效裂纹长度 $a=0.45W\sim 0.55W$

图 2 悬臂梁试样的比例尺寸和公差

单位为毫米

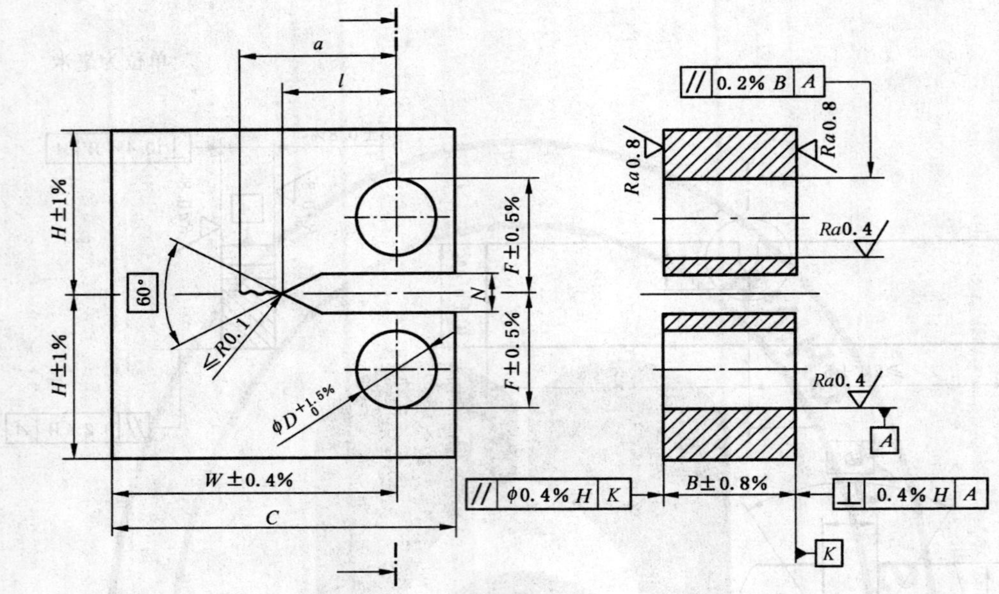

净宽度＝W

总宽度 $C=1.25W$ 最小

厚度 $B=0.5W$

半高 $H=0.6W$

孔直径 $D=0.25W$

孔外边缘之间距离的一半 $F=1.6D$

切口宽度 $N=0.065W$ 最大

有效切口长度 $l=0.25W\sim0.40W$

有效裂纹长度 $a=0.45W\sim0.55W$

图 3　紧凑拉伸试样的比例尺寸和公差

单位为毫米

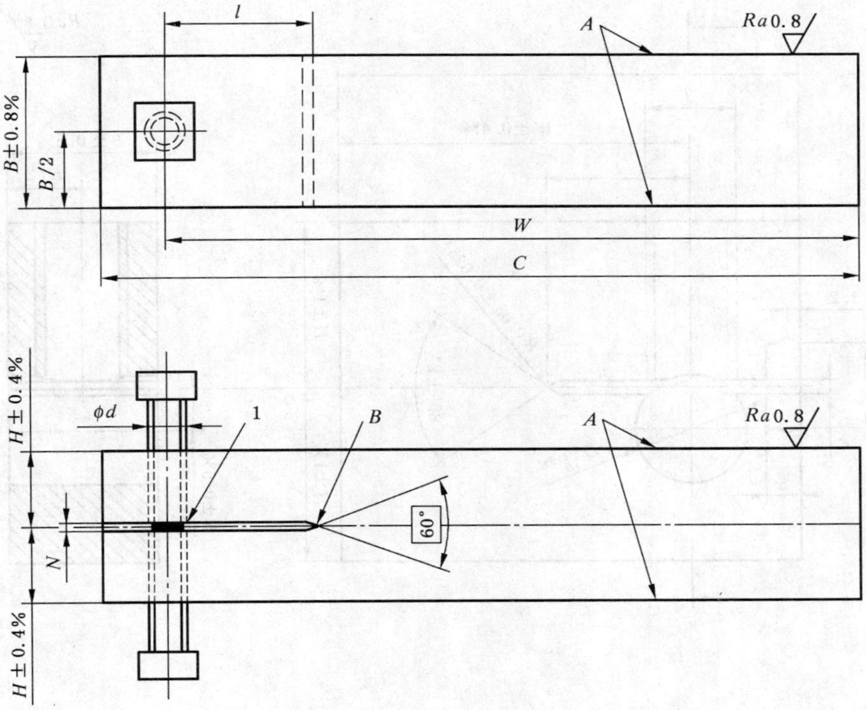

1——螺栓端部半径 12.5～50。

半高＝H

厚度 $B=2H$

净宽 $W=10H$ 最小

总宽 $C=W+d$

螺栓直径 $d=0.75H$ 最小

缺口宽度 $N=0.14H$ 最大

有效缺口长度 $l=2H$

注 1："A"面相互平行和垂直，偏差在 $0.002H$ 范围内（H 为读数值）。

注 2：在每个面上"B"点与表面的顶部和底部等距离，偏差在 $0.001H$ 范围内（H 为读数值）。

注 3：螺钉中心线垂直于试样中心线，偏差 1°。

注 4：螺钉的材料与试样的材料相同，细螺齿为正方形或六角形头。

图 4　双悬臂梁试样的比例尺寸和公差

单位为毫米

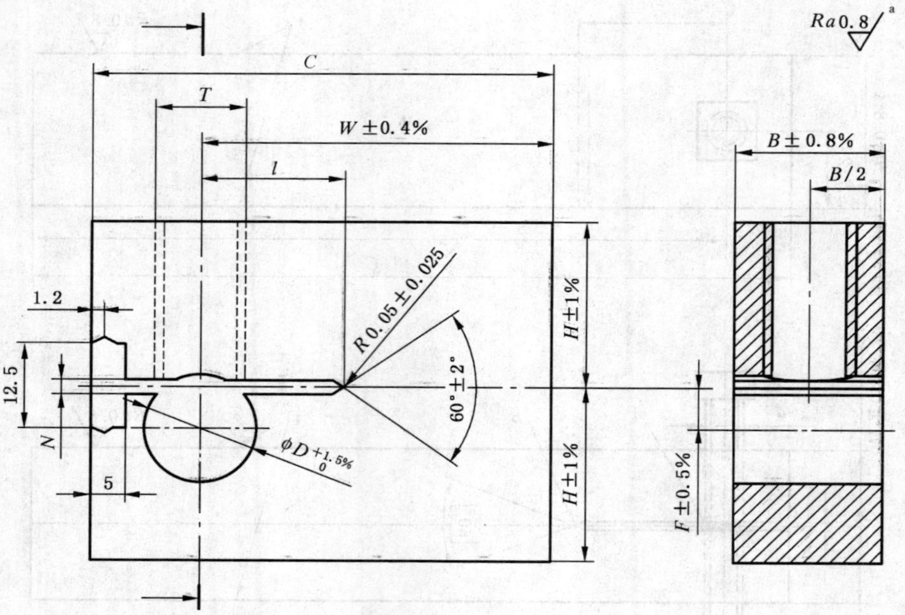

[a] 全部。

厚度＝B

净宽度＝$W2.55B$

总宽度 $C=3.20B$

半高 $H=1.24B$

孔直径 $D=0.718B\pm0.003B$

有效缺口长度 $L=0.77B$

缺口宽度 $N=0.06B$

螺钉直径 $T=0.625B$

孔中心线到缺口中心线距离 $F=0.239B$

注 1：表面相互平行和垂直，偏差在 $0.002H$ 范围内（H 为读数值）。

注 2：螺钉中心线垂直于试样中心线，偏差 1°。

注 3：螺钉的材料与试样的材料相同，细螺齿为正方形或六角形头。

图 5　改进楔型张开加载试样的比例尺寸和公差

单位为毫米

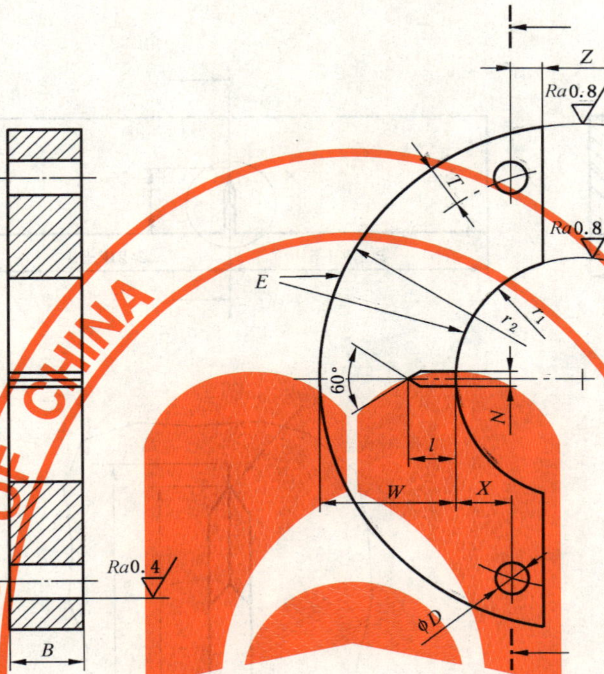

净宽度＝W

厚度 B＝0.50W±0.01W

孔轴线到内径切线距离 X＝0.50W±0.005W

缺口宽度 N＝1.5 mm 最小(0.1W 最大)

缺口长度 l＝0.3W

孔轴线到试样面距离 Z＝0.25W±0.01W

孔轴线到外表面距离 T＝0.25W±0.01W

孔直径 D＝0.25W±0.000 5W

注：全部表面都平行和垂直，偏差在 0.002W 范围内(W 为读数值)，“E”表面垂直于“Y”面，偏差在 0.02W 范围内(W 为读数值)。

图 6　C 型试样的比例尺寸和公差

单位为毫米

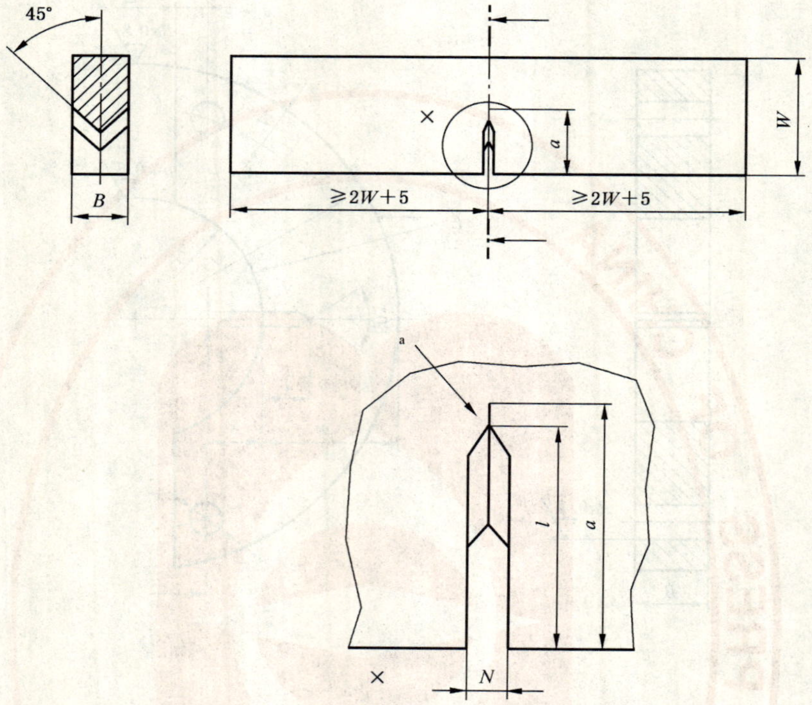

a　用 60°刀具铣，对于全部试样，缺口根部半径最大 0.3 mm。

图 7　人字形缺口

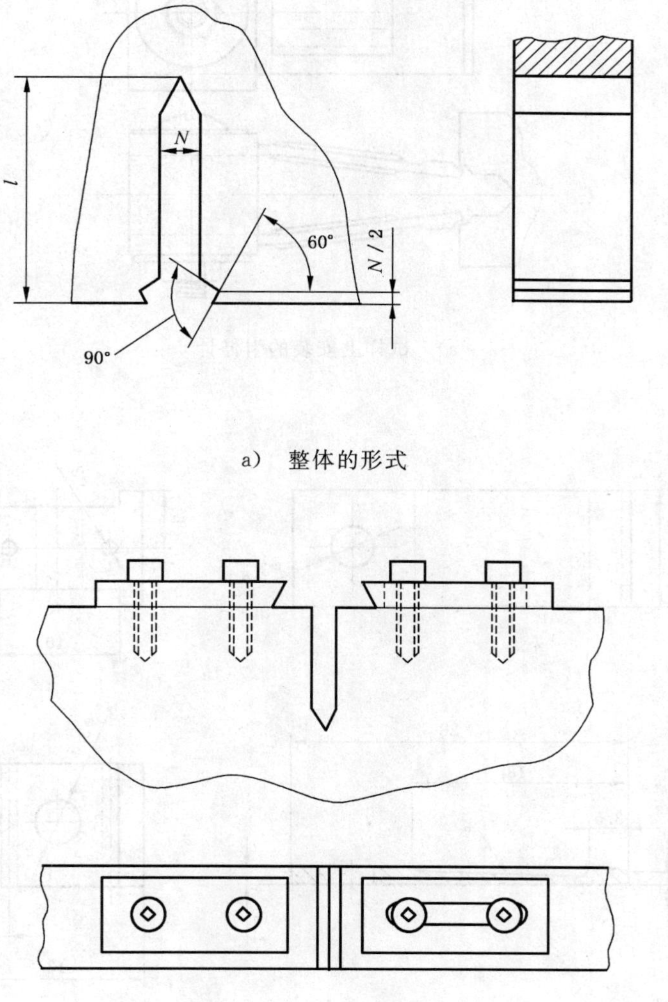

a） 整体的形式

b） 螺钉形式

注：具有适当的强度以保证刀口用粘合剂固定。

图 8 引伸计刀口位置

单位为毫米

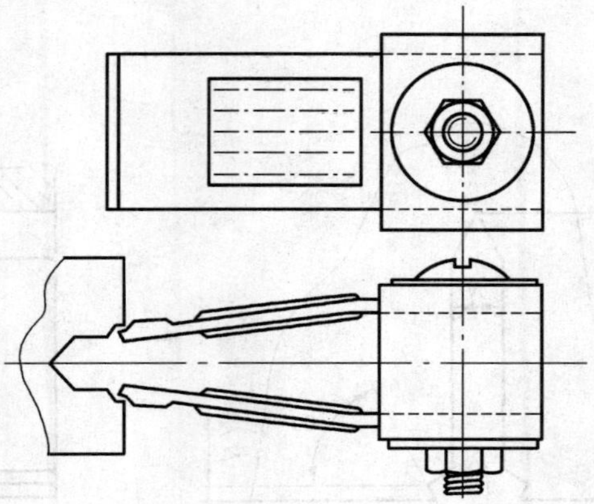

a） 试样上安装的引伸计

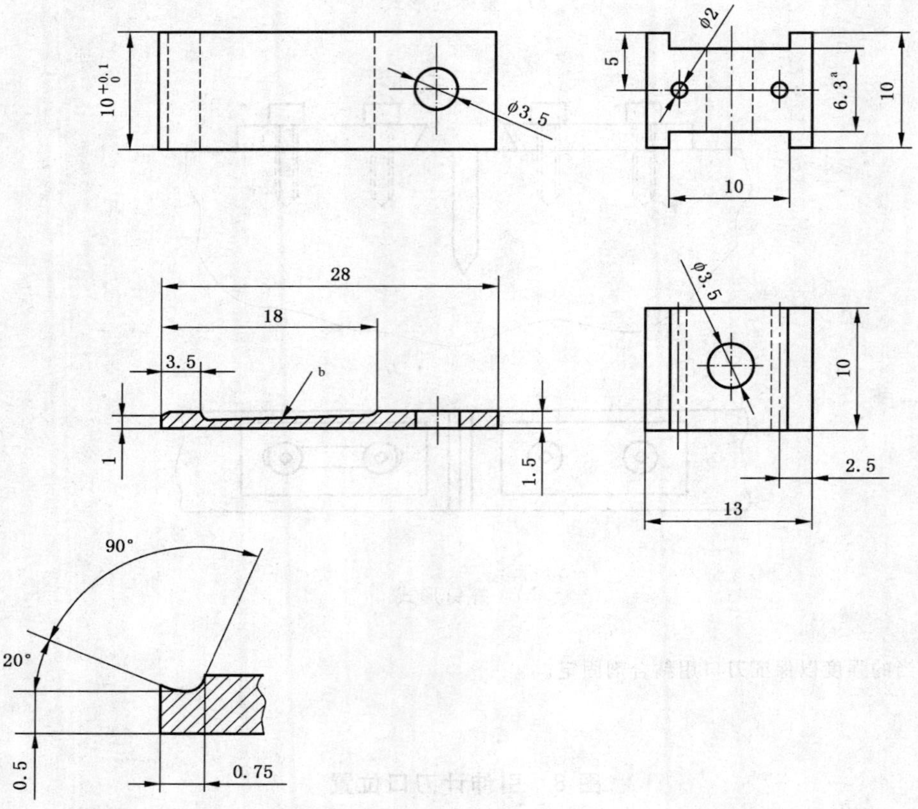

b） 梁的尺寸

图 9 锥形梁引伸计详图

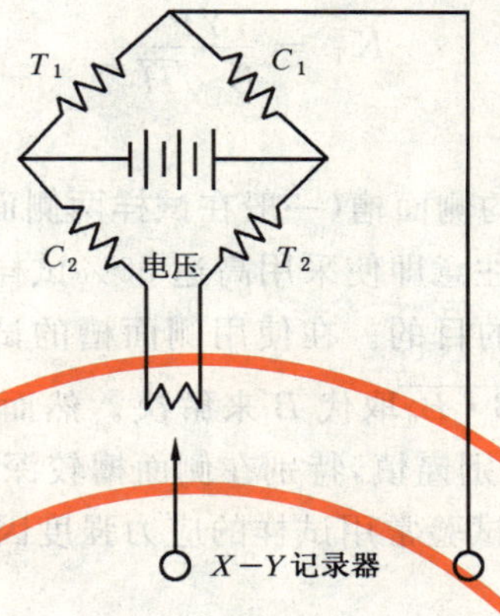

c) 桥式测量电路

a 此处尺寸应为最小初始标准长度的 3.8 倍。

b 梁厚度的斜度为 0.5～0.8。

注：应选择应变计及材料以适应试验环境。

图 9(续)

5.3 应力强度因子

5.3.1 用弹性理论可以证明，作用于不同形状的试样或构件的裂纹尖端的应力强度因子可以用公式(3)表示：

$$K_{\mathrm{I}} = Q \times \sigma \times \sqrt{a} \quad \cdots\cdots(3)$$

式中：

Q——几何常数；

σ——外加应力；

a——裂纹长度。

5.3.2 对于特定几何形状和加载方法的试样，K_{I} 的数学解可以通过有限元应力分析或者根据试验或理论确定试样柔度值来计算。

5.3.3 通过无量纲的应力强度因子系数 Y，可以计算 K_{I} 值。该系数与用 a/W 或对于 $(W-a)$ 的无影响的试样用 a/H 表示的裂纹长度有关。此处 W 是宽度，H 是试样的半高。对于紧凑拉伸或者 C 形试样，其关系式见公式(4)：

$$K_{\mathrm{I}} = \frac{YP}{B\sqrt{W}} \quad \cdots\cdots(4)$$

对于 T 型楔形张开加载试样见公式(5)：

$$K_{\mathrm{I}} = \frac{YP}{B\sqrt{a}} \quad \cdots\cdots(5)$$

对于双悬臂梁试样见公式(6)：

$$K_{\mathrm{I}} = \frac{YP}{B\sqrt{H}} \qquad \cdots\cdots (6)$$

5.3.4 为了抑制裂纹分叉，可采用浅的侧面槽(一般在试样两侧面的槽深总共为试样厚度的5%)。侧面槽可采用半圆形或60°V形，但是要注意即使采用高达50%试样厚度的半圆侧面槽，有时也不一定能达到保持裂纹在所要求的平面内扩展的目的。在使用侧面槽的试样上，开槽后的厚度 B_n 由于开槽对应力强度的作用可在上面公式中用 $\sqrt{B \cdot B_n}$ 取代 B 来解决。然而，侧面槽对应力强度因子的影响远远没有确定，所以在采用修正系数时要特别谨慎，特别在侧面槽较深的情况下更应如此。

5.3.5 图10～图14给出了应力腐蚀试验常用试样的应力强度因子系数 Y 的解。

单位为毫米

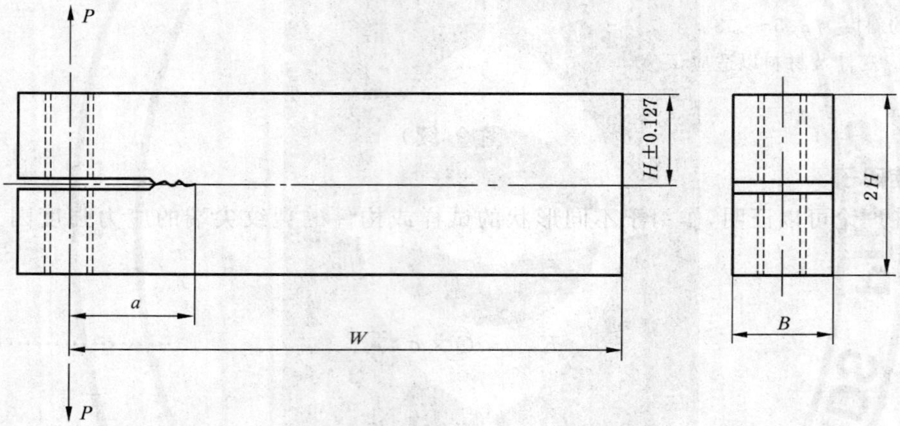

$$K_{\mathrm{I}} = \frac{E \times V_{\mathrm{LL}} H\sqrt{3H(a+0.6H)^2 + H^3}}{4[(a+0.6H)^3 + H^2 a]}$$

注：这个公式是从弹性柔度理论引出的，虽然它的准确性和有效程度没有规定，但已经在 $2 \leqslant \frac{a}{H} \leqslant 5$ 的范围内使用，为确有把握，推荐使用一种经验柔度指标。

图10 双悬臂梁试样[(W－a)无影响]的应力强度因子解

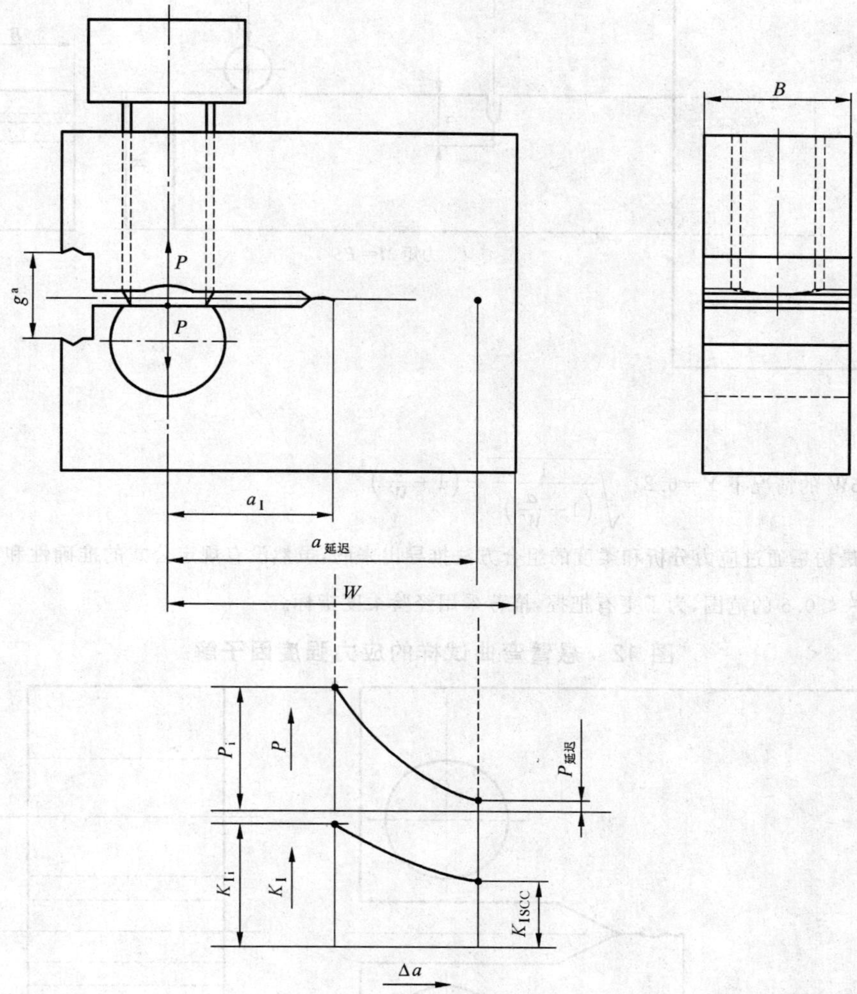

[a] V，刚性螺钉的裂纹张开位移(COD)是恒量($g-g_i$)。

$$K_I=\frac{YP}{B\sqrt{a}}$$

式中：

$$Y=30.96\left(\frac{a}{W}\right)-195.8\left(\frac{a}{W}\right)^2+730.6\left(\frac{a}{W}\right)^3+1\ 186.3\left(\frac{a}{W}\right)^4+754.6\left(\frac{a}{W}\right)^5$$

注：从弹性柔度理论引出的这个公式，虽然公式的准确性和有效程度没有完全确定，但它适用于 $3\leqslant\frac{a}{W}\leqslant0.8$ 的范围，为了更有把握推荐使用一种经验柔度指标。

图 11　改进楔形张开加载试样的应力强度因子解

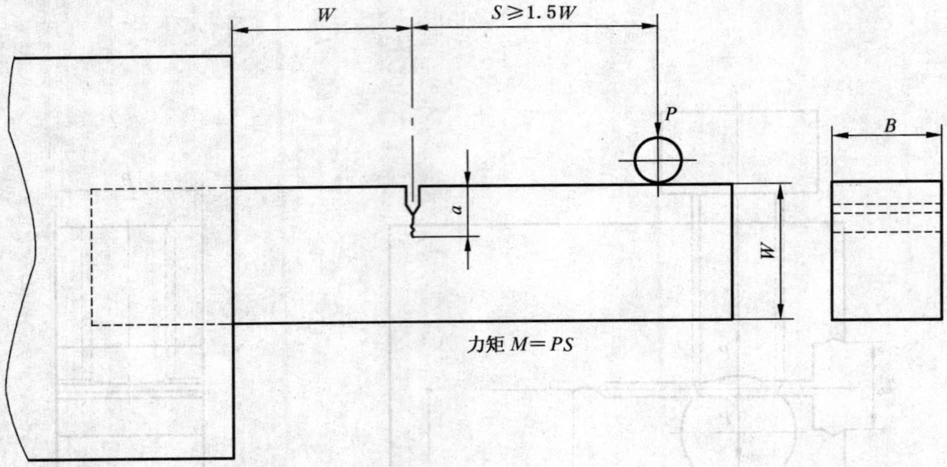

$$K_{\mathrm{I}}=\frac{YP}{B\sqrt{W}}$$

此处当 $S=1.5W$ 的情况下 $Y=6.21\sqrt{\frac{1}{\left(1-\frac{a}{W}\right)^{3}}-\left(1+\frac{a}{W}\right)^{3}}$

注：这个公式最初是通过应力分析和柔度的组合方法推导出来的，虽然没有规定公式的准确性和有效性，但它适用于 $0.2\leqslant\frac{a}{W}\leqslant0.6$ 的范围，为了更有把握，推荐采用经验柔度指标。

图 12　悬臂弯曲试样的应力强度因子解

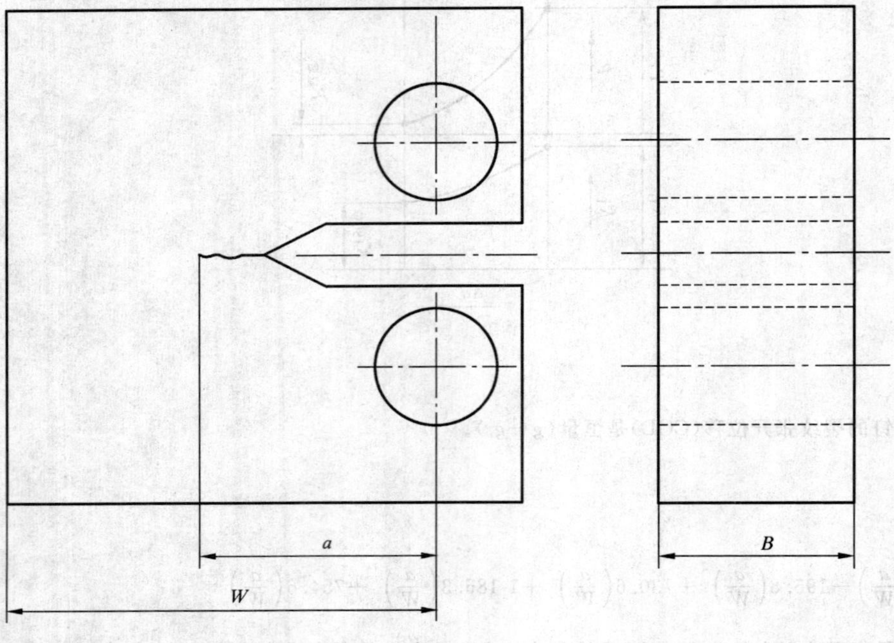

$$K_{\mathrm{I}}=\frac{YP}{B\sqrt{W}}$$

式中：

$$Y=\frac{2+\frac{a}{W}}{\sqrt{1-\frac{a}{W}}^{3}}\left[0.886+4.64\left(\frac{a}{W}\right)-13.32\left(\frac{a}{W}\right)^{2}+14.72\left(\frac{a}{W}\right)^{3}-5.6\left(\frac{a}{W}\right)^{4}\right]$$

注：此公式在 $0.2\leqslant\frac{a}{W}\leqslant1.0$ 范围内使用，其准确度为±0.5%。

图 13　紧凑拉伸试样的应力强度因子解

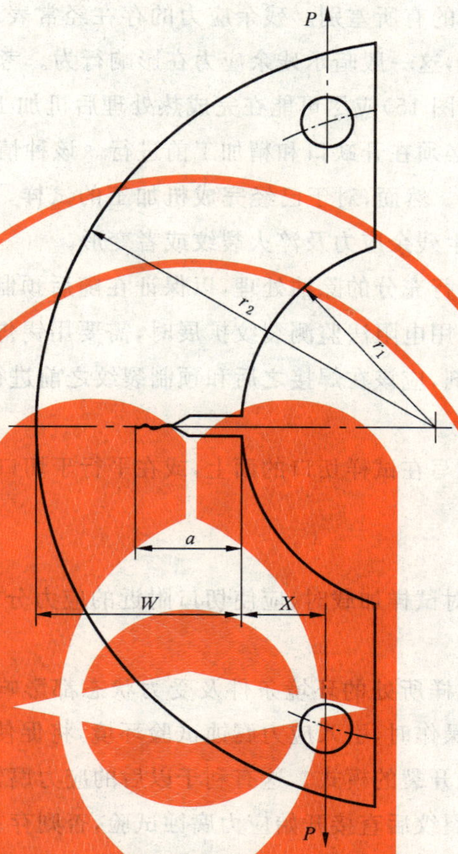

$$K_1=\frac{YP}{B\sqrt{W}}$$

式中：

$$Y=\left(18.23\sqrt{\frac{a}{W}}-106.2\sqrt{\frac{a^3}{W}}+397.7\sqrt{\frac{a^5}{W}}-582.0\sqrt{\frac{a^7}{W}}+369.1\sqrt{\frac{a^9}{W}}\right)\times\left(1+1.54\frac{X}{W}+0.5\frac{a}{W}\right)$$
$$\times\left[1+0.22\left(1-\sqrt{\frac{a}{W}}\right)\left(1-\frac{r_1}{r_2}\right)\right]$$

注：这个公式在 $0.45\leqslant\frac{a}{W}\leqslant0.55$ 的范围内使用，准确到 1%。然而，当 $0\leqslant\frac{x}{W}\leqslant0.7$ 和 $0\leqslant\frac{r_1}{r_2}\leqslant1$ 情况下，在 $0.3\leqslant\frac{a}{W}\leqslant0.7$ 范围内，其准确度达 2%。

图 14　C 形试样的应力强度因子解

5.4 试样制备

5.4.1 残余应力对应力腐蚀破裂有影响，对切取试样的材料不能进行完全的应力释放时，影响明显，例如焊接件、淬火材料和复杂的锻造或挤压形状。残余应力加上施加的应力可使局部裂纹尖端的应力强度因子与单独由外加载荷计算出的有所差别。残余应力的存在经常表现出不规则的裂纹扩展，即裂纹前端弯曲或非同一平面裂纹成长，这一般暗示残余应力在影响行为。考虑测量残余应力。

5.4.2 对有取向要求的试样(见图 15)应尽可能在完成热处理后机加工。对完成热处理后难以进行加工的某些材料，最后一道热处理必须在开缺口和精加工前进行。该种情况下应考虑到最终机加工阶段，每个面至少要去掉 0.5 mm 厚度。然而，对于已经完成机加工的试样，也可以进行热处理，但这种热处理必须不损害表面状态，不会产生残余应力及淬火裂纹或者变形。

5.4.3 机加工后，应该对试样进行充分的除油处理，以保证在随后预制疲劳裂纹或应力腐蚀试验阶段试样的裂纹尖端不被污染。当采用电阻法监测裂纹扩展时，需要用锡焊或铜焊方法将电极与试样连接起来，这时为了除去少量残余焊剂，应该在焊接之后和预制裂纹之前进行除油。

5.5 试样的标记

试样的标记号可以压印或刻写在试样切口的面上，或在平行于切口的端面上。

6 疲劳裂纹的萌生和扩展

6.1 用预制疲劳裂纹的试验机对试样加载时，应使切口附近的应力分布对称，并且施加力的准确度在±2.5%以内。

6.2 在预制疲劳裂纹过程中，试样所处的环境条件及受力状态都影响其在以后应力腐蚀试验中的行为。对于某些材料，在预制裂纹操作时，引入应力腐蚀试验环境，将促使裂纹从一般的塑性穿晶疲劳开裂模式转变为很类似于应力腐蚀开裂的模式。这有利于以后的应力腐蚀裂纹的萌生以及 $K_{\mathrm{I\,SCC}}$起始值的测定。然而，除非在预制疲劳裂纹后直接开始应力腐蚀试验，否则存在于裂纹尖端的腐蚀剂由于腐蚀作用能使裂纹尖端变钝。再者，当在含侵蚀性物质的环境中预制疲劳裂纹时，由于腐蚀疲劳破断形式对循环加载格外敏感，因此试验结果的重现性要受影响。另外，在预制疲劳裂纹时，为了达到控制环境的目的，要求更完备的疲劳试验装置。为此，建议除非相关双方同意采用其他的方法外，一般预制疲劳裂纹都要在正常的实验室空气环境中进行。

6.3 试样要用 R 值为 0～0.1 的疲劳载荷预制裂纹，直到裂纹至少在侧面越过切口 2.5%W 或 1.25 mm(选用两者中的较大值)为止。裂纹可以在比预期 $K_{\mathrm{I\,SCC}}$高的 K_{I} 值下开始，但在裂纹扩展的最后 0.5 mm，疲劳裂纹要在尽可能低的最高应力强度下完成(低于预期的 $K_{\mathrm{I\,SCC}}$值的 60%)。

注：当期望低的 $K_{\mathrm{I\,SCC}}$值时，GB/T 20120.2 中描述的卸载程序也许有益。

6.4 最终的疲劳裂纹长度，要满足平面应变条件，见公式(7)：

$$a \geqslant 2.5\left(\frac{K_{\mathrm{I}}}{R_{\mathrm{p0.2}}}\right)^2 \qquad \cdots\cdots(7)$$

当最终 a/W 的比值处在 0.45～0.55 的范围内时条件最佳[($W-a$)无影响试样除外]。

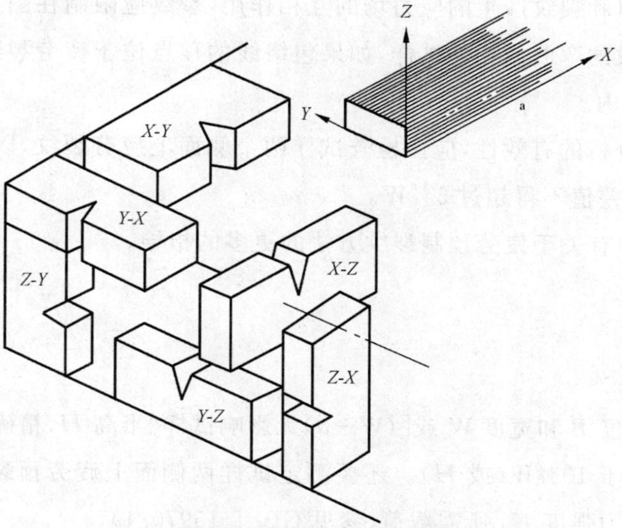

a) 基础的破裂平面标志:矩形截面

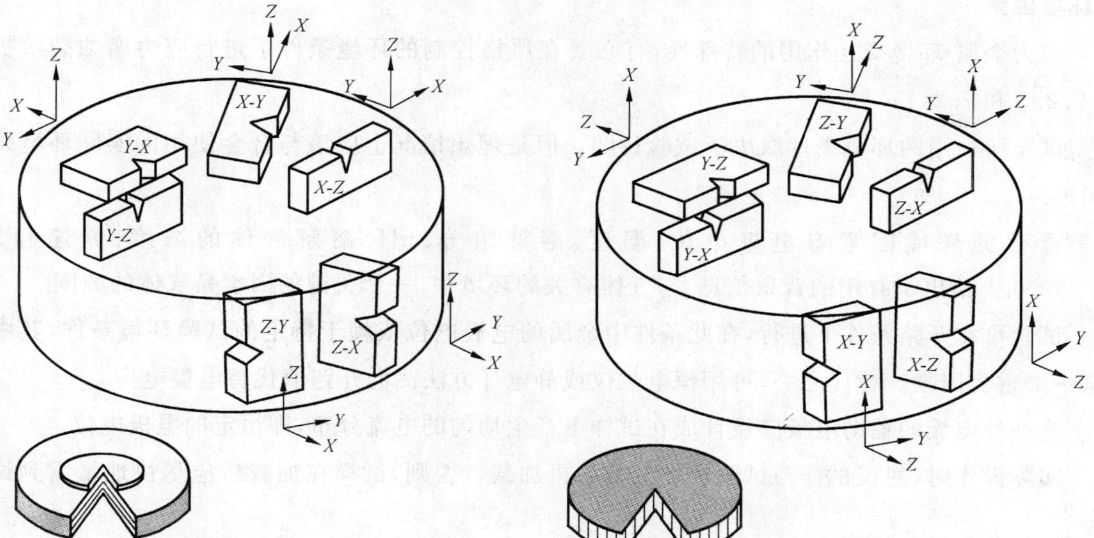

1) 径向晶体流向:轴向加工方向　　2) 轴向晶体流向:径向加工方向

b) 基础破裂平面标志:圆柱截面

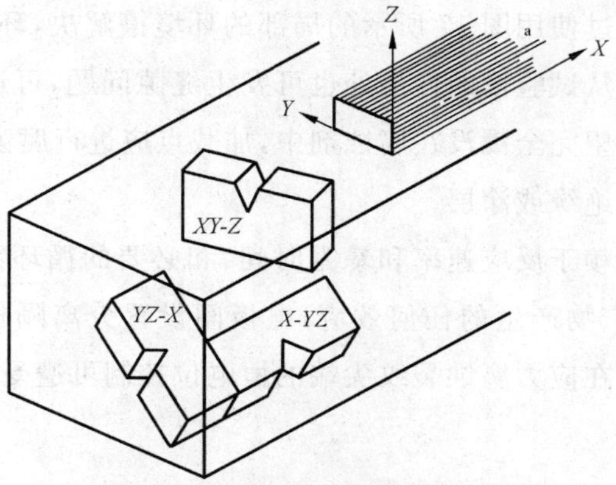

c) 非基础破裂平面标志

[a] 晶粒流向。

图 15　破裂平面标志

6.5 为了避免分别由切口和裂纹产生的应力场的互相作用，裂纹应限制在图16所示弯曲和拉伸试样的包络线内，例如对于有效的弯曲或拉伸试样，如果包络线的顶点位于疲劳裂纹的尖端，整个机械切口应位于图16c)中的包络线内。

6.6 为了确保应力强度分析的有效性，应该检查试样两个侧面上疲劳裂纹，以保证疲劳裂纹面不得偏离切口平面10°以上，长度差值不得超过5%W。

6.7 在GB/T 20120.2中有关于疲劳预制裂纹方法的更多的指导。

7 试验步骤

7.1 总则

试验之前测定试样厚度B和宽度W或[($W-a$)无影响试样]半高H，精确到0.1%W(或H)以内，测量线离裂纹平面不能大于10%W(或H)。还要测定试样两侧面上疲劳预裂纹的平均长度。并用该值估计产生期望的初始应力强度K_{I}所需载荷(参见GB/T 15970.1)。

7.2 环境因素

7.2.1 因为金属-环境交互作用的特殊性，有必要在严格控制的环境条件下进行应力腐蚀裂纹扩展试验(见7.2.3和7.2.4)。

7.2.2 试验所采用的环境条件取决于试验目的。但是理想情况下应该与合金使用的实际环境条件相同或相近。

7.2.3 重要的环境因素有电极电位、温度、溶液组分、pH、溶解气体的浓度、流速和压力。GB/T 15970.1给出了有用的背景信息。与气体有关的环境中，一个关键的因素是气体的纯度。

7.2.4 试验可在开路条件下进行，在此条件中金属的电极电位依赖于特定的试验环境条件，其中充气程度是一个重要因素。替代之一，可用恒电位仪或静电计方法测的开路值代替电极电位。

7.2.5 施加外电流的辅助电极应设计成在试样上产生均匀的电流分布，即恒定的电极电位。

7.2.6 实际操作时，建议试样与试验环境接触后再加载。否则，试样在加载后应尽快地暴露到试验环境中。

7.3 环境试验箱

7.3.1 环境试验箱应能完全封闭试样的试验部位。夹持部位尽可能避免与溶液环境接触，防止电池效应和缝隙腐蚀。这些问题可通过使用图17所示的局部的环境槽解决，环境在缺口、预裂纹和预期的试样裂纹扩展区域循环。在试样从试验槽的伸出处也可发生缝隙问题，可通过合适的槽设计或在这样位置使用防护涂层解决。如果期望完全浸没在腐蚀剂中，加载点应进行腐蚀防护。如果这不可行，可采用合适的措施，如相似的金属、电绝缘或涂层。

7.3.2 要求足够的溶面比(依赖于反应速率和暴露时间)和必要的循环系统。对于施加电位或施加电流的条件，为了限制电极反应产物产生的任何效应，电极间设置分离隔板。在考虑应力腐蚀破裂机制时，应当注意随裂纹长度增加，在应力腐蚀裂纹尖端的恒电位控制可遭受更大的变化。

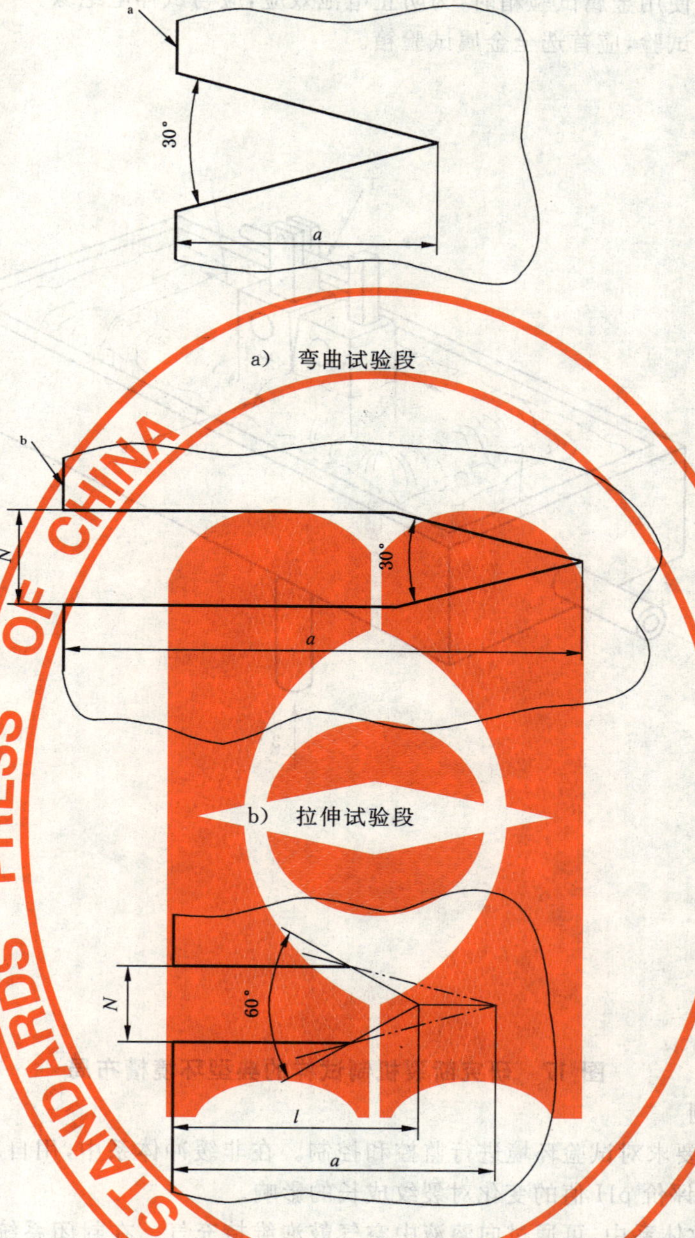

a) 弯曲试验段

b) 拉伸试验段

c) 弯曲或拉伸试验段

a 试验段边缘。

b 试验段加载线。

图 16 切口和疲劳裂纹的包络线极限尺寸和形式

7.3.3 推荐环境试验箱和循环系统使用非金属材料，这些材料应为惰性。注意玻璃和某些塑料在高温时不是惰性，在有必要使用金属试验箱时，为防止电池效应，应与试样电绝缘。

7.3.4 对于气体环境试验，应首选全金属试验箱。

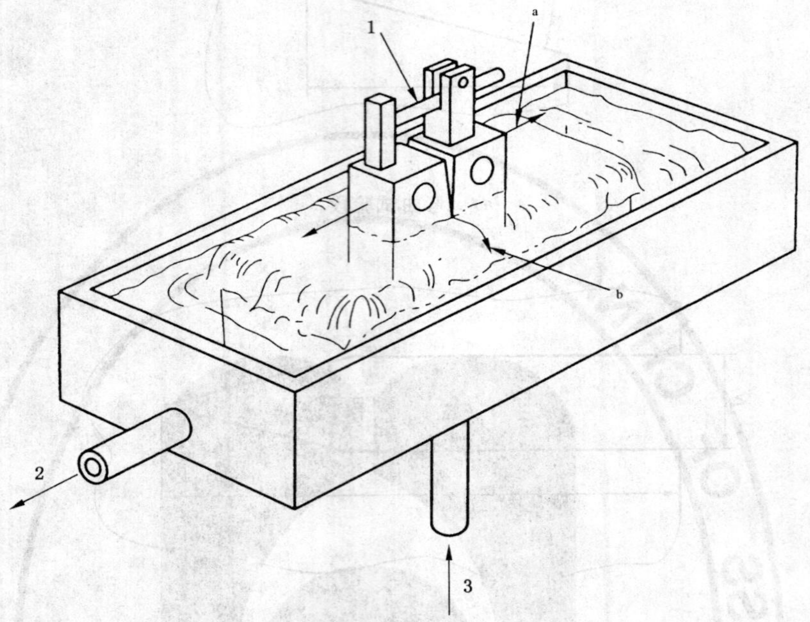

1——位移转换器；
2——溶液出口；
3——溶液进口。
a 载荷。
b 溶液流。

图 17 研究断裂机制试样的典型环境槽布局

7.4 环境控制和监测

7.4.1 在试验期间，要求对试验环境进行监控和控制。在非缓冲体系中，用自动 pH 值控制系统维持 pH 值恒定。否则，应评价 pH 值的变化对裂纹成长的影响。

7.4.2 在对大气开放体系中，可通过向溶液中空气鼓泡维持充气。在封闭系统中，要求监控。因为流动能影响电极电位，如影响氧的流通和裂纹里与溶液之间的物质传输，试验使用的流速应模拟实际使用的条件。在后一种情况中，相对裂纹的流动方向可能是重要的。应考虑对裂纹侧面密封以限制人为的沿厚度方向的传输，但也许引进局部缝隙问题。

7.4.3 强烈建议使用合适的参比电极测量电极电位。在测量电位时，应注意限制 *IR* 降。溶液温度应控制在±2℃范围内。

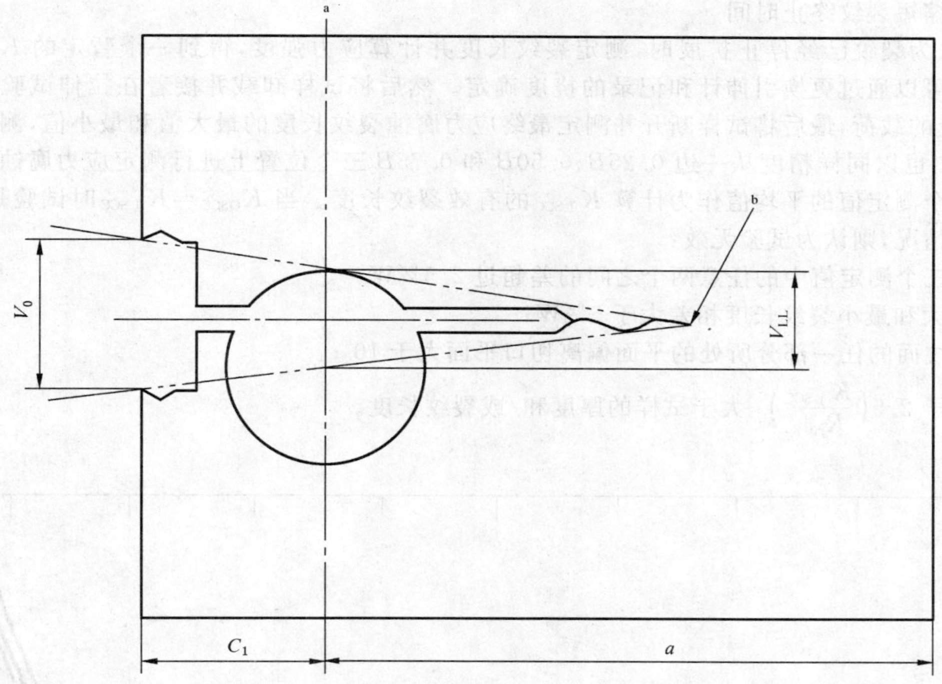

$$V_{LL}=\frac{V_0}{\left(1+\frac{3C_1}{2a}\right)}$$

a 载荷。

b 裂纹尖端。

图 18 V_0 和 V_{LL} 之间的关系和测量位置

7.5 用裂纹终止法测定 $K_{I\,SCC}$

7.5.1 用裂纹终止法测定 $K_{I\,SCC}$，可使用恒位移试样。原则上单个试样就可以解决问题，但为了减少产生错误结果的可能性，仍建议使用多个试样。

7.5.2 用裂纹终止法测定 $K_{I\,SCC}$ 时，应将预裂纹试样固定在卡具上，并尽可能将试验介质加到切口根部区域。

7.5.3 旋转螺栓使试样臂挠曲达到预先给定 K_{Ii} 值，此值要高于预计的 $K_{I\,SCC}$ 值，必须避免过高的挠度。加载线上的挠度 V_{LL} 与通过切口边缘上的引伸计测得的挠度 V_0 按图 18 说明方法换算。为了使由于弱信号过度放大造成的误差降到最小，引伸计的灵敏度应不小于 20 mV/mm。引伸计应有好的线性度，当位移 0.5 mm 时，与真值偏差不能大于 0.003 mm，而对于更大的位移，偏差不大于记录值的 1%。在进行载荷/位移校正后，对试样加载直至加载水平，不能超过应力腐蚀试验的预期值。

对于 $(W-a)$ 无影响的 DCB 试样，为了给出某一应力强度 K_{Ii} 所需要的挠度，在给定的 a/H 值下，能够从图 10 所示的 K_I 和 V_{LL} 之间的关系计算出来。

对于受 $(W-a)$ 支配的改进 WOL 试样，需要专门的柔度定标知识，以采用图 11 给出的关系来计算在特定的裂纹长度比 a/W 下，产生给定应力强度值所需的挠度。光滑的和侧面开槽的改进 WOL 试样的典型柔度定标曲线如图 19 所示。加载之后应去掉引伸计。

7.5.4 一旦试样与介质接触，就开始监测裂纹长度随时间的变化关系，可以采用光学法直接测定或背面应变法间接测定。当发生裂纹扩展时，应力强度因子下降。裂纹长度随时间变化曲线的斜率决定裂纹扩展速率。后者通常是对裂纹长度随时间变化曲线进行图解微分来测得的。裂纹可以最后终止，终止后的 K_I 值即为 $K_{I\,SCC}$。然而，通常裂纹以一种极低的速率扩展，而 $K_{I\,SCC}$ 却是按照一个任意选择的裂纹扩展速率测定的。最恰当的终止扩展速率值取决于具体考虑的金属与环境体系，并且相关双方之间的意见必须一致。对于高强度合金，速率约为 10^{-7} mm/s。但是实际经验表明，应力腐蚀裂纹能够在速率低于 10^{-9} mm/s 的速度下扩展。如果 $K_{I\,SCC}$ 值能近似知道，那么可以通过使 K_{Ii} 值接近 $K_{I\,SCC}$ 值的办法来大大缩短裂纹终止时间。

7.5.5　当认为裂纹已经停止扩展时，测定裂纹长度并计算应力强度，得到一个暂定的 $K_{\mathrm{I\,SCC}}$（K_{QSCC}）值。这个值可以通过更换引伸计和记录的挠度确定。然后将试样卸载并接着在拉伸试验机上重新加载，测定相应的载荷，最后将试样断开并测定最终应力腐蚀裂纹长度的最大值和最小值，测量误差不大于 0.5%W。也以同样精度从一边 0.25B、0.50B 和 0.75B 三个位置上进行测定应力腐蚀裂纹的最终长度。后三个测定值的平均值作为计算 $K_{\mathrm{I\,SCC}}$ 的有效裂纹长度。当 $K_{\mathrm{QSCC}}=K_{\mathrm{I\,SCC}}$ 时试验是有效的，如遇到下面的情况，则认为试验无效：

a)　这三个测定值中的任意两个之间的差超过 2.5%W；

b)　最大和最小裂纹长度相差大于 5%W；

c)　裂纹面的任一部分所处的平面偏离切口平面大于 10°；

d)　因子 $2.5\left(\dfrac{K_{\mathrm{I\,SCC}}}{R_{\mathrm{p0.2}}}\right)^2$ 大于试样的厚度和/或裂纹长度。

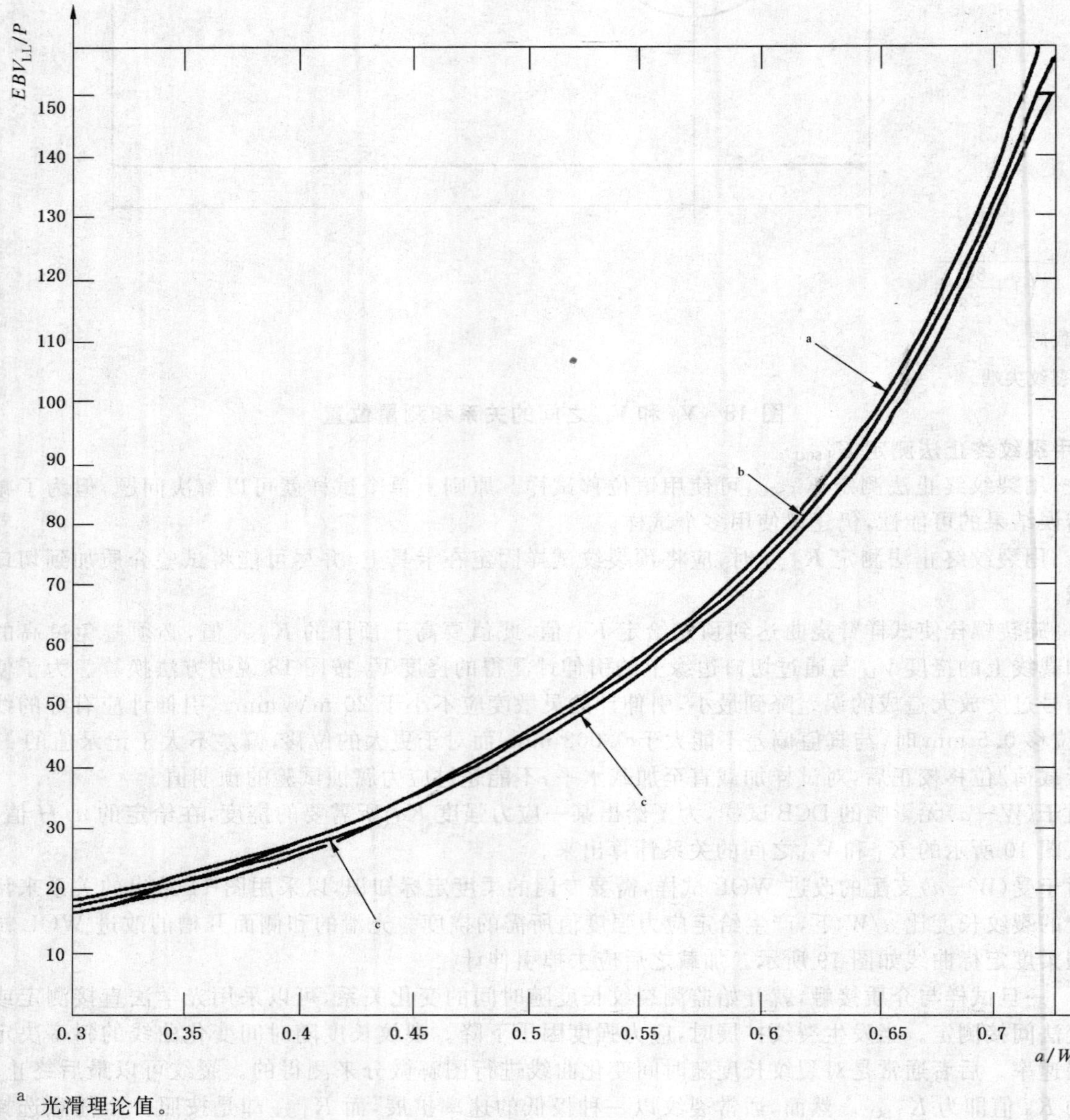

a 光滑理论值。

b 5%面缺口的经验值。

c 光滑经验值。

图 19　楔形张开加载试样在中心加载线上的柔度比较

7.6 用裂纹初始法测定 $K_{\mathrm{I\,scc}}$

7.6.1 恒载荷或恒位移试样都可以采用初始法测定 $K_{\mathrm{I\,scc}}$。

7.6.2 用裂纹初始法测定 $K_{\mathrm{I\,scc}}$ 值时，需要一组试样。以下 a)和 b)所述的两种方法都可以采用：

a) 在时间紧迫而试样和试验设备较多的情况下，最合适的方法是同时暴露一组加载到不同 $K_{\mathrm{I\,i}}$ 值的试样，预计的 $K_{\mathrm{I\,scc}}$ 值应处在这个 $K_{\mathrm{I\,i}}$ 范围以内。

b) 在时间允许的情况下，用折半查找法测定 $K_{\mathrm{I\,scc}}$ 值，该方法不仅准确度高，而且对试样和设备的利用都较经济。这要求先用一个试样，按推荐的方法测定材料的断裂韧性 $K_{\mathrm{I\,c}}$(如果无效，则为 K_{Q})，该 $K_{\mathrm{I\,c}}$ 值成为 $K_{\mathrm{I\,scc}}$ 的上限。然后在 $K_{\mathrm{I\,c}}$ 一半的初始应力强度下进行应力腐蚀试验，随后的试验依次按照如 GB/T 15970.1 中的表所示的不同 $K_{\mathrm{I\,c}}$ 分数加载，具体加载量，应视原先试验中试样是否产生裂纹扩展而定。

7.6.3 使用恒位移试样时，施加的挠度应同 7.5.2 和 7.5.3 一致。对于恒载荷试样，为了产生某一应力强度所需的载荷，可以按图 12 和图 13 给出的关系式进行计算。加载用的试验机应具有±1%的加载精度，并且试样暴露到试验环境中后，加载装置应能平稳地加载。

7.6.4 施加所需的载荷或位移后，立即开始计时。为了初步测定应力腐蚀临界值 $K_{\mathrm{I\,scc}}$，可任意选择试验持续时间。试验持续时间的长短取决于所研究的材料和环境，并且要得到相关双方的同意。但是对于初步试验，钛合金的试验时间一般定为 10 h 的倍数，超高强度低合金钢为 100 h 的倍数，较低强度钢为 1 000 h 的倍数。马氏体类型的高合金钢和铝合金的终止时间可以适当缩到最短。

7.6.5 在试验期间，裂纹长度可用光学方法定期监测或通过电阻法、背面应变法或位移引伸法进行连续监测。至于用哪一种监测方法，要根据实验的具体情况决定。这些方法可以方便地测出裂纹的萌生，并能够测定裂纹扩展速率随应力强度变化的函数关系。

7.6.6 试验完成后，检查试样是否有失效迹象。如果是完整的，则将试样拆下并测定疲劳预裂纹长度的最大和最小值，测量精度尽可能接近到 0.5%W。也在两边和在一边的 0.25B、0.5B 和 0.75B 三个位置测定疲劳预裂纹长度。后五个测定值的平均值作为计算 K_{Qscc} 的有效起始裂纹长度 a_0。当 $K_{\mathrm{Qscc}}=K_{\mathrm{I\,scc}}$ 时试验是有效的，下述情况试验无效：

a) 后三个测定值中的任意两个之间的差超过 2.5%W；

b) 最大和最小裂纹长度之间的差超过 5%W；

c) 疲劳裂纹面的任一部分所处的平面偏离切口平面超过 10°；

d) 疲劳裂纹不在一个平面上，即存在多核效应；

e) 因子 $2.5\left(\dfrac{K_{\mathrm{I\,scc}}}{R_{\mathrm{p0.2}}}\right)^2$ 大于试样的厚度和/或裂纹长度；

f) 疲劳裂纹长度测不准。

事实表明，当 $K_{\mathrm{I\,i}}$ 大于 $K_{\mathrm{I\,scc}}$ 时，会产生应力腐蚀裂纹扩展。所以在所完成的一组试验中，$K_{\mathrm{I\,scc}}$ 是不发生应力腐蚀裂纹扩展的最高 $K_{\mathrm{I\,i}}$ 值。

注：用裂纹终止法计算 K_{Qscc} 时规定使用不包括裂纹边缘的三点平均值(见 7.5.5)，这是因为应力强度因子由裂纹最深部位决定，在恒位移下的应力腐蚀破裂成长一般在试样的中部。

7.6.7 应力腐蚀破裂是一个依赖时间的过程，因此 $K_{\mathrm{I\,scc}}$ 不是绝对的材料属性，但依赖于试验时间(同样依赖于环境和试验方法)。如果时间允许，最初的 $K_{\mathrm{I\,scc}}$ 值的可靠性可以通过进一步的应力腐蚀试验来核实，此试验的应力强度需等于最初的 $K_{\mathrm{I\,scc}}$ 值，而试验时间却要增加一个数量级。通常如果该试验显示出裂纹扩展，则需进一步试验。此外，关于 $K_{\mathrm{I\,scc}}$ 的时间相关性，也可通过绘制试样的断裂时间曲线图得到。该图表明，破断产生在与 $K_{\mathrm{I\,i}}$ 成函数关系的暴露时间内，从而证实是否存在如图 20 所示的渐近于 $K_{\mathrm{I\,scc}}$ 值的曲线。

7.7 裂纹扩展速率的测定

7.7.1 7.5 和 7.6 用于确定 $K_{\mathrm{I\,scc}}$ 值的试验也可用于确定环境裂纹扩展速率，即可作为平均数据也可作为附录B给出的应力强度因子 K 的函数。为了确定这些数据，试样应被断裂，并用显微镜检查断裂表面。

7.7.2 应测量最终裂纹前端，测量精度近可能在 $0.5\%W$ 内，在两边和 $0.25B$、$0.50B$ 和 $0.75B$ 处。这5点测量的平均值作为有效的最终裂纹长度 a_f。

注：5点平均值与裂纹速率测量有关，因为基于电阻的在线裂纹长度测量方法受试样边缘的未分离带的强烈影响。

7.7.3 平均裂纹速率 $\Delta a/\Delta t$，可通过最终和起始裂纹长度的差(a_f-a_0)除以裂纹起始和试验终止的所用时间获得。

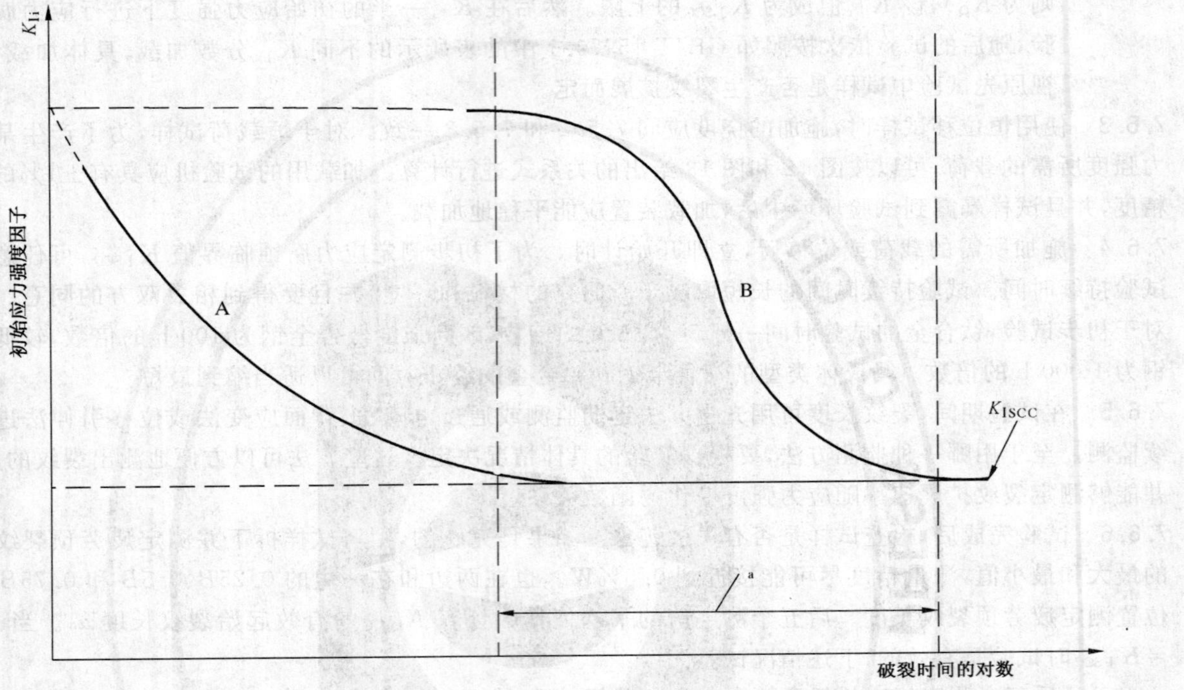

[a] 试验终止的任意时间。

图 20 用破裂时间试验方法得到的应力腐蚀数据图示

8 试验报告

试验报告应包含以下信息：

a) 详细描述试验材料，包括化学成分，组织状态以及力学性能，产品类型和截面厚度；

b) 监控位置、起始溶液组分、pH、充气程度(或其他相关气体浓度)、流动状况、温度和电极电位；根据再循环速率确定近似流经试样的线速度说明流速；

c) 对于每个试样：

1) 试样类型和加载方式；

2) 厚度 B(如果有侧面槽则为 B_n)，mm；

3) 宽度 W，mm；

4) 半高[仅用于$(W-a)$无影响试样]H，mm；

5) 疲劳预裂纹

ⅰ) 裂纹扩展终止段的 K_{max} 值；

ⅱ) 疲劳载荷比 R；

ⅲ) 预制裂纹过程中的温度和环境。

6) 疲劳预裂纹的长度 a；

7) 初始应力强度 K_{Ii}；

8) 暴露到介质中的起始时间和开始加载时间以及总的暴露时间；

9) 裂纹是否扩展(对于恒位移试样为裂纹终止)；

10) 是否产生断裂，如果产生，记下破断时间；

11) 裂纹平面和扩展方向，按图15所示的标记表示。

d) K_{Ic}值(如果不满足有效判据，则为 K_Q)；

e) K_{Iscc}值(如果不满足有效判据，则是 K_{Qscc})，要注明 K_{Iscc}是用裂纹初始法还是终止法得到的，以及所用的判据(分别为试验时间或终止扩展速率)；

f) 能得到的裂纹扩展数据(平均值或作为应力强度的函数)。

附 录 A
（规范性附录）
应力腐蚀试验中切口试样的采用

A.1 范围

A.1.1 断裂力学试样可以在不带疲劳预裂纹的钝切口条件下进行试验，这样的试验只是在要求评价构件或部件的钝切口上能产生环境诱导开裂条件的情况下进行。

A.1.2 钝切口试样可用在1.2和1.3所述的基本几何尺寸和加载方法。

A.2 符号

除了第3章中定义预裂纹试样所用符号外，还使用以下符号：

L：从切口根部到切口外边或到加载点轴的距离，具体取决于试样几何形状；

σ_n：名义应力；

σ_{me}：用弹性力学计算的最大切口应力；

σ_{mk}：用断裂力学方法计算的最大切口应力；

ε_{Th}：切口表面应变的临界值。超过此值，在特定试验条件下将萌生和扩展环境诱导开裂；

σ_{Th}：切口应力的临界值。超过此值，在特定试验条件下将萌生和扩展环境诱导开裂；

r：切口根部半径；

K_t：理论弹性应力集中因子；

K_I'：按切口深度和施加载荷计算的表观裂纹尖端应力强度因子；

M：弯矩；

μ：泊松比。

A.3 原理

A.3.1 试验涉及到带有机械切口的试样，暴露到化学腐蚀性环境时，在施力点受到恒载荷、恒位移或是一种单调增加的载荷。其目的是从通过弹性力学计算的最大切口应力 σ_{me}，计算界限表面应变 ε_{Th}，并且来定量表示能产生环境加速裂纹扩展的条件。

A.3.2 如果在钝切口试样上用弹性力学计算的最大应力得到的最大应变值，与在研究的结构件及部件上的最大应变间的相互关系经检验是有效的，则可用经验数据来保证构件内的应力不会引起环境诱导开裂。

A.4 试样

A.4.1 总则

其他与第5章所述的预裂纹试样相似的钝切口试样，除了没有疲劳裂纹外，都可使用。

A.4.2 试样设计

与预裂纹试样相似，试样尺寸应足以维持切口根部以平面应变状态为主，因为在此状态下，切口根部的塑性区受到约束，其总的切口应变，即弹性加塑性应变，将是某种特定材料的弹性计算最大切口应力的唯一函数。应该规定塑性区尺寸和切口根部半径比切口深度要小。因此推荐：

a) 切口深度 L 和厚度 B 不小于 $2.5\left(\frac{K_I'}{R_{p0.2}}\right)^2$，其中 K_I' 是根据所加载荷和切口深度计算的表观应力强度；

b) 切口根部半径 r,应满足比值 $r=r/(W-L)$不超过 0.2。

A.4.3 应力

A.4.3.1 最大的切口应力能够用弹性力学方法由名义应力 σ_n 和弹性应力集中因子 K_t 的乘积计算。

A.4.3.2 弹性应力集中因子 K_t 能够用弹性有限元分析方法按照公布的表计算或用关系式 $K_t=\sigma_{mk}/\sigma_n$ 来计算。公式中的 $\sigma_{mk}=2K_I{}'/\sqrt{\pi r}$。应该指出,后一种方法的准确度随切口半径的增加而减小。

A.4.3.3 名义应力 σ_n,取决于试样的几何形状。对于弯曲试样见公式(A.1):

$$\sigma_n = 6M/(W-L)B \quad \cdots\cdots(A.1)$$

公式中的 M 是弯矩。

对于紧凑拉伸试样见公式(A.2):

$$\sigma_n = \left[\frac{P}{(W-L)B}\right]\left[\frac{3(W+L)}{W-L}+1\right] \quad \cdots\cdots(A.2)$$

A.4.4 试样制备

A.4.4.1 在热处理后,采用类似于有关部件制造的机加工条件,加工试样切口。

A.4.4.2 鉴于缺口试样产生裂纹所需的载荷比预裂纹试样大,因此需要使用稍大的切口深度约 $0.6L/W$。

A.4.4.3 在试验之前彻底除油。

A.5 程序

A.5.1 界限表面应力 σ_{Th},大于此值,材料对环境诱导开裂敏感,可用恒位移或者恒载荷试样按 7.6 条提出的裂纹初始法,测定 $K_{I\,SCC}$的分析方法进行测定。

A.5.2 相应的界限表面应变值 ε_{Th},大于此值,材料对于环境诱导开裂敏感,可用公式(A.3)进行计算:

$$\varepsilon_{Th} = (1-\mu^2)\sigma_{Th}/E \quad \cdots\cdots(A.3)$$

A.6 试验报告

除列于第 8 章的有关数据外,每个试样都要记录以下的内容:

a) 切口半径 r;

b) 切口深度 l;

c) 切口的加工方法和所用的加工参数(因为这些可以影响切口的表面状态,从而影响产生环境诱导开裂所要求的条件)。

附 录 B
（规范性附录）
裂纹扩展速率的确定

裂纹扩展速率 da/dt，是由裂纹长度与所用时间（a/t）比值计算得到。如果数据有干扰或有假象，建议在计算裂纹扩展速率前，建立 a 与 t 的多项式拟合曲线，否则在裂纹扩展中可发生明显的波动。应注意确保由拟合方法获得 a 与 t 的清楚的真实波动。

一个推荐方法是在 GB/T 15970.2 中描述的疲劳裂纹扩展速率（da/dN）的递增多项式方法。这种方法涉及到拟合一个二次多项式（抛物线），设定（$2n+1$）个连续数据点，此处 n 通常为 1、2、3 或 4。

局部拟合公式（B.1）如下：

$$\hat{a}=b_0+b_1\frac{T_i-C_1}{C_2}+b_2\left(\frac{T_i-C_1}{C_2}\right)^2 \quad \cdots\cdots(\text{B}.1)$$

式中：

$-1\leqslant(T_i-C_1)/C_2\leqslant+1$；

T_i——试验时间；

b_0、b_1 和 b_2 是回归参数，用在 $a_{i-n}\leqslant a\leqslant a_{i+n}$ 范围的最小二乘法确定；

$\hat{a}_i$——裂纹长度在 T_i 的拟合值。

参数 $C_1=0.5\times(T_{i-n}+T_{i+n})$ 和 $C_2=0.5\times(T_{i+n}+T_{i-n})$ 用于定标输入数据。从上面抛物线导出在 T_i 的裂纹成长速率。由公式（B.2）给出：

$$(\mathrm{d}a/\mathrm{d}t)\hat{a}_i=\frac{b_1}{C_2}+2b_2\,\frac{T_i-C_1}{{C_2}^2} \quad \cdots\cdots(\text{B}.2)$$

与 da/dt 有关的 K_{I} 使用相应于 T_i 的拟合裂纹长度 $\hat{a}_i$ 计算。

ICS 77.060
H 25

中华人民共和国国家标准

GB/T 15970.9—2007/ISO 7539-9:2003

金属和合金的腐蚀 应力腐蚀试验 第9部分:渐增式载荷或渐增式位移下的预裂纹试样的制备和应用

Corrosion of metals and alloys—Stress corrosion testing—
Part 9: Preparation and use of pre-cracked specimens for tests under rising load or rising displacement

(ISO 7539-9:2003,IDT)

2007-05-14 发布　　2007-12-01 实施

中华人民共和国国家质量监督检验检疫总局
中国国家标准化管理委员会　发布

前　言

GB/T 15970在《金属和合金的腐蚀　应力腐蚀试验》总标题下，包括以下部分：

第1部分：试验方法总则(GB/T 15970.1—1995)；

第2部分：弯梁试样的制备和应用(GB/T 15970.2—2000)；

第3部分：U型弯曲试样的制备和应用(GB/T 15970.3—1995)；

第4部分：单轴加载拉伸试样的制备和应用(GB/T 15970.4—2000)；

第5部分：C型环试样的制备和应用(GB/T 15970.5—1998)；

第6部分：恒载荷或恒位移下的预裂纹试样的制备和应用(GB/T 15970.6—2007)；

第7部分：慢应变速率试验(GB/T 15970.7—2000)；

第8部分：焊接试样的制备和应用(GB/T 15970.8—2005)；

第9部分：渐增式载荷或渐增式位移下的预裂纹试样的制备和应用(GB/T 15970.9—2007)。

本部分等同采用国际标准ISO 7539-9:2003《金属和合金的腐蚀　应力腐蚀试验　第9部分：渐增式载荷或渐增式位移下的预裂纹试样的制备和应用》。

本部分作了下列编辑性修改：

——删除国际标准前言。

本部分的附录A、附录B和附录C均为资料性附录。

本部分由中国钢铁工业协会提出。

本部分由全国钢标准化技术委员会归口。

本部分起草单位：钢铁研究总院、冶金工业信息标准研究院。

本部分主要起草人：王玮、金明秀、柳泽燕、冯超。

金属和合金的腐蚀　应力腐蚀试验
第9部分：渐增式载荷或渐增式位移下的
预裂纹试样的制备和应用

1　范围

1.1　本部分包括了研究金属在渐增式载荷或渐增式位移下应力腐蚀裂纹敏感性的预裂纹试样的设计、制备和应用等内容。恒定载荷或恒定位移下的试验见 GB/T 15970.6。

本部分中的术语“金属”也包括合金。

1.2　因为裂纹尖端需要维持弹性约束，所以预裂纹试样不适于评价如薄板或线材等薄的产品。通常适用于评价板材、棒材和锻件等厚的产品。预裂纹试样也适用于焊接件。

1.3　预裂纹试样可以通过在加载点使用单调增加载荷或位移装置定量加载。

1.4　预裂纹试样的一个突出优点是：可以通过测得的数据计算出已知几何形状且承受已知应力构件的临界缺陷尺寸。如果缺陷尺寸超过临界值，应力腐蚀破裂可能会发生。预裂纹试样也可以用于测定应力腐蚀裂纹扩展速率。

1.5　本试验的一个主要优点是：考虑了动态应变对应力腐蚀破裂界限值的潜在影响。

1.6　在足够低的加载速率下，本方法可以更快捷地测定 K_{ISCC} 值，且此值会小于或等于由恒载荷或位移方法测定的值。

2　规范性引用文件

下列文件中的条款通过本部分的引用而成为本部分的条款。凡是注日期的引用文件，其随后所有的修改单(不包括勘误的内容)或修订版均不适用于本部分，然而，鼓励根据本部分达成协议的各方研究是否可使用这些文件的最新版本。凡是不注日期的引用文件，其最新版本适用于本部分。

GB/T 15970.1　金属和合金的腐蚀　应力腐蚀试验　第1部分：试验方法总则(GB/T 15970.1—1995,idt ISO 7539-1:1987)

GB/T 15970.6　金属和合金的腐蚀　应力腐蚀试验　第6部分：恒载荷或恒位移下的预裂纹试样的制备和应用(GB/T 15970.6—2007/ISO 7539-6:2003,IDT)

GB/T 15970.7　金属和合金的腐蚀　应力腐蚀试验　第7部分：慢应变速率试验(GB/T 15970.7—2000/ISO 7539-7:1989,IDT)

GB/T 20120.2　金属和合金的腐蚀　腐蚀疲劳试验　第2部分　预裂纹试样扩展试验(GB/T 20120.2—2006/ISO 11782-2:1998,IDT)

3　术语和定义

GB/T 15970.6 确立的以及下列术语和定义适用于本部分。

3.1

在加载面上裂纹张开位移的变化率　rate of change of crack opening displacement at loading plane

$\dot{V}_{LL}$

固定周期测量的加载点通路的挠度。

3.2

裂纹萌生时的应力强度因子　stress intensity factor at crack initiation

$K_{I\text{-init}}$

可测量的裂纹开始扩展时的应力强度。

3.3

疲劳状态下应力强度因子范围　range of stress intensity factor

ΔK_f

一周期内最大与最小应力强度因子的代数差。

3.4

位移速率　displacement rate

dq/dt

在加载点轴线或远离加载线处测量的挠度增加率。

4　原理

4.1　要确保构件在加工制作或随后的使用过程中不产生裂纹状的缺陷是困难的，有鉴于此，使用预裂纹试样。这些缺陷的存在对应力腐蚀破裂是敏感的，而这种敏感性对某些材料(如钛)，在光滑试样的恒载荷试验中不明显。应用线弹性断裂力学的原理，能够借助于平面应变应力强度定量地确定存在于预裂纹试样或构件中的裂纹尖端的应力状况。

4.2　对机械切口进行疲劳预制裂纹的试样，通过在施力点施加恒定载荷或位移，在化学侵蚀性介质中进行试验，目的是借助于应力腐蚀破裂界限应力强度因子 $K_{I\,SCC}$ 和裂纹扩展动力学来定量地确定产生环境加速裂纹扩展的条件。

4.3　试验可在拉伸或弯曲条件下进行。试验的最重要特性是使用低加载/位移速率。

4.4　由于本方法与动态应变相关联，所以得到的数据也许与相同环境材料组合下的仅静态加载的预裂纹试样试验不同。

4.5　设计和寿命预测中可以应用经验数据。目的是为了保证大型构件内的应力不足以在预先存在的缺陷部位引发环境诱导开裂，或者是在设计寿命或检查周期内确保裂纹扩展量不会造成失稳破坏的危险。

4.6　由于在裂纹尖端化学和电极电位的变化，应力腐蚀破裂受力学和电化学驱动力影响，后者可随裂纹深度、开放程度或形状变化，不仅仅用断裂力学应力强度因子描述。

4.7　力学驱动力包括施加的和残余应力。在实验室试验和应用于更复杂的几何形状时，应考虑后者可能的影响。试样中的残余应力梯度可导致沿裂纹前端非均匀扩展。

4.8　$K_{I\,SCC}$ 是环境和加载条件的函数，环境应模拟实际使用条件。

5　试样

5.1　总则

5.1.1　凡在断裂韧性试验中，所采用的大范围的标准试样几何尺寸都可以使用。最常用的试样在 GB/T 15970.6 中描述。试样具体类型可因原材料的形状、强度、对应力腐蚀破裂的敏感性以及试验目的不同而异。

5.1.2　基本的要求是尺寸要满足以三轴应力为主的(平面应变)条件，在此条件下，塑性变形在裂纹尖端附近受到限制，断裂韧性试验的经验表明，为了测得正确的 K_{Ic} 值，试样的裂纹长度 a 和厚度 B 都不能小于 2.5$(K_{Ic}/R_{p0.2})^2$。为保证足够的约束，应尽可能使用大试样，其 a 和 B 至少等于 4$(K_{Ic}/R_{p0.2})^2$。从断裂力学的观点看，此时不能具体规定可得到恒定 K_{ISCC} 值的最小试样厚度。在应力腐蚀过程中，侵蚀性环境的存在，可以降低与破断有关以及因此与限制塑性变形所需的尺寸有关的塑性值。然而为了减少约束不足的危险，推荐了类似于断裂韧性试验中使用的有关试样尺寸的规范，即：

$$a \text{ 和 } B \text{ 不小于 } 2.5(K_I/R_{p0.2})^2 \quad \cdots\cdots(1)$$

$$\text{最好不小于 } 4(K_I/R_{p0.2})^2 \quad \cdots\cdots(2)$$

式中的 K_I 是试验中外加的应力强度，单位为 MPa/m。最后测定的界限应力强度值应该取代式(1)中的 K_I，以检验其有效性。

第一个表达式中的 K_I 来替代应力强度极限值以检验试验的有效性。

5.1.3　如果试样是用来测定 K_{ISCC}，那么初始的试样尺寸可按材料 K_{ISCC} 的估计值来考虑(开始最好将 K_{ISCC} 值估计得高一点，因此采用较实际需要大一些的试样)，在实际使用中，如遇到所用的材料的厚度不能满足有效的条件时，只要能清楚说明所测得的临界应力强度值只与此特殊应用有关，那么可以使用相同厚度的试样做试验。在需要测定作为应力强度函数关系的应力腐蚀裂纹扩展行为时，试样尺寸应按测定裂纹扩展速率的最高应力强度估计值确定。

5.1.4　根据试验材料的形状、现有的实验装置以及试验目的，试样的几何形状可以在很宽范围内进行选择。可以使用下面两种基本类型的试样：

a)　用于拉伸加载的试样；

b)　用于弯曲加载的试样。

这表示可以在弯曲或拉伸加载条件下研究裂纹的扩展。试样可用来测定 K_{ISCC} 或裂纹扩展速率。用一组带预制疲劳裂纹的试样通过应力腐蚀裂纹萌生测定 K_{ISCC}。因为试样暴露在试验环境中时是加载的，所以应避免出现不必要的孕育期。

5.1.5　可以通过许多连续监测方法进行裂纹长度测量，例如电阻方法。

5.1.6　原则上弯曲试样可在相对简单的悬臂梁试验机上进行试验，但受拉伸加载的试样则要求在拉伸试验机上进行。

5.2　试样设计

5.2.1　试样可拉伸或弯曲加载。根据不同设计，拉伸加载试样在裂纹尖端主要受拉应力(类似于中心裂纹板这一类远拉伸型试样)或者包含明显的弯曲应力(类似于紧凑拉伸这一类的裂纹线加载型试样)。裂纹尖端存在的明显的弯曲应力在应力腐蚀试验中能反过来影响裂纹通道的稳定性，并且对某些材料能促进裂纹的分叉。弯曲试样可以按三支点、四支点或悬臂弯曲装置加载。

5.2.2　裂纹线弯曲会导致裂纹扩展具有偏离平面的倾向，可以通过在试样上开侧面槽来控制。

5.2.3　许多几何形状试样具有独特的优点，从而被广泛的应用于渐增载荷或渐增位移应力腐蚀破裂试验。这包括：

a)　紧凑拉伸(CTS)试样，材料用量最少；

b)　悬臂梁弯曲试样，易加工且试验费用低；

c)　C 型试样，可由厚壁圆筒加工，从而研究纵向裂纹的径向扩展。

图 1～图 3 给出各类标准试样的设计详图。

单位为毫米

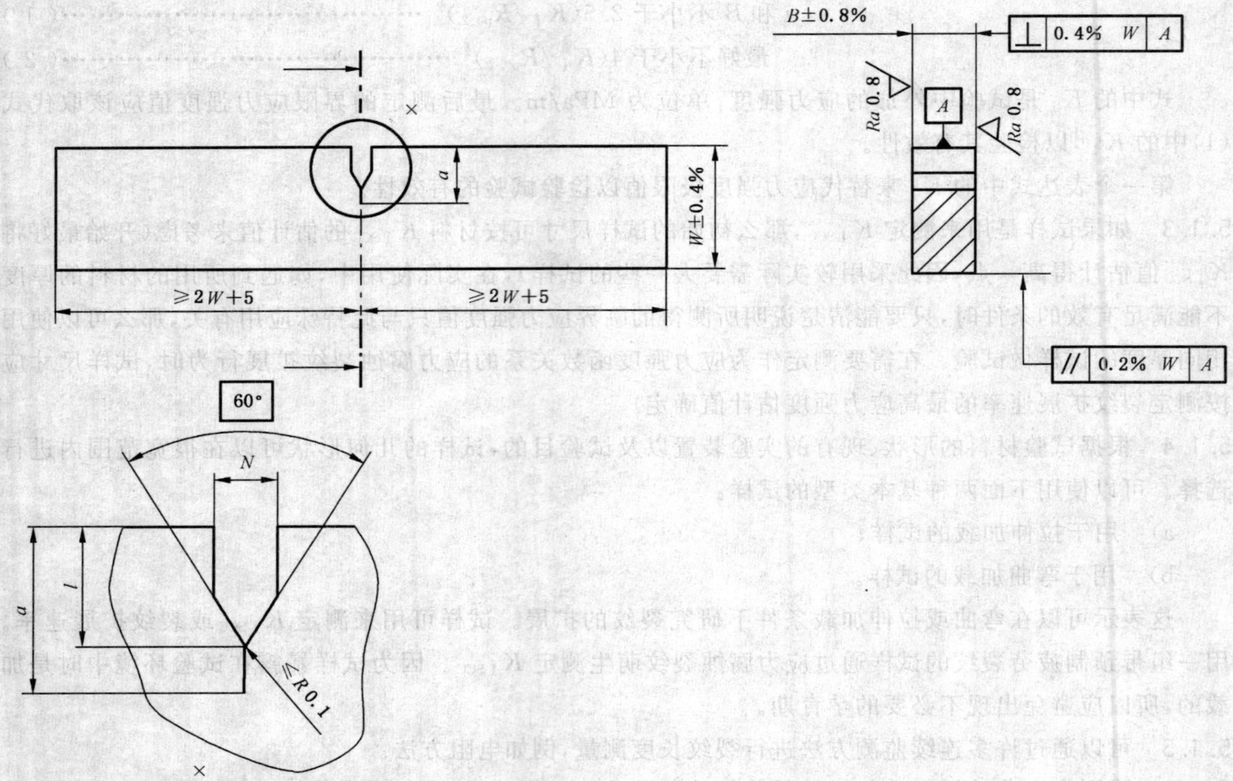

宽度＝W

厚度 $B=0.5W$

切口宽度 $N=0.065W$ 最大(如果 $W>25$ mm)或 1.5 mm 最大(如果 $W\leqslant 25$ mm)

有效切口长度 $l=0.25W\sim 0.45W$

有效裂纹长度 $a=0.45W\sim 0.55W$

图 1　悬臂梁试验试样的比例尺寸和公差

单位为毫米

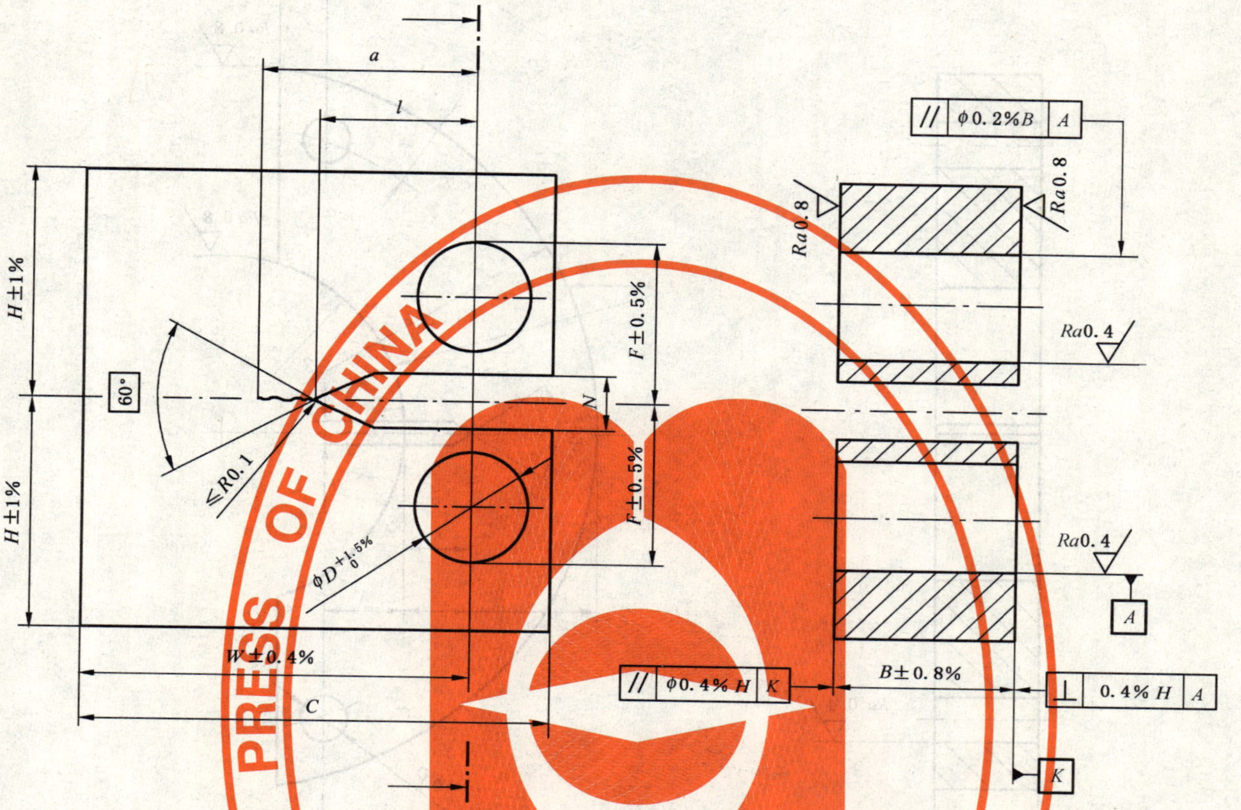

净宽度＝W

总宽度 $C \geqslant 1.25W$ 最小

厚度 $B = 0.5W$

半高 $H = 0.6W$

孔直径 $D = 0.25W$

孔外边缘之间距离的一半 $F = 1.6D$

缺口宽度 $N \leqslant 0.065W$ 最大

有效缺口长度 $l = 0.25W \sim 0.40W$

有效裂纹长度 $a = 0.45W \sim 0.55W$

图 2　紧凑拉伸试样的比例尺寸和公差

单位为毫米

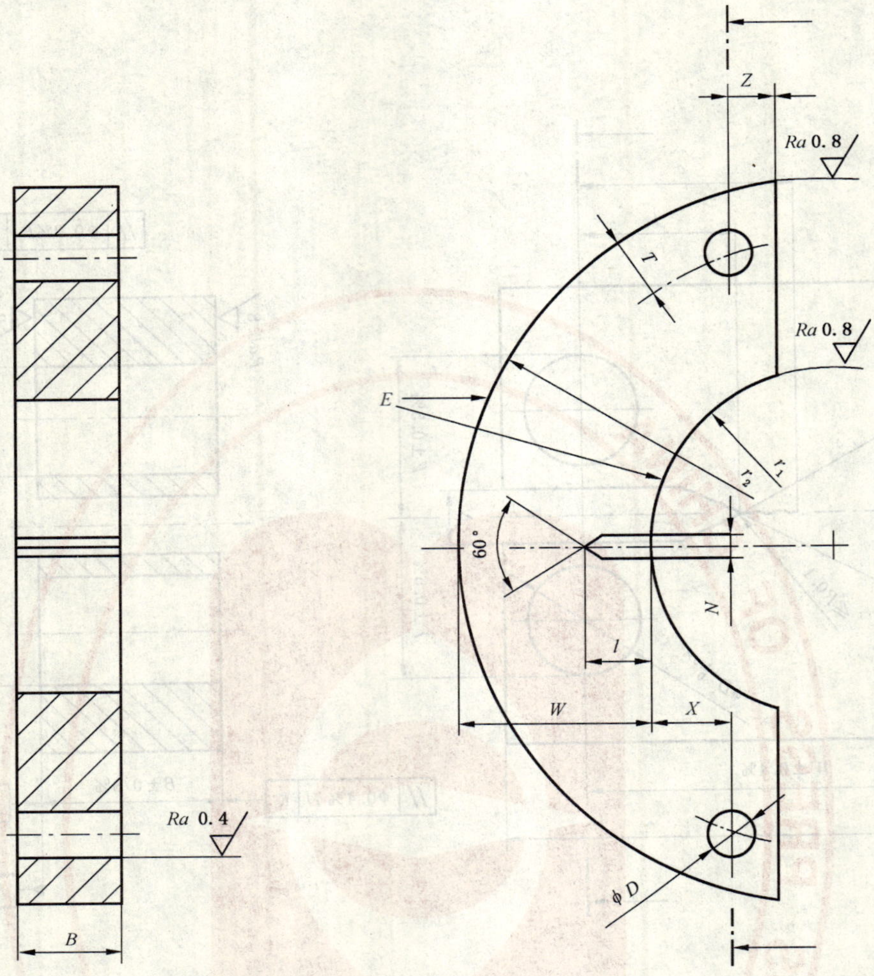

净宽度＝W

厚度 $B=0.50W\pm0.01W$

孔轴线到内径切线 $X=0.50W\pm0.005W$

切口宽度 N 1.5 mm≤N≤0.1W

切口深度 $I=0.3W$

孔轴线到试样面 $Z=0.25W\pm0.01W$

孔轴线到外表面 $T=0.25W\pm0.01W$

孔的直径 $D=0.25W\pm0.005W$

注：所有表面都应平行和垂直，偏差在 0.002W 范围内，“E”表面垂直于“Y”面，偏差在 0.02W 范围内。

图 3 C 形试样的比例尺寸和公差

5.2.4 如果需要的话，例如，在难以准确地控制疲劳裂纹的萌生和(或)扩展的情况下，不妨采用如图 4 中所示的人字形切口试样。必要时，此缺口的角度可以从 90°增加到 120°。

5.2.5 在需要测定裂纹张开位移的场合，安装引伸计的刀口可以加工成如图 5a)所示的切口。切口也可分别用螺栓固定或粘在试样切口相对的两侧，如图 5b)所示。图 6 给出了一种适用的锥形梁引伸计详图。

单位为毫米

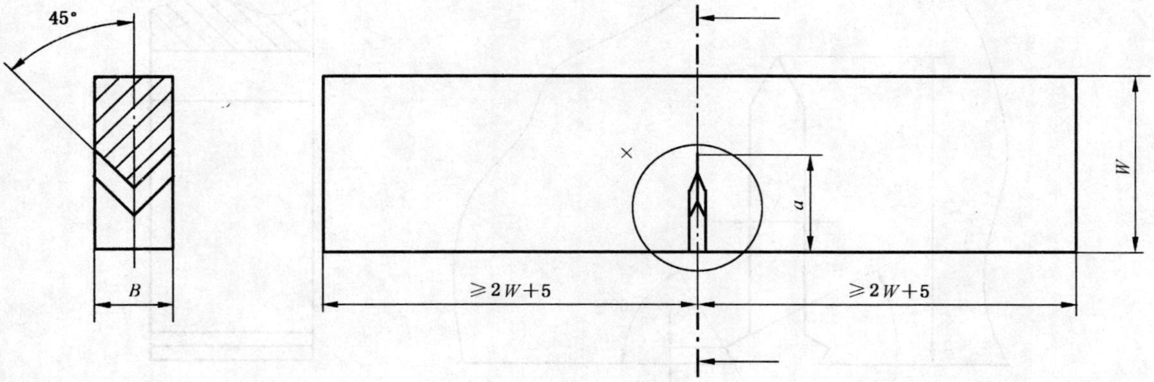

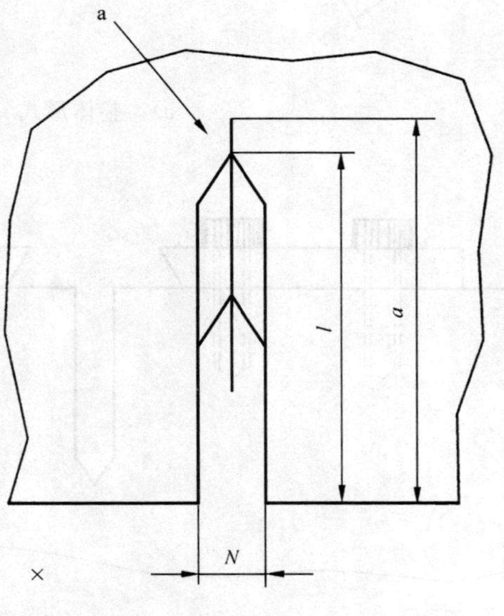

[a] 用60°刀具铣，对于全部试样切口根部半径最大为0.3。

图4 人字形缺口

单位为毫米

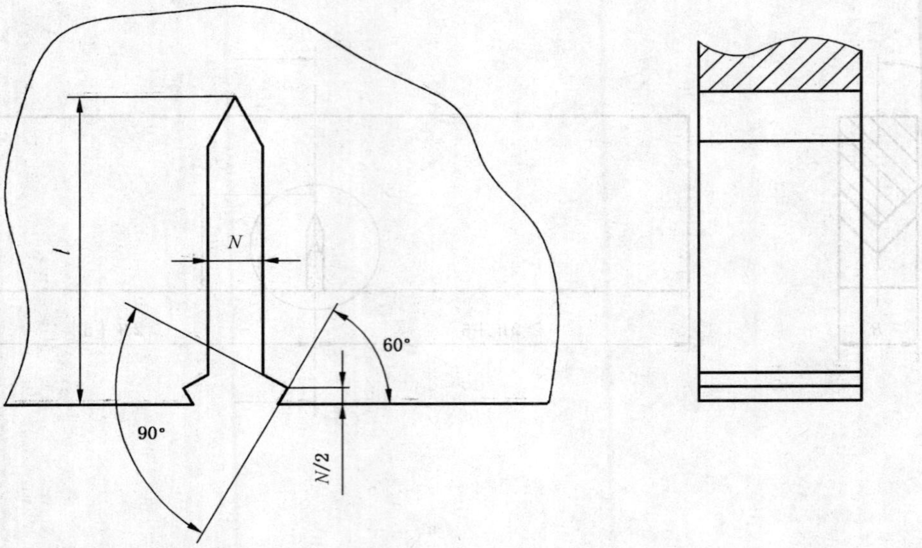

a） 整体形式

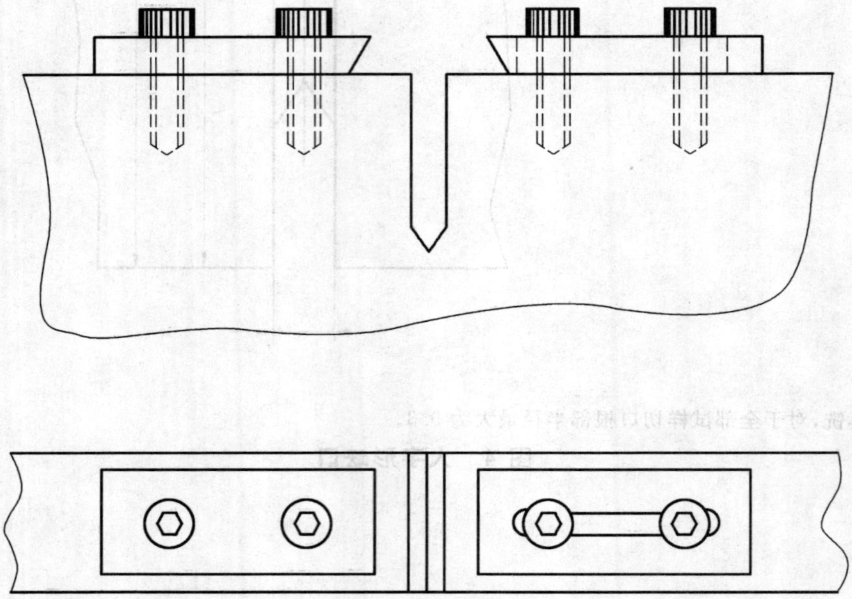

b） 螺钉形式

注：假设能够保证足够的强度，那么上面刀口可用粘合剂固定。

图 5 引伸计刀口的位置

单位为毫米

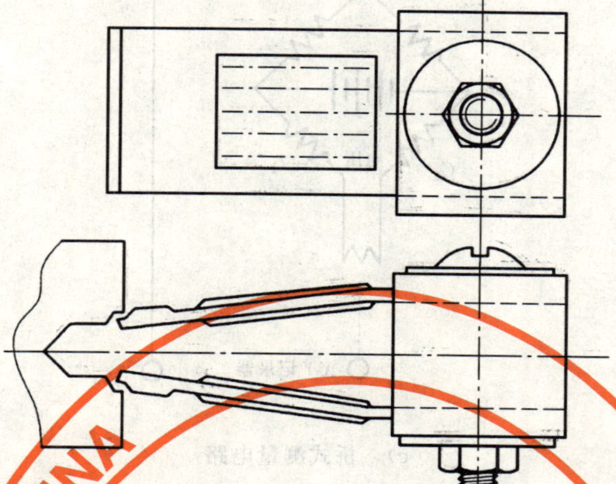

a）安装在试样上的引伸计

b）梁的尺寸

图 6 锥形梁引伸计详图

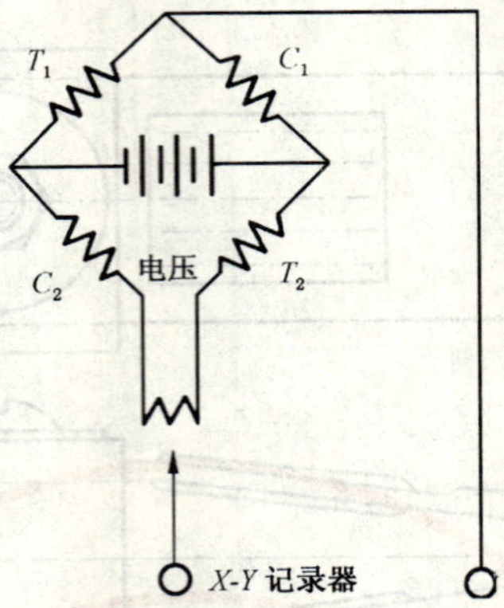

c) 桥式测量电路

a 此处尺寸应为最小初始标准长度的 3.8 倍。

b 梁厚度的斜度为 0.5～0.8。

注：应选择应变计及材料以适应试验环境。

图 6（续）

5.3 应力强度因子

5.3.1 用弹性理论可以证明，作用于不同形状的试样或构件的裂纹尖端处应力强度因子 K_{I} 可以用公式(3)表示：

$$K_{\mathrm{I}} = Q \times \sigma \times \sqrt{a} \qquad \cdots\cdots(3)$$

式中：

Q——无量纲的几何常数；

σ——外加应力，单位为兆帕(MPa)；

a——裂纹长度，单位为毫米(mm)。

5.3.2 对于特定几何形状和加载方法的试样，K_{I} 的数学解可以通过有限元应力分析或者根据试验或理论确定试样柔度值来计算。

5.3.3 K_{I} 可以通过一个无量纲应力强度因子系数 Y 来计算，此系数与由 a/W 来表示的裂纹长度有关，其关系式见公式(4)：

$$K_{\mathrm{I}} = \frac{YP}{BW^{1/2}} \qquad \cdots\cdots(4)$$

对于紧凑拉伸试样和 C 形试样，

式中：

W——试样的宽度，单位为米(m)；

P——施加载荷。

5.3.4 为了抑制裂纹分叉，可采用浅的侧面槽(一般在试样两侧面的槽深总共为试样厚度的 5%)。侧面槽可采用半圆形或 60° V 形，但是要注意即使采用高达 50% 试样厚度的半圆侧面槽，有时也不一定能达到保持裂纹在所要求的平面内扩展的目的。对于使用侧面槽的试样，开槽后的厚度 B_{n} 由于开槽对应力强度的作用可以在上面的表达式中用 $\sqrt{BB_{\mathrm{n}}}$ 代替 B 来解决。然而，侧面槽对应力强度因子的影响还远远没有确定，所以在采用修正系数时要特别谨慎，尤其是在侧面槽较深的情况下更应如此。

5.3.5 图 7～图 9 给出了在应力腐蚀试验中常用试样几何形状的 Y 的解。

单位为毫米

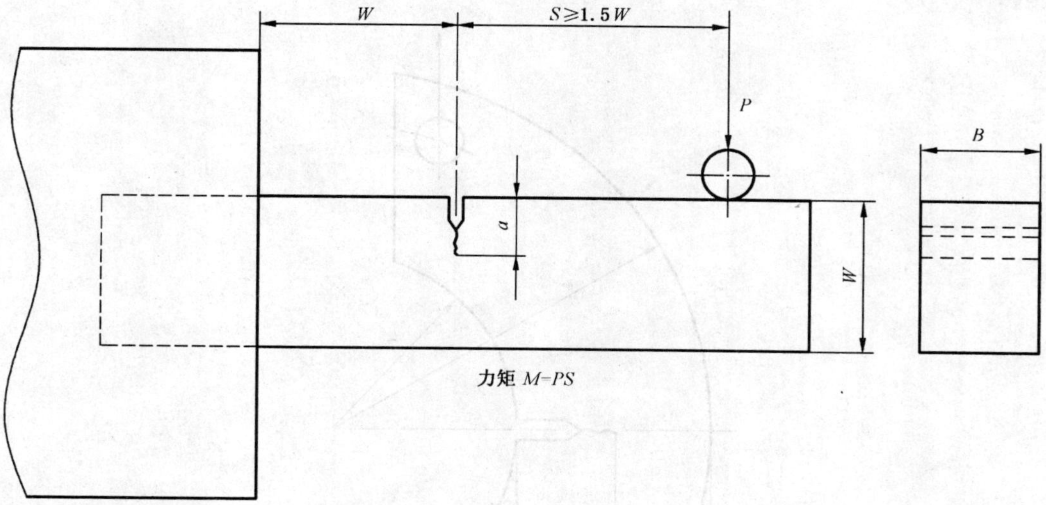

$$K_{\mathrm{I}}=\frac{YP}{B\sqrt{W}}$$

在 $S=1.5W$ 情况下，式中：

$$Y=6.21\sqrt{\frac{1}{\left(1-\frac{a}{W}\right)^{3}}-\left(1+\frac{a}{W}\right)^{3}}$$

注：此公式最初是通过应力分析和柔度的组合方法推导出来的。虽然没有规定公式的准确性和有效程度，但它适用于 $0.2\leqslant\frac{a}{W}\leqslant0.6$ 的范围。为了更有把握，推荐采用经验柔度定标。

图 7　悬臂梁试样的应力强度因子解

单位为毫米

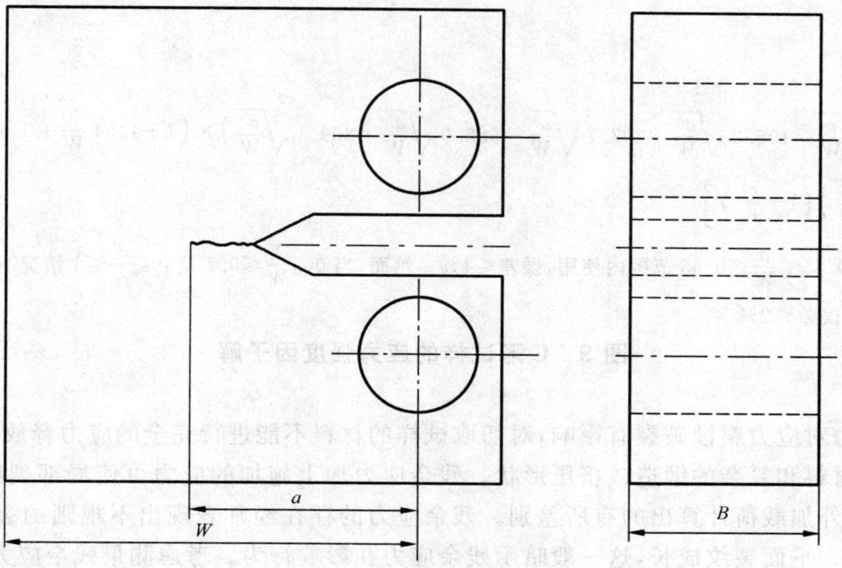

$$K_{\mathrm{I}}=\frac{YP}{B\sqrt{W}}$$

式中：

$$Y=\frac{2+\frac{a}{W}}{\sqrt{\left(1-\frac{a}{W}\right)^{3}}}\left[0.886+4.64\left(\frac{a}{W}\right)-13.32\left(\frac{a}{W}\right)^{2}+14.72\left(\frac{a}{W}\right)^{3}-5.6\left(\frac{a}{W}\right)^{4}\right]$$

注：在 $0.2\leqslant\frac{a}{W}\leqslant1.0$ 范围内使用此公式，误差 $\leqslant\pm0.5\%$。

图 8　紧凑拉伸试样的应力强度因子解

单位为毫米

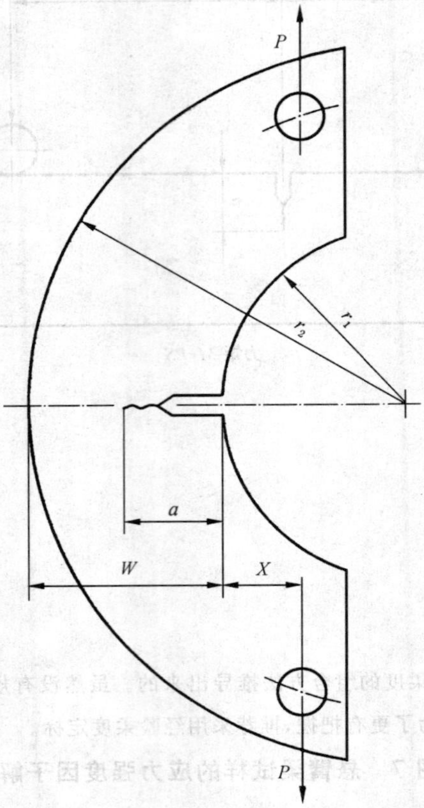

$$K_1=\frac{YP}{B\sqrt{W}}$$

式中：

$$Y=\left(18.23\sqrt{\frac{a}{W}}-106.2\sqrt{\frac{a^3}{W}}+397.7\sqrt{\frac{a^5}{W}}-582.0\sqrt{\frac{a^7}{W}}+369.1\sqrt{\frac{a^9}{W}}\right)\times\left(1+1.54\frac{X}{W}+0.5\frac{a}{W}\right)\times\left[1+0.22\left(1-\sqrt{\frac{a}{W}}\right)\left(1-\frac{r_1}{r_2}\right)\right]$$

注：此公式在 $0.45\leqslant\frac{a}{W}\leqslant0.55$ 范围内使用，误差≤1%。然而，当 $0\leqslant\frac{X}{W}\leqslant0.7$ 及 $0\leqslant\frac{r_1}{r_2}\leqslant1$ 情况下，在 $0.3\leqslant\frac{a}{W}\leqslant0.7$ 范围内，其误差≤2%。

图 9　C 形试样的应力强度因子解

5.4　试样制备

5.4.1　残余应力对应力腐蚀破裂有影响，对切取试样的材料不能进行完全的应力释放时，影响明显，例如焊接件、淬火材料和复杂的锻造或挤压形状。残余应力加上施加的应力可使局部裂纹尖端的应力强度因子与单独由外加载荷计算出的有所差别。残余应力的存在经常表现出不规则的裂纹扩展，即裂纹前端弯曲或非同一平面裂纹成长，这一般暗示残余应力在影响行为。考虑测量残余应力。

5.4.2　对于有取向要求的试样(如图 10)应尽可能在完成热处理后机加工。对完成热处理后难以进行加工的某些材料，最后一道热处理必须在开缺口和精加工之前进行，这种情况下应考虑到最终机加工阶段，每个面至少要去掉 0.5 mm 厚。然而，对于已经完成机加工的试样，也可以进行热处理，但这种热处理必须不损害表面状态，不产生残余应力及淬火裂纹或者变形的情况下才行。

5.4.3　机加工后，应对试样进行充分的除油处理，以保证在随后预制疲劳裂纹或应力腐蚀试验期间试样的裂纹尖端不会被污染。当采用电阻法检测裂纹扩展时，需要用锡焊或铜焊方法将电极与试样连接起来，这时为了除去少量残余焊剂，应该在焊接之后和预制裂纹之前进行除油。

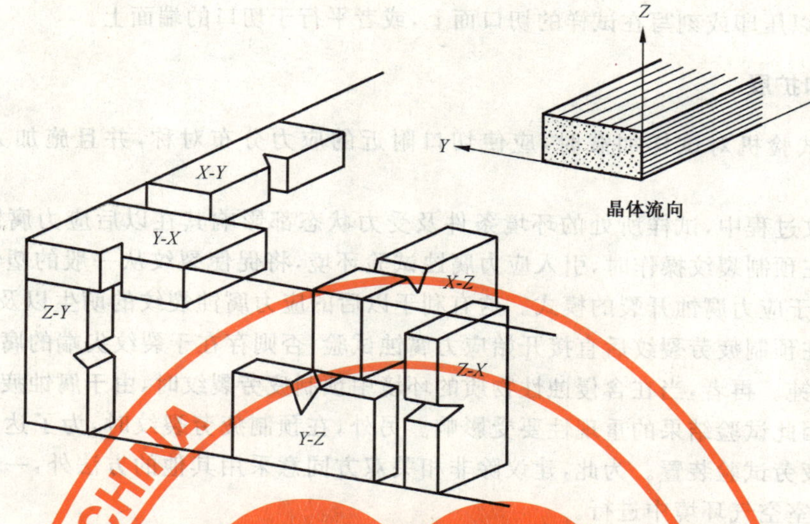

a） 基础断裂平面标志：矩形截面

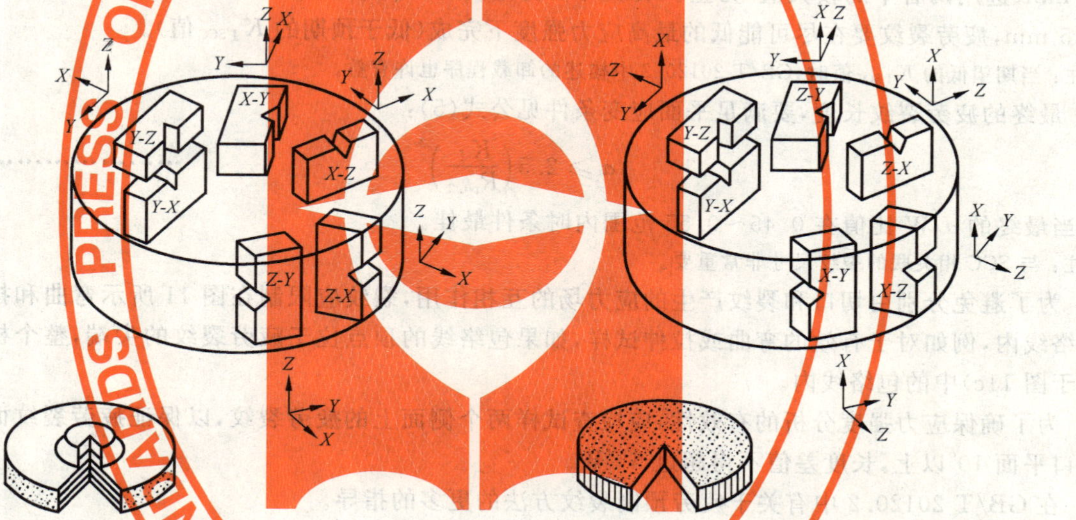

1） 径向晶体流向——轴向加工方向　　2） 轴向晶体流向——径向加工方向

b） 基础断裂平面标志：圆柱截面

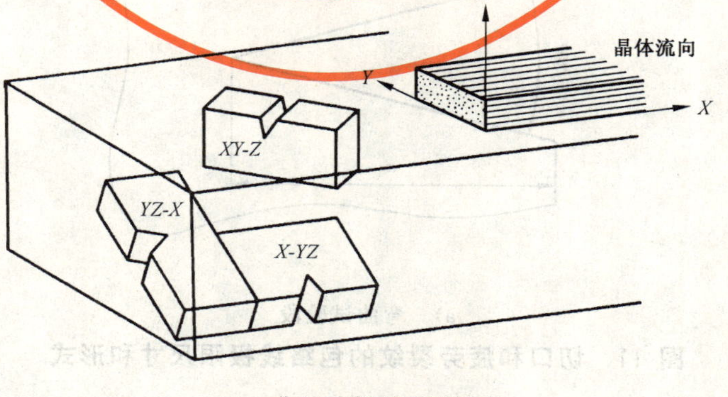

c） 非基础断裂平面标志

图 10 断裂平面标志

5.5 试样标记

试样的标识号可以压印或刻写在试样的切口面上，或者平行于切口的端面上。

6 疲劳裂纹的萌生和扩展

6.1 用预制裂纹的试验机对试样加载时，应使切口附近的应力分布对称，并且施加力的准确度在±2.5%以内。

6.2 在预制疲劳裂纹过程中，试样所处的环境条件及受力状态都影响其在以后应力腐蚀试验中的行为。对于某些材料，在预制裂纹操作时，引入应力腐蚀试验环境，将促使裂纹从一般的塑性穿晶疲劳开裂模式转变为很类似于应力腐蚀开裂的模式。这有利于以后的应力腐蚀裂纹的萌生以及 K_{Iscc} 起始值的测定。然而，除非在预制疲劳裂纹后直接开始应力腐蚀试验，否则存在于裂纹尖端的腐蚀剂由于腐蚀作用能使裂纹尖端变钝。再者，当在含侵蚀性物质的环境中预制疲劳裂纹时，由于腐蚀疲劳破断形式对循环加载格外敏感，因此试验结果的重现性要受影响。另外，在预制疲劳裂纹时，为了达到控制环境的目的，要求更完备的疲劳试验装置。为此，建议除非相关双方同意采用其他的方法外，一般预制疲劳裂纹都要在正常的实验室空气环境中进行。

6.3 试样要用 R 值为 0～0.1 的疲劳载荷预制裂纹，直到裂纹至少在侧面越过切口 2.5%W 或 1.25 mm（选用两者中的较大值）为止。裂纹可以在比预期 K_{Iscc} 高的 K_{I} 值下开始，但在裂纹扩展的最后 0.5 mm，疲劳裂纹要在尽可能低的最高应力强度下完成（低于预期的 K_{Iscc} 值）。

注：当期望低的 K_{Iscc} 值时，GB/T 20120.2 中描述的卸载程序也许有益。

6.4 最终的疲劳裂纹长度，要满足平面应变条件见公式(5)：

$$a \geqslant 2.5\left(\frac{K_{\mathrm{I}}}{R_{\mathrm{p0.2}}}\right)^2 \qquad \cdots\cdots(5)$$

当最终的 a/W 比值在 0.45～0.55 范围内时条件最佳。

注：与 SCC 相关联的裂纹尺寸非常重要。

6.5 为了避免分别由切口和裂纹产生的应力场的互相作用，裂纹应限制在图 11 所示弯曲和拉伸试样的包络线内，例如对于有效的弯曲或拉伸试样，如果包络线的顶点位于疲劳裂纹的尖端，整个机械切口应位于图 11c）中的包络线内。

6.6 为了确保应力强度分析的有效性，应检查试样两个侧面上的疲劳裂纹，以保证疲劳裂纹面不得偏离切口平面 10°以上，长度差值不得超过 5%W。

6.7 在 GB/T 20120.2 中有关于疲劳预制裂纹方法的更多的指导。

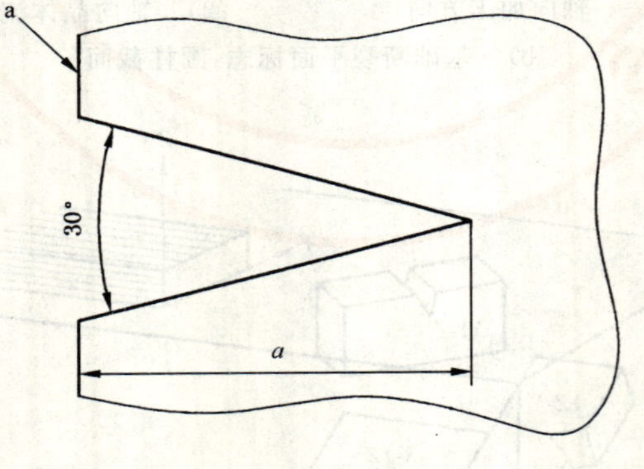

a） 弯曲试验段

图 11 切口和疲劳裂纹的包络线极限尺寸和形式

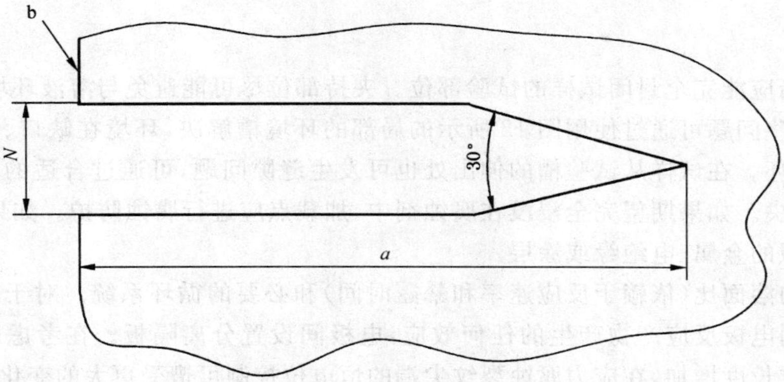

b) 拉伸试验段

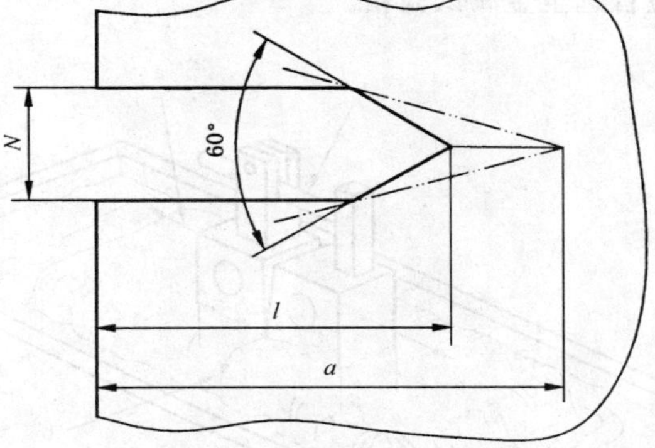

c) 弯曲或拉伸试验段

a 试验段边缘。

b 试验段加载线。

图 11（续）

7 试验步骤

7.1 总则

试验前测定试样厚度 B 和宽度 W，精确到 0.1%W 以内，测量线离裂纹平面不能大于 10%W。还要测定试样两侧面上疲劳预裂纹的平均长度，并用该值估计产生期望初始应力强度 K_{I} 所需载荷（见 7.6）。

7.2 环境因素

7.2.1 因为金属-环境交互作用的特殊性，有必要在严格控制的环境条件下进行应力腐蚀裂纹扩展试验（见 7.2.3 和 7.2.4）。

7.2.2 试验所采用的环境条件取决于试验目的。但是理想情况下应该与合金使用的实际环境条件相同或相近。

7.2.3 重要的环境因素有电极电位、温度、溶液组分、pH 值、溶解气体的浓度、流速和压力。GB/T 15970.1给出了有用的背景信息。与气体有关的环境中，一个关键的因素是气体的纯度。

7.2.4 试验可在开路条件下进行，在此条件中金属的电极电位依赖于特定的试验环境条件，其中充气程度是一个重要因素。替代之一，可用恒电位仪或静电计方法测的开路值代替电极电位。

7.2.5 施加外电流的辅助电极应设计成在试样上产生均匀的电流分布，即恒定的电极电位。

7.2.6 实际操作时，建议试样与试验环境接触后再加载。否则，试样在加载后应尽快地暴露到试验环境中。

7.3 环境箱

7.3.1 环境试验箱应能完全封闭试样的试验部位。夹持部位尽可能避免与溶液环境接触，防止电池效应和缝隙腐蚀。这些问题可通过使用图12所示的局部的环境槽解决，环境在缺口、预裂纹和预期的试样裂纹扩展区域循环。在试样从试验槽的伸出处也可发生缝隙问题，可通过合适的槽设计或在这样位置使用防护涂层解决。如果期望完全浸没在腐蚀剂中，加载点应进行腐蚀防护。如果这不可行，可采用合适的措施，如相似的金属、电绝缘或涂层。

7.3.2 要求足够的溶面比(依赖于反应速率和暴露时间)和必要的循环系统。对于施加电位或施加电流的条件，为了限制电极反应产物产生的任何效应，电极间设置分离隔板。在考虑应力腐蚀破裂机制时，应当注意随裂纹长度增加，在应力腐蚀裂纹尖端的恒电位控制可遭受更大的变化。

7.3.3 推荐环境试验箱和循环系统使用非金属材料，这些材料应为惰性。注意玻璃和某些塑料在高温时不是惰性，在有必要使用金属试验箱时，为防止电池效应，应与试样电绝缘。

7.3.4 对于气体环境试验，应首选全金属试验箱。

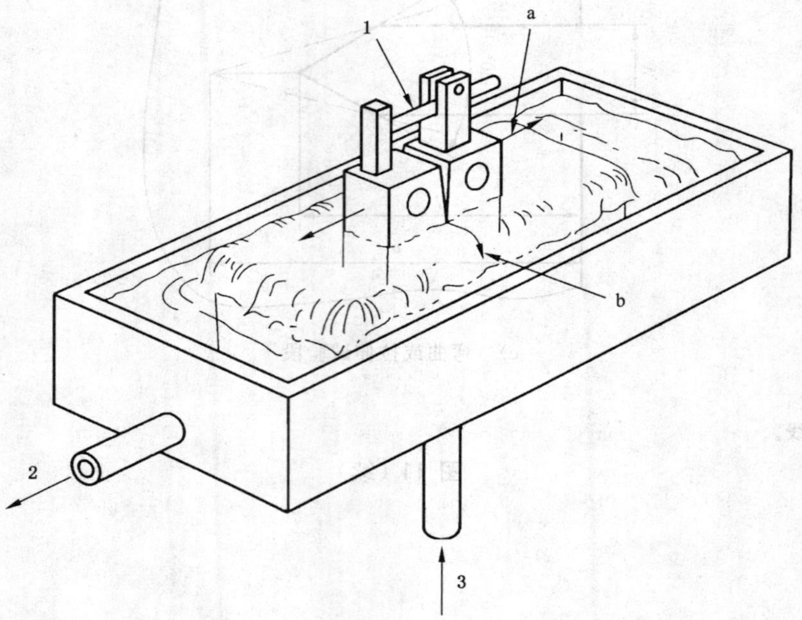

1——位移传感器；

2——溶液出口；

3——溶液入口。

a 加载。

b 溶液流向。

图12 断裂力学试样在环境箱中安置

7.4 环境控制及监测

7.4.1 在试验期间，要求对试验环境进行监控和控制。在非缓冲体系中，用自动pH控制系统维持pH值恒定。否则，应评价pH值的变化对裂纹成长的影响。

7.4.2 在对大气开放体系中，可通过向溶液中空气冒泡维持充气。在封闭系统中，要求监控。因为流动能影响电极电位，如影响氧的流通和裂纹里与溶液之间的物质传输，试验使用的流速应模拟实际使用的条件。在后一种情况中，相对裂纹的流动方向可能是重要的。应考虑对裂纹侧面密封以限制人为的沿厚度方向的传输，但也许引进局部缝隙问题。

7.4.3 强烈建议使用合适的参比电极测量电极电位。在测量电位时，应注意限制 *IR* 降。溶液温度应控制在±2℃范围内。

7.5 **动态加载前初始 K 值的选择**

7.5.1 如果研究的材料无在空气中的断裂韧性试验数据，应在试验室空气中进行一个初步试验。这需要一个原始试样采用推荐方法测定材料的断裂韧性 K_{IC}（如不满足，则是 K_Q）。此值为 $K_{\mathrm{I\,scc}}$的上限。

7.5.2 如果在试验开始时不知道破裂条件，在给定的金属/环境组合下破裂条件可能与时间有关。在这种情况下，如果足够慢的位移速率能确保在经过必要的时间前不会发生纯力学断裂，仅能观察到应力腐蚀破裂，由此建立了破裂的环境条件。在动态应变开始前将试样暴晒在试验环境中一段时间，往往可以使这些困难减到最小。建议在试验开始前，将施加了预载荷的试样放置在试验环境中至少 24 h。环境中初次试验的典型预载荷值相当于 K_{IC}（或 K_Q）的 5%的初始 K 值。

7.5.3 初始 K 值的选择是非常重要的，因为此值决定了试验的时间。

7.5.4 K 的初始值可相当于疲劳预裂后的 $K_{\max}$终值。在认为 $K_{\mathrm{I\,scc}}$值可能高时，动态加载前载荷可逐步增加到一个更高的随机值。如果随后发生的破裂不会使后来的 K 值增加，那么应该选择较低的初始 K 值。因为相对于静态加载，动态加载通常是加速试验方法，可采用低的初始 K 值。然而，初始 K 值可以基于 $K_{\mathrm{I\text{-}init}}$的最初估计值来精确选择。

7.6 **$K_{\mathrm{I\,scc}}$的测定**

7.6.1 **总则**

在每次试验之前要选择位移速率，且此位移速率在整个试验期间应保持恒定。

7.6.2 **测定程序**

7.6.2.1 在大多数体系中，裂纹萌生时的应力强度因子 $K_{\mathrm{I\text{-}init}}$可能是使用的位移速率的函数。因此，对于研究的体系，试验应该在合适的位移速率范围内进行，以确保得到 $K_{\mathrm{I\,scc}}$的守恒值。根据 7.6.2.2 至 7.6.2.9 中的概述的方法，让许多试样在不同的位移速率下进行试验。

7.6.2.2 应选择一个随机但低的位移速率来测定初步的 $K_{\mathrm{I\text{-}init}}$值，当超过此值时应力腐蚀破裂可能会开始。尽管对于初步试验，钛合金的 1×10^{-8} m/s（36 μm/h）和高强度钢和铝合金的 1×10^{-9} m/s（3.6 μm/h）的位移速率也许是合适的，但此速率取决于研究的材料和环境，应得到相关双方的同意。附录 A 给出了确定合适的初始位移速率的一些建议。

试验从 7.5.2 条中选择的预加载开始后不能对试样卸载。

7.6.2.3 在试验期间，裂纹长度可以通过电阻法、支撑面应变法或可替代的技术连续监测。具体的监测方法要根据试验条件而定。这些测量方法应能监测出裂纹的萌生，并能够测定裂纹扩展率随应力强度因子变化的函数关系。

7.6.2.4 试样的载荷-位移变化及试验开始后所持续的时间均应测量并记录。试验机应该在间接裂纹长度测量或记录的载荷下降之后停止。记录的载荷下降表明裂纹萌生及随后的裂纹扩展开始。

7.6.2.5 试验完成时，从试验环境中取出试样，通过在空气中热着色或疲劳破裂标记裂纹前端。疲劳破裂应该在 R 比值大于 0.6 下进行，以避免由于裂纹闭合作用导致断裂面的损伤。最大疲劳载荷应不超过试验期间测量的载荷终值的四分之三。在某些环境中，试验终止时的裂纹前端已经被环境的可见残留物标识，所以不需要额外标识。

7.6.2.6 试样应被破坏，并分别在两个侧面和 $0.25B$、$0.50B$ 和 $0.75B$ 三个位置测量疲劳预裂纹长度。

这五个测量的平均值应作为计算 $K_{\mathrm{I\text{-}init}}$时有效的初始裂纹长度 a_0。

下述情况试验无效：

a) 后三个测定值中的任意两个之间的差超过 2.5%W；

b) 最大和最小裂纹长度之间的差超过 5%W；

c) 疲劳裂纹面的任一部分所处的平面偏离切口平面超过 10°；

d) 疲劳裂纹不在一个平面上，即存在多核效应；

e) 因子 $2.5\left(\frac{K_{\text{I-init}}}{R_{p0.2}}\right)^2$ 大于试样的厚度和/或裂纹的长度；

f) 疲劳裂纹长度存在不确定性。

7.6.2.7 一个新试样在同样的环境条件下以低位移速率进行试验，初始 K 值可以修正。

注：通过显微镜法检查断裂面，对在空气中试验的试样的断裂表面和应力腐蚀裂纹扩展区比较，作为选择新位移速率的指导；在临近初始裂纹前端的稳定裂纹扩展区，依据表 1 所示，用断裂面上环境破裂所占的百分数作为在随后试验中合适的位移速率估计值。

如果环境破裂覆盖稳定裂纹扩展的全部区域，尽管这被证实是合理的，但没必要进一步减小位移速率。否则，位移速率应为前述试验中选择的速率的十分之一。

表 1 根据断裂表面中应力腐蚀破裂所占百分比应变速率减少的推荐倍数

断裂表面中 SCC 百分比/%	位移速率减少倍数
＜10	50
10～30	20
30～50	10
50～80	5
＞80	2

7.6.2.8 如果由随后的两个试验测得的 $K_{\text{I-init}}$ 值相差不超过 5%（或 $K_{\text{I SCC}}$ 值所需的精确度），那么这两个值中较低的值可以被认为是 K_{QSCC} 的初步值。

7.6.2.9 如果时间允许，K_{QSCC} 的初步值的可靠性可以通过进一步的应力腐蚀试验来核实，位移速率要低于 7.6.2.8 中应用的速率，减少系数是 5～10。如果该试验显示出 $K_{\text{I-init}}$ 的测量值进一步的减小，那么有必要进行进一步试验。此外，可以通过绘制 $K_{\text{I-init}}$ 的测量值和位移速率的函数曲线，看曲线是否渐进 K_{QSCC} 值，如图 13 中所示，可获得取决于 $K_{\text{I-init}}$ 的位移速率的一些信息。

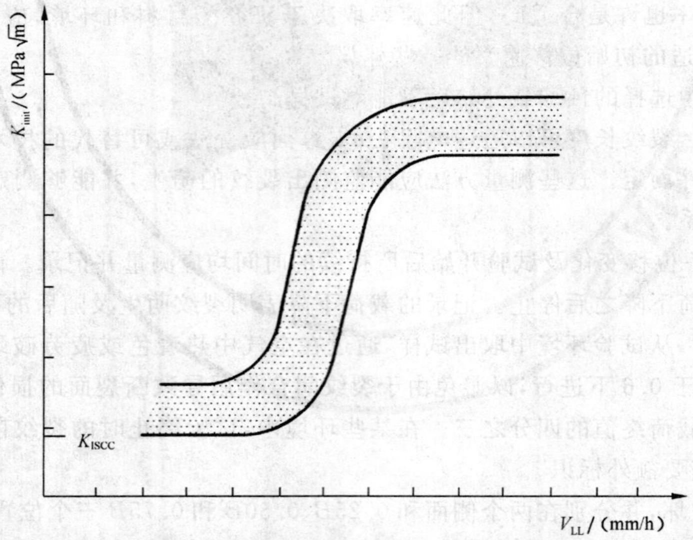

图 13 应力强度因子初始值与施加位移速率的函数关系

7.6.3 试验结果的有效性

当 $K_{\text{QSCC}}=K_{\text{I SCC}}$ 时试验结果有效，下述情况无效：

a) 后三个测定值中的任意两个之间的差超过 2.5%W；

b) 最大和最小裂纹长度之间的差超过 5%W；

c) 疲劳裂纹面的任一部分所处的平面偏离切口平面超过 10°；

d） 疲劳裂纹不在一个平面上，即存在多核效应；

e） 因子 $2.5\left(\frac{K_{\mathrm{I\text{-}init}}}{R_{p0.2}}\right)^2$ 大于试样的厚度和/或裂纹的长度；

f） 疲劳裂纹长度存在不确定性。

7.7 裂纹速率测定

7.7.1 条款7.6中进行的试验，与 $K_{\mathrm{I\,SCC}}$（或 K_{QSCC}）相一致的 $K_{\mathrm{I\text{-}init}}$ 的屈服值可用于确定环境裂纹扩展速率，可以作为平均数据或应力强度因子 K 的函数，附录B给出了方法。为了测定这些数据，应破坏掉试样，然后通过显微镜法检查断裂面。

7.7.2 应测量最终裂纹前端，测量精度尽可能在0.5%W 内。在两边和0.25B、0.50B 和0.75B 位置处，这五点测量的平均值作为有效的最终裂纹长度 a_f。

7.7.3 用最终裂纹长度和初始裂纹长度的差值（a_f-a_0）除以裂纹萌生和试验终止的时间差，获得平均裂纹速率 $\Delta a/\Delta t$。

8 试验报告

试验报告应至少包含以下信息：

a） 详细描述试验材料，包括化学成分、组织状态、力学性能、产品类型和截面厚度。测定 K_{Ic}（或如果不遵从有效性准则时，则为 K_Q）；

b）试验机和测量裂纹长度的设备以及测量精度；

c） 环境箱和所有用于环境监控的设备；

d） 溶液的初始组分、pH值、充气程度（或其他相关气体的浓度），流动状况、温度和电极电位。根据再循环速率，用流经试样的近似线性速度来说明流速；

注：应指出使用的参比电极；应报告电位和参照的合适的标准电极（例如：在25℃下的标准氢电极或饱和甘汞电极）；在整个试验期间这些参数的变化。

e） 试验初始步骤；

f） 在试验期间环境或加载的瞬间变化（包括试验中断），说明特征和持续时间以及相关的裂纹长度；

g） 对于每个试样：

1） 试样类型和加载方式；

2） 厚度 B（如有侧面槽则为 B_n），单位为毫米（mm）；

3） 宽度 W，单位为毫米（mm）；

4） 疲劳预裂纹：

ⅰ） 裂纹扩展终止段的疲劳强度因子 K_f；

ⅱ） 疲劳载荷比 R；

ⅲ） 预制裂纹期间的温度和环境。

5） 疲劳预裂纹的长度 a；

6） 初始应力强度 K_{Ii}；

7） 暴露在环境中的初始时间及总的试验时间；

8） 是否发生稳定的裂纹扩展；

9） 裂纹平面和扩展方向，如图10所示标记。

h） 使用的位移速率范围；

i） $K_{\mathrm{I\,SCC}}$ 值（如果不满足有效判据，则为 K_{QSCC}），要注明测定的位移速率和判断准则；

j） 裂纹扩展数据（平均值或作为应力强度的函数）。

附 录 A
（资料性附录）
恒位移速率试验中确定 $K_{\mathrm{I\,SCC}}$ 的合适位移速率的测定

A.1 总则

为了评价系统的 $K_{\mathrm{I\,SCC}}$ 值，此方法假设在腐蚀性环境试验中的位移速率 $(\mathrm{d}q/\mathrm{d}t)_{\mathrm{SCC}}$ 可以通过在惰性环境中测量的裂纹扩展速率 $(\mathrm{d}a/\mathrm{d}t)_{\mathrm{inert}}$ 与环境诱导破裂平稳阶段的裂纹扩展速率 $(\mathrm{d}a/\mathrm{d}t)_{\mathrm{SCC}}$ 的比值，依据 $(\mathrm{d}q/\mathrm{d}t)_{\mathrm{SCC}} < \frac{(\mathrm{d}a/\mathrm{d}t)_{\mathrm{SCC}}}{(\mathrm{d}a/\mathrm{d}t)_{\mathrm{inert}}}(\mathrm{d}q/\mathrm{d}t)_{\mathrm{inert}}$ 而估计得到。

环境诱导破裂的裂纹扩展速率 $(\mathrm{d}a/\mathrm{d}t)_{\mathrm{SCC}}$ 可在试验中合理的时间内得到，使用高应力强度可避免长孕育期。根据 GB/T 15970.6 使用紧凑拉伸试样、DBC 试样或 WOL 试样，在充分的裂纹扩展后终止的恒位移试验可获得粗略的 $(\mathrm{d}a/\mathrm{d}t)_{\mathrm{SCC}}$ 估计值。阶梯式加载同样适合此目的。在同样的环境条件下，根据 GB/T 15970.7 平滑试样的慢应变速率试验确定的平均裂纹速率值可作为更低的界限值。

A.2 步骤

A.2.1 与随后的 SCC 试验试样尺寸和形状相似的试样，在空气（或惰性环境）中进行试验。加载速率产生的载荷作用点位移速率 $(\mathrm{d}q/\mathrm{d}t)_{\mathrm{inert}}$ 在 $0.1W/\mathrm{min}$～$0.1W/\mathrm{h}$ 之间。试样的载荷位移行为及从试验开始的持续时间均应测量并记录。试验应持续到测得的裂纹扩展至少为 $0.1W$ 为止。

A.2.2 通过热着色或疲劳预裂标记裂纹扩展程度。

A.2.3 破坏试样以便显露断裂面，并在两个侧面和 $0.25B$、$0.50B$ 和 $0.75B$ 三个位置处测量初始裂纹长度 a_0 及最终的裂纹长度 a_f。

这 5 个测量值的平均值应作为有效的裂纹长度 a_0 和 a_f。

A.2.4 平均惰性裂纹扩展速率 $(\Delta a/\Delta t)_{\mathrm{inert}}$ 可通过最终裂纹长度和初始裂纹长度的差值 $(a_f - a_0)$ 除以当裂纹萌生和试验终止时间的差得到。

A.2.5 应力腐蚀破裂的裂纹扩展速率 $(\mathrm{d}a/\mathrm{d}t)_{\mathrm{SCC}}$ 可通过附录 C 中的任一种方法确定。

A.2.6 为了确定 $K_{\mathrm{I\,SCC}}$，渐进位移试验的合适位移速率可以由公式（A.1）得到：

$$(\mathrm{d}q/\mathrm{d}t)_{\mathrm{SCC}} = 0.5\,\frac{(\mathrm{d}a/\mathrm{d}t)_{\mathrm{SCC}}}{(\Delta a/\Delta t)_{\mathrm{inert}}}(\mathrm{d}q/\mathrm{d}t)_{\mathrm{inert}} \quad \cdots\cdots\cdots\cdots\cdots\cdots\cdots\cdots (\mathrm{A}.1)$$

附 录 B
（资料性附录）
裂纹扩展速率的确定

裂纹扩展速率 $\mathrm{d}a/\mathrm{d}t$，是由裂纹长度与所用时间的比值 (a/t) 计算得到。如果数据有干扰或有假象，建议在计算裂纹扩展速率前，建立 a 与 t 的多项式拟合曲线，否则在裂纹扩展中可发生明显的波动。应注意确保由拟合方法获得 a 与 t 的清楚的真实波动。

一个推荐方法是在 GB/T 20120.2 中描述的疲劳裂纹扩展速率（$\mathrm{d}a/\mathrm{d}N$）的递增多项式方法。这种方法涉及到拟合一个二次多项式（抛物线），设定 $(2n+1)$ 个连续数据点，此处 n 通常为 1、2、3 或 4。

局部拟合方程式见公式（B.1）：

$$\hat{a} = b_0 + b_1 \frac{(T_i - C_1)}{C_2} + b_2 \left(\frac{T_i - C_1}{C_2}\right)^2 \qquad \text{(B.1)}$$

式中：

$-1 \leqslant \frac{(T_i - C_1)}{C_2} \leqslant +1$；

T_i——试验时间；

b_0、b_1 和 b_2——回归参数，用在 $a_{i-n} \leqslant a \leqslant a_{i+n}$ 范围的最小二乘法确定；

$\hat{a}_i$——裂纹长度在 T_i 的拟合值。

参数 $C_1 = 0.5 \times (T_{i-n} + T_{i+n})$ 和 $C_2 = 0.5 \times (T_{i+n} - T_{i-n})$ 用于定标输入数据。从上面抛物线导出在 T_i 的裂纹成长速率。由式（B.2）给出：

$$(\mathrm{d}a/\mathrm{d}t)\hat{a}_i = \frac{b_1}{C_2} + 2b_2 \frac{T_i - C_1}{C_2^2} \qquad \text{(B.2)}$$

与 $\mathrm{d}a/\mathrm{d}t$ 有关的 K_1 使用相应于 T_i 的拟合裂纹长度 $\hat{a}_i$ 计算。

附 录 C
（资料性附录）
裂纹长度的间接测量方法

C.1 电阻测量法

C.1.1 直流电位降法

试样被电绝缘，恒定电流横穿过裂纹平面。在铁素体钢试样净断面上使用的典型的电流密度为 $10^4\ A/m^2 \sim 10^5\ A/m^2$ 数量级，但是对于低电阻金属可能会要求更高的电流密度。在裂纹平面任一侧上两点之间的电位降被检测，并且用与试验、分析或者计算得到校准值来确定裂纹的长度。在后面情况中希望进行试验验证。

试验方法应很好的建立，并且试验仪器具备一定的稳定性和可靠性。由于需要很高的电流，此方法不适用于大的或低电阻率的试样。然而由这种方法的派生方法，可在这些环境中使用。这包括监测附在试样上易碎的金属箔上面的裂纹长度，测得的金属箔上的裂纹长度等于下面试样上裂纹表面长度。

下面是一般方法可能的误差来源：

a) 热阻系数的变化；

b) 热电磁力(emfs)。

可以使用一个比较仪技术来克服 a)。用一块与第一个试样相似，并且在电学上与其串联，物理上与其靠近，但不循环加载的试样上两点之间测得的电位降，或者在试验中的试样上另一对探针之间测得的电位降来对横穿裂纹的电位降进行划分。对于后者，尽管试验简单，但是需要注意校准，因为两个测量电位值可随着裂纹的长度而变化。

热电磁力可以用与试样材料相似的金属电压探针来消除。当两块不同金属不可避免连接时，探针应该插入一块相对大的热量块中。一个切开的边长为 50 mm 的中空铝块比较合适。

这种方法提供了对于横穿试样的平均裂纹长度的测量。它能良好的适合自动数据收集和机械控制。

C.1.2 交流电电位降法

电位降法分为两类：低频和高频系统。

低频率系统（典型的操作范围为 10 Hz～100 Hz）本质上是 DC 法的发展。使用相位灵敏检测系统可以得到一个高的信噪比，并且因此提高了灵敏度。热电磁力也不再是一个难题了。但是，与 DC 法一样需要校准。

高频率系统（5 kHz～8 kHz）是利用在这些频率范围内的流向试样表层的电流定位。这将电流的需求减到最小，而且导致电压和不受试样尺寸约束的裂纹长度成线性关系。因此这种方法尤其适合大试样中的裂纹测量。

AC 的电子学系统相对复杂，而且不易达到所要求的长期稳定性。依赖于系统的特性，必须特别谨慎以避免由干扰导致的伪信号。因此，由探针导线和试样表面构成的物理回路应尽可能的小，并且探针导线应该缠绕在一起或使用小型屏蔽/防护导线。导线应该被遮蔽以防止其移动，探针和励磁电流导线应很好的隔离。

由于电压与裂纹长度的线性关系，将高频方法加入到自动监测系统中是特别方便的。

C.2 柔度方法

下列是两种最通用的方法：

a) 横穿缺口的每单位载荷位移的测量；

b) 每单位载荷的承载面应变的测量。

在a)中,一个合适的传感器,例如,夹式延伸仪,LVDT(线性变化位移传感器)或者安装在通过缺口处(SENB3、SENB4和CT试样)或者缺口中央(CCT试样)环形测力计。确定每单位力的位移,而且通过校准与裂纹长度相关联。如果使用第二块试样,它应该被放置在与试验试样相同的环境条件下。这将确保相似的瞬时热量等性质。使用反向极性技术也可以将热量影响减到最小。

"承载面应变"(BFS)方法在原理上是相似的。在这个条件下传感器是一个位于试样"承载面"上应变计桥,例如缺口对面。这种方法对于CT试样尤其成功,而且对于SENB4也可以得到预期的相似灵敏度。但由于载荷点位于缺口的对面,这种方法并不适合SENB3。此方法也不适合CCT,因为这种几何形状下BFS对于裂纹的长度并不是特别敏感。由于在高频率下不存在实际的惯性效应,与其他柔度方法相比,更应优先选择BFS。位移传感器和应变计应该避免与溶液接触,以保证其完整性和避免电池影响。

这些方法提供了测量平均裂纹长度的方法,非常适合自动数据采集和机械控制。

ICS 91.100,13.220.01
C 80

中华人民共和国国家标准

GB/T 16172—2007/ISO 5660-1:2002
代替 GB/T 16172—1996

建筑材料热释放速率试验方法

Test method for heat release rate of building materials

(ISO 5660-1:2002,Reaction-to-fire tests—Heat release,smoke production and mass loss rate—Part 1:Heat release rate(cone calorimeter method),IDT)

2007-07-02 发布　　2008-01-01 实施

中华人民共和国国家质量监督检验检疫总局
中国国家标准化管理委员会　发布

前　言

本标准等同采用ISO 5660-1:2002《对火反应试验　热释放、产烟量及质量损失速率　第1部分：热释放速率(锥形量热仪法)》(英文版)。

本标准等同翻译ISO 5660-1:2002。

为便于使用，本标准做了下列编辑性修改：

a)　"本国际标准"一词改为"本标准"；

b)　用小数点"."代替作为小数点的逗号","；

c)　删除国际标准的前言。

本标准代替GB/T 16172—1996《建筑材料热释放速率试验方法》，因为国际上的发展原标准在技术上已过时；本标准与GB/T 16172—1996相比主要差异如下：

——增加了术语定义中的条目；

——增加了符号一章；

——增加了辐射屏蔽和可选防护屏；

——增加了对燃烧时间短暂材料数据采集周期的要求；

——增加了对尺寸不稳定材料制备的要求；

——增加了待测试样基材选用的要求及养护要求；

——增加了非经常性标定并增补了预标定、工作标定的要求；

——更改了最长数据采集时间和最短试验时间；

——增加了质量损失速率的测试和计算；

——增加了6个资料性附录。

本标准附录A、附录B、附录C、附录D、附录E和附录F均为资料性附录。

请注意本标准的某些内容有可能涉及专利的内容。本标准的发布机构不应承担识别这些专利的责任。

本标准由中华人民共和国公安部提出。

本标准由全国消防标准化技术委员会第七分技术委员会(SAC/TC 113/SC 7)归口。

本标准负责起草单位：公安部天津消防研究所。

本标准参加起草单位：公安部四川消防研究所。

本标准主要起草人：李晋、杜兰萍、张欣、张网、张羽、王钢、果春盛。

本标准于1996年首次发布，本次为首次修订。

本标准所代替标准的历次版本发布情况为：

——GB/T 16172—1996。

建筑材料热释放速率试验方法

1 范围

本标准规定了采用外部点火器,试样在水平定位受到可控制等级的热辐射时,测定热释放速率的方法。热释放速率的测量是通过燃烧产物气流中氧气浓度计算出的氧消耗量和燃烧产物的流量来确定的,同时也对试样引燃(持续有焰燃烧)时间进行了测量。

2 规范性引用文件

下列文件中的条款通过本标准的引用而成为本标准的条款。凡是注日期的引用文件,其随后所有的修改单(不包括勘误的内容)或修订版均不适用于本标准,然而,鼓励根据本标准达成协议的各方研究是否可使用这些文件的最新版本。凡是不注日期的引用文件,其最新版本适用于本标准。

GB/T 2918 塑料试样状态调节和试验的标准环境(GB/T 2918—1998,idt ISO 291:1997,Plastics—Standard atmospheres for conditioning and testing)

ISO 554 调节和/或试验用标准环境(Standard atmospheres for conditioning and/or testing—Specifications)

ISO 13943 消防安全 术语(Fire safety—Vocabulary)

ISO/TR 14697 建筑制品衬底的选择指南(Fire tests—Guidance on the choice of substrates for building products)

3 术语和定义

ISO 13943 确立的以及下列术语和定义适用于本标准。

3.1

基本平整表面 essentially flat surface

不平整处与平面相差不超过±1 mm 的表面。

3.2

闪燃 flashing

在试样表面或其上方出现的火焰持续时间少于 1 s 的燃烧现象。

3.3

引燃 ignition

出现持续火焰(参见 3.10)。

3.4

辐射照度 irradiance

<在表面上一点>入射到试样表面某点处的面元上(包括该点和该单元区域)的辐射通量除以该面元的面积。

注:水平定位时试样上对流传热可以忽略。因此,本标准用术语"辐射照度"代替"热流",这样可以更好地表明辐射是主要的热传递方式。

3.5

建筑材料 material

单一物质或均匀分布的混合物。如金属、石材、木材、混凝土、矿纤和聚合物。

3.6

定位　orientation

试验时试样暴露表面所处平面,铅垂或水平。

3.7

耗氧原理　oxygen consumption principle

燃烧时消耗的氧气质量与释放热量之间的比例关系。

3.8

建筑制品　product

要求给出相关信息的建筑材料、复合材料或组件。

3.9

试样　specimen

有代表性的带基材或处理过的用来试验的制品。

注:对于某些类型的制品,例如包含空气隙或接合点的制品,可不必制备代表最终使用情况的试样(见第7章)。

3.10

持续燃烧　sustained flaming

在试样表面或其上方出现持续时间超过10 s的火焰。

3.11

短暂燃烧　transitory flaming

在试样表面或其上方出现持续时间介于1 s～10 s的火焰。

4　符号

见表1。

表1　符号及其意义

符号	意　义	单位
A_s	试样初始暴露的表面积	m^2
C	孔板流量计标定常数	$m^{1/2} \cdot g^{1/2} \cdot K^{1/2}$
Δh_c	净燃烧热	$kJ \cdot g^{-1}$
$\Delta h_{c,eff}$	有效净燃烧热	$MJ \cdot kg^{-1}$
m	试样的质量	g
Δm	总质量损失	g
m_f	试验结束时试样的质量	g
m_s	持续火焰期间试样的质量	g
$\dot{m}_{A,10-90}$	质量损失在10%到90%之间,单位面积上的平均质量损失速率	$g \cdot m^{-2} \cdot s^{-1}$
m_{10}	总质量损失为10%时试样的质量	g
m_{90}	总质量损失为90%时试样的质量	g
$\dot{m}$	试样的质量损失速率	$g \cdot m^{-2} \cdot s^{-1}$
m_e	排气管道内的质量流量	$kg \cdot s^{-1}$
Δp	孔板两侧的压差	Pa
$\dot{q}$	热释放速率	kW
$\dot{q}_A$	单位面积热释放速率	$kW \cdot m^{-2}$

表 1（续）

符号	意　义	单位
$\dot{q}_{A,max}$	单位面积热释放速率的最大值	kW·m^{-2}
$\dot{q}_{A,180}$	试样在 t_{ig} 时被引燃后，180 s 内的单位面积平均热释放速率	kW·m^{-2}
$\dot{q}_{A,300}$	试样在 t_{ig} 时被引燃后，300 s 内的单位面积平均热释放速率	kW·m^{-2}
$Q_{A,tot}$	整个试验期间单位面积的放热总量	kW·m^{-2}
r_0	氧与燃料的化学当量比	1
t	时间	s
t_d	氧分析仪的滞后时间	s
t_{ig}	引燃时间（出现持续火焰）	s
Δt	取样周期	s
t_{10}	总质量损失达到 10% 的时间	s
t_{90}	总质量损失达到 90% 的时间	s
T_e	孔板流量计处气体的绝对温度	K
X_{O_2}	氧分析仪读数，氧气的摩尔分数	1
$X_{O_2}^0$	氧分析仪初始读数	1
$X_{O_2}^1$	滞后时间修正前氧分析仪的读数	1

5　试验原理

本试验方法建立在观测基础上，一般来说，净燃烧热和燃烧所消耗的氧气质量成比例。这个关系是每消耗 1 kg 的氧气释放出的热量大约为 13.10×10^3 kJ。在环境大气条件下，将试样置于规定的 0 kW/m^2～100 kW/m^2 的外部热辐射条件下，测量其燃烧时氧气浓度和排气流量。

本试验方法是通过有代表性的小试样，来评估试验制品对火反应时的热释放速率特性。

6　试验装置

装置示意图见图 1。6.1～6.5 中给出了各部件的详细描述。

装置稍加改动，试样便可在铅垂定位上进行试验。改动方式参见附录 D。

6.1　辐射锥

辐射锥额定功率为 5 kW，由电加热管构成。电加热管应紧紧缠绕成圆锥台形状装配在双层耐热合金锥套中（见图 2），内外锥壳内填以公称厚度为 13 mm、公称密度为 100 kg/m^3 的耐热纤维。辐射锥的辐射照度应通过控制 3 个热电偶（宜用 K 型不锈钢铠装热电偶，也可用铬镍铁合金或其他高性能材料）的平均温度维持在设定水平上。3 支热电偶对称放置，以非焊接方式与电加热管接触（见图 2）。3 支热电偶应采用外径为 1.0 mm～1.6 mm 的非暴露热节点的或外径为 3 mm 的暴露热节点的铠装热电偶。辐射锥应能在试样表面提供高达 100 kW/m^2 的辐射照度。在暴露试样表面的中心部位 50 mm×50 mm范围内，辐射照度应均匀，与中心处的辐射照度偏差不超过±2%。

6.2　辐射屏蔽层

辐射锥应有一个可抽取的辐射屏蔽层，以保护试样在试验开始之前不受辐射。屏蔽层应由不燃材料制成，总厚度不超过 12 mm。屏蔽层应为：

a）　水冷并涂有一层表面发射系数 $\varepsilon=0.95\pm0.05$ 的耐磨无光黑色涂层，或

b）　非水冷，可以是有反射顶面的金属或是陶瓷，以将辐射传递降至最低。

屏蔽层应装有一个把手,或采用其他适宜快速插入和移出的方式。辐射锥的基座上应装有一个机械结构能使屏蔽层移动到位。

6.3 辐射控制

辐射控制系统应能做适当调节,在根据10.1.2描述标定期间,辐射锥热电偶的平均温度应保持在预设值±10℃以内。

6.4 称重设备

根据10.2.2中描述的标定程序进行测量时,称重设备的精度为±0.1 g或更好。称重设备的量程应不低于500 g。当根据10.1.3进行标定时,称重设备在10%~90%的响应时间应小于4 s。当根据10.1.4进行标定时,称重设备的输出漂移在30 min内不应超过1 g。

6.5 试样安装架

试样安装架见图3。试样安装架应为一个方形敞口盘,上端开口为(106±1)mm×(106±1)mm,深度为(25±1)mm。安装架应采用厚度为(2.4±0.15)mm的不锈钢板。包括一个便于插入和移出的把手,和一个保证试样的中心位置在加热器下方并能与称重设备准确对中的机械装置。安装架的底部应放置一层厚度至少为13 mm的低密度(公称密度65 kg/m^3)耐热纤维垫。辐射锥下表面与试样顶部的距离应调节为(25±1)mm,对于尺寸不稳定的材料,其与辐射锥下表面的距离应为(60±1)mm(见7.5)。

6.6 定位架

定位架见图4,是采用厚度为(1.9±0.1)mm的不锈钢板制成的方盒,方盒内边尺寸为(111±1)mm,高度为(54±1)mm。用于试样面的开口为(94.0±0.5)mm×(94.0±0.5)mm。应以适当方式确保定位架与试样安装架之间能放置一个试样。

6.7 带流量测量仪的排气系统

排气系统应由工作温度适合的离心式风机、集烟罩、风机的进气和排烟管道,以及孔板流量计组成(见图5)。集烟罩底部与试样表面的距离应为(210±50)mm。在标准温度和压力条件下,排气系统的流量应不小于0.024 m^3/s。风机的建议安装位置见图5。也可将风机放置在后面的位置,孔板流量计装在风机前,但应满足本条款其余部分的要求。

在集烟罩与进气管之间应装一内径为(57±3)mm的节流孔板以提高气体的混合度。

为了采集气体样本,环形取样器应装在距集烟罩(685±15)mm的风机进气管道内。环形取样器上应有12个直径为(2.2±0.1)mm的小孔,以均化气流组分,小孔与气流方向相反,以避免烟尘沉积。

气流温度应由外径为1.0 mm~1.6 mm的铠装热电偶或外径为3 mm的露端型热电偶来测量,热电偶安装在孔板流量计的上游(100±5)mm处、排气管轴线位置上。

如果按图5所示安装风机,排气流量应通过测量风机上方至少350 mm处的锐缘孔板[内径(57±3)mm,厚度(1.6±0.3)mm]两侧的压差来确定。如果风机装在比图5所示更远的下游,也可将孔板流量计装在环形取样器和风机之间。但是,这种情况下孔板流量计两侧直管段的长度至少应为350 mm。

6.8 气体取样装置

气体取样装置应包括取样泵、烟尘过滤器、除湿冷阱、排空的旁路系统、水分过滤器和CO_2过滤器。图6给出了一个实例的示意图。其他布置方式如果满足要求也可使用。氧分析仪的滞后时间t_d应根据10.1.5标定,且不应超过60 s。

注:如果使用了CO_2分析仪(可选的),计算热释放速率的公式与标准情形不同(参见第12章和附录F)。

6.9 点火电路

采用一个10 kV互感器提供能量的火花塞或电火花点火器进行外部点火。火花塞的火花隙应为(3.0±0.5)mm。电极长度和火花塞的位置应使火花隙位于试样表面中心上方(13±2)mm处,对于尺寸不稳定的材料其距离应为(48±2)mm(见7.5)。

6.10 点火计时器

点火计时器应能够分段计时，示值分辨力为 1 s，计时误差小于 1 s/h。

6.11 氧分析仪

应采用氧气量程为 0%～25%的顺磁型氧分析仪。根据 10.1.6 标定时，氧分析仪在 30 min 内的漂移不应超过 50×10^{-6}，且输出噪声也不应超过 50×10^{-6}。由于氧分析仪对气流压力敏感，应调整分析仪上游的气流压力，使气流波动最小化，大气压力变化时，可利用绝对压力传感器对分析仪的读数进行补偿。分析仪和绝对压力传感器应置于等温环境中。根据 10.1.5 标定时，氧分析仪满量程的 10%～90%的响应时间应小于 12 s。

6.12 热流计

应使用工作热流计来标定辐射锥（见 10.2.5）。标定时热流计应放置在与试样表面中心相同的位置。

热流计应选用热电堆式，设计量程为(100±10)kW/m^2。辐射接收靶应该是平整圆形的，直径约为 12.5 mm，表面覆有发射系数 $\varepsilon=0.95\pm0.05$ 的耐磨的无光泽黑色涂层。接收靶应为水冷式。冷却温度不应使热流计的接收靶表面产生水分冷凝。

辐射达到接收靶前不应穿过任何窗孔。热流计应耐用，便于安装和使用，且在标定中稳定。热流计的精度应为±3%，重复性为±0.5%以内。

用两支与工作热流计类型相同、量程相似的热流计专门作为参照热流计（参见附录 E）。工作热流计应按 10.3.1 进行标定。参照热流计之一应每年进行一次全面标定。

6.13 标定燃烧器

标定燃烧器的开孔是面积为(500±100)mm^2 的方形或圆形，开孔上覆有金属丝网以使燃气扩散，管内充填陶瓷纤维以提高气流的均匀度。标定燃烧器应与可计流量的甲烷气源相连，甲烷纯度至少为 99.5%。相应于 5 kW 的热释放速率，流量计的精度应为读数的±2%。精度应根据 10.3.3 进行验证。

6.14 数据采集分析系统

数据采集分析系统应能记录氧分析仪、孔板流量计、热电偶和称重装置的输出，对于测氧通道的氧气测量精度应至少达到 50×10^{-6}，对于温度测量通道应达到 0.5℃，其他的测量通道应为仪器输出全量程的 0.01%，时间的精度应至少为 0.1%。系统应能够记录每秒的数据，系统对每个参数应至少能存储 720 个数据。每次试验记录的原始数据都应存储，以便恢复和检查。

6.15 防护屏（可选）

为了操作方便或确保安全，允许用防护屏防护加热器和试样安装架，但应保证防护屏的存在不影响引燃时间和按 10.1.7 对热释放速率的测量。

如果防护屏形成了一个封闭空间，存在爆炸的可能，应采取适当的防护措施保护操作人员，如在背向操作人员的方向安装泄压口。

7 待测制品的要求

7.1 表面特性

待测制品应符合下列条件之一：

a) 暴露表面基本平整。

b) 暴露表面的不平整是均匀分布的，即：

1) 在一个有代表性的 100 mm×100 mm 的面积内至少有 50%的表面与暴露表面最高点所组成的平面间的距离在 10 mm 以内；或

2) 对于含有宽度不超过 8 mm、深度不超过 10 mm 裂纹、缝隙或孔洞的表面，其裂纹、缝隙或孔洞的总面积不得超过代表性的 100 mm×100 mm 的暴露面积的 30%。

当暴露表面不满足 7.1a）或 7.1b）的要求时，应对制品进行处理，尽可能满足 7.1 的要求。试验报告应声明该制品是按加工后的形式进行试验的，并详述加工情况。

7.2 不对称制品

提交试验的制品，可以具有两个不同的表面，或可以包含以不同的顺序排列的不同材料层。如在实际使用时，任一表面都可能暴露的话，则两个表面均应测试。

7.3 燃烧时间短暂的材料

对于燃烧时间短暂（3 min 或更短）的试样，热释放速率的测量周期不应超过 2 s。对于燃烧时间较长的试样，测量周期可为 5 s。

7.4 复合试样

用于试验的复合试样应按 8.3 制备，并能代表最终使用的状况。

7.5 尺寸不稳定的材料

如果试样因膨胀或变形，在引燃之前接触到火花塞，或引燃之后接触到辐射锥下表面，这种情况下应使辐射锥的下表面和试样表面有 60 mm 的间隔。辐射锥标定（见 10.2.5）时热流计应位于辐射锥下表面 60 mm 处。需要强调的是：以这种间隔测得的引燃时间不能与 25 mm 间隔下测得的引燃时间相比较。

其他尺寸不稳定的制品（例如试验期间卷曲或收缩），应采用 4 根金属丝限制其过分的变形。金属丝的直径应为（1.0±0.1）mm，长度至少为 350 mm。试样应按第 8 章的规定制备。用一根金属丝将试样安装架和定位架组件缠紧，并保证与组件的 4 个边之一平行，且距离约为 20 mm。将金属丝两端拧紧，使金属丝和定位架固定。试验前去掉金属丝多余部分。其余 3 根金属丝应以同样的方式固定，并分别与其余 3 条边平行。

8 试样制备及准备

8.1 试样

8.1.1 除非另有规定，对于选定的每一种辐射照度和暴露表面，应有 3 个试样进行试验。

8.1.2 试样应能表征制品的特征，其尺寸为 $100_{-2}^{\ 0}$ mm×$100_{-2}^{\ 0}$ mm 的正方形。

8.1.3 公称厚度等于或小于 50 mm 的制品应采用其实际厚度进行试验。

8.1.4 对于公称厚度超过 50 mm 的制品，应对非暴露表面一侧进行切割，使其厚度减少到 50 mm。

8.1.5 当从表面不规则的制品切取试样时，表面的最高点应处于试样的中心部位。

8.1.6 组件试样的制备应按 8.1.3 或 8.1.4 中适用的规定进行。如材料或复合材料在使用时与特定的基材相接触，试验时也应将基材加上，固定方式可采取黏结或机械固定。在没有唯一的或特定的基材时，应根据 ISO/TR 14697 选用适当的基材进行试验。

8.1.7 厚度小于 6 mm 的制品，在试验时应加上能代表其最终使用条件的基材，使总的试样厚度不小于 6 mm。

8.2 试样的状态调节

试验前，应根据 ISO 554 将试样在温度（23±2）℃，相对湿度（50±5）%的条件下养护至质量恒定。

在相隔 24 h 的两次称量中，试样的质量之差不超过试样质量的 0.1%或 0.1 g（取数值较大者），则认为达到恒定质量。

像聚酰胺这样需要养护超过一周才能达到平衡的材料，应根据 GB/T 2918 养护后再进行试验。养护时间不应少于一周，并应在试验报告中说明。

8.3 准备

8.3.1 试样包覆

用厚度为 0.025 mm～0.04 mm 的单层铝箔包住经过养护的试样，使光泽面朝向试样。铝箔应预先裁剪，使其能包覆试样的底面和侧面，并超出试样的上表面至少 3 mm。试样应放置在铝箔中间，将其底面和侧面包住，将多余的铝箔剪掉，使铝箔不超过试样上表面 3 mm。包覆之后，试样应放进试样安装架,并盖上定位架。完成这个过程后应看不到铝箔。

对于柔软的试样,可使用与试验试样厚度相同的模拟试样来预制铝箔。

8.3.2 试样准备

所有试样应使用图4所示的定位架进行试验,并按下列步骤准备试样:

a) 将定位架倒置于平面上;

b) 将包好铝箔的试样暴露表面向下放入定位架内;

c) 在顶部放上耐火纤维层(公称厚度13 mm,公称密度65 kg/m³),纤维层至少一层,不超过两层,超出定位架边缘即可;

d) 将试样安装架置于耐火纤维层顶部,并装入定位架、压紧;

e) 将定位架固定到试样安装架上。

9 试验环境

试验装置应放置在没有明显气流扰动的环境中。空气的相对湿度应在20%～80%、温度应在15℃～30℃之间。

10 标定

10.1 预标定

10.1.1 概述

除10.1.7以外,锥形量热仪交付使用,或加热组件、辐射控制系统(10.1.2)、称重设备(10.1.3和10.1.4)、氧分析仪或气体分析系统(10.1.5和10.1.6)等主要部件进行了维修或更换时应进行预标定。10.1.7中确定防护屏作用的标定应在安装防护屏的同时进行。对于交付使用的,有防护屏的新仪器,标定应由制造商完成。

10.1.2 辐射控制系统响应特性

接通辐射锥和风机的电源。设置辐射照度为(50±1)kW/m²,调节排气流量为(0.024±0.002)m³/s。平衡后,记录辐射锥的平均温度。根据第11章的程序测试黑色聚甲基丙烯酸甲酯(PMMA)。PMMA试样的厚度至少应为6 mm。引燃后,前3 min内的平均热释放速率应大约为530 kW/m²。试验期间,以5 s间隔记录辐射锥的平均温度。

10.1.3 称重设备的响应时间

进行此项标定时不应开启辐射锥。将装有(250±25)g的不燃称重标准件的试样安装架放置在称重设备上(称重标准件取代了在此项标定中没有使用的定位架)。用机械或电子方式调零。将质量为(250±25)g的第二个不燃称重标准件轻轻放置在试样安装架上,并记录称重设备的输出。达到平衡后,从试样安装架上轻轻地移去第二个不燃称重标准件,并再次记录称重设备的输出。称重设备的响应时间即为其输出从10%到90%之间变化所用时间的平均值。

10.1.4 称重设备的输出漂移

将辐射锥高度调节到带有定位架的试样试验时的高度。将隔热板放置在称重设备上。接通风机和辐射锥的电源。调节排气流量为(0.024±0.002)m³/s,辐射照度为(50±1)kW/m²。辐射锥温度达到平衡后,移开隔热板,将装有(250±25)g的不燃称重标准件的试样安装架放置在称重设备上(称重标准件取代了在此项标定中没有使用的定位架)。达到平衡后,用机械或电子方式调零。将质量为(250±25)g的第二个不燃称重标准件轻轻放置在试样安装架上。待达到平衡后,记录称重设备的输出。30 min后,再次记录称重设备的输出。称重设备的输出漂移即为初始值和最后值之间的绝对差值。

10.1.5 氧分析仪的滞后时间和响应时间

进行此项标定时不应开启辐射锥。开启风机,调节排气流量为(0.024±0.002)m³/s。通过调节甲烷气体流量,使标定燃烧器的输出大约为5 kW,以此来确定氧分析仪的滞后时间。在集烟罩外点燃燃烧器并使火焰稳定。迅速将燃烧器置于集烟罩下，持续 3 min。然后，从集烟罩下移去燃烧器并停止甲烷供气。记录这 3 min 内分析仪的输出。接通滞后是插入燃烧器与氧读数达到其最大偏差的 50％时的时间差。计算断开滞后与接通滞后类似。滞后时间 t_d 是至少 3 次接通滞后与断开滞后的平均值。对于给定时刻，应把间隔 t_d 后记录的浓度记为该时刻的氧气浓度。

氧分析仪的响应时间为氧分析仪的输出从 10％到 90％之间变化所用时间的平均值。

注：标定氧分析仪滞后时间和响应时间，不需精确地控制甲烷流量，因为滞后时间和响应时间对氧气量的大小不敏感。

10.1.6 氧分析仪的输出噪声与漂移

进行此项标定时不应开启辐射锥。开启风机，调节排气流量为(0.024±0.002)m^3/s。将无氧氮气通入氧分析仪。60 min 后，切换到样品气。样品气是来自排气管道正常流量和压力下的干燥空气。达到平衡后，将氧分析仪的输出调节为(20.95±0.01)％。开始以 5 s 间隔记录氧分析仪的输出，持续 30 min。利用最小平方拟合方法拟合过数据点的直线来确定漂移。对于直线拟合，0 min 时和 30 min 时读数差的绝对值代表短期漂移。根据下列公式，通过计算直线周围数据的均方根偏差来确定输出噪声：

$$r.m.s = \sqrt{\frac{\sum_{i=1}^{n} x_i^2}{n}}$$

式中：

x_i——数据点和呈线性趋势的直线之间的绝对差值。

噪声值 $r.m.s$ 记为百万分率。

10.1.7 防护屏的影响

评估防护屏对试验结果的影响，应根据第 11 章中描述的程序，用 6 个厚度为(25±0.5)mm 的黑色聚甲基丙烯酸甲酯(PMMA)，在(50±1)kW/m^2 的辐射照度下进行试验。前 3 次试验应在移去防护屏的条件下进行，其余 3 次试验则在有防护屏的条件下进行。根据双侧 t 检验取 5％的显著性水平，如果两组试验 t_{ig}、$\dot{q}_{A,180}$ 和 $\dot{q}_{A,max}$ 的平均值相差从统计学来说是可忽略的，那么就可以使用防护屏。这里，对于 3 个变量(t_{ig}、$\dot{q}_{A,180}$ 和 $\dot{q}_{A,max}$)的 t 检验应根据下列程序进行：

a) 对于两组的 3 个试验，通过下式计算平均值：

$$\bar{x} = \frac{\sum_{i=1}^{3} x_i}{3} \quad \cdots\cdots(1)$$

和

$$\bar{y} = \frac{\sum_{i=1}^{3} y_i}{3} \quad \cdots\cdots(2)$$

b) 计算合并标准差 s_p：

$$s_p = \sqrt{\frac{\sum_{i=1}^{3}(x_i-\bar{x})^2 + \sum_{i=1}^{3}(y_i-\bar{y})^2}{4}} \quad \cdots\cdots(3)$$

c) 计算 t 检验统计量：

$$t_s = \left| \frac{\bar{x}-\bar{y}}{0.816\,5 s_p} \right| \quad \cdots\cdots(4)$$

如果试验统计量不超过 2.776，或两个平均值相同，则 t 检验是成功的。

10.2 工作标定

10.2.1 概述

每个试验日开始试验时，应按下列顺序进行标定。当辐射照度改变时，也应对辐射锥进行标定。

10.2.2 称重设备的精度

称重设备标定应使用试验试样质量范围内的称重标准件。关闭辐射锥并使装置在进行标定之前冷却到环境温度。将装有(250±25)g的不燃称重标准件的试样安装架放置在称重设备上，用机械或电子方式调零。将质量在50 g到200 g之间的称重标准件轻轻放置在试样安装架上。稳定后，记录称重设备的输出值。再增加上述量范围的称重标准件，重复这一过程至少4次。标定结束时，在试样安装架上的所有称重标准件的总质量应至少为500 g。称重设备的精度即为称重标准件的质量和称重设备记录的输出值之间的最大差。

10.2.3 氧分析仪

氧分析仪校零和标定。标定时辐射锥可以工作也可以关闭，但不应处于升温阶段。开启风机，调节排气流量为$(0.024\pm0.002)\,m^3/s$。校零时，将纯氮气通入分析仪，使其流量和压力与样气的相同。将分析仪的示值调为(0.00±0.01)%。通入干燥的环境空气时，则应将示值调为(20.95±0.01)%，并将流量设置为测试试样时使用的流量。每个试样测试后，应利用干燥的环境空气确保分析仪的示值为(20.95±0.01)%。

10.2.4 热释放速率标定

进行热释放速率标定是为了确定孔板系数C。标定时辐射锥可以工作也可以关闭，但不应处于升温阶段。开启风机，调节排气流量为$(0.024\pm0.002)\,m^3/s$。以5 s的时间间隔开始收集基线数据，至少持续1 min。根据甲烷的净燃烧热为50.0×10^3 kJ/kg，将甲烷通入标定燃烧器，通过标定的流量计得到对应$\dot{q}_b=(5\pm0.5)$kW的流量。平衡后，以5 s的采样周期采集数据，持续3 min。利用3 min内测得的$\dot{q}_b$、T_e、Δp和X_{O_2}数值的平均值，根据第12章中的公式(5)计算孔板系数C。$X_{O_2}^0$由1 min基线测量期间测得的氧分析仪输出的平均值来确定。

也可利用在称重设备上放置一个专用器皿，在专用器皿内放入液体燃料(如酒精)的方法代替该项标定。用消耗的燃料总质量乘以燃料的净燃烧热，除以火焰的持续时间，得到平均的理论热释放速率。

10.2.5 辐射锥标定

每个试验日开始试验或改变辐射照度时，应利用热流计对辐射锥产生的辐射照度进行测量，并由此调节辐射照度控制系统，以使其达到所需辐射照度(误差不超过±2%)。当热流计插入标定位置时，不应使用试样或试样安装架。辐射锥稳定在设定温度至少运行10 min，确保处于平衡状态。

10.3 非经常性标定

10.3.1 工作热流计的标定

工作热流计的标定最多间隔100个工作小时，应参见附录E的程序对比参照热流计进行。对比应在(10、25、35、50、65、75和100)kW/m^2的辐射照度下进行。工作热流计和参照热流计读数的不一致性应在±2%以内。如果在整个热流量量程范围内，两者读数通过修正，使不一致性控制在±2%以内，则该工作热流计可继续使用，否则应予替换。

10.3.2 热释放速率测量的线性

最多间隔100个工作小时，应进行该项标定。标定时，利用10.2.4在5 kW时的标定结果，以同样的程序，对1×(1±10%)kW和3×(1±10%)kW的流量进行进一步的标定。在1 kW和3 kW时测得的热释放速率应与设置值相差在±5%以内。

10.3.3 标定燃烧器用流量计的精度

每6个月，应对标定燃烧器用流量计的精度进行校验。根据10.2.4确定的标定常数，与前一次流量计校验后，首次热释放速率标定测得的标定常数相差大于5%时，也应对流量计的精度进行校验。流量计精度的校验，使用的是一支与工作流量计串联的参照流量计，并按照10.2.4进行燃烧器标定。在3 min的数据采集期间，两支流量计的不一致性应在±3%以内。如果两个测量之间的差超过±3%，那么应对工作流量计进行再标定。

11 试验程序

11.1 一般预防措施

警告：应采取适当预防措施进行安全防护，燃烧试验中应注意，试验试样暴露在辐射锥下时存在散发有毒或有害气体的可能性。

试验过程中伴随高温和燃烧。因此，可能存在引燃外部的物体或衣物的危险。在插入和移去试验试样时，操作人员应使用防护手套。在高温情况下，接触辐射锥或与其相连的固定设备时，应使用防护手套。不应触摸火花点火器，因其带有10 kV的高电压。试验之前，为使装置运转正常应检查其排气系统，且应将燃烧产物排放到排气能力足够大的建筑排气系统中。某些类型试样的熔融物或尖锐碎片有可能喷溅，因此应注意保护眼睛不受伤害。

11.2 试验准备

11.2.1 检查CO_2过滤器和水分过滤器。如必要则更换吸附剂。排净冷阱中的凝结水。冷阱的正常工作温度不应超过4℃。

如果在检查期间打开过气体取样系统线路中的分离器或过滤器，宜检查气体取样系统的泄露情况（开启试样泵），如以与通入样品气相同的流量和压力通入纯氮气（气源尽可能接近环形取样器），此时氧分析仪读数宜为零。

11.2.2 按6.5或7.5的规定，调节辐射锥下表面和试样上表面之间的距离。

11.2.3 接通辐射锥（参见A.4.1）和风机的电源。通常气体分析仪、称重设备和压力传感器的电源不应关闭。

11.2.4 调节排气流量为$(0.024\pm0.002)m^3/s$。

11.2.5 按10.2进行标定。升温期间及试验间歇期间，在称重设备的上方放置一个隔热层（例如，带耐热纤维垫的空试样安装架或水冷的辐射屏蔽层），以避免过多的热量传递到称重设备。

11.3 步骤

11.3.1 开始采集数据。采集1 min的基线数据。标准采集周期为5 s，预计燃烧时间短暂（见7.3）的情况除外。

11.3.2 将辐射屏蔽层放置到位（见6.2）。移去保护称重设备的隔热层（见11.2.5）。将根据8.3制备的试样安装架和试样放到称重设备上。

注：辐射屏蔽层在插入之前应冷却到100℃以下。

11.3.3 插入火花塞，根据屏蔽层的类型，按照下述规定，以正确的顺序移去辐射屏蔽层。

对于6.2a)屏蔽层，移去屏蔽层，并开始试验。在1 s之内移去屏蔽层，插入并开启点火器。

对于6.2b)屏蔽层，屏蔽层应在插入后10 s之内移去，并开始试验。在1 s之内移去屏蔽层，插入并开启点火器。

11.3.4 记录闪燃或短暂火焰出现的时间。当持续火焰出现时，记录时间，并关闭火花塞，移去火花点火器。如果在关闭火花塞之后火焰熄灭，重新插入火花点火器，并在5 s之内打开火花塞。在这种情况下，保持火花塞的工作状态至整个试验完成。在试验报告中记录上述情况（见第13章）。

11.3.5 下列情况下，停止采集数据：

a) 持续燃烧32 min后（32 min包括30 min的试验时间和2 min的试验后追加数据收集时间）；或

b) 试样 30 min 内未被引燃;或

c) X_{O_2} 回到试验前氧气浓度值的 0.01%范围内,持续 10 min;或

d) 试样的质量变成零。

任何上述情况出现均可终止试验,但最短的试验持续时间应为 5 min。观察并记录试样的变化,如熔化、膨胀和爆裂。

11.3.6 移去试样和试样安装架。将隔热层放置在称重设备上。

11.3.7 应采用3个试样进行试验并按第13章所述进行报告。应对3个试样在180 s内的平均热释放速率进行比较。若其中的一个与这3个的平均值之差超过10%,则应另取3个试样进行试验。这种情况下,应报告这6个数据的算术平均值。

注:如果试样因熔化溢出试样安装架、爆炸性剥落、试样过度膨胀接触到火花点火器或辐射锥下表面,对试验数据的有效性有影响。

12 计算

12.1 概述

本条中的公式是基于图6气体分析系统,只测量了氧气的情况。对于有辅助气体(CO_2、CO 或 H_2O)分析装置,而未从氧气的取样线路中去除 CO_2 的情况,公式可参见附录F。如果去除了 CO_2(即使是单独对 CO_2 进行了测量),则应使用公式(5)~公式(7)。

12.2 耗氧分析的标定常数

每个试验日应进行10.2.4规定的热释放速率标定。如果某一次的标定常数 C 与前一次的差超过5%,则表明装置可能存在问题。标定常数 C,由下式计算:

$$C = \frac{\dot{q}_b}{(12.54 \times 10^3)(1.10)} \sqrt{\frac{T_e}{\Delta p}} \cdot \frac{1.105 - 1.5X_{O_2}}{X_{O_2}^0 - X_{O_2}} \quad \cdots\cdots\cdots\cdots(5)$$

式中:

$\dot{q}_b$——供给甲烷的热释放速率,单位为千瓦(kW)(见10.2.4)。

其中 12.54×10^3 是甲烷的 $\Delta h_c/r_0$,单位为千焦每千克(kJ/kg);1.10 是氧气和空气的摩尔质量比。

12.3 热释放速率

12.3.1 在进行其他计算之前,利用记录的氧分析仪数据和滞后时间,根据下式计算氧分析仪读数:

$$X_{O_2}(t) = X_{O_2}^1(t + t_d) \quad \cdots\cdots\cdots\cdots(6)$$

12.3.2 热释放速率 $\dot{q}(t)$,由下式计算:

$$\dot{q}(t) = (\Delta h_c/r_0)(1.10)C\sqrt{\frac{\Delta p}{T_e}} \cdot \frac{X_{O_2}^0 - X_{O_2}}{1.105 - 1.5X_{O_2}} \quad \cdots\cdots\cdots\cdots(7)$$

式中:

试样的 $\Delta h_c/r_0$ 取值为 13.1×10^3 kJ/kg,除非已知更准确的值,而且 $X_{O_2}^0$ 是根据1 min的基线测量期间测得的氧分析仪输出的平均值来确定的。

12.3.3 单位面积的热释放速率 $\dot{q}_A(t)$,由下式计算:

$$\dot{q}_A(t) = \dot{q}(t)/A_s \quad \cdots\cdots\cdots\cdots(8)$$

式中:

A_s——试样的初始暴露面积,为 0.008 8 m^2。

12.4 排气管道的流量

排气管道内的质量流量 $\dot{m}_e$,单位为千克每秒(kg/s),由下式计算:

$$\dot{m}_e = C\sqrt{\frac{\Delta p}{T_e}} \quad \cdots\cdots (9)$$

12.5 质量损失速率

12.5.1 每一时间间隔的质量损失速率$-\dot{m}$,可以利用下列五点差分公式计算。

对于第一次采集($i=0$):

$$-[\dot{m}]_{i=0} = \frac{25m_0 - 48m_1 + 36m_2 - 16m_3 + 3m_4}{12\Delta t} \quad \cdots\cdots (10)$$

对于第二次采集($i=1$):

$$-[\dot{m}]_{i=1} = \frac{3m_0 + 10m_1 - 18m_2 + 6m_3 - m_4}{12\Delta t} \quad \cdots\cdots (11)$$

对于$1<i<n-1$的任何一次采集(这里n是采集的总次数):

$$-[\dot{m}]_{i} = \frac{-m_{i-2} + 8m_{i-1} - 8m_{i+1} + m_{i+2}}{12\Delta t} \quad \cdots\cdots (12)$$

对于与最后一次采集相邻的那次采集($i=n-1$):

$$-[\dot{m}]_{i=n-1} = \frac{-3m_n - 10m_{n-1} + 18m_{n-2} - 6m_{n-3} + m_{n-4}}{12\Delta t} \quad \cdots\cdots (13)$$

对于最后一次采集($i=n$):

$$-[\dot{m}]_{i=n} = \frac{-25m_n + 48m_{n-1} - 36m_{n-2} + 16m_{n-3} - 3m_{n-4}}{12\Delta t} \quad \cdots\cdots (14)$$

12.5.2 主要燃烧期(即燃料质量损失从10%到90%变化期间)的质量损失速率$\dot{m}_{A,10-90}$,由下式给出:

$$\dot{m}_{A,10-90} = \frac{m_{10} - m_{90}}{t_{90} - t_{10}} \times \frac{1}{A_s} \quad \cdots\cdots (15)$$

式中:

$m_{10} = m_s - 0.10\Delta m$

$m_{90} = m_s - 0.90\Delta m$

$\Delta m = m_s - m_f$

注:有效燃烧热$\Delta h_{c,\text{eff}}$的计算公式,参见附录C。

13 试验报告

试验结果仅与特定试验条件下试样的特性相关。其结果并非评价制品在使用时潜在火灾危险性的唯一标准。

试验报告应尽可能全面,并应包括试验期间观察到的现象及出现的问题。报告中应清楚地叙述所有的测量部分。下面给出建议报告的内容。

在试验报告中也应给出下列基本信息:

a) 实验室名称和地址。

b) 委托试验单位名称和地址。

c) 制造商/供应商的名称和地址。

d) 试验日期。

e) 试验者。

f) 商品名和试样标识码/号。

g) 组成或种类识别。

h) 试样厚度[1)]，单位为毫米(mm)；质量[1)]，单位为克(g)。对于复合材料和组件，应给出每种组分的公称厚度、密度及整个试样的密度。

i) 试样颜色。

j) 试样制备情况。

k) 试样安装，测试表面，以及使用的特殊安装程序(如对于膨胀试样)。

l) 孔板流量标定常数 C。

m) 辐射照度[1)]，单位为千瓦每平方米(kW/m^2)；排气流量[1)]，单位为立方米每秒(m^3/s)。

n) 相同条件下试验的重复试样数目(应最少是3个，除非是探索性试验)。

o) 持续燃烧时间[1)]，单位为秒(s)。

p) 试验持续时间[1)]，即根据11.3.5试验开始到结束的时间，单位为秒(s)。

q) 整个试验记录的热释放速率曲线；单位面积热释放速率[1)]，单位为千瓦每平方米(kW/m^2)。

r) 引燃后，前180 s和300 s内或其他时间段热释放速率的平均值[1)] $\dot{q}_{A,180}$，$\dot{q}_{A,300}$ 和峰值[1)] $\dot{q}_A$($\dot{q}_{A,max}$)，单位为千瓦每平方米(kW/m^2)。

对于未出现持续火焰的试样，从试验开始后最后一个热释放速率负值之后的下一个读数开始记录。某些试样未出现可见的持续火焰，但却显示出非零的热释放速率数值。一般说来，应该出现负值，因为在试样开始燃烧之前输出数据为 $0\pm n$(噪声)。

应利用梯形积分法计算热释放速率平均值。例如，以5 s的数据采集周期，$\dot{q}_{A,180}$ 如下得出：

1) 将最接近引燃时刻采集到的热释放速率值，或最后一个热释放速率负值之后的那次采集值作为积分计算的初值，然后将此初值之后的35次采集到的热释放速率值求和；如果试验在180 s内结束，这种情况下用实验时间内的平均值作为热释放速率的平均值；

2) 将1)中的积分初值的一半，和此初值后的第36次采集到的热释放速率值的一半相加；

3) 将1)中35次采集的求和值与2)中的求和值相加，再乘以采集周期(5 s)，然后除以180。

s) 试样的放热总量[1)]，单位为兆焦每平方米(MJ/m^2)。放热总量应从试验开始后最后一个热释放速率负值的下一个读数开始计算，到试验记录的最后读数为止。

放热总量也可利用梯形积分法计算。此时，利用的第一次采集是试验开始出现最后一个热释放速率负值之后的那一次采集。

t) 持续燃烧时的质量[1)] m_s；试验后剩余质量 m_f，单位均为克(g)。

u) 试样的质量损失[1)]，单位为克每平方米(g/m^2)；试样平均质量损失速率 $\dot{m}$，单位为克每平方米秒[$g/(m^2 \cdot s)$]，根据引燃到试验结束期间的数据确定。

v) 试样单位面积上平均质量损失速率[1)] $\dot{m}_{A,10-90}$，单位为克每平方米秒($g \cdot m^{-2} \cdot s^{-1}$)，根据质量损失10%～90%期间的数据确定。

w) 对于所有的重复试样，将o)、p)、r)、s)、t)、u)和v)条中确定的数值取其算术平均。

x) 其他现象[1)]，如短暂燃烧或闪燃。

y) 试验中出现的问题[1)]。

---

1) 每个试样均报告。

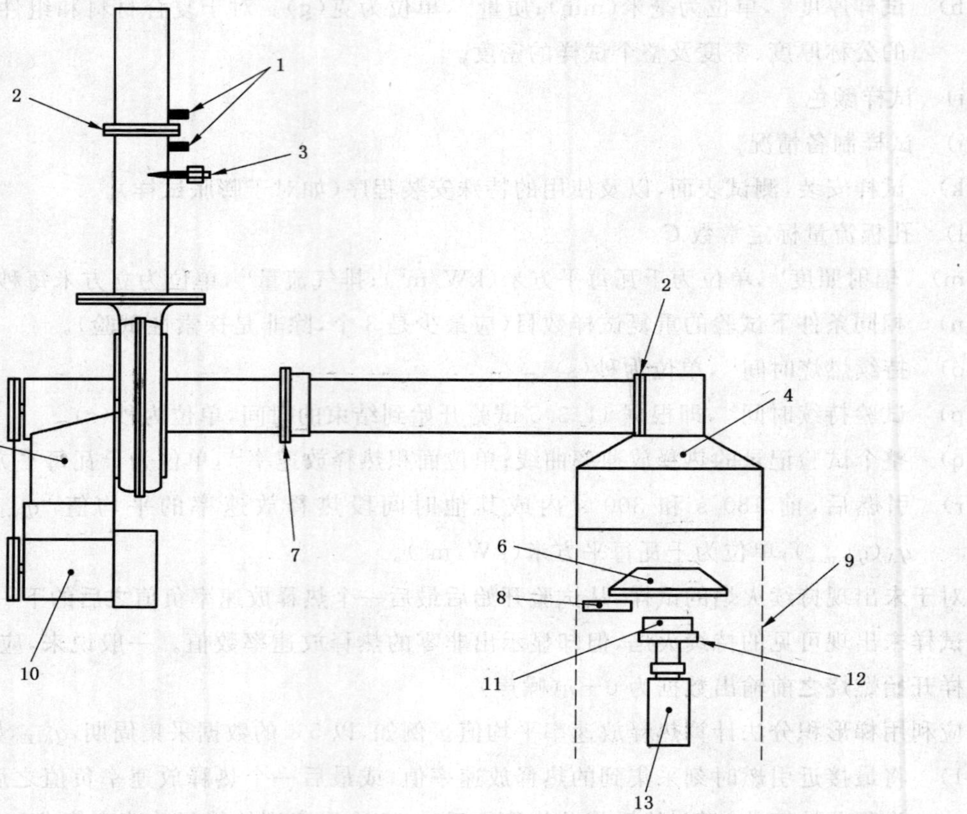

1——压力孔；

2——孔板；

3——热电偶(位于烟道中心线)；

4——集烟罩；

5——风机；

6——辐射锥；

7——环形取样器；

8——火花塞；

9——防护屏(可选)；

10——风机的电机；

11——定位架和试样；

12——试样安装架；

13——称重设备。

图 1 装置

单位为毫米

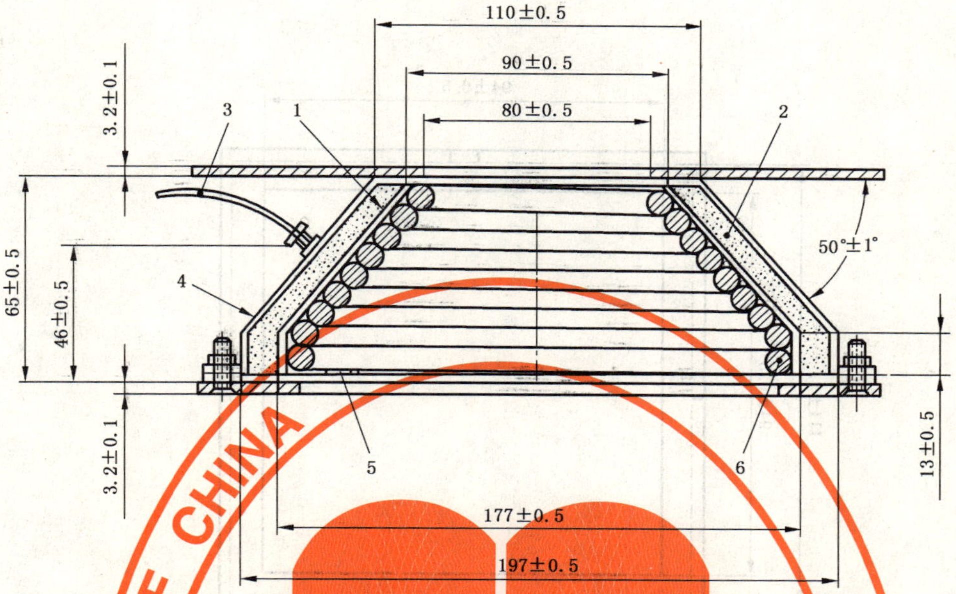

1——内锥壳；
2——耐火纤维衬层；
3——热电偶；
4——外锥壳；
5——衬垫片；
6——发热元件。

图 2　辐射锥

单位为毫米

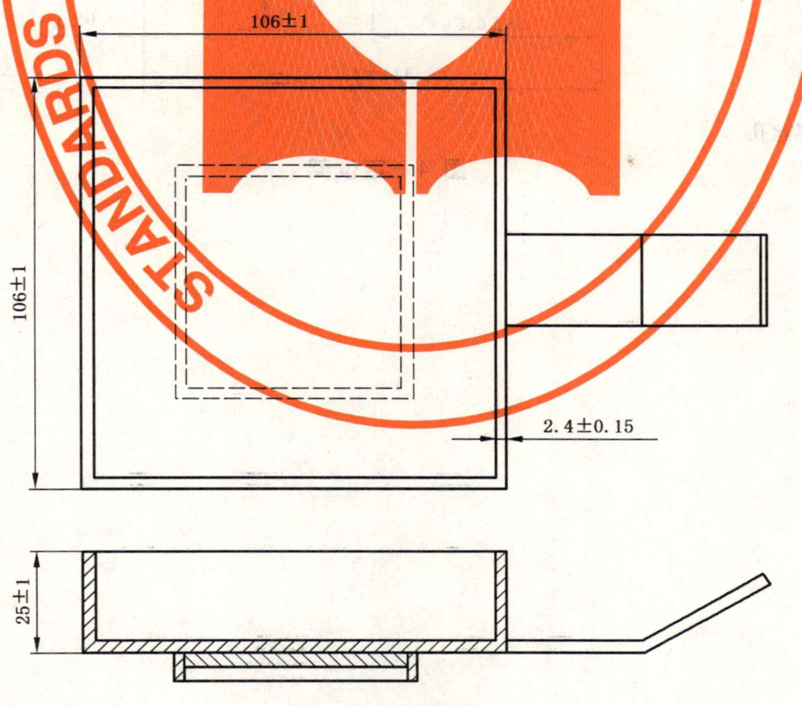

图 3　试样安装架

单位为毫米

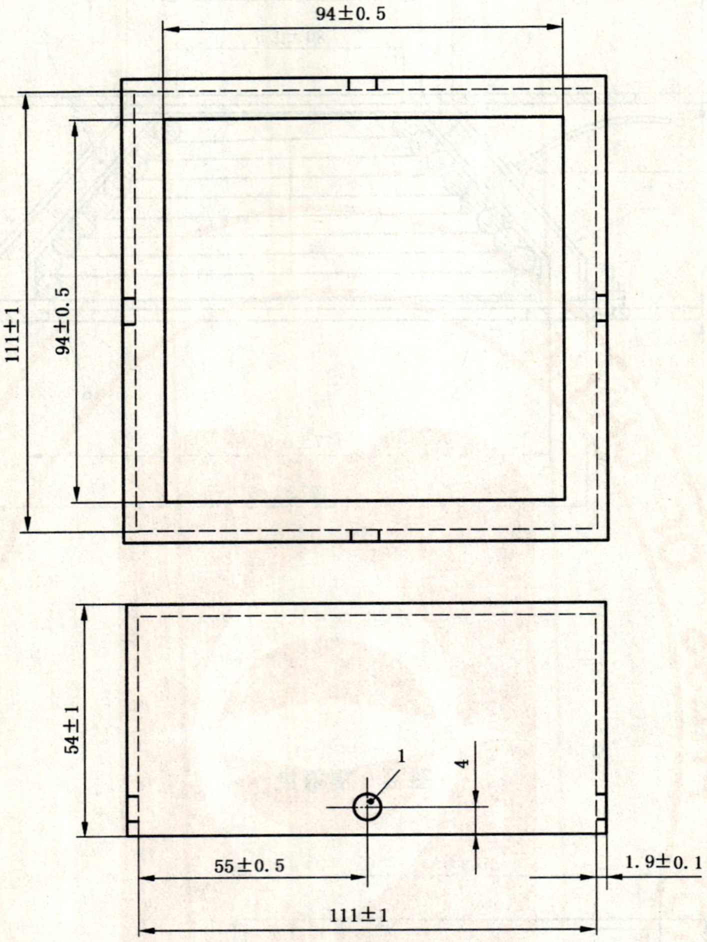

1——10×32 螺丝孔。

图 4 定位架

单位为毫米

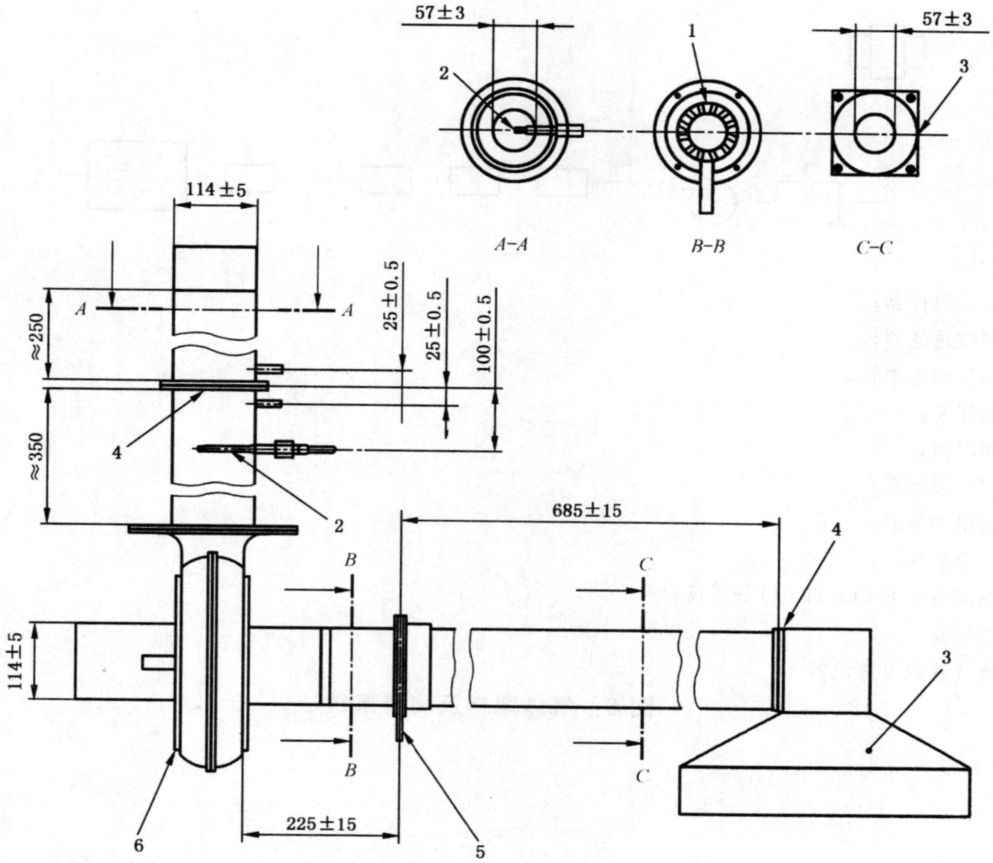

1——环形取样器；

2——热电偶；

3——集烟罩；

4——孔板；

5——环形取样器(取样孔对着风机)；

6——风机。

图 5　排气系统

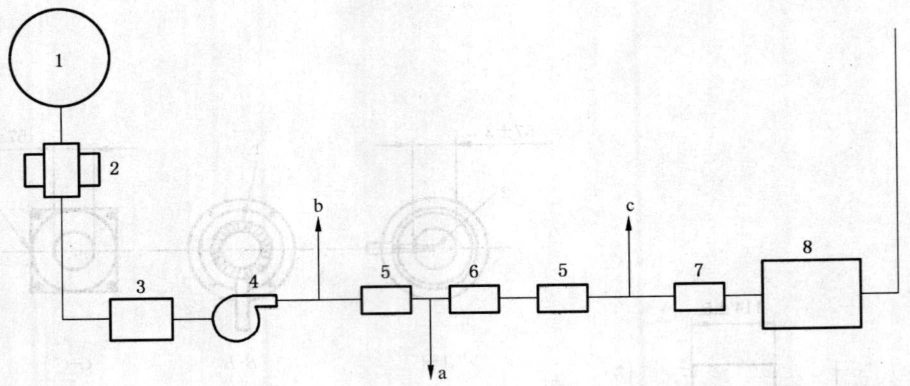

1——环形取样器；

2——颗粒过滤器；

3——冷阱和排水管；

4——取样泵；

5——除湿器；

6——CO_2 过滤器；

7——流量调节器；

8——氧分析仪；

a——通向可选的 CO_2 和 CO 分析仪；

b——废气管；

c——废气管的可选位置。

图 6　气体取样及测量系统

附　录　A
（资料性附录）
注释及操作员指导

A.1　简介

本附录的目的在于将有关这种方法的背景资料、装置和得到的数据，提供给试验操作员及试验结果的用户。

A.2　热释放速率的测量

A.2.1　热释放速率是确定火灾危险性的最重要的参数之一。在一个典型火灾中，许多由多种表面组成的制品对火灾的发展有影响，因而对该制品火灾危险性的评估变得十分复杂。当每一个分离表面要引燃时，首先宜确定其热释放速率。由于已经燃烧的制品会对邻近制品产生辐射影响，必须知道由它引发的火灾的大小，同时对每一个表面上的火焰蔓延也应进行评估。如果已知给定的辐射照度下单位面积的热释放速率，就可以利用这个试验数据，来计算整个表面的热释放速率(时间的函数)了。那么，总的放热量是所有材料所有表面上的热量总和。

A.2.2　使火灾放出的热量计算复杂化的因素有：

a)　卷入火灾的每种单一材料的燃烧持续时间不同；

b)　每个表面的几何尺寸；

c)　材料的燃烧特性，比如：熔融、滴落或结构倒塌。

A.2.3　本试验方法没有规定辐射等级。宜根据每个被评价的制品分别确定辐射等级。在给定使用条件和具体制品时，通常需要根据一些全尺试验来确定用于计算热释放速率的时间。

对于研究性试验，建议使用火花点火器和 35 kW/m^2 的初始辐射照度；没有委托单位的进一步指定时，建议以 25 kW/m^2、35 kW/m^2 和 50 kW/m^2 的辐射照度进行试验。根据得到的结果决定是否需要其他不同辐射照度等级的试验。

A.3　工作原理的选择

A.3.1　目前已经开发了一些用于测量热释放速率的装置。传统上，最简单的方法是直接测量由热滞后空间模拟的绝热环境中烟气的焓。真正的绝热装置价格昂贵。燃烧室是以一种简易的方式隔热的，因而得到的热释放速率明显低于真实值，因此只能作为经验标定。另外，这种标定可能对可燃物的灰分比较敏感。更先进的设计是使用一个恒温仪器，它取代了燃烧室，在这样一个能够保持恒温的仪器内，对热释放速率进行测量。这种设计得到了更好的结果，但是，实际仪器复杂且价格昂贵。

A.3.2　无损失的直接测量热比较困难。但是，无损失地收集全部燃烧产物，测量烟气中的氧浓度就简单多了。利用耗氧原理的这种测量可以计算热释放速率。这种原理表明，对于大多数燃烧物每消耗 1 kg氧气释放的热量等于 13.1×10^3 kJ。通常，对于大多数可燃物这个放热量的变化范围大约为 ±5%。这个原理形成了本标准叙述的试验方法的基础。即使制品的有效组成变成了 CO 或烟灰，而不是 CO_2，这个方法依然有用；这种情况下，可以使用修正因子。

过高的 CO 浓度可能是由于氧气供给不足造成的，在本试验方法的正常工作条件下，这种情况不可能发生，因为进入的氧气量是足够的。

A.4　热锥的设计

A.4.1　各种热释放速率测量方法的经验表明，为了得到最小误差的辐射照度，试样宜放置在恒温调节加热器,或水冷盘或开放的空气条件下。因为在固体表面附近,如果没有温度调节,由于试样火焰的加热作用,会使附近的空气温度升高,然后作为另外的辐射热源反作用于试样,进而可能导致误差。此外,当耗氧原理作为测量原理时,不适合使用燃气加热器,因为即使考虑了燃气的氧消耗,也会对氧气读数产生影响。

A.4.2 截锥形的加热器,最初是为 ISO 5657 研制的,在本标准中已经改型。这些改动包括提供较高的辐射照度、温度控制、流线改进,而且采用了一种更加坚固的设计。在水平定位方向,锥的形状近似采取火羽流的轮廓,中心位置开孔,使气流能够排出而不影响加热器。空气的卷吸作用保证了火焰不能到达锥的侧面。

A.4.3 由于加热器的形状呈锥形,所以此装置通常被称为锥形量热仪。

A.5 点火器

在许多装置中试验试样的引燃是利用气体点火器来实现的。气体点火器会影响热释放速率的计算。此外,其设计也有困难,因为点火器应处于试样中心,要求受气流影响不会熄灭且耐热,关键是不应有额外的热作用于试样。电火花点火器由于没有上述这些困难而被采用。火花点火器只需不定期的清洁及对电极进行调节。

A.6 背面的条件

接近燃烧终止时刻时,试样背面的热损失可能会影响燃烧速率,可通过使用一层绝热材料来减小其影响。

附 录 B
（资料性附录）
分解、精度和误差

B.1 分解

甲烷标定研究表明，通常热释放速率±1.5%范围内呈线性波动（主要由于火焰自身的紊流），在1 kW～12 kW范围内，通过量热仪测得热释放速率值波动在5%以内，在5 kW～12 kW范围内的波动在2%以内。其他气体的标定的结果类似。将标定气体以一个稳定的速度输入燃烧器。但固体可燃物燃烧的均匀性是由表面高温分解是否均匀决定的。在某些情况下，燃烧均匀性可能显示出大幅度的波动。例如，聚乙烯（甲基丙烯酸甲酯）的波动性通常大于木制品。此外，对于固体材料，分解是由试样的热解过程决定的，而不受仪器限制。

B.2 响应的速度

任何用于测量热释放速率的方法，其响应速度是由最慢的响应元件决定的。在这种耗氧方法响应最慢的是氧分析仪。通常情况下，压力传感器和热电偶的响应时间较快。

B.3 精度

当在多个实验室进行试验时，B.3和B.4中的重复性极限 r 和再现性极限 R 根据ISO 5725:1986计算。

注：ISO 5725-1的最新版本提出 r 和 R 为1×关联标准偏差，而不是2.8×关联标准偏差。

根据ISO/TC 92/SC 1/WG 5在多个实验室进行了一系列试验。使用的草案功能上与本标准相同。试验的材料是：25 mm的黑色PMMA（ρ=1 180 kg/m^3），30 mm的硬质聚氨酯泡沫（ρ=33 kg/m^3），13 mm的粒子板（ρ=640 kg/m^3），3 mm的硬纸板（ρ=1 010 kg/m^3），10 mm的石膏板（ρ=1 110 kg/m^3）和10 mm的耐火处理的粒子板（ρ=750 kg/m^3）。每种材料以两种定位（水平和铅垂）和两种辐射照度（25 kW/m^{2}和50 kW/m^2）各进行了3次重复试验，在6～8个实验室进行了试验。

根据ASTM E05 SC 21 TG 60进行的类似系列试验得到的数据，对上述试验的数据进行了补充，再一次使用了功能相同的草案、相同的辐射照度、相同的定位方向和重复试样数目。因为ASTM试验中 r 和 R 的结果显示了与ISO/TC的结果基本类似的趋势，所以将这些数据作为组合数据集进行了分析。剔除了一种与实验室数据不同的（即对于 $\dot{q}_{A,180}$）ASTM数据。有6个实验室测试了下列材料：6 mm的耐火ABS（ρ=325 kg/m^3），12 mm的粒子板（ρ=640 kg/m^3），6 mm的黑色PMMA（ρ=1 180 kg/m^3），6 mm的聚乙烯（ρ=800 kg/m^3），6 mm的PVC（ρ=1 340 kg/m^3）和25 mm的硬聚异氰脲酸酯泡沫（ρ=28 kg/m^3）。

根据ISO 5725:1986，利用这个完整的数据集，计算了关于5种变量的95%置信度的重复性极限 r 和再现性极限 R 数值。r 和 R 的数值等于2.8×适当标准偏差。被选为代表试验结果的变量是：t_{ig}、$\dot{q}_{A,max}$、$\dot{q}_{A,180}$、$Q_{A,tot}$ 和 $\Delta h_{c,eff}$。描述 r 和 R 的是线性回归模型（ISO 5725:1986中的公式Ⅱ），r 和 R 是上述5个变量对所有的重复试样和所有实验室的平均数的函数。回归方程在下面给出，同时也说明了得到拟合关系的平均值的范围。

在5 s～150 s范围内关于 t_{ig} 的结果是：

$$r = 4.1 + 0.125t_{ig} \quad \text{(B.1)}$$

$$R = 7.4 + 0.220t_{ig} \quad \text{(B.2)}$$

在70 kW/m^2～1 120 kW/m^2 范围内关于 $\dot{q}_{A,max}$ 的结果是：

$$r = 13.3 + 0.131\dot{q}_{A,max} \quad \cdots\cdots(B.3)$$

$$R = 60.4 + 0.141\dot{q}_{A,max} \quad \cdots\cdots(B.4)$$

在 70 kW/m² ～870 kW/m² 范围内关于 $\dot{q}_{A,180}$ 的结果是：

$$r = 23.3 + 0.037\dot{q}_{A,180} \quad \cdots\cdots(B.5)$$

$$R = 25.5 + 0.151\dot{q}_{A,180} \quad \cdots\cdots(B.6)$$

在 5 MJ/m² ～720 MJ/m² 范围内关于 $Q_{A,tot}$ 的结果是：

$$r = 7.4 + 0.068Q_{A,tot} \quad \cdots\cdots(B.7)$$

$$R = 11.8 + 0.088Q_{A,tot} \quad \cdots\cdots(B.8)$$

在 7 kJ/g～40 kJ/g 范围内关于 $\Delta h_{c,eff}$ 的结果是：

$$r = 1.23 + 0.050\Delta h_{c,eff} \quad \cdots\cdots(B.9)$$

$$R = 2.42 + 0.055\Delta h_{c,eff} \quad \cdots\cdots(B.10)$$

这些公式的意义可以借助一个例子很好地说明。假设一个实验室测试了一个某种材料的试样，并确定了引燃时间为 100 s。如果现在同一实验室对同样的材料进行第二次试验，r 的估计值为：

$$r = 4.1 + 0.125 \times 100 = 17 \text{ s}$$

那么第二次试验结果落在 83 s 和 117 s 之间的可能性为 95％。那么，假设相同的材料由不同的实验室来测试，R 的估计值为：

$$R = 7.4 + 0.22 \times 100 = 29 \text{ s}$$

那么这个实验室的测试结果落在 71 s 和 129 s 之间的可能性为 95％。

B.4 精度（对于膨胀或变形材料的试验程序）

根据 ISO/TC 61/SC 4/WG 3 在多个实验室进行了膨胀或变形材料的一系列试验。使用的草案功能上与本标准相同，按照 7.5 条的规定，试样表面和辐射锥下表面之间的距离为 60 mm（代替标准的 25 mm）。在这些试验中试验的材料是：9.6 mm 的黑色 PMMA、4 mm 的 PVC、3 mm 的耐火聚丙烯、5.8 mm 和7.8 mm 的聚碳酸酯。每种材料取 3 个重复试样以水平定位和 50 kW/m² 的辐射照度，在 10 个实验室进行了试验。

根据 ISO 5725：1986，对 3 个变量：t_{ig}、$\dot{q}_{A,max}$ 和 $Q_{A,tot}$，计算了 95％置信度的重复性极限 r 和再现性极限R 数值。线性回归模型（ISO 5725：1986 中的公式Ⅱ）用来描述 r 和R，r 和 R 是上述 3 个变量对所有的重复试样和所有实验室的平均数的函数。回归方程在下面给出，同时也说明了得到拟合关系的平均值的范围。

在 27 s～167 s 范围内关于 t_{ig} 的结果是：

$$r = 2.3 + 0.255t_{ig} \quad \cdots\cdots(B.11)$$

$$R = 2.3 + 0.652t_{ig} \quad \cdots\cdots(B.12)$$

在 83 kW/m² ～855 kW/m² 范围内关于 $\dot{q}_{A,max}$ 的结果是：

$$r = 36.6 + 0.064\dot{q}_{A,max} \quad \cdots\cdots(B.13)$$

$$R = 36.6 + 0.330\dot{q}_{A,max} \quad \cdots\cdots(B.14)$$

在 27 MJ/m² ～319 MJ/m² 范围内关于 $Q_{A,tot}$ 的结果是：

$$r = 15.5 + 0.008Q_{A,tot} \quad \cdots\cdots(B.15)$$

$$R = 15.5 + 0.125Q_{A,tot} \quad \cdots\cdots(B.16)$$

公式（B.11）和公式（B.12）与公式（B.1）和公式（B.2）的比较表明，由于试样表面和辐射锥下表面之间距离增加到 60 mm，引燃时间的重复性和再现性变得很差。其余两个变量的重复性看起来不受影响[见公式（B.3）和公式（B.7）与公式（B.13）和公式（B.15）的对比]，但它们的再现性则因 60 mm 的距离而略显变差[见公式（B.4）和公式（B.8）与公式（B.14）和公式（B.16）的对比]。

B.5 误差

对于未知化学组分的固体试样，如建筑中使用的材料、家具等，已经证明使用耗氧原理 $\Delta h_c/r_0 = 13.1\times10^3$ kJ/kg 的标准值，得到了±5%的期望误差范围。对于只有单一热解机制的均匀材料，通过氧弹仪测量确定 Δh_c 和通过最终元素分析得到 r_0，可以降低这个误差。然而，对于大多数试验，这是不实际的，因为试样通常是合成的、非均匀的或表现多次降解反应。但是，对于参照材料认真确定 $\Delta h_c/r_0$，可以大大地减少误差。

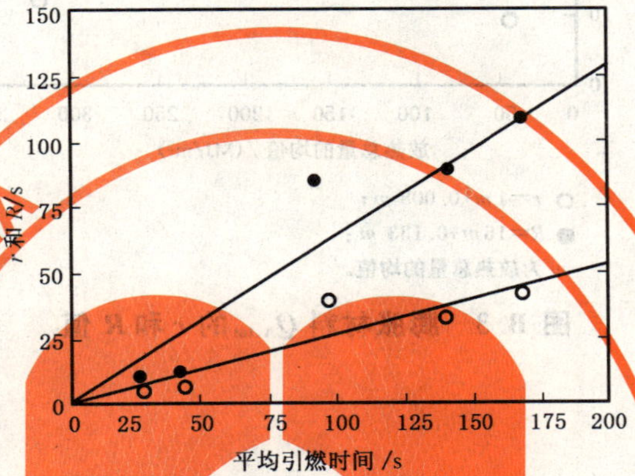

○ $r=2.3\ m+0.26\ m$;
● $R=2.3\ m+0.55\ m$;
m 为平均引燃时间。

图 B.1 膨胀材料 t_{ig} 的 r 和 R 值

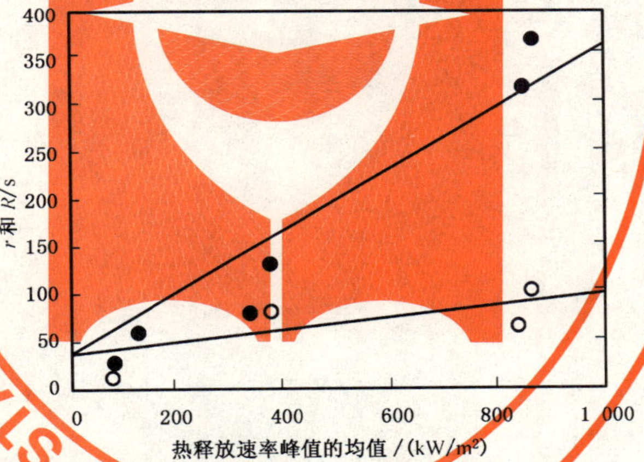

○ $r=37\ m+0.064\ m$;
● $R=37\ m+0.33\ m$;
m 为热释放速率峰值的均值。

图 B.2 膨胀材料 $\dot{q}_{A,max}$ 的 r 和 R 值

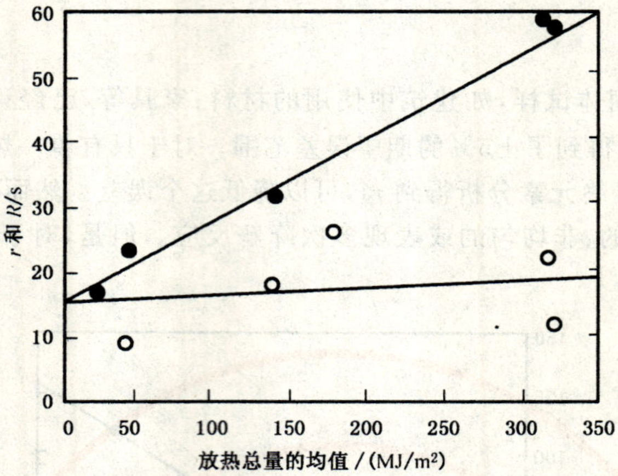

○ $r=1\ m+0.008\ m$；

● $R=16\ m+0.133\ m$；

m 为放热总量的均值。

图 B.3 膨胀材料 $Q_{A,tot}$ 的 r 和 R 值

附 录 C
（资料性附录）
质量损失速率和有效燃烧热

C.1 有效燃烧热

只具有单一降解模式的均质试样，燃烧期间的有效燃烧热是个常数，并且小于理论净燃烧热值。例如大多数有机液体具有单一降解模式，因此它的有效燃烧热恒定。相反，纤维素制品具有不只一种的降解模式，因此它的有效燃烧热是变化的。对于具有不只一种降解模式，或合成材料或非均质材料，有效燃烧热不一定是常数。有效燃烧热和质量损失速率可作为材料火灾特性的补充信息。

注：对于含水分或有分子结合水的材料，测得的质量损失将不能完全反映燃烧热。

C.2 符号

$\Delta h_{c,eff}$——有效净燃烧热，单位为兆焦每千克(MJ/kg)。

C.3 计算

对于从引燃时间开始，按每个时间间隔计算的质量损失速率$-\dot{m}$(见12.5.1)，可用于确定随时间变化的有效燃烧热值：

$$\Delta h_{c,eff} = \frac{\dot{q}(t)}{-\dot{m}} \qquad \text{(C.1)}$$

由于确定质量损失速率时采用了数值差分方法，这样比直接从仪器读数得到的测量噪声更大，因此最好计算$\Delta h_{c,eff}$的平均值。为了得到这样的平均值，公式(C.1)中的分子和分母应分别进行平均，而不是计算比值的平均值。例如在整个试验上的平均$\Delta h_{c,eff}$，由下式得出：

$$\Delta h_{c,eff} = \frac{\sum \dot{q}(t)\Delta t}{m_s - m_t} \qquad \text{(C.2)}$$

上面的求和是在引燃开始后的整个试验持续时间内进行的。

附 录 D
(资料性附录)
垂直定位的测试

D.1 引言

本标准的正文部分只涉及水平定位的试验。本标准也适用于制品的最终使用方向是垂直的情况，如墙衬。因为这种试验方法不代表实尺制品的缩尺模型，而只是测试试样对规定的外部辐射的基本响应。对试样的总加热量是外部辐射热加上来自试样本身燃烧的热流之和。两种定位方式，来自试样本身燃烧的热流不同。应当注意的是，实验室规格试样的这种燃烧热流与实尺制品相比较，它们之间没有关系，而是因制品使用的不同而不同。实验室规格的热释放速率和实尺制品热释放速率之间的关系，宜确定一个试验辐射值，与实验室设定的辐射值相比，该值应更接近于实尺制品暴露在火灾中的辐射热流值。

标准的试验定位是水平的，因为对于大多数试样，水平定位使试样融化、滴落和散落带来的试验问题较少。由于热解物在火花隙处的分布更广，因此水平定位时引燃数据的再现性更好。在某些特定研究中，也可采用垂直定位方式，因为在这种方式下更便于安装光学高温计、试样热电偶及其他的专门仪器。垂直定位的测试需要对试验装置和试验步骤进行一些细微的调整。调整方式如下。

D.2 装置的调整

D.2.1 锥形辐射电加热器

为了在垂直定位上试验，锥形加热器组件应向上旋转 90°，使热锥的下表面垂直，并平行于试样的暴露表面。

D.2.2 试样安装架

垂直定位试验中试样安装架与 6.5 所述不同。如图 D.1 所示，带有一个盛放少量熔化物的熔滴槽。

D.3 试样准备

按 8.3.1 中所述，将铝铂包覆的试样安装在垂直试样安装架中，背面衬以一层耐火纤维垫(公称密度 65 kg/m^3)，纤维垫厚度根据试样厚度确定，但不应少于 13 mm。在纤维垫层下面应放置一层硬的耐火纤维板。纤维板厚度应使一旦插上弹性钢丝卡(见图 D.1)后，所有组件能固定在一起。锥的高度要调整到使辐射锥的轴线与试样暴露表面的中心对准。

D.4 加热器的标定

应按 10.2.5 对垂直定位的加热器进行标定。热流计靶面朝向加热器，放置在与垂直试样表面中心相同的位置上。

注：下表面采用厚度为 4.8 mm±0.1 mm 的不锈钢板。其他部位采用厚度为 1.59 mm±0.1 mm 的不锈钢板。

D.5 试验步骤

垂直定位的试验步骤与第 11 章中所述的水平定位试验步骤基本相同。试验前垂直试样安装架的放置，应使试样的暴露表面平行于辐射锥的下表面且相距 25 mm。放置 6.9 中所述的火花塞时，应使火花塞间隙位于试样暴露表面并距试样安装架顶部 5 mm。

单位为毫米

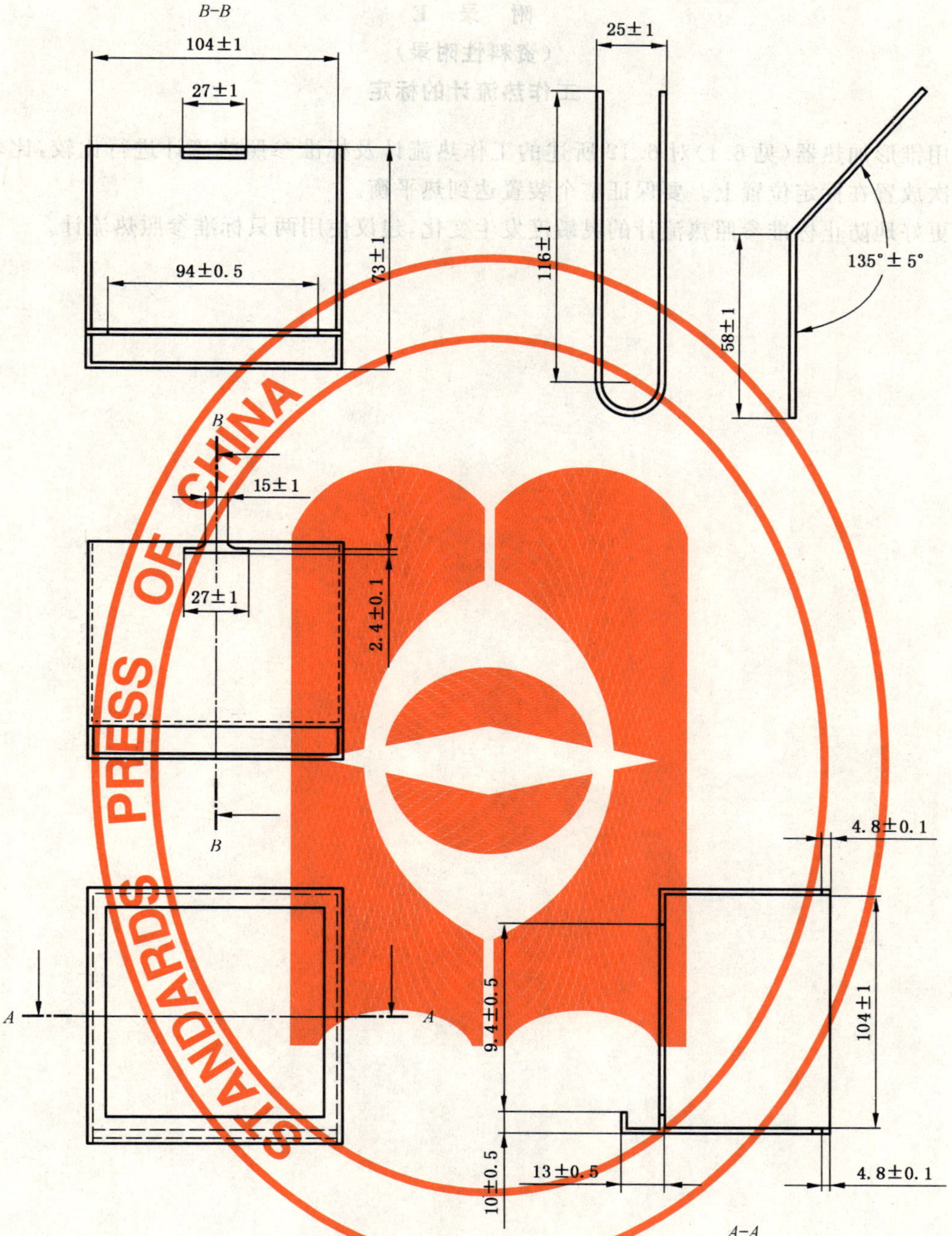

图 D.1 垂直定位的试样安装架

附　录　E
（资料性附录）
工作热流计的标定

可利用锥形加热器（见 6.1）对 6.12 所述的工作热流计及标准参照热流计进行比较，比较时，可将热流计依次放置在标定位置上。要保证整个装置达到热平衡。

为了更好地防止标准参照热流计的灵敏度发生变化，建议使用两只标准参照热流计。

附 录 F
（资料性附录）
有辅助气体分析的热释放速率计算

F.1 概述

第12章中计算热释放速率的公式，假设在测量 O_2 以前，已使用化学洗涤瓶将 CO_2 从气样中除去，如图6所示。某些实验室具备测量 CO_2 的能力，在这种情况下就不需要从 O_2 管线中除去 CO_2，其优点是可以避免使用价格昂贵并且需要认真处理的化学洗涤剂。

如果使用本附录中的公式计算热释放速率值，所用的辅助气体分析仪的响应时间，必须与氧分析仪的响应时间严格匹配。如果这个要求不能满足，就不应使用本附录的公式计算热释放速率。如果在系统中使用 CO_2 分析仪，则不应使用硅胶作干燥剂。

在本附录中，给出的公式只适用于对 CO_2 进行测量，且不从取样管线中除去的情况。包括以下两种情况：

——干燥并过滤的样气被导入红外 CO_2 和 CO 分析仪（见图6中的可选项）；

——同时加上水蒸汽分析仪。

为避免水蒸汽冷凝，测定燃烧产物气流中 H_2O 浓度时，需要一个单独的取样系统。该系统中的过滤器、取样管线和分析仪均需加热。

F.2 符号

表F.1中给出本附录中使用的新符号。

表 F.1 符号及其意义

符号	意 义	单位
M_a	空气的分子质量	kg/kmol
M_c	燃烧产物的分子质量	kg/kmol
M_{O_2}	氧气的分子质量（32 g）	kg/kmol
t_d^1	CO_2 分析仪的滞后时间	s
t_d^2	CO 分析仪的滞后时间	s
t_d^3	H_2O 分析仪的滞后时间	s
$X_{CO_2}^0$	CO_2 的初始读数	1
X_{CO}^0	CO 的初始读数	1
$X_{H_2O}^0$	H_2O 的初始读数	1
$X_{O_2}^a$	环境中 O_2 的摩尔分数	1
$X_{CO_2}^1$	滞后时间修正前 CO_2 的读数	1
X_{CO}^1	滞后时间修正前 CO 的读数	1
$X_{H_2O}^1$	滞后时间修正前 H_2O 的读数	1
X_{CO_2}	CO_2 的读数，摩尔分数	1
X_{CO}	CO 的读数，摩尔分数	1
X_{H_2O}	H_2O 的读数，摩尔分数	1
Φ	耗氧因子	1

F.3 测量 CO_2 和 CO 的情况

正如氧分析仪，CO_2 和 CO 的测定也应考虑在取样管线中的传输时间，而进行如下转换：

$$X_{O_2}(t) = X^1_{O_2}(t + t_d) \quad \cdots\cdots(F.1)$$

$$X_{CO_2}(t) = X^1_{CO_2}(t + t^1_d) \quad \cdots\cdots(F.2)$$

$$X_{CO}(t) = X^1_{CO}(t + t^2_d) \quad \cdots\cdots(F.3)$$

式中：

t^1_d 和 t^2_d——分别为 CO_2 和 CO 分析仪的滞后时间，通常与 O_2 分析仪的滞后时间 t_d 不同（更小）。

排气流量按 12.4 中同样的方法进行计算：

$$\dot{m}_e = C\sqrt{\frac{\Delta p}{T_e}} \quad \cdots\cdots(F.4)$$

热释放速率可由下式确定：

$$\dot{q} = 1.10\left(\frac{\Delta h_c}{r_0}\right)X^a_{O_2}\left[\frac{\Phi - 0.172(1-\Phi)X_{CO}/X_{O_2}}{(1-\Phi)+1.105\Phi}\right]\dot{m}_e \quad \cdots\cdots(F.5)$$

耗氧系数 Φ 根据下式得出：

$$\Phi = \frac{X^0_{O_2}(1 - X_{CO_2} - X_{CO}) - X_{O_2}(1 - X^0_{CO_2})}{X^0_{O_2}(1 - X_{CO_2} - X_{CO} - X_{O_2})} \quad \cdots\cdots(F.6)$$

环境中氧的摩尔分数是：

$$X^a_{O_2} = (1 - X^0_{H_2O})X^0_{O_2} \quad \cdots\cdots(F.7)$$

在公式(F.5)中，括号里该项分子中的第二项，是对某些炭不完全燃烧成 CO 而不是 CO_2 的校正。在锥形量热仪试验中，X_{CO}通常非常小，所以在公式(F.5)和公式(F.6)中可以被忽略。实际上，CO 分析仪通常不会明显地提升热释放速率测定的精度。因此，即使没有 CO 分析仪，忽略 X_{CO}，公式(F.5)和公式(F.6)也可以使用。

F.4 同时测量水蒸汽的情况

在开放的燃烧系统中，例如本方法使用的，进入该系统的空气流量无法直接测量，但可以通过排气管道中测量的流量推导。由于部分空气燃烧，完全消耗掉这部分空气中的氧气，因此需要假设体积发生膨胀。这种膨胀取决于燃料的组成及燃烧的实际化学当量。体积膨胀系数的平均值取 1.105 比较适宜，该值对甲烷是合适的。

在 12.3.2 中的公式和公式(F.5)中已经使用了这个系数。对于锥形量热仪试验，可以认为 99%以上的燃烧产物由 O_2、CO_2、CO、H_2O 和不反应气体组成。不反应气体是指那些进入和离开系统化学性质都未发生改变的气体，这里是指 N_2。如果测量 H_2O，可以和 O_2、CO_2、CO(认为 3 种都是干燥气体)的测量一起用来确定体积膨胀。排气管道中的质量流量通过下列公式可以更精确地给出：

$$\dot{m}_e = \sqrt{\frac{M_C}{M_a}} \times \sqrt{\frac{\Delta p}{T_e}} \quad \cdots\cdots(F.8)$$

式中：

M_a——可以取作 29 kg/kmol。

燃烧产物的分子量由下式计算：

$$M_C = [4.5 + (1 - X_{H_2O})(2.5 + X_{O_2} + 4X_{CO_2})] \times 4 \quad \cdots\cdots(F.9)$$

热释放速率由下式计算：

$$\dot{q} = \frac{M_{O_2}}{M_C}\left(\frac{\Delta h_c}{r_0}\right)(1 - X_{H_2O})X_{O_2}^a\left[\Phi - 0.172(1-\Phi)\left(\frac{X_{CO}}{X_{O_2}}\right)\right]\left[\frac{1 - X_{O_2} - X_{CO_2} - X_{CO}}{1 - X_{O_2}^0 - X_{CO_2}^0}\right]\dot{m}_e \qquad \cdots\cdots\cdots\cdots\cdots\cdots(F.10)$$

H_2O 的读数必须按公式(F.1)～公式(F.3)中类似方式进行时间转换：

$$X_{H_2O}(t) = X_{H_2O}^1(t + t_d^3) \qquad \cdots\cdots\cdots\cdots\cdots\cdots(F.11)$$

参 考 文 献

[1] ISO 5657:1997, Reaction to fire tests—Ignitability of building products using a radiant heat source

[2] ISO 5725:1986, Precision of test methods—Determination of repeatability and reproducibility for a standard test method by inter-laboratory tests(now withdrawn)

[3] ISO 5725-1, Accuracy(trueness and precision) of measurement methods and results—Part 1:General principles and definitions

[4] ISO 5725-2, Accuracy(trueness and precision) of measurement methods and results—Part 2:Basic method for the determination of repeatability and reproducibility of a standard measurement method

[5] ISO/TR 3814:1989, Tests for measuring 'reaction-to-fire' of building materials—Their development and application

[6] ISO/TS 14934-1, Reaction-to-fire tests—Calibration and use of radiometers and heat flux meters—Part 1:General principles

[7] ASTM E 1354-99, Standard Test Method for Heat and Visible Smoke Release Rates for Materials and Products Using an Oxygen Consumption Calorimeter

[8] BABRAUSKAS V. Development of the cone calorimeter—A bench-scale heat release rate apparatus based on oxygen consumption[J]. Fire and Materials, 1984, 8:81-95

[9] TWILLEY W H and BABRAUSKAS V. User's guide for the Cone calorimeter. NBS Special Publication SP 745. National Bureau of Standards, U. S. , 1988

[10] JANSSENS M L. Measuring rate of heat release by oxygen consumption[J]. Fire Technology, 1991, 27:234-249

[11] BABRAUSKAS V and GRAYSON S J eds. Heat release in fires. Barking: Elsevier Applied Science Publishers, 1992

ICS 03.220.50
V 50

中华人民共和国国家标准

GB/T 16177—2007
代替 GB/T 16177—1996

公共航空运输服务质量

Quality of public air transport service

2007-03-07 发布　　2007-09-01 实施

中华人民共和国国家质量监督检验检疫总局
中国国家标准化管理委员会　发布

前言

本标准代替 GB/T 16177—1996《公共航空运输服务质量标准》。

本标准与 GB/T 16177—1996 相比主要变化如下：

——删除了一些已不适用的内容；

——增加了一些新的服务内容与手段，如电子客票；

——提高了质量标准水平。

本标准由中国民用航空总局提出。

本标准由中国民用航空总局航空安全技术中心归口。

本标准起草单位：中国民用航空总局运输司、中国民用航空总局航空安全技术中心、中国国际航空股份有限公司、中国南方航空股份有限公司。

本标准主要起草人：何锦日、廉秀琴、张伶俐、李洪涛、陈淑芝、朱耀文、梁新钢、史心良、徐淮平、林丽。

本标准所代替标准的历次版本发布情况为：

——GB/T 16177—1996。

公共航空运输服务质量

1 范围

本标准规定了公共航空运输企业及其代理人、机场等相关单位的运输服务质量要求。

本标准适用于在中华人民共和国获得经营许可的公共航空运输企业及其代理人、机场。

2 规范性引用文件

下列文件中的条款通过本标准的引用而成为本标准的条款。凡是注日期的引用文件，其随后所有的修改单(不包括勘误的内容)或修订版均不适用于本标准，然而，鼓励根据本标准达成协议的各方研究是否可使用这些文件的最新版本。凡是不注日期的引用文件，其最新版本适用于本标准。

GB/T 10001.3 标志用公共信息图形符号 第3部分：客运与货运

MH 0005 民用航空公共信息标志用图形符号

MH/T 0012 民用航空公共信息图形标志 设置原则与要求

MH/T 1001 民用机场候机楼广播用语规范

MH 7004.1 航空食品卫生标准

MH 7004.2 航空食品卫生规范

3 总则

3.1 质量总方针

航空运输服务质量以“安全第一、飞行正常、优质服务”为质量总方针。

3.2 安全

3.2.1 树立安全第一、预防为主的思想。

3.2.2 配备保证安全运输的设施设备，确保安全运行。

3.2.3 建立健全各类航空运输安全制度，并保证严格执行。

3.2.4 保证顾客的生命和财产安全。

3.3 正常

3.3.1 科学合理组织安排航班。

3.3.2 严格按规定和约定的时限，组织航空运输生产。

3.3.3 航空运输信息应畅通、准确、及时。

3.3.4 各运输保障部门工作应协调、统一，保证航班正常飞行。

3.4 服务

3.4.1 树立以人为本、为顾客服务的思想。

3.4.2 运输服务工作应实行规范化、标准化、人性化管理。

3.4.3 定期进行服务质量考核。

3.4.4 建立企业自身的服务质量管理体系。

4 基本要求

4.1 仪表、仪容

4.1.1 上岗着工作服，服饰整洁，佩戴服务标志牌。

4.1.2 仪表端庄，举止大方，表情自然、亲切、和蔼。

4.2 服务语言

4.2.1 使用文明礼貌用语,语言简明、通俗、清晰。

4.2.2 实行“称呼”服务:统一称呼时可用“各位旅客”、“各位货主”、“女士们”、“先生们”;个别称呼时可用“同志”、“先生”、“女士”、“小姐”等。

4.2.3 对国内顾客使用普通话,对外国顾客使用外语,或选择能与顾客有效沟通的语言。

4.3 服务态度

4.3.1 礼貌服务,热情周到。

4.3.2 回答问题要迅速、准确、耐心,有问必答。

4.3.3 对待顾客不分种族、国籍、民族,一视同仁。

4.3.4 尊重顾客的民族习俗和宗教信仰。

4.3.5 认真及时地处理顾客的意见和建议。

4.4 特殊服务

4.4.1 对重要旅客和老、幼、病、残、孕等旅客提供特殊服务。

4.4.2 根据服务环境和服务对象的不同提供相应的特殊服务。

4.5 业务技能

4.5.1 上岗前应经过岗位培训并取得上岗资格。

4.5.2 在岗人员应掌握本岗位业务技能,胜任本职工作。

4.6 职业道德

4.6.1 树立诚实守信、忠于职守、尊重顾客、热爱本职工作的良好风气。

4.6.2 遵守国家法律法规,保护顾客的合法权益。

4.7 服务监督

4.7.1 对外公布服务质量监督电话号码。

4.7.2 建立收集服务质量信息的有效渠道。

5 设施设备

5.1 售票处

5.1.1 售票处应设在交通方便、周围环境良好的地区。

5.1.2 售票处的大厅面积及柜台数量应与前来购票的人数相适应,并根据需要设置值班经理、问询、重要旅客和团体旅客柜台。

5.1.3 根据当地气候条件,应具备采暖和(或)制冷设备,通风条件良好。

5.1.4 售票处应设有计算机订座系统、自动出票系统、公共信息系统和电话服务系统。

5.1.5 售票处的各种服务指南(旅客须知、班期时刻、运价、售票动态显示等)应采用适当方式公布,并应规范、准确、齐全、醒目。公共信息标志按 GB/T 10001.3、MH 0005、MH/T 0012 设置。

5.1.6 售票厅内应设公用电话、时钟及供方便旅客购票的辅助设施和公共卫生设施。

5.1.7 售票处的建筑及运行管理应符合现行国家消防、安全、卫生、环境保护等的有关法规和标准。

5.2 航站楼

5.2.1 航站楼周围环境良好,应有与设计旅客流量相适应的停车位,并保证进出航站楼交通顺畅。

5.2.2 设有与机场旅客流量相适应的客机坪和停机位,并设有与机场旅客流量相适应和确保正常作业的设施设备。

5.2.3 各种车辆安全行驶的标识规范清晰。

5.2.4 航站楼内布局合理,标识应规范、准确、齐全、醒目,便于旅客进、出港及中转。

5.2.5 在航站楼内设置手提行李标准尺寸框架。

5.2.6 应配备保证光线明亮、通风良好、温度适宜、防噪音的设施设备。

5.2.7 进出港大厅、隔离厅、行李提取厅的面积及办理乘机手续的柜台数量应与高峰小时旅客流量相适应,并设头等舱、公务舱、值班经理等柜台。

5.2.8 设立问询、票务办理及行李查询处。

5.2.9 有国际中转旅客的机场,应在隔离厅内设国际中转旅客休息厅及签票处。

5.2.10 航站楼的各种旅客服务指南(旅客乘机流程示意图、旅客须知、交运行李及手提物品须知、安检须知、乘车指南等)应规范、准确、齐全、醒目。公共信息标志按 GB/T 10001.3 与 MH 0005、MH/T 0012设置。

5.2.11 应设置商务中心、餐厅、商店、银行、小件物品寄存、失物招领、饮水处。

5.2.12 应配备急救设备、电梯、足够数量的行李手推车和一定数量的座椅。

5.2.13 应设置国际国内公用电话、邮政信箱和公共卫生设施,并方便旅客使用。

5.2.14 应配备供残障人使用的无障碍设施设备。

5.2.15 隔离厅内设吸烟区和母婴专用候机区。

5.2.16 应配备公共信息、航班信息、问询、时钟、闭路电视及广播音响系统。

5.2.17 应配备订座、离港、安检、登机、监控、行李分拣、行李查询系统。

5.2.18 应配备与高峰小时旅客流量相适应的旅客行李传送系统,并设有不正常运输行李仓库。

5.2.19 隔离厅内应设有贵宾休息室、头等舱、公务舱休息室和餐饮部,并配有服务设备和用品。

5.2.20 在隔离厅内按航班合理设置候机区位,并设有明显标志。

5.2.21 应配备与旅客流量、机型及当地气候特征相适应的登机设施及各种特殊车辆。

5.2.22 航站楼的建筑及运行管理应符合现行国家消防、安全、卫生、环境保护等的有关法规和标准。

5.3 飞机客舱

5.3.1 按飞机设计标准设置座椅。

5.3.2 客舱内的服务设施设备应齐全完好。

5.3.3 飞机盥洗室服务设施如马桶冲洗设备、洗手池等设备应完好。

5.3.4 飞机应急设备如灭火瓶、氧气瓶、应急手电筒、麦克风、婴儿安全带、加长安全带等应齐全完好。

5.3.5 按飞机适航标准配备安全、应急设备、应急药箱、急救药箱和旅客安全须知卡。

5.3.6 宽体机客舱服务间内配备烤箱、冷藏设施及供应餐饮的手推车、餐车。

5.3.7 宽体机配备婴儿摇篮及为特殊旅客服务的设施设备。

5.3.8 配备相应的服务用品。

5.4 货运站

5.4.1 货运场所

5.4.1.1 货运场所周围环境良好,交通方便,设有方便托运人交运、收货人提取货物的场地。

5.4.1.2 货运场所的建筑及运行,应符合国家消防、安全、卫生、环境保护等现行的有关法规和标准。

5.4.2 营业厅

5.4.2.1 应设与收发货物相适应的柜台,并设值班经理和问询柜台。

5.4.2.2 根据当地气候条件,应具备采暖和(或)制冷设备,通风条件良好。

5.4.2.3 应配备货运计算机管理系统。

5.4.2.4 配备符合国家标准的计量用具。

5.4.2.5 各种顾客服务指南(货运须知、班期时刻表、运价表)应规范、准确、齐全、醒目。公共信息标志按 GB/T 10001.3 与 MH 0005、MH/T 0012 设置。

5.4.2.6 设公用电话、传真、复印机及方便托运人交运、收货人提取货物的辅助设施及公共卫生设施。

5.4.3 仓库

5.4.3.1 在机场应设普通货物仓库、贵重物品仓库、危险品仓库、冷库、活体动物仓库。仓库面积与设施应与设计货物吞吐量相适应。

5.4.3.2 配备与机型相适应的自动升降装卸设备。
5.4.3.3 配备包装工具和材料。
5.4.3.4 应配备安全检查仪器。
5.4.3.5 配备防冻、防水、防火、防盗、防鼠设施和设备。
5.4.4 装卸设备
5.4.4.1 配备与货物吞吐量及机型相适应的外场装卸设备。
5.4.4.2 配备皮带传送车、牵引车、拖斗车。
5.4.4.3 配备与机型相适应的升降平台和集装设备。

6 售票服务

6.1 座位控制

6.1.1 座位控制部门应为重要旅客预留座位。
6.1.2 按规定控制限制性旅客的人数。

6.2 订座

6.2.1 开展柜台和电话预订座位(含联、回程)业务。
6.2.2 接受旅客预订座位时,应建立完整的旅客订座记录,并应注明出票时限。
6.2.3 根据业务需要开展柜台和电话座位再证实业务,为旅客办理座位再证实手续。

6.3 售票

6.3.1 应认真核对旅客的有效身份证件和填写的购票单,内容一致后方可填开运输凭证。
6.3.2 销售电子客票时,应将航空公司的运输条件等旅客须知的内容以适当的方式告知旅客。
6.3.3 按规定将旅客的有效信息输入订座系统。
6.3.4 手工填写运输凭证时,应符合国家标准汉字规范,英文应大写,字迹清晰,内容准确,并在运输凭证上签写出票人的全名或工作号。
6.3.5 实行出票、收款分人办理制度,收款时唱收唱付。
6.3.6 按规定办理运输凭证换开、变更、遗失、签转、退票业务。
6.3.7 应建立重要旅客、特殊旅客登记制度,并及时准确地将信息和特殊服务要求传递到有关单位。
6.3.8 当航班变更、取消时,售票处应尽早通知旅客。

7 机场地面旅客服务

7.1 办理乘机手续

7.1.1 对外公布航班停止办理乘机手续时间。为旅客办理乘机手续,100 座以上的飞机最迟在航班飞机离站前 90 min 开始;100 座以下的飞机最迟在航班飞机离站前 60 min 开始。
7.1.2 办理乘机手续应迅速、准确,应按规定项目将有关内容输入离港系统。使用手工办理时应及时将有关项目填入旅客登记表内。
7.1.3 按规定安排限制性旅客座位。
7.1.4 提醒旅客按照航空行李运输规定托运行李,不应在托运行李中夹带贵重物品、危险品、易碎物品等,应要求旅客交运所携带的超大超重行李。
7.1.5 候补机票柜台应按规定及时办理补票手续。
7.1.6 登机牌上应注明航班、日期、舱位、座位号、登机口、到达站和旅客姓名。
7.1.7 向机上乘务员提供头等舱和重要旅客的姓名与座位号。

7.2 载重平衡

7.2.1 配载人员应准确计算飞机载重和平衡,制作装机单并认真复核。
7.2.2 承运人应及时向相关航站提供飞机载重平衡表和载重数据。

7.2.3 承运人或其地面服务代理人应在航班飞机起飞后 5 min 内，向相关航站拍发载重电报。

7.3 广播

7.3.1 应使用普通话、英语广播，必要时增加其他语言广播；少数民族地区应增加民族语言广播。广播用语应符合 MH/T 1001 规定。

7.3.2 广播内容应准确，播音应清晰、匀速。对旅客登机、登机口变更、航班到达、延误或取消等信息应及时、反复广播。

7.4 问询

7.4.1 问询工作人员应随时掌握航班动态，准确回答旅客问询。

7.4.2 问询工作人员接受问询应站立；接受电话问询时，铃响不应超过三声；接电话时应先通报单位。

7.5 餐饮

7.5.1 餐厅应提供高、中、低档的餐饮。

7.5.2 餐饮质量应符合国家食品卫生标准。

7.6 综合服务

7.6.1 问询和航班动态信息显示系统应及时为旅客提供统一、同步的航班信息。

7.6.2 服务员应主动、正确地引导旅客上、下飞机，使用摆渡车的航班应有专人引导。

7.6.3 应准确核对旅客登机牌及人数。

7.6.4 应合理安排旅客分区顺序登机。

7.6.5 中转、过境旅客应有专人引导。

7.6.6 对重要旅客和老、幼、病、残、孕旅客提供特殊服务。

7.7 航班不正常时的服务

7.7.1 应有航班不正常服务预案。

7.7.2 当航班延误时，应及时将有关信息告知旅客；当航班延误信息不确定时，应每隔 30 min 向旅客通报一次动态信息。

7.7.3 延误航班的始发站应每隔 1 h 向经停站、到达站提供一次延误信息。

7.7.4 由于承运人原因造成航班延误，承运人或其代理人应合理地免费为旅客提供食宿；对于非承运人原因造成的航班延误，承运人或其代理人协助安排食宿，费用由旅客自理。

7.8 行李运输

7.8.1 收运

7.8.1.1 收运行李的场所应有行李运输有关规定的业务通告。

7.8.1.2 收运的行李应经过安全检查。

7.8.1.3 收运行李时应按行李收运的有关规定检查行李包装。

7.8.1.4 凭运输凭证办理收运行李手续，拴挂或粘贴行李牌，并应将旅客行李的件数、重量填写在运输凭证的规定位置。

7.8.1.5 行李收运后如发现有松散、捆绑不牢等情况，应及时修整。

7.8.2 装卸和保管

7.8.2.1 装卸行李应轻拿轻放，准确迅速，做到大不压小、重不压轻、硬不压软。

7.8.2.2 装卸行李时，应有专人监装、监卸。

7.8.2.3 装卸行李的车辆应按规定路线行驶，按规定位置停放，并使用轮挡。

7.8.2.4 行李的装卸和保管应有防雨措施。

7.8.2.5 由于承运人原因不能同机运输的行李应妥善保管。

7.8.3 交付

7.8.3.1 交付行李应准确、迅速，飞机到达停机位后，第一件行李应在 20 min 内交付给旅客，全部行李应在 1 h 内交付完毕。

7.8.3.2 交付行李时应准确核对行李牌号码，同时收回旅客持有的行李识别联。

7.8.3.3 应与旅客同机运达的行李，因承运人责任延误运达时，应根据情况主动向旅客提供临时生活用品补偿费。行李运达后，应根据旅客的要求，在机场或与旅客协商的地点将行李交付给旅客。

7.8.4 查询和赔偿

7.8.4.1 旅客交运的行李在运输过程中发生丢失、破损或短少等差错事故，承运人应做好差错事故记录，2 h 内拍发第一份行李查询电报。

7.8.4.2 各地行李运输部门接到行李查询电报后，应积极配合查找，并在 2 h 之内答复。

7.8.4.3 承运人收到国内航线旅客的行李赔偿要求后，应于 3 d 内查明情况和原因，7 d 内决定是否赔偿。收到国际航班旅客的行李赔偿要求后，应立即查找，21 d 后仍查找不到时，如手续完备，可按规定赔偿。

8 飞机客舱服务

8.1 服务

8.1.1 应按规定配备客舱乘务员，确保服务和安全的需求。

8.1.2 旅客上下飞机时，乘务员应使用礼貌用语，热情迎送，主动协助旅客安排座位及随身携带物品。

8.1.3 乘务员应对头等舱或重要旅客实行姓氏尊称服务。

8.1.4 对重要旅客和老、幼、病、残、孕旅客做好特殊服务。

8.1.5 航班飞机起飞前应向旅客进行安全演示，并对坐在客舱应急出口座位的旅客进行安全提示和确认。

8.1.6 飞机起飞滑行前，客舱所有物品、服务设施及用品应放置稳妥、扣好。

8.1.7 应进行客舱安全检查，航班飞机起飞前介绍应急设备的使用方法及安全须知、乘机注意事项。

8.1.8 飞机巡航过程中客舱内应有乘务员巡视。

8.2 广播

8.2.1 广播用语应准确、规范，语句通顺易懂。应使用普通话、英语广播，必要时增加其他语言广播。

8.2.2 介绍乘机注意事项和客舱设备的使用方法。

8.2.3 介绍航线主要地标、名胜古迹及到达站地理情况。

8.2.4 航班延误时应及时向旅客说明原因，表示歉意。

8.2.5 遇有特殊情况需要返航、备降、改航，当需要通知时应及时广播。

8.2.6 飞机遇有颠簸时，应及时广播通知旅客就座并系好安全带。

8.2.7 飞机下降时，应广播预计到达时间及到达站天气情况。

8.3 餐饮

8.3.1 根据对旅客的服务承诺为旅客提供餐饮服务。

8.3.2 餐食、饮料卫生应符合 MH 7004.1、MH 7004.2 的规定。

8.3.3 头等舱、公务舱的餐饮服务应区别于普通舱，并制定相应的餐饮标准。

8.3.4 为申请清真餐、素食、婴儿餐等特殊餐食的旅客提供相应的餐饮服务。

8.3.5 头等舱餐饮具应使用非塑料和非纸制品，并提供餐谱、饮料单。

8.4 文化娱乐

8.4.1 提供杂志和当天或前一天的中外文报纸。

8.4.2 旅客上下飞机时，播放轻松、愉快的乐曲。

8.4.3 有影像设备的飞机应播放影像节目。

8.4.4 机上音像内容应轻松、健康，并每月更换一次。

8.4.5 提供儿童读物或玩具等特色服务。

8.5 卫生

8.5.1 客舱地毯、壁板、座椅、安全带、小桌板等应整齐、清洁。

8.5.2 机上餐饮具、餐车、烤箱等服务用品应清洁卫生。

8.5.3 客舱无蚊蝇等害虫。

8.5.4 及时清理厕所，保证厕所干净、无异味。配齐擦手纸、卫生纸、马桶垫纸、小香皂或洗手液。

9 货物运输服务

9.1 货邮收运

9.1.1 收运货物时，认真检查托运人的有效身份证件、货物托运书和必要的证明文件。货物的重量、体积、包装、标记及其内容应准确无误。

9.1.2 认真检查货运单的填写是否完整、准确、清晰。

9.1.3 货物计重、运费计算、货运单填写及标签填写、粘贴应准确。

9.1.4 合理安排运输，不积压货物。货物运出最低时限：国内干线航班应 3 d 内运输；支线航班应 7 d 内运输；邮件 24 h 内运输；有时效的货物，按托运人和承运人商定的期限运输。

9.1.5 运力紧张的航线应建立订舱制度，并根据订舱情况安排货物运输。

9.1.6 对特种货物和押运货物的收运，应根据货物特性的要求，向货主和有关工作人员明确交待注意事项和包装要求。

9.1.7 收运后 24 h 之内装机运输的急、快件货物和邮件，一律实行开箱检查或通过安检仪器检测。

9.1.8 邮件的收发应严格按照路单检查，邮件铅封应完好、无破损，重量、件数应与路单一致。

9.1.9 市区、机场货运部门之间交接货物，应严格交接手续，有记录台账。

9.1.10 由于承运人执行特殊任务或因天气等不可抗力原因，货物运输受到影响，承运人应当及时通知托运人或收货人，商定处理办法。

9.2 仓储

9.2.1 货物应按性质要求分类储存保管。出库货物与入库货物应分开存放。

9.2.2 仓库内应卫生、整洁，货物的码放应整齐、有序、合理，做到重不压轻，大不压小。

9.2.3 外包装松散、损坏，标签、标贴脱落应及时修整。

9.2.4 做好防冻、防火、防水、防盗、防鼠工作。

9.2.5 货邮出入库应核对货运单号码、件数、中转站、到达站，检查包装，做到单、货一致，认真做好交接记录。

9.2.6 对于特定条件下收运的货物和押运货物，应按照要求储运。严格交接手续并电告有关航站。

9.2.7 根据吞吐量，至少每月进行一次清仓整库。发现货物不正常时，及时处理，及时清理积案。

9.3 装卸

9.3.1 装卸货物应做到轻拿轻放，严格按货物外包装上的储运指示标志作业。

9.3.2 应严格按规定要求装卸货物，在航班飞机离站前 10 min 关闭货舱门。

9.3.3 拖斗车装货高度不超过 1.5 m，牵引车牵引载货集装板或载货大集装箱的拖斗车不超过 3 个，牵引载货小集装箱的拖斗车不超过 5 个。装有货邮的拖斗车和集装板应有防雨措施。

9.3.4 中小型机到站 1 h 内、大型宽体机到站 2 h 内将货物和邮件卸进仓库。

9.3.5 飞机号、到达站、件数、舱位等应与装卸机单相符。对装卸货件应进行检查，发现丢失、破损应做事故记录。

9.3.6 应建立并落实监装监卸制度。

9.3.7 装卸车辆按规定路线行驶，按规定位置停放，并使用轮挡。

9.4 交付

9.4.1 急件、鲜活易腐货物到达后 2 h 内、普货到达后 24 h 内发出提货通知。快件货物到达后应按时限送货上门。

9.4.2 交付货物应认真查验证件，经复核无疑义后由收货人签收提货。

9.4.3 如发生不正常运输差错、事故，应会同收货人做好不正常运输差错、事故记录。

9.5 查询和赔偿

9.5.1 各地货运部门接到外站查询电报后，应积极配合查找，并在 24 h 内回电。对顾客查询最迟不超过 3 d 答复。

9.5.2 承运人接到托运人或收货人赔偿要求，应在 30 d 内做出处理答复。

9.5.3 由于承运人责任造成货物的丢失、短缺、变质、污染、损失，应按规定进行赔偿。

10 质量指标

10.1 年运输等级事故次数：0 次。

10.2 航班正常率：80%。

10.3 机场放行率：92%。

10.4 客运服务有效投诉率：百万分之三(件/人次)；

货运服务有效投诉率：万分之一(票/票)。

10.5 培训上岗率：100%。

10.6 设施设备完好率：95%。

10.7 顾客满意率

a) 空中服务满意率：92%；

b) 机场地面服务满意率：80%；

c) 售票服务满意率：90%；

d) 货运服务满意率：90%。

10.8 差错率

a) 客票差错率：万分之五(张/张)；

b) 行李差错率：万分之五(件/件)；

c) 货物运输差错率：万分之二(票/票)。

ICS 67.160.10
X 61

GB

中华人民共和国国家标准

GB/T 16289—2007
代替 GB/T 16289—1996

鼓香型白酒

Chi-flavour Chinese spirits

2007-01-19 发布　　　　2007-07-01 实施

中华人民共和国国家质量监督检验检疫总局
中国国家标准化管理委员会　发布

前言

本标准是对GB/T 16289—1996《豉香型白酒》的修订。

本标准代替GB/T 16289—1996。

本标准与GB/T 16289—1996相比主要变化如下：

——增加了术语和定义；

——酒精度上限由GB/T 16289—1996的38%调整为40%vol；

——酒精度下限由GB/T 16289—1996的28%调整为18%vol；

——质量等级分为优级、一级，去掉GB/T 16289—1996中的合格品；

——理化指标相应进行了调整。

本标准由全国食品工业标准化技术委员会酿酒分技术委员会提出并归口。

本标准起草单位：中国食品发酵工业研究院、广东省食品质量监督检验站、广东佛山市太吉酒厂有限公司、广东省九江酒厂有限公司、广东顺德酒厂有限公司。

本标准主要起草人：冯志强、郭新光、郭波、何松贵、罗格罗、张蔚、康永璞。

本标准所代替标准的历次版本发布情况为：

——GB/T 16289—1996。

豉香型白酒

1 范围

本标准规定了豉香型白酒的术语和定义、要求、分析方法、检验规则和标志、包装、运输、贮存。

本标准适用于豉香型白酒的生产、检验与销售。

2 规范性引用文件

下列文件中的条款通过本标准的引用而成为本标准的条款。凡是注日期的引用文件，其随后所有的修改单(不包括勘误的内容)或修订版均不适用于本标准，然而，鼓励根据本标准达成协议的各方研究是否可使用这些文件的最新版本。凡是不注日期的引用文件，其最新版本适用于本标准。

GB 2757 蒸馏酒及配制酒卫生标准

GB 10344 预包装饮料酒标签通则

GB/T 10345 白酒分析方法

GB/T 10346 白酒检验规则和标志、包装、运输、贮存

JJF 1070 定量包装商品净含量计量检验规则

国家质量监督检验检疫总局[2005]第75号令 定量包装商品计量监督管理办法

3 术语和定义

下列术语和定义适用于本标准。

3.1

豉香型白酒 Chi-flavour Chinese spirits

以大米为原料，经蒸煮，用大酒饼作为主要糖化发酵剂，采用边糖化边发酵的工艺，釜式蒸馏，陈肉酝浸勾兑而成，未添加食用酒精及非白酒发酵产生的呈香呈味物质，具有豉香特点的白酒。

3.2

陈肉 specific pork

经过加热、浸泡、长期储存等特殊工艺处理的肥猪肉。

3.3

酝浸 steeping process

将陈肉浸泡于基酒中进行储存陈酿的工艺过程。

4 要求

4.1 感官要求

应符合表1的规定。

表1 感官要求

项 目	优 级	一 级
色泽和外观	无色或微黄，清亮透明，无悬浮物，无沉淀[a]	
香 气	豉香纯正，清雅	豉香纯正
口 味	醇和甘滑，酒体协调，余味爽净	入口较醇和，酒体较协调，余味较爽净

表 1(续)

项 目	优 级	一 级
风 格	具有本品典型的风格	具有本品明显的风格
a 当酒的温度低于15℃时,允许出现白色絮状沉淀物质或失光。15℃以上时应逐渐恢复正常。		

4.2 理化要求

应符合表 2 的要求。

表 2 理化要求

项 目		优 级	一 级
酒精度/(%vol)		18～40	
总酸(以乙酸计)/(g/L)	≥	0.35	0.20
总酯(以乙酸乙酯计)/(g/L)	≥	0.55	0.35
β-苯乙醇/(mg/L)	≥	40	30
二元酸(庚二酸、辛二酸、壬二酸)二乙酯总量/(mg/L)	≥	1.0	
固形物/(g/L)	≤	0.60	

4.3 卫生要求

应符合 GB 2757 的规定。

4.4 净含量

按国家质量监督检验检疫总局[2005]第 75 号令执行。

5 分析方法

感官要求、理化要求的检验按 GB/T 10345 执行。

净含量的检验按 JJF 1070 执行。

6 检验规则和标志、包装、运输、贮存

6.1 检验规则和标志、包装、运输、贮存按 GB/T 10346 执行。

6.2 标签应符合 GB 10344 的规定。酒精度可表示为“%vol”。酒精度实测值与标签标示值允许差为±1.0%vol。

ICS 97.040.20
Q 82

中华人民共和国国家标准

GB 16410—2007
代替 GB 16410—1996

家用燃气灶具

Domestic gas cooking appliances

2007-06-13 发布　　　　2008-05-01 实施

中华人民共和国国家质量监督检验检疫总局
中国国家标准化管理委员会　发布

前　言

本标准为条文强制性标准。标准中的 5.2.1,5.2.2 **a、c**,5.2.5 **c**,5.2.6 **b**,5.2.7.1 **b**,5.2.7.3,5.2.10.2,5.3.1.4,5.3.1.5,5.3.1.10 **d)、f)**,5.3.1.12,5.3.1.14,5.3.2.6,5.3.6,5.3.7.5 **a**,5.4.2.2,5.4.2.3,5.4.10.1,5.4.16.1,8.1.1 **除 f 以外的其他条款**,8.1.2,8.2.1,8.2.4 **c、d、h 及表** 2**、表** 3**、表** 4**、表** 5**、表** 6**、表** 7**、表** 8 **中的黑体字部分为强制性条文，其余为推荐性条文。**

本次标准修订中下述内容参照了相关国际和国外标准：

标准状态、最大正常温升、燃烧器耐过热性能及试验方法参照了 EN 30-1-1:1998《家用燃气灶具　第 1-1 部分：安全性　总则》。

熄火保护装置闭阀时间参照了 EN 30-1-1:1998《家用燃气灶具　第 1-1 部分：安全性　总则》和 JIS S 2103:1996《家用燃气烹调灶具》。

烤箱使用性能要求及试验方法参照了 JIS S 2103:1996《家用燃气烹调灶具》和 JIS S 2093:1996《家用燃气燃烧器具试验方法》。

干烟气中一氧化碳百分比浓度计算公式按照 JIS S 2103:1996《家用燃气烹调灶具》。

本标准与 GB 16410—1996《家用燃气灶具》相比主要变化如下：

——本标准为条文强制性标准，1996 年版为全文强制性标准；

——适用范围增加了气电两用灶具；

——术语和定义删除了 2 条，修订了 5 条，增加了 16 条；

——标准状态的温度由 1996 年版的 0℃调整为 15℃；

——两眼和两眼以上的灶具主火热负荷，由 1996 年版的不宜小于 2.91 kW，调整为两眼和两眼以上的燃气灶和气电两用灶应有一个主火，其实测折算热负荷：普通型灶≥3.5 kW，红外线灶≥3.0 kW；

——取消了有风状态的要求；

——规定灶具的每一个燃烧器均应设有熄火保护装置；

——增加了使用交流电源灶具结构的特殊要求；

——对灶具使用材料的材质要求修订为对材料的性能要求；

——增加了包装材料及包装废弃物条文；

——增加了实测热负荷计算公式；

——修订了实测折算热负荷计算公式；

——修订了干烟气中一氧化碳百分比浓度计算公式；

——试验室条件由室温为 20℃±15℃改为室温为 20℃±5℃；

——增加了跌落和堆码要求及试验方法。

本标准自发布之日起其过渡期为 9 个月。

本标准的附录 A 为资料性附录。

本标准由国家质量监督检验检疫总局、国家标准化管理委员会提出。

本标准由中国标准化协会、中国五金制品协会归口。

本标准起草单位：中山华帝燃具股份有限公司、全国日用五金标准化中心、江苏省产品质量监督检验中心所、浙江德意厨具有限公司、国家燃气用具质量监督检验中心、国家燃气用具产品质量监督检验中心(佛山)、国家日用金属制品质量监督检验中心、海尔集团燃气灶研究所、佛山市美的厨房电器制造有限公司、广东万家乐燃气具有限公司、宁波方太厨具有限公司、江苏光芒燃具股份有限公司、浙江普田电器有限公司、杭州老板实业集团有限公司、陕西天舟高科技有限公司、广东长青(集团)有限公司。

本标准主要起草人:易洪斌、姚克农、刘纲、王凤玲、高德康、刘彤、毕智涛、翁伍云、蔡国汉、蔡位明、仇明贵、周士灯、杜仁尧、吴伟良、富良、熊伟。

本标准所代替标准的历次版本发布情况为:

——CJ 4—1983;

——GB 16410—1996。

家用燃气灶具

1 范围

本标准规定了家用燃气灶具的术语和定义、产品分类、要求、试验方法、检验规则和标志、包装、运输、贮存。

本标准适用于使用城市燃气的家用燃气灶具及使用城市燃气和电能的家用气电两用灶具，包括：

a) 单个燃烧器额定热负荷≤5.23 kW 的燃气灶；

b) 额定热负荷≤5.82 kW 的燃气烤箱和燃气烘烤器；

c) 额定热负荷符合 a)、b)规定的燃气烤箱灶和燃气烘烤灶；

d) 每次焖饭的最大稻米量≤4 L、额定热负荷≤4.19 kW 的燃气饭锅；

e) 额定热负荷符合 a)、b)、d)规定、电的总额定输入功率≤5.00 kW 的气电两用灶具。

使用 GB/T 13611《城市燃气分类》以外燃气种类的家用燃气灶具可参照使用本标准。

本标准不适用于在移动的运输交通工具中使用的燃气灶具。

2 规范性引用文件

下列文件中的条款通过本标准的引用而成为本标准的条款。凡是注日期的引用文件，其随后所有的修改单(不包括勘误的内容)或修订版均不适用于本标准，然而，鼓励根据本标准达成协议的各方研究是否可使用这些文件的最新版本。凡是不注日期的引用文件，其最新版本适用于本标准。

GB/T 191—2000 包装储运图示标志

GB/T 1019—1989 家用电器包装通则

GB/T 1690—1992 硫化橡胶耐液体试验方法

GB/T 1740—1979 漆膜耐湿热测定法

GB/T 1765—1979 测定耐湿热、耐盐雾、耐候性(人工加速)的漆膜制备法

GB/T 1771—1991 色漆和清漆耐中性盐雾性能的测定

GB/T 2828.1—2003 计数抽样检验程序 第1部分：按接收质量限(AQL)检索的逐批检验抽样计划

GB/T 2903—1998 铜-铜镍(康铜)热电偶丝

GB/T 3768—1996 声学 声压法测定噪声源声功率级 反射面上方采用包络测量表面的简易法

GB/T 3772—1998 铂铑10-铂热电偶丝

GB 4208—1993 外壳防护等级(IP代码)

GB 4706.1—1998 家用和类似用途电器的安全 第一部分：通用要求

GB 4706.22—2002 家用和类似用途电器的安全 驻立式电灶、灶台、烤炉及类似用途器具的特殊要求

GB/T 4857.3—1992 包装 运输包装件 静载荷堆码试验方法

GB 5013.4—1997 额定电压450/750 V及以下橡皮绝缘电缆 第4部分：软线和软电缆

GB 5023.3 额定电压450/750 V及以下聚氯乙烯绝缘电缆 第3部分：固定布线用无护套电缆

GB/T 7306.1 55°密封管螺纹 第1部分：圆柱内螺纹与圆锥外螺纹

GB/T 7306.2 55°密封管螺纹 第2部分：圆锥内螺纹与圆锥外螺纹

GB/T 7307 55°非密封管螺纹

GB 13028 隔离变压器和安全隔离变压器技术要求

GB/T 13611　城市燃气分类

GB/T 16411—1996　家用燃气用具的通用试验方法

QB/T 3826—1999　轻工产品金属镀层和化学处理层的耐腐蚀试验方法　中性盐雾试验(NNS)

QB/T 3832—1999　轻工产品金属镀层腐蚀试验结果的评价

CJ/T 3085—1999　城镇燃气术语

3　术语和定义

GB 4706.1—1998、GB 4706.22—2002 和 CJ/T 3085—1999 确立的以及下列术语适用于本标准。

注：使用交流电源灶具的术语与 GB 4706.1—1998 所确立的器具术语相对应，如灶具对应器具，Ⅰ类灶具对应Ⅰ类器具，Ⅱ类灶具对应Ⅱ类器具，Ⅲ类灶具对应Ⅲ类器具，电热灶具对应电热器具，电动灶具对应电动器具，联合型灶具对应联合型器具。

3.1

燃气灶具　gas cooking appliances

含有燃气燃烧器的烹调器具的总称，包括燃气灶、燃气烤箱、燃气烘烤器、燃气烤箱灶、燃气烘烤灶、燃气饭锅、气电两用灶具，以下简称灶具。

3.2

燃气灶　gas stove

用本身带的支架支撑烹调器皿，并用火直接加热烹调器皿的燃气燃烧器具，以下简称灶。

3.3

嵌入式燃气灶　built-in gas stove

镶嵌在烹调台面使用的燃气灶，以下简称嵌入式灶。

3.4

气电两用灶具　gas-electric combined stove

将燃气灶具和电灶(包括电磁灶)组合在一起，能单独或同时使用燃气和电能加热的两用灶具。

3.5

燃气烤箱　gas oven

食品放在固定容积的箱内(加热室)，以对流热和辐射热对食品进行半直接或间接加热的燃气燃烧器具，以下简称烤箱。

3.6

燃气烘烤器　gas barbecue

用火直接烘烤食品的敞开式燃气燃烧器具，以下简称烘烤器。

3.7

燃气烤箱灶　freestanding gas cooker

将烤箱与灶组合在一起的燃气燃烧器具，以下简称烤箱灶。

3.8

燃气烘烤灶　independent hotplate and grill

将烘烤器和灶组合在一起的燃气燃烧器具，以下简称烘烤灶。

3.9

标准状态　standard conditions

规定温度为 15℃，绝对压力为 101.3 kPa 条件下的干燥燃气状态。

3.10

低热值华白数　net Wobbe number

燃气的低热值与其相对密度平方根之比。

3.11

额定热负荷(额定热流量)　nominal heat input

制造厂家标识的在额定燃气供气压力下,使用标准状态下基准气时灶具的热负荷的设计值。

3.12

实测热负荷(实测热流量)　actual heat input

试验状态下,试验用气的低热值与实测燃气流量的乘积。

3.13

实测折算热负荷(实测折算热流量)　converted actual heat input

设计燃气低热值与实测燃气流量折算到标准状态的计算值的乘积。

3.14

燃气供气压力　gas supply pressure

在灶具燃气入口连接处,灶具运行时测得的相对静压力。

3.15

额定燃气供气压力　normal gas pressure

制造厂家根据燃气类别、实际管网压力和标准要求规定的燃气供气压力的设计值。

3.16

界限气　limit gas

根据燃气允许的波动范围配制的标准气体。

3.17

燃烧器　burner

使燃气实现稳定燃烧的装置。

3.18

主燃烧器　main burner

灶具运行时,用于烹饪或制备热水的燃烧器。

3.19

点火燃烧器　permanent pilot ignitor

用火焰点燃小火燃烧器或主燃烧器的小燃烧器。

3.20

小火燃烧器　permanent ignition burner

用火焰点燃主燃烧器,灶具工作期间及待机状态不熄灭的小燃烧器(长明火)。

3.21

烤箱温度控制器　oven temperature controller

保证烤箱内设定温度恒定的自动控制装置。

4　产品分类

4.1　灶具的类型

4.1.1　按燃气类别可分为:人工燃气灶具、天然气灶具、液化石油气灶具。

4.1.2　按灶眼数可分为:单眼灶、双眼灶、多眼灶。

4.1.3　按功能可分为:灶、烤箱灶、烘烤灶、烤箱、烘烤器、饭锅、气电两用灶具。

4.1.4　按结构形式可分为:台式、嵌入式、落地式、组合式、其他形式。

4.1.5　按加热方式可分为:直接式、半直接式、间接式。

4.2　灶具的型号编制方法

4.2.1　燃气灶具类型代号按功能不同用大写汉语拼音字母表示为:

——JZ 表示燃气灶；
——JKZ 表示烤箱灶；
——JHZ 表示烘烤灶；
——JH 表示烘烤器；
——JK 表示烤箱；
——JF 表示饭锅。

4.2.2 气电两用灶具类型代号由燃气灶具类型代号和带电能加热的灶具代号组成，用大写汉语拼音字母表示为：

□ D

D——带电能加热的灶具

□——燃气灶具类型代号，按 4.2.1 的规定

4.2.3 灶具的型号由灶具的类型代号、燃气类别代号和企业自编号组成，表示为：

□□ - □

——企业自编号：产品特征号或设计序号（用汉语拼音字母和/或阿拉伯数字表示）

——燃气类别代号：
Y— 液化石油气
T— 天然气
R— 人工燃气

——灶具类型代号，按 4.2.1、4.2.2 的规定

示例：

JZD R-□

——企业自编号
——人工燃气
——气用两用灶

5 要求

5.1 基本设计参数

5.1.1 灶具前额定燃气供气压力见表 1。

表 1 灶具前额定燃气供气压力 单位为帕

燃 气 类 别	代 号	灶具前额定燃气供气压力
人工燃气	5 R、6 R、7 R	1 000
天然气	4T、6T	1 000
	10T、12T、13T	2 000
液化石油气	19Y、20Y、22Y	2 800
注：对特殊气源，如果当地宣称的额定燃气供气压力与本表不符时，应使用当地宣称的额定燃气供气压力。		

5.1.2 使用交流电源的灶具，电源条件为：单相额定电压≤250 V。

5.1.3 在高原地区使用的灶具，应考虑海拔高度对实测热负荷的影响。

5.2 性能

5.2.1 气密性

灶具的气密性应满足：

a) 从燃气入口到燃气阀门在 4.2 kPa 压力下，漏气量≤0.07 L/h；

b) 自动控制阀门在 4.2 kPa 压力下，漏气量≤0.55 L/h；

c) 用 0-1 气点燃燃烧器，从燃气入口到燃烧器火孔无燃气泄漏现象。

试验方法见 6.6。

5.2.2 热负荷

灶具的热负荷应满足：

a) 每个燃烧器的实测折算热负荷与额定热负荷的偏差应在±10%以内；

b) 总实测折算热负荷与单个燃烧器实测折算热负荷总和之比≥85%；

c) 两眼和两眼以上的燃气灶和气电两用灶应有一个主火，其实测折算热负荷：普通型灶≥3.5 kW；红外线灶≥3.0 kW。

试验方法见 6.7。

5.2.3 燃烧工况

灶具燃烧工况应满足表 2 要求。

表 2 燃烧工况要求

项　目	要　求
火焰传递	4 s 着火，无爆燃
离焰	无离焰
熄火	无熄火
火焰均匀性	火焰均匀
回火	无回火
燃烧噪声	≤65 dB(A)
熄火噪声	≤85 dB(A)
干烟气中一氧化碳浓度(理论空气系数 $\alpha=1$，体积百分数)	≤0.05%(0-2 气)
黑烟	无黑烟
接触黄焰	电极不应经常接触黄焰
小火燃烧器燃烧稳定性	无熄火、无回火
使用超大型锅时，燃烧稳定性	无熄火、无回火
烤箱门开闭时： ——主燃烧器燃烧稳定性 ——小火燃烧器燃烧稳定性	 无熄火、无回火 无熄火、无回火
烤箱控温器工作时： ——燃烧稳定性 ——火焰传递	 无熄火、无回火 易于点燃，无爆燃
注：灶具燃烧烟气中的氮氧化物含量分级及试验方法参见附录 A。	

试验方法见 6.8。

5.2.4 温升

温升不应超过表 3 所示的值。

表 3 最大正常温升

部 位	温升/K
操作时手必须接触的部位： ——金属材料和带涂覆层的金属材料 ——非金属材料	 35 45
干电池外壳	20
软管接头	20
阀门外壳	50
点火器外壳	50
燃气调压器外壳	35
灶具侧面、后面的木壁、灶具下面的木台表面： ——使用下限锅时 ——使用超大型锅时	 100 100
开关、控温器及限温器的环境空间或包围物： ——带 T-标志 ——不带 T-标志	 T-25 30
内部布线和外部布线，包括电源软线的橡胶或聚氯乙烯绝缘表面： ——带 T-标志 ——不带 T-标志	 T-25 50
用作附加绝缘的软线护套表面	20
电容器外表面	25
线圈： ——A 级绝缘 ——E 级绝缘 ——B 级绝缘 ——F 级绝缘 ——H 级绝缘	 75 90 95 115 140

试验方法见 6.9。

5.2.5 耐热冲击

a) 烤箱门玻璃耐热冲击无破裂；

b) 灶面钢化玻璃耐热冲击无破裂；

c) 其他非金属材料面板耐热冲击破碎后不能飞溅。

试验方法见 6.10。

5.2.6 耐重力冲击

a) 灶面钢化玻璃耐重力冲击应无破裂；

b) 其他非金属材料面板耐重力冲击破碎后不能飞溅。

试验方法见 6.11。

5.2.7　**安全装置**

5.2.7.1　**熄火保护装置**

灶具熄火保护装置应满足：

a)　开阀时间≤15 s；

b)　闭阀时间≤60 s。

试验方法见 6.12。

5.2.7.2　**饭锅温控装置**

饭锅温控装置的闭阀温度应为试验处水沸点的＋0.5 ℃～＋4.5 ℃以内。

试验方法见 6.12。

5.2.7.3　**油温过热控制装置**

油的最高温度≤300 ℃。

试验方法见 6.12。

5.2.8　**电点火装置**

点 10 次有 8 次以上点燃，不能连续 2 次失效，无爆燃。

试验方法见 6.13。

5.2.9　**使用性能**

灶具使用性能应满足表 4 要求。

表 4　使用性能要求

使用性能	要　　求
燃气灶及组合灶具的燃气灶眼的热效率： ——台式灶 ——嵌入式灶	 ≥55% ≥50%
烘烤器及组合灶具中的烘烤器单元的烘烤性能	食品表面无大面积焦痕，内部无夹生
烤箱及组合灶具中的烤箱单元： ——烘烤性能 ——烤箱内各点与烤箱几何中心点的温差 ——烤箱几何中心点的温度达到 200℃的时间 ——烤箱内的最高温度 ——控温器的精度 ——温度指示器精度	 食品表面无大面积焦痕 ≤20 ℃ ≤20 min ≥230 ℃ ±25 ℃以内 ±25 ℃以内
饭锅及组合灶具中的饭锅单元： ——焖饭性能 ——具有保温燃烧器的饭锅的保温性能 ——电子保温饭锅的保温性能 ——热效率	 不夹生、不烧焦 米饭中心温度不低于 80 ℃，无明显焦疤 米饭中心温度在(71±6) ℃以内，无明显异味和褐色 ≥55%

试验方法见 6.14。

5.2.10　**电气性能**

5.2.10.1　使用交流电源的灶具，电气性能应满足表 5 要求。

表 5　电气性能要求

项　目	性能要求
防触电保护	防触电保护性能应满足： ——试验指应不能碰触到带电部件； ——仅用基本绝缘与带电部件隔开的部件、Ⅱ类结构的部件，试验销应不能触及到带电部件； ——对正常使用中可能用叉子或类似尖锐物品能偶然触及的，长试验销应不能触及带电部件。
室温下的泄漏电流和电气强度	灶具的泄漏电流应符合： ——Ⅰ类电动灶具不应超过 3.5 mA； ——Ⅰ类电热灶具不应超过 1 mA 或 1 mA/kW，两者中取较大值，但最大≤10 mA； ——Ⅱ类灶具不应超过 0.25 mA； ——Ⅲ类灶具不应超过 0.5 mA； ——电磁灶头不应超过 0.7 mA（峰值）乘以以 kHz 为单位的工作频率或 70 mA（峰值），两者中选较小值。
	电气强度： 灶具绝缘承受 1 min 频率为 50 Hz 或 60 Hz 基本为正弦波的试验电压，在试验期间，不应出现闪络和击穿。 试验电压值和施加部位见表 23。
在工作温度下的泄漏电流和电气强度	在工作温度下，灶具的泄漏电流应符合： ——Ⅰ类电动灶具不应超过 3.5 mA； ——Ⅰ类电热灶具不应超过 1 mA 或 1 mA/kW，两者中取较大值，但最大≤10 mA； ——Ⅱ类灶具不应超过 0.25 mA； ——Ⅲ类灶具不应超过 0.5 mA； ——电磁灶头不应超过 0.7 mA（峰值）乘以以 kHz 为单位的工作频率或 70 mA（峰值），两者中选较小值。
	在工作温度下的电气强度： 灶具绝缘承受 1 min 频率为 50 Hz 或 60 Hz 基本为正弦波的试验电压，在试验期间，不应出现闪络和击穿。 试验电压值如下： ——对在正常使用中承受安全特低电压的基本绝缘为：500 V； ——对其他基本绝缘为：1 000 V； ——对附加绝缘为：2 750 V； ——对加强绝缘为：3 750 V。
接地电阻	接地端子或接地触点与接地金属部件之间的连接，应具有低电阻，接地电阻不应超过 0.1 Ω。
耐潮湿	灶具的耐潮湿性能应满足： a)　灶具在经过溢水试验后，立即经受电气强度试验，应不击穿； b)　灶具经过潮湿处理后，立即经受电气强度试验，应不击穿。

表 5(续)

项 目	性能要求
额定输入功率偏差	灶具的额定输入功率偏差应满足: a) 所有灶具,输入功率≤25 W 时,偏差<+20%。 b) 电热灶具和联合型灶具: ——输入功率>25 W~200 W 时,偏差在±10%以内; ——输入功率>200 W 时,-10%<偏差<+5%或 20 W(选较大的值)。 c) 电动灶具: ——输入功率>25 W~300 W 时,偏差<+20%; ——输入功率>300 W 时,偏差<+15%或 60 W(选较大的值)。

试验方法见 6.15.1。

5.2.10.2 使用直流电源的灶具,当直流电源电压异常时,应满足:

——电压低落到额定电压的 70%,安全保护功能正常,不妨碍使用;

——电压低落到零伏,灶具处于安全保护状态或正常使用状态。

试验方法见 6.15.2。

5.2.11 耐用性能

灶具的耐用性能应满足表 6 要求。

表 6 耐用性能要求

装置名称	耐用性能要求
燃气旋塞阀	动作 15 000 次后,气密性合格,不妨碍使用。
熄火保护装置	动作 6 000 次后,气密性及开、闭阀时间合格,不妨碍使用。
电磁阀	动作 30 000 次后,气密性合格,不妨碍使用。
烤箱控温器	烤箱控温器的耐用性能应满足: a) 电磁阀方式动作 30 000 次后,箱内温度合格,不妨碍使用。 b) 直接动作阀方式: ——带旁通的动作 1 000 次后,气密性及箱内温度合格,不妨碍使用; ——不带旁通的动作 6 000 次后,气密性及箱内温度合格,不妨碍使用。
饭锅控温器	动作 1 000 次后,气密性合格,焖饭性能不变。
机械定时器	动作 2 000 次后,气密性合格,不妨碍使用,定时范围的变化在±10%以内。
电点火装置	动作 15 000 次后,点火性能合格,不妨碍使用。
烤箱门	动作 500 次后,不妨碍使用。

试验方法见 6.16。

5.2.12 耐振动性能

灶具包装件经 10 Hz 频率、5 mm 振幅的水平方向和垂直方向各 30 min 振动后,气密性应符合 5.2.1的规定,电气性能应符合 5.2.10.1 的规定,不妨碍使用。

试验方法见 6.17。

5.2.13 耐跌落性能

灶具包装件按 GB/T 1019—1989 中附录 A 给出的方法进行跌落试验后,气密性应符合 5.2.1 的规定,使用交流电源的灶具,其电气强度、泄漏电流、接地电阻应满足表 5 要求。

试验方法见 6.18。

5.2.14 包装承压性能

灶具包装件按 GB/T 1019—1989 中的附录 A 给出的方法进行压力堆码试验后,包装件高度与试验前高度之差小于 1 cm/m。

试验方法按 GB/T 4857.3—1992 的规定。

5.3 结构

5.3.1 一般结构

5.3.1.1 灶具的零部件应安全耐用，在正常操作中不发生破坏和影响使用的变形。

5.3.1.2 灶具在正常使用过程中应有足够的稳定性，不产生滑动和倾倒现象。

5.3.1.3 灶具整体结构向任何方向倾斜 15°时不翻倒，零部件不脱落。试验方法见 6.19.2。

5.3.1.4 灶具的燃烧器应设置不少于二道独立的燃气阀门。见图 1。

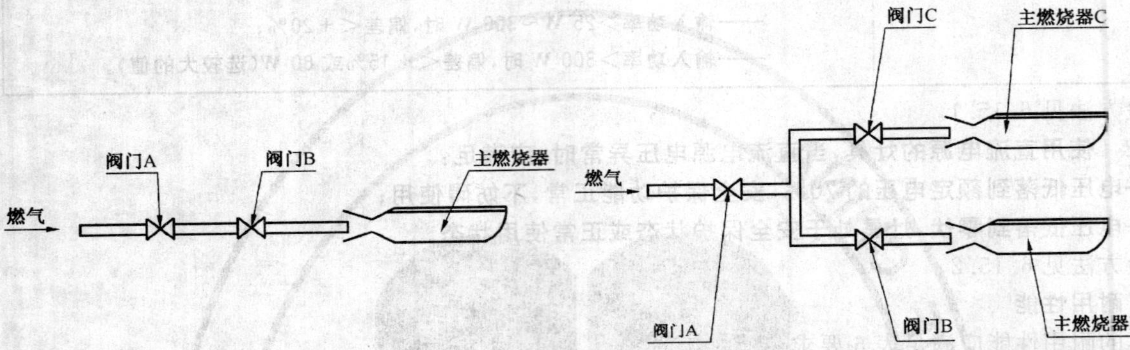

注：阀门A与C的功能是互为独立的，阀门A与B的功能也是互为独立的。

注：阀门A与B功能是互为独立的。

a） 串联方式

b） 串联与并联结合方式

图 1 燃气通路示意图

5.3.1.5 电点火装置出现故障时，应不影响安全；熄火保护装置动作后，需经手动复位，方可使用。

5.3.1.6 燃烧器的燃烧状态应便于观察。

5.3.1.7 在使用和清扫时，手有可能触及的零部件端部应光滑。

5.3.1.8 灶具零部件的连接应使用标准紧固件，连接应牢固可靠，便于检修。

5.3.1.9 零部件清扫、检修时，使用常用工具应能方便地拆装。

5.3.1.10 燃气导管应符合：

a） 燃气导管（包括点火燃烧器燃气导管）应设在不过热和不受腐蚀的位置；

b） 点火燃烧器的燃气导管内径应不小于 2 mm；

c） 燃气导管用焊接、法兰、螺纹等方式连接时，其结构应保证其密封性能；

d） 灶具的硬管连接接头应使用管螺纹，管螺纹应符合 GB/T 7306.1、GB/T 7306.2、GB/T 7307 的规定。灶具的软管连接接头应使用图 2 所示的两种结构（ϕ9.5 mm 或 ϕ13 mm）；

单位为毫米

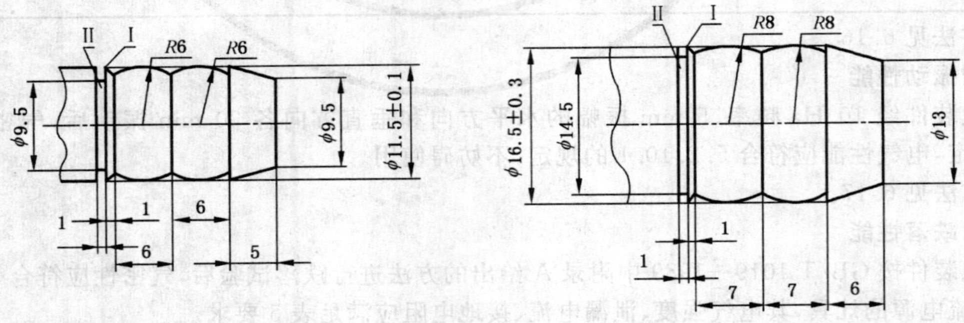

a) ϕ9.5 mm橡胶管用

b) ϕ13 mm橡胶管用

注：Ⅰ处应为锐角；Ⅱ处为槽状，槽部涂红色。

图 2 软管接头的形状及尺寸

e） 管道燃气宜使用硬管（或金属软管）连接。当使用非金属软管连接时，燃气导管不得因装拆软管而松动和漏气。软管和软管接头应设在易于观察和检修的位置；

f） 软管和软管接头的连接应使用安全紧固措施。

5.3.1.11 灶具的结构及包装应能承受储存运输中的堆码、振动和跌落。

5.3.1.12 所有类型的灶具每一个燃烧器均应设有熄火保护装置。

5.3.1.13 旋钮的结构在正常使用中被抓握时，应使操作者的手不可能触及到那些温升过高的零件。

5.3.1.14 石棉不应用于灶具的结构之中。

5.3.2 灶结构

5.3.2.1 双眼灶和多眼灶灶眼中心距按锅形尺寸确定。

5.3.2.2 双眼灶和多眼灶应至少有一个灶眼及其支架适用于尖底锅，在正常操作中应坐锅平稳，不妨碍使用。

5.3.2.3 锅支架应符合：

a） 使用不同类型的锅时，锅支架应稳固牢靠，其中应有一个灶眼能够适应直径100 mm的平底锅。当使用活动锅支架时，应方便调节和更换。使用尖底锅时，应不影响正常燃烧。

b） 锅支架应具有不影响正常使用的强度，锅支架上放置98.1 N净荷载时不得产生变形或损坏。试验方法见6.19.3.1。

5.3.2.4 盛液盘应有适当的容积承接煮溢液。

5.3.2.5 灶面荷载试验时，灶面任何部位的挠度应≤5 mm。试验方法见6.19.3.1。

5.3.2.6 使用非金属材料作面板，当面板破碎时应满足：

a） 碎片不得飞溅；

b） 烹调器皿不倾倒。

5.3.2.7 嵌入式灶还应满足：

a） 灶底板应使用易清洁的结构（使用常用工具）；

b） 灶底板应使用防腐材料或采取防腐措施；

c） 灶嵌入部位与台面的结合处宜使用封闭式结构；

d） 火盖、盛液盘等部件宜使用防溢液结构，溢液不易流入底板；

e） 应有助燃用空气的供给口，空气供给口的设置及结构形式不得影响燃烧性能；

f） 灶面应使用耐高温和抗挠度材料，任何部位的热变形挠度应≤5 mm。

5.3.3 烘烤器结构

5.3.3.1 烤盘和烤架进出方便，且不应自行滑落。

5.3.3.2 烘烤器排气口上放置容器时，不得影响烟气排出。当不能放置容器时，应在易见处用文字标明。

5.3.3.3 烘烤器的门开闭应灵活、可靠。

5.3.4 烤箱结构

5.3.4.1 烤箱门荷载试验时应稳定，不得产生影响使用的变形和损坏现象。试验方法见6.19.3.2。

5.3.4.2 不带点火装置的烤箱，应为只有打开烤箱门才能露出火孔并点燃的结构。

5.3.4.3 烤箱门开闭应灵活，并有良好的密封性能。

5.3.4.4 烤箱内壁，在通常使用时不应产生影响机能的翘曲。

5.3.4.5 烤箱用烤盘、烤架等进出应方便，且不应自行滑落。

5.3.4.6 烤箱用烤架在使用过程中，不应被烤物压弯或漏下烤物。

5.3.4.7 烤箱用烤盘的容积应能充分盛溢液。

5.3.4.8 烤箱内燃烧器火孔应便于清扫，且不易为溢液所灭火。

5.3.4.9 烤箱温度指示器应能显示出烤箱内的实际温度，且动作灵敏、可靠。

5.3.4.10　烤箱控温器应灵敏、可靠，并应标示出相当于150℃、200℃及250℃以上的温度值或温度代码。

5.3.4.11　烤箱应选用对食品不产生污染的保温材料。烤箱的保温材料应均匀一致，不得产生游离及脱落现象。

5.3.4.12　烤箱的烤盘拉出三分之二时，不应产生滑脱现象，具有锁定装置的应在锁定位置上。

5.3.4.13　烤箱的排气口不应设在箱体的背面。

5.3.4.14　烤箱内装有热风循环风机的，当打开箱门时，风机应停止运转；并应保证在放入和取出烤物时不会产生危险；风机应装有保护框和保护网。

5.3.4.15　烤箱内的照明设施应装有保护罩。

5.3.5　饭锅结构

5.3.5.1　煮沸的水等不能浇到饭锅的自动熄火装置上。自动熄火装置不应产生过热现象。

5.3.5.2　在内锅壁上应有加水水位刻度。

5.3.6　使用交流电源灶具结构的特殊要求

5.3.6.1　使用交流电源的灶具应为Ⅰ类灶具、Ⅱ类灶具或Ⅲ类灶具。

5.3.6.2　Ⅰ类灶具应有安全接地措施，接地电阻应符合表5的规定。

5.3.6.3　灶具内部的电热元件应可靠支撑，即使电热元件断裂，电热导线也不应与金属部件接触。

5.3.6.4　电热元件不应设计成可见灼热元件。

5.3.6.5　灶具的外壳应设计成必须使用工具才能打开的结构，并使其对意外触及带电部件有足够的防护。

5.3.6.6　灶具的运动部件，应兼顾灶具的使用和工作来放置或封盖，以便在正常使用中对人身伤害提供充分的防护。

5.3.6.7　防护性外壳、防护罩和类似部件，应是不可拆卸部件，并且应有足够的机械强度。

5.3.6.8　在正常使用时，灶具的结构应使其电气绝缘不受到在冷表面上可能凝结的水或可能渗漏的液体的影响。其防护等级应不低于IP3，并按GB 4208—1993中13.2.3的规定试验。

5.3.6.9　灶具使用的安全特低电压从电网获得时，应通过一个安全隔离变压器，安全隔离变压器的绝缘应符合双重绝缘或加强绝缘的要求。安全隔离变压器的技术要求应符合GB 13028的规定。

5.3.6.10　灶具的结构应使得诸如绝缘、内部布线、绕组、整流子和滑环之类的部件不暴露于油、油脂或类似的物质。

但是如果其结构决定绝缘要暴露在诸如油或油脂之类的物质中，则这些物质应具有足够的绝缘性能，以不损害对本标准而言的合格程度。

5.3.6.11　自复位热断路器和过流保护装置的意外再次自动接通，不应引起危险。

5.3.6.12　非自复位控制器的复位钮，如果其意外复位能引起危险，则应使其不可能发生意外复位或加以保护。

5.3.6.13　对电击水或接触运动部件提供必要防护等级的不可拆卸零件，应以可靠的方式固定，且应承受住在正常使用中出现的机械应力。

5.3.6.14　用来指示开关或类似元件档位的手柄、旋钮和类似件，如果其位置的错误可能引起危险的话，则应不可能将其固定在错误位置上。

5.3.6.15　有效地防止带电部件与热绝缘的直接接触，除非这种材料是不腐蚀、不吸潮并且不燃烧的。

5.3.6.16　木材、棉花、丝、普通纸以及类似的纤维或吸湿材料，除非经过浸渍，否则不应作为绝缘使用。

5.3.6.17　灶具的结构应使下垂的电热导线不能与易触及的金属部件接触。

5.3.6.18　用保护阻抗连接的部件之间，应采用双重绝缘或加强绝缘隔开。

5.3.6.19　在附加绝缘和加强绝缘上的爬电距离和电气间隙，不应由于磨损而减小到低于表8的规定值。如果任何的电线、螺钉、螺母、垫圈、弹簧或类似零件变松或从原位置上脱落，附加绝缘或加强绝缘上的爬电距离和电气间隙不应减小至表8规定值的50%。

5.3.6.20　附加绝缘和加强绝缘的设计或保护，应使灶具内部部件磨损而产生的尘埃或脏物的沉积，不会使其爬电距离或电气间隙减小到低于表8的规定值。

5.3.6.21　在正常使用中易触及或可能成为易触及的导电性液体，不应与带电部件直接接触。

对Ⅱ类结构，这类液体不应与基本绝缘或加强绝缘直接接触。通过视检，检查其合格性。

5.3.6.22　操作旋钮、手柄、操纵杆和类似零件的轴不应带电，除非当其上的零件被取下后，轴是不易触及的。

5.3.6.23　对正常使用中握持或操纵的手柄、操纵杆和旋钮即使绝缘失效，也不应带电。如果这些手柄、操纵杆或旋钮是金属制成的，并且它们的轴或固定装置在绝缘失效的情况下可能带电，则它们应该用绝缘材料充分地覆盖，或用附加绝缘将其易触及部分与它们的轴杆或固定装置隔开。

5.3.6.24　电容器不应连接在一个热断路器的对应的两触头之间。

5.3.6.25　保护阻抗应至少由二个单独的元件构成，这些元件的阻抗在灶具的寿命期间内不可能有明显的改变。

5.3.6.26　内部布线

a)　布线槽应光滑，而且无锐利棱边。布线的保护应使它们不与那些可引起绝缘损坏的毛刺、冷却用翅片或类似的棱缘接触。其内通过绝缘线的金属软管，应有平整、圆滑的表面或带有衬套。应有效地防止布线与运动部件接触。

b)　带电金属线上的绝缘串珠和类似的陶瓷绝缘应被固定或支撑，以使他们不能改变位置；它们不应安放在锐利的边缘或锐利的角棱上。如果绝缘串珠是在柔性的金属导管内，除非该导管在正常使用时不能移动，否则他们就应被装在一个绝缘套内。

c)　裸露的内部布线应是刚性的而且应被固定，以使得在正常使用中，爬电距离和电气间隙不能减小到低于表8的规定值。

d)　内部布线的绝缘应能经受住在正常使用中可能出现的电气应力。其绝缘的电气性能应符合GB 5023.3或GB 5013.4所规定的要求。

e)　当套管作为内部布线的附加绝缘来使用时，它应采用可靠的方式保持在位置上。

f)　对内部布线施加2 N的力拉扯时，不能接触温度高于100℃的部位(内部耐高温线除外)及运动部件。

g)　内部布线贯穿金属孔时，金属表面应光滑或配有套管。

h)　用接插件连接内部布线时，在连接处施5 N力不应脱落。

i)　黄/绿组合双色的导线，应只用于接地导线，它连接在灶具的接地端子和插头的接地触点之间。

j)　多股绞线在其承受接触压力之处，不应使用铅-锡焊将其焊在一起，除非夹紧装置的结构能使得此处不会出现由于焊剂的冷流变而产生不良接触的危险。

k)　铝线不应用作内部布线使用。

5.3.6.27　电源连接和外部软线

5.3.6.27.1　灶具应采用带插头的电源软线连接电源。

5.3.6.27.2　电源软线应通过Y形连接到灶具上。

5.3.6.27.3　灶具的电源线应采用由制造厂、它的维修部或类似的具有资格的人员来更换的连接方式，并在使用说明书中有相关警告语。用户不应自行进行更换电源线的维护工作。

5.3.6.27.4　插头不应装有多于一根的柔性软线。普通硬橡胶护套的电源软线不应轻于GB 5013.4—1997中表4给出的YZ、YZW型(IEC 245的53号线)。

5.3.6.27.5　电源软线的导线，应具有不小于表7中所示的标称横截面积。

表 7 导线的最小横截面积

灶具的额定电流/A	标称横截面积/mm^2
≤6	0.75
>6~10	1
>10~16	1.5
>16~25	2.5
>25~32	4
>32~40	6
>40~63	10

5.3.6.27.6 在将软线模制到外壳的局部时，该电源软线的绝缘不应损坏。

5.3.6.27.7 软线固定装置的放置应使他们只能借助于工具才能触及到，或者其结构只能借助于工具才能把软线装配上。

5.3.6.27.8 电源软线的绝缘导线应使用基本绝缘与易触及的金属部件再次隔开，该绝缘可以用电源软线的护套或其他方法来提供。

5.3.6.27.9 电源软线应使用符合 **GB** 5023.3 或 **GB** 5013.4 规定的软线。

5.3.6.27.10 Ⅰ类灶具使用的电源软线应有一根黄/绿芯地线。

5.3.6.27.11 电源软线的导线在承受接触压力之处，不应通过"铅锡"焊将其合股加固，除非夹紧装置的结构使其不因焊剂的冷流变而存在不良接触的危险。

5.3.6.27.12 电源软线不应与灶具的尖端或锐边接触。软线入口应带有衬套，或其结构应使电源软线护套能在没有损坏危险的情况下穿入。

软线入口衬套应：

——具有的形状能防止电源软线损坏；

——是不可拆卸部件。

在软线入口处，电源软线的导线与灶具外壳之间的绝缘应由导线的绝缘层和另加至少有二层单独的绝缘构成。

如果软线入口处的外壳是绝缘材料的，则只要求一层单独的绝缘。

5.3.6.27.13 带有电源软线的灶具，应有软线固定装置，以使导线在灶具内的连接处免除张力和扭矩，并保护导线的绝缘防止磨损。

应不能将软线推入灶具，达到能使软线或灶具内部部件损坏的程度。

通过目测、手动试验并通过下述的试验来检查其合格性。

当软线经受 100 N 的拉力和 0.35 Nm 的扭矩时，在距软线固定装置约为 20 mm 处，或其他适合点做一标记。然后，以同样的力拉软线 25 次，拉力以最不利的方向施加，不得使猛力，每次持续 1 s。在此试验期间，软线不应损坏。

试验后软线的纵向位移不应超过 2 **mm**，并且导线在接线端子内的位移不应超过 1 **mm**。在连接处不应存在明显的张力，爬电距离和电气间隙不应减小到低于表 8 的规定值。

5.3.6.28 爬电距离、电气间隙和穿通绝缘距离

5.3.6.28.1 爬电距离和电气间隙不应小于表 8 的规定值。

5.3.6.28.2 接线端子和易触及金属部件之间的电气间隙，要在将螺钉和螺母尽可能拧松的情况下进行测量，电气间隙应不小于表 8 所示值的 50%。

表 8 最小爬电距离和电气间隙

单位为毫米

距　　离	工作电压 ≤130 V		工作电压 >130 V～250 V		工作电压 ≥250 V～480 V	
	爬电距离	电气间隙	爬电距离	电气间隙	爬电距离	电气间隙
不同电位的带电部件之间[a]						
——如果是防污物沉积的[b]	1.0	1.0	2.0	2.0	2.0	2.0
——如果不是防污物沉积的	2.0	1.5	3.0	2.5	4.0	3.0
——如果是漆包线绕组	1.5	1.5	2.0	2.0	3.0	3.0
——如果有防污物或潮湿沉积保护：	1.0	1.0	1.0	1.0	—	—
正温度系数(PTC)电阻(包括其连接线)[b]						
带电部件和越过基本绝缘的其他金属部件之间：						
——如果是防污物沉积的[b]						
● 用陶瓷、纯云母和类似材料制造的	1.0	1.0	2.5[c]	2.5[c]	—	—
● 如果用其他材料制造	1.5	1.0	3.0	2.5[c]	—	—
——如果不是防污物沉积的	2.0	1.5	4.0	3.0	—	—
——如果带电部件为漆包线绕组	1.5	1.5	2.0	2.0	—	—
——在管状铠装电热元件的端部	1.0	1.0	1.0[e]	1.0[d]	—	—
带电部件和越过加强绝缘的其他金属部件之间：						
——如果带电部件为漆包线绕组	6.0	6.0	6.0	6.0	—	—
——对其他带电部件	8.0	8.0	8.0	8.0	—	—
用附加绝缘隔开的金属部件之间	4.0	4.0	4.0	4.0	—	—
在灶具安装面的凹槽内的带电部件与固定安装支承表面之间	6.0	6.0	6.0	6.0	—	—

a　这里规定的电气间隙，不适用于自动控制器、微隙结构的开关以及类似装置的触点间的气隙，也不适用于那些电气间隙随触点的运动而变化的装置中，其载流部件之间的气隙。

b　通常，只要灶具内部自身不产生尘埃，一个具有合理的防尘外壳的灶具，其内部被认为是防污物沉积的；不要求其完全密封。

c　如果部件是刚性的，而且用模制作定位，或如果其结构使得没有因该部件的变形或移动而使距离减小的可能性，则此值可以减小到 2.6 mm。

d　如果有防污物沉积保护的。

e　如果越过有防污物沉积保护的陶瓷，纯云母和类似材料。

5.3.6.28.3　穿通绝缘材料外部零件上的狭孔或开口的距离，要测量到与易触及表面接触的金属箔上。用图 3 所示的试验销，将金属箔推入棱内和类似的位置，但不要压进开口内。

a）如果必要的话，在测量时，对电热元件以外的裸露导线上的任意点、对温控器或类似装置的无绝缘的金属毛细管上的任意点和金属壳的外表面要施加一个力，以力图减少爬电距离和电气间隙。

b) 此力用图 3 所示的试验销施加，其值如下：

——对裸露导线、温控器的无绝缘毛细管、导电性软管、在灶具内部的金属箔以及类似部件为 2 N；

——对外壳为 30 N。

5.3.6.28.4 对工作电压小于或等于 250 V 的情况，金属部件间穿通绝缘的距离，如果是用附加绝缘隔开的，不应小于 1.0 mm；如果是用加强绝缘隔开的，不应少于 2.0 mm。

5.3.6.29 耐热：其恶化可导致灶具不符合本标准要求的那些由非金属材料制成的外部零件、用来支撑带电部件（包括连接）的绝缘材料零件以及提供附加绝缘或加强绝缘的热塑材料零件，应充分耐热。

5.3.6.30 耐漏电起痕：跨越其上可能出现漏电起痕路径的绝缘材料应对耐漏电起痕具有足够的抵抗能力，此时要考虑工作条件的严酷性。

5.3.6.31 元件

在其合理应用的条件下，各类电器零部件、电子元件应符合有关国家标准。

5.3.6.31.1 接线端子

灶具的电源线连接端子，可以使用钎焊、熔焊、压接和类似的连接方法来进行外部导线的连接。

a) 电源软线的接线端子应适合于他们的使用目的。用螺钉夹紧的接线端子和无螺钉接线端子，不应用于扁平双芯箔线的连接，除非这种箔线的端头装有一个适合与螺钉接线端子一起使用的装置。

b) 不借助于工具帮助应触及不到接线端子，尽管其上的带电部件是触及不到的。

c) 接地端子：

——Ⅰ类灶具的易触及金属部件，应永久并可靠地连接到灶具内的一个接地端子。接地端子不应连接到中性接线端子；

——接地端子的夹紧装置应充分牢固，以防止意外松动；

——电源线的接线端子或软线固定装置与接线端子之间导线的长度的设置，应使得如果软线从软线固定装置中滑出，载流导线在接地导线之前先绷紧。

5.3.6.31.2 螺钉

a) 紧固装置和电气连接失效可能损害对本标准的合格程度的，应能承受在正常使用中出现的机械应力；

b) 电气连接的结构，应使接触压力不通过那些易于收缩或变形的绝缘材料来传递，除非金属零件有足够的回弹力能补偿绝缘材料任何可能的收缩或变形；

c) 宽螺距（金属板）螺钉不应用于载流零件的连接，除非他们以彼此直接接触的方式压紧那些零件；

d) 自攻螺钉不能用做载流零件的电气连接，除非它们能形成一种完全标准形状的机械螺钉螺纹。这种螺钉如果可能由用户或安装者操作，则除非其螺纹是挤压成形的，否则不应使用；

e) 只要在正常使用中它一定不妨碍连接，并且在每个连接处至少使用二个螺钉，则自攻螺钉和宽螺距螺钉可以用来提供接地的连续性；

f) 灶具的不同部件之间进行机械连接的螺钉和螺母，如果它们也进行电气连接，或提供接地连续性，则应可靠固定，防止松动。

5.3.7 零部件结构

5.3.7.1 阀门应符合：

a) 灶具的阀门及旋钮在室温或最高温度下开、关时，应灵活自如；

b) 旋钮开、关位置应有明显的标志和方向，并应有限位和自锁装置（开关主体外露者可不加自锁装置）；

c) 经耐热性能试验后，气密性应符合 5.2.1 的规定并不妨碍使用。试验方法见 6.20.1。

5.3.7.2 喷嘴应符合：

a) 使用一般工具能方便地拆卸、安装；

b) 设在不易被外界尘土异物堵塞的位置，或使用不易被堵塞、易清扫的喷嘴。

5.3.7.3 燃烧器应符合：

a) 铆焊接部位及其他连接部位应无影响使用的缺陷；

b) 火孔加工精确，不应出现影响燃烧的缺陷或变形；

c) 铸造件应无影响外观和使用的缺陷；

d) 由两个以上头部组成的燃烧器，相互间位置要准确；

e) 与喷嘴、电点火装置、安全装置等其他有关部件的相互位置要准确，在使用过程中不得移动或脱落；

f) 火焰不应使无关部分过热或损坏；

g) 燃烧器应易于清扫和装拆。

5.3.7.4 调风装置应符合：

a) 空气量应易于调节，调节后位置不得自行滑动；

b) 设有调节旋钮或手柄的应设置在便于操作的位置。

5.3.7.5 熄火保护装置应符合：

a) 燃烧器未点燃、意外熄火或火焰检测器失效时，应能关闭燃烧器的燃气通路；

b) 火焰检测器与燃烧器的相对位置，在正常使用状态下应保持不变。

5.3.7.6 电点火装置应符合：

a) 电极与点火火孔之间的位置及电极的间隙必须适当，并加以固定；

b) 高压配线的带电部分应采取有效的绝缘措施；

c) 对于其他手可触及的高压配线，应进行有效的绝缘；

d) 使用干电池作为电源时，干电池应易于更换；

e) 经耐热性能试验后，点火性能应符合 5.2.8 规定。试验方法见 6.20.2。

5.4 材料

5.4.1 材料的一般要求

5.4.1.1 应能承受正常使用下的温度。

5.4.1.2 金属部件(耐腐蚀的材料除外)应电镀、喷漆、搪瓷或其他合适的防腐表面处理。

5.4.1.3 与食品直接接触的部件及有可能接触的部件，应使用对人体不产生有害化学变化的材料或进行过适当表面处理的材料制成，并不得产生有害物质。

5.4.1.4 材料应符合有关标准，经材料试验后应符合：

a) 耐热性能：应符合 5.2.5 的规定要求；

b) 耐腐蚀性能：表面应无腐蚀，镀层和漆膜应无气泡、脱落和生锈现象；

c) 耐燃气性能：应符合 5.4.2 的规定；

d) 搪瓷耐钢球冲击性能：搪瓷无脱落现象；

e) 保温和隔热材料阻燃性能：应不燃或在 1 min 内自然熄灭；

f) 耐冲击性能：应符合 5.2.6 的规定要求；

g) 耐油性能：不变形、不影响使用。

5.4.2 密封材料

5.4.2.1 接触燃气的密封材料和旋塞阀用润滑脂应与使用燃气的特性相适应。

5.4.2.2 作密封填料用的垫圈、垫片等，经耐燃气性能试验后的质量变化率应小于 20%，而且不应有影响使用的软化及脆化现象。对橡胶制品，正戊烷试验后其渗漏量应小于 0.005 g/h。试验方法见 6.21.4.1和 6.21.4.2。

5.4.2.3 旋塞用润滑脂经耐燃气性能试验后的质量变化率，在 20℃ 时应小于 10%，在 4 ℃ 时应小于

25%。试验后的密封性能合格。试验方法见 6.21.4.3。

5.4.3 保温材料

对接触面无腐蚀,在使用中不产生臭味。

5.4.4 导电材料

导电材料应使用铜、铜合金或具有同等以上电气性能、热稳定性能、机械稳定性能的材料,其中用于需要弹性的部位及其他部件上必须的材料,在不发生危险时可不受此限制。

5.4.5 燃气导管及点火燃烧器导管

燃气导管应使用耐温大于 350 ℃的材料,点火燃烧器导管应使用耐温大于 500 ℃的材料。

5.4.6 旋塞阀

应使用耐温大于 350 ℃的材料。

5.4.7 喷嘴

应使用耐温大于 500 ℃的材料。

5.4.8 喷嘴座

应使用耐温大于 350 ℃的材料。

5.4.9 空气调节器(风门)

应使用耐温大于 500 ℃的材料。

5.4.10 燃烧器

5.4.10.1 燃烧器火孔部位应使用耐温大于 700 ℃的材料。试验方法及判定原则见 6.20.4。

5.4.10.2 灶具的燃烧器从喷嘴燃气出口处到燃烧器火孔,所有零部件使用的材料,按燃烧器耐过热试验方法进行回火试验 15 min,燃烧器应无影响性能的变形。试验方法见 6.20.3。

5.4.10.3 壁厚及表面处理应符合:

a) 铸造制品的壁厚不得小于 3 mm,不得有明显的铸造气孔等缺陷;

b) 压铸制品的壁厚不得小于 1.5 mm,不得有影响使用的缺陷;

c) 不锈钢制品的壁厚不得小于 0.3 mm;

d) 热浸镀铝钢材制品的壁厚不得小于 0.3 mm;

e) 普通钢材制品,其钢材的壁厚不得小于 0.5 mm,并对表面作防腐蚀处理。用搪瓷进行表面处理时,应做钢球冲击试验,搪瓷不得有脱落;

f) 铜及铜合金材料制品的壁厚不得小于 1 mm。

5.4.11 锅支架

使用耐温大于 700 ℃的材料。

5.4.12 盛液盘

使用耐温大于 500 ℃的材料。

5.4.13 烤箱内壁、烤盘、烤架及烘烤器辐射板

使用耐温大于 500 ℃的材料。在使用中不能出现因热分解而产生对人体有害的物质。

5.4.14 烤箱门玻璃

经耐热冲击试验后不得出现破裂。

5.4.15 灶面钢化玻璃面板

5.4.15.1 耐热冲击后,面板应无破裂。

5.4.15.2 耐重力冲击后,面板应无破裂。

5.4.16 其他非金属材料面板

5.4.16.1 使用中发生破碎时不能飞溅。

5.4.16.2 其他性能符合相关标准。

5.4.17 灶脚

5.4.17.1 与台面接触部位,宜使用橡胶等不易滑动的材料。

5.4.17.2 与台面接触的橡胶制品或其他非金属制品，经耐油试验后不应影响使用。

5.4.17.3 与台面接触的橡胶制品，其硬度HS(邵尔A)应达到50～90。

5.4.18 饭锅内锅

使用耐温大于500 ℃的材料。

5.4.19 包装材料与包装废弃物

包装材料和包装废弃物应符合：

a) 包装材料中应限制有毒金属和其他有害物质的含量，特别应注意这些材料被焚烧时是否产生辐射和有害成分，或当这些材料被填埋后是否会产生有害的渗出物；

b) 所用的材料要获得较高水平的循环再生利用；

c) 尽可能降低不可降解材料在整个包装材料中所占的比例；

d) 所用的材料要易于回收和处理。

5.4.20 熄火保护装置火焰检测器

使用耐温大于700 ℃的材料，并且在高温环境下不应产生氧化层。

5.5 外观

5.5.1 外形应美观大方，色调匀称，不应有损害外观的缺陷。

5.5.2 灶具面板的翘曲度应在5 mm以下。

6 试验方法

6.1 试验室条件

6.1.1 室温为20 ℃±5 ℃，在每次试验过程中室温波动应小于5 ℃。

室温确定方法：在距灶具正前方、正左方及正右方各1 m处，将温度计感温部分固定在与灶具上端大致等高位置，测量上述三点的温度，取其平均值。

6.1.2 通风换气良好，室内空气中一氧化碳含量应小于0.002%，二氧化碳含量应小于0.2%，试验灶具周围1 m处空气流动速度≤0.3 m/s。

6.1.3 电源条件：试验室使用的交流电源，电压波动范围在±2%以内。

6.2 试验用燃气

6.2.1 试验气代号按GB/T 13611的规定，见表9，在试验过程中燃气的低热值华白数变化范围应在±2%以内。灶具停止运行时的静压力应小于或等于运行时燃气供气压力的1.25倍。

表9 试验用燃气

代　号	试　验　气
0	基准气
1	黄焰界限气
2	回火界限气
3	离焰界限气

6.2.2 试验用燃气供气压力见表10。

表10 试验用燃气供气压力

单位为帕

代　号	试验用燃气压力			
	液化石油气	天然气		人工燃气
1(最高试验压力)	3 300	3 000	1 500	1 500
2(额定燃气供气压力)	2 800	2 000	1 000	1 000
3(最低试验压力)	2 000	1 000	500	500

6.2.3 使用GB/T 13611规定以外的燃气，灶具试验用燃气按产品设计时所依据的燃气，波动范围参照GB/T 13611的有关规定。

6.2.4 试验用燃气条件代号表示为：试验气代号-试验用燃气供气压力代号。

示例：

0-2 表示 基准气-额定燃气供气压力。

6.3 试验用主要仪器仪表

试验用主要仪器仪表见表11。

表11 试验用主要仪器仪表

用途 （试验项目）	仪器仪表名称	规格	
		范围	精度或最小刻度
室温及燃气温度测定	温度计	0 ℃～50 ℃	燃气温度0.5 ℃；室温1 ℃
湿度测定（相对湿度）	湿度计	10%～98%	±5%
大气压力测定	气压计	81 kPa～107 kPa	0.1 kPa
燃气压力测定	U型压力计或压力表	0 Pa～5 000 Pa	10 Pa
时间测定	秒表	—	0.1 s
燃气流量测定	气体流量计	—	0.1 L
燃气相对密度测定	燃气相对密度仪	—	±2%
气密性测定	气体检漏仪	—	—
噪声测定	声级计	40 dB～120 dB	1 dB
燃气成份测定	色谱仪或吸收式气体分析仪	—	—
燃气热值测定	热量计	—	—
一氧化碳含量测定	一氧化碳测试仪	0～0.2%	0.001%
二氧化碳含量测定	二氧化碳测试仪	0～15%	0.01%
氧气含量测定	氧气测试仪	0～21%	0.01%
水温	温度计	0 ℃～100 ℃	0.2 ℃
表面温度测定	热电温度计、热电偶	0 ℃～300 ℃	2 ℃
电压测定	交流电压表	—	精度1.0级
	直流电压表	—	精度1.0级
接地电阻测定	接地电阻测试仪	—	—
泄漏电流测定	电流计、电压计 泄漏电流测试仪	—	—
功率消耗测定	功率表	—	—
线圈温升测定	直流低电阻测试仪	—	—
质量测定	衡器	0 kg～15 kg	10 g

6.4 试验设备

试验设备见表 12。

表 12 试验设备

用　　途 （试验项目）	试验设备名称	种类及规格	
		种　　类	备　　注
试验气配制	配气装置	—	华白数±2%
热负荷测定	燃气耗量测定装置	燃气调压器、流量计、湿度计、温度计、压力计、测定压力用的三通	—
燃气通路气密性试验	气密性试验装置	气体检漏仪 试验火的燃烧器	—
耐久性试验	燃气阀门的耐久性试验装置	—	—
	点火、控制装置耐久性试验装置	—	—
	熄火保护装置耐久性试验装置	—	—
	电磁阀耐久性试验装置	—	—
结构部件耐热试验	恒温装置	恒温装置	室温～750 ℃
振动试验	振动试验装置	振动试验台	振动频率 10 Hz，全振幅 5 mm 上下，左右
电气强度试验	电气强度试验仪	—	—
带电部件结构试验	试验指、试验销	—	—
电源异常试验	停电试验装置	—	0.05 s～180 s
	电压下降试验装置	—	—

6.5 灶具试验状态

灶具应按规定的安装和使用状态试验，除各个单项性能试验中的具体规定外，还应符合以下基本要求：

a) 燃烧器燃烧所需的空气量，应使用 0-2 气调节到燃烧火焰最佳状态，然后将风门固定，各项性能试验时不得再调风门；

b) 灶应按表 17 选定的铝锅（下限锅）和加热水量，试验中水量过少时，应及时补水；

c) 活动锅支架在试验中应调整到对试验最不利的状态；

d) 对具有盛液盘的烘烤器，盛液盘中应加水，试验中水量过少时，应及时补水；

e) 烤箱试验中，在烤箱中部应放一个烤盘；

f) 饭锅试验中，水位应按最大饭量注入，试验中水位低于二分之一水量时，应及时补水。

6.6 气密性试验

燃气通路气密性试验见表 13。

表 13 燃气通路气密性试验

试验项目	试验条件、试验状态、试验方法
从燃气入口到燃气阀门	使被测燃气阀门为关闭状态，其余阀门打开，逐道检测(并联的阀门作为同一道阀门检测)，在燃气入口连接检漏仪，通入 4.2 kPa 空气，检查其泄漏量。
自动控制阀门	关闭自动控制阀门，其余阀门打开，在燃气入口连接检漏仪，通入 4.2 kPa 空气，检查其泄漏量。
从燃气入口到燃烧器火孔	试验条件：使用 0-1 气。 试验状态：点燃全部燃烧器。 试验方法：用皂液、检漏液或试验火的燃烧器检查燃气入口至燃烧器火孔前各部位是否有漏气现象。

6.7 热负荷试验

热负荷试验见表 14。

表 14 热负荷试验

试验项目	试验条件、试验状态、试验方法
实测热负荷	试验条件：使用 0-2 气。 试验状态：按图 4 所示连接压力计、流量计和灶具，在点燃灶具前应使灶具前面的燃气通路处于最大通气状态。 试验方法： ——使用交流电源的灶具，将电源电压设定在额定电压； ——试验单个燃烧器热负荷时，只点燃单个燃烧器进行逐个检测，试验灶具总热负荷时，所有燃烧器应同时点燃检测； ——在单个燃烧器或全部燃烧器点燃后 15 min～20 min 时段内用气体流量计测定燃气流量，气体流量计指针走一周以上的整圈数，且测定时间应不少于 1 min，重复测定二次以上，读数误差小于 2%，取两次流量的平均值。 用式(1)计算实测热负荷。 $$\Phi_{实} = \frac{1}{3.6} \times v \times Q_1 \times \frac{273}{273 + t_g} \times \frac{p_{amb} + p_m - S}{101.3} \qquad \cdots\cdots\cdots\cdots(1)$$ 式中： $\Phi_{实}$——实测热负荷，单位为千瓦(kW)； Q_1——0℃、101.3 kPa 状态下试验燃气的低热值，单位为兆焦耳每立方米(MJ/m³)； v——实测燃气流量，单位为立方米每小时(m³/h)； t_g——燃气流量计内的燃气温度，单位为摄氏度(℃)； p_{amb}——试验时的大气压力，单位为千帕(kPa)； p_m——实测燃气流量计内的燃气相对静压力，单位为千帕(kPa)； S——温度为 t_g 时的饱和水蒸气压力，单位为千帕(kPa)(当使用干式流量计测量时，S 值应乘以试验燃气的相对湿度进行修正)。

表 14（续）

<table>
<tr><th>试验项目</th><th>试验条件、试验状态、试验方法</th></tr>
<tr><td>实测折算热负荷</td><td>用式(2)计算实测折算热负荷。
$$\Phi = \frac{1}{3.6} \times \frac{273}{288} \times Q_1 \times v \times \sqrt{\frac{d_a}{d_{mg}}} \times \frac{101.3 + p_s}{101.3} \times \frac{p_{amb} + p_m}{p_{amb} + p_g} \times \sqrt{\frac{288}{273 + t_g} \times \frac{p_{amb} + p_m - (1 - 0.622/d_a) \times S}{101.3 + p_s}} \quad \cdots\cdots(2)$$
式中：
Φ——实测折算热负荷，单位为千瓦(kW)；
Q_1——0℃，101.3 kPa 状态下设计气的低热值，单位为兆焦耳每立方米(MJ/m^3)；
v——实测燃气流量，单位为立方米每小时(m^3/h)；
d_a——标准状态下干试验气的相对密度；
d_{mg}——标准状态下干设计气的相对密度；
p_{amb}——试验时的大气压力，单位为千帕(kPa)；
p_s——设计时使用的额定燃气供气压力，单位为千帕(kPa)；
p_m——实测燃气流量计内的燃气相对静压力，单位为千帕(kPa)；
p_g——实测灶具前的燃气相对静压力，单位为千帕(kPa)；
t_g——实测燃气流量计内的燃气温度，单位为摄氏度(℃)；
S——温度为 t_g 时的饱和水蒸气压力，单位为千帕(kPa)（当使用干式流量计测量时，S 值应乘以试验燃气的相对湿度进行修正）；
0.622——水蒸气理想气体的相对密度。</td></tr>
<tr><td>额定热负荷精度</td><td>用式(3)计算额定热负荷精度。
$$额定热负荷精度 = \frac{实测折算热负荷 - 额定热负荷}{额定热负荷} \times 100\% \quad \cdots\cdots(3)$$</td></tr>
<tr><td>总实测折算热负荷与单个燃烧器实测折算热负荷总和之比</td><td>用式(4)计算总实测折算热负荷与单个燃烧器实测折算热负荷总和之比。
$$b = \frac{总实测折算热负荷}{\sum \Phi_i} \times 100 \quad \cdots\cdots(4)$$
式中：
b——总实测折算热负荷与单个燃烧器实测折算热负荷总和之比，%；
Φ_i——单个燃烧器实测折算热负荷，单位为千瓦(kW)。</td></tr>
</table>

6.8 燃烧工况试验

6.8.1 燃烧工况试验条件

燃烧工况试验条件应符合表 15 的规定。

表 15 燃烧工况试验条件

试验项目	燃气调节方式		试验电压[c]/%	试验气
	燃气量调节方式[a]	燃气量切换方式[b]		
火焰传递	大	全	110	0-2
离焰	大	大	90 及 110	3-1
熄火	大、小	全	90 及 110	0-1、0-3
火焰均匀性	大、小	全	100	0-2
回火	大、小	全	90 及 110	2-3
燃烧噪声	大	大	100	0-1

表 15（续）

试验项目		燃气调节方式		试验电压[c]/%	试验气
		燃气量调节方式[a]	燃气量切换方式[b]		
熄火噪声		大	大	90 及 110	0-2
一氧化碳		大	大	100	0-2
接触黄焰		大	大	90	1-1
黑烟		大	大	90	1-1
小火燃烧器燃烧稳定性	熄火	大	大	100	0-1、0-3
	回火	大	大	100	2-3
使用超大型锅时燃烧稳定性		大	全	90 及 110	1-1
烤箱门关闭时燃烧稳定性	主燃烧器	大、小	大	90 及 110	0-3
	小火燃烧器	小	小	90 及 110	0-2
烤箱控温器工作时燃烧稳定性及火焰传递	小火燃烧器	大、小	大	90 及 110	0-3
	主燃烧器	大、小	大	90 及 110	0-3

a 在调节燃气旋钮或拔杆时，可调节燃气量。"大"指燃气量最大状态，"小"指燃气量最小状态。如不知最小状态，则指其最大燃气流量的三分之一为最小状态。

b 调节燃气旋钮时可改变燃烧器数量的调节方式。其中"大"指点燃全部燃烧器，"小"指点燃最少量燃烧器，"全"指逐档点燃每个燃烧器状态。

c 使用交流电源的灶具，当电压变化对性能有影响时，应按表中的电压条件进行试验。

6.8.2 燃烧工况试验方法

燃烧工况试验方法按表 16 的规定。

表 16 燃烧工况试验方法

试验项目	试验状态、试验方法
火焰传递	试验状态：对有燃气量调节的灶具，仅在"最大"状态下进行。 试验方法：冷态点燃主燃烧器一处火孔后，记录火焰传遍所有火孔的时间和目测有无爆燃现象。
离焰	试验方法：冷态点燃主燃烧器，15 s 后目测有三分之一以上火孔离焰，则判定为离焰。
熄火	试验方法：主燃烧器点燃 15 s 后，目测每个火孔是否都有火焰。
火焰均匀性	试验方法：主燃烧器点燃 20 min，目测火焰是否清晰、均匀。
回火	试验方法：主燃烧器点燃 20 min，目测火焰是否回火。
燃烧噪声	试验方法： ——点燃全部燃烧器，15 min 后，按图 5 所示三点进行试验； ——使用声级计，按 A 计权，快速档进行测定，环境本体噪声应小于 40 dB 或比灶具实测噪声低 10 dB 以上，否则按 GB/T 3768—1996 中表 2 进行修正。
熄火噪声	试验方法： ——灶具运行 15 min 后，迅速关闭燃气阀门，按图 5 所示三点进行试验； ——使用声级计，按 A 计权，快速档进行测定，环境本体噪声应小于 40 dB 或比灶具实测噪声低 10 dB 以上，否则按 GB/T 3768—1996 中表 2 进行修正； ——测定的最大噪声值应加 5 dB 作为熄火噪声。

表 16（续）

试验项目	试验状态、试验方法
干烟气中一氧化碳浓度（理论空气系数 $\alpha=1$，体积百分数）	试验状态：按 6.5 的规定。 试验方法： ——烟气取样器的形状及安装位置见图 6 a)及图 6 b)； ——测定室内空气（干燥状态）中二氧化碳浓度； ——灶具点燃 15 min 后，用烟气取样器取样，测量干烟气中的一氧化碳含量和二氧化碳含量； ——用式(5)计算烟气中一氧化碳浓度。 $$C_1 = C_{1a} \times \frac{C_{2\max}}{C_{2a} - C_{2t}} \quad \cdots\cdots\cdots\cdots\cdots(5)$$ 式中： C_1——干烟气中的一氧化碳浓度，理论空气系数 $\alpha=1$，体积百分数； C_{1a}——干烟气样中的一氧化碳浓度测定值，体积百分数； C_{2t}——室内空气（干燥状态）中的二氧化碳浓度测定值，体积百分数； C_{2a}——干烟气样中的二氧化碳浓度测定值，体积百分数； $C_{2\max}$——理论干烟气样中的二氧化碳浓度（计算值），体积百分数。
黑烟	试验方法：从冷态点燃主燃烧器到火焰稳定，用净锅或光亮的金属板放在灶具上，目测是否有黑烟，在灶具运行 20 min 后，再试一次。
接触黄焰	试验方法：从冷态点燃主燃烧器开始，到 15 min 期间内，目测有无黄焰，若有黄焰，测试在任意 1 min 内，电极连续接触黄焰在 30 s 以上时，为接触黄焰。
小火燃烧器燃烧稳定性	试验方法： ——具有小火燃烧器的灶具，点燃小火燃烧器 15 min 后，目测小火燃烧器有无熄火和回火现象； ——燃气阀开至最大，连续点燃主燃烧器，检查小火燃烧器在主燃烧器点燃和熄火时，小火燃烧器是否有熄火和回火现象。
使用超大型锅时燃烧稳定性	试验状态：使用比表 17 的试验用锅（下限锅）直径大 4 cm 的锅。 试验方法：逐个点燃灶具的燃烧器，使燃气阀全开，目视检查是否有黑烟、燃烧是否稳定。
烤箱门开闭时燃烧稳定性	主燃烧器燃烧稳定性： 试验方法：点燃小火燃烧器（长明火）及烤箱主燃烧器，并调节燃气量使烤箱内中心部位的温度保持在(150±10) ℃左右，用通常的操作速度开闭烤箱门 5 次，目视检查燃烧是否稳定。
	小火燃烧器燃烧稳定性： 试验方法：只点燃小火燃烧器，待燃烧稳定后或 5 min 后，用通常的操作速度开闭烤箱门 5 次，目视检查燃烧是否稳定。
烤箱控温器工作时燃烧稳定性及火焰传递	控温器工作时不熄火的烤箱燃烧器燃烧稳定性： 试验方法：控温器设定在约 200℃的温度位置上，将点火燃烧器及烤箱燃烧器点燃后，目视检查控温器工作状态时，烤箱燃烧器有无熄火和回火现象。
	控温器工作时熄火的烤箱燃烧器燃烧稳定性： 试验方法：控温器设定在约 200℃的温度位置上，将点火燃烧器及烤箱燃烧器点燃后，目视检查控温器工作状态时，火焰传递是否正常、有无爆燃现象。
注：除燃气灶以外的燃气灶具，在保证烟气取样均匀的前提下，烟气取样装置可根据具体情况确定。	

表 17　灶试验用锅和加热水量

实测热负荷/kW	铝锅的尺寸/mm				加热水量/kg
	锅直径	锅壁厚度	圆角半径	高度	
<1.10	140	0.55±0.1	16	90	0.5
1.10	160	0.55±0.1		100	0.8
1.40	180	0.6±0.1		110	1.0
1.72	200	0.65±0.1		125	1.5
2.08	220	0.65±0.1		140	2
2.48	240	0.7±0.1		150	2.5
2.91	260	0.7±0.1		160	3
3.36	280	0.8±0.1		175	4
3.86	300	0.8±0.1		190	5
4.40	320	0.9±0.1		200	6
4.95	340	0.9±0.1		210	7
5.56	360	1.0±0.1		225	8

6.9　温升试验

温升试验见表 18。

表 18　温升试验

试验项目	试验条件、试验状态、试验方法
一般温升	试验条件： ——使用 0-1 气； ——环境温度为 20℃±5℃； ——使用交流电源的灶具按额定电压供电。 试验状态： ——燃气灶按 6.5 规定的试验状态； ——带控温器的烤箱，应将控温器调至最高温度的标示位置上； ——不带控温器的烤箱，应调节燃气量，使烤箱中心部位的温度保持在 230℃±10℃，若达不到 230℃，应将燃气阀调节到最大使用状态； ——饭锅为注入最大焖饭量的水位状态； ——电灶头按图 7 选用试验锅，并加水至锅深的三分之二位置； ——电磁灶头按图 8 选用试验锅，并加水至锅深的三分之二位置； ——组合式灶具，根据各自的功能设定在试验状态，同时使用全部燃烧器(包括电热灶头)，但带烘烤器的灶燃烧器，以灶为试验状态； ——兼用功能灶具(兼作烘烤器的燃气灶，兼作燃气灶的饭锅等)，以各自的功能状态运行； ——温升试验装置见图 9； ——灶具与测温板的距离见图 10。 试验方法： ——点燃所有燃烧器； ——将燃气灶、烘烤器、饭锅的燃烧器阀门开至最大，烤箱燃烧器阀门开至规定位置； ——所有发热单元按正常使用条件工作；

表 18（续）

试验项目	试验条件、试验状态、试验方法
一般温升	——测温部位温升恒定后(升温时间最长不得超过 1 h)，用热电温度计或热电偶(预埋在木板内)测量并记录以下部位的温升： ● 操作时手必须接触的部位； ● 干电池外壳； ● 软管接头； ● 阀门外壳； ● 点火器外壳； ● 燃气调压器外壳； ● 开关、控温器及限温器的环境空间或包围物； ● 内部布线和外部布线，包括电源软线的橡胶或聚氯乙烯绝缘表面； ● 用作附加绝缘的软线护套表面； ● 电容器外表面； ● 灶具侧面、后面的木壁、灶具下面的木台表面。
使用超大型锅温升	试验条件： ——使用 0-1 气； ——环境温度为 20 ℃±5 ℃。 试验状态： ——燃气灶坐上比表 17 的试验用锅(下限锅)直径大 4 cm 的锅，需用 36 cm 以上的锅时可用桶代替； ——烘烤器及烤箱不点火； ——电灶不开启； ——温升试验装置见图 9； ——灶具与测温板的距离见图 10。 试验方法： ——点燃所有燃气灶头； ——将燃气灶燃烧器阀门开至最大； ——测温部位温升恒定后(升温时间最长不得超过 1 h)，用热电温度计或热电偶(预埋在木板内)测量并记录灶具侧面、后面的木壁、灶具下面的木台表面。
线圈温升	试验条件： ——使用 0-1 气； ——环境温度为 20 ℃±5 ℃。 试验状态： ——电灶头按图 7 选用试验锅，并加水至锅深的三分之二位置； ——电磁灶头按图 8 选用试验锅，并加水至锅深的三分之二位置； ——在正常工作状态下，电热灶具以 1.15 倍额定输入功率工作； ——在正常工作状态下，电动灶具以 0.94 倍和 1.06 倍额定电压之间最不利电压供电； ——对有风量调节的灶具，应把风量调到最小。 试验方法： 点燃所有燃烧器，开启电灶，保持沸腾。在灶具燃烧运行 15 min 以后测试，试验期间要连续监视温升，用电阻法测定，并用式(6)计算线圈温升。 $$\Delta t=\frac{R_2-R_1}{R_1}(K+t_1)-(t_2-t_1) \qquad \cdots\cdots(6)$$ 式中： Δt——线圈温升，单位为开尔文(K)； R_1——试验开始时的电阻，单位为欧姆(Ω)； R_2——试验结束时的电阻，单位为欧姆(Ω)； K——对铜绕组，等于 234.5；对铝绕组，等于 225； t_1——试验开始时的室温，单位为摄氏度(℃)； t_2——试验结束时的室温，单位为摄氏度(℃)。

6.10 耐热冲击试验

耐热冲击试验见表19。

表19 耐热冲击试验

试验项目	试验条件、试验状态、试验方法
烤箱门玻璃	在一般温升试验后(烤箱内温度为230 ℃±10 ℃),立刻在原试验状态下用5 ℃的冷水5 mL和10 mL向玻璃中央浇注两次,待玻璃的温度到正常状态时检查有无破裂。
钢化玻璃灶面	在常温状态,用500 g熔化的金属锡(232 ℃)浇在玻璃灶面几何中心点,20 s后用20 ℃±5 ℃的冷水500 mL浇注灶面几何中心点,重复做5次后检查有无破裂。

6.11 耐重力冲击试验

在常温状态,用质量1 800 g、直径ϕ120 mm、底部圆角R10 mm、表面光滑的圆钢饼,从距安装状态的灶面几何中心点正上方200 mm处底部向下水平自由落下,重复做10次。

6.12 安全装置试验

安全装置试验见表20。

表20 安全装置试验

试验项目	试验条件、试验状态、试验方法
熄火保护装置	开阀时间: ——试验条件:使用0-3气; ——试验状态:正常使用状态; ——试验方法:从点火操作算起,到熄火保护装置处于开阀状态时的时间。 闭阀时间: ——试验条件:使用0-1气; ——试验状态:正常使用状态; ——试验方法:在主燃烧器点燃15 min后,立即强行熄火,记录从熄火到熄火保护装置关闭的时间。
饭锅温控装置	试验条件:使用0-2气。 试验状态:最大稻米量状态。 试验方法:按图11将水银温度计放在内锅底部中心直径50 mm范围内,使温度计与内锅底部保持接触,在控制元件切断主燃烧器5 s内读取温度计读数,同时关闭保温燃烧器,然后加入约50 mL,80 ℃~90 ℃的热水,约10 min后重新进行第二次试验,重复测试三次,取温度计的三次读数平均值作为温控装置的闭阀温度。
油温过热控制装置	试验条件:使用0-2气。 试验方法:按表17选用试验锅,注入色拉油,深10 mm,点燃燃烧器,测定控制装置动作时油的最高温度。对可调节温度的灶具,设定在最高温度进行试验。

6.13 电点火装置试验

6.13.1 试验条件:使用0-1气、0-3气。

6.13.2 试验状态:

——使用干电池的点火器应调节电源电压为额定电压的70%;

——使用交流电源的点火器应调节电压为额定电压的90%。

6.13.3 试验方法:

——预先进行数次预备性点火。

——每次点火应在燃烧器接近室温时进行。

——点火操作方式及点火速度,按点火器不同,规定如下:

- 单发式压电点火器一回操作为一次，每次速度控制在 0.5 s～1 s 时间内；
- 回转式点火器以转动一回为一次，每次速度控制在 0.5 s～1 s 时间内；
- 使用交流电或直流电源的连续放电式或加热丝式点火器，以在点火位置上停留 2 s 为一次。

——反复点火 10 次，检测着火次数及有无爆燃现象。

6.14　使用性能试验

使用性能试验见表 21。

表 21　使用性能试验

试验项目	试验条件、试验状态、试验方法
热效率	试验条件：使用 0-2 气。 试验状态： ——试验用灶按图 4 a)所示的方法连接，测压管按图 4 b)加工，搅拌器按图 12 加工，或其他可使水温搅拌均匀的装置； ——用式(1)计算实测热负荷，试验用上限锅和下限锅及加热水量按表 17 选用。 试验方法： ——点燃燃烧器，将燃气供气压力调整到额定值； ——燃烧稳定后坐上锅，水初温应取室温加 5℃，水终温应取水初温加 30℃。水温由初始温度前 5℃时，开始搅拌，到初温时开始计量燃气消耗。在比初始温度高 25 K 时又开始搅拌，比初始温度高 30 K 时，关掉燃气继续搅拌，所达到的最高温度作为最终温度。由式(7)计算实测热效率。 $$\eta_{\text{实}}=\frac{M\times C\times(t_2-t_1)}{V_{\text{耗}}\times Q_1}\times\frac{273+t_g}{273}\times\frac{101.3}{p_{amb}+p_m-S}\times 100 \quad \cdots\cdots(7)$$ 式中： $\eta_{\text{实}}$——实测热效率，%； M——加热水量，单位为千克(kg)； C——水的比热，$C=4.19\times10^{-3}$ MJ/kg·℃； t_1——水的初温，单位为摄氏度(℃)； t_2——水的终温，单位为摄氏度(℃)； $V_{\text{耗}}$——实测燃气消耗量，单位为立方米(m^3)； Q_1——0℃、101.3 kPa 状态下实测试验气低热值，单位为兆焦耳每立方米(MJ/m^3)； p_m——实测燃气流量计内的燃气相对静压力，单位为千帕(kPa)； p_{amb}——试验时的大气压力，单位为千帕(kPa)； t_g——测定时燃气流量计内的燃气温度，单位为摄氏度(℃)； S——温度为 t_g 时的饱和水蒸气压力，单位为千帕(kPa)(当使用干式流量计测量时，S 值应乘以试验燃气的相对湿度进行修正)。 同一条件下作两次以上试验，连续两次热效率的差在两次平均值的 5% 以下时，取平均值为实测热效率，否则应重新试验，直到合格为止。 试验完上限锅和下限锅的实测热效率后，用式(8)计算试验灶头的热效率。 $$\eta=\eta_{\text{实,下}}+\frac{q_{\text{下}}-5.47}{q_{\text{下}}-q_{\text{上}}}\times(\eta_{\text{实,上}}-\eta_{\text{实,下}}) \quad \cdots\cdots(8)$$ 式中： η——热效率，%； $\eta_{\text{实,下}}$——使用下限锅时的实测热效率，%； $\eta_{\text{实,上}}$——使用上限锅时的实测热效率，%； $q_{\text{下}}$——使用下限锅试验时的锅底热强度，单位为瓦每平方厘米(W/cm^2)； $q_{\text{上}}$——使用上限锅试验时的锅底热强度，单位为瓦每平方厘米(W/cm^2)。 注：锅底热强度＝实测热负荷(W)/试验用锅在正投影面的面积(cm^2)。

表 21（续）

试验项目	试验条件、试验状态、试验方法
烘烤器烘烤性能	试验条件：使用 0-2 气。 试验状态：正常使用状态。 试验方法：点燃燃烧器预热 3 min 后，将生鱼片、肉等按说明书的规定放入烘烤器并进行试验，目测食品表面有无大面积焦痕，内部有无夹生。
烤箱烘烤性能	试验条件：使用 0-2 气。 试验状态：正常使用状态。 试验方法：点燃燃烧器预热 3 min 后，将生鱼片、肉等按说明书的规定放入烤箱并进行试验，目测食品表面有无大面积焦痕。
烤箱温度分布	试验条件：使用 0-2 气。 试验方法：把图 13 所示的测温板放入烤盘，置于烤箱内，测温板中心应放到烤箱内大致中心的部位，点燃燃烧器，并使测温板的中心温度保持在 180 ℃±10 ℃，经 1 h 后，分别测出中心测温点及其他 6 个测温点的温度，并计算中心测温点温度与其他 6 个测温点的温度差。
烤箱升温时间	试验条件：使用 0-2 气。 试验状态：烤箱内不放入任何物品，将燃气阀门开到最大使用状态。带有控温器的烤箱，应置于控温器最高温度位置上。 试验方法：当烤箱内温度与室温相同时点燃燃烧器。点燃后，使用图 14 所示的热电偶，测量从点火到烤箱几何中心点的温度达到 200 ℃时所需的时间，并按式(9)求出升温时间。 $$T_c = T \times \frac{180}{200 - t} \quad \cdots\cdots(9)$$ 式中： T_c——升温时间(烤箱内温度从 20℃上升到 200 ℃所需时间)，单位为分(min)； T——实测时间，单位为分(min)； t——室温，单位为摄氏度(℃)。
烤箱最高温度	试验条件：使用 0-2 气。 试验状态：烤箱内不放入任何物品，将燃气阀门开到最大使用状态。带有控温器的烤箱，应置于控温器最高温度位置上。 试验方法：点燃燃烧器后，使用图 14 所示的热电偶，测量箱内达到热平衡时能够达到的最高温度。
烤箱控温器精度	试验条件：使用 0-2 气。 试验状态：烤箱内不放入任何食品的加热状态。 试验方法：带有控温器的烤箱，其控温器上标示刻度为 150 ℃、200 ℃及 250 ℃的，则分别置于所标示的刻度位置上，点燃烤箱燃烧器，当控温器工作 20 min 后，使用图 14 所示的热电偶，测试出烤箱内中心部位的温度，计算与标示温度之差。
饭锅性能试验	焖饭性能： ——试验条件：使用 0-2 气。 ——试验状态：分最大稻米量和最小稻米量两种状态试验。 ——试验方法： ● 试验用米在试验前应浸泡一段时间，也可按产品使用说明书规定的条件试验； ● 按说明书规定的方法做饭，在自动熄火后第 15 min，检查饭的质量； ● 对主燃烧器熄火后，能自动保温的饭锅，在保温时检查饭的质量。

表 21（续）

试验项目	试验条件、试验状态、试验方法
饭锅性能试验	保温性能： ——具有保温燃烧器的饭锅： ● 试验条件：使用 0-2 气； ● 试验状态：以最大稻米量试验； ● 试验方法：在主燃烧器熄火后，在无风状态下保温 1 h，然后测定米饭中央部位的温度和米饭质量。 ——电子保温饭锅： ● 试验条件：使用 0-2 气； ● 试验状态：以最大稻米量试验； ● 试验方法：在主燃烧器熄火后第 15 min 时，接通保温电源，在无风状态下保温 12 h，然后试验米饭的温度和米饭的状态，温度测点如图 11 所示，取各点平均值。 热效率： ——试验条件：使用 0-2 气。 ——试验状态： ● 试验用饭锅按图 4 a)所示的方法连接； ● 试验用水量为最大稻米量的两倍。 ——试验方法：同燃气灶热效率试验方法。

6.15 电气性能试验

6.15.1 使用交流电源的灶具电气性能试验见表 22。

表 22 电气性能试验

试验项目	试验条件、试验状态、试验方法
防触电保护	试验状态：灶具按正常使用进行工作时所有的状态，甚至取下火盖或手柄等可拆卸部件后的状态。 试验方法： ——用不明显的力施加给图 15 所示的试验指，除了通常在地面上使用，且质量超过 40 kg 的灶具不斜置外，灶具处于每种可能的状态，试验指通过开口伸到允许的任何深度，并且在插入到任一位置之前、之中、之后，转动或倾斜试验指。如果试验指进入不了开口，则用直型无关节指加力到 20 N；如果该指进入开口，再用原带关节试验指重复试验。 试验时，在试具与壳内危险部件之间串接一个指示灯，并供以 40 V～50 V 之间的安全特低电压。如果危险带电部件表面有一层漆膜或氧化层等类似方法的保护，则试验时包覆一层金属箔，并与正常工作时带电的部件作电联结后再测试。 ——用不明显的力施加给图 3 a)的试验销穿越Ⅱ类灶具或Ⅱ类结构的灶具各开口。 ——对正常使用中可能用叉子或类似尖锐物品能偶然触及的对应部位，用不明显的力施加给图 3 b)所示的长试验销穿越各开口。 如果易触及部件为下述情况，则不认为其是带电的： ——该部件由安全特低电压供电。 ● 对交流，其电压峰值≤42.4 V； ● 对直流，其电压≤42.4 V。 ——该部件通过保护阻抗与带电部件隔开。

表 22（续）

试验项目	试验条件、试验状态、试验方法
防触电保护	在有保护阻抗的情况下，该部件与电源之间的电流：对直流应≤2 mA；对交流，其峰值应≤0.7 mA。而且： ● 对峰值电压大于 42.4 V 且小于或等于 450 V 的，其电容量应≤0.1 μF； ● 对峰值电压大于 450 V 且小于或等于 15 kV 的，其放电量应≤45 μC。 通过对由额定电压供电的测量检查其合格性。 电压和电流在各相关部件与电源的每一极之间分别测量。放电量在电源中断后立即测量。 如果测试电路包含一个阻值为 2 000 Ω±100 Ω 的电阻，测得点火时放电量≤45 μC，则其点火电路的易触及部件认为是不带电的。
工作温度下的泄漏电流和电气强度	泄漏电流 试验条件：灶具工作一直延续到正常使用时最不利条件对应的时间。电热灶具以 1.15 倍的额定输入功率工作；电动灶具和联合型灶具以 1.06 倍的额定电压供电。 试验状态： ——在进行试验前，保护阻抗要从带电部件上断开； ——通过图 16 所描述电路制出的装置进行测量，测量在电源的任一极和连接金属箔的易触及金属部件之间进行。被连接的金属箔≤20 cm×10 cm，它与绝缘材料的易触及表面相接触； ——试验时灶具应与地保持绝缘，电源软线的接地线应与灶具内的接地端子断开； ——在电灶烹饪区域放置一个按图 7、图 8 选择试验锅及至锅深三分之二的水量进行加热，并保持水沸腾及其水位。 试验方法： ——如果是单相Ⅱ类器具用图 16c)的电路图； ——如果是单相非Ⅱ类器具用图 16a)的电路图； ——对电磁炉头用图 16b)的电路图。 电气强度 试验条件：根据结构和使用状态的不同，分别采用下列试验电压值。按图 17 连接试验电路图。 试验状态：在泄漏电流试验后，在不带保护阻抗的条件下试验。 试验方法： ——绝缘要立即经受 1 min 频率为 50 Hz 基本为正弦波的电压，施加在带电部件和易触及部件之间。对在带电部件和易触及部件之间有中间金属件的 II 类结构，要分别跨越基本绝缘和附加绝缘施加电压； ——试验初始，施加的电压不超过规定电压的一半，然后迅速升高到满值。
在室温下的泄漏电流和电气强度	试验条件：在进行试验前，保护阻抗要从带电部件上断开。 试验状态：在不连接电源的情况下进行。 试验方法： ——交流试验电压施加在表 23 中规定的序号 1 和序号 3 上，金属箔≤20 cm×10 cm，并且必要时要移动，以使表面的所有部分都经受试验； ——试验电压：对单相灶具为 1.06 倍的额定电压； ——在施加试验电压后的 5 s 内，测量泄漏电流。 电气强度 试验状态：在泄漏电流试验之后，立即进行电气强度试验。 试验方法： ——试验电压和施加的部位见表 23 所示； ——绝缘材料的易触及部位要用金属箔覆盖； ——对额定电压≤130 V 的灶具，把 1 250 V 降到 1 000 V； ——试验初始，施加的电压不超过规定电压的一半，然后迅速升高到满值。

表 22（续）

试验项目	试验条件、试验状态、试验方法
额定输入功率偏差	试验条件：调整输入电压为额定工作电压，在整个测试过程中输入电压应保持在±2%的波动范围内。 试验状态：灶具处于稳定工作状态。 试验方法：用功率表测量灶具工作状态的功率。
耐潮湿	溢水试验 试验状态：将灶具水平放置。 试验方法： ——将与电灶头和燃气灶头相符的锅，用约含1%氯化钠的盐水充满，放在烹饪区域中部。再用0.5 L的该溶液用15 s时间稳定地注入锅中后，清除掉灶具表面上的残留液，对灶具进行电气强度试验。 ——对带有开关或控温器的灶具，应将0.02 L的溶液倒在电灶头上，使其流过开关或控制器。然后将一个容器放在灶头上，压下可移动部件。 ——对台面上带有通风口的灶具，应将0.2 L的溶液通过漏斗在通风开口上方200 mm，以最不利的情况注入（漏斗出口直径为8 mm）。 潮湿处理 试验条件：经受上述试验的灶具在具有通常大气环境的试验室内放置24 h后，再经受本试验。 试验状态：灶具放在相对湿度为(93±2)%的潮湿箱内48 h。空气的温度保持在20℃～30℃之间任何一个温度值，温度变化在±1℃以内，在放入潮湿箱之前，使样品达到该温度。 试验方法：在这一处理之后，灶具应在原潮湿箱内，或在一个使样品达到规定温度的房间内，立即进行电气强度试验。

表 23　试验电压

序号	施加位置	试验电压/V		
		Ⅲ类器具及Ⅲ类结构	Ⅱ类器具和Ⅱ类结构	其他器具
1	带电部件和易触及部件之间： ——其间仅用基本绝缘隔离的 ——其间用加强绝缘隔离的	 500 —	 — 3 750	 1 250 3 750
2	对于双重绝缘的部件，仅用基本绝缘与带电部件隔开的金属部件和： ——带电部件之间 ——易触及部件之间	 — —	 1 250 2 500	 1 250 2 500
3	如果带电部件和带有绝缘衬层的金属外壳或金属盖之间穿过衬层测得的距离，少于GB 4706.22—2002中29.1规定的相应间隙，则带绝缘衬层的金属外壳或金属盖和与衬层内表层接触的金属箔之间	—	2 500	1 250
4	如果万一绝缘失败，其轴能带电，则与手柄、旋钮、抓手及类似零件接触的金属箔和它们的轴之间	—	2 500	2 500 (1 250)

表 23（续）

序号	施加位置	试验电压/V		
		Ⅲ类器具及Ⅲ类结构	Ⅱ类器具和Ⅱ类结构	其他器具
5	在软线装入绝缘材料入口衬套、软线保护装置、软线固定装置和类似部件内的场合，易触及部件与用金属箔包裹的电源软线之间	—	2 500	1 250
6	如果在绕组和电容器的一个连接点和任何一个外部导线的接线端子之间，产生了一个谐振电压 U，则此连接点与： ——易触及部件之间 ——仅用基本绝缘与带电部件隔开的金属部件之间	 — —	 — $2U+1\ 000$	 $2U+1\ 000$ —

注 1：括号内的值适用于 0 类器具。

注 2：软线保护装置的外表面不包裹金属箔。

注 3：对软线固定装置的夹紧螺钉施加的力矩，是 GB 4706.1—1998 表 12 中规定力矩的三分之二。

注 4：绕组和电容器的连接点与易触及部件或金属部件之间的试验，只有在那里的绝缘在正常工作状态下经受谐振电压才进行。试验时，断开其他的部件并短路电容器。

6.15.2 直流电源异常试验

6.15.2.1 试验条件：使用 0-2 气。

6.15.2.2 试验状态：在灶具点燃 15 min 后。

6.15.2.3 试验方法：

——把直流电源从额定电压慢慢下降到额定值的 70%，试验灶具能否维持正常工作、灶具熄火保护功能是否正常。

——把直流电源从额定电压慢慢下降到 0 V，然后恢复到额定电压，试验灶具是否处于规定状态。

6.16 耐用性能试验

6.16.1 燃气旋塞阀

6.16.1.1 试验条件：使用与额定燃气供气压力相同压力的空气。

6.16.1.2 试验状态：器件与灶具处于分离状态或器件安装在灶具上。

6.16.1.3 试验方法：以 5 次/min～20 次/min 的操作速度，经过 15 000 次试验后，进行气密性和操作性能试验。

6.16.2 电点火装置

6.16.2.1 试验气条件：使用与额定燃气供气压力相同压力的空气或使用 0-2 气。

6.16.2.2 试验状态：器件与灶具处于分离状态或器件安装在灶具上。

6.16.2.3 试验方法：以 5 次/min～20 次/min 的操作速度，经过 15 000 次试验后，进行点火性能试验。

6.16.3 熄火保护装置

6.16.3.1 试验条件：使用 0-2 气。

6.16.3.2 试验状态：器件与灶具处于分离状态或器件安装在灶具上。

6.16.3.3 试验方法：点燃燃烧器，使熄火保护装置的火焰检测器接触到火焰，并保持 1 min，然后关闭气源，使燃烧器熄火，火焰检测器脱离火焰，并保持不少于 1 min，这样操作为 1 次，经过 6 000 次试验后，进行气密性试验和熄火保护装置性能的试验。

6.16.4 电磁阀

6.16.4.1 试验条件：使用与额定燃气供气压力相同压力的空气。

6.16.4.2 试验状态:器件与灶具处于分离状态或器件安装在灶具上。

6.16.4.3 试验方法:以 10 次/min～30 次/min 的速度反复开闭,经过 30 000 次试验后,进行开闭功能及气密性试验。

6.16.5 **机械定时器**

6.16.5.1 试验条件:使用与额定燃气供气压力相同压力的空气。

6.16.5.2 试验状态:器件与灶具处于分离状态或器件安装在灶具上。

6.16.5.3 试验方法:

将主轴旋转到最小设定时间,但不能小于 1 min,以接通为时间起点,断开为时间终点,这样操作为一次。经过 2 000 次试验后:

——进行气密性试验;

——将主轴在 2 s 时间内旋转到满行程角度,以接通为时间起点,断开为终点,测定满行程定时时间,测量三次,取算术平均值,并与耐久试验前的满行程定时时间比较,计算变化率。

6.16.6 **烤箱控温器**

用控温器控制烤箱中心部位的温度在 200℃状态,用热风和冷风交替送到控温器的感温部位(热传感器),每次时间为 1 min,并按表 6 规定的次数试验后,进行控温器的控制温度精度、温度指示精度及气密性试验。

6.16.7 **饭锅控温器**

饭锅处于空烧状态,以一定周期反复使控温器动作,可靠地切断主燃烧器气路,经过 1 000 次试验后,进行气密性和焖饭性能试验。

6.16.8 **烤箱门**

以 5 次/min～10 次/min 速度对门及连动机构反复操作 500 次后,检查烤箱门及连动机构有无破损和故障。

6.17 **振动试验**

把灶具按运输要求捆扎好,水平放置在振动机上,以 10 Hz 的频率,全振幅 5 mm,上下、左右方向各振动 30 min 后,进行燃气通路气密性、电气性能和使用功能试验。

6.18 **跌落试验**

按 GB/T 1019—1989 中附录 A 给出的方法依次将试件的 3、2、5、4、6 面向下,包装件质量小于 25 kg跌落高度为 600 mm,包装件质量 25 kg～50 kg 跌落高度为 450 mm,保证初速度为零的情况下释放。各面各跌落一次。对不能倒置的产品,应对底面连续进行 6 次跌落试验。再进行燃气通路气密性和电气性能试验(其电气强度、泄漏电流、接地电阻应满足表 5 要求)。

6.19 **结构试验**

6.19.1 **一般试验**

按 5.3 的要求目测进行试验。

6.19.2 **倾斜翻倒试验**

把灶具水平放在试验台上,渐渐倾斜到与水平面成 15°夹角,目测是否翻倒,着火的部件是否产生移动和脱落。

6.19.3 **荷载试验**

6.19.3.1 **灶面和锅支架荷载试验**

将灶具水平放置于坚固的平面上,并在其锅支架中心部位分别加以 98.1 N 的静荷载,持续 5 min,检查灶面任何部位的翘曲度、锅支架有无变形和损坏。

6.19.3.2 **烤箱门荷载试验**

将烤箱水平放置于牢固的台面上,打开烤箱门。台式烤箱在门的中心部位加以 39.2 N 的静荷载,落地式烤箱在门的中心部位加以 147 N 的静荷载,均持续 5 min,检查是否有翻倒及影响使用的变形和损坏现象。

注1：所谓无影响使用的变形和损坏现象，是指加荷载后，位于门前缘的翘曲度（指烤箱门处于全部打开状态下的位置与在门上加荷载后下沉位置之差）应小于15 mm，并不损坏机能。

注2：加荷载的方法：可将烤箱灶附属的烤箱用盛液盘放置于烤箱门的中心部位，在盛液盘的中心再加上直径为260 mm圆形重物。

6.20 零部件耐热性能试验

6.20.1 旋塞阀及其他阀门耐热性能试验

把器件放入恒温箱中，将温度调节至90℃，24 h后取出，自然冷却至室温，按6.6进行气密性试验。

6.20.2 电点火装置耐热性能试验

把电点火装置放入恒温箱中，将温度调节器置于90℃，24 h后取出自然冷却至室温，按6.13进行试验。

6.20.3 燃烧器耐过热性能试验

根据实测热负荷按表17选用上限锅，在锅内加入适当的水，用回火界限气，在额定燃气供气压力下点燃燃烧器，并人为使其回火，若不能回火，则可在喷嘴处点燃燃气，使其在喷嘴口或燃烧器内部燃烧。如果不能维持这种燃烧可以通过降低压力或适当减少流量的方法来实现，但燃气供气压力不能降到低于回火试验的压力。维持回火燃烧15 min。试验燃烧器有否影响性能的变形。

6.20.4 燃烧器火孔处使用耐温大于700℃的材料试验方法及判定原则

将燃烧器中构成火孔的零件（可方便拆卸的单元）取出，测量火孔部位尺寸，计算火孔面积，置入调定温度700℃的恒温箱。2 h后取出，在空气中自然冷却至室温，测量火孔部位尺寸，计算火孔面积，试验前后火孔面积变化率应在±10%以内。超出该范围为不合格。

6.21 材料试验

6.21.1 一般试验

按5.4的规定目测进行试验。

6.21.2 耐热性能试验

把试样放入加热炉中，在30 min内缓慢升温到5.4规定的温度，并在该温度下持续1 h，目测材料是否产生影响使用的变化。

6.21.3 耐腐蚀性能试验

6.21.3.1 电镀件盐雾试验

把电镀试样放入规定的盐水喷雾设备中，在35 ℃±2 ℃温度下，以浓度为5%的盐水溶液进行喷雾，雾化空气压力为70 kPa～100 kPa，时间为24 h～72 h。取出试样，检测腐蚀程度。试验方法按QB/T 3826—1999执行，质量评定QB/T 3832—1999执行。

6.21.3.2 涂漆试样耐盐雾试验

按GB/T 1765—1979的规定制备试样，然后进行盐水喷雾试验，试验方法按GB/T 1771—1991的有关规定执行，腐蚀程度按GB/T 1740—1979的规定评定。

6.21.4 耐燃气性能试验

6.21.4.1 膜片试验方法

把预先测量出质量的三个试样，放在温度为5 ℃～25 ℃的液化石油气液体中浸泡72 h，取出放在空气中24 h，按GB/T 1690—1992给出的方法试验其质量变化。人工燃气用膜片用GB/T 1690—1992中规定的B溶液试验。

6.21.4.2 燃气密封垫片、垫圈试验方法

除了进行6.21.4.1的试验外，还应进行下列试验。首先把厚2 mm，外径为19 mm，内径为18 mm的三个试样分别放入三个图18所示的装置中。每个装置内充有0.5 g正戊烷液体，把试样压缩到原厚80%状态，对该装置进行称量后，放在23 ℃±2 ℃恒温槽内24 h，然后再次称量，标出三个试样每小时正戊烷的平均渗漏量。

6.21.4.3 **油脂密封材料试验方法**

称取 1 g 密封材料涂于铝片上，在温室下放置 24 h 后，放入图 19 所示试验设备中。打开旋塞 A 和 B，用丁烷气把内部空气排出，关闭旋塞 B，保持 U 形管内燃气压力为 5.0 kPa，并在 20 ℃±1 ℃和 4 ℃±1 ℃条件下，分别放置 1 h，然后计算密封材料变化率。

6.21.5 **搪瓷耐钢球冲击性能试验**

把经过搪瓷处理的试样放在相应尺寸的木板上，用直径为 30 mm 的钢球从 300 mm 高处自由落下，冲击在试样上，试样的搪瓷应无剥落。

6.21.6 **保温和隔热材料阻燃性能试验**

在材料均匀的地方，取长(150±1)mm、宽(50±1)mm、厚(13±1)mm 的试样放在图 20 所示的装置上，用火烧 1 min 然后撤火，目测试样是否燃烧。当试样产生燃烧时，测定从燃烧开始到自行熄火的时间。

6.21.7 **耐油性能试验**

将橡胶材料制成的灶脚试样放在温度为 20 ℃±15 ℃的食用油(如豆油)中浸泡 24 h 后，用目测检查是否有明显影响使用的变形现象。

7 检验规则

灶具应进行出厂检验和型式检验。

7.1 出厂检验

7.1.1 灶具出厂前应逐台检验以下内容：

a) 燃气管路系统气密性能；

b) 各部件操作灵活性能；

c) 点火性能及燃烧稳定性能；

d) 接地电阻(适用于Ⅰ类灶具)；

e) 外观；

f) 铭牌；

g) 泄漏电流(适用于使用交流电源的灶具)；

h) 电气强度(适用于使用交流电源的灶具)。

注：库存两年以上灶具应按本条款规定复检。

7.1.2 抽样检验

7.1.2.1 产品批量检查验收时执行抽样检验。抽样方法按 GB/T 2828.1—2003 的规定。

7.1.2.2 抽样方案：

a) 抽样方案按 GB/T 2828.1—2003 的规定，合格质量水平 AQL 为 4.0，检查水平取 $S=1$，按正常检查一次抽样方案检验；

b) 产品抽检不合格时，本批产品判为不合格。批不合格产品应重新逐台检验后组批抽检。

7.1.2.3 除 7.1.1 规定内容以外，抽样检验还应包含热负荷、烟气中的一氧化碳含量、热效率。

7.1.3 产品经检验合格，并填发合格证后方可出厂。

7.2 型式检验

7.2.1 应按本标准全部内容进行检验。

7.2.2 有下列情况之一时，应进行型式检验：

a) 新产品或老产品转厂生产的试制定型鉴定；

b) 正式生产后，如结构、材料、工艺有较大改变，可能影响产品性能；

c) 正式生产时，定期或积累一定产量后，应周期性进行检验；

d) 产品停产1年后，恢复生产；

e) 出厂检验结果与上次型式检验有较大差异；

f) 国家质量监督机构提出进行型式检验要求。

7.2.3 抽样方法：每次3台，其中2台试验，1台备样。

7.2.4 型式检验的全部项目均符合标准规定时，判定该型式检验合格。任何项目不合格，需改进不合格项目，重新复检，直至所有项目合格，判定该型式检验合格。

7.3 单台检验判定原则

7.3.1 条款分类

黑体字表述的条款为强制性条款，其余为推荐性条款。

7.3.2 判定方法

7.3.2.1 单台样机经检验，有一条以上(含一条)强制性条款不符合规定时，该台样机为不合格。

7.3.2.2 单台样机经检验，有一条或几条推荐性条款不符合规定时，检验报告中应注明该台样机不符合标准的内容。

8 标志、包装、运输、贮存

8.1 标志

8.1.1 每台灶具均应在适当位置安装铭牌，其标志内容应包括：

a) 名称和型号；

b) 使用燃气类别代号或适用地区；

c) 额定燃气供气压力；

d) 额定热负荷；

e) 制造厂名称；

f) 制造年、月或代号；

g) 额定电压(适用于使用交流电源的灶具，V)；

h) 额定输入功率(适用于使用交流电源的灶具，kW 或 W)；

i) 额定频率(适用于使用交流电源的灶具，Hz)；

j) Ⅱ类结构的符号(仅在Ⅱ类灶具上标出)。

8.1.2 除铭牌标志以外，还应包含以下标志：

a) 用于与电网连接的接线端子应按下述方式标明：

——专门连接中性线的接线端子，应该有字母 N 标明；

——保护接地端子，应该用符号⏚标明。

注：这些表示符号不应放在螺钉、可取下的垫圈或在进行导线连接时能被取下的其他零件上。

b) 除非明显地不需要，否则工作时可能会引起危险的开关，其标志或放置的位置应清楚地表明它所控制的是灶具的哪个部分；

注：为此而用的标示方式，无论在哪里，不需要语言或国家标准的知识都应该能理解。

c) 灶具上开关的不同档位，以及所有灶具上控制器的不同档位，都应该用数字、字母或其他视觉方式标明；

d) 在安装或正常使用期间，打算调节的控制器应有调节方向的标示；

e) 如果对本标准的符合取决于一个可更换的热熔体或熔断器的动作，则其牌号或识别熔断体用的其他标识应标在当灶具被拆卸到更换熔断体所需的程度时清晰可见的位置；

注1：熔断体上的标志：只要熔断体动作后，其标志仍清晰则是允许的。

注2：本标准所要求的标志应清晰易读并持久耐用。通过用手拿沾水的布擦拭标志15 s，再用沾汽油的布擦拭15 s之后，标志仍应清晰易读，标志牌应不易揭下并且不应卷边。

f） 如电灶头表面为玻璃、陶瓷或类似易碎材料时，且发热元件是装在上述材料内或上面，或灶具带电部件的外壳的主要部分为上述材料时，则在说明书中和灶具上应有下述警告：

警告——如果该表面有裂纹，关掉灶具以避免可能出现的电击。

8.2 包装

8.2.1 包装箱外应标明产品名称、型号、使用燃气类别或适用地区。

8.2.2 包装应安全、牢固、美观。包装箱应有出厂日期和厂名，“易碎物品、向上、怕雨、禁止翻滚、禁止叉车、堆码重量极限”等字样或图示，字样或图示应符合 GB/T 191—2000 的规定。

8.2.3 包装箱内应有产品附件清单、合格证、保修单和安装使用说明书。

8.2.4 每台灶具出厂时应有安装使用说明书，安装使用说明书应包括下列内容：

a） 外形尺寸及安装说明；

b） 点火、熄火操作和调节方法；

c） 安全注意事项（有关燃气、通风、防火、防烫伤、儿童不宜等）；

d） 如果电源软线损坏，为避免危险，必须由制造厂或其维修部或类似的专职人员来更换；

e） 清扫维修注意事项；

f） 厂址及联系事项；

g） 安装要求的开孔尺寸和固定方法（嵌入式灶具）；

h） 安装嵌入式灶具的橱柜要有符合通风要求的与大气相通的开孔尺寸，否则会造成泄漏燃气积沉而引起爆炸；

i） 告用户环境影响书；

j） 铭牌上的全部信息，（当嵌入式灶具安装后，标志不可见时）应在说明书中明示；

k） 灶具在使用期间会发热，注意避免接触发热单元。金属物体如刀、叉、勺和盖不应放在灶台上，因为它们可能变热。

8.2.5 包装材料应符合本标准 5.4.19 的要求。

8.3 运输

8.3.1 运输过程中应防止剧烈震动、挤压、雨淋及化学物品的侵蚀。

8.3.2 搬运时严禁滚动和抛掷。

8.4 贮存

8.4.1 成品必须贮存在干燥通风、周围无腐蚀性气体的仓库里。

8.4.2 灶具应按型号分类存放，堆码不得过高，防止挤压和倒垛损坏。

单位为毫米

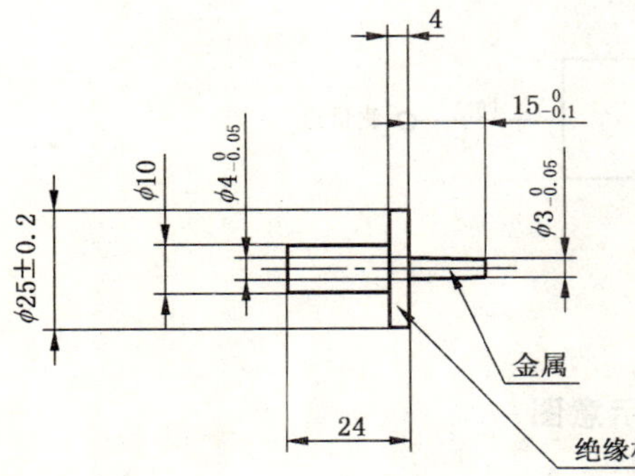

a) 短试验销

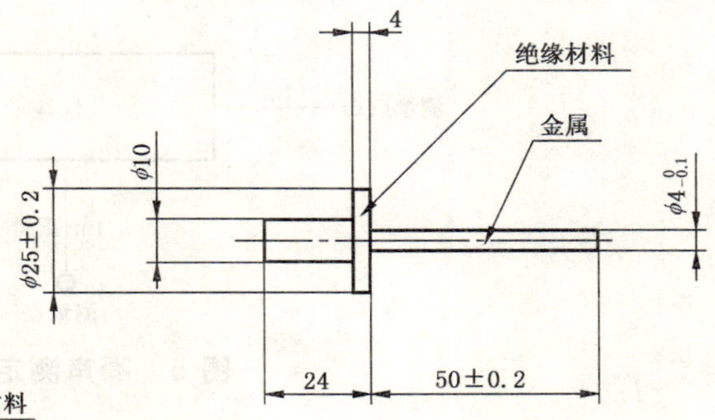

b) 长试验销

图 3 试验销

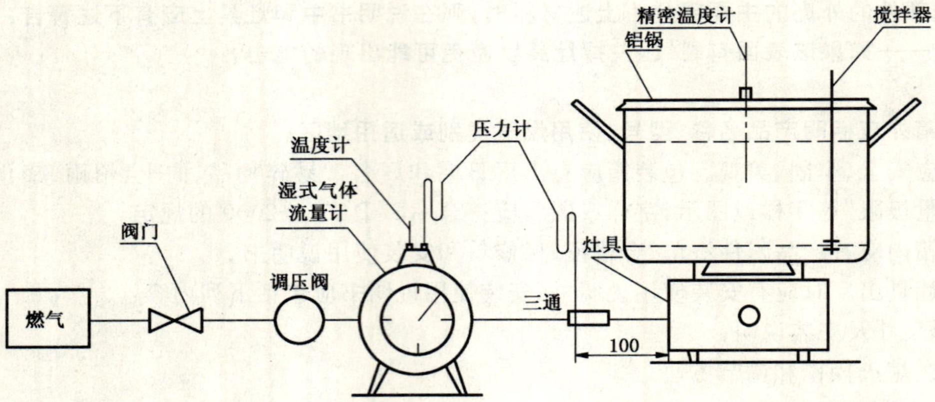

注1：精密温度计应放置在水深二分之一处的中心位置。

注2：搅拌器应放置在不接触温度计水银球的位置。

注3：灶具前燃气压力测量点应为图示三通位置，距离进气口不大于100 mm。

a）试验装置连接图

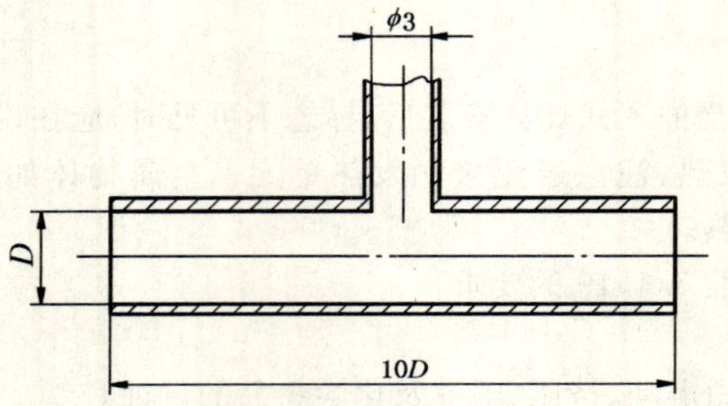

注：$D=(1\sim1.1)d$，其中D为三通的内径，d为燃气管的内径，单位为毫米。

b）燃气测压管

图4 热负荷、热效率试验装置

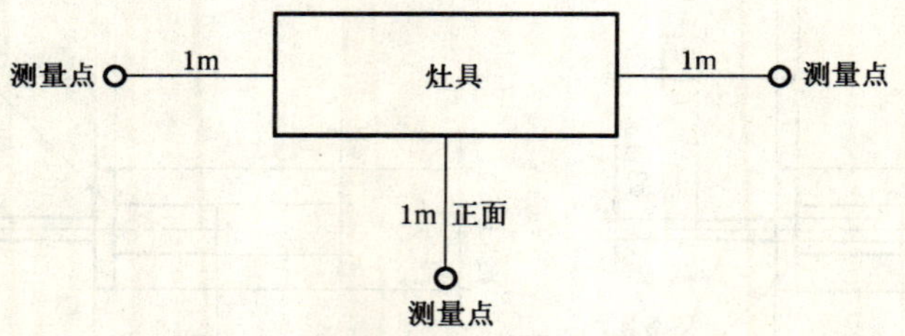

图5 噪声测定示意图

单位为毫米

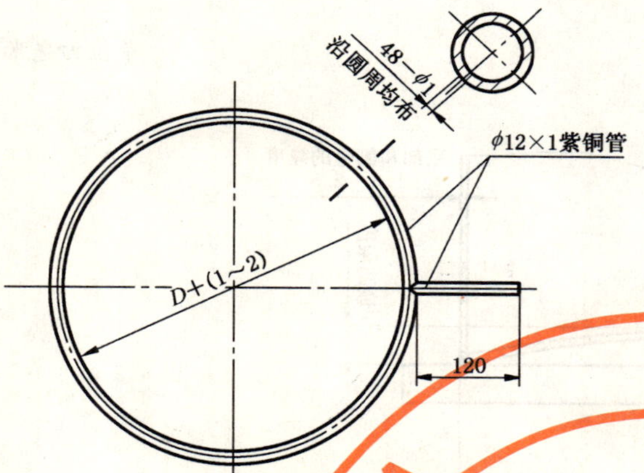

注：烘烤器、烤箱与饭锅分别用适合其排气口形状的取样器取样。

a） 燃气灶烟气取样器形状及尺寸

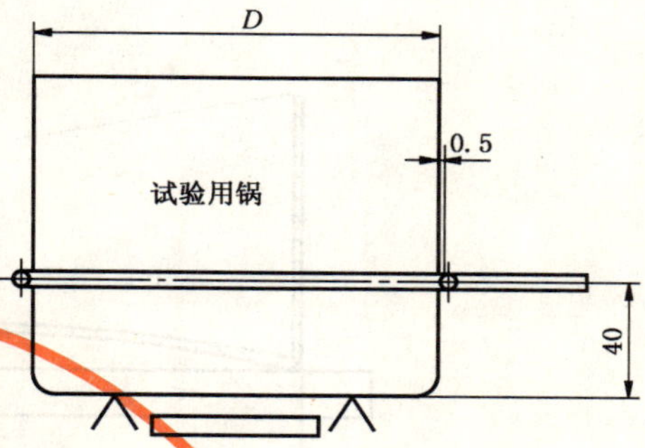

注：若氧含量超过 14%时，取样器的位置可在 20 mm~40 mm范围内调整。

b） 燃气灶烟气取样位置

图 6 环形烟气取样器及取样位置

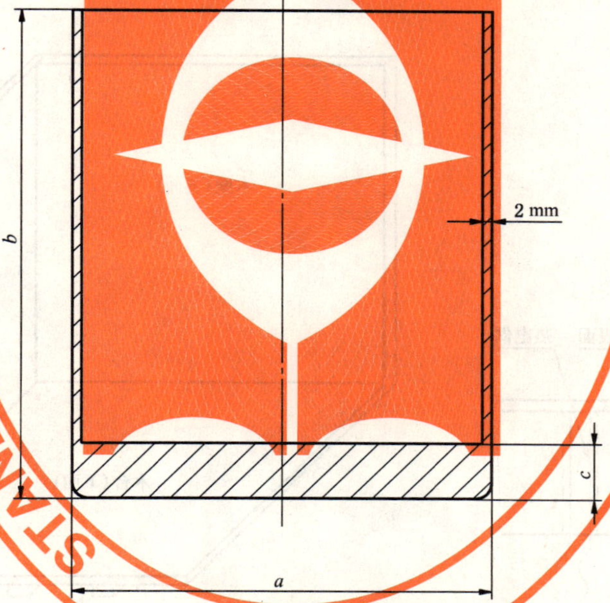

单位为毫米

烹调区域的直径	锅直径 a	b	c
110	110	140	8
145	145	140	8
180	180	140	9
220	220	120	10
300	300	100	10

图 7 电灶头试验用锅

单位为毫米

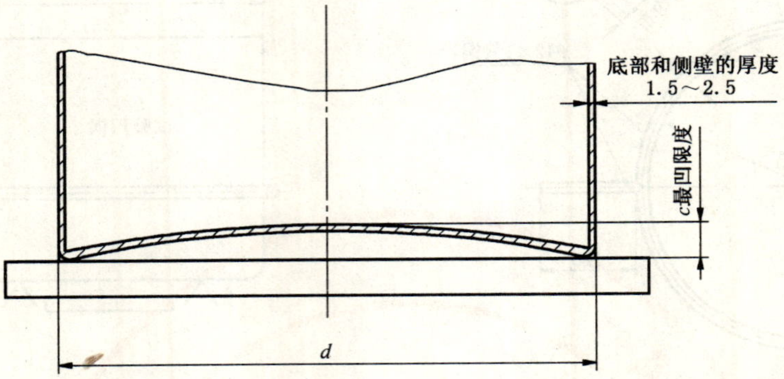

注：锅由低碳钢制成(最大含碳量为0.08%)，是不带手柄和突起的圆柱体，底部平面区域的直径至少为烹饪区域的直径底部的最大凹度 c 为 0.006 d，d 是底部平面区域的直径，底部不是凸的。

图8　电磁灶头试验用锅

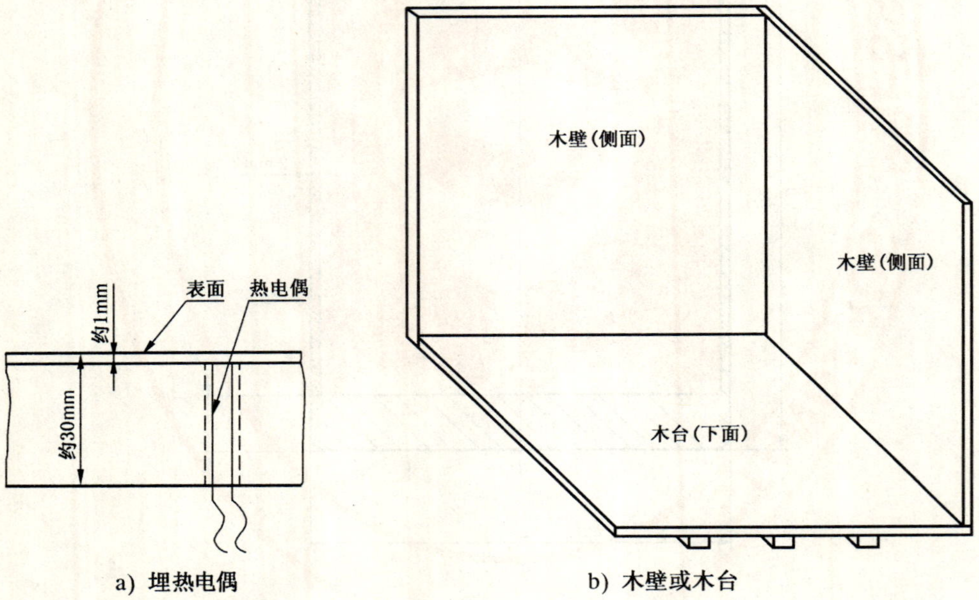

a) 埋热电偶　　b) 木壁或木台

注1：木壁、木台的材料应使用5层～7层胶合板，木台表面应涂漆，木壁表面应涂不亮的漆。

注2：木壁、木台的尺寸应比灶具稍大。

注3：应尽量多埋热电偶(阻)，使其成网状。

注4：热电偶(阻)应埋在木壁、木台深1 mm处。

注5：热电偶(阻)应参照GB/T 3772—1998和GB/T 2903—1998。

图9　木壁、木台表面温升试验装置

单位为毫米

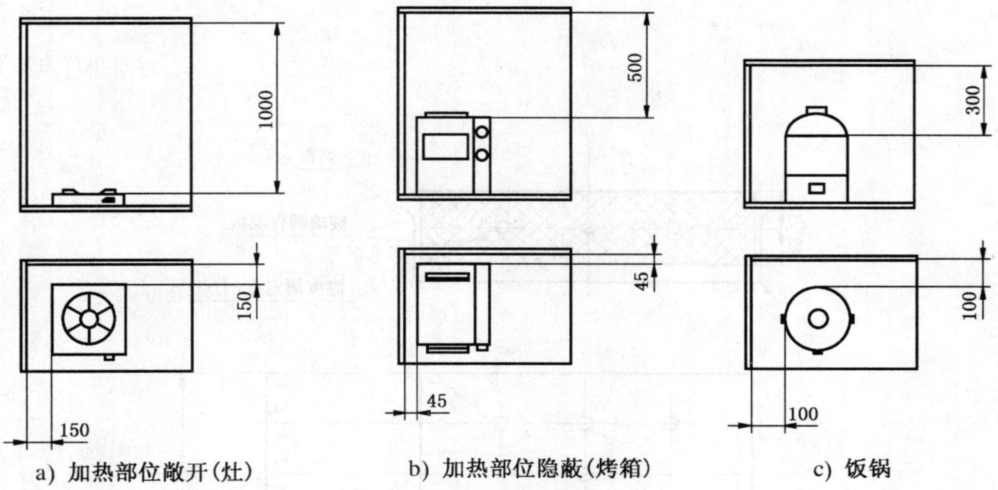

图 10 灶具与测温板的距离

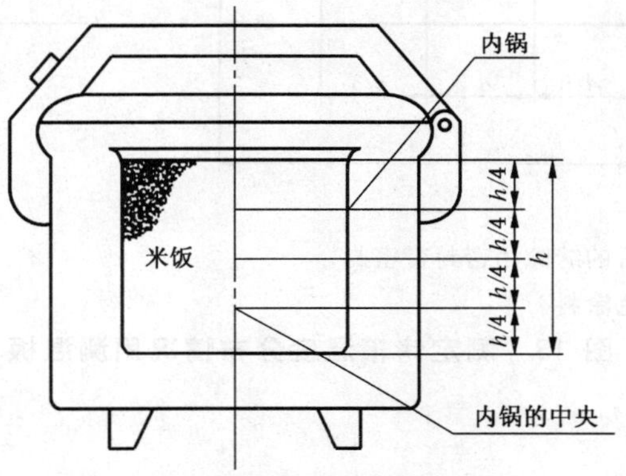

图 11 饭锅温控装置测定

单位为毫米

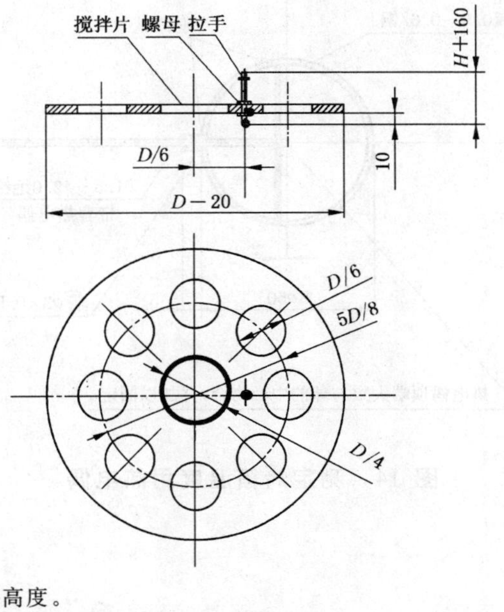

注 1：D 为铝锅直径，H 为铝锅高度。

注 2：零件材料：搅拌盘用 1 mm 铝板制作，拉手用 $\phi 4$ 圆钢镀锌。

图 12 搅拌器

单位为毫米

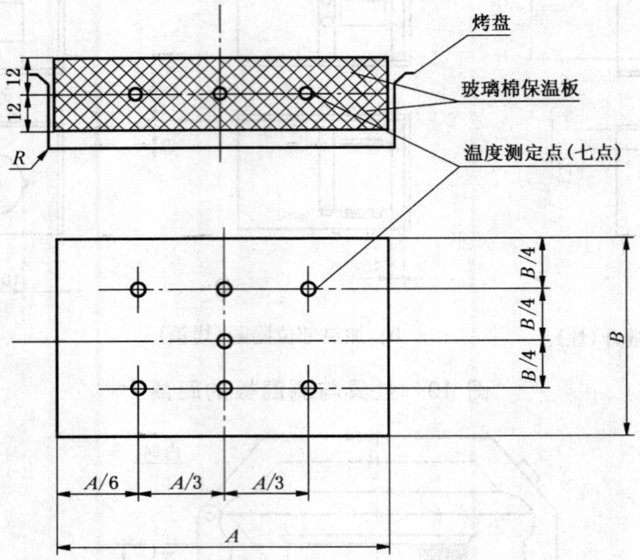

注1:两块玻璃棉保温板重叠后的缝隙用密封带密封。

注2:玻璃棉保温板表面涂黑色涂料。

图 13 测定烤箱温度分布情况用测温板

单位为毫米

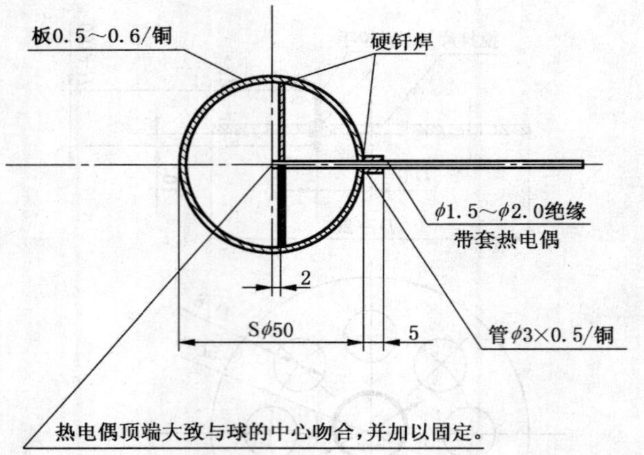

图 14 测定烤箱温度用热电偶

单位为毫米

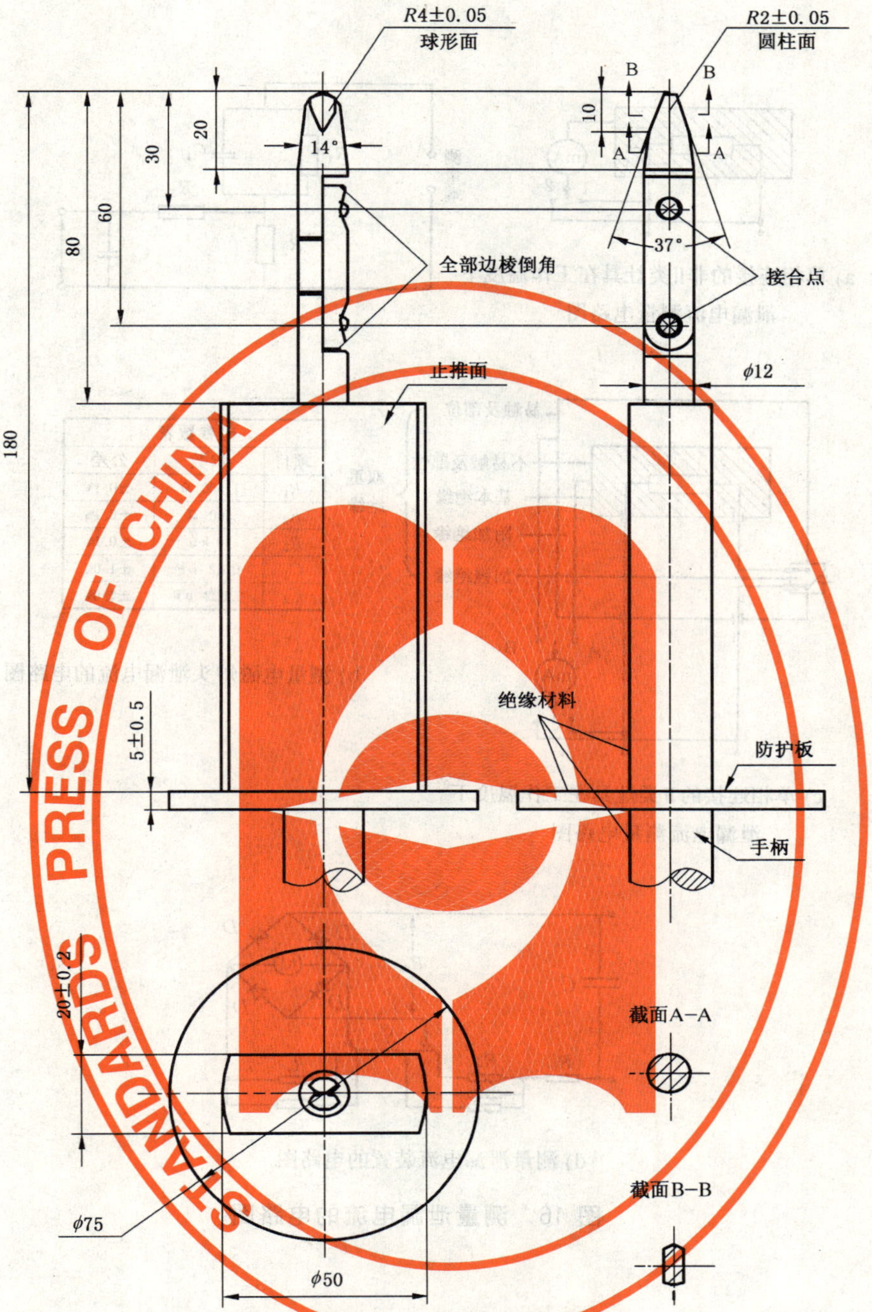

注1：材料为金属，另有规定时除外。

注2：长度以毫米为单位。

注3：没有规定公差的尺寸，其公差：

对角度：$^{0}_{-10'}$；

对长度尺寸：≤25 mm 为 $^{0}_{-0.05}$；

>25 mm 为±0.2。

注4：两个结合点都应允许在同一平面上，以相同的方向运动 $90^{\circ}{}^{+10^{\circ}}_{0}$。

图15 试验指

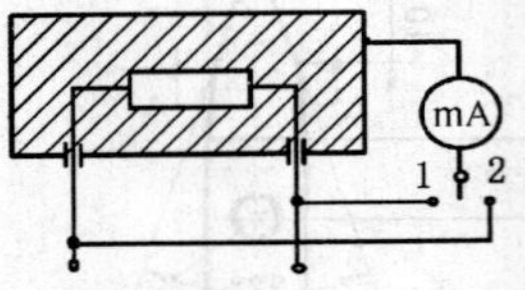

a) 单相连接的非Ⅱ类灶具在工作温度下泄漏电流测量电路图

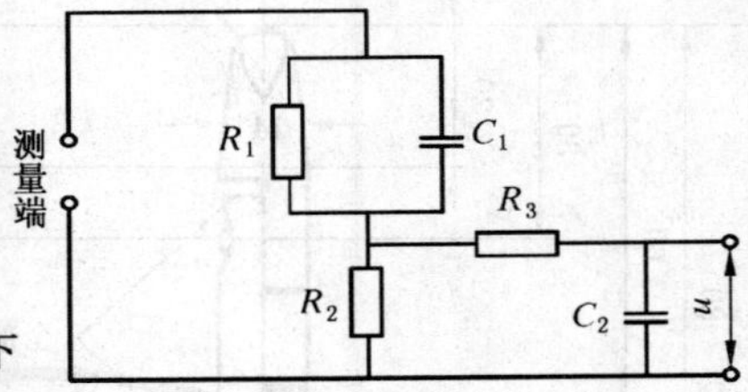

b)参数表

项目	参数	公差
R_1	1 500 Ω	±0.1%
R_2	500 Ω	±0.1%
R_3	10 kΩ	±0.1%
C_1	0.22 μF	±1.0%
C_2	0.022 μF	±1.0%

b) 测量电磁炉头泄漏电流的电路图

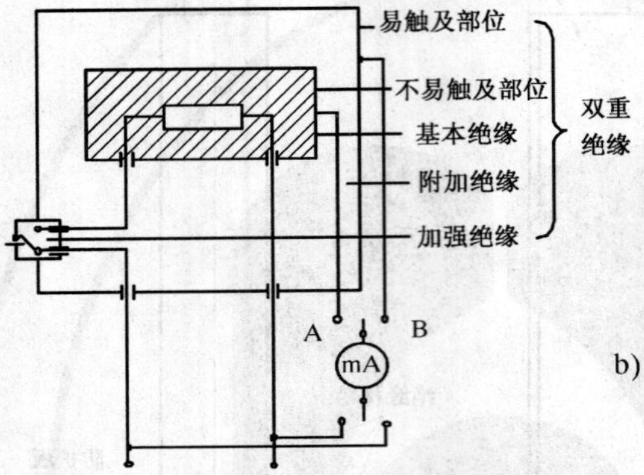

c) 单相连接的Ⅱ类灶具在工作温度下泄漏电流测量电路图

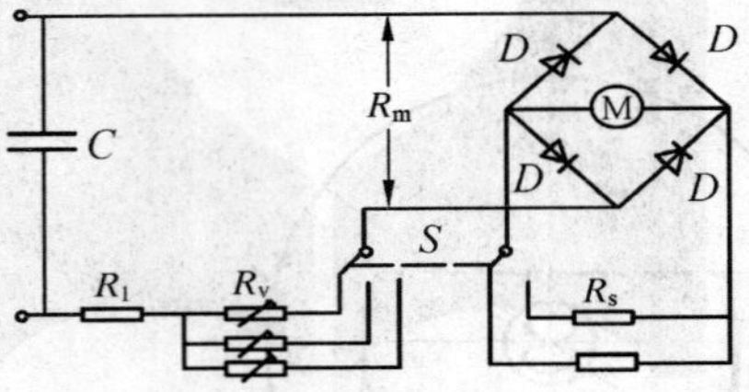

d) 测量泄漏电流装置的电路图

图 16 测量泄漏电流的电路图

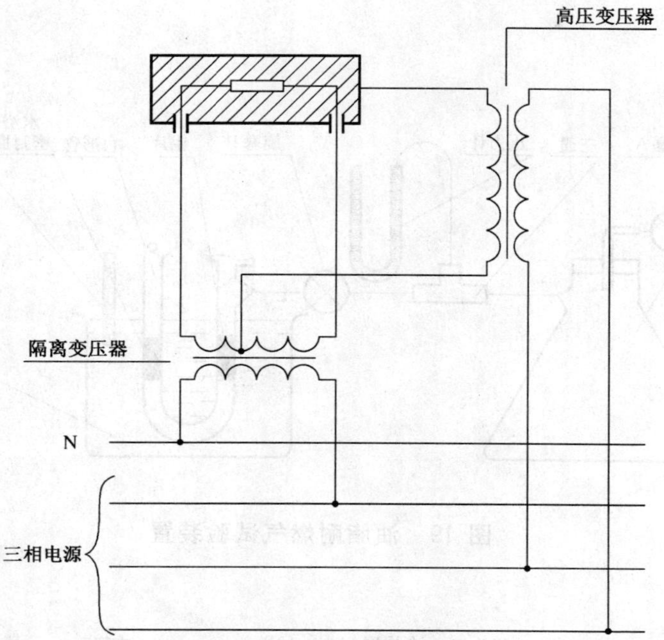

图 17　工作温度下电气强度试验的电路图

单位为毫米

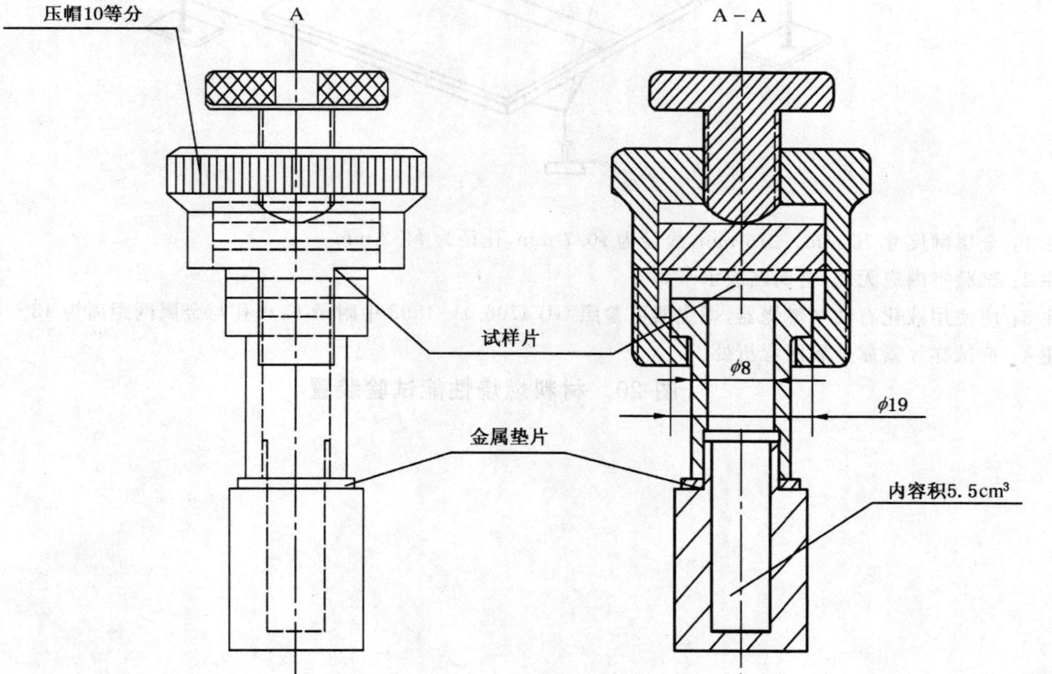

图 18　垫圈、垫片耐燃气试验装置

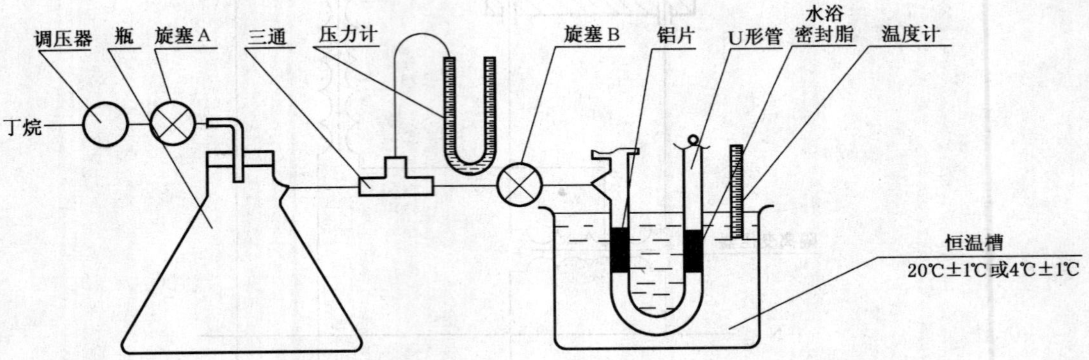

图 19 油脂耐燃气试验装置

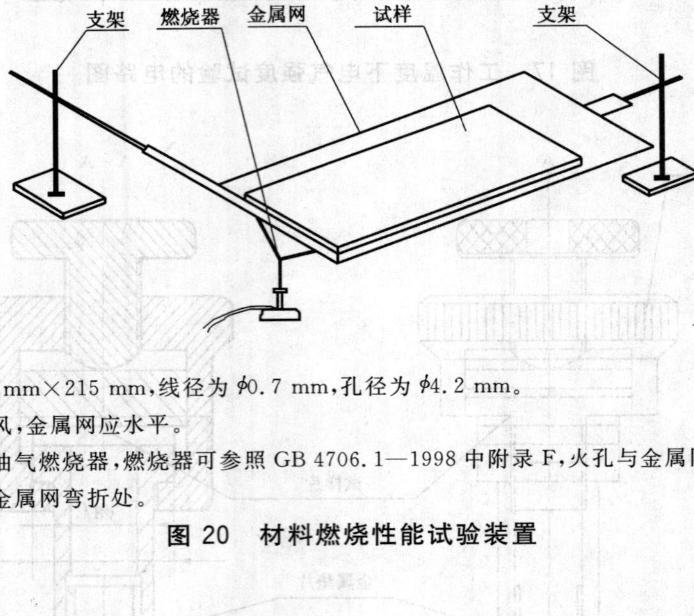

注 1：金属网尺寸 76 mm×215 mm，线径为 ϕ0.7 mm，孔径为 ϕ4.2 mm。

注 2：试验室内应无风，金属网应水平。

注 3：应使用液化石油气燃烧器，燃烧器可参照 GB 4706.1—1998 中附录 F，火孔与金属网距离为 13 mm。

注 4：待试样片紧靠金属网弯折处。

图 20 材料燃烧性能试验装置

附 录 A
（资料性附录）
家用燃气灶具燃烧烟气中氮氧化物含量[NO_x($\alpha=1$)]的分级规定

A.1 家用燃气灶具燃烧烟气中氮氧化物含量[NO_x($\alpha=1$)]分级规定(见表 A.1)

表 A.1 氮氧化物排放等级

NO_x($\alpha=1$)排放等级	NO_x($\alpha=1$)极限浓度/%	
	天然气、人工煤气	液化石油气
1	0.015	0.018
2	0.012	0.015
3	0.009	0.011
4	0.006	0.007
5	0.004	0.005

A.2 试验用仪器宜采用化学发光式、电化学式或红外烟气分析仪，范围：0～0.05%；最小刻度：0.001%。

A.3 试验条件：使用 0-2 气。

A.4 试验状态：按本标准 6.5 所给状态。

A.5 试验方法

A.5.1 灶具运行 15 min 后，用烟气取样器取样。抽取烟气样中，测量烟气中氮氧化物含量，抽取烟气中氧含量应≤14%。

A.5.2 烟气取样器按图 6 a)制作，材料为不锈钢，取样管采用聚四氟乙烯或其他不吸附氮氧化物的材料。

A.5.3 烟气取样器的位置按图 6 b)安放。

A.5.4 烟气中氮氧化物含量按式(A.1)计算(在烟气分析的同时，应同时测定室内空气中氮氧化物含量)：

$$C_{NO(\alpha=1)}=\frac{C_{NO}'-C_{NO}''(C_{O_2}'/20.9)}{1-(C_{O_2}'/20.9)}\times 100\% \qquad \text{(A.1)}$$

式中：

$C_{NO(\alpha=1)}$——过剩空气系数 $\alpha=1$，干烟气中的氮氧化物含量，体积百分数，%；

C_{NO}'——烟气样中的氮氧化物含量，体积百分数，%；

C_{NO}''——室内空气中的氮氧化物含量，体积百分数，%；

C_{O_2}'——烟气样中的氧含量，体积百分数，%。

A.5.5 等级评价：根据计算所得 $C_{NO(\alpha=1)}$ 值，与表 A.1 比较，确定产品氮氧化物排放等级。

ICS 73.040
D 21

中华人民共和国国家标准

GB/T 16416—2007
代替 GB/T 16416—1996

褐煤中溶于稀盐酸的钠和钾测定用的萃取方法

Method of extraction for the determination of sodium and potassium in brown coal soluble in dilute hydrochloric acid

(ISO 1952:1976,Brown coals lignites—Method of extraction for the determination of sodium and potassium soluble in dilute hydrochloric acid,NEQ)

2007-11-01 发布 2008-06-01 实施

中华人民共和国国家质量监督检验检疫总局
中国国家标准化管理委员会 发布

前言

本标准与ISO 1952:1976《褐煤和柴煤——测定溶于稀盐酸的钠和钾的抽提方法》对应，其一致性程度为非等效。差异主要有：

——规范性引用文件不同(见第2章)，本标准引用的是中国国家标准；

——精密度不同(本标准中第9章，ISO 1952:1976中第8章)，本标准的重复性限与ISO 1952:1976不同，再现性临界差未给出。

本标准代替GB/T 16416—1996《褐煤中溶于稀盐酸的钠和钾测定用的萃取方法》。

本标准与GB/T 16416—1996相比，主要变化是做了文字及格式修改。

本标准由中国煤炭工业协会提出。

本标准由全国煤炭标准化技术委员会归口。

本标准起草单位：煤炭科学研究总院煤炭分析实验室。

本标准主要起草人：施玉英、张克芮、周轶群。

本标准所代替的历次版本发布情况为：

GB/T 16416—1996。

褐煤中溶于稀盐酸的钠和钾测定用的萃取方法

1 范围

本标准规定了褐煤中溶于稀盐酸的钠和钾的萃取方法。

本标准适用于褐煤。

2 规范性引用文件

下列文件中的条款通过本标准的引用而成为本标准的条款。凡是注日期的引用文件，其随后所有的修改单(不包括勘误的内容)或修订版均不适用于本标准，然而，鼓励根据本标准达成协议的各方研究是否可使用这些文件的最新版本，凡是不注日期的引用文件，其最新版本适用于本标准。

GB 474　煤样的制备方法

3 方法原理

用沸腾的 0.005 mol/L 稀盐酸从煤样中直接萃取以无机盐或碱金属的腐植酸盐形式存在的钠、钾，然后用任一准确的方法测定溶液中的钠、钾。

4 试剂

4.1　盐酸溶液：$c(HCl)=0.005$ mol/L，量取 0.4 mL 盐酸(GB/T 622)加水稀释至 1 L，摇匀备用。

4.2　乙醇(GB/T 679)：95%(体积分数)，分析纯。

5 仪器设备

5.1　原子吸收分光光度计或火焰光度计。

5.2　分析天平：感量 0.1 mg。

5.3　电热板：电压可调。

5.4　实验室用离心机：2 000 r/min。

5.5　聚乙烯离心管：80 mL～100 mL。

5.6　聚乙烯瓶：最小容量 250 mL。

5.7　容量瓶：250 mL。

5.8　锥形瓶：250 mL。

5.9　长颈漏斗。

6 试样的制备

按 GB 474 制备粒度小于 0.2 mm 的空气干燥煤样，存于带盖的容器中并装至容器容量的 80%以上。

7 分析步骤

称取约 1.5 g(称准至 0.000 2 g)煤样于一锥形瓶中，用 3 mL 乙醇润湿，加 100 mL 盐酸溶液，在事先预热的电热板上缓慢煮沸 15 min，取下冷却，将萃取液及残渣全部移至聚乙烯离心管中，并在

2 000 r/min的速度下离心 5 min，然后将上层清液倾泻入 250mL 容量瓶中。再用 100 mL 盐酸溶液将残渣洗入原来的锥形瓶中，用同样的方法加热、离心，将上层清液并入原来的 250 mL 容量瓶中。再用温盐酸溶液洗涤残渣和锥形瓶，全部洗出物离心 5 min。离心后的洗液并入 250 mL 容量瓶。冷却至室温，以盐酸溶液定容，摇匀，并干过滤，滤液贮存在聚乙烯瓶中。用原子吸收分光光度计或火焰光度法按测定溶液中钠、钾。测定应在 5 d 内完成。

8 结果的表述

用适合于所用测定方法的公式计算干基钠和钾的含量。

9 精密度

两次重复测定的重复性不得超过表 1 的规定。

表 1 褐煤中溶于稀盐酸的钠和钾测定结果的精密度

测定元素	重复性限/%
K_d	≤0.01
Na_d	≤0.02

ICS 25.040.20
J 53

GB

中华人民共和国国家标准

GB/T 16462.1—2007
部分代替 GB/T 16462—1996

数控车床和车削中心检验条件 第1部分：卧式机床几何精度检验

Test conditions for numerically controlled turning machines and turning centres—Part 1: Geometric test for machines with a horizontal workholding spindle

(ISO 13041-1:2004, MOD)

2007-07-17 发布　　2007-12-01 实施

中华人民共和国国家质量监督检验检疫总局
中国国家标准化管理委员会　发布

前　言

GB/T 16462《数控车床和车削中心检验条件》分为 8 个部分：

——第 1 部分：卧式机床几何精度检验；

——第 2 部分：立式机床几何精度检验；

——第 3 部分：倒置立式机床几何精度检验；

——第 4 部分：线性和回转轴线的定位精度及重复定位精度检验；

——第 5 部分：进给、速度和插补精度检验；

——第 6 部分：精加工试件精度检验；

——第 7 部分：在坐标平面内轮廓特性的评定；

——第 8 部分：热变形的评定。

本部分为 GB/T 16462 的第 1 部分。本部分修改采用 ISO 13041-1:2004《数控车床和车削中心检验条件　第 1 部分：卧式机床几何精度检验》(英文版)。

本部分与 ISO 13041-1:2004 相比，主要技术差异为：

——将 4.7 的 b)、c)二项合并为一项；

——将 G4 检验方法中“产生的平面只许凹”改为“a)项检验产生的平面只许凹”；

——在 G7、G8、G9 检验方法中，为了使检验方法更加明确，增加了相同的“注释”；

——为了使 G12 检验项目适用更加明确，在检验方法中增加了“注释”；

——将 G24 改为 G20，G20、G21、G22、G23 分别改为 G21、G22、G23、G24；

——增加了“*Z* 轴行程大于 2 000 mm 的该类机床也可参照使用”条款。

为了方便使用，本标准作了如下编辑性修改：

——“本标准”改为“本部分”；

——第 4 章标题“备注”改为简要说明；

——用小数点‘.’代替作为小数点的逗号‘,’；

——对 ISO 13041-1:2004 中引用的其他国际标准标准，用已被采用为我国的国家标准代替相应的国际标准；

——删除了国际标准 ISO 13041-1:2004 的前言和引言。

本部分代替 GB/T 16462—1996《数控卧式车床　精度检验》标准中几何精度检验项目。

本部分由中国机械工业联合会提出。

本部分由全国金属切削机床标准化技术委员会(SAC/TC 22)归口。

本部分起草单位：沈阳车床研究所、沈阳数控机床有限公司、宁夏长城数控机床有限公司、南京数控机床有限公司、北京机床研究所。

本部分主要起草人：王兴海、张连娣、滕立波、朱佥竞、李祥文、凌泽润、谷光慈、徐光武等。

本部分所代替标准的历次版本发布情况为：

——GB/T 16462—1996“几何精度检验”部分。

数控车床和车削中心检验条件
第1部分:卧式机床几何精度检验

1 范围

GB/T 16462的本部分规定了床身上最大回转直径至1 000 mm,线性轴线行程至2 000 mm的普通精度等级的数控卧式车床和车削中心的几何精度检验。Z轴行程大于2 000 mm的该类机床也可参照使用。

本部分还规定了各项几何精度检验的允差。

本部分解释了数控车床和车削中心的不同概念、不同配置及通用特点,并提供了控制轴的术语和名称(见图1和表1)。

本部分仅适用于机床的精度检验,它不适用于机床的运转检验(例如:机床的振动,异常的噪声,部件的爬行等检验)及机床的特性检验(如:速度,进给检验),因为这些检验通常在精度检验之前进行。

2 规范性引用文件

下列文件中的条款通过GB/T 16462的本部分的引用而成为本部分的条款。凡是注日期的引用文件,其随后所有的修改单(不包括勘误的内容)或修订版均不适用于本部分,然而,鼓励根据本部分达成协议的各方研究是否可使用这些文件的最新版本。凡是不注日期的引用文件,其最新版本适用于本部分。

GB/T 17421.1—1998 机床检验通则 第1部分:在无负荷或精加工条件下机床的几何精度(eqv ISO 230-1:1996)

GB/T 19660—2005 工业自动化系统与集成 机床数值控制坐标系和运动命名(ISO 841:2001,IDT)

JB/T 3860.1—1998 楔式动力卡盘 分类和技术条件(eqv ISO 3442:1991)

3 术语和定义

3.1

数控车床 numerically controlled turning machine

数控车床是主运动为工件相对刀具旋转,切削能是由工件而不是刀具提供的数控机床。

注:该类机床由数字控制装置提供自动功能。

3.2

车削中心 turning centre

车削中心是配有动力驱动刀具装置,并使夹持工件主轴具有围绕其轴线定位能力的数控机床。

注:该类机床可以包括附加特性,如可以由刀库进行自动换刀。

3.3

机床的操作模式 manual mode of numerical control

数字控制或数据输入装置的操作模式,在这种模式下,输入的数据根据被执行的功能进行编译。

3.3.1

数字控制的手动模式 manual mode of numerical control

机床数字控制的非自动模式,在这种模式中,操作者无需使用预编程的数据进行操作(例如,通过按钮或控制手柄来控制操作)。

3.3.2

手动数据输入模式　manual data input mode

在数控装置上手动输入程序数据。

3.3.3

单程序段模式　single block mode

数字控制模式，在此模式下，操作者每次仅能执行一个控制数据程序段。

3.3.4

自动模式　automatic mode

数字控制模式，在此模式下，机床根据程序一直工作到程序结束或操作者停止为止。

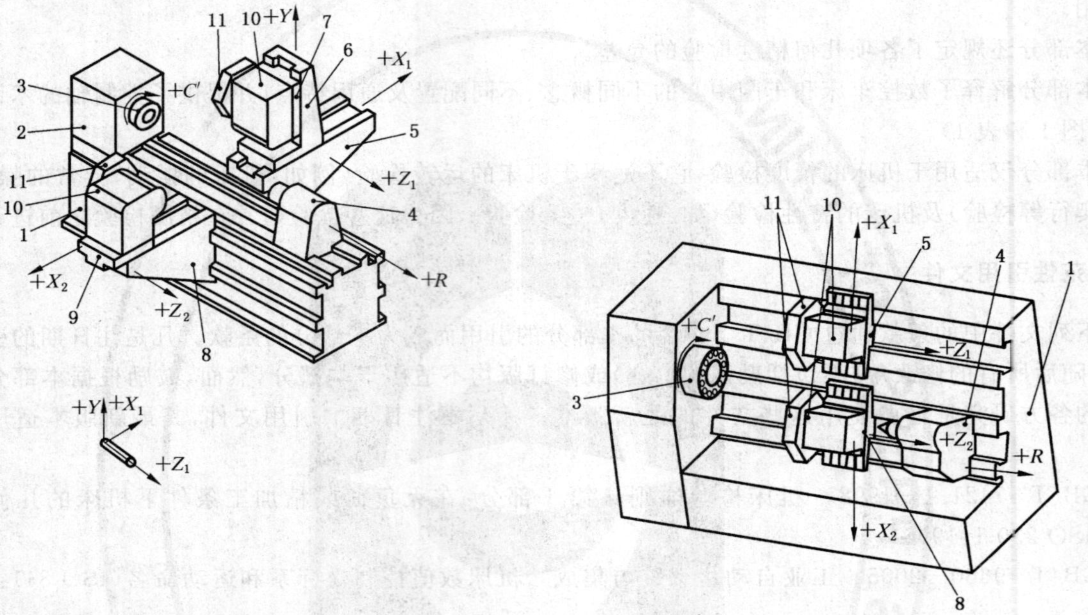

注：图中1～11的注释见表1。

图1　卧式车削中心示例

表1　术语

序号	中文	英文
1	床身	bed
2	主轴箱	workhead
3	主轴，C'轴	work spindle, C' axis
4	尾座，R轴	tail stock, R axis
5	第1床鞍，Z轴	carriage, Z axis
6	第1刀架滑板，X轴	turret slide 1, X axis
7	垂直滑板，Y轴	vertical slide, Y axis
8	第2床鞍，Z_2轴	carriage 2, Z_2 axis
9	第2刀架滑板，X_2轴	turret slide 2, X_2 axis
10	第1刀架和第2刀架	turret head 1 and 2
11	第1刀架刀盘和第2刀架刀盘	indexing turret 1 and 2

4 简要说明

4.1 测量单位

在本部分中，所有的线性尺寸、偏差和相应的允差都用毫米单位来表示，角度尺寸按度表示，而角度误差及相应的允差用比值表示，但是在有些场合，也可使用微弧或角秒来表示，其换算关系见下式：

$$0.010/1\,000 = 10\ \mu\text{rad} \approx 2''$$

4.2 参照 GB/T 17421.1—1998

使用本部分时应参照 GB/T 17421.1—1998，尤其是机床检验前的安装、主轴和其他运动部件的温升、检验方法和检验工具的推荐精度。

在“检验方法”一栏中，表述了该项检验所参照的 GB/T 17421.1—1998 的有关条款，以及所涉及的 GB/T 17421.1—1998 的有关规定。

4.3 机床的调平

在对机床进行检验之前，应当根据供货方（或制造厂）的推荐值对机床进行调平（参见 GB/T 17421.1—1998 中的 3.11）。

4.4 检验顺序

本部分中所列出的检验项目顺序，并不表示实际检验顺序，为了拆装检验工具和检验方便，可按任意顺序进行检验。

4.5 检验项目

检验机床时，根据结构特点并不是必须检验本部分中的所有项目。为了验收目的而要求检验时，经供货方（或制造厂）的同意，用户可以选择一些感兴趣的项目进行检验。但这些检验项必须在机床订货时明确提出。如果没有规定检验项目和相关费用的协议，仅仅参照本部分进行验收，对缔约双方都没有约束力。

4.6 简图

为方便起见，本部分中与几何精度检验有关的简图只用一种类型的机床为例。

4.7 刀架与刀具主轴

按 3.1 和 3.2 的定义，车削中心不仅配有固定的刀具，而且还配有动力驱动的旋转刀具，即刀架也应当有动力驱动机构。当使用的刀具数量超过刀架装刀能力时，可以在刀架上配置自动换刀装置或更换刀架。对于可自动装刀的动力驱动主轴，也需要配置一个自动换刀装置。

图 2 给出了刀架与刀具主轴的典型示例，具体布局如下：

a) 卧式刀架：刀具相对于刀架回转轴线径向安装，这种刀架既可以配置固定的刀具，也可配动力驱动刀具或两种组合配置；

b) 刀具径向安放的轮式刀架：刀具相对于刀架回转轴线径向安装，这种刀架可以只配置固定的刀具，也可以只配置动力驱动的刀具，或两种配置的组合；

c) 刀具轴向安放的轮式刀架：刀具相对于刀架回转轴向安装。也可以是 b）和 c）两种型式的组合；

d) 直排刀架；

e) 斜式刀架：刀具只能在 X 轴或 Z 轴方向上使用；

f) 带回转头的单刀具主轴：通过回转刀具头，刀具主轴可在 X 轴和 Z 轴方向上运动，但需要一个换刀装置和刀库；

g) 斜式双刀具主轴头：一个主轴配置固定刀具而第二个主轴配置动力驱动刀具，可在 Z 轴和 X 轴两个方向上加工，但需要一个换刀装置和刀库。

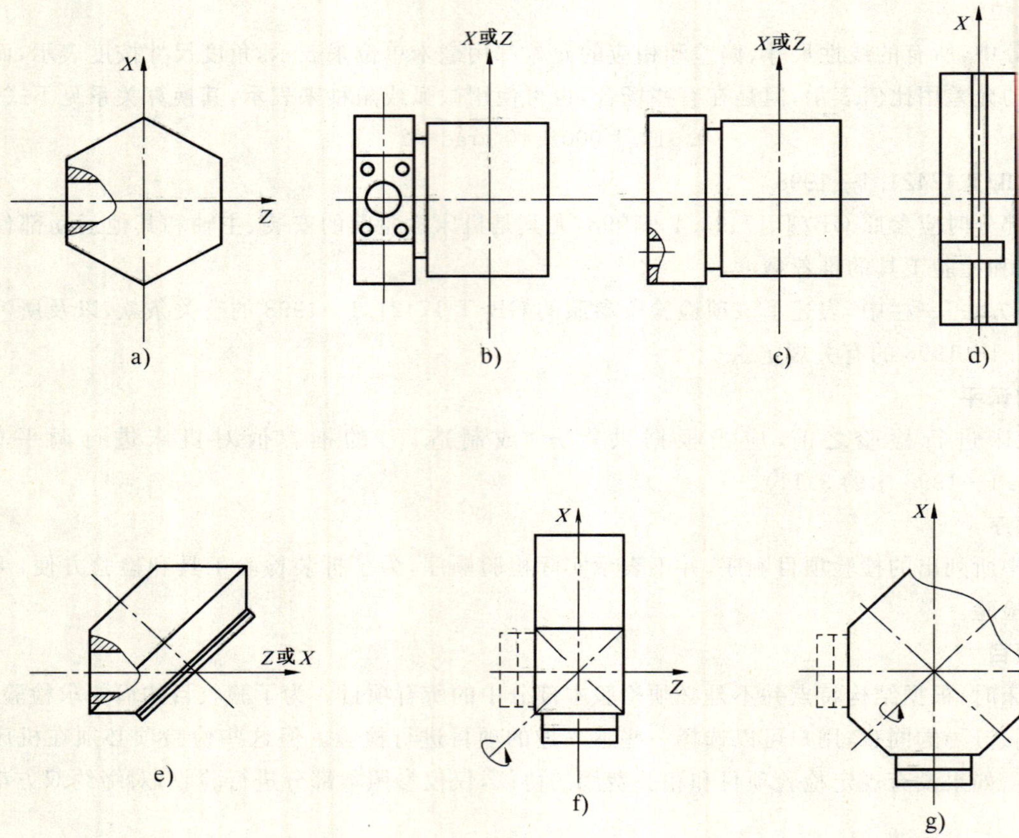

图 2　刀架与刀具主轴布局

4.8　机床的分类

4.8.1　总则

本部分中涉及的机床可分为两类基本配置，见表 2。

A 型——配置尾座机床；

B 型——不配置尾座机床。

A 型机床通常可进一步分为两种型式：

A1 型——配置一个刀架；

A2 型——配置两个刀架。

B 型机床通常可进一步分为四种型式：

B1 型——配置一个主轴箱；

B2 型——配置二个相对的主轴箱；

B3 型——配置二个平行的主轴箱；

B4 型——配置二个同轴旋转的主轴箱。

表 2　机床配置示例

A 型(配置尾座)

1. 配置一个刀架

刀架型式:除 d)型以外的所有型式

配置 a)型刀架

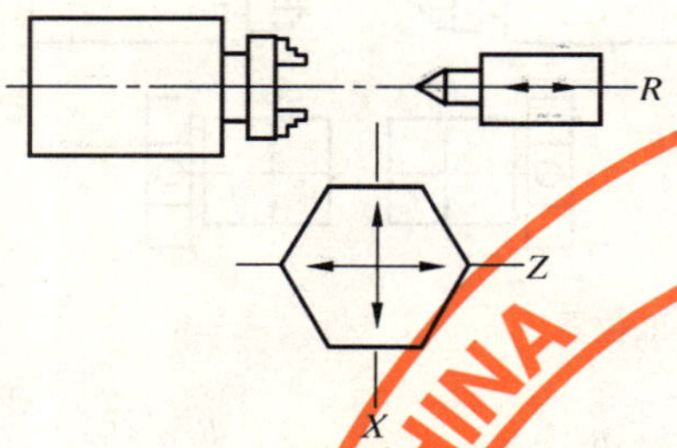

配置 b)型刀架

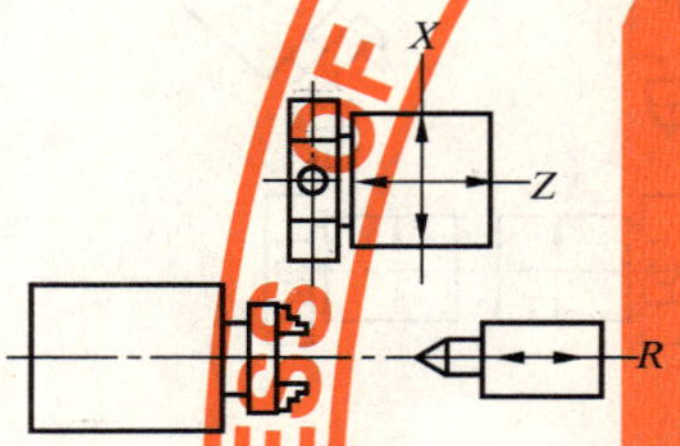

2. 配置二个刀架

刀架型式:除 d)型以外的所有型式

注:二个刀架型式可以不同。

配置二个 b)型刀架

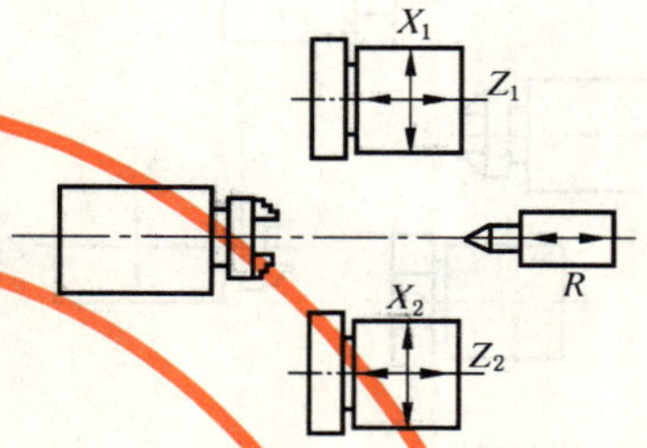

配置 b)型和 f)型刀架

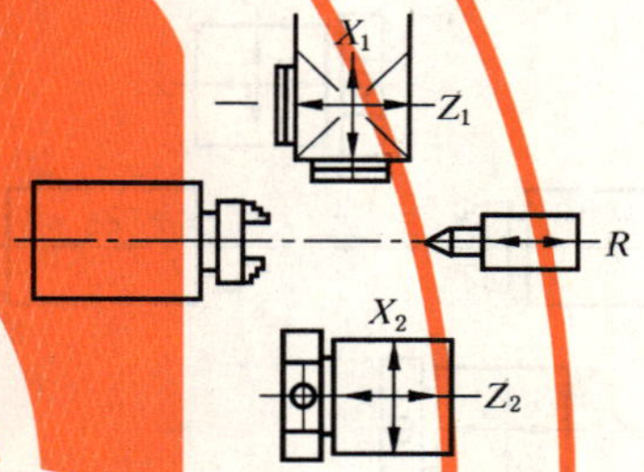

B 型(不配置尾座)

1. 配置 1 个主轴箱

刀架型式:a)、b)、c)、f)或 g)

轴线运动	1	2	3	4
刀架	Z 或 X	Z	X	—
主轴箱	—	X	Z	X 或 Z

选项:Y 轴刀架运动(车削中心)

B' 轴旋转主轴箱

配置 a)型刀架

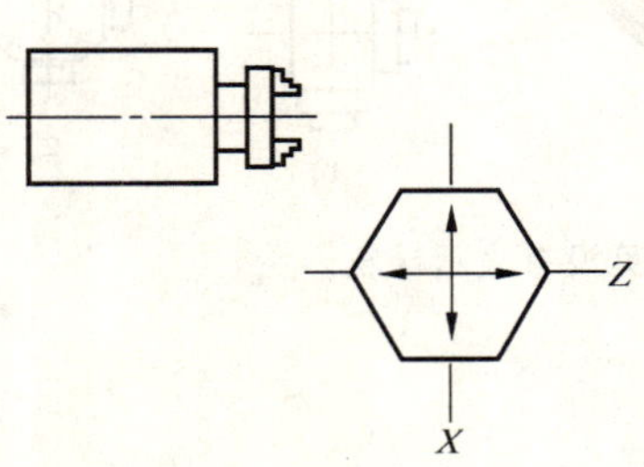

配置 b)型刀架

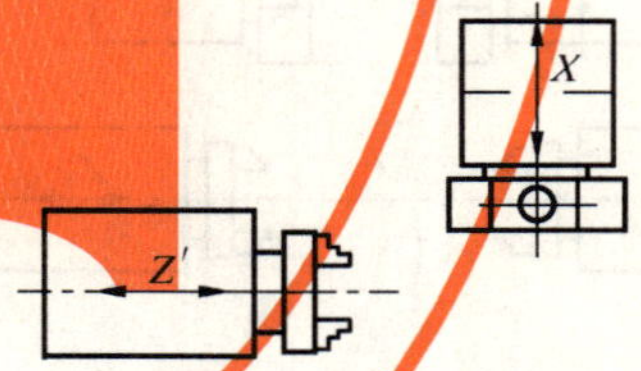

配置 d)型刀架

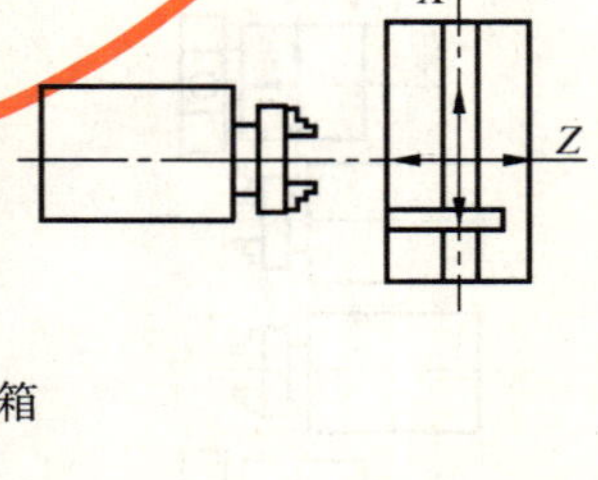

配置 B' 轴主轴箱

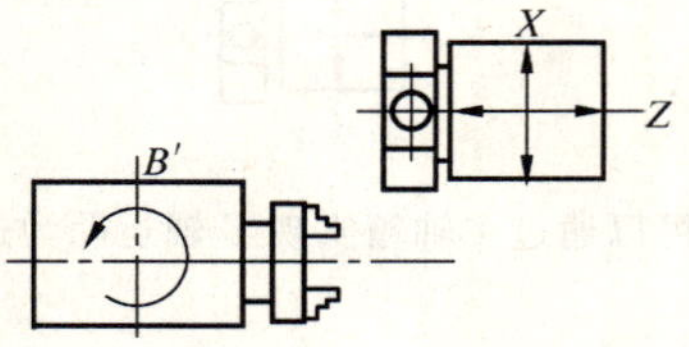

表 2(续)

<table>
<tr><td colspan="2">B 型(不配置尾座)</td></tr>
<tr><td>2. 配置两个相对主轴箱</td><td>4. 配置同轴旋转主轴箱</td></tr>
<tr><td rowspan="3">任意型转塔刀架
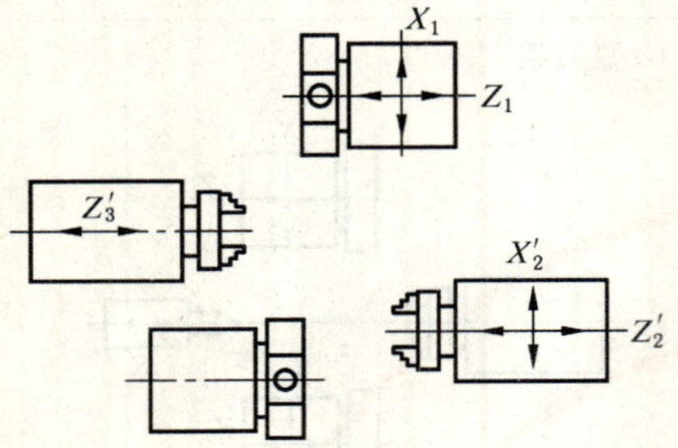
两主轴箱成一直线排列
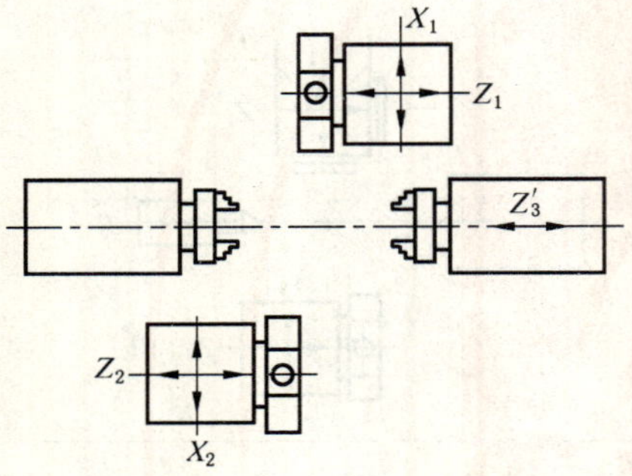
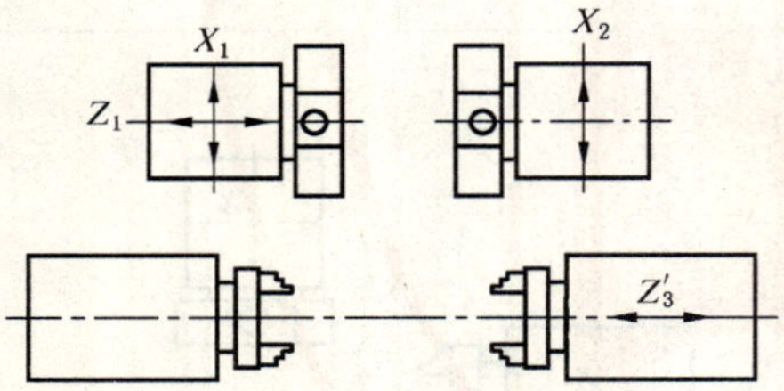</td><td>主轴箱在正常操作位置
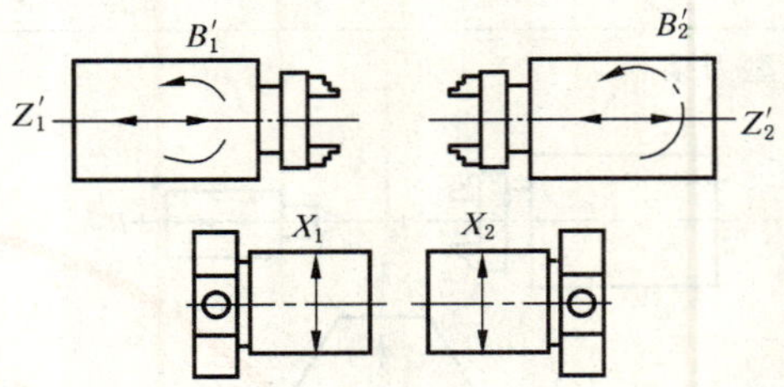
主轴箱在加工位置
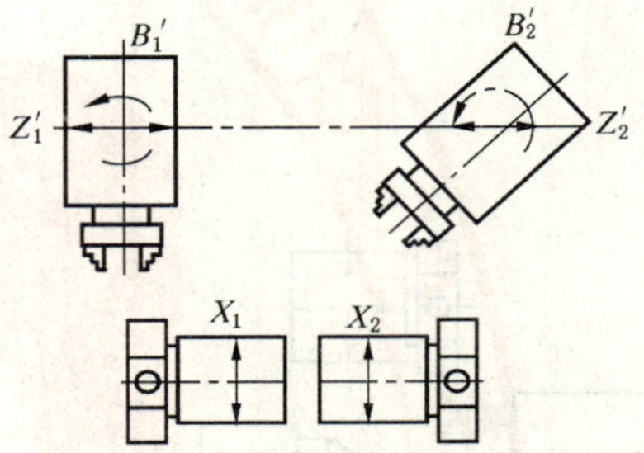</td></tr>
<tr><td>部件使用的符号</td></tr>
<tr><td rowspan="3">主轴箱 尾座
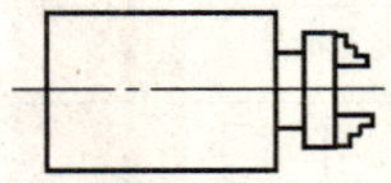 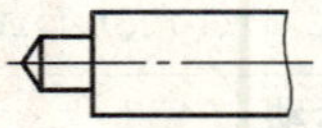
刀架型式
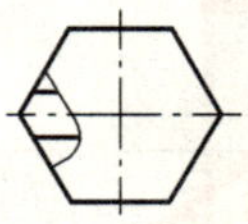 a) 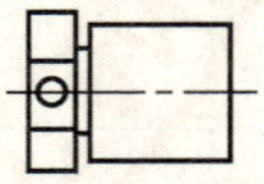 b) 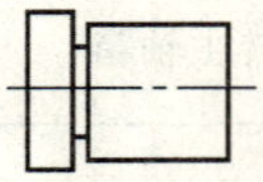 c) 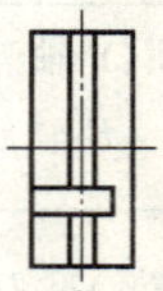 d)
 e) 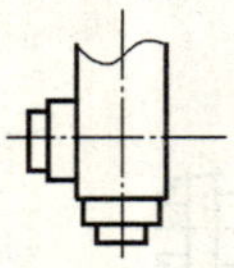 f) 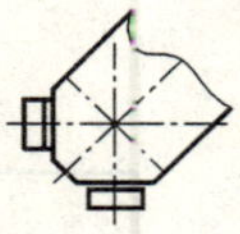 g)
注：为简单起见没有表示导轨。</td></tr>
<tr><td>3. 配置两个平行的主轴箱</td></tr>
<tr><td>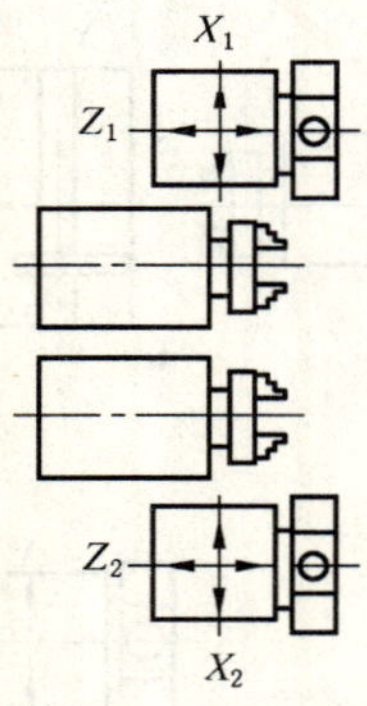
轴线的运动可以通过主轴箱实现 Y 轴运动为选项</td></tr>
</table>

4.8.2 **直线运动**

为简便起见，图中和表中所列举的机床轴线都是按 GB/T 19660—2005 的规定使用字母和数字命名的(如 X_1、X_2……)。在所有示例中字母可以用 U、V 或 R 替换。

4.9 **软件补偿**

如果内置的软件手段能有效地补偿几何精度、位置精度、轮廓精度和热效应的偏差，那么这些功能应根据用户和供货方(或制造厂)之间的协议的来使用。在使用软件补偿时，应在检验结果中予以说明。

4.10 **最小允差**

当实测长度与本部分规定的长度不同时，允差按实测长度折算(见 GB/T 17421.1—1998 中的 2.3.11)，允差最小折算值为 0.005 mm。

4.11 **机床的尺寸范围**

机床按主参数分为三个尺寸范围(见表 3)。

表 3 机床的尺寸范围

单位为毫米

主参数	范围 1	范围 2	范围 3
床身上最大回转直径	$D \leqslant 250$	$250 < D \leqslant 500$	$500 < D \leqslant 1\,000$
公称棒料直径	$d' \leqslant 25$	$25 < d' \leqslant 63$	$d' > 63$
公称卡盘直径	$d \leqslant 125$	$125 < d \leqslant 250$	$d > 250$

注 1：主参数的选择由制造厂确定。

注 2：公称卡盘直径定义见 JB/T 3860.1—1998 规定。

5 几何精度

5.1 主轴箱主轴

G1

检验项目

主轴端部：

a) 定心轴径的颈向跳动；

b) 周期性轴向窜动；

c) 主轴端面跳动。

简图

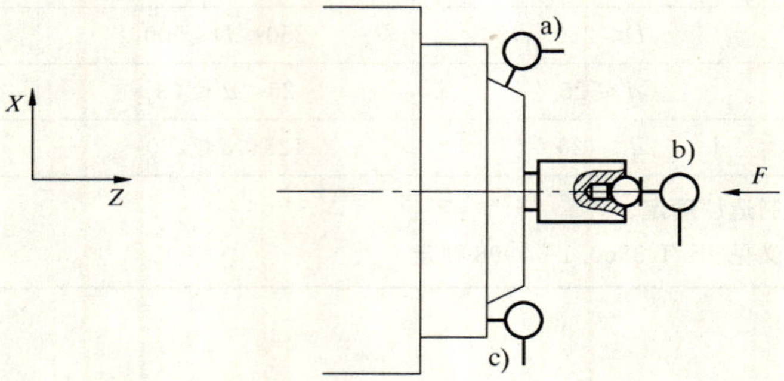

允差

	范围 1	范围 2	范围 3
a)	0.005，	0.008，	0.012；
b)	0.005，	0.005，	0.005；
c)	0.008，	0.010，	0.015。

检验工具

指示器、带钢球检验棒。

检验方法［参照 GB/T 17421.1—1998 的 a) 5.6.1.2.2；b) 5.6.2.2.1，5.6.2.2.2；c) 5.6.3.2］

轴向力 F 的大小由供货商（或制造厂）规定，如果使用预加载荷轴承，则不必对主轴施加力。

a) 当表面为圆锥面时，指示器的测头应垂直于圆锥表面。

b)和 c) 每个主轴箱主轴均应检验并应在最大直径上检测。

G2

检验项目

主轴孔的径向跳动

1) 测头直接触及：

a) 前锥孔面；

b) 后定位面。

2) 使用检验棒检验：

a) 靠近主轴端面；

b) 距主轴端面 300 mm 处。

简图

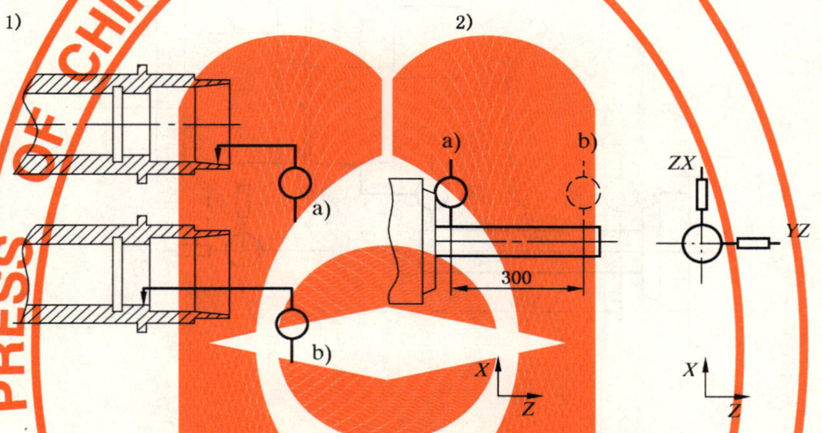

允差

1) a)和 b) 0.008；

2) 在 300 测量长度上或全行程上(全行程≤300 时)：

	范围 1	范围 2	范围 3
a)	0.010，	0.015，	0.020；
b)	0.015，	0.020，	0.025。

检验工具

指示器和检验棒。

检验方法(参照 GB/T 17421.1—1998 的 5.6.1.2.3)

对于 2)项检验应在 *ZX* 和 *YZ* 平面内进行。检验时将主轴缓慢旋转，在每个检验位置至少转动两转进行检验。

拔出检验棒，使其相对主轴旋转 90°重新插入，至少重复检验 4 次，偏差以测量结果的平均值计。

测量时，应减少切向力对测头的影响。

每个主轴箱主轴均应检验。

5.2 主轴箱主轴与线性运动轴的关系

G3

检验项目

Z 轴运动(床鞍运动)对主轴轴线的平行度：

a) 在 ZX 平面内；

b) 在 YZ 平面内。

简图

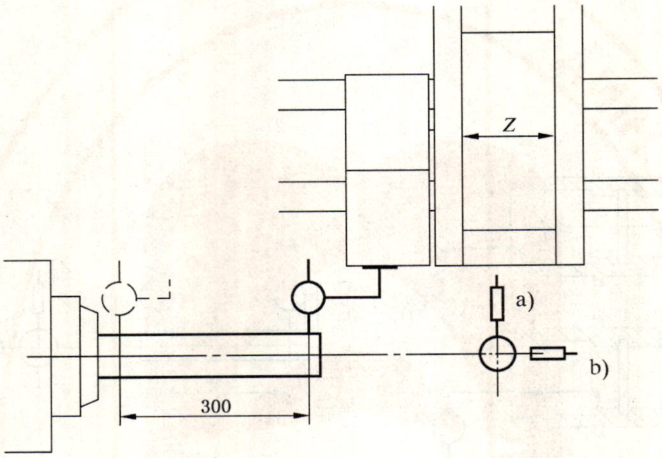

允差

在 300 测量长度上或全行程上(全行程≤300 时)：

	范围 1	范围 2	范围 3
a)	0.010，	0.015，	0.020；
b)	0.015，	0.020，	0.025。

检验工具

指示器和检验棒。

检验方法(参照 GB/T 17421.1—1998 的 5.4.1.2.1;5.4.2.2.3)

旋转主轴至径向跳动的平均位置，然后在 Z 轴方向上移动床鞍检验，偏差以指示器读数的最大差计。

每个主轴均应检验。

G4

检验项目

主轴(C'轴)轴线对

a) X 轴线在 ZX 平面内运动的垂直度;

b) Y 轴线在 YZ 平面内运动的垂直度(当有 Y 轴时)。

简图

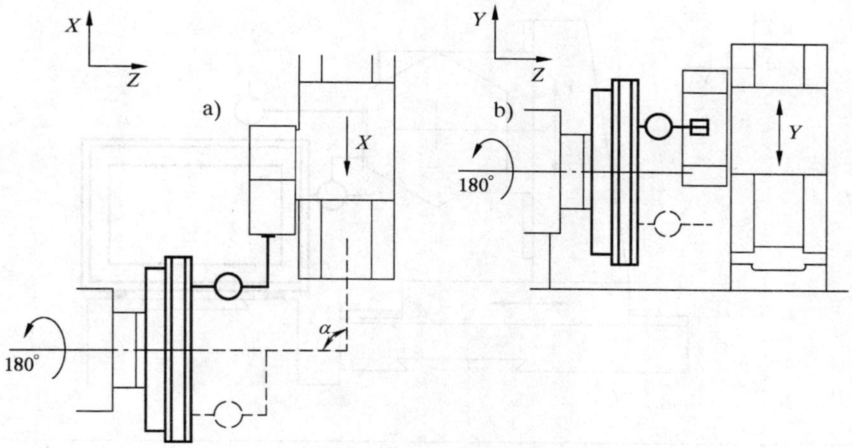

允差

在 300 测量长度上或全行程上(全行程≤300 时)($\alpha \geqslant 90°$):

	范围 1	范围 2	范围 3
a)	0.015,	0.015,	0.025;
b)	0.020,	0.020,	0.020。

检验工具

指示器、花盘及平尺。

检验方法(参照 GB/T 17421.1—1998 的 5.5.2.2.3)

将指示器固定在转塔刀架上,并靠近刀具位置。

将平尺固定在花盘上,花盘安装在主轴上。

旋转主轴,使平尺的端面与主轴(C'轴)旋转平面平行并近似与 $X(Y)$ 轴轴线平行。

应在 $X(Y)$ 轴线运动的若干位置上进行测量,然后将主轴回转 180°进行第二次测量。偏差以两次测量读数平均值的最大差值计。除非用户与供货方(或制造厂)之间有特殊协议,否则 a)项检验产生的平面只许凹。

每个主轴箱主轴均应检验。

G5

检验项目

Y 轴运动(刀架)对 X 轴运动(刀架滑板)的垂直度。

本项也适用于 X_1 轴线对 Y_2 轴线的垂直度检验。

简图

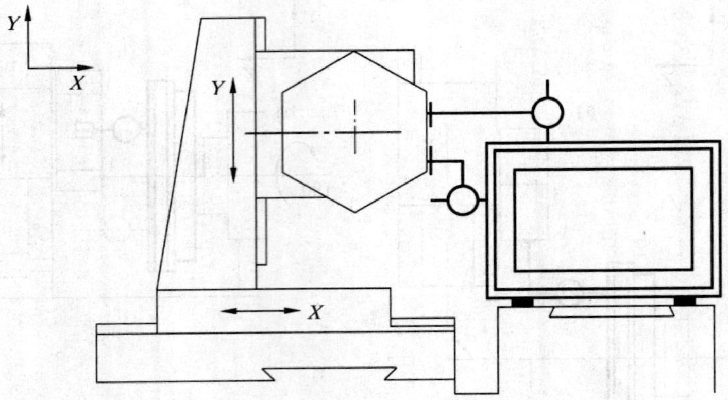

允差

在 300 测量范围上或全行程上(全行程≤300 时):

范围 1　　范围 2　　范围 3

0.020,　　0.020,　　0.030。

检验工具

指示器、直角尺。

检验方法(参照 GB/T 17421.1—1998 的 5.5.2.2.4)

放置直角尺,使其基准面与 X 轴线运动平行。

移动指示器,使其测头触及角尺的垂直面。

利用 Y 轴运动在垂直面内进行检验。

偏差以测量范围内最大读数差值计。

G6

检验项目

两主轴箱主轴的同轴度(仅用于相对布置的主轴)：

a) 在 *ZX* 平面内；

b) 在 *YZ* 平面内。

简图

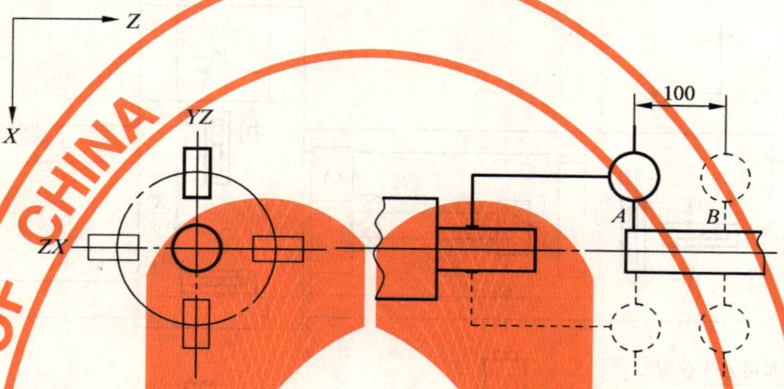

允差

在 100 测量范围内：

	范围 1	范围 2	范围 3
a)和 b)	0.010，	0.015，	0.015。

检验工具

指示器和检验棒。

检验方法(参照 GB/T 17421.1—1998 的 5.4.4.2)

将指示器固定在第一个主轴箱主轴上，检验棒插入第二个主轴箱主轴内。

a) 旋转第一个主轴，使指示器位于 *ZX* 平面内，并使指示器测头在距离第二主轴端部 100 mm 处(*A* 点位置)触及检验棒。旋转第二根主轴找出径向跳动的平均位置测取读数。然后将第一根主轴旋转 180°得到第二个读数，在 *B* 点位置重复上述测量。

b) 在 *YZ* 平面内重复进行上述检验过程。

在 *ZX* 和 *YZ* 两个平面内的 *A* 和 *B* 位置，同轴度偏差以 0°和 180°所测取的读数之间的差值的 1/2计。

5.3 线性轴运动的角度偏差

G7

检验项目

Z 轴运动(床鞍运动)的角度偏差:

a) 在 *YZ* 平面内(俯仰);

b) 在 *XY* 平面内(倾斜);

c) 在 *ZX* 平面内(偏摆)。

简图

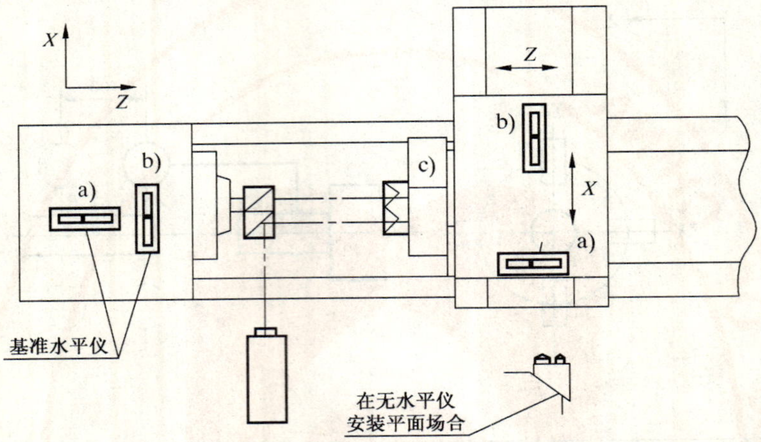

允差

a)、b)和 c)　　$Z \leqslant 500$，　0.040/1 000(或 8″);

$500 < Z \leqslant 1\ 000$，0.060/1 000(或 12″);

$1\ 000 < Z \leqslant 2\ 000$，0.080/1 000(或 16″)。

检验工具

a) 精密水平仪、自准直仪和反射器或激光仪器;

b) 精密水平仪;

c) 自准直仪和反射器或激光仪器。

检验方法(参照 GB/T 17421.1—1998 的 5.2.3.2.2.1;5.2.3.2.2.2;5.2.3.2.2.3)

对于倾斜床身,基准面和水平面有一个角度,当有可能水平放置水平仪时,可以使用一个专用桥板和精密水平仪进行 b)项检验,但建议不用精密水平仪进行 a)项检验,当使用自准直仪时,应调整自准直仪测微目镜使其与基准面垂直或平行。

应在往复两个运动方向上沿行程至少 5 个等距位置上进行检验。最大和最小读数之差即为角度偏差。

对于数控车床,俯仰和倾斜仪为次要偏差。

注:当使用精密水平仪检验时,精密水平仪每移动一个位置时,其读数都应与基准水平仪的读数进行比较,并记录差值。角度偏差以水平仪在 5 个位置读数(每个位置的读数是指精密水平仪与基准水平仪之间的差值)的最大与最小之差计。

G8

检验项目

*X*轴运动(刀架滑板运动)的角度偏差:

a) 在*XY*平面内(俯仰);

b) 在*YZ*平面内(倾斜);

c) 在*ZX*平面内(偏摆)。

简图

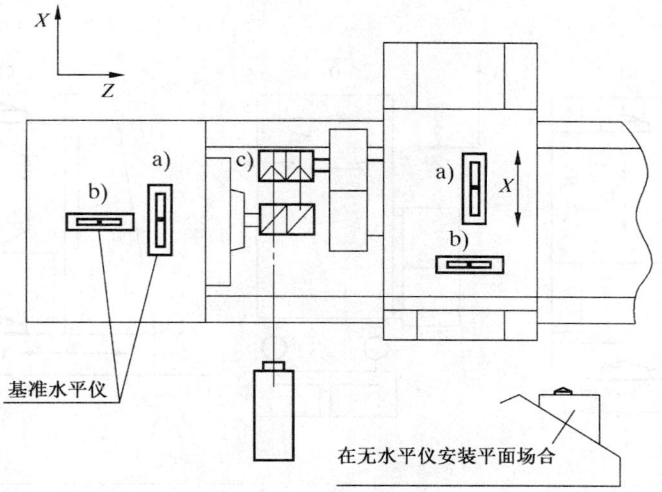

允差

a)、b)和c)　　$X \leqslant 500$, 0.040/1 000(或8″);

$500 < X \leqslant 1\,000$, 0.060/1 000(或12″);

$1\,000 < X \leqslant 2\,000$, 0.080/1 000(或16″)。

检验工具

a) 精密水平仪或自准直仪和反射器或激光仪器;

b) 平盘和指示器或精密水平仪;

c) 自准直仪和反射器或激光仪器。

检验方法(参照GB/T 17421.1—1998的5.2.3.2.2.1;5.2.3.2.2.2;5.2.3.2.2.3)

对于倾斜床身,基准面和水平面有一个角度,当有可能水平放置水平仪时,可以使用一个专用桥板和精密水平仪进行a)项检验。

当使用自准直仪时,应调整自准直仪测微目镜垂直于(用于"a)"项)或平行于(用于"c)"项)基准面。

应在往复两个运动方向上沿行程至少5个等距位置上进行检验。最大和最小读数之差即为角度偏差。

注:当使用精密水平仪检验时,精密水平仪每移动一个位置时,其读数都应与基准水平仪的读数进行比较,并记录差值。角度偏差以水平仪在5个位置读数(每个位置的读数是指精密水平仪与基准水平仪之间的差值)的最大与最小之差计。

G9

检验项目

Y 轴运动(刀架运动)的角度偏差:

a) 在 *YZ* 平面内(绕 *X* 轴偏摆);

b) 在 *ZX* 平面内(倾斜);

c) 在 *XY* 平面内(绕 *Z* 轴仰俯)。

简图

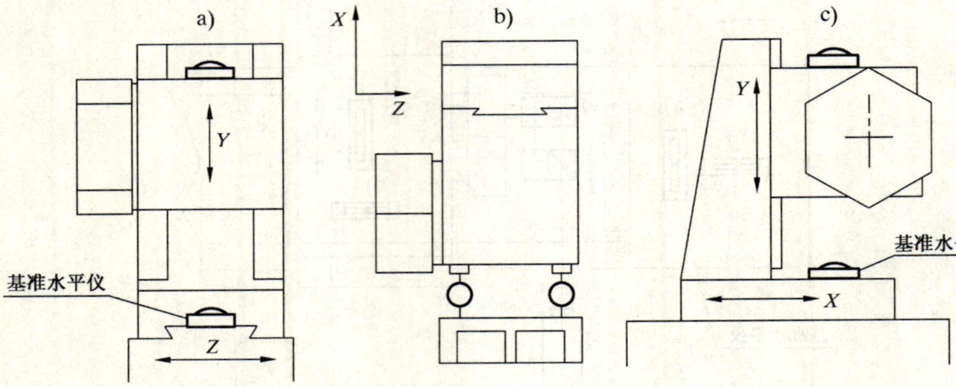

允差

a)、b)和 c) $Y \leqslant 500$,0.040/1 000(或 8″)。

检验工具

a) 精密水平仪或自准直仪和反射器或激光仪器;

b) 平盘和指示器;

c) 精密水平仪或自准直仪和反射器或激光仪器。

检验方法(参照 GB/T 17421.1—1998 的 5.2.3.2.2.1;5.2.3.2.2.2;5.2.3.2.2.3)

建议不在斜床身上用精密水平仪进行 a)和 c)检测。

当使用自准直仪时,应调整自准直仪测微目镜垂直于或平行于基准面。

应在往复两个运动方向上沿行程至少 5 个等距位置上进行检验。最大和最小读数之差即为角度偏差。

注:当使用精密水平仪检验时,精密水平仪每移动一个位置时,其读数都应与基准水平仪的读数进行比较,并记录差值。角度偏差以水平仪在 5 个位置读数(每个位置的读数是指精密水平仪与基准水平仪之间的差值)的最大与最小之差计。

5.4 尾座

G10

检验项目

尾座 R 轴运动对床鞍 Z 轴运动的平行度：

a） 在 ZX 平面内；

b） 在 YZ 平面内。

简图

允差

$Z \leqslant 1\ 000$， a） 0.020； b） 0.030。

$1\ 000 < Z \leqslant 2\ 000$， a） 0.030； b） 0.050。

检验工具

指示器。

检验方法（参照 GB/T 17421.1—1998 的 5.4.2.2.5）

将指示器固定在刀架上，使其测头触及尾座套筒，同时移动床鞍 Z 轴和尾座 R 轴并记录指示器的读数。

应在往复两个运动方向上沿行程至少 5 个等距位置上进行检验。最大与最小读数差即为平行度偏差。

如果机床采用手动操作尾座，在测量记录前应将尾座套筒锁紧，并确保在尾座套筒的相同点上测取读数。

当床鞍和尾座不能同时运动时，床鞍应先朝主轴箱方向运动到第一个测量位置，然后再移动尾座直到指示器触及测量位置为止。对于反方向检验，运动的顺序做相应的改变。

G11

检验项目

尾座套筒运动对床鞍 Z 轴运动的平行度：

a) 在 ZX 平面上；

b) 在 YZ 平面上。

简图

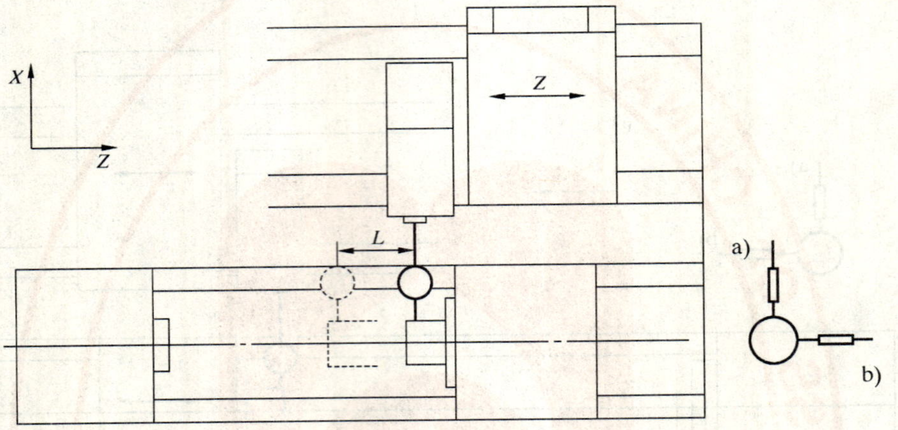

允差

在 L 长度上测量：

	$L=50$，	$L=100$，	$L=150$；
a)	0.010；	0.015；	0.020；
b)	0.015；	0.020；	0.025。

(尾座套筒伸出端向上)

检验工具

指示器。

检验方法(参照 GB/T 17421.1—1998 的 5.4.2.2.5)

尾座套筒处于退回状态下并锁紧，将指示器固定在刀架上并使其测头触及尾座套筒，记录读数。套筒全部伸出并重新锁紧，移动床鞍使指示器的测头触及先前测量位置上，记录指示器的读数。指示器的最大与最小读数差即为平行度偏差。

G12

检验项目

尾座套筒锥孔轴线对床鞍 Z 轴运动的平行度：

a） 在 ZX 平面内；

b） 在 YZ 平面内。

此项检验仅适用于手动移动套筒的尾座。

简图

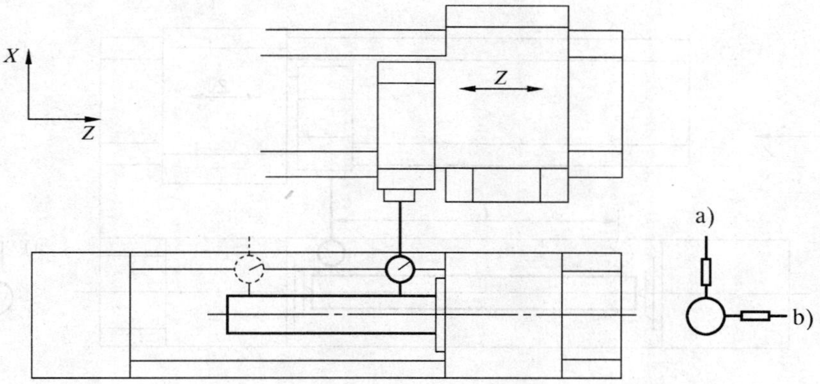

允差

在 300 测量范围上或全行程上（全行程≤300 时）：

	范围 1	范围 2	范围 3
a）和 b）	0.010，	0.020，	0.025。

检验工具

检验棒和指示器。

检验方法（参照 GB/T 17421.1—1998 的 5.4.2.2.3）

尾座套筒处于退回位置，检验棒插入套筒内，将指示器固定在刀架上，指示器测头触及靠近尾座端部位置的检验棒上，记录读数。

按测量长度移动床鞍，并记录读数。

检验棒旋转 180°，重复上述检验。

两次测量读数的代数和之半为平行度偏差。

G13

检验项目

Z 轴运动对车削轴线的平行度：

a） 在 ZX 平面内；

b） 在 YZ 平面内。

注：车削轴线即为两顶尖之间轴线。

简图

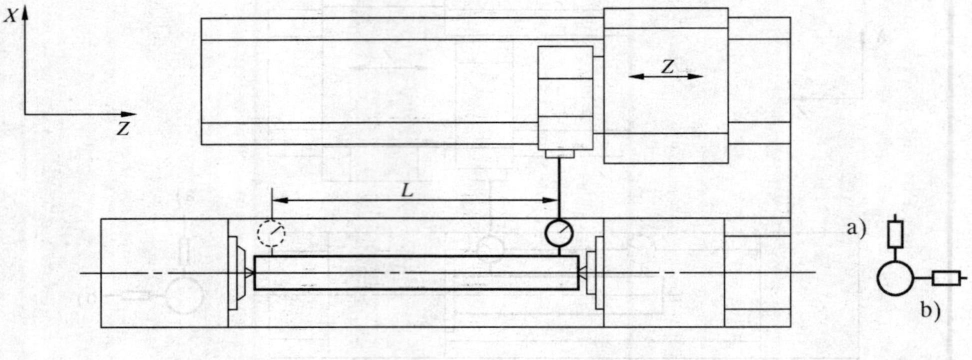

$L=75\%DC$，DC 为两顶尖之间的距离。

允差

	$DC\leqslant500$，	$500<DC\leqslant1\,000$
a）	0.010；	0.015。
b）	0.020；	0.030。

对于 Z_2 轴，每项允差增加 0.010。

检验工具

检验棒和指示器。

检验方法（参照 GB/T 17421.1—1998 的 5.4.2.2.3，A.4.2，A.4.3）

在刀架上固定指示器，使其测头分别在 ZX 和 YZ 平面内触及检验棒。

沿着在若干个位置上测量，最大读数差即为平行度偏差。

对于表 2 中 A 型机床，当 DC 大于 1 000 mm 时，在 1 000 mm 内检验。

5.5　刀架和刀具主轴

5.5.1　固定刀具刀架

G14

检验项目

刀架工具安装基面对主轴轴线的垂直度。

此项检验适用于工具安装基面与主轴轴线垂直的刀架。

简图

允差

0.020/100　(100为测量直径)。

检验工具

指示器。

检验方法(参照 GB/T 17421.1—1998 的 5.5.1.2.1;5.5.1.2.4)

每个工位均应检验。

G15

检验项目

刀架工具安装孔轴线对 Z 轴运动的平行度：

a） 在 ZX 平面内；

b） 在 YZ 平面内。

此项检验适用于工具安装孔轴线与 Z 轴运动轴线平行的刀架。

简图

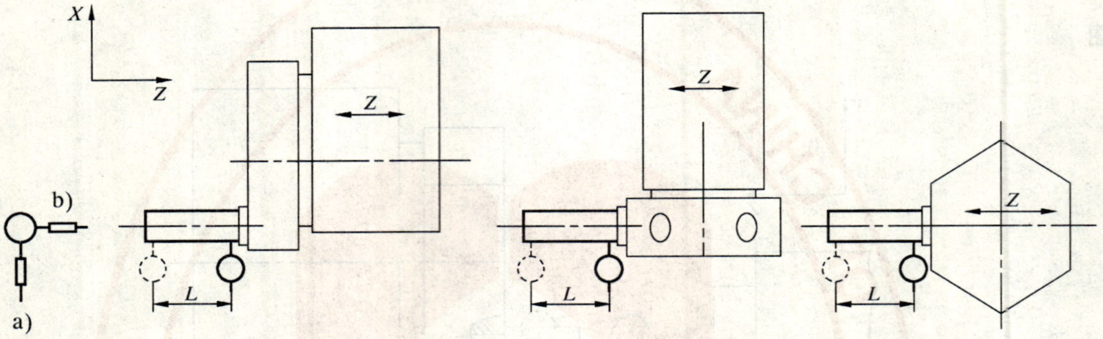

允差

a)和 b） $L=100$，0.030。

检验工具

检验棒和指示器。

检验方法（参照 GB/T 17421.1—1998 的 5.4.2.2.3）

将检验棒固定在刀架（或刀夹）工具安装孔内上，固定指示器使其测头分别在 ZX、YZ 平面内触及检验棒。

每个工位均应检验。

刀架应处在前部位置或尽可能地接近主轴。

如果工具定位方式需要法兰连接的，检验棒应重新设计。

G16

检验项目

刀架工具孔轴线对 $X(X_2)$ 轴运动的平行度：

a) 在 ZX 平面内；

b) 在 XY 平面内。

此项检验适用于工具安装孔轴线与主轴轴线垂直的刀架。

简图

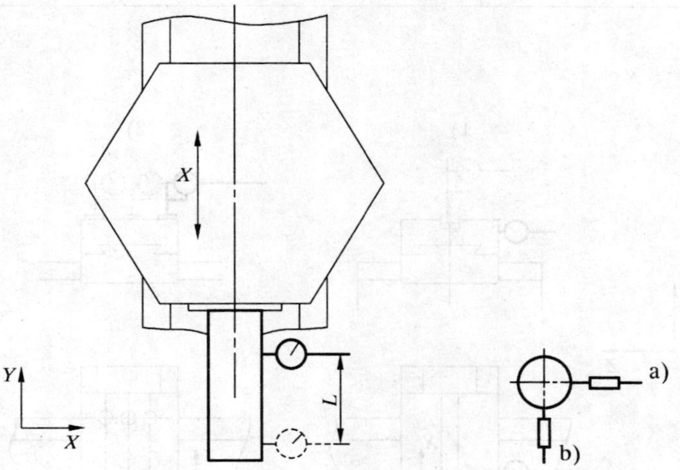

允差

a)和 b) $L=100$，0.030。

检验工具

检验棒和指示器。

检验方法(参照 GB/T 17421.1—1998 的 5.4.2.2.3；A4.2；A4.3)

将检验棒固定在刀架(或刀夹)工具安装孔内上，固定指示器使其测头分别在 ZX、YX 平面内触及检验棒。

每个工位均需检验。

刀架应处在前部位置或尽可能地接近主轴。

如果工具定位方式需要法兰连接的，检验棒应重新设计。

G17

检验项目

直排刀架

1） 横向滑板的基准槽或基准侧面对其 X 轴运动的平行度；

2） 横向滑板的工具安装面对

a） 床鞍 Z 轴运动的平行度；

b） 横滑板 X 轴运动的平行度。

此项检验仅适用于 d 型直排刀架。

简图

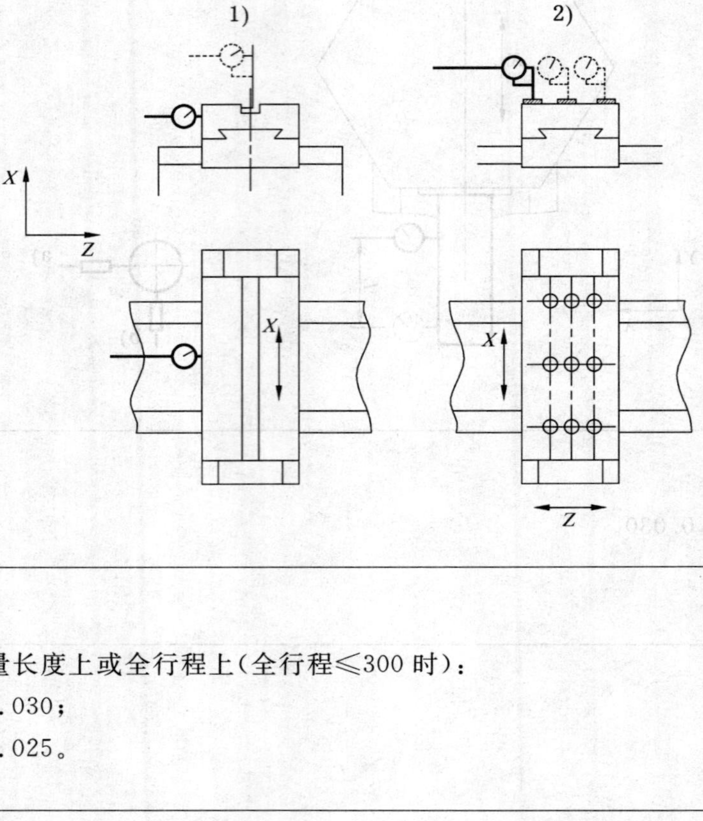

允差

在任意 300 测量长度上或全行程上（全行程≤300 时）：

1） 0.030；

2） a)和 b） 0.025。

检验工具

指示器/支架，滑块。

检验方法（参照 GB/T 17421.1—1998 的 5.4.2.2.2.1）

1） 沿测量长度在若干位置上进行检测，测取读数之间的最大差即为平行度误差。

2） 在 X 轴和 Z 轴两个方向上，放置 3×3 个滑块，滑块应跨过槽中心。测量位置应位于横滑板安装面的两端和中间。

5.5.2 **动力刀具的刀架和刀具主轴**

	G18

检验项目

刀具主轴的径向跳动和端面跳动

1) 内锥孔的径向跳动：

a) 靠近主轴端部；

b) 距主轴端部100处。

2) 圆柱孔：

a) 主轴端部的径向跳动；

b) 主轴端部的端面跳动。

简图

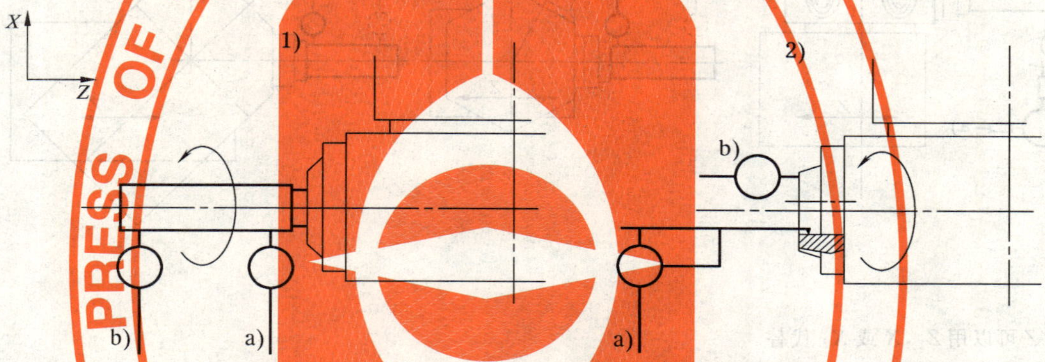

允差

		范围1	范围2	范围3
1)	a)	0.010；	0.015；	0.020。
	b)	0.015；	0.020；	0.025。
2)	a)和b)	0.010；	0.015；	0.020。

检验工具

检验棒，指示器/支架。

检验方法（参照GB/T 17421.1—1998的5.6.1.2.3，5.6.3.2）

在 ZX 和 YZ 面内检测。

应至少重复四次检验，每次都将检验棒相对主轴旋转90°重新插入，记录读数的平均值。

测量时，应减少切向力对测头的影响。

所有的主轴均应进行检验，并且在最大直径上测取读数。

2)中的b)项检验应在最大可能半径上进行检验。

G19

检验项目

刀具主轴轴线对 Z 轴运动的平行度：

a) 在 ZX 平面内；

b) 在 YZ 平面内。

此项检验适用于所有动力刀架主轴。

简图

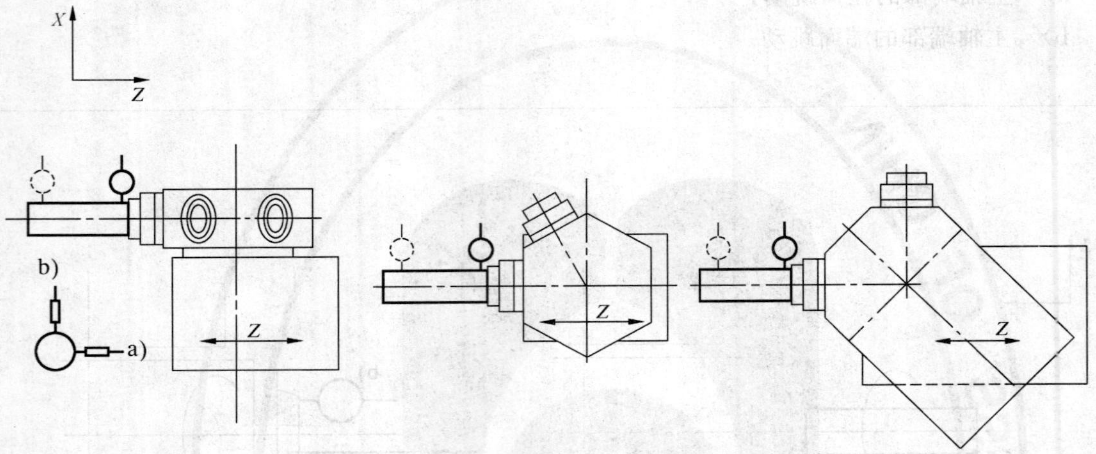

注：Z 可以用 Z_2，X 或 X_2 代替。

允差

a)和 b) 在 100 测量长度上为 0.020。

检验工具

检验棒和指示器。

检验方法(参照 GB/T 17421.1—1998 的 5.4.1.2.1,5.4.2.2.3)

旋转刀具主轴使其处于径向跳动的平均位置，然后在 Z 轴方向移动刀架。测取读数的最大差值。

或

沿检验棒测取读数，将主轴旋转 180°重复上述检验。偏差为两次测量读数的代数和之半计。

每个刀具主轴均应检验。

G20

检验项目

刀具主轴轴线对 X 轴运动的平行度

a） 在 XY 平面内；

b） 在 ZX 平面内。

此项检验适用所有动力刀架主轴。

简图

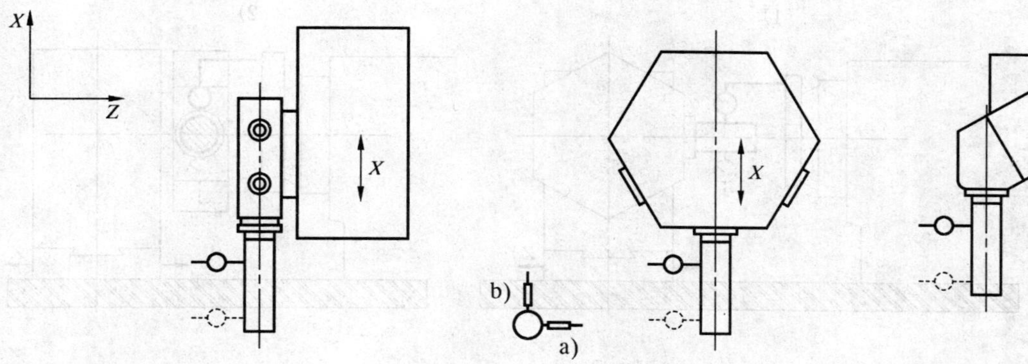

注：X 可以用 X_2 代替。

允差

在 100 测量长度上为 0.020。

检验工具

检验棒，指示器/支架。

检验方法（参照 GB/T 17421.1—1998 的 5.4.1.2.1，5.4.2.2.3）

a） 旋转刀具主轴使其处于径向跳动的平均位置，然后在 X 轴方向移动刀架。测取读数的最大差值。

或

沿检验棒测取读数，将主轴旋转 180°重复上述检验。偏差为两次测量读数的代数和之半计。

每个刀具主轴均应检验。

b） 在 ZX 面内重复上述检验。

G21

检验项目

工件主轴轴线与刀具主轴轴线在 Y 方向的位置差：

a) 两个主轴相互平行；

b) 两个主轴相互垂直。

简图

1)

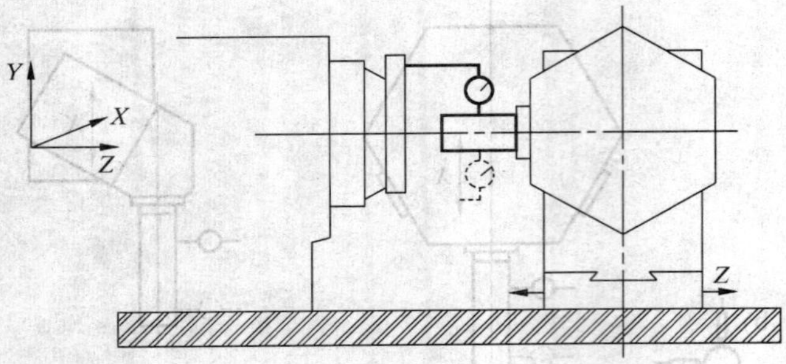

2)

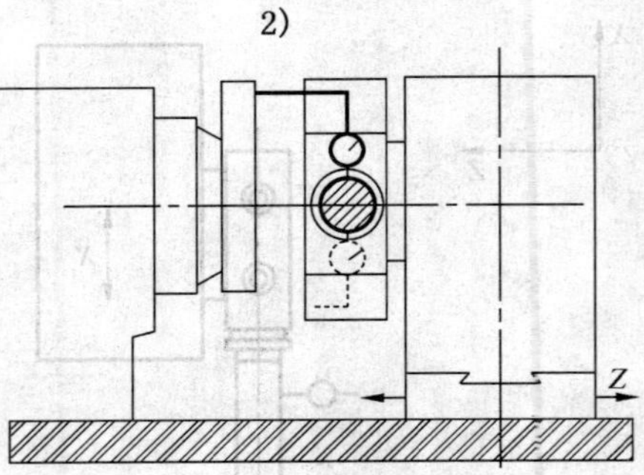

允差

	范围 1	范围 2 和范围 3
a)和 b)：	0.030	0.040

检验工具

检验棒、指示器/支架。

检验方法(参照 GB/T 17421.1—1998 的 a) 5.4.4.2；b) 5.4.3.2)

将指示器固定在工件主轴上，检验棒插入刀具主轴孔内。

a) 定位刀具主轴位置，使其在 YZ 平面与工件主轴成一直线。指示器的测头在尽可能靠近刀具主轴端部处触及检验棒。

旋转工件主轴，在 YZ 平面内位于 0°和 180°两个位置测取读数。

b) 固定指示器位置，使其在 YZ 平面内触及检验棒，沿 Z 方向移动刀架并在检验棒最高点记录读数，记录 Z 位置。移开床鞍使指示器清零。将工件主轴旋转 180°，然后使床鞍在 Z 位置重新定位，重复移动溜板，以便找到最低点，并记录最低点的数值。

位置差为 0°和 180°测量读数差值之半。

每个工位均应检验。

5.5.3 刀架转位的定位精度和重复定位精度

G22

检验项目

刀架转位的重复定位精度：

a) 在 *YZ* 平面内；

b) 在 *ZX* 平面内。

简图

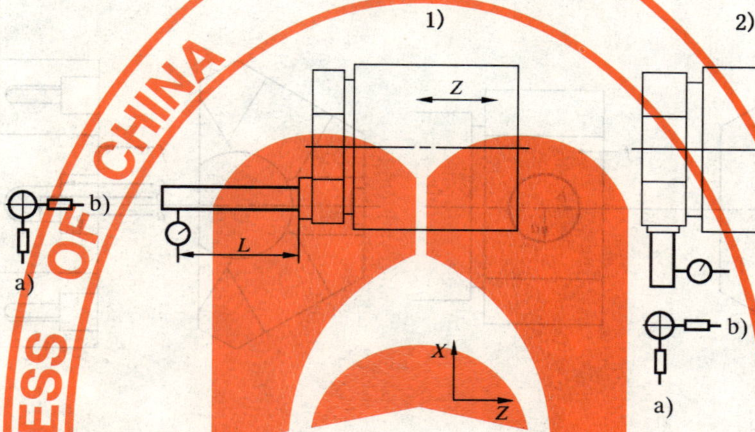

允差

	范围 1	范围 2	范围 3
	L＝50	*L*＝100	*L*＝100
a)和 b)	0.005	0.010	0.015

检验工具

检验棒和指示器。

检验方法(参照 GB/T 17421.1—1998 的 6.4.2)

刀架位于行程的中间位置。在距刀架端面或刀具安装面 *L* 处，固定指示器使其测头在 0°和 90°触及检验棒，记录刀架轴线位置和指示器的读数。

沿与检验棒轴线平行方向移开刀架指示器读数清零，将刀架转位 360°，在自动循环状下，将刀架移动到所记录的位置，重新记录指示器的读数。

重复 3 次检验，每次开始检验时都应将指示器读数复零。偏差以 3 次测量结果中的最大差值计。

应至少在刀架三个不同工位上进行检验，每次检验指示器读数都应复零。

G23

检验项目

刀架转位的定位精度。

简图

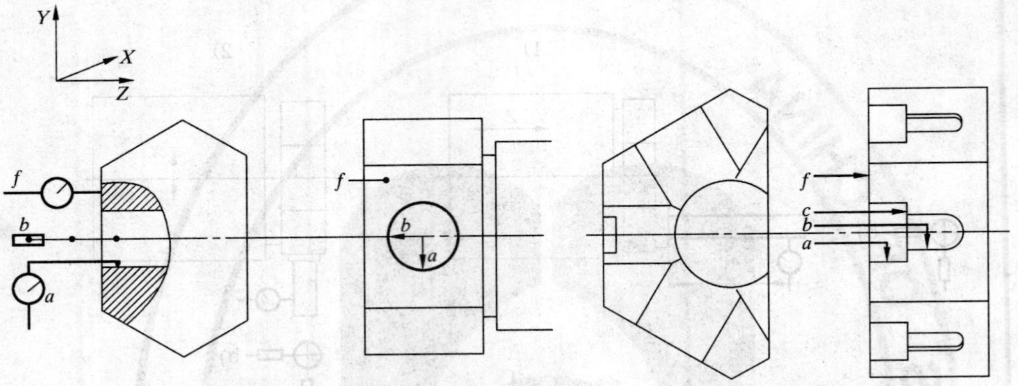

允差

范围 1　0.030；

范围 2 和范围 3　0.040。

检验工具

指示器。

检验方法（参照 GB/T 17421.1—1998 的 6.4）

将指示器测头分别触及刀架工具孔或槽（a、b、c 位置）上，记录刀架轴线位置并记录指示器的读数。移开刀架，指示器读数复零，将刀架转到下一工位，刀架轴线重新复位，记录指示器读数。

如果使用刀架工具安装基面，那么指示器测头还应触及 f 面进行检验。

每个工位重复 3 次检验，所有指示器读数的最大差值即为刀架转位的定位精度。

刀架转位的重复定位精度可能影响测量读数。

5.6 回转主轴箱或回转刀架

G24

检验项目

a） 工件主轴轴线（B 轴）的回转平面对 ZX 平面的平行度；

b） 刀架轴线（B 轴）的回转平面对 ZX 平面的平行度。

简图

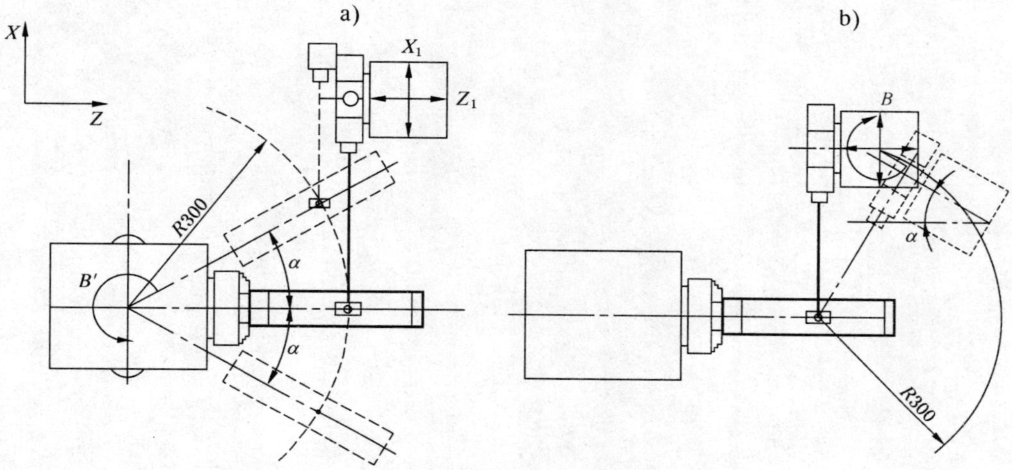

允差

在 300 半径的转角内：±30°，0.010；

±60°，0.020。

检验工具

检验棒和指示器。

检验方法（参照 GB/T 17421.1—1998 的 5.4.3.2）

将检验棒插入平行于 ZX 平面的主轴内。

指示器测头在距离 B' 轴回转轴线大约 300 mm 处触及检验棒，然后转塔头转＋30°，在同一位置测头重新触及检验棒。转塔头转－30°，在相同检验位置上测量检验棒的高度。

至少重复进行 3 次检验，最大读数差即为平行度偏差。

参 考 文 献

[1] GB/T 4020—1997　卧式车床　精度检验
[2] GB/T 8129—1997　工业自动化系统　机床数值控制　词汇
[3] ISO 6155:1998　机床　卧式转塔车床和单轴自动车床检验条件　精度检验

ICS 25.040.20
J 53

GB

中华人民共和国国家标准

GB/T 16462.4—2007
部分代替 GB/T 16462—1996

数控车床和车削中心检验条件 第4部分:线性和回转轴线的定位精度及重复定位精度检验

Test conditions for numerically controlled turning machines and turning centres—Part 4:Accuracy and repeatability of positioning of linear and rotary axes

(ISO 13041-4:2004,MOD)

2007-07-17 发布 2007-12-01 实施

中华人民共和国国家质量监督检验检疫总局
中国国家标准化管理委员会 发布

前　言

GB/T 16462《数控车床和车削中心检验条件》分为 8 个部分：

——第 1 部分：卧式机床几何精度检验；

——第 2 部分：立式机床几何精度检验；

——第 3 部分：倒置立式机床几何精度检验；

——第 4 部分：线性和回转轴线的定位精度及重复定位精度检验；

——第 5 部分：进给、速度和插补精度检验；

——第 6 部分：精加工试件精度检验；

——第 7 部分：在坐标平面内轮廓特性的评定；

——第 8 部分：热变形的评定。

本部分为 GB/T 16462 的第 4 部分。本部分修改采用 ISO 13041-4:2004《数控车床和车削中心检验条件　第 4 部分：线性和回转轴线的定位精度及重复定位精度检验》(英文版)。

本部分与 ISO 13041-4:2004 相比，主要技术差异为：

——增加了线性轴线行程大于 2 000 mm 的机床位置精度检验方法及位置精度允差值。

为了方便使用，本标准作了如下编辑性修改：

——“本标准一词”改为“本部分”；

——第 4 章标题“备注”改为简要说明；

——用小数点‘.’代替作为小数点的逗号‘,’；

——对 ISO 13041-4:2004 中引用的其他国际标准，用已被采用为我国的国家标准代替对应的国际标准；

——删除了国际标准 ISO 13041-4:2004 的前言和引言。

本部分代替 GB/T 16462—1996《数控卧式车床　精度检验》中位置精度检验项目。

本部分由中国机械工业联合会提出。

本部分由全国金属切削机床标准化技术委员会(SAC/TC 22)归口。

本部分起草单位：沈阳数控机床有限责任公司。

本部分主要起草人：朱佥竞、刘素芬。

本部分所代替标准的历次版本发布情况为：

——GB/T 16462—1996“位置精度检验”部分。

数控车床和车削中心检验条件
第4部分:线性和回转轴线的定位精度及
重复定位精度检验

1 范围

GB/T 16462的本部分规定了普通精度等级的数控车床和车削中心的线性和回转轴线的位置精度检验及位置精度允差值。

本部分适用于数控车床和车削中心的线性轴线(行程至2 000 mm)和回转轴线(行程至360°)的位置精度检验。线性轴线大于2 000 mm的数控车床和车削中心也可按本部分规定的检验方法和规定的位置精度允差值参照使用。

本部分参考了GB/T 17421.2—2000,因此,在GB/T 17421.2—2000中已经描述的环境条件、机床温升及测量方法在本部分不再重复。

2 规范性引用文件

下列文件中的条款通过GB/T 16462的本部分的引用而成为本部分的条款。凡是注日期的引用文件,其随后所有的修改单(不包括勘误的内容)或修订版均不适用与本部分。然而,鼓励根据本部分达成协议的各方研究是否可使用这些文件的最新版本。凡是不注日期的引用文件,其最新版本适用于本部分。

GB/T 17421.1—1998 机床检验通则 第1部分:在无负荷或精加工条件下机床的几何精度(eqv ISO 230-1:1996)

GB/T 17421.2—2000 机床检验通则 第2部分:数控轴线的定位精度和重复定位精度的确定(eqv ISO 230-2:1997)

GB/T 16462.1—2007 数控车床和车削中心检验条件 第1部分:卧式机床几何精度检验(ISO 13041-1:2004,MOD)

3 术语和定义

GB/T 16462.1—2007中的术语和定义适用于本部分。

4 简要说明

4.1 测量单位

在本部分中,所有的线性尺寸、偏差和相应的允差都用毫米单位来表示,角度尺寸按度表示,而角度误差及相应的允差用比值表示,但是在有些场合,也可使用微弧或弧秒来表示,其换算关系见下式:

$$0.010/1\ 000 = 10\ \mu rad \approx 2''$$

4.2 参照GB/T 17421.2—2000

应用本部分时,应参照GB/T 17421.2—2000,尤其是机床检验前的安装、主轴和其他运动部件的升温、测量方法的描述及检验结果的评定和表示。

4.3 检验顺序

本部分所列出的检验顺序,并不表示实际检验顺序,为了便于检验工具的安装,可按任意顺序进行检验。

4.4 检验项目

检验机床时,并不是必须检验本部分中所列的所有项目。当为了验收机床而要求检验时,经供货方(或制造厂)的同意,用户可以选择与机床零件和(或)性能有关的那些检验项来进行检验。但这些检验项必须在机床订货时明确提出。如果仅仅参考本部分进行验收而没有规定被检项目,并且没有相关费用的协议,则不能认为本部分对缔约双方具有约束力。

4.5 非检验的线性轴位置

检验时,非检验的线性轴应尽量处于工作行程的中间位置或处于对测量影响最小的位置。滑动轴等作为辅助轴时,应处于退回位置。

5 线性轴的位置精度

5.1 允差

表1给出了最大行程至2 000 mm的数控车床和车削中心的位置精度允差(按GB/T 17421.2—2000第2章定义)。

当基本线性轴线行程超过2 000 mm时,除应按GB/T 17421.2—2000中4.3.3的规定,对测量轴线的每个方向的目标位置进行一次单向趋近在全长上进行检验,其允差见表1,还宜按GB/T 17421.2—2000中4.3.2的规定进行2 000 mm正常工作范围内的检验,其允差按表1的规定。

另外,应按GB/T 17421.2—2000中规定提供测量结果的图形。

5.2 检验仪器

激光干涉仪或其他具有等同精度的仪器(见GB/T 17421.1—1998中的5.1)。

5.3 检验方法(参照GB/T 17421.1—1998和GB/T 17421.2—2000)

当使用激光干涉仪时,应按照GB/T 17421.1—1998中A13采取一些适当的措施。

检验时,应按照GB/T 17421.2—2000中4.3.2规定的步骤进行,尤其是行程至2 000 mm的线性轴线检验。

表1 线性轴的位置精度允差

单位为毫米

轴线行程至2 000 mm				
检验项目	测量行程			
	≤500	>500 ≤800	>800 ≤1 250	>1 250 ≤2 000
	允差			
双向定位精度 A	0.022	0.025	0.032	0.042
单向重复定位精度 $R\uparrow R\downarrow$	0.006	0.008	0.010	0.013
反向差值 B	0.010	0.010	0.012	0.012
单向系统定位偏差 $E\uparrow E\downarrow$	0.010	0.012	0.015	0.018
轴线行程超过2 000 mm				
检验项目	允差			
反向偏差 B	0.012+(测量长度每增加1 000,允差增加0.003)			
单向系统定位偏差 $E\uparrow E\downarrow$	0.018+(测量长度每增加1 000,允差增加0.004)			

5.4 计算偏差

表2给出了一种对检验数据进行统计分析得出结果的表达示例,此外还应按照GB/T 17421.2—2000提供图形表示结果。

表 2 行程至 2 000 mm 的线性轴的测量结果的表示方法

单位为毫米

结 果	轴线名称	轴线行程	偏差
双向定位精度 A			
重复定位精度(正方向)R↑			
重复定位精度(负方向)R↓			
反向差值 B			
系统定位偏差(正方向)E↑			
系统定位偏差(负方向)E↓			

6 回转轴线的位置精度

6.1 允差

表 3 给出了回转轴行程至 360°的数控车床和车削中心的位置精度允差(按 GB/T 17421.2—2000 定义的条款)。

表 3 行程至 360°回转轴线的位置允差

检验项目	允差 (″)
双向定位精度 A	63
单向重复定位精度 R↑R↓	25
反向差值 B	25
单向系统定位偏差 E↑E↓	32

6.2 检验仪器

带转位工作台的激光角干涉仪,带多棱镜的自准直仪或其他具有等同精度的测量系统。

6.3 检验方法(参照 GB/T 17421.1—1998 和 GB/T 17421.2—2000)

当使用自准直仪时,应按照 GB/T 17421.1—1998 中的 A11 采取适当的预防措施。

检验方法遵循 GB/T 17421.2—2000 中的步骤,尤其是 4.3.4 中回转轴行程至 360°的检验。

6.4 计算偏差

表 4 给出了一种对检验数据进行统计分析得出结果的表达示例,此外还应按照 GB/T 17421.2—2000 提供图形表示结果。

表 4 行程至 360°回转轴线的结果表示方法

检验项目	轴线名称	允差 (″)
双向定位精度 A		
重复定位精度(正方向) R↑		
重复定位精度(负方向) R↓		
反向差值 B		
系统定位偏差(正方向) E↑		
系统定位偏差(负方向) E↓		

7 记录性的信息

7.1 总则

为遵照本部分,检验报告应包括 7.2～7.4 的信息。

7.2 识别机床信息

a） 制造厂名称；

b） 生产日期；

c） 型号及出厂编号。

7.3 识别检验的信息

a） 检验时间和地点；

b） 检验人员的单位和姓名；

c） 检验设备目录（包括设备制造厂名称、型号和部件的编号，如激光头、光学仪器、温度传感器）。

7.4 检验条件的信息

a） 检验时沿轴线或围绕轴线移动的部件名称；

b） 进给率；

c） 非检验轴上的滑板或其他移动部件的位置；

d） 检验轴的位置；

e） 温度传感器的编号和位置；

f） 检验前后温度传感器的读数；

g） 材料的热膨胀系数；

h） 检验前后空气温度、压力和湿度；

i） 机械轴应用的补偿形式；

j） 检验数据应用的补偿形式。

参 考 文 献

[1] GB/T 4020—1997 卧式车床 精度检验
[2] ISO 2806:1994 工业自动化系统 数控机床 术语
[3] ISO 6155:1998 机床—卧式转塔车床和单轴自动车床检验条件 精度检验

ICS 71.100.40
G 72

GB

中华人民共和国国家标准

GB/T 16497—2007
代替 GB/T 16497—1996,GB/T 16498—1996

表面活性剂 油包水乳液贮藏稳定性的测定

Surface active agents—Determination of storage stability of water-in-oil emulsion

2007-08-13 发布　　　　2008-02-01 实施

中华人民共和国国家质量监督检验检疫总局
中国国家标准化管理委员会　发布

前　言

本标准经整合后同时代替 GB/T 16497—1996《表面活性剂　油包水乳液稳定性试验方法　第 1 部分:油包水乳液贮藏稳定性的测定　烘箱法》和 GB/T 16498—1996《表面活性剂　油包水乳液稳定性试验方法　第 2 部分:油包水乳液贮藏稳定性的测定　低温至室温循环法》。

本标准与 GB/T 16497—1996 和 GB/T 16498—1996 相比较,主要差异如下:

——标准名称规范为《表面活性剂　油包水乳液贮藏稳定性的测定》。

——合并两个国家标准技术内容相同的有关章节。

本标准由中国石油和化学工业协会提出。

本标准由化学工业表面活性剂标准化技术委员会归口。

本标准起草单位:上海染料研究所有限公司。

本标准起草人:徐苏梅、顾乃祁。

本标准于 1996 年首次发布。

表面活性剂
油包水乳液贮藏稳定性的测定

1 范围

本标准规定了表面活性剂油包水乳液在不同的温度变化下，乳液稳定性测定方法。

本标准适用于表面活性剂油包水乳液在升高至一恒定温度时以及在室温 21℃±3℃至－18℃±1.5℃间温度循环变化时，其使用和贮藏稳定性的测定。

2 规范性引用文件

下列文件中的条款通过本标准的引用而成为标准的条款。凡是注日期的引用文件，其随后所有的修改单(不包括勘误的内容)或修订均不适用于本标准，然而，鼓励根据本标准达成协议和各方研究是否可使用这些文件的最新版本。凡是不注日期的引用文件，其最新版本适用于本标准。

GB/T 11275—2007 表面活性剂 含水量的测定

3 采样

为了保证样品的均匀性，在移取试验所需的量以前，必须将样品充分混合。对于 1 L 或 1 L 以下容器，可以用手工剧烈搅动或机械方法混合 3 min～5 min。对于更大的容器，可以适当延长搅拌时间，以保证样品均匀。

4 仪器和设备

4.1 恒温烘箱，温度波动范围小于等于烘箱温度与室温之差的±1%；

4.2 刻度量筒，100 mL 具塞玻璃量筒，分刻度为 1 mL，瓶塞带放空槽；

4.3 移液管，10 mL；

4.4 玻璃瓶，约 30 mL；

4.5 冰箱：能恒温控制在－18℃±1.5℃的冰箱或冰柜。

5 测定方法

5.1 烘箱法

方法提要：将 100 mL 样品移入刻度量筒中，将量筒置于 85℃带鼓风的恒温烘箱内 48 h 或 96 h，再测定样品中分离出来的油和水的量。另外，样品上层和下层指定液位水分含量也可以分别得到。

5.1.1 方法 A：48 h 试验

5.1.1.1 48 h 试验步骤

将 100 mL 样品移入刻度量筒中，盖上瓶塞。将量筒置于恒温于 85℃±1℃的恒温烘箱内 48 h。量筒放于烘箱中部，距烘箱底部至少 75 mm，以保证温度的均匀性。

将量筒从烘箱内移出，在室温下静置 1 h，观察并记录分离出油和水的体积。并将移液管尖端准确地置于量筒 80 mL 刻度处，缓缓移取 10 mL 样品至玻璃瓶中，作为上层试样；再将移液管尖端准确置于量筒 15 mL 刻度处，缓慢移取 10 mL 样品至玻璃瓶中，作为下层试样。

注 1：当同时进行几个测定时，安放量筒时应避免对流不足而导致烘箱内温度的差异。并且测定样品个数应予以限制。

注 2：若分离的水的量在体积上等于或超过 10%，下层试样的水分含量为选做步骤。

5.1.1.2 上层试样和下层试样水分含量的测定

将玻璃瓶中的试样震摇后，以 1：2 二甲苯-甲醇（体积比）混合溶剂作为试样溶剂，按GB/T 11275—2007规定的方法测定上层试样和下层试样中水分含量。

5.1.2 方法 B:96 h 试验

本方法中除了将烘箱内放置时间改为 96 h 外，其余步骤同 5.1.1。

5.1.3 精密度:本测定方法的精密度取决于乳液的稳定性

5.1.3.1 Ⅰ型:稳定乳液(方法 A 和 B)

5.1.3.1.1 重复性

两次连续测定的结果之差超过表 1 数值的几率不大于二十分之一。

5.1.3.1.2 再现性

两次单独测定的结果之差超过表 1 数值的几率不大于二十分之一。

表 1 Ⅰ型乳液的重复性和再现性

	游离油 体积分数/%	游离水 体积分数/%	上层与下层试样水含量之差 体积分数/%
重复性	1	1	10
再现性	3	1	14

5.1.3.2 Ⅱ型:不稳定性乳液

关于 96 h 试验精密度的限度与Ⅰ型乳液数量级相同。

5.1.3.3 Ⅲ型:临界稳定性乳液

无法制订精密度限度。

5.2 低温至室温循环法

方法提要:将 100 mL 样品装入标有刻度的量筒内，把量筒放入－18℃冰箱内 16 h 后取出，再于室温静置 8 h。此循环步骤共为 9 次，除第 5 次循环在－18℃冰箱内放置 64 h，室温静置 8 h，第 9 次循环在－18℃冰箱内放置 16 h，室温静置 3 h 外，其余皆为重复该项操作。在完成这些循环步骤后，测定样品中分离出来的油和水的量。另外，样品上层和下层指定液位水分含量也可以分别得到。

5.2.1 步骤

5.2.1.1 将 100 mL 样品移入刻度量筒中，盖上瓶塞，将量筒在－18℃±1.5℃的冰箱内放置 16 h，然后从冰箱内取出，在室温下放置 8 h。

5.2.1.2 重复 5.2.1.1 循环步骤 3 次。

5.2.1.3 将量筒在冰箱内放置 64 h，取出后在室温放置 8 h。

5.2.1.4 重复 5.2.1.1 循环步骤 4 次，其中最后一次循环，在室温放置时间为 3 h。

5.2.1.5 观察并记录分离出来的油和水的体积。并将移液管尖端准确地置于量筒 80 mL 刻度处，缓缓移取 10 mL 样品至玻璃瓶中，作为上层试样；再将移液管尖端准确置于量筒 15 mL 刻度处，缓慢移取 10 mL 样品至玻璃瓶中，作为下层试样。

5.2.1.6 将玻璃瓶中的试样震摇后，以 1：2 二甲苯-甲醇(体积比)混合溶剂作为试样溶剂，按GB/T 11275—2007规定的方法测定上层试样和下层试样中水分含量。

5.2.2 精密度:本测定方法的精密度取决于温度循环变化中乳液的不稳定性。

5.2.2.1 Ⅰ型:稳定乳液

5.2.2.1.1 重复性

两次连续测定的结果之差超过表 2 数值的几率不大于二十分之一。

5.2.2.1.2 再现性

两次单独测定的结果之差超过表 2 数值的几率不大于二十分之一。

表 2 Ⅰ型乳液的重复性和再现性

	游离油 体积分数/%	游离水 体积分数/%	上层与下层试样水含量之差 体积分数/%
重复性	1	1	3
再现性	2	2	3

5.2.2.2 Ⅱ型:不稳定性乳液

测定结果随样品通过温度循环变化引起的不稳定性而改变,因此不能设定精密度限度。

6 检验报告

a) 指明采用的是烘箱法还是低温至室温循环法,如是烘箱法,还要指明是方法 A 还是方法 B;

b) 分离油的体积分数,以%表示;

c) 分离水的体积分数,以%表示;

d) 上层试样中水分含量的质量分数,以%表示;

e) 下层试样中水分含量的质量分数,以%表示。

ICS 13.340.30
C 73

中华人民共和国国家标准

GB/T 16556—2007
代替 GB 16556—1996

自给开路式压缩空气呼吸器

Self-contained open-circuit compressed air breathing apparatus

2007-06-26 发布　　2008-02-01 实施

中华人民共和国国家质量监督检验检疫总局
中国国家标准化管理委员会　发布

前　言

本标准代替 GB 16556—1996《自给式空气呼吸器》。

本标准修改采用欧洲标准化委员会的 prEN 137:2002《自给开路式压缩空气呼吸器规范》，主要差别如下：

——增加了对应急用空气呼吸器的分类，并与消防用空气呼吸器并列，合并为消防和应急用空气呼吸器；

——增加了按额定贮气量对空气呼吸器的分类；

——取消了对负压空气呼吸器的技术要求；

——增加了消防和应急用空气呼吸器额定工作压力和额定使用时间的最低要求；

——附录 A 中增加了对用作输出接头时，空气呼吸器的额定贮气量的最低要求；

——取消了浸水性能的要求和试验方法；

——取消了对消防和应急空气呼吸器耐火焰吞噬性能的要求和试验方法；

——取消了附录 B 环境空气旁路装置的要求；

——取消了附录 C 对带有符合 EN 148-3 螺纹接头的空气呼吸器的静态和动态压力要求。

本标准与 GB 16556—1996 相比主要变化如下：

——名称修正为《自给开路式压缩空气呼吸器》，使标准的名称更加准确、规范；

——增加了按使用场合对空气呼吸器的分类；

——取消了对负压空气呼吸器的要求；

——取消了额定贮气量 600 L 以下的分类，增加了 2 400 L 以上的分类；

——完善了对空气呼吸器设计、材料、技术性能和试验方法的要求；

——增加了电子压力表和电子报警器的要求；

——增加了对气瓶阀输出螺纹和防爆膜片的要求；

——增加了消防和应急用空气呼吸器额定工作压力和额定使用时间的最低要求；

——增加了对中压辅助接头的要求；

——取消了对检验规则的有关要求；

——在编写格式和表述规则上按 GB/T 1.1—2000《标准化工作导则　第 1 部分：标准的结构和编写规则》的要求对原标准作了较大修改。

本标准附录 A、附录 B 为规范性附录，附录 C 为资料性附录。

本标准由国家安全生产监督管理总局提出。

本标准由全国个体防护装备标准化技术委员会（SAC/TC 112）归口。

本标准起草单位：防化研究院、巴固德洛（中国）安全防护设备有限公司。

本标准主要起草人：李小银、顾新、杨瑜、陆宇铮。

本标准于 1996 年 10 月首次发布，2006 年第一次修订。

自给开路式压缩空气呼吸器

1 范围

本标准规定了自给开路式压缩空气呼吸器的技术要求、检验规则、试验方法、分类、标记、标志、包装、贮存和运输要求。

本标准适用于正压自给开路式压缩空气呼吸器(以下简称空气呼吸器)。

本标准不适用于氧气呼吸器、潜水呼吸器、逃生用空气呼吸器和负压空气呼吸器。

2 规范性引用文件

下列文件中的条款通过本标准的引用而成为本标准的条款。凡是注日期的引用文件,其随后所有的修改单(不包括勘误的内容)或修订版均不适用于本标准,然而,鼓励根据本标准达成协议的各方研究是否可使用这些文件的最新版本。凡是不注日期的引用文件,其最新版本适用于本标准。

GB/T 1226 一般压力表

GB/T 2410 透明塑料透光率和雾度试验方法

GB/T 2891—1995 过滤式防毒面具面罩性能试验方法

GB 3836.1 爆炸性气体环境用电气设备 第1部分:通用要求

GB 3836.4 爆炸性气体环境用电气设备 第4部分:本质安全型“i”

GB 5099 钢质无缝气瓶

GB/T 5455—1997 纺织品 燃烧性能试验 垂直法

GB/T 7307—2001 55度非密封管螺纹

DOT-CFFC Carbon-Fiber Aluminum Cylinders

3 术语和定义

下列术语和定义适用于本标准。

3.1

自给开路式压缩空气呼吸器 self-contained open-circuit compressed air breathing apparatus

利用面罩与佩带人员面部周边密合,使人员呼吸器官、眼睛和面部与外界染毒空气或缺氧环境完全隔离,具有自带压缩空气源供给人员呼吸所用的洁净空气,呼出的气体直接排入大气中的一种呼吸器。

3.2

正压空气呼吸器 positive pressure self-contained open-circuit compressed air breathing apparatus

在任一呼吸循环过程,面罩与人员面部之间形成的腔体内压力不低于环境压力的一种空气呼吸器。

3.3

消防和应急空气呼吸器 air breathing apparatus for fire-fighting and emergency services

消防人员、承担核生化突发事件应急处置任务的人员使用的一种空气呼吸器。

3.4

工业空气呼吸器 air breathing apparatus for industrial services

矿山、石油化工、冶金、船舶运输、公用事业等行业的作业人员使用的一种空气呼吸器。

3.5

静态压力 static pressure

在供气阀正压装置开启后,空气呼吸器气路平衡时面罩腔体内的压力。

4　分类和标记

4.1　分类

4.1.1　按使用场合分类：

a)　工业空气呼吸器，标记代号：G；

b)　消防和应急空气呼吸器，标记代号：X。

4.1.2　按额定贮气量分类：

按在 0.1 MPa、20℃下的额定贮气量 Q，空气呼吸器可分为：

a)　600 L≤Q<800 L，标记代号：6；

b)　800 L≤Q<1 200 L，标记代号：8；

c)　1 200 L≤Q<1 600 L，标记代号：12；

d)　1 600 L≤Q<2 000 L，标记代号：16；

e)　2 000 L≤Q<2 400 L，标记代号：20；

f)　Q≥2 400 L，标记代号：24。

4.2　标记

产品标记由名称、本标准编号、空气呼吸器类别、气瓶类别和额定贮气量等五部分组成。空气呼吸器的类别标记代号和额定贮气量标记代号见 4.1。字母 F、G 分别代表复合气瓶和钢质气瓶。

示例 1：适用于消防和应急救援用的空气呼吸器，采用复合气瓶，额定贮气量为 1 800 L，其标记为：

空气呼吸器 GB/T 16556-X-F-16

标记中各要素的含义如下：

X——消防和应急空气呼吸器；

F——复合气瓶；

16——额定贮气量为 1 600 L～2 000 L。

示例 2：适用于工业用的空气呼吸器，采用钢质气瓶，额定贮气量为 1 400 L，其标记为：

空气呼吸器 GB/T 16556-G-G-12

标记中各要素的含义如下：

G——工业空气呼吸器；

G——钢质气瓶；

12——额定贮气量为 1 200 L～1 600 L。

5　技术要求

5.1　总则

5.1.1　在所有的试验中，所有的受试空气呼吸器样品应满足本标准的要求。

5.1.2　若无其他规定，当引用某一试验条款时，其所有的子条款应同时被引用。

5.1.3　当安装了中压辅助接头时，应满足附录 A 规定的要求。

5.2　工效学要求

本标准的技术要求考虑了佩带者、空气呼吸器及其可能使用的作业场所之间的相互影响。空气呼吸器应满足 5.3、5.9 和 5.10 规定的要求。

5.3　设计要求

5.3.1　空气呼吸器应结构简单、紧凑，性能可靠，并便于根据制造商提供的信息进行检查。

5.3.2　空气呼吸器应结实可靠，能承受使用中可能遇到的、与其类别相适应的粗暴使用现象。

5.3.3　空气呼吸器应无突出零件，佩带者通过狭窄的通道时空气呼吸器的突出部位应不被攀挂。

5.3.4　空气呼吸器上可能与佩带者接触的零件表面应无锐边和毛刺。

5.3.5　空气呼吸器上需要佩带者操作的部件应触手可及，并便于通过用手触摸加以识别。所有可调节的部件和控制阀在使用中不应出现意外变动。

5.3.6 佩带者在卸除空气呼吸器背具而仍戴着面罩时，应能继续从空气呼吸器上进行呼吸。

5.3.7 空气呼吸器处于任何方向时应能保持其全部功能。

5.3.8 空气呼吸器气瓶阀的安装位置应能使佩带者在佩带状态下自行开关气瓶。

5.3.9 （同一类别的）空气呼吸器使用不同规格的气瓶时，应不使用专用工具即可更换气瓶。当制造商声明其空气呼吸器可使用不同范围的气瓶时，应确定其最恶劣的使用情况，并进行试验。

5.3.10 配置一个以上气瓶的空气呼吸器可在每个气瓶上设置独立的气瓶阀。

5.3.11 同一台空气呼吸器上不能同时装配额定工作压力不同的气瓶。

5.3.12 不能将额定工作压力较低的空气呼吸器配备到较高额定充气压力的气瓶上。

试验按 6.3 和 6.4 的规定进行。

5.3.13 消防和应急空气呼吸器应采用复合气瓶，额定使用时间应不小于 30 min。

5.4 材料要求

5.4.1 空气呼吸器采用的所有材料应具有适当的机械强度和抗老化能力。试验按 6.3、6.4 和 6.6 的规定进行。

5.4.2 空气呼吸器上裸露的零件不得使用铝、镁、钛及其合金。

5.4.3 空气呼吸器上与使用者皮肤可能直接接触的材料应对皮肤无刺激、对健康无害。

试验按 6.3 和 6.4 的规定进行。

5.5 清洗与消毒

空气呼吸器所用的材料应能耐受制造商推荐的清洗剂和消毒剂，在清洗和消毒后无明显损伤。试验按 6.3 和 6.4 的规定进行。

5.6 质量

带面罩并充满气待用的空气呼吸器的整机质量应不大于 18 kg。试验按 6.1 和 6.3 的规定进行。

5.7 连接

5.7.1 一般要求

空气呼吸器的连接件应易于拆卸，以便于进行清洗、检查和试验。所有可拆卸的连接件在拆卸后应易于用手工连接和紧固。连接件在正常使用和维修中拆开时，采用的密封件应不会脱落和移位。试验按 6.3 和 6.4 的规定进行。

5.7.2 连接件(装配时)

空气呼吸器呼吸软管和连接管的扭曲不应影响连接件的安装或空气呼吸器的性能，或者导致呼吸软管和连接管的脱离。连接件的结构应能防止气源的意外中断。试验按 6.3 和 6.4 的规定进行。

5.7.3 全面罩、供气阀和呼吸软管结合强度(装配时)

呼吸软管与全面罩接头、供气阀之间，或者全面罩接头与供气阀之间的结合强度应不小于 250 N。试验按 6.7 的规定进行。

5.7.4 供气系统与全面罩的连接

空气呼吸器供气系统与全面罩的连接方式可以采用固定接头、特殊接头或螺纹接头。全面罩接头的结合强度应不小于 500 N。试验按 GB/T 2891—1995 中 3.11 的规定进行，不得出现脱落现象。

5.7.5 高压、中压和低压连接件的互换性

高压、中压和低压连接件应不能互换。试验按 6.3 的规定进行。

5.8 面罩

5.8.1 面罩应至少遮盖佩带者的眼睛、鼻子和嘴。

5.8.2 面罩密合框应与人面部轮廓紧密贴合，无明显压痛感；面罩的固定系统应具有足够的强度和弹性，并应能根据佩带者的需要调节。面罩的漏气系数应不大于 0.005%。试验按 GB/T 2891—1995 中 3.1 的规定进行。

5.8.3 面罩应视野开阔，视物真实无畸变。总视野保留率不小于70%，双目视野保留率不小于55%，下方视野不小于35°。试验按GB/T 2891—1995中3.3的规定进行。

5.8.4 面罩镜片应具有一定的抗冲击、抗破裂能力，应能承受速度为44.2 m/s、直径为3 mm的钢球冲击。试验按附录B的方法进行。

5.8.5 面罩镜片的透光率应不小于85%。试验按GB 2410的规定进行。

5.8.6 面罩应具有足够的气密性。在面罩内压力为4.7 kPa±0.5 kPa时，1 min内压力下降应不大于40 Pa；或采用水下气密检查法时，面罩各结合部位不得出现气泡。试验按GB/T 2891—1995中3.4的规定或采用水下气密法进行。

5.8.7 面罩的二氧化碳含量应不大于1%。试验按6.8的规定进行。

5.9 背具

试验按6.4的规定进行。

5.9.1 背具的结构造型应符合人体工程学原理，无局部压痛。

5.9.2 背具应能使佩带者在无人协助下快速、方便地穿戴和卸除空气呼吸器。背具应可调，且不应无意滑动或移位。

5.9.3 在实用性能试验中，佩带者穿着空气呼吸器时应不会有不适和紧张的感觉；在蹲伏姿态时或在空间受限的环境中作业时，空气呼吸器应尽可能少地妨碍佩带者的活动。

5.9.4 在实用性能试验的整个过程中，背具不应发生滑动、移位，或仍能使空气呼吸器牢固地背负在佩带者的身上。

5.10 实用性能

5.10.1 空气呼吸器应进行真实条件下的实用试验。这些实用试验用于检查本标准规定的其他试验所不能确定的空气呼吸器缺陷。

5.10.2 在任一活动中，任一受试者若由于空气呼吸器不适合其所设定的用途，而未能完成指定的活动，则认定该空气呼吸器不合格。

5.10.3 在完成所有活动之后，受试者应回答下列问题：

a) 穿戴和脱除的便捷性；
b) 头带的戴脱快捷性、可调节性、锁紧性和舒适性；
c) 面罩的舒适性；
d) 与皮肤的相容性；
e) 背具和背具带的舒适性；
f) 穿戴的舒适性和平衡性；
g) 通过面罩眼窗观察的视线清晰情况，包括保明情况；
h) 视野大小；
i) 通话清晰情况；
j) 带扣和连接件的锁紧性；
k) 控制阀和压力表的伸手可及性；
l) 警报器的操作性和有效性；
m) 呼吸软管的可操作性；
n) 呼吸软管对头部自由活动的影响情况；
o) 呼吸的舒适性(例如温度、压力和气量)；
p) 由于空气流速或分布而引起的任何紧张或不适；
q) 关于结构设计及其所用材料的其他意见；
r) 受试者报告的其他意见。

试验机构将用这些问题来判断受试空气呼吸器是否能通过试验。

5.10.4　试验机构应提供表明存在缺陷的实用试验的全部详细信息。

注：这使其他试验机构能重复这些试验，以便评估所得结论。

试验按 6.4 和 6.5.2 的规定进行。

5.11　温度和火焰适应性

5.11.1　温度适应性

5.11.1.1　一般要求

空气呼吸器应在－30℃～60℃之间无故障地工作。用于特殊温度区间的空气呼吸器应按规定进行试验并标出温度条件。空气呼吸器在指定温度范围的最高和最低温度下，应满足 5.11.1.2 和5.11.1.3 规定的呼吸阻力。

5.11.1.2　低温条件下的呼吸阻力

空气呼吸器面罩呼吸腔体内应保持正压，试验期间呼气阻力应不大于 1 kPa。试验按 6.5.1.1 的规定进行。

5.11.1.3　高温条件下的呼吸阻力

空气呼吸器面罩呼吸腔体内应保持正压，试验期间呼气阻力应不大于 1 kPa。试验按 6.5.1.2 的规定进行。

5.11.2　部件火焰适应性

5.11.2.1　背具带和带扣材料应具有阻燃性能，其续燃时间应不大于 5 s，织物材料平均损毁长度应不大于 100 mm。试验按 6.3、6.5.1.3 和 GB/T 5455 的规定进行。

5.11.2.2　面罩、呼吸软管(连到面罩上)、中压软管、供气阀应具有“自熄”特性，即所用材料应具有阻燃性能，续燃时间应不大于 5 s。

5.11.2.3　部件在试验后可能有变形，仍应保持气密，符合呼吸阻力的要求，不应出现供气中断现象。

试验按 6.5.1.3 和 6.9 的规定进行。

5.11.3　耐热辐射性能

消防和应急空气呼吸器的面罩、呼吸软管(连到面罩上)、中压软管、供气阀应进行耐热辐射试验。在 20 min 的热辐射试验后虽可能有变形，应能保持密封，并符合 5.21 规定的呼吸阻力要求，不应出现供气中断现象，则认为这些部件具有耐热辐射性能。

试验按 6.10 的规定进行。

5.12　抗微粒性能

空气呼吸器上供给压缩空气的部件，应能过滤压缩空气中的微粒。试验按 6.3 的规定进行。

5.13　高压部件

5.13.1　金属高压管、阀和连接件经试验证明应能承受 1.5 倍气瓶额定工作压力。

5.13.2　非金属部件经试验证明应能承受 2 倍气瓶额定工作压力。

试验按 6.1 和 6.3 的规定进行。

5.14　气瓶

5.14.1　钢质气瓶应符合 GB 5099 的规定。

5.14.2　复合气瓶应符合 DOT-CFFC 的规定。

试验按 6.3 的规定进行。

5.15　气瓶阀

5.15.1　气瓶阀的设计应能确保安全性能。

5.15.2　气瓶阀应能防止压缩空气中可能含有的微粒的堵塞和传动。

5.15.3　气瓶阀的结构应使阀手柄在正常操作时不能完全从阀体上旋下。气瓶阀的开启方向为逆时针。

5.15.4　气瓶阀的结构应使气瓶阀在开启后不会被无意关闭。

5.15.5 气瓶阀应设置爆破膜片，其爆破压力应为气瓶额定工作压力的(1.2～1.5)倍。

5.15.6 气瓶阀的输出端螺纹为内螺纹，螺纹尺寸为G5/8，其公差应符合GB/T 7307—2001中表1的规定。

试验按6.3和6.4的规定进行。

5.16 减压器

5.16.1 一般要求

5.16.1.1 空气呼吸器设置有减压器时，则中压段任一可调节的部件应牢固地锁紧，并采取适当地密封措施，使得能够观察出非法的调节。

5.16.1.2 空气呼吸器的下游部件不能承受气瓶内的全部压力时，则应当设置卸压阀。

试验按6.3的规定进行。

5.16.2 带减压器卸压阀的空气呼吸器

5.16.2.1 在输入不超过3 MPa的压力下，减压器卸压阀应能通过400 L/min的气流。

5.16.2.2 减压器卸压阀启动后，吸气阻力和呼气阻力应不大于2.5 kPa。

试验按6.10.1和6.10.2的规定进行。

5.17 压力表及其连接管

5.17.1 一般要求

5.17.1.1 空气呼吸器上应安装符合GB/T 1226规定的压力表，外壳应装橡胶防护套。压力表在气瓶阀打开时，应能读出气瓶中的压力，以便能分别测量单瓶压力或平衡压力。

5.17.1.2 压力表的位置应使佩带者能方便地读出压力值。

5.17.1.3 压力表的管线应足够结实，能承受使用中可能遇到的、与其空气呼吸器类别相适应的粗暴使用。当接管被外套保护时，所封闭的空间应通向大气。试验按6.3和6.4的规定进行。

5.17.1.4 压力表应防水，应能承受24 h水下1 m的浸泡。试验后压力表内不应有水。

5.17.1.5 压力表量程的最低值为0，最高值应比气瓶额定工作压力多至少5 MPa，精度应不低于2.5级，最小分格值应不大于1 MPa。消防和应急空气呼吸器所用压力表的量程应为(0～40) MPa。

5.17.1.6 压力表上的压力值在光照不良的条件应明显易读。

5.17.1.7 当从空气呼吸器上拆除压力表和连接管后，在20 MPa的压力下泄露气流量不应大于25 L/min。

试验按6.1和6.3的规定进行。

5.17.2 指针式压力表

压力表应配备爆破片，以保护使用者免受伤害。压力表视窗应采用在破裂时不产生碎片的材料制成。试验按6.3的规定进行。

5.17.3 电子压力表

压力表配有电源时，则应符合GB 3836.1中Ex ia IIC T4级，用于矿山开采业时应符合GB 3836.4中Ex ia I级的规定。

5.18 警报器

5.18.1 一般要求

5.18.1.1 在任何情况下，警报器和压力表(见5.17)所提供的信息应是互补的。

5.18.1.2 空气呼吸器应设置合适的警报器，当气瓶压力下降到预定值时可向佩带者发出警报。

5.18.1.3 警报器应在打开气瓶阀时自动启动。

5.18.1.4 当气瓶内压力下降至(5.5±0.5)MPa，或当气瓶中剩余气体至少为200 L时，警报器应启动报警。

5.18.1.5 警报器启动后，应发出连续声响警报或间歇声响警报，声强应不小于90 dB(A)，声响频率范围应在2 000 Hz～4 000 Hz之间。连续声响警报的持续时间应不少于15 s；间歇警报声响应不少于60 s。之后，警报器应继续报警，直至气瓶压力降至1 MPa为止。

5.18.1.6 警报器启动后，佩带者应能继续正常使用空气呼吸器。

试验按 6.3 和 6.12 的规定进行。

5.18.2 气动警报器

从启动至气瓶压力降至 1 MPa 为止，警报器的平均耗气量应不大于 5 L/min。警报器应继续在温度为 0℃～10℃、相对湿度为 90%的条件下正常工作。试验按 6.1 和 6.12 的规定进行。

5.18.3 电子警报器

电驱动的警报器应符合 GB 3836.1 中 Ex ia IIC T4 级，用于矿山开采业时应符合 GB 3836.4 中 Ex ia I 级的规定。

5.19 呼吸软管和连接管

5.19.1 呼吸软管耐挤压性能

空气流量的降低应不超过指定试验空气流率的 10%。试验结束 10 min 后，应无可观察到的扭曲。试验按 6.13 的规定进行。

5.19.2 中压连接管

连接到供气阀的管线(包括连接件)应能承受减压器卸压阀的 2 倍工作压力或至少 3 MPa 的压力，两者之间数值高者持续 15 min。试验按 6.1 和 6.3 的规定进行。

5.20 供气阀

供气阀应设置自动正压机构，并应便于与全面罩连接。试验按 6.3 的规定进行。

5.21 呼吸阻力

5.21.1 吸气阻力

5.21.1.1 空气呼吸器面罩呼吸腔体内应保持不超过 500 Pa 的正压。

5.21.1.2 当气瓶压力为 2 MPa 以上时，呼吸频率 40 次/min，呼吸流量 2.5 L/次呼吸，空气呼吸器的面罩腔体内应保持正压，吸气阻力应不大于 500 Pa；当气瓶压力为 1 MPa 至 2 MPa 范围时，呼吸频率 25 次/min，呼吸流量 2 L/次呼吸，空气呼吸器的面罩腔体内仍保持正压，吸气阻力应不大于 500 Pa。

试验按 6.13.2 的规定进行。

5.21.2 呼气阻力

当通以 10 L/min 的连续气流时，呼气阻力不应大于 600 Pa；当气瓶压力为 2 MPa 以上时，以呼吸频率 40 次/min，呼吸流量 2.5 L/次呼吸，呼气阻力应不大于 1 000 Pa；当气瓶压力为 1 MPa 至 2 MPa 范围时，以呼吸频率 25 次/min，呼吸流量 2 L/次呼吸，呼气阻力应不大于 700 Pa。

试验按 6.13.3 的规定进行。

5.22 静态压力

平衡条件下，面具腔体内的静态压力不应大于 500 Pa。试验按 6.1 和 6.3 的规定进行。

5.23 气密性能

5.23.1 一般要求

5.23.1.1 装配好的空气呼吸器应满足低压和高压时的气密性能。

5.23.1.2 全面罩在试验头型上出现漏气现象，可采用适当的密封措施。

注：本试验不能用于模拟面部气密试验。

5.23.2 低压气密性

不带全面罩的空气呼吸器应在 750 Pa 的正压和负压下进行气密试验。在压力稳定后，压力变化在 1 min 内应不大于 30 Pa。试验按 6.8.1 的规定进行。

5.23.3 高压气密性

压力变化在 1 min 内应不大于 2 MPa。试验按 6.8.2 的规定进行。

6 试验方法

6.1 一般要求

6.1.1 本标准没有规定专用的试验仪器和方法时，则可以应用常用仪器和常规试验方法。

6.1.2 在进行涉及受试人员的试验时，应挑选对使用空气呼吸器有一定经验，面部外观适合佩带面罩，经心电、心率、血压等常规检验，身体合格的受试人员。

6.1.3 若无其他规定，应测试 2 台空气呼吸器。

6.2 名义值和公差

6.2.1 除另有规定外，本标准所述的数值为名义值。除温度界限之外，未述及最大值和最小值的数值应认定其公差为±5%。

6.2.2 除另有规定外，试验时环境温度应为 16℃～32℃。

6.3 目视检查

6.3.1 在实验室和实用试验之前，应由试验机构进行目视检查，包括根据制造商的使用维护手册所进行的一些拆卸。

6.3.2 目视检查应包括对空气呼吸器标志、制造商提供的信息、安全数据单或结构所用材料的相关声明的评估。

6.4 实用性能试验

6.4.1 一般规定

6.4.1.1 清洗与消毒过的空气呼吸器 2 台，受试者 4 名。

6.4.1.2 受试者应对使用空气呼吸器有一定经验，经心电、心率、血压等常规检查，身体健康，年龄在 18～35 岁的男性青年。试验之前应记录但不需报告受试者的姓名、年龄、性别、身高和体重。

试验机构应决定是否在试验中对受试者进行医学监视。

6.4.1.3 受试空气呼吸器应是经实验室检验合格的空气呼吸器。试验之前，应检查受试空气呼吸器处于良好的工作状态，可以无危险地使用。试验开始时气瓶的压力应与规定的气瓶充气压力相当。

6.4.1.4 试验应在自然光照的区域、在温度为 16℃～32℃、相对湿度为 30%～80%的条件下进行，应记录试验时的温度、湿度和噪声声强。

6.4.2 行走试验

6.4.2.1 2 名受试者，着普通作业服，佩带空气呼吸器，以 6 km/h 的速度在平地上行走。试验应连续进行，试验中不得脱除空气呼吸器。试验时间选择空气呼吸器的工作时间或 30 min 较短者。

6.4.2.2 在 30 min 的试验期间，若警报器未启动工作，则应采用手动的方式将气瓶压力降低到警报器的警报压力范围内，以检查警报器的有效性，应符合 5.18 的要求。

6.4.3 模拟作业试验

空气呼吸器应当在正常使用中可能遇到的条件下试验。在本试验中，应当完成以下动作，以模拟空气呼吸器的实际使用。试验应当在 30 min 内结束。

动作的顺序由试验机构决定。应当使受试者在试验后有足够的时间进行规定的测量。

a) 每次用绳子或滑轮机构将 25 kg 的物体垂直地从地面升高到 1.8 m 的高度，重复 30 次；
b) 在全净空高度的平地上行走，总长 125 m；
c) 在净空高度为(1.3±0.2)m 的平地上行走 5 min(总长约 140 m)；
d) 在净空高度为(0.7±0.05)m 的平地上爬行 5 min(总长约 70 m)；
e) 爬上、爬下梯子一次，并从两个方向穿过一个边长为 460 mm 的正方形开口，垂直距离总高为 20 m；
f) 爬过一个(0.7±0.05)m 宽、4 m 长的狭窄区域，受试者应脱掉空气呼吸器，在仍能使用空气呼吸器呼吸的情况下，将空气呼吸器放在前面推出去，或者放在身后拉出来；
g) 收放至少 15 m 长的消防水龙带。

第一阶段，试验应连续地进行约 15 min，不得脱除空气呼吸器。之后，受试者可休息 5 min，检查血压、心电、心率，或更换气瓶。

第二阶段，试验应继续进行直至完成 30 min 的整个试验。若在 30 min 内提前完成了动作，则受试者应在剩余时间里以 6 km/h 的速度行走。

6.5 温度和火焰适应性试验

6.5.1 用呼吸机进行的实验室试验

6.5.1.1 低温试验

6.5.1.1.1 包括钢质气瓶和全面罩的空气呼吸器在温度为(−30±3)℃的环境中应放置(4±1)h。使用复合气瓶时，则应放置至少 12 h。

6.5.1.1.2 取出空气呼吸器，并立刻连接到放置在冷却系统之外的呼吸机上，设定呼吸机的呼吸频率为 25 次/min，呼吸流量为 2 L/次。

6.5.1.1.3 打开气瓶阀，并启动呼吸机，运行至气瓶内压力降至 2 MPa 为止。

6.5.1.1.4 将同一台空气呼吸器上的空气瓶换成室温储存的充满气的气瓶后，重复上述试验。

6.5.1.2 高温试验

6.5.1.2.1 包括钢质气瓶(充气压力:10 MPa)和全面罩的空气呼吸器在温度为(60±3)℃、相对湿度不大于 50%的环境中应放置(4±1)h。使用复合气瓶时，则应放置至少 12 h。

6.5.1.2.2 取出空气呼吸器，并立刻连接到呼吸机上，设定呼吸机的呼吸频率为 40 次/min，呼吸流量为 2.5 L/次。

6.5.1.2.3 打开气瓶阀，并启动呼吸机，运行至气瓶内压力降至 2 MPa 为止。

6.5.1.3 部件和材料耐燃试验

6.5.1.3.1 材料耐燃试验

6.5.1.3.1.1 背具带和带扣材料的耐燃试验装置见图 1。试验装置主要由带流量控制阀的丙烷气瓶、压力表、回火消除器、样品支架和可调节高度的燃烧喷嘴组成。丙烷的纯度应不低于 95%。

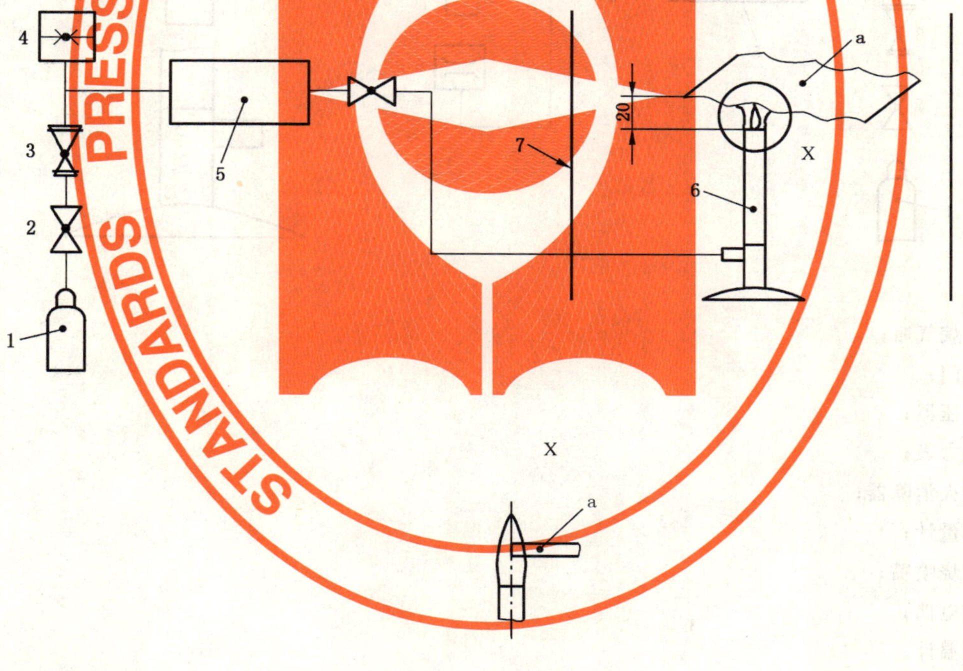

1——丙烷气瓶；
2——阀门；
3——减压器；
4——压力表；
5——回火消除器；
6——燃烧喷嘴；
7——遮护板。
a 受试材料。

图 1 材料耐燃性能试验装置

6.5.1.3.1.2 将受试样品水平放置在样品支架上，位于燃烧喷嘴之上。调节燃烧喷嘴的高度，使燃烧喷嘴的顶端距样品最低部的距离为(20±2)mm。在试验中，应使样品的某一边缘直接位于燃烧喷嘴之上。

6.5.1.3.1.3 移去燃烧喷嘴之上的样品，点燃燃烧喷嘴，通过控制丙烷气体的流量，调节火焰的高度为(40±4)mm，并使离燃烧喷嘴顶端(20±2)mm 处的温度为(800±50)℃。为了在规定的火焰高度达到要求的火焰温度，必要时可以将整套试验装置与周围环境相隔离。

6.5.1.3.1.4 将样品放置在火焰中(12±0.5)s。要确保火焰的中心区能触及样品的边缘。

6.5.1.3.1.5 观察并报告样品是否有续燃现象，或是否存在对佩带者的其他危害。

6.5.1.3.2 部件耐燃试验

6.5.1.3.2.1 面罩、呼吸软管、中压管和供气阀的耐燃试验装置见图 2。试验装置主要由带流量控制阀的丙烷气瓶、流量计、压力表、回火消除器、样品支架和六个可调节高度的燃烧喷嘴组成，见图 3。丙烷的纯度应不低于 95%。

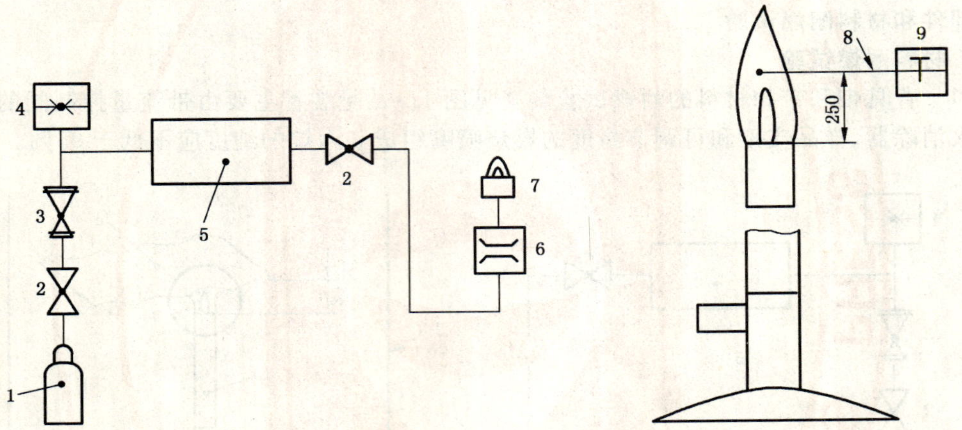

1——丙烷气瓶；
2——阀门；
3——减压器；
4——压力表；
5——回火消除器；
6——流量计；
7——燃烧喷嘴；
8——热电偶；
9——测温计。

图 2 部件耐燃性能试验装置

单位为毫米

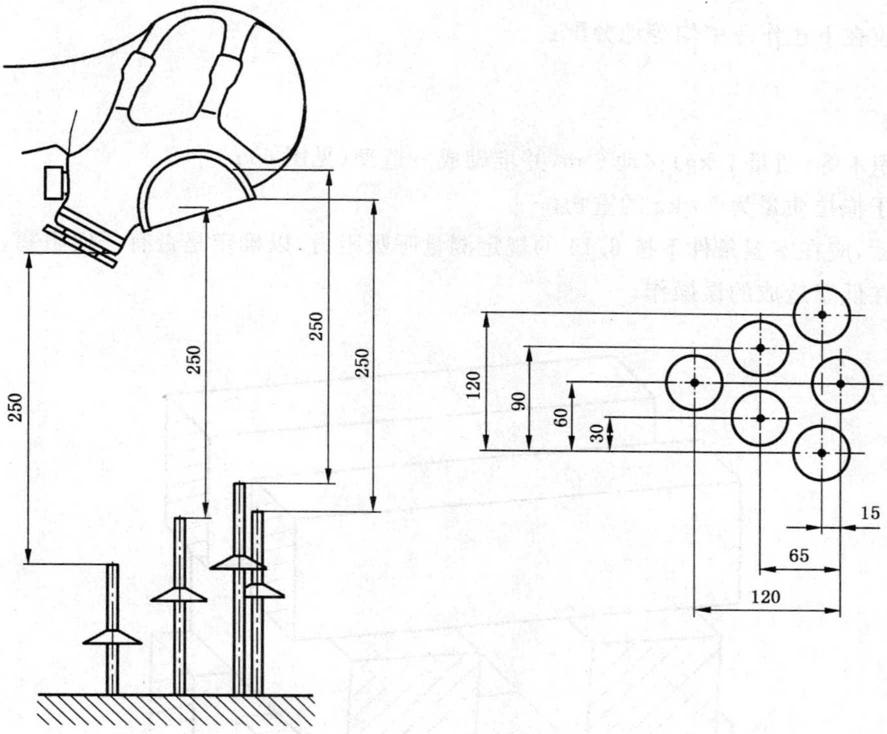

图 3　面罩耐燃性能试验示意图

6.5.1.3.2.2　将受试样品放置在样品支架上，使外表面能直接暴露在火焰中。

6.5.1.3.2.3　点燃燃烧喷嘴之前，使受试样品位于六个燃烧喷嘴的中央，分别调节每个燃烧喷嘴的高度，使燃烧喷嘴顶端距样品的距离为 250 mm。

6.5.1.3.2.4　移去燃烧喷嘴之上的样品，将六个燃烧喷嘴的丙烷控制阀完全打开。先关闭六个燃烧喷嘴的空气控制阀。点燃燃烧喷嘴，调节丙烷气瓶的输出调节阀，使输出压力达到某一压力值，使得丙烷主管线的流量表指示对六个燃烧喷嘴的丙烷总流量为(21±0.5)L/min。

注：典型的压力范围为 30 kPa～125 kPa。

6.5.1.3.2.5　调节离燃烧喷嘴顶端 250 mm 火焰中心区的温度至(950±50)℃。所有燃烧喷嘴 250 mm高度的火焰温度应在规定的范围内。

6.5.1.3.2.6　为了达到要求的火焰温度，必要时可以调节每个燃烧喷嘴的空气控制阀至最佳位置，并将整套试验装置与周围环境相隔离。

6.5.1.3.2.7　将样品放置在火焰中(5±0.5)s。若样品没有直接暴露在火焰中，则应用同一样品或其他样品重复本试验。

6.5.1.3.2.8　观察并报告样品是否有续燃现象，或是否存在对佩带者的其他危害。

6.5.2　实用性能试验

6.5.2.1　低温试验

6.5.2.1.1　受试器材的准备

两台待用的空气呼吸器应在温度为(−30±3)℃的环境中放置至少(4±1)h。使用复合气瓶时，则应放置至少 12 h。

6.5.2.1.2　试验步骤

两名穿戴暖和服装的受试者，佩戴上已在冷冻室内冷冻处理的空气呼吸器，在温度为(−15±3)℃

的环境中作业。试验应连续进行 30 min，或至少进行到警报器启动报警为止，试验中不得脱除空气呼吸器。

作业时间应在下述作业中均等地分配：

a) 行走；

b) 爬行；

c) 携带积木等(质量 7 kg)移动 6 m，并堆砌成一造型(见图 4)；

d) 用绳子拖拉质量为 50 kg 的重物。

试验结束后，应在室温条件下按 6.14 的规定测量呼吸阻力，以确定是否有任何阻塞，并应检查空气呼吸器是否存在低温造成的误操作。

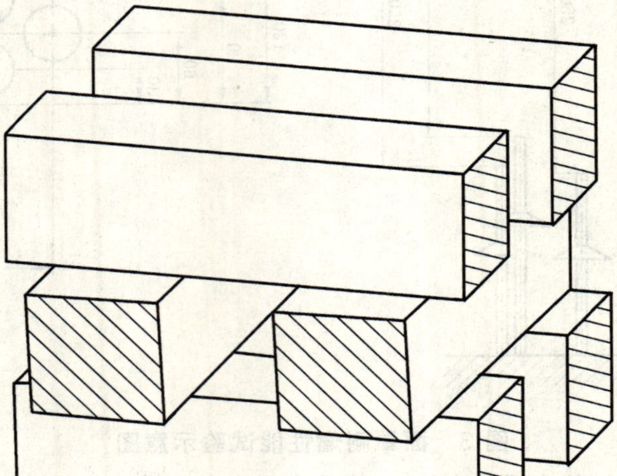

图 4 积木造型

6.5.2.2 室温贮存后的低温试验

6.5.2.2.1 受试器材的准备

两台待用的空气呼吸器应在室温(16℃～32℃)环境中放置至少(4±1)h。使用复合气瓶时，则应放置至少 12 h。

6.5.2.2.2 试验步骤

两名穿戴暖和服装的受试者在室温(16℃～32℃)下戴上空气呼吸器，进入温度为(－6±2)℃的冷冻室内。试验按 6.5.2.1.2 规定的试验步骤连续进行 30 min，或至少进行到警报器启动报警为止，试验中不得脱除空气呼吸器。

6.6 与全面罩、供气阀和呼吸软管的结合强力试验(装配时)

6.6.1 对于利用呼吸软管将呼吸软管连接到全面罩和供气阀的连接，将连接部分悬挂起来，向供气阀施加 250 N 的力持续 10 s。

6.6.2 对于将供气阀直接安装到全面罩的连接，将带供气阀的全面罩(而不是其头带)悬挂起来，沿着供气阀连接的轴向向供气阀施加 250 N 的力持续 10 s。

6.7 面罩吸入气体中二氧化碳含量试验

6.7.1 试验装置主要由带电磁阀的呼吸机、连接管、CO_2 流量计和 CO_2 气体分析仪组成，见图 5。

6.7.2 将面罩正确地佩带到试验头型上，面罩应气密无变形。需要时，可用 PVC 带或其他合适的密封剂将面罩的周边与试验头型密封。

6.7.3 将呼吸机调整到呼吸频率 25 次/min，呼吸流量 2 L/次。

6.7.4 CO_2 应通过一个流量计、补偿袋和单向阀送入呼吸机内。为防止 CO_2 的聚集，在电磁阀和呼吸机之间的吸气回路上应使用 CO_2 吸收器。

6.7.5 在电磁阀的前端，应通过一取样管连续抽取少量的呼出气体，然后经过 CO_2 分析仪后再将这些呼出气体送回呼气气流中。

6.7.6 为测量吸入气体中的 CO_2 含量，应用辅助泵将呼吸机吸气过程中冲程容积的 5% 的气体在标记的位置抽出，并送入 CO_2 分析仪。试验装置气路的总死腔（不包括呼吸机）应不超过 2 000 mL。

6.7.7 应连续测量并记录吸入气体中的 CO_2 含量。

6.7.8 试验应进行至 CO_2 浓度达到稳定时为止。

6.7.9 应测量离试验头型鼻端 1 m 远处的环境中的 CO_2 浓度。当吸入气体中的 CO_2 浓度达到稳定时，即刻测量环境中的 CO_2 浓度。环境中的 CO_2 浓度也可在 CO_2 气源关闭之后，从取样管中进行测量。

6.7.10 只有当环境中的 CO_2 浓度低于 0.1% 时，试验结果才被认为有效。

6.7.11 应从吸入气体中的 CO_2 含量的测量值中减掉实验室中的 CO_2 浓度。

6.7.12 受试样品应进行 3 次试验，其平均值即为吸入气体中的 CO_2 含量。

1——呼吸机；
2——辅助泵；
3——单向阀；
4——流量计；
5——补偿袋；
6——二氧化碳气体分析仪；
7——电磁阀；
8——试验头型；
9——吸入气体取样管；
10——二氧化碳吸收器。

图 5 面罩吸入气体中二氧化碳含量试验装置

6.8 气密性试验

6.8.1 低压试验

关闭空气呼吸器的气瓶阀，将供气阀连接到一个可产生 750 Pa 的负压和正压的装置上，并连接到一个压力计上进行试验。

注：在气密试验时，必要时将警报器进行密封。

6.8.2 高压试验

6.8.2.1 按照制造商的使用说明书将充满气的空气呼吸器组装好。

6.8.2.2 打开气瓶阀，当空气呼吸器各部件全部受压后，关闭气瓶阀。观察空气呼吸器高压表，测量压力下降情况。

6.8.2.3 应用试验头型来密封全面罩。

6.8.2.4 打开气瓶阀后，正压机构应启动。

6.9 耐辐射热性能试验

6.9.1 试验装置

6.9.1.1 试验装置主要由试验头型、呼吸机和辐射热源组成，见图 6。热量计用于校准。

单位为毫米

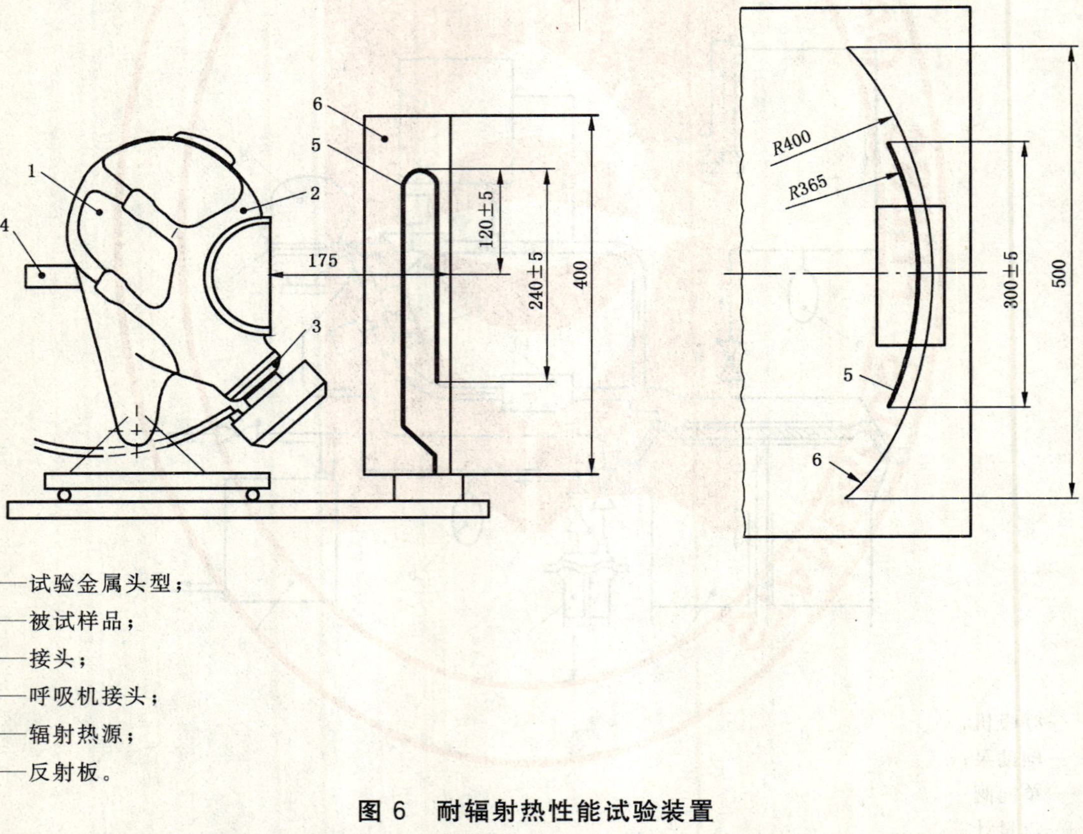

1——试验金属头型；

2——被试样品；

3——接头；

4——呼吸机接头；

5——辐射热源；

6——反射板。

图 6 耐辐射热性能试验装置

6.9.1.2 在约 175 mm 处的中心线测量时，辐射热源应能提供 7.8 kW/m² ～8.0 kW/m² 的热通量。

6.9.1.3 将呼吸机调整到呼吸频率 20 次/min，呼吸流量 30 L/min。

6.9.2 试验步骤

6.9.2.1 检查全面罩的气密性之后，将全面罩正确地佩带在试验金属头型上，头型的呼吸接口同呼吸机相连，面罩应气密，且无变形。

6.9.2.2 调节试验头型，使得全面罩离辐射热源约 175 mm，全面罩镜片中心位于辐射热源的中心线上。热通量应垂直地照射在全面罩上。

6.9.2.3 用热量计换掉带全面罩的试验头型。将热量计放置在离辐射热源约175 mm，在照射时全面罩镜片外表面位于辐射热源的中心线上的位置上。必要时，应保持电源稳定。在热量计和辐射热源之间应放置一隔离板。

6.9.2.4 调节辐射热源，使175 mm处的辐射热通量达到7.8 kW/m^2～8.0 kW/m^2。

6.9.2.5 用带全面罩的试验头型换掉热量计，使镜片中心位于热量计的位置上。试验应在此条件下进行。

6.9.2.6 启动呼吸机。3 min之后，移去隔离板（此即试验开始时间）。

6.9.2.7 对全面罩进行试验20 min，或直到清晰度明显下降，或出现其他使用者可观察到的故障时为止。

6.10 减压器性能试验

6.10.1 一般规定

将带全面罩的空气呼吸器通过适当方式连接到呼吸机上，面罩戴到试验头型上。将呼吸机调节到呼吸频率25次/min、呼吸流量2 L/次。

6.10.2 带减压器卸压阀的空气呼吸器

开启呼吸机之前，将一合适的流量测量计连接到卸压阀的出口端，向减压器的中压段供给空气。逐渐增大供给空气的压力，直至通过卸压阀的空气流量达到400 L/min为止。此时，启动呼吸机，在适当的压力取样点测量呼吸阻力。

6.11 警报器性能试验

6.11.1 将呼吸机调节到呼吸频率25次/min、呼吸流量2 L/次。

6.11.2 为测试温度为0℃～10℃之间的警报器性能，应使用位于气候试验仓外的、室温条件下的呼吸机（已调节到呼吸频率25次/min、呼吸流量2 L/次）将空气通给气候试验仓内的空气呼吸器。

6.11.3 试验中，空气呼吸器应处于温度为（3±1）℃、相对湿度不小于90%的环境中。

6.12 呼吸软管耐挤压性能试验

6.12.1 原理

使一定流量的空气流经呼吸软管，并使呼吸软管承受一定的负荷时，测量空气流量的变化。

6.12.2 试验装置

两个直径100 mm、厚度至少10 mm的圆板，其中一个圆板是固定的，另一个圆板是活动的。活动圆板能加载负荷，使得两个圆板之间可施加50 N的力（见图7）。

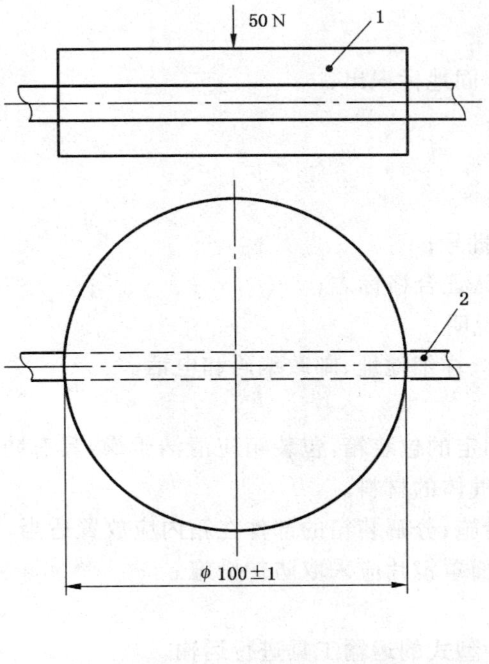

1——活动圆板；

2——呼吸软管。

图7 呼吸软管耐挤压性能试验示意图

6.12.3 试验步骤

6.12.3.1 将呼吸软管放置在两个圆板的中央，使流量120 L/min的空气流经呼吸软管。

6.12.3.2 向呼吸软管施加50 N的力(这包括运动圆板本身所产生的力)，再次测量空气流量。计算空气流量的减少情况。

6.13 呼吸阻力试验

6.13.1 一般规定

6.13.1.1 若环境条件不是23℃、0.1 MPa，则应按23℃、0.1 MPa的条件对流量值进行修正。

6.13.1.2 将呼吸机调整到呼吸频率25次/min，呼吸流量2 L/次，或呼吸频率40次/min，呼吸流量2.5 L/次。

6.13.1.3 用压力表测量面罩内的呼吸阻力值。将压力表的一端连接到试验头型的压力测量口，另一端通向大气。将压力表连接到记录仪上。

6.13.1.4 将空气呼吸器面罩正确地佩带在试验头型上，头型的呼吸接口同呼吸机相连，面罩应气密，但没有变形。记录压力表的"零"读数。启动呼吸机，记录峰值压力。

6.13.2 吸气阻力

记录吸气时的峰值压力，用"零"读数校正，即得吸气阻力。

6.13.3 呼气阻力

使试验头型处于下列5个指定方向之一：

a) 头向上，面向前方；
b) 面朝上；
c) 面朝下；
d) 向左侧躺；
e) 向右侧躺。

注意呼气时的峰值压力。记录峰值压力，用"零"读数校正，即得某一方向的呼气阻力。将试验头型放置在其他方向，重复上述试验步骤。5个方向的最高数值即为呼气阻力。

7 标志、包装、运输和贮存

7.1 标志

每台空气呼吸器应明显、牢固地标识出：

a) 产品名称和注册商标；
b) 产品型号或标记；
c) 本标准编号和年号；
d) 生产日期(或编号)和批号；
e) 质量等级标志或安全认证合格标志；
f) 警示标志或中文警示说明；
g) 产品产地、制造商名称、详细地址、邮政编码和电话。

7.2 包装

7.2.1 每台空气呼吸器应有固定的包装箱，包装箱应清洁干燥，具有防震、防压功能，不允许采用能导致空气呼吸器锈蚀或产生有害气体的材料。

7.2.2 包装箱内应采取防潮措施；分解装箱的部件在箱内应放置适当、布局合理，并应采取固定措施。

7.2.3 面罩应单独进行包装，面罩镜片应采取防护措施。

7.3 运输

7.3.1 空气呼吸器可采取各种型式的运输工具进行运输。

7.3.2 空气呼吸器在运输过程中不得碰撞、重压，运输工具应具有防雨、防晒功能；以普通货物运输时，气瓶应放空。如采用载气状态运输，应符合相关运输部门的规定。

7.4 贮存

7.4.1 空气呼吸器应在清洁、干燥、通风良好的房间内存放。

7.4.2 空气呼吸器在贮存时应装入包装箱内，避免阳光长时间的曝晒。

7.4.3 空气呼吸器不能与油、酸、碱或其他有腐蚀性的物质一起贮存。

附 录 A
（规范性附录）
中压辅助接头

A.1 范围

A.1.1 输出接头

中压输出辅助接头用于在救援时向第二人提供气源。

A.1.2 输入接头

中压输入辅助接头用于从外界中压气源向空气呼吸器供气。

A.1.3 复合接头

中压复合辅助接头用于如 A.1.1 所示的在救援时向第二人提供气源，如 A.1.2 所示的从外界中压气源向空气呼吸器供气。

A.2 技术要求

A.2.1 一般要求

A.2.1.1 中压辅助接头的设置应使空气呼吸器的佩带者能够在无人协助的情况下自行操作（连接或卸开），或脱除空气呼吸器。试验按 6.4 的规定进行。

A.2.1.2 中压辅助接头连接后，在正常使用受到 250 N 的拉力时应不会脱落或出现漏气现象。试验按 6.7 的规定进行。

A.2.1.3 当卸除中压辅助接头后，接头应能自行密封。试验按 6.3 的规定进行。

A.2.1.4 当不使用中压辅助接头时，接头应有保护以免受污染物的污染。试验按 6.3 的规定进行。

A.2.2 用作输出接头

A.2.2.1 当从输出接头流出 110 L/min 的气流时，空气呼吸器应满足本标准规定的呼吸阻力的要求。试验按 6.14 的规定进行。

A.2.2.2 当制造商确定了一种匹配的救援设备，气流以呼吸频率为 25 次/min、呼吸流量为 2 L/次从输出接头流出时，空气呼吸器应满足本标准规定的呼吸阻力的要求。试验按 6.14 的规定进行。

A.2.2.3 配置输出接头的空气呼吸器，其额定贮气量应不小于 1 600 L。

A.2.3 用作输入接头

当中压输入辅助接头用于从外界中压气源向空气呼吸器供气时，空气呼吸器的气瓶应既不能自动开关，也不能手动操作。试验按 6.3 和 6.14 的规定进行。

A.3 制造商提供的信息

A.3.1 制造商应指定能够与空气呼吸器连接的辅助设备。

A.3.2 当中压辅助接头用做从外界中压气源（例如：长管压缩空气呼吸器）向空气呼吸器供气的输入接头时，制造商应指定与外界连接气源相匹配的最大和最小中压值。应给出如何关闭空气呼吸器气源的参考资料，以防止气瓶中的气体流失。应当告诫使用者，遵循制造商所提供信息中的详细步骤，以防止遇到更大的危险（例如气体流失）。

A.3.3 应当给出所有必要的信息。应当告诫使用者，当使用输出接头进行救援时，必须考虑到由于被救人员而增加了空气的消耗导致空气呼吸器使用时间的减少。

附 录 B
（规范性附录）
抗高速粒子冲击试验

B.1 试验装置

试验装置由发射器、计时器和标准头模组成，见图 B.1。

单位为毫米

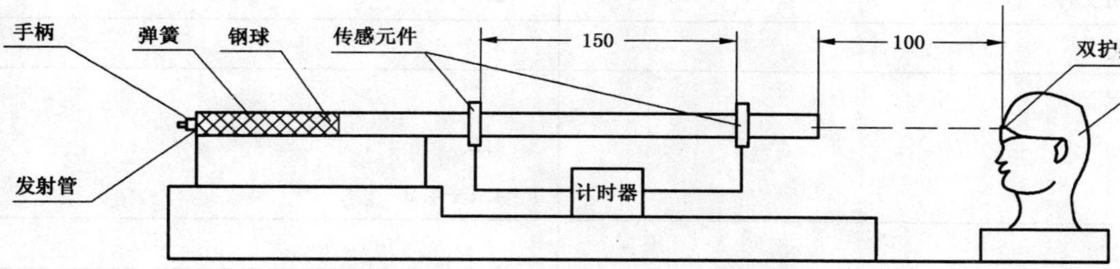

图 B.1

发射器主要由一适当尺寸的钢管组成，能发射速度为 44.2 m/s、直径为 3 mm 的钢球。钢球位于发射管的尾部，用弹簧或压缩空气提供动力，以保证钢球有一恒定的出射速度和撞击方向。计时器可由传感元件和示波器组成，并能记录钢球通过两传感元件间的时间，单位为微秒级，传感元件间的距离应不超过 150 mm。标准头模用金属制成。试样、标准头模及发射装置的周围应采取密封措施，以防伤人。

B.2 试验步骤

将待测面罩按使用要求佩带在标准头模上，用适当尺寸的复写纸和白纸插入面罩和头模之间（复写纸在面罩一方，白纸在头模一方），面罩和头模的组合装置位于发射器的正前方。从发射管的喷嘴到钢球撞击点的直线距离不大于 100 mm，然后以 44.2 m/s 的速度对准面罩的每一镜片中心发射钢球。发射方向应与眼护具镜片表面垂直。

附 录 C
（资料性附录）
GB/T 16556—2007 与 GB 16556—1996 之间的对照

表 C.1 GB/T 16556—2007 与 GB 16556—1996 之间的对照

GB/T 16556—2007	GB 16556—1996
1 范围	1
2 规范性引用文件	2
3 术语和定义	3
4 分类和标记	
4.1 分类	4.2
4.2 标记	4.1+4.3
5 技术要求	
5.1 总则	
5.2 工效学要求	
5.3 设计要求	5.2.1
5.4 材料要求	5.4
5.5 清洗与消毒	5.4
5.6 质量	5.3
5.7 连接	
5.7.1 一般要求	5.2.1
5.7.2 连接件(装配时)	
5.7.3 全面罩、供气阀和呼吸软管结合强度(装配时)	
5.7.4 供气系统与全面罩的连接	
5.7.5 高压、中压和低压连接件的互换性	
5.8 面罩	5.1.2+5.2.2.1
5.9 背具	5.2.2.12
5.10 实用性能	5.1.8
5.11 温度和火焰适应性	
5.11.1 温度适应性	
5.11.1.1 一般要求	
5.11.1.2 低温条件下的呼吸阻力	5.1.7
5.11.1.3 高温条件下的呼吸阻力	5.1.6
5.11.2 部件火焰适应性	
5.11.3 耐热辐射性能	
5.12 抗微粒性能	
5.13 高压部件	5.2.2.11

表 C.1（续）

GB/T 16556—2007	GB 16556—1996
5.14 气瓶	5.2.2.10
5.15 气瓶阀	5.2.2.9
5.16 减压器	5.2.2.4
5.16.1 一般要求	
5.16.2 带减压器卸压阀的空气呼吸器	
5.17 压力表及其连接管	
5.17.1 一般要求	5.2.2.6
5.17.2 指针式压力表	
5.17.3 电子压力表	
5.18 警报器	
5.18.1 一般要求	5.1.3+5.2.2.7
5.18.2 气动警报器	
5.18.3 电子警报器	
5.19 呼吸软管和连接管	5.2.2.8
5.19.1 呼吸软管耐挤压性能	
5.19.2 中压连接管	
5.20 供气阀	5.2.2.2
5.21 呼吸阻力	5.1.5
5.21.1 吸气阻力	
5.21.2 呼气阻力	
5.22 静态压力	
5.23 气密性能	5.1.1
5.23.1 一般要求	
5.23.2 低压气密性	
5.23.3 高压气密性	
6 试验方法	
6.1 一般要求	
6.2 名义值和公差	
6.3 目视检查	
6.4 实用性能试验	附录 A
6.4.1 一般规定	
6.4.2 行走试验	
6.4.3 模拟作业试验	
6.5 温度和火焰适应性试验	
6.5.1 用呼吸机进行的实验室试验	

表 C.1（续）

GB/T 16556—2007	GB 16556—1996
6.5.1.1 低温试验	6.8
6.5.1.2 高温试验	6.7
6.5.1.3 部件和材料耐燃试验	
6.5.1.3.1 材料耐燃试验	
6.5.1.3.2 部件耐燃试验	
6.5.2 实用性能试验	
6.5.2.1 低温试验	
6.5.2.2 室温贮存后的低温试验	
6.6 与全面罩、供气阀和呼吸软管的结合强力试验(装配时)	
6.7 面罩吸入气体中二氧化碳含量试验	
6.8 气密性试验	
6.8.1 低压试验	6.3
6.8.2 高压试验	6.1
6.9 耐辐射热性能试验	
6.10 减压器性能试验	
6.10.1 一般规定	
6.10.2 带减压器卸压阀的空气呼吸器	
6.11 警报器性能试验	6.4
6.12 呼吸软管耐挤压性能试验	
6.13 呼吸阻力试验	6.6
6.13.1 一般规定	
6.13.2 吸气阻力	
6.13.3 呼气阻力	
7 标志、包装、运输和贮存	
7.1 标志	8.1
7.2 包装	8.2
7.3 运输	
7.4 贮存	
附录 A(规范性附录) 中压辅助接头	

表 C.2 GB 16556—1996 与 GB/T 16556—2007 之间的对照

GB 16556—1996	GB/T 16556—2007
1 范围	1
2 引用标准	2
3 定义	3

表 C.2（续）

GB 16556—1996	GB/T 16556—2007
4 产品种类与型号	
4.1 产品种类	4.1.1
4.2 产品型号系列	4.1.2
4.3 产品标志示例	4.2
5 技术要求	
5.1 性能要求	
5.1.1 气密性	5.23
5.1.2 面罩性能	5.8
5.1.3 报警器性能	5.18
5.1.4 空气呼吸器流量要求	
5.1.5 空气呼吸器呼吸阻力	5.21
5.1.6 空气呼吸器耐高温性	5.11.1.3
5.1.7 空气呼吸器耐低温性	5.11.1.2
5.1.8 空气呼吸器适用性	5.10
5.2 构造要求	
5.2.1 总体要求	
5.2.2 各部件构造要求	
5.2.2.1 面罩	5.8
5.2.2.2 供气阀	5.20
5.2.2.3 呼气阀	
5.2.2.4 减压器	5.16
5.2.2.5 安全阀	
5.2.2.6 压力显示装置	5.17
5.2.2.7 报警器	5.18
5.2.2.8 导气管	5.7.2＋5.7.3＋5.19
5.2.2.9 气瓶阀	5.15
5.2.2.10 气瓶	5.14
5.2.2.11 高压部分强度	5.13
5.2.2.12 背托	5.9
5.3 重量	5.6
5.4 材料	5.4＋5.5
6 试验方法	
6.1 高压部分气密性试验	6.8.2
6.2 中压部分气密性试验	
6.3 低压部分气密性试验	6.8.1

表 C.2（续）

GB 16556—1996	GB/T 16556—2007
6.4 报警器性能试验	6.12
6.5 空气呼吸器流量试验	
6.6 空气呼吸器呼吸阻力试验	6.14
6.7 空气呼吸器耐高温性能试验	6.5.1.2
6.8 空气呼吸器耐低温性能试验	6.5.1.1
6.9 压力显示装置漏气量试验	6.1+6.3
6.10 高压部分强度试验	6.1+6.3
7 检验规则	
7.1 总则	
7.2 抽样方法	
7.3 检验内容	
7.4 判别规则	
8 标志与包装	
8.1 标志	7.1
8.2 包装	7.2
附录 A(标准的附录) 空气呼吸器适用性试验	6.4+6.5.2

参 考 文 献

[1] prEN 137 Specification for Respiratory protective devices:self-contained open-circuit compressed air breathing apparatus,2002 edition

[2] NFPA 1981 Standard on open-circuit self-contained breathing apparatus for fire and emergency services,2002 edition

[3] GA 124—2004 正压式消防空气呼吸器

[4] EN 13274-2 Respiratory protective devices—Methods of test—Part 2:Practical performance tests

[5] EN 13274-3 Respiratory protective devices—Methods of test—Part 3:Determination of breathing resistance

[6] EN 13274-4 Respiratory protective devices—Methods of test—Part 4:Flame tests

ICS 73.040
D 21

中华人民共和国国家标准

GB/T 16658—2007
代替 GB/T 16658—1996

煤中铬、镉、铅的测定方法

Determination of chromium, cadium and lead in coal

2007-11-01 发布　　2008-06-01 实施

中华人民共和国国家质量监督检验检疫总局
中国国家标准化管理委员会　发布

前　言

本标准代替 GB/T 16658—1996《煤中铬、镉、铅的测定方法》。

本标准与 GB/T 16658—1996 相比，主要变化如下：

——镉、铅混合标准工作溶液由 50 μg/mL 改为 20 μg/mL(1996 年版的 3.8，本版的 4.9)；

——铬标准工作溶液浓度由 50 μg/mL 改为 20 μg/mL(1996 年版的 3.9，本版的 4.10)；

本标准由中国煤炭工业协会提出。

本标准由全国煤炭标准化技术委员会归口。

本标准起草单位：煤炭科学研究总院煤炭分析实验室。

本标准主要起草人：张克芮、姜金海、郑丽。

本标准所代替标准的历次版本发布情况为：

——GB/T 16658—1996。

煤中铬、镉、铅的测定方法

1 范围

本标准规定了测定煤中铬、镉、铅的试剂、仪器设备、试验步骤、结果计算及方法精密度。

本标准适用于褐煤、烟煤和无烟煤。

2 规范性引用文件

下列文件中的条款通过本标准的引用而成为本标准的条款。凡是注日期的引用文件，其随后所有的修改单(不包括勘误的内容)或修改版均不适用于本标准，然而，鼓励根据本标准达成协议的各方研究是否可使用这些文件的最新版本。凡是不注日期的引用文件，其最新版本适用于本标准。

GB/T 483 煤炭分析试验方法一般规定

3 方法提要

煤样灰化后，用氢氟酸-高氯酸分解，在硝酸介质中加入硫酸钠消除镁等共存元素对铬的干扰，用原子吸收法进行测定。

4 试剂

除非另有说明，本标准所用试剂均为优级纯，所用水为去离子水。

4.1 氢氟酸(GB/T 620)：40%以上。

4.2 高氯酸(GB/T 623)：70.0%以上。

4.3 硝酸(GB/T 626)溶液：体积比为(1+1)。

4.4 硝酸(GB/T 626)溶液：体积比为(1+99)。

4.5 硫酸钠溶液：200 g/L。称取 200 g 无水硫酸钠(GB/T 9853)于 1 000 mL 烧杯中，加少量水溶解后，转移至 1 000 mL 容量瓶中，加水稀释至刻度，摇匀。转入塑料瓶中。

4.6 镉标准储备溶液：1 mg/mL。

称取 1.000 0 g(称准至 0.000 2 g)高纯金属镉(质量分数为 99.99%)于 300 mL 烧杯中，加硝酸溶液(4.3)50 mL，待全部溶解后移入 1 000 mL 容量瓶中，用水稀释至刻度，摇匀。转入塑料瓶中。

4.7 铅标准储备溶液：1 mg/mL。

称取 1.000 0 g(称准至 0.000 2 g)高纯金属铅(质量分数为 99.99%)于 300 mL 烧杯中，加硝酸溶液(4.3)50 mL，待完全溶解后移入 1 000 mL 容量瓶，用水稀释至刻度，摇匀。转入塑料瓶中。

4.8 铬标准储备溶液：1 mg/mL。

称取光谱纯重铬酸钾(GB 1259)2.828 8 g(称准至 0.000 2 g)于 300 mL 烧杯中，加水和硝酸溶液(4.3)各 50 mL，待完全溶解后移入 1 000 mL 容量瓶中，加水稀释至刻度，摇匀。转入塑料瓶中。

4.9 镉、铅混合标准工作溶液：各 20 μg/mL。

准确吸取镉标准储备溶液(4.6)及铅标准储备溶液(4.7)各 10 mL 于 500 mL 容量瓶中，用硝酸溶液(4.4)稀释至刻度，摇匀。转入塑料瓶中。

4.10 铬标准工作溶液：20 μg/mL。

准确吸取铬标准储备溶液(4.8)10 mL 于 500 mL 容量瓶中，用硝酸溶液(4.4)稀释至刻度，摇匀。转入塑料瓶中。

5 仪器设备

5.1 原子吸收分光光度计:带背景扣除装置。

5.2 光源:铬、镉、铅元素空心阴极灯。

5.3 分析天平:感量 0.1 mg。

5.4 电热板:温度可调。

5.5 马弗炉:带有调温装置和烟囱,能保持温度 500℃±10℃ 。

5.6 聚四氟乙烯坩埚:30 mL。

6 分析步骤

6.1 样品溶液的制备

6.1.1 称取一般分析煤样 1.9 g～2.1 g(称准至 0.000 2 g)于灰皿中,铺平,放入马弗炉中,由室温缓慢加热至 500℃±10℃,在此温度下灼烧至无含碳物为止(至少 4 h)。

注:煤样灰分不小于 30%时称取 1 g。

6.1.2 将灰样(6.1.1)全部转入聚四氟乙烯坩埚中,用少量水润湿,加高氯酸(4.2)4 mL,氢氟酸(4.1)10 mL,置于电热板上缓缓加热,蒸至近干。取下坩埚,稍冷后用少量水将坩埚内壁的水珐冲下,再加氢氟酸(4.1)10 mL,继续在电热板加热至白烟冒尽。取下坩埚,稍冷,加硝酸溶液(4.3)10 mL,水 10 mL,放在电热板加热至近沸并保持 1 min。取下坩埚,用热水将坩埚中溶液转入 100 mL 容量瓶中,冷至室温,加水稀释至刻度,摇匀。此溶液为样品溶液。

6.2 样品空白溶液的制备

每分解一批样品应同时制备一个样品空白溶液,样品空白溶液的制备除不加试样外,其余操作同 6.1.2。此溶液为样品空白溶液。

6.3 待测样品溶液的制备

6.3.1 铬待测样品溶液:准确吸取样品溶液(6.1.2)和样品空白溶液(6.2)各 25 mL 于 50 mL 容量瓶中,加硫酸钠溶液 7.5 mL,用水稀释至刻度,摇匀。

6.3.2 镉、铅待测样品溶液:即样品溶液(6.1.2)和样品空白溶液(6.2)。

6.4 系列标准溶液的制备

6.4.1 铬系列标准溶液:取 6 个 100 mL 容量瓶,分别加入铬标准工作溶液(4.10)0 mL,1 mL,2 mL,3 mL,4 mL,5 mL,硝酸溶液(4.3)4 mL 及硫酸钠溶液 15 mL,用水稀释至刻度,摇匀。

6.4.2 镉、铅系列标准溶液:取 6 个 100 mL 容量瓶,分别加入镉、铅混合标准工作溶液(4.9)0 mL,1 mL,2 mL,3 mL,4 mL,5 mL 及硝酸溶液(4.3)4 mL,用水稀释至刻度,摇匀。

6.5 测定

6.5.1 仪器工作条件的确定:除表 1 所规定的各元素的分析线和所使用的火焰气体外,仪器的其他参数——灯电流、通带宽度、燃烧器高度及燃气与助燃气流量等,应通过试验调至最佳值。

表 1 各元素的分析线和所使用的火焰气体

元素	分析线/nm	火焰气体
Cr	357.9	乙炔-空气
Cd	228.8	乙炔-空气
Pb	217.0	乙炔-空气

6.5.2 工作曲线的绘制:在 6.5.1 确定的仪器工作条件下,以标准空白溶液调零,测定标准系列溶液(6.4.1 和 6.4.2)中各元素的吸光度,以各待测元素的浓度(μg/mL)为横坐标,吸光度为纵坐标,绘制各待测元素的工作曲线。

6.5.3 样品测定：在6.5.1确定的仪器工作条件下，以待测样品空白溶液调零，测定各待测样品溶液(6.3.1和6.3.2)中各元素的吸光度，然后从工作曲线上查出各元素的浓度。

7 结果计算

空气干燥煤样中铬、镉和铅的质量分数(μg/g)分别按式(1)和式(2)计算：

$$Cr_{ad} = \frac{200\rho}{m} \quad \cdots\cdots(1)$$

$$Cd(Pb)_{ad} = \frac{100\rho}{m} \quad \cdots\cdots(2)$$

式中：

ρ——从工作曲线上查得的各待测元素的质量浓度，单位为微克每毫升(μg/mL)；

m——样品质量，单位为克(g)。

计算结果按GB/T 483数字修约规则，铬和铅修约至整数，镉修约至小数点后一位。

8 方法精密度

铬、镉、铅的测定结果的精密度如表2规定。

表2 煤中铬、镉、铅测定结果的精密度

元素	质量分数/(μg/g)	重复性限/(μg/g)
Cr_{ad}	5～50	3
Cd_{ad}	1～20	0.5
Pb_{ad}	10～100	5

9 试验报告

试验报告应包括下列信息：

a) 试样编号；

b) 依据标准；

c) 试验结果；

d) 与标准的偏离；

e) 试验中观察到的异常现象；

f) 试验日期。

ICS 65.060.99
B 91

中华人民共和国国家标准

GB/T 16714—2007
代替 GB/T 16714—1996

连续式粮食干燥机

Continuous-flow grain driers

2007-11-01 发布　　2008-01-01 实施

中华人民共和国国家质量监督检验检疫总局
中国国家标准化管理委员会　发布

前　言

本标准是对 GB/T 16714—1996《连续式粮食干燥机》的修订，与 GB/T 16714 比较结构内容变化如下：

——增加了干燥成品质量指标部分内容；

——增加了粮层厚度推荐范围及进排粮机构使用功能要求；

——增加了工作场所职业卫生要求；

——增加了环境保护、安全技术要求内容；

——增加了使用可靠性部分；

——增加了引用标准 GB/T 6970 及 GB/T 3797—2005。

本标准由中国机械工业联合会提出。

本标准由全国农业机械标准化技术委员会归口。

本标准起草单位：黑龙江省农副产品加工机械化研究所、黑龙江省哈美达烘储设备有限公司、农业部干燥机械设备质量监督检验测试中心。

本标准主要起草人：王亦南、崔士勇、潘九君、孙鹏、赵承圃。

本标准 1996 年首次发布，2007 年第一次修订。

连续式粮食干燥机

1 范围

本标准规定了连续式粮食干燥机(以下简称干燥机)术语和定义、型式和型号及主参数、技术要求、安全技术要求、试验方法和检验规则、标志和包装及运输等。

本标准适用于间接加热干燥机设计、制造、试验、验收。

2 规范性引用标准

下列文件中的条款通过本标准的引用而成为本标准的条款。凡是注日期的引用文件,其随后所有的修改单(不包括勘误的内容)或修订版均不适用于本标准,然而,鼓励根据本标准达成协议的各方研究是否可使用这些文件的最新版本。凡是不注日期的引用文件,其最新版本适用于本标准。

GB/T 3797—2005 电气控制设备

GB/T 6970 粮食干燥机试验方法

GB/T 9480 农林拖拉机和机械、草坪和园艺动力机械 使用说明书编写规则(GB/T 9480—2001,eqv ISO 3600:1996)

GB 10395.1—2001 农林拖拉机和机械 安全技术要求 第1部分:总则(eqv ISO 4254-1:1989)

GB 10396—2006 农林拖拉机和机械、草坪和园艺动力机械 安全标志和危险图形 总则(ISO 11684:1995,MOD)

GB 13271 锅炉大气污染物排放标准

GB/T 13306 标牌

GB/T 14095 农产品干燥技术 术语

GB 16297 大气污染物综合排放标准

GB/T 17440—1998 粮食加工、储运系统粉尘防爆安全规程

GB/T 21015 稻谷干燥技术规范

GB/T 21016 小麦干燥技术规范

GB/T 21017 玉米干燥技术规范

GB 50057—1994 建筑物防雷设计规范

GBZ 1—2002 工业企业设计卫生标准

GBZ 2—2002 工作场所有害因素职业接触限值

JB/T 5673 农林拖拉机及机具涂漆 通用技术条件

JB/T 6672.1 燃煤热风炉 技术条件

JB/T 10200 种子加工与粮食处理设备产品型号编制规则

LS/T 3501.12 粮油加工机械通用技术条件 产品包装

LS/T 3514 粮食斗式提升机

LS/T 3515 粮食带式输送机

3 术语和定义

GB/T 14095 确立的以及下列术语和定义适用于本标准。

3.1

粮层厚度 height of grain layer

干燥介质通过流动粮层的最小距离。

3.2

干燥期 period of drying

从开始接收湿粮到干燥全部结束的总时间。

4 型式和型号及主参数

4.1 型式

按干燥介质相对于粮食流动方向不同分为4种基本型式:

——顺流干燥机;

——逆流干燥机;

——横流干燥机;

——混流干燥机。

4.2 主参数和主参数系列

4.2.1 以标定降水幅度下的生产率(t/h)或处理量(t/d)为主参数。

4.2.2 主参数系列应符合表1规定。

表1 主参数系列

项目	生产率/(t/h)	处理量/(t/d)
连续式粮食干燥机	2.5、5、7.5、10、15、20、25、30、40、50	30、40、50、60、80、100、150、200、300、400、500、600、800、1 000

4.3 型号

按JB/T 10200规定表示。

5 技术要求

5.1 一般技术要求

5.1.1 干燥机应符合本标准规定,并按规定程序批准的图样和技术文件制造。

5.1.2 薄板件、板型钢构件、焊接件及铸件应符合相关标准。

5.1.3 同一型式干燥机的贮粮段、干燥段、缓苏段、冷却段及排粮段应标准化、系列化、通用化。

5.1.4 配套设备提升机、输送机应符合LS/T 3514、LS/T 3515的规定。燃煤热风炉应符合JB/T 6672.1的规定,采用其他供热设备应符合相关标准。

5.1.5 应配有观察窗、取样口、检修门、平台、护栏及钢梯,便于试验、检测、清理及维修。

5.1.6 操作和控制应简单、灵敏、可靠,容易掌握。

5.2 性能指标

5.2.1 干燥机生产率确定应优先符合表1的规定。

5.2.2 干燥稻谷、小麦、玉米降水幅度应符合表2的规定。

表2 干燥机降水幅度

粮食种类	降水幅度/%
稻谷	≥3
小麦	≥5
玉米	≥10

5.2.3 干燥稻谷、小麦、玉米单位耗热量应符合表3的规定。

表3 单位耗热量

粮食种类	环境温度/℃	相对湿度/%	大气压力/Pa	单位耗热量/(kJ/kg)
稻谷	10	70		≤8 800
小麦	20	70	1.013×10^5	≤6 500
玉米	0	50		≤8 000

5.2.4 按GB/T 21015、GB/T 21016、GB/T 21017的规定干燥小麦、稻谷及玉米，干燥成品质量指标应符合表4的规定。

表4 干燥成品质量指标

项目		指标
水分		安全水分或规定水分
干燥不均匀度/%	降水幅度≤5%	≤1.0
	降水幅度>5%，≤10%	≤1.5
	降水幅度>10%	≤2.0
发芽(生活力)率/%	小麦	≥80
	稻谷	≥90
	玉米	≥70
破碎率增加值/%	小麦　水稻	≤0.3
	玉米	≤0.5
色泽、气味		正常
小麦湿面筋降低值/%		0
稻谷重度裂纹(爆腰)率增加值/%	降水幅度≤5%	≤3
	降水幅度>5%	≤4
玉米热损粒/%		≤0.2
玉米裂纹率增加值/%	降水幅度≤5%	≤20
	降水幅度>5%，≤10%	≤25
	降水幅度>10%	≤30
注：发芽(生活力)率指不低于干燥前发芽(生活力)率的百分数。		

5.3 粮层厚度和进排粮机构

5.3.1 顺流干燥机、横流干燥机及混流干燥机粮层厚度应符合表5的规定。

表5 粮层厚度

型　式	粮层厚度推荐范围/mm
顺流干燥机	600～900
横流干燥机	300～400
混流干燥机	200～400

5.3.2 进粮机构使用功能：

——进粮均匀，应使贮粮段粮层保持一定厚度，不泄漏热风；

——小粒粮及轻杂均匀分布在粮层内，不发生自动分级现象。

5.3.3 排粮机构使用功能：

——同一粮层截面排粮速度一致，粮层下降均匀；

——排粮速度应在额定值50%～200%范围内自由调节。

5.4 电控温控设备

5.4.1 电控温控设备应具备的功能：

——应具有短路、过载、零电压、欠压、过压保护作用。

——具有顺序启动和顺序停机、单机启动和停机、各设备连锁及紧急关机功能。

——每台设备的运行和停止应有指示信号，贮粮段上下料位应有指示信号及报警。粮温显示、热风温度显示及超温报警功能。

——能动态或静态显示工艺流程。

5.4.2 电动机、电器元件、温控元件应是符合相关标准的合格产品。

5.4.3 控制柜设计、安装、布线应符合GB/T 3797—2005中4.12的规定。

5.5 外观质量

5.5.1 干燥机、提升机、输送机及热风管道涂漆，应符合JB/T 5673的规定。

5.5.2 安装工艺允许的现场焊接应焊缝均匀、无烧穿和焊点外溢。焊后补漆应符合5.5.1的规定。

5.6 材料要求

5.6.1 顺流干燥机的漏斗管应采用耐磨和隔热材料。

5.6.2 混流干燥机的角状管和顺流干燥机的排气角状管应采用耐磨、耐腐蚀材料。

5.6.3 横流干燥机的内外筛板应采用耐磨、耐腐蚀材料。

5.6.4 干燥机机身外表面应采用防锈材料。

5.7 使用可靠性

5.7.1 干燥机在一个干燥期内使用有效度应大于或等于90%。

5.7.2 大修周期应大于或等于3个干燥期。

5.7.3 使用寿命应大于或等于10个干燥期。

5.8 大气污染物排放要求和工作场所职业卫生要求

5.8.1 大气污染物排放要求：

——热风炉烟尘及二氧化硫排放浓度应符合GB 13271的规定；

——干燥机排出的粮食粉尘浓度及速率应符合GB 16297的规定。

5.8.2 工作场所职业卫生要求：

——工作场所噪声应符合GBZ 1—2002的规定；

——工作场所空气中粉尘浓度应符合GBZ 2—2002的规定。

5.9 产品使用说明书

5.9.1 干燥机产品使用说明书按GB/T 9480的规定编写。

5.9.2 配套设备提升机、输送机及热风炉宜有各自的使用说明书，并符合GB/T 9480的规定。

6 安全技术要求

6.1 外露的运动件及风机进风口应安装防护装置。防护装置的结构、安全距离应符合GB 10395.1—2001第6章、第7章的规定。

6.2 干燥机装设的钢梯、扶手、围栏等防护装置应符合GB 10395.1—2001第10章的规定。

6.3 热风管道、烟道等发热部件防护应符合GB 10395.1—2001第13章的规定。

6.4 对不能安装或虽安装了防护装置，仍不能消除或充分限制的危险部位，应装有指示危险程度的安全标志。安全标志应符合GB 10396的规定。

6.5 控制柜及电动机直接驱动的设备均应设置接地保护，并符合 GB/T 3797—2005 中 4.10.6 的规定。

6.6 干燥机应设置紧急排粮口及泄爆口，泄瀑口技术要求应符合 GB/T 17440—1998 中 7.2 的规定。

6.7 在平均雷暴日大于 15 d/a 的地区，高度 15 m 及以上的干燥机应设置防雷装置；在平均雷暴日不大于 15 d/a 的地区，高度 20 m 及以上的干燥机，应设置防雷装置。防雷装置应符合 GB 50057—1994 中 3.4 的规定。

7 试验方法和检验规则

7.1 试验方法

7.1.1 干燥机性能试验和生产试验按 GB/T 6970 的规定执行。

7.1.2 电控设备试验方法按 GB/T 3797—2005 中 5.2 的规定执行。

7.2 检验规则

7.2.1 干燥机应进行出厂检验。分部件出厂的干燥机出厂检验项目：

——所有零部件应符合设计图样和技术文件要求；

——部件装配质量应符合相关标准要求；

——涂漆质量应符合 5.5.1 的规定；

——贮粮段、排粮段运动件应做运转试验，空转 30 min，起动及运转应正常平稳。

7.2.2 按购销合同要求需要进行交收检验，可在干燥机安装后正常作业时按 5.2 规定的内容及 7.1.1 规定的方法进行。

7.2.3 需要进行型式检验时，按第 5 章(除 5.7 外)规定的内容及 7.1 规定的方法进行。

8 标志和包装及运输

8.1 标志

在干燥机产品明显部位设置符合 GB/T 13306 规定的产品标牌。产品标牌内容包括：

——产品名称；

——产品商标；

——产品型号；

——产品出厂编号、制造日期；

——制造厂名；

——产品执行标准编号。

8.2 包装

8.2.1 干燥机的贮粮段、干燥段或标准段、缓苏段、冷却段及排粮段，提升机及输送机分解件，热风管道均可采用花格箱包装。电控温控设备宜采用防雨封闭箱包装。干燥机底座(支架)可裸装。包装技术要求按 LS/T 3501.12 的规定执行。燃煤热风炉包装按 JB/T 6672.1 的规定执行。

8.2.2 按用户要求包装，包装技术要求执行购销合同规定。

8.3 运输

干燥机包装件应符合公路或铁路、水路运输的规定。

8.4 贮存

干燥机包装件宜在库房内贮存，露天放置不宜超过 30 d。

ICS 91.060.20
P 32

中华人民共和国国家标准

GB/T 16727—2007
代替 GB 16727—1997

叠合板用预应力混凝土底板

Precast prestressed concrete panel for composite slab

2007-09-11 发布　　　　2008-02-01 实施

中华人民共和国国家质量监督检验检疫总局
中国国家标准化管理委员会　发布

前　言

本标准自实施之日起代替 GB 16727—1997《叠合板用预应力混凝土薄板》。

本标准与 GB 16727—1997 相比，主要变化如下：

——原标准仅有实心底板，此次增加了叠合板用预应力混凝土空心板底板，高度为 100 mm、120 mm、150 mm、180 mm、200 mm。由此增加了一系列有关空心底板的规定。

——取消了实心双向板底板。

——实心底板的预应力钢筋采用符合国家标准的预应力钢筋；非预应力钢筋采用热轧光圆钢筋焊接网以及各类冷加工钢筋。

——对原实心底板的跨度做了调整。

——增加了板的图例。

——简化了试验方法的叙述，改写为按照 GB 50204 的规定执行。

本标准的附录 A、附录 B 均为资料性附录。

本标准由中华人民共和国建设部提出。

本标准由建设部建筑制品与构配件产品标准化技术委员会归口。

本标准起草单位：中国建筑标准设计研究院、廊坊华霖现代建筑材料有限公司、北京市榆树庄构件厂、颐中（青岛）新型建筑材料有限公司。

本标准主要起草人：吴燕燕、陈幼璠、王宏伟、陶梦兰、罗中科、汪洪涛、任鑫山、潘本栋。

本标准所代替标准的历次版本发布情况为：

——GB 16727—1997。

叠合板用预应力混凝土底板

1 范围

本标准规定了叠合板用预应力混凝土底板的分类及规格、标记、要求、试验、检验方法、检验规则、标志、堆放与运输、产品合格证。

本标准适用于房屋建筑楼盖与屋盖叠合板用预应力混凝土底板，包括叠合板用预应力混凝土实心底板和叠合板用预应力混凝土空心底板。

2 规范性引用文件

下列文件中的条款通过本标准的引用而成为本标准的条款。凡是注日期的引用文件，其随后所有的修改单(不包括勘误的内容)或修订版均不适用于本标准，然而，鼓励根据本标准达成协议的各方，研究是否可使用这些文件的最新版本。凡是不注日期的引用文件，其最新版本适用于本标准。

GB 175　通用硅酸盐水泥

GB/T 700　普通碳素结构钢

GB 701　低碳钢热轧圆盘条

GB 1499　钢筋混凝土用热轧带肋钢筋

GB/T 5223　预应力混凝土用钢丝

GB/T 5224　预应力混凝土用钢绞线

GB 8076　混凝土外加剂

GB 13013　钢筋混凝土用热轧光圆钢筋

GB 13014　钢筋混凝土用余热处理钢筋

GB 13788　冷轧带肋钢筋

GB/T 14981　热轧盘条尺寸、外形、重量及允许偏差

GB 50010　混凝土结构设计规范

GB/T 50081　普通混凝土力学性能试验方法标准

GB 50119　混凝土外加剂应用技术规范

GB 50204　混凝土结构工程施工质量验收规范

GBJ 107　混凝土强度检验评定标准

JGJ 28　粉煤灰在混凝土和砂浆中应用技术规程

JGJ 52　普通混凝土用砂质量标准及检验方法

JGJ 53　普通混凝土用碎石或卵石质量标准及检验方法

JCJ 55　普通混凝土配合比设计规程

JGJ 63　混凝土拌合用水标准

JGJ 95　冷轧带肋钢筋混凝土结构技术规程

JGJ 114　钢筋焊接网混凝土结构技术规程

3 分类及规格

3.1 分类

产品按底板截面形式分为预应力混凝土实心底板和预应力混凝土空心底板两类。

3.2 规格

3.2.1 预应力混凝土实心底板厚度应为 50 mm，标志长度为 3 000 mm～4 800 mm，标志宽度为 600 mm、1 200 mm。

注：当标志长度小于 3 600 mm 的板时，为便于搬运板厚度可取 40 mm。

3.2.2 预应力混凝土空心底板的标志宽度以 600 mm 和 1 200 mm 为主，实际需要是也可增加 500 mm、900 mm、1 000 mm、1 500 mm、1 800 mm、2 400 mm 等规格。但构件厂所选用的宽度不宜多于 3 种。预应力混凝土空心底板的主要规格尺寸见表 1。

表 1 预应力混凝土空心底板的主要规格尺寸

厚度/mm	100	120	150	180	200
标志长度/mm	4 500～6 000	5 400～7 200	6 000～9 000	8 100～1 050	9 000～1 110
空心率	≥25%		≥30%		≥34%
注 1：板长模数为 300 mm。 注 2：板的制作长度、宽度与标志长度、宽度的差值应符合设计要求。 注 3：板的平、剖面及截面各部位尺寸参见附录图 A.1 及图 B.1。					

4 标记

4.1 标记方法

板的标记由名称、标志长度、标志宽度、预应力钢筋类别和预应力钢筋根数组成，其表示方法如下：

a) 预应力混凝土实心底板

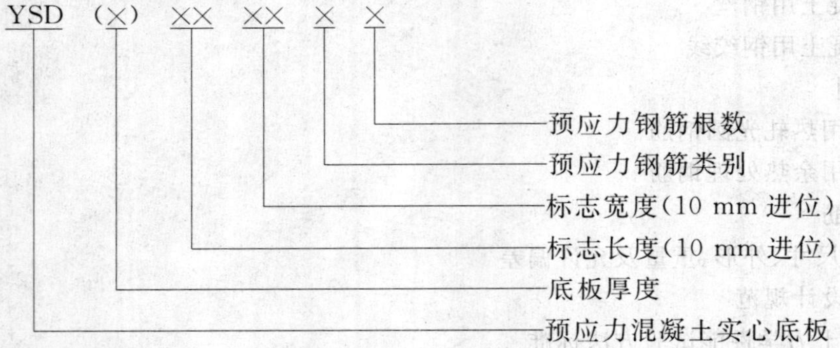

注：底板厚度为 50 mm 时不注。

b) 预应力混凝土空心底板

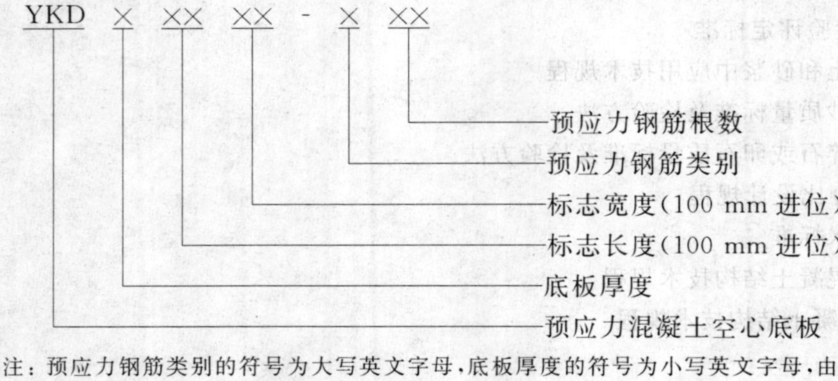

注：预应力钢筋类别的符号为大写英文字母，底板厚度的符号为小写英文字母，由具体设计约定。

4.2 标记示例

示例 1：标志长度 3 600 mm，标志宽度 1 200 mm，并以 B 代表预应力钢筋采用钢筋直径为 5 mm 的 CRB800 级冷轧带肋钢筋，钢筋根数为 15 根的预应力混凝土实心底板的标记为 YSD3612-B15。

示例 2：标志长度 7 200 mm，标志宽度 600 mm，并以 c 代表底板厚度 180 mm，以 C 代表预应力钢筋采用钢筋直径为 7 mm 的螺旋肋钢丝，钢筋根数为 6 根的预应力混凝土空心底板的标记为 YKDc726-C6。

5 要求

5.1 一般要求

板的设计、生产除应符合本标准的规定外，尚应符合国家现行的有关标准的规定。

5.2 材料

5.2.1 混凝土

5.2.1.1 混凝土的原材料质量应分别符合 GB 175、JGJ 52、JGJ 53、JGJ 63 的规定。

5.2.1.2 水泥宜采用强度等级不低于 32.5 的普通硅酸盐水泥、硅酸盐水泥，蒸汽养护时也可采用强度等级不低于 32.5 的矿渣硅酸盐水泥。

5.2.1.3 砂子宜采用中砂，粗骨料宜采用粒径为 5 mm～20 mm 的碎石。

5.2.1.4 混凝土掺用外加剂应符合 GB 50119、GB 8076、JGJ 28，经检验符合要求后方可使用。混凝土中严禁使用含氯盐的外加剂。

5.2.1.5 板的混凝土强度等级不应低于 C30，并应符合 GB 50204、GBJ 107 及 JGJ 55 的规定。

5.2.2 钢材

5.2.2.1 预应力钢筋宜采用冷轧带肋钢筋 CRB550、消除应力低松弛螺旋肋钢丝和钢绞线，其材质和性能应分别符合 JGJ 95、GB/T 5223 和 GB/T 5224 的规定。也可采用符合国家标准的其他种类的预应力钢筋。

5.2.2.2 非预应力筋宜采用冷轧带肋钢筋 CRB550、热轧钢筋 HPB235 级和 HRB335 级，其材质和性能应分别符合 GB 13788、JGJ 95、GB 13013、GB 13014 和 GB 1499、GB 50010、JGJ 114 的规定。

5.2.2.3 吊钩应采用未经冷加工的 HPB235(Q235)级钢筋制作，预埋钢板应采用 Q235-B 制作，其材质应分别符合 GB 13013、GB 701、GB/T 14981 和 GB/T 700 的规定。

5.2.2.4 焊条应符合现行有关标准的规定。

5.2.2.5 钢筋、钢丝和预埋件钢材应有出厂质量证明书和进厂试验报告单，并严格按钢号、规格堆存，不得混淆，同时应防止污染和腐蚀。

5.3 板的构造

5.3.1 实心底板的预应力钢筋宜沿板宽均匀布置，其预应力钢筋中心宜设置在距底板截面中心处。

5.3.2 预应力主筋及非预应力筋的混凝土保护层厚度应符合 GB 50010 的规定，当不足时可采用增加抹灰等保护措施。

5.3.3 实心底板钢筋水平净距不宜小于 25 mm；空心底板不应小于 15 mm，排列有困难时可采用 2 根并列。

5.3.4 板端伸出的预应力钢筋长度以及侧向分布筋伸出长度，应符合设计要求，不得弯折及折断。

5.3.5 钢筋接头位置和数量应符合 GB 50204 的有关规定和设计的要求。

5.3.6 预应力实心底板应配置横向分布筋，单位长度上分布筋的截面面积不宜小于单位宽度上受力钢筋截面面积的 15%，且不宜小于该方向板截面面积的 0.15%；其间距不应大于 300 mm 且不宜大于 250 mm，直径不宜小于 6 mm，在板端 100 mm 范围内应设 3 道加密横向均匀布置的分布筋。分布筋应在预应力钢筋上绑牢或预先点焊成网片再安装，点焊网片中与预应力钢筋平行的钢筋，如设计无要求时，只需考虑维持网片不变形即可。

5.3.7 底板面结合用构造钢筋的设置应符合设计要求，其下半部应埋入底板混凝土内并与预应力钢筋绑扎，上部露出板面的高度不宜小于 2/3 叠合层厚度，结合筋的混凝土保护层不应小于 10 mm。

5.3.8 吊钩的直径、数量应按设计图纸配置，最小直径不宜小于 8 mm，其埋入混凝土的深度不应小于

30d(d——吊钩钢筋直径),并应焊接或棒扎在预应力钢筋上。

5.3.9　板上的预埋件和孔洞应按设计要求设置,洞口周边应设加强筋,洞口内的预应力钢筋可暂不切断,叠合层混凝土浇灌时留出洞口,进行设备安装时再切除。

5.4　施加预应力

5.4.1　底板宜采用长线台座先张法或模外张拉先张法制作。

5.4.2　预应力筋的张拉控制应力应符合设计要求及国家现行标准有关规定。预应力筋实际建立的预应力总值与检验规定值偏差为±5%。

5.4.3　用超张拉法减少预应力筋的松弛损失时,5.4.2中的张拉控制应力不应大于GB 50010的规定。张拉程序及张拉应力控制方法应符合GB 50204的规定。

5.4.4　预应力钢筋采用镦头夹具时,镦头强度不得低于钢筋极限抗拉强度标准值的95%。

5.4.5　预应力放张时的混凝土立方体抗压强度必须符合设计要求;当设计无明确要求时,不得低于设计的混凝土立方体抗压强度标准值的75%。

5.4.6　放张预应力时应采取缓慢放张的措施,不得骤然放松。其放张顺序,当设计无要求时,应对称分批相互交错地放张。

5.4.7　锚固阶段张拉端预应力钢筋的内缩量应符合下列规定:

a)　镦头夹具1 mm;

b)　锥塞式、夹片式夹具为5 mm。

5.4.8　严禁预应力钢筋断裂或滑脱。

5.4.9　板预应力钢筋放张后,板端钢筋回缩值的平均值不宜大于2 mm,单根钢筋回缩值不得大于3 mm。

注:冷轧带肋钢筋回缩值不宜大于5 mm。

5.5　制作

5.5.1　板制作过程中的模板、钢筋、预应力和混凝土等分项质量应符合GB 50204的有关规定。

5.5.2　钢筋应按设计正确设置,并应采取措施防止隔离剂沾污。

5.5.3　预应力钢筋下料长度,应由计算确定。采用镦头夹具多根钢筋同时张拉,钢筋有效长度相对差值不得超过1/5 000,且不得大于5 mm。长度不大于6 m的构件,当钢筋成组张拉时,下料长度的相对差响不得大于2 mm。

5.6　外观质量

5.6.1　板的外观质量应符合表2的规定。

表2　外观质量

项号	项目		质量要求
1	露筋	主筋	不应有
		副筋	不宜有
2	孔洞	任何部位	不应有
3	蜂窝	主要受力部位	不应有
		次要部位	总面积不超过所在板面面积的1%,且每处不超过0.01 m^2(实心板不应有)
4	裂缝	板面纵向裂缝	缝宽不大于0.15 mm,且缝长度总和不大于L/4, 且单条不大于600 mm
		板面横向裂缝	长度不超过板宽的1/3,且不延伸到侧边,缝宽不大于0.1 mm
		肋裂	不应有
		板底裂缝	不应有
		角裂	仅允许一个角裂,且不延伸到板面

表 2(续)

项号	项目		质量要求
5	板端部缺陷	混凝土酥松或外伸主筋松动	不应有
6	外表缺陷	板底表面	不应有
		板顶、板侧表面	不宜有(实心板不应有)
7	外形缺陷		影响安装及使用功能的不应有,其他不宜有(实心板不应有)
8	外表沾污		不应有

注1:露筋指板内钢筋未被混凝土包裹而外露的缺陷。

注2:孔洞指混凝土中深度和长度均超过保护层厚度的孔穴。

注3:蜂窝指板混凝土表面缺少水泥砂浆而形成石子外露的缺陷。

注4:裂缝指伸入混凝土内的缝隙。实心板不允许有垂直预应力钢筋方向的横向裂缝。实心板出现平行于预应力筋的纵向裂缝时,应按设计要求处理。但网状裂纹、龟裂水纹等不在此限。

注5:板端部缺陷指板端处混凝土疏松或受力筋松动等缺陷。

注6:外形缺陷指板端头不直、倾斜、缺棱掉角、飞边和凸肋疤瘤。

注7:外表缺陷指板表面麻面、掉皮、起砂和漏抹。

注8:外表沾污指构件板表面有油污或粘杂物。

注9:主要受力部位指弯矩剪力较大部位。

5.6.2 板上表面应加工成密实的粗糙面。当表面无结合筋时,底板上表面应做成凹凸不小于 4 mm 的人工粗糙面,设计中应标明对板上表面粗糙程度的技术要求和检验方法。

5.6.3 板底应平直。板底平整度的允许偏差对板底不吊顶者为 4 mm;对有吊顶者为 5 mm。对板底平整度的检查方法应检查生产平台,不宜采用直接检查板的方法。

5.7 允许偏差

板各部尺寸的允许偏差应符合表 3 的规定。

表 3 允许偏差

项号	项 目	允许偏差/mm
1	长度	+10,−5
2	宽度	±5
3	高度	+5,−3
4	对角线	10
5	侧向弯曲	$L/750$ 且≤20
6	翘曲	$L/750$
7	表面平整	5
8	板底平整度	4,5
9	预应力钢筋间距	5
10	预应力钢筋在板宽方向的中心位置与规定位置偏差	<10
11	预应力钢筋保护层厚度	+5,−3
12	预应力钢筋外伸长度	+30,−10

表 3(续)

项号	项目		允许偏差/mm
13	预埋件	中心位置偏移	10
		与混凝土面平整	5
14	预留孔洞	中心位置偏移	10
		规格尺寸	+10,0
15	板自重		±7%
注 1：第 15 项仅用于型式试验。 注 2：*L* 为板长。			

5.8 板的结构性能

板的结构性能要求包括承载力、挠度、抗裂(或裂缝宽度)应符合设计要求，并应按 GB 50204 和设计的规定进行检验验证。

6 试验、检验方法

6.1 各种原材料及钢材焊接质量的试验项目试验方法应符合国家现行的有关标准。混凝土强度的检验评定应符合 GBJ 107 的规定，试验方法应符合 GB/T 50081 的规定。

6.2 板的钢筋、吊钩、预埋件、预留孔的设置应观察和用尺量测。

6.3 预应力筋实际建立的预应力总值应用千斤顶或张拉应力测定仪器在张拉后 1 h 量测检查。

6.4 板制作过程中的模板、钢筋、预应力和混凝土等分项质量控制方法应符合 GB 50204 的有关规定。

6.5 外观质量检验方法应符合表 4 的规定。

表 4 外观质量检验方法

项号	项目		检验方法
1	露筋	主筋	观察
		副筋	观察、用尺量测
2	孔洞	任何部位	观察
3	蜂窝	主要受力部位	观察
		次要部位	观察或用百格网量测
4	裂缝	板面纵向裂缝	观察和用尺、刻度放大镜量测
		板面横向裂缝	
		肋裂	
		板底裂缝	
		角裂	
5	板端部缺陷	混凝土酥松或外伸主筋松动	观察、摇动
6	外表缺陷	板底表面	观察
		板侧表面	
7	外形缺陷		观察
8	外表沾污		观察

6.6 允许偏差的检测方法应符合表 5 的规定。

表 5　允许偏差的检测方法

项号	项目		检测方法
1	长度		用尺量测平行于板长度方向的任何部位
2	宽度		用尺量测垂直于板长度方向底面的任何部位
3	高度		用尺量测与长边竖向垂直的任何部位
4	对角线		用尺量测板面两个对角线差
5	侧向弯曲		拉线用尺量测侧向弯曲最大处
6	翘曲		用调平尺在板两端量测
7	表面平整		用 2 m 靠尺和楔形塞尺，量测靠尺与板面两点间的最大缝隙
8	板底平整度		在板侧立情况下，用 2 m 靠尺和楔形塞尺，量测靠尺与板底两点间的最大缝隙
9	预应力钢筋间距		用尺量测
10	预应力钢筋在板宽方向的中心位置与规定位置偏差		用尺量测
11	预应力钢筋保护层厚度		用尺或钢筋保护层厚度测定仪量测
12	预应力钢筋外伸长度		用尺在板两端量测
13	预埋件	中心位置偏移	用尺量测纵、横两个方向中心线，取其中较大值
		与混凝土面平整	用平尺和钢板尺量测
14	预留孔洞	中心位置偏移	用尺量测纵、横两个方向中心线，取其中较大值
		规格尺寸	用尺量测
15	板自重		用衡器量测

6.7　底板的结构性能检验方法、检验参数和检验指标应符合 GB 50204 的规定和设计要求。

7　检验规则

7.1　出厂检验

7.1.1　检验项目

检验项目包括钢筋材质、混凝土强度、外观质量、允许偏差及结构性能。

7.1.2　检验批量、抽样数量、检验与复验规则

检验批量、抽样数量、检验与复验规则等，应符合 GB 50204 的规定。

7.2　型式检验

7.2.1　检验条件

有下列情况之一时应进行型式检验：

a)　产品转厂生产或首次投入生产的试制定型鉴定时；

b)　产品停产半年以上再恢复生产时；

c)　设计、工艺和材料有较大变更，可能影响产品性能时；

d)　出厂检验结果与上次型式检验有较大差异时；

e)　一年一次正常生产检验；

f)　上级质量监督检查机构提出检验要求时。

7.2.2　检验项目

除翘曲和自重外，按本标准第 5 章要求的全部项目逐项检验。

7.2.3 **检验批量、复验规则**

7.2.3.1 检验批量应根据 GB 50204 的规定确定。复验规则按 GB 50204 的规定执行。

7.2.3.2 对不超过表 2 规定的蜂窝和不影响结构性能及安装使用性能的缺陷，可用强度等级高一级的细石混凝土及时修补并再次检查。

7.2.3.3 当预应力钢筋调直时，对发生死弯、劈裂、小刺、夹心、颈缩、机械损伤、氧化铁皮、肉眼可见麻坑现象应予以剪去。

8 标志、堆放与运输

8.1 标志

板应设有永久性标志，其内容包括：

a) 制造厂名称或商标；

b) 标记，标注在板端侧面；

c) 生产日期(年、月、日)；

d) 检验合格章。

8.2 堆放与运输

8.2.1 板应按型号、质量等级、品种和生产日期分别堆放，并注意受力方向。

8.2.2 堆放场地应平整夯实，堆放时应使板与地面之间留有一定空隙，并有排水措施。

8.2.3 板堆放时的支承位置应符合其受力情况设置垫木，垫木顶面标高一致，垫木距板端位置应符合设计要求，并应上下对齐，垫平垫实。

8.2.4 板装运时的支承位置和方法应符合其受力状态，并固定牢靠。

9 产品合格证

板出厂时应签发产品合格证，合格证应包括以下内容：

a) 合格证编号；

b) 采用标准图和设计图纸编号；

c) 制造厂名称、商标及出厂年月日；

d) 标记、规格及数量；

e) 混凝土、预应力主筋力学性能的评定结果；

f) 外观质量和规格尺寸检验评定结果；

g) 结构性能检验评定结果；

h) 检验部门盖章、检验负责人签字。

附　录　A
（资料性附录）
预应力混凝土实心底板示例

预应力混凝土实心底板示例如图 A.1 所示。

单位为毫米

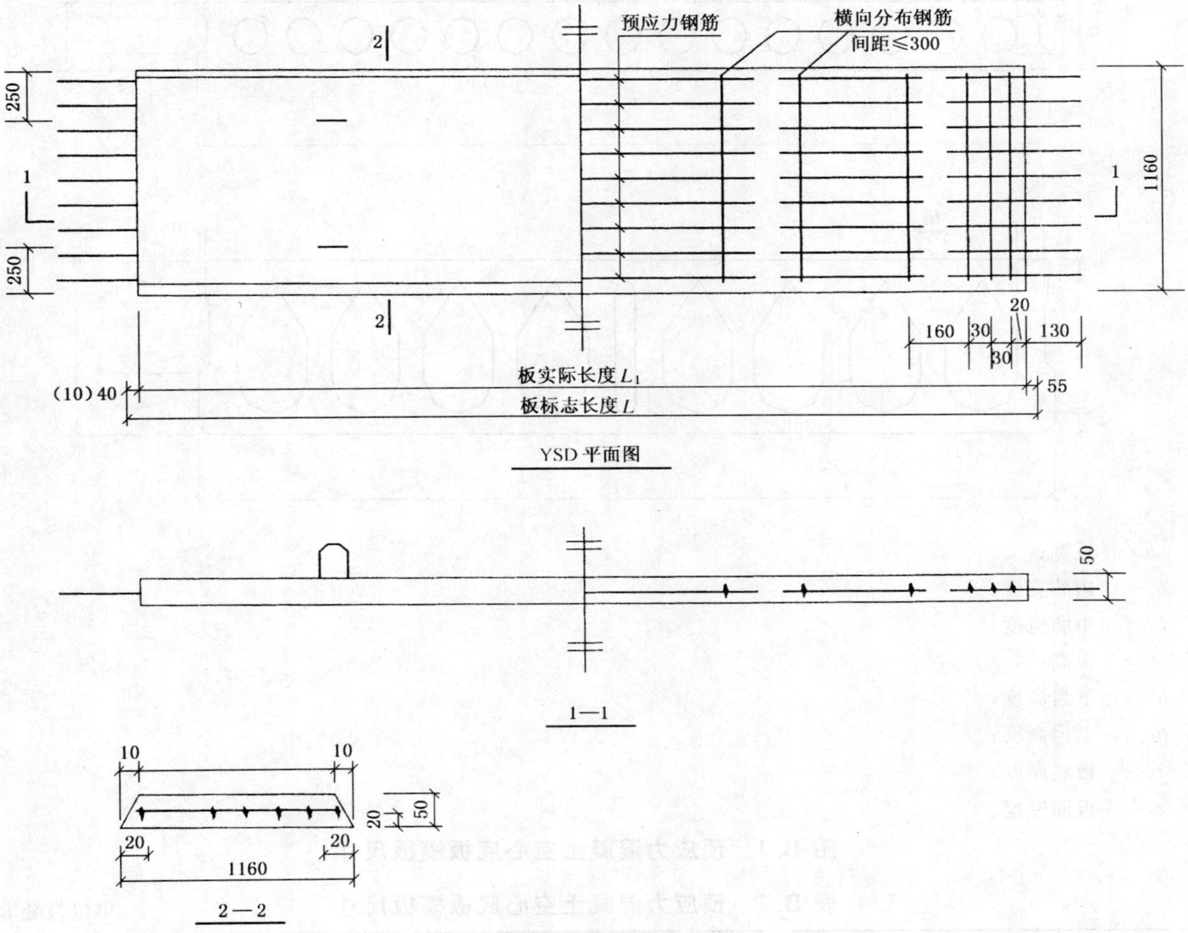

图 A.1　预应力混凝土实心底板示例

附 录 B
（资料性附录）
预应力混凝土空心底板模板尺寸

预应力混凝土空心底板模板尺寸参见图 B.1 及表 B.1。

单位为毫米

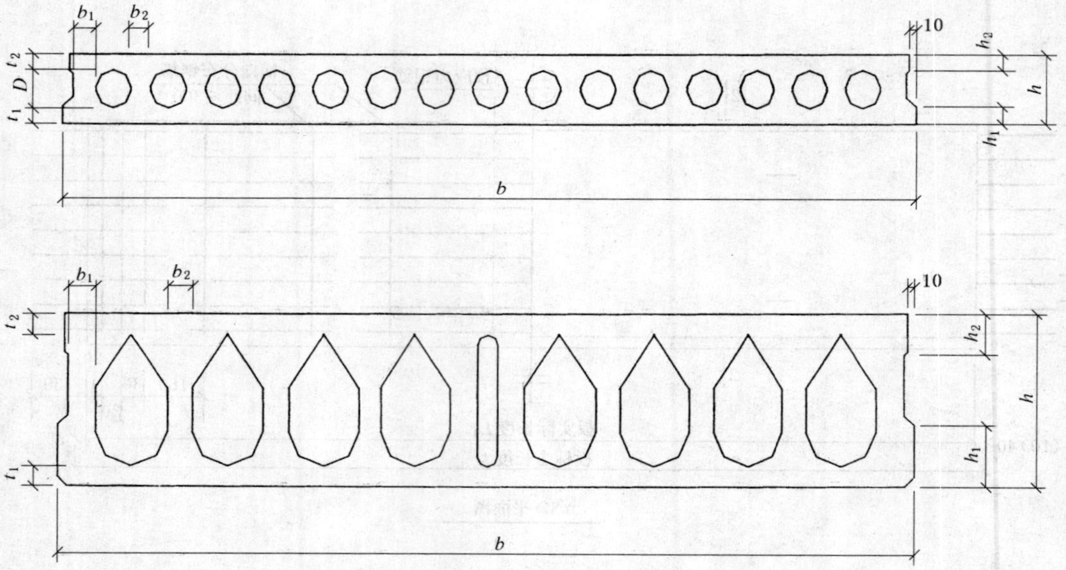

b——板宽；

b_1——边肋宽度；

b_2——中肋宽度；

h——板高；

h_1——下齿高度；

h_2——上齿高度；

t_1——板底厚度；

t_2——板面厚度。

图 B.1 预应力混凝土空心底板模板尺寸

表 B.1 预应力混凝土空心底板模板尺寸

单位为毫米

h	b_1	b_2	h_1	h_2	t_1	t_2
100、120、150	≥25		≥30		≥30	
180、200			≥35			

ICS 91.060.20
P 32

中华人民共和国国家标准

GB/T 16728—2007
代替 GB 16728—1997

预应力混凝土肋形屋面板

Prestressed concrete ribbed roof slabs

2007-09-11 发布　　2008-02-01 实施

中华人民共和国国家质量监督检验检疫总局
中国国家标准化管理委员会　发布

前　言

本标准自实施之日起代替 GB 16728—1997《预应力混凝土肋形屋面板》。

本标准与 GB 16728—1997 相比，主要变化如下：

——本标准型号仅对标准板型做出规定。

——纵肋主筋保护层厚度改为 25 mm。

——纵肋主筋预应力钢筋种类不作具体规定，而由使用者选择适用于肋形屋面板并符合国家标准的预应力钢筋种类。

本标准的附录 A、附录 B 均为资料性附录。

本标准由中华人民共和国建设部提出。

本标准由建设部建筑制品与构配件产品标准化技术委员会归口。

本标准起草单位：中国建筑标准设计研究院、北京市榆树庄构件厂。

本标准主要起草人：吴燕燕、陈幼璠、陶梦兰、罗中科、汪洪涛。

本标准所代替标准的历次版本发布情况为：

——GB 16728—1997。

预应力混凝土肋形屋面板

1 范围

本标准规定了预应力混凝土肋形屋面板(由纵肋承重的屋面板)的分类和标记、要求、试验、检验方法、检验规则、标志、堆放与运输、产品合格证。

本标准适用于工业建筑跨度为6 m的屋盖中铺设有防水层、采用先张法的预应力混凝土肋形屋面板(以下简称板),包括屋面板、檐口板、嵌板、嵌板檐口板。普通混凝土肋形屋面板可参照使用。民用建筑中的肋形屋面板亦可参考使用。

2 规范性引用文件

下列文件中的条款通过本标准的引用而成为本标准的条款。凡是注日期的引用文件,其随后所有的修改单(不包括勘误的内容)或修订版均不适用于本标准,然而,应鼓励使用本标准的各方,探讨使用下列标准的最新版本的可能性。凡是不注日期的引用文件,其最新版本适用于本标准。

GB 175 通用硅酸盐水泥

GB/T 700 碳素结构钢

GB 701 低碳钢热轧圆盘条

GB 1499 钢筋混凝土用热轧带肋钢筋

GB/T 5223 预应力混凝土用钢丝

GB 8076 混凝土外加剂

GB 13013 钢筋混凝土用热轧光圆钢筋

GB 13014 钢筋混凝土用余热处理钢筋

GB 13788 冷轧带肋钢筋

GB/T 14981 热轧盘条尺寸、外形、重量及允许偏差

GB 50010 混凝土结构设计规范

GB/T 50081 普通混凝土力学性能试验方法标准

GB 50119 混凝土外加剂应用技术规范

GB 50204 混凝土结构工程施工质量验收规范

GBJ 107 混凝土强度检验评定标准

JGJ 28 粉煤灰在混凝土和砂浆中应用技术规程

JGJ 52 普通混凝土用砂质量标准及检验方法

JGJ 53 普通混凝土用碎石或卵石质量标准及检验方法

JGJ 55 普通混凝土配合比设计规程

JGJ 63 混凝土拌合用水标准

JGJ 95 冷轧带肋钢筋混凝土结构技术规程

JGJ 114 钢筋焊接网混凝土结构技术规程

3 分类和标记

3.1 分类

3.1.1 板分为屋面板、檐口板、嵌板、嵌板檐口板四类。

3.1.2 各类板的代号及主要规格尺寸应符合表1的规定。

表 1　板的代号及其主要规格尺寸　　　　单位为毫米

名称	代号	标志长度	标志宽度	纵肋高度	面板厚
预应力混凝土屋面板	Y-WB	6 000	1 500	240	30
预应力混凝土檐口板	Y-WBT	6 000	1 900	240	30
预应力混凝土嵌板	Y-KWB	6 000	900	240	30
预应力混凝土嵌板檐口板	Y-KWBT	6 000	1 100	240	30

注 1：板的制作长度和标志长度的差值为 30 mm；板的制作宽度和标志宽度的差值为 10 mm。

注 2：各类板的平、剖面及截面各部位尺寸见附录图 A.1～图 A.4 的规定。

注 3：屋面板在纵、横肋构成的区格内均允许开洞，相关规定见附录 B 的规定。

3.2　标记

板的标记由板代号、荷载等级、主筋类别组成，其表示方法如下：

Y-××　-　×　×

主筋类别

荷载等级

板代号

3.3　标记示例

示例 1：荷载等级为 2 级，主筋类别为冷拉 HRB335 级热轧带肋钢筋的预应力混凝土屋面板的标记为 Y-WB-2_{II}

示例 2：荷载等级为 2 级，主筋类别为冷拉 HRB335 级热轧带肋钢筋的预应力混凝土檐口板的标记为 Y-WBT-2_{II}

示例 3：荷载等级为 1 级，主筋类别为冷拉 HRB335 级热轧带肋钢筋的预应力混凝土嵌板的标记为 Y-KWB-1_{II}

示例 4：荷载等级为 1 级，主筋类别为冷拉 HRB335 级热轧带肋钢筋的预应力混凝土嵌板檐口板的标记为 Y-KWBT-1_{II}

4　要求

4.1　一般要求

板的设计、生产除应符合本标准的规定外，尚应符合国家现行的有关标准的规定。

4.2　材料

4.2.1　混凝土

4.2.1.1　混凝土的原材料质量应分别符合 GB 175、JGJ 52、JGJ 53、JGJ 63 的规定。

4.2.1.2　水泥宜采用强度等级不低于 32.5 的普通硅酸盐水泥、硅酸盐水泥，蒸汽养护时也可采用强度等级不低于 32.5 的矿渣硅酸盐水泥。

4.2.1.3　砂子宜采用中砂，粗骨料宜采用粒径为 5 mm～20 mm 的碎石。

4.2.1.4　混凝土掺用外加剂应符合 GB 50119、GB 8076、JGJ 28，经检验符合要求后方可使用。混凝土中严禁使用含氯盐的外加剂。

4.2.1.5　板的混凝土强度等级不应低于 C30，并应符合 GB 50204、GBJ 107 及 JGJ 55 的规定。

4.2.2 钢材

4.2.2.1 纵肋主筋预应力钢筋可采用冷拉热轧钢筋、螺旋肋钢丝，其材质和性能应分别符合GB 50010、GB/T 5223的规定，也可采用其他适合用于肋形板的钢筋种类和符合国家现行标准的预应力钢筋。

4.2.2.2 非预应力筋宜采用冷轧带肋钢筋CRB550、热轧钢筋HPB235级和HRB335级，其材质和性能应分别符合GB 13788、JGJ 95、GB 13013、GB 13014和GB 1499、GB 50010、JGJ 114的规定。

4.2.2.3 吊钩应采用未经冷加工的HPB235(Q235)级钢筋制作，预埋钢板应采用Q235-B制作，其材质应分别符合GB 13013、GB 701、GB/T 14981和GB/T 700的规定。

4.2.2.4 焊条应符合国家现行有关标准的规定。

4.2.2.5 钢筋、钢丝和预埋件钢材应有出厂质量证明书和进厂试验报告单，并应严格按钢号、规格堆存，不得混淆，同时应防止污染和腐蚀。

4.3 构造

4.3.1 板的混凝土保护层厚度应满足环境类别要求，一类环境类别时，纵肋主筋保护层不应小于25 mm，横肋及面板保护层不应小于10 mm。

4.3.2 纵肋主筋接头位置和数量应符合GB 50204的有关规定和设计要求。

4.4 施加预应力

4.4.1 预应力筋的张拉控制应力应符合设计要求及国家现行标准规范有关规定。预应力筋实际建立的预应力总值与检验规定值偏差为±5%。

4.4.2 放张预应力时应采取缓慢放张的措施，不得骤然放松，放张时的混凝土立方体抗压强度必须符合设计要求；当设计无明确要求时，不得低于设计混凝土强度等级值的75%。

4.5 制作

4.5.1 板制作过程中的模板、钢筋、预应力和混凝土等分项质量控制应符合GB 50204的有关规定。

4.5.2 钢筋应按设计正确设置，并应采取措施防止隔离剂沾污。

4.6 外观质量

板的外观质量应符合表2的规定。

表2 外观质量

项号	项目		质量要求
1	露筋	主筋	不应有
		副筋	外露总长度不超过500 mm
2	孔洞	任何部位	不应有
3	蜂窝	主要受力部位	不应有
		次要部位	总面积不超过所在板面面积的1%，且每处不超过0.01 m²
4	裂缝	板面纵向裂缝	缝宽不大于0.15 mm，且缝长度总和不大于$L/4$，挑檐部位不应有
		板面横向裂缝	长度不超过板宽的1/2，且不延伸到侧边，缝宽不大于0.15 mm
		肋裂	不应有
		角裂	仅允许一个角裂，且不延伸到板面
5	外形缺陷		不宜有
6	外表缺陷		不应有

表 2(续)

项号	项目	质量要求
7	外表沾污	不应有
注1：露筋指板内钢筋未被混凝土包裹而外露的缺陷。 注2：孔洞指混凝土中深度和长度均超过保护层厚度的孔穴。 注3：蜂窝指板混凝土表面缺少水泥砂浆而形成石子外露的缺陷。 注4：裂缝指伸入混凝土内的缝隙。 注5：外形缺陷指板端头不直、倾斜、缺棱掉角、飞边和凸肋疤瘤。 注6：外表缺陷指板表面麻面、掉皮、起砂和漏抹。 注7：外表沾污指构件板表面有油污或粘杂物。 注8：主要受力部位指弯矩剪力较大部位。		

4.7 允许偏差

板的有关项目的允许偏差应符合表3的规定。

表 3 允许偏差

项号	项目		允许偏差/mm
1	长度		+10，−5
2	宽度		±5
3	高度		+5，−3
4	面板厚度		+4，−2
5	肋宽	纵肋 横肋	+4，−2
6	侧向弯曲		$L/750$
7	表面平整		5
8	预埋件	中心位置偏移	10
		与混凝土面平整	5
9	预留孔洞	中心位置偏移	10
		规格尺寸	+10，0
10	主筋保护层厚度		±3
11	对角线差		7
12	翘曲		$L/750$
注：L 为板长。			

4.8 板的结构性能

板的结构性能包括承载力、挠度、抗裂(或裂缝宽度)应符合设计的要求，并应按 GB 50204 和设计的规定进行检验验证(包括使用阶段及制作、运输、安装等施工阶段)。

5 试验、检验方法

5.1 各种原材料及钢材焊接质量的试验项目和试验方法应符合国家现行的有关标准。混凝土强度的检验评定应符合 GBJ 107 的规定，试验方法应符合 GB/T 50081 的规定。

5.2 板内钢筋的保护层厚度、主筋接头位置和数量应观察和用尺量测。

5.3 预应力筋实际建立的预应力总值的检验，应用千斤顶或张拉应力测定仪器在张拉后 1 h 量测检查。

5.4　板制作过程中的模板、钢筋、预应力和混凝土等分项质量控制方法应符合 GB 50204 的有关规定。

5.5　外观质量检验方法应符合表 4 的规定。

表 4　外观质量检验方法

<table>
<tr><th>项号</th><th colspan="2">项目</th><th>检验方法</th></tr>
<tr><td rowspan="2">1</td><td rowspan="2">露筋</td><td>主筋</td><td>观察</td></tr>
<tr><td>副筋</td><td>观察、用尺量测</td></tr>
<tr><td>2</td><td>孔洞</td><td>任何部位</td><td>观察</td></tr>
<tr><td rowspan="2">3</td><td rowspan="2">蜂窝</td><td>主要受力部位</td><td>观察</td></tr>
<tr><td>次要部位</td><td>观察或用百格网量测</td></tr>
<tr><td rowspan="4">4</td><td rowspan="4">裂缝</td><td>板面纵向裂缝</td><td rowspan="4">观察和用尺、刻度放大镜量测</td></tr>
<tr><td>板面横向裂缝</td></tr>
<tr><td>肋裂</td></tr>
<tr><td>角裂</td></tr>
<tr><td>5</td><td colspan="2">外形缺陷</td><td>观察</td></tr>
<tr><td>6</td><td colspan="2">外表缺陷</td><td>观察</td></tr>
<tr><td>7</td><td colspan="2">外表沾污</td><td>观察</td></tr>
</table>

5.6　允许偏差的检测方法应符合表 5 的规定。

表 5　允许偏差的检测方法

<table>
<tr><th>项号</th><th colspan="2">项目</th><th>检测方法</th></tr>
<tr><td>1</td><td colspan="2">长度</td><td>用尺量测平行于板长度方向的纵肋底部两端部位</td></tr>
<tr><td>2</td><td colspan="2">宽度</td><td>用尺量测垂直于板长度方向两纵肋底部外侧的任何部位</td></tr>
<tr><td>3</td><td colspan="2">高度</td><td>用尺量测竖向垂直于面板的纵肋底至板面的任何部位</td></tr>
<tr><td>4</td><td colspan="2">面板底至纵肋底高度</td><td>用尺量测竖向垂直于面板的面板的纵肋底至面板底的量测高度部位附近的部位</td></tr>
<tr><td rowspan="2">5</td><td rowspan="2">肋宽</td><td>纵肋</td><td>用尺量测</td></tr>
<tr><td>横肋</td><td>用尺量测</td></tr>
<tr><td>6</td><td colspan="2">侧向弯曲</td><td>拉线用尺量测侧向弯曲最大处</td></tr>
<tr><td>7</td><td colspan="2">表面平整</td><td>用 2 m 靠尺和楔形塞尺，量测靠尺与板面两点间的最大缝隙</td></tr>
<tr><td rowspan="2">8</td><td rowspan="2">预埋件</td><td>中心位置偏移</td><td>用尺量测纵、横两个方向中心线，取其中较大值</td></tr>
<tr><td>与混凝土面平整</td><td>用平尺和钢板尺量测</td></tr>
<tr><td rowspan="2">9</td><td rowspan="2">预留孔洞</td><td>中心位置偏移</td><td>用尺量测纵、横两个方向中心线，取其中较大值</td></tr>
<tr><td>规格尺寸</td><td>用尺量测</td></tr>
<tr><td>10</td><td colspan="2">主筋保护层厚度</td><td>用尺或钢筋保护层厚度测定仪量测</td></tr>
<tr><td>11</td><td colspan="2">对角线差</td><td>用尺量测板面两个对角线差</td></tr>
<tr><td>12</td><td colspan="2">翘曲</td><td>用调平尺在板两端、四角量测</td></tr>
</table>

5.7　板的结构性能试验方法应符合 GB 50204 和设计的规定。试验参数和检验指标应符合设计要求或 GB 50204 的规定。

6 检验规则

6.1 出厂检验

6.1.1 检验项目

检验项目包括钢筋材质、混凝土强度、板的外观质量、外形尺寸及结构性能。

6.1.2 检验批量、抽样数量、检验与复验规则

检验批量、抽样数量、检验与复验规则等，应符合 GB 50204 的规定。

6.2 型式检验

6.2.1 检验条件

有下列情况之一时应进行型式检验：

a) 产品转厂生产或首次投入生产的试制定型鉴定时；

b) 产品停产半年以上再恢复生产时；

c) 设计、工艺和材料有较大变更，可能影响产品性能时；

d) 出厂检验结果与上次型式检验有较大差异时；

e) 一年一次正常生产检验；

f) 上级质量监督检查机构提出检验要求时。

6.2.2 检验项目

除翘曲和自重外，按本标准第 4 章要求的全部项目逐项检验。

6.2.3 检验批量、复验规则

检验批量应根据 GB 50204 的规定确定。复验规则按 GB 50204 的规定执行。

注：对不超过表 2 规定的露筋、蜂窝和不影响结构性能及使用性能的缺陷，允许用强度等级高一级的细石混凝土及时修补。

7 标志、堆放与运输

7.1 标志

板应设有永久性标志，其内容包括：

a) 制造厂名称或商标；

b) 标记，标注在板端侧面；

c) 生产日期(年、月、日)；

d) 检验合格章。

7.2 堆放与运输

7.2.1 板应按型号、质量等级、品种和生产日期分别堆放。

7.2.2 堆放场地应平整夯实，堆放时应使板与地面之间留有一定空隙，并有排水措施。

7.2.3 板堆放时的支承位置应符合其受力情况设置垫木，垫木顶面标高一致，垫木距板端位置应符合设计要求，并应上下对齐，垫平垫实。

7.2.4 板装运时的支承位置和方法应符合其受力状态，并固定牢靠。

8 产品合格证

板出厂时应签发产品合格证，合格证应包括以下内容：

a) 合格证编号；

b) 采用标准图和设计编号；

c) 制造厂名称、商标及出厂年月日；

d) 型号、规格及数量；

e） 混凝土、预应力筋力学性能的评定结果；

f） 外观质量和规格尺寸检验评定结果；

g） 结构性能检验评定结果；

h） 检验部门盖章、检验负责人签字。

附 录 A
（资料性附录）
各类板的平、剖面及截面各部位尺寸

A.1 屋面板的平、剖面及截面各部位尺寸，应符合图 A.1 的规定。

单位为毫米

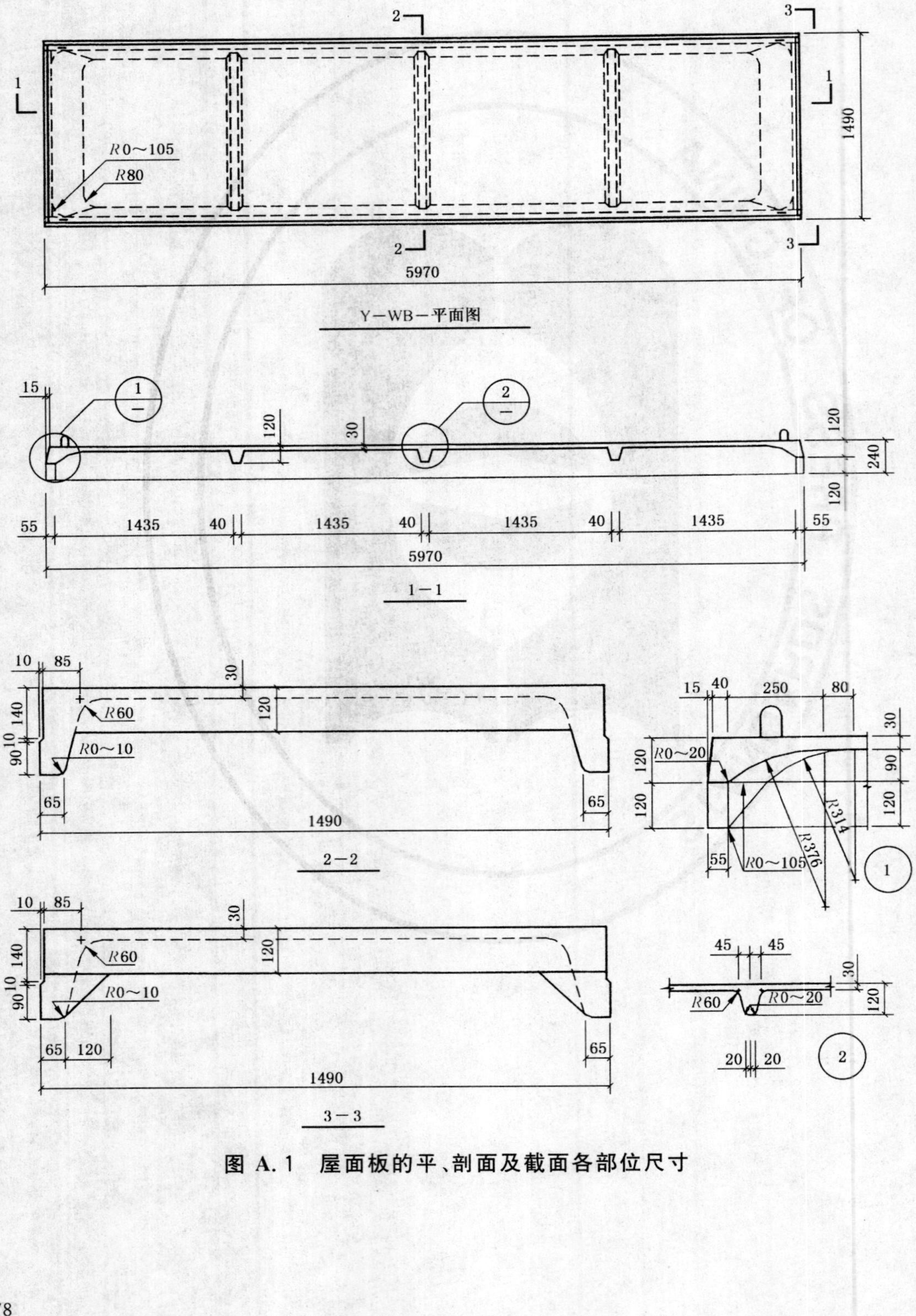

图 A.1 屋面板的平、剖面及截面各部位尺寸

A.2 檐口板的平、剖面及截面各部位尺寸，应符合图 A.2 的规定。

单位为毫米

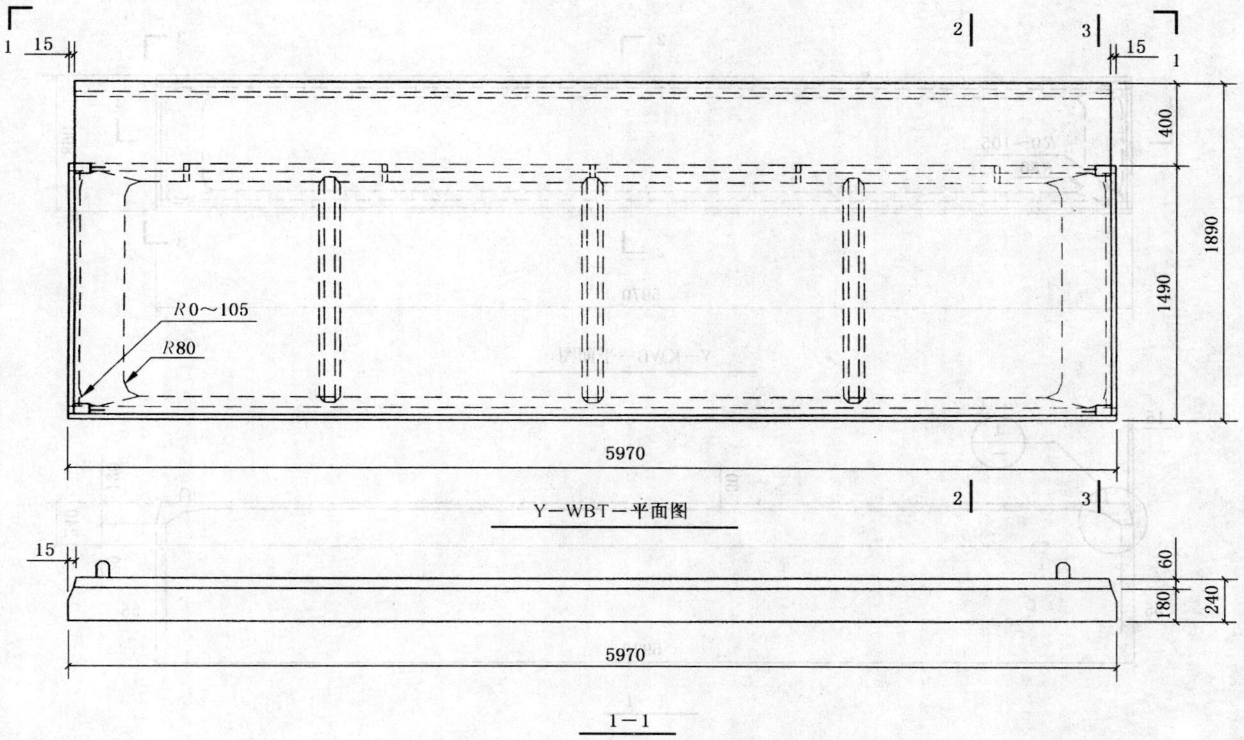

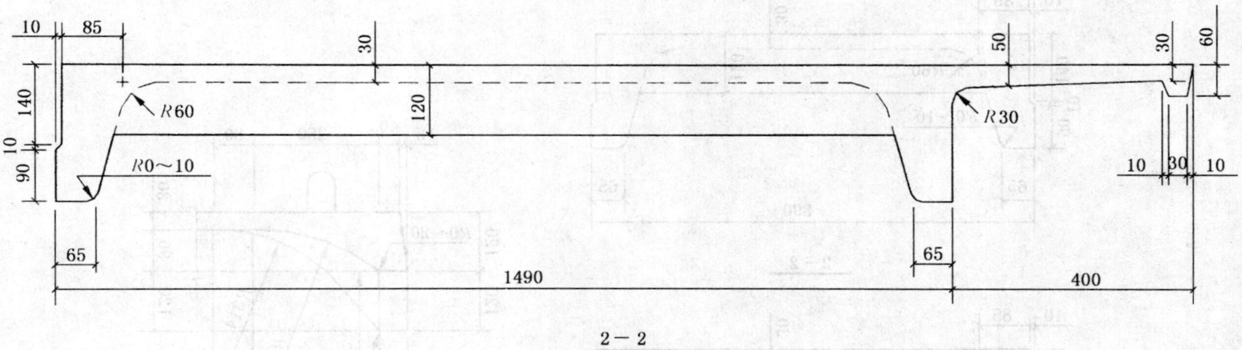

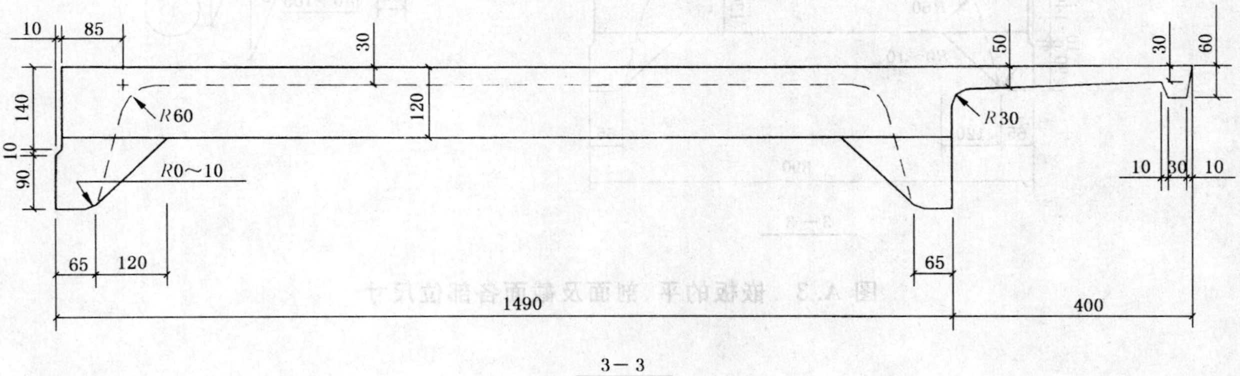

图 A.2　檐口板的平、剖面及截面各部位尺寸

A.3 嵌板的平、剖面及截面各部位尺寸，应符合图 A.3 的规定。

单位为毫米

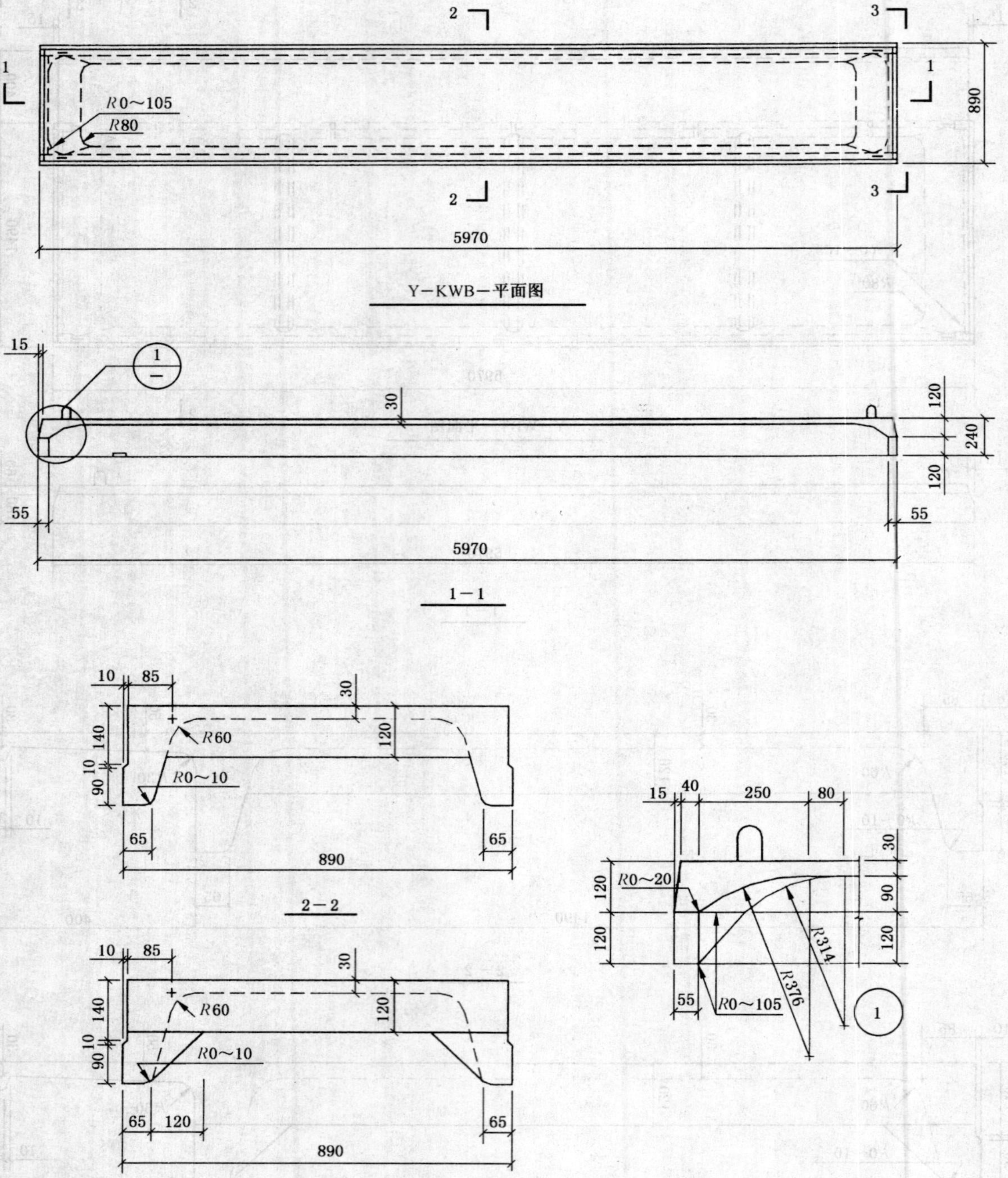

图 A.3 嵌板的平、剖面及截面各部位尺寸

A.4 嵌板檐口板的平、剖面及截面各部位尺寸，应符合图 A.4 的规定。

单位为毫米

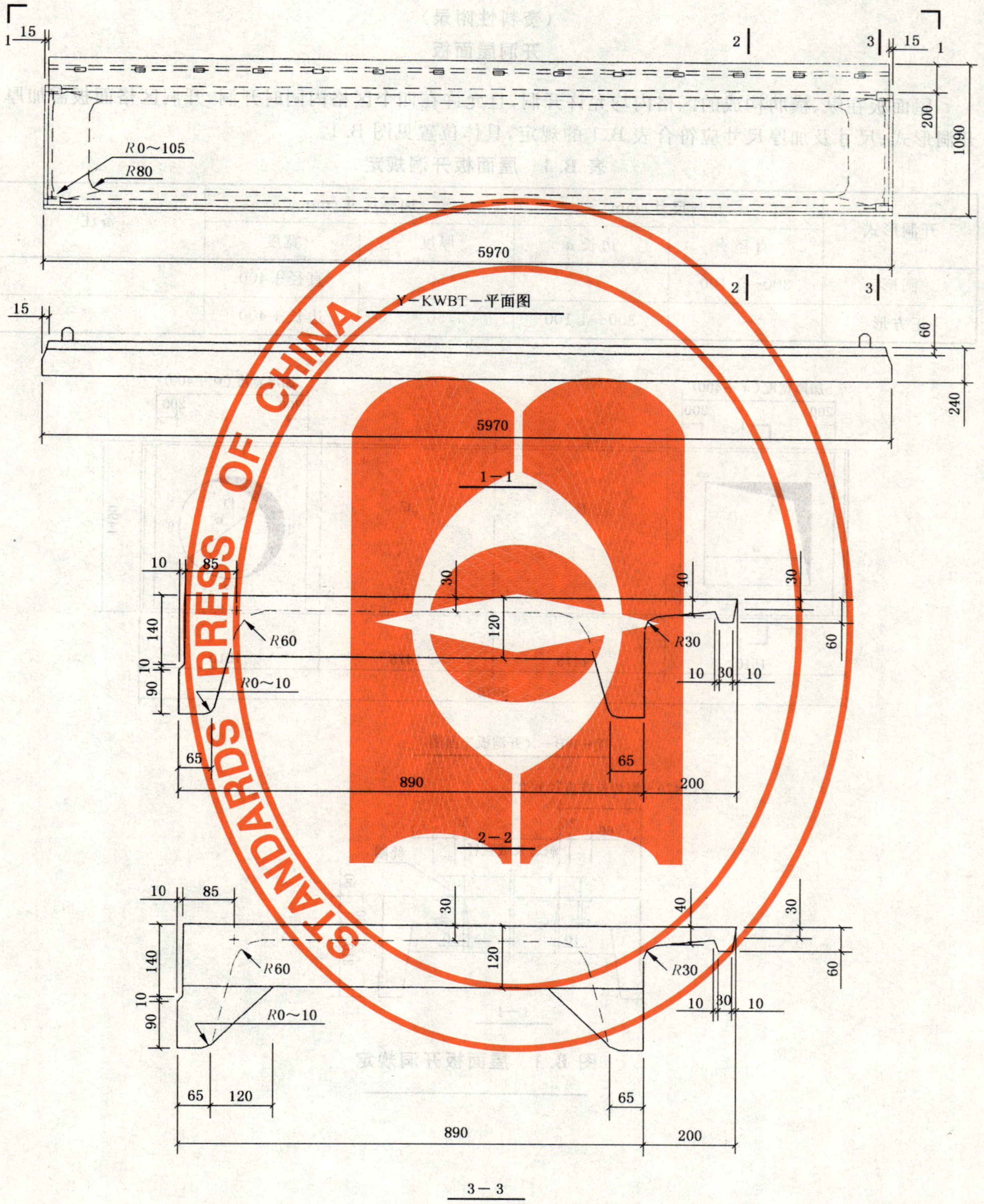

图 A.4 嵌板檐口板的平、剖面及截面各部位尺寸

附 录 B
（资料性附录）
开洞屋面板

屋面板在纵、横肋构成的区格内均允许开洞，且允许在四个区格内同时开洞，开洞区格面板需加厚，开洞形式、尺寸及加厚尺寸应符合表 B.1 的规定，具体位置见图 B.1。

表 B.1 屋面板开洞规定

开洞形式	开洞尺寸/mm		加厚尺寸/mm		备注
	直径 ϕ	边长 a	厚度	宽度	
圆形	300～1 100	—	50	直径＋400	
正方形	—	300～1 100	50	边长＋400	

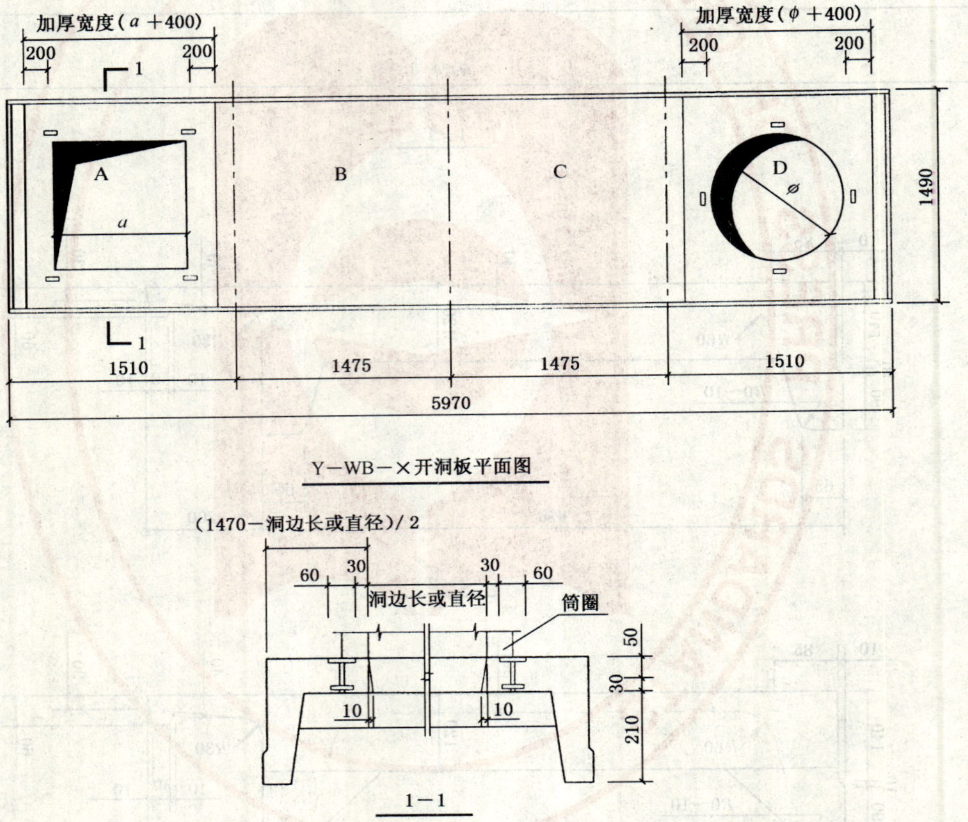

图 B.1 屋面板开洞规定

ICS 27.010;91.100.10
Q 11

中华人民共和国国家标准

GB 16780—2007
代替 GB/T 16780—1997

水泥单位产品能源消耗限额

The norm of energy consumption per unit product of cement

2007-12-03 发布　　2008-06-01 实施

中华人民共和国国家质量监督检验检疫总局
中国国家标准化管理委员会　发布

前　言

本标准的4.1和4.2是强制性的，其余是推荐性的。

本标准代替GB/T 16780—1997《水泥企业能耗等级定额》。

本标准与GB/T 16780—1997相比，主要变化如下：

——对范围进行了修改(1997年版的第1章，本版的第1章)；

——将"熟料烧成标准煤耗"改为"熟料综合煤耗"，将"可比熟料烧成标准煤耗"改为"可比熟料综合煤耗"(1997年版的3.1和3.2，本版的3.1和3.2)；

——将熟料综合标准煤耗"按熟料标号统一修正到625号"修改为"按熟料28 d抗压强度等级修正到52.5等级"，其余内容相应修改(1997年版的3.2，本版的3.2)；

——将可比水泥综合电耗"经水泥标号统一修正到出厂标号为425号"修改为"按水泥28 d抗压强度等级修正到出厂为42.5等级"，其余内容相应修改(1997年版的3.4，本版的3.7)；

——增加了熟料综合电耗、可比熟料综合电耗、可比熟料综合能耗和可比水泥综合能耗的定义(本版的3.3、3.4、3.5和3.8)；

——删除了水泥企业能耗限额分级(1997年版的第4章)；

——水泥单位产品能耗限额增加了可比熟料综合电耗限额、可比熟料综合能耗限额、可比水泥综合能耗限额及水泥粉磨企业的可比水泥综合电耗限额。水泥单位产品能耗限额指标修改为现有水泥企业水泥单位产品能耗限额限定值、新建水泥企业水泥单位产品能耗限额准入值和水泥企业水泥单位产品能耗限额先进值三个级别(本版的表1、表2和表3)；

——增加了能耗统计范围及统计方法(本版的5.1和5.2)；

——增加了可比熟料综合能耗和可比水泥综合能耗计算方法(本版的5.3.3和5.3.5)；

——取消了环保卫生水平修正系数(1997年版的6.2.4)；

——将水泥企业混合材掺量修正系数由水泥企业混合材掺量平均18%修正为普通硅酸盐水泥中混合材允许的最大掺量质量分数20%(1997年版的6.2.5，本版的5.3.4.3)；

——增加了节能管理与措施(本版的第6章)；

——将熟料强度和硅酸盐水泥的"标号"修改为"强度等级"，删除式(A.1)和式(A.2)(1997年版的附录A，本版的附录A)；

——增加了各种能源折标准煤参考系数和能耗工质平均折算热量及折标准煤参考系数(本版的附录B)。

本标准附录A为规范性附录，附录B为资料性附录。

本标准由国家发展和改革委员会资源节约和环境保护司、国家标准化管理委员会工业一部提出。

本标准由全国水泥标准化技术委员会归口。

本标准负责起草单位：天津水泥工业设计研究院有限公司。

本标准参加起草单位：中国建筑材料科学研究总院、合肥水泥研究设计院。

本标准主要起草人：刘继开、陶从喜、肖秋菊、丁奇生、郑子玉、郑青、王学敏、萧瑛、何捷。

水泥单位产品能源消耗限额

1 范围

本标准规定了通用硅酸盐水泥单位产品能源消耗(简称能耗)限额的技术要求、统计范围和计算方法、节能管理与措施。

本标准适用于通用硅酸盐水泥生产企业能耗的计算、考核,以及对新建项目的能耗控制。

2 规范性引用文件

下列文件中的条款通过本标准的引用而成为本标准的条款。凡是注日期的引用文件,其随后所有的修改单(不包括勘误的内容)或修订版均不适用于本标准,然而,鼓励根据本标准达成协议的各方研究是否可使用这些文件的最新版本。凡是不注日期的引用文件,其最新版本适用于本标准。

GB 175—2007 通用硅酸盐水泥

GB/T 213 煤的发热量测定方法

GB/T 384 石油产品热值测定方法

GB/T 2589 综合能耗计算通则

GB/T 12497 三相异步电动机经济运行

GB/T 13462 工矿企业电力变压器经济运行导则

GB/T 13469 工业用离心泵、混流泵、轴流泵与旋涡泵系统经济运行

GB/T 13470 通风机系统经济运行

GB 17167 用能单位能源计量器具配备和管理通则

GB/T 17671—1999 水泥强度检验方法(ISO 法)

GB/T 17954 工业锅炉经济运行

GB 18613 中小型三相异步电动机能效限定值及能效等级

GB/T 19065 电加热锅炉系统经济运行

GB 19153 容积式空气压缩机能效限定值及节能评价值

GB 19761 通风机能效限定值及节能评价值

GB 19762 清水离心泵能效限定值及节能评价值

GB 20052 三相配电变压器能效限定值及节能评价值

JC/T 733 水泥回转窑热平衡测定方法

3 术语和定义

下列术语和定义适用于本标准。

3.1

熟料综合煤耗 the comprehensive standard coal consumption of clinker

在统计期内生产每吨熟料的燃料消耗,包括烘干原燃材料和烧成熟料消耗的燃料,以 e_{cl} 表示,单位为千克标准煤每吨(kgce/t)。

3.2

可比熟料综合煤耗 the comparable comprehensive standard coal consumption of clinker

熟料综合煤耗统一修正后所得的综合煤耗,以 e_{kcl} 表示,单位为千克标准煤每吨(kgce/t)。

注:按熟料 28 d 抗压强度等级修正到 52.5 等级及海拔高度统一修正。

3.3

熟料综合电耗 comprehensive electricity consumption of clinker

在统计期内生产每吨熟料的综合电力消耗，包括熟料生产各过程的电耗和生产熟料辅助过程的电耗，以 Q_{CL} 表示，单位为千瓦时每吨(kWh/t)。

3.4

可比熟料综合电耗 the comparable comprehensive electricity consumption of clinker

熟料综合电耗统一修正后所得的综合电耗，以 Q_{KCL} 表示，单位为千瓦时每吨(kWh/t)。

注：按熟料 28 d 抗压强度等级修正到 52.5 等级及海拔高度统一修正。

3.5

可比熟料综合能耗 the comparable comprehensive energy consumption of clinker

在统计期内生产每吨熟料消耗的各种能源统一修正后并折算成标准煤所得的综合能耗，以 E_{CL} 表示，单位为千克标准煤每吨(kgce/t)。

注：按熟料 28 d 抗压强度等级修正到 52.5 等级及海拔高度统一修正。

3.6

水泥综合电耗 the comprehensive electricity consumption of cement

在统计期内生产每吨水泥的综合电力消耗，包括水泥生产各过程的电耗和生产水泥的辅助过程电耗(包括厂内线路损失以及车间办公室、仓库的照明等消耗)，以 Q_S 表示，单位为千瓦时每吨(kWh/t)。

3.7

可比水泥综合电耗 the comparable comprehensive electricity consumption of cement

水泥综合电耗统一修正后所得的综合电耗，以 Q_{KS} 表示，单位为千瓦时每吨(kWh/t)。

注：按水泥 28 d 抗压强度等级修正到出厂为 42.5 等级及混合材掺量统一修正。

3.8

可比水泥综合能耗 the comparable comprehensive energy consumption of cement

在统计期内生产每吨水泥消耗的各种能源统一修正后并折算成标准煤所得的综合能耗，以 E_{KS} 表示，单位为千克标准煤每吨(kgce/t)。

注：按熟料 28 d 抗压强度等级修正到 52.5 等级、海拔高度、水泥 28 d 抗压强度等级修正到出厂为 42.5 等级及混合材掺量统一修正。

4 技术要求

4.1 现有水泥企业水泥单位产品能耗限额限定值

现有水泥熟料和水泥生产企业的单位产品能耗限额限定值指标包括综合能耗、综合电耗等 5 项，其值应符合表 1 的规定。

表 1 现有水泥企业水泥单位产品能耗限额限定值

分类	可比熟料综合煤耗限额限定值/(kgce/t)	可比熟料综合电耗[a]限额限定值/(kWh/t)	可比水泥综合电耗[b]限额限定值/(kWh/t)	可比熟料综合能耗限额限定值/(kgce/t)	可比水泥综合能耗限额限定值/(kgce/t)
4 000 t/d 以上(含 4 000 t/d)	≤120	≤68	≤105	≤128	≤105
2 000 t/d～4 000 t/d(含 2 000 t/d)	≤125	≤73	≤110	≤134	≤109
1 000 t/d～2 000 t/d(含 1 000 t/d)	≤130	≤76	≤115	≤139	≤114
1 000 t/d 以下	≤135	≤78	≤120	≤145	≤118
水泥粉磨企业	—	—	≤45	—	—

a 对只生产水泥熟料的水泥企业。

b 对生产水泥的水泥企业(包括水泥粉磨企业)。

4.2 新建水泥企业水泥单位产品能耗限额准入值

新建水泥生产企业的单位产品能耗限额准入值指标包括综合能耗和综合电耗等5项，其值应符合表2的规定。

表2 新建水泥企业水泥单位产品能耗限额准入值

分类	可比熟料综合煤耗限额准入值/(kgce/t)	可比熟料综合电耗[a]限额准入值/(kWh/t)	可比水泥综合电耗[b]限额准入值/(kWh/t)	可比熟料综合能耗限额准入值/(kgce/t)	可比水泥综合能耗限额准入值/(kgce/t)
4 000 t/d以上(含4 000 t/d)	≤110	≤62	≤90	≤118	≤96
2 000 t/d～4 000 t/d(含2 000 t/d)	≤115	≤65	≤93	≤123	≤100
水泥粉磨企业	—	—	≤38	—	—

a 对只生产水泥熟料的水泥企业。

b 对生产水泥的水泥企业(包括水泥粉磨企业)。

4.3 水泥企业水泥单位产品能耗限额先进值

水泥生产企业应通过节能技术改造和加强节能管理来达到表3中的能耗限额先进值。

表3 水泥企业水泥单位产品能耗限额先进值

分类	可比熟料综合煤耗限额先进值/(kgce/t)	可比熟料综合电耗[a]限额先进值/(kWh/t)	可比水泥综合电耗[b]限额先进值/(kWh/t)	可比熟料综合能耗限额先进值/(kgce/t)	可比水泥综合能耗限额先进值/(kgce/t)
4 000 t/d以上(含4 000 t/d)	≤107	≤60	≤85	≤114	≤93
2 000 t/d～4 000 t/d(含2 000 t/d)	≤112	≤62	≤90	≤120	≤97
水泥粉磨企业	—	—	≤34	—	—

a 对只生产水泥熟料的水泥企业。

b 对生产水泥的水泥企业(包括水泥粉磨企业)。

5 统计范围和计算方法

5.1 统计范围

5.1.1 燃料的统计范围

5.1.1.1 熟料综合煤耗统计范围

从原燃材料进入生产厂区开始，到水泥熟料出厂的整个熟料生产过程消耗的燃料量，包括烘干原燃材料和烧成熟料消耗的燃料。采用废弃物作为替代原料时，处理废弃物消耗的燃料不计入燃料消耗。

窑头冷却机废气和窑尾废气用于余热电站发电时，应单独统计余热电站发电量及余热电站自用电量。采用窑头冷却机废气和窑尾废气进行其他余热利用时，应统计余热利用总量。

注：废弃物见发改环资[2004]73号关于印发《资源综合利用目录(2003年修订)》的通知中所附《资源综合利用目录(2003年修订)》。

5.1.1.2 可比水泥综合能耗中标准煤耗统计范围

从原燃材料进入生产厂区开始，到水泥出厂的整个水泥生产过程消耗的燃料量，包括烘干原燃材料和水泥混合材以及烧成熟料消耗的燃料。采用废弃物作为替代原料时，处理废弃物消耗的燃料不计入燃料消耗。采用废弃物作为水泥混合材时，烘干废弃物消耗的燃料不计入燃料消耗。

窑头冷却机废气和窑尾废气用于余热电站发电时，应单独统计余热电站发电量及余热电站自用电量。采用窑头冷却机废气和窑尾废气进行其他余热利用时，应统计余热利用总量。

5.1.2 电耗的统计范围

5.1.2.1 熟料综合电耗统计范围

从原燃材料进入生产厂区开始，到水泥熟料出厂的整个熟料生产过程消耗的电量，不包括用于基建、技改等项目建设消耗的电量。采用废弃物作为替代原料时，处理废弃物消耗的电量不计入综合电耗。

5.1.2.2 水泥综合电耗统计范围

从原燃材料进入生产厂区开始，到水泥出厂的整个水泥生产过程消耗的电量，不包括用于基建、技改等项目建设消耗的电量。采用废弃物作为替代原料或水泥混合材时，处理废弃物消耗的电量不计入综合电耗。

注：对有部分熟料外购的水泥生产企业，其可比水泥综合电耗和可比水泥综合能耗计算中熟料综合电耗按购入熟料生产企业的可比熟料综合电耗计算。

5.1.2.3 水泥粉磨企业综合电耗统计范围

从水泥熟料、石膏和混合材等进入生产厂区到水泥出厂的整个水泥生产过程消耗的电量。

5.2 统计方法

5.2.1 燃料统计方法

在统计期内水泥企业定期统计用于烘干原燃材料、水泥混合材和烧成熟料的原煤用量，以及点火用油或用气量。采用废弃物作为替代原料时，烘干废弃物消耗的燃料用量单独统计，采用废弃物作为水泥混合材时，其烘干所消耗的燃料量也应单独统计。同时统计所消耗燃料对应的收到基低位发热量。

窑头冷却机废气和窑尾废气用于余热电站发电时，应统计余热电站发电量及余热电站自用电量。采用窑头冷却机废气和窑尾废气进行其他余热利用时，应对余热利用进口和出口热量及余热利用系统的散热损失进行定期检测。检测方法按 JC/T 733 的规定进行。

5.2.2 电耗统计方法

水泥生产企业定期根据生料制备、燃料制备、熟料烧成和水泥粉磨等过程各电表记录的电量进行统计。采用废弃物作为替代原料或水泥混合材时，处理废弃物消耗的电量单独统计。

5.3 计算方法

5.3.1 可比熟料综合煤耗

5.3.1.1 熟料综合煤耗按公式(1)计算：

$$e_{cl}=\frac{P_C Q_{net,ar}}{Q_{BM}P_{CL}}-e_{he}-e_{hu} \qquad \cdots\cdots(1)$$

式中：

e_{cl}——熟料综合煤耗，单位为千克标准煤每吨(kgce/t)；

P_C——统计期内用于烘干原燃材料和烧成熟料的入窑与入分解炉的实物煤总量，单位为千克(kg)；

$Q_{net,ar}$——统计期内实物煤的加权平均低位发热量，单位为千焦每千克(kJ/kg)；

Q_{BM}——每千克标准煤发热量，见 GB/T 2589，单位为千焦每千克(kJ/kg)；

P_{CL}——统计期内的熟料总产量，单位为吨(t)；

e_{he}——统计期内余热发电折算的单位熟料标准煤量，单位为千克标准煤每吨(kgce/t)；

e_{hu}——统计期内余热利用的热量折算的单位熟料标准煤量，单位为千克标准煤每吨(kgce/t)。

5.3.1.1.1 余热发电折算标准煤量按公式(2)计算：

$$e_{he}=\frac{0.404\times(q_{he}-q_0)}{P_{CL}} \qquad \cdots\cdots(2)$$

式中：

0.404——每千瓦时电力折合的标准煤量，单位为千克标准煤每千瓦时(kgce/kWh)；

q_{he}——统计期内余热电站总发电量,单位为千瓦时(kWh);

q_0——统计期内余热电站自用电量,单位为千瓦时(kWh)。

5.3.1.1.2 余热利用热量折算标准煤量按公式(3)计算:

$$e_{hu} = \frac{H_{HI} - (H_{HE} + H_{HD})}{Q_{BM} P_{CL}} \quad \cdots\cdots(3)$$

式中:

H_{HI}——统计期内余热利用进口总热量,单位为千焦(kJ);

H_{HE}——统计期内余热利用出口热量,单位为千焦(kJ);

H_{HD}——统计期内余热利用系统的散热损失总量,单位为千焦(kJ)。

5.3.1.1.3 燃料发热量:固体燃料发热量按 GB/T 213 的规定测定,液体燃料发热量按 GB/T 384 的规定测定;企业无法直接测定燃料发热量时,按 JC/T 733 的规定计算。

5.3.1.2 熟料强度等级修正系数按公式(4)计算:

$$\alpha = \sqrt[4]{\frac{52.5}{A}} \quad \cdots\cdots(4)$$

式中:

α——熟料强度等级修正系数;

A——统计期内熟料平均 28 d 抗压强度(遵照附录 A 的规定),单位为兆帕(MPa);

52.5——统计期内熟料平均抗压强度修正到 52.5 MPa。

5.3.1.3 水泥企业所在地海拔高度超过 1 000 m 时进行海拔修正,海拔修正系数按公式(5)计算:

$$K = \sqrt{\frac{P_H}{P_0}} \quad \cdots\cdots(5)$$

式中:

K——海拔修正系数;

P_0——海平面环境大气压,101 325 帕(Pa);

P_H——当地环境大气压,单位为帕(Pa)。

5.3.1.4 可比熟料综合煤耗按公式(6)计算:

$$e_{kcl} = \alpha K e_{cl} \quad \cdots\cdots(6)$$

式中:

e_{kcl}——可比熟料综合煤耗,单位为千克标准煤每吨(kgce/t)。

5.3.2 可比熟料综合电耗

可比熟料综合电耗按公式(7)计算:

$$Q_{KCL} = \alpha K Q_{CL} \quad \cdots\cdots(7)$$

式中:

Q_{KCL}——可比熟料综合电耗,单位为千瓦时每吨(kWh/t);

Q_{CL}——统计期内熟料综合电耗,单位为千瓦时每吨(kWh/t)。

5.3.3 可比熟料综合能耗

可比熟料综合能耗按公式(8)计算:

$$E_{CL} = e_{kcl} + 0.122\,9 \times Q_{KCL} \quad \cdots\cdots(8)$$

式中:

E_{CL}——可比熟料综合能耗,单位为千克标准煤每吨(kgce/t);

0.122 9——每千瓦时电力折合的标准煤量,参见附录 B,单位为千克标准煤每千瓦时(kgce/kWh)。

5.3.4 可比水泥综合电耗

5.3.4.1 水泥综合电耗按公式(9)计算:

$$Q_S = \frac{q_{fm} + Q_{CL}p_{cl} + q_m p_m + q_g p_g + q_{fz}}{P_C} \quad \cdots\cdots (9)$$

式中：

Q_S——水泥综合电耗，单位为千瓦时每吨(kWh/t)；

q_{fm}——统计期内水泥粉磨及包装过程耗电量，单位为千瓦时(kWh)；

p_{cl}——统计期内熟料消耗量，单位为吨(t)；

q_m——统计期内每吨混合材预处理平均耗电量，单位为千瓦时每吨(kWh/t)；

p_m——统计期内混合材消耗量，单位为吨(t)；

q_g——统计期内每吨石膏平均耗电量，单位为千瓦时每吨(kWh/t)；

p_g——统计期内石膏消耗量，单位为吨(t)；

q_{fz}——统计期内应分摊的辅助用电量，单位为千瓦时(kWh)；

P_C——统计期内水泥总产量，单位为吨(t)。

注：对水泥粉磨企业，计算水泥综合电耗时按 Q_{CL} 为零计算。

5.3.4.2 水泥强度等级修正系数按公式(10)计算：

$$d = \sqrt[4]{\frac{42.5}{B}} \quad \cdots\cdots (10)$$

式中：

d——水泥强度等级修正系数；

B——统计期内水泥加权平均强度，单位为兆帕(MPa)；

42.5——统计期内水泥平均强度修正到 42.5 MPa。

5.3.4.3 混合材掺量修正系数按公式(11)计算：

$$f = 0.3\% \times (F_H - 20) \quad \cdots\cdots (11)$$

式中：

f——混合材掺量修正系数；

F_H——统计期内混合材掺量(质量分数)，数值以%表示。

0.3%——混合材掺量每改变 1.0%，影响水泥综合电耗百分比的统计平均值；

20——普通硅酸盐水泥中混合材允许的最大掺量(质量分数)，数值以%表示。

5.3.4.4 可比水泥综合电耗按公式(12)计算：

$$Q_{KS} = d(1 + f)Q_S \quad \cdots\cdots (12)$$

式中：

Q_{KS}——可比水泥综合电耗，单位为千瓦时每吨(kWh/t)。

注：对水泥粉磨企业按 f 为零计算。

5.3.5 可比水泥综合能耗

可比水泥综合能耗按公式(13)计算：

$$E_{KS} = e_{kcl} \times g + e_h + 0.122\,9 \times Q_{KS} \quad \cdots\cdots (13)$$

式中：

E_{KS}——可比水泥综合能耗，单位为千克标准煤每吨(kgce/t)；

g——统计期内水泥企业水泥中熟料平均配比(质量分数)，%；

e_h——统计期内烘干水泥混合材所消耗燃料折算的单位水泥标准煤量，单位为千克标准煤每吨(kgce/t)。

注：本标准水泥中熟料配比按 75%计算。

5.3.6 统计期内企业生产两种以上不同强度等级的水泥时，应根据不同强度等级的可比水泥综合电耗和水泥产量采用加权平均的方法计算可比水泥综合电耗和可比水泥综合能耗。

5.3.7　企业有多条生产线时，按生产线分别计算能耗。

6　节能管理与措施

6.1　节能基础管理

6.1.1　企业应定期对生产中单位产品消耗的燃料量和用电量进行考核，并把考核指标分解落实到各基层部门，建立用能责任制度。

6.1.2　企业应按要求建立能耗统计体系，建立能耗测试数据、能耗计算和考核结果的文件档案，并对文件进行受控管理。

6.1.3　企业应根据 GB 17167 的要求配备能源计量器具并建立能源计量管理制度。

6.2　节能技术管理

6.2.1　耗能设备

6.2.1.1　企业应使电动机系统、泵系统、通风机系统、电力变压器、工业锅炉、电加热锅炉等通用耗能设备符合 GB/T 12497、GB/T 13469、GB/T 13470、GB/T 13462、GB/T 17954 和 GB/T 19065 等相关的用能产品经济运行标准要求，达到经济运行的状态。

6.2.1.2　新建及改扩建企业所用的中小型三相异步电动机、容积式空气压缩机、通风机、清水离心泵、三相配电变压器等通用耗能设备应达到 GB 18613、GB 19153、GB 19761、GB 19762、GB 20052 等相应耗能设备能效标准中节能评价值的要求。

6.2.2　生产过程

6.2.2.1　水泥企业在水泥熟料或水泥各生产过程中，应采取有效措施，保证生产系统正常、连续和稳定运行，提高系统运转率，实现优质、低耗和清洁生产。

6.2.2.2　企业在生产过程中，应加强设备的日常维护工作，防止出现设备意外停机，经常开停设备的情况。

附 录 A
（规范性附录）
熟料平均 28 d 抗压强度计算方法

A.1 范围

本附录适用于水泥熟料平均 28 d 抗压强度的计算。

A.2 方法原理

根据 GB/T 17671—1999 所得的熟料 28 d 抗压强度数值和对应的熟料产量计算，按 GB 175—2007 中表 3 规定的硅酸盐水泥 28 d 抗压强度指标作为对应强度等级的水泥熟料 28 d 抗压强度。

A.3 日、旬、月、季、年度熟料平均 28 d 抗压强度计算

A.3.1 日熟料平均 28 d 强度的计算

熟料日平均 28 d 强度可采用加权平均方法计算，即将熟料的 28 d 抗压强度分别乘以日产量，分别相加后除以窑的总产量，即得日熟料平均 28 d 抗压强度。

A.3.2 旬熟料实际平均强度等级

将旬中每日熟料 28 d 抗压强度分别乘以日产量，分别相加后除以该旬窑的总产量，即得旬熟料平均 28 d 抗压强度。

A.3.3 月熟料实际平均强度等级

将月中每日熟料 28 d 抗压强度分别乘以日产量，分别相加后除以该月窑的总产量，即得月熟料平均 28 d 抗压强度。

A.3.4 季度熟料实际平均相当等级

将季度中分月的熟料平均 28 d 强度等级分别乘以每月熟料产量，并相加后除以该季度熟料总产量，即得季度熟料实际平均强度等级。

A.3.5 年度熟料实际平均强度等级

将年度中分月的熟料平均强度等级分别乘以每月熟料产量，并相加后除以当年的熟料总产量，即得年度熟料实际平均强度等级。

附 录 B
（资料性附录）
各种能源折标准煤参考系数和能耗工质平均折算热量

B.1 各种能源折标准煤参考系数

各种能源折标准煤参考系数见表 B.1。

表 B.1 各种能源折标准煤参考系数

能源名称		平均低位发热量	折标准煤系数
原油		41 816 kJ/kg	1.428 6 kgce/kg
燃料油		41 816 kJ/kg	1.428 6 kgce/kg
汽油		43 070 kJ/kg	1.471 4 kgce/kg
煤油		43 070 kJ/kg	1.471 4 kgce/kg
柴油		42 652 kJ/kg	1.457 1 kgce/kg
煤焦油		33 453 kJ/kg	1.142 9 kgce/kg
液化石油气		50 179 kJ/kg	1.714 3 kgce/kg
炼厂干气		46 055 kJ/kg	1.571 4 kgce/kg
油田天然气		38 931 kJ/m^3	1.330 0 $kgce/m^3$
气田天然气		35 544 kJ/m^3	1.214 3 $kgce/m^3$
煤矿瓦斯气		14 636 kJ/m^3～16 726 kJ/m^3	0.500 0 $kgce/m^3$～0.571 4 $kgce/m^3$
焦炉煤气		16 726 kJ/m^3～17 981 kJ/m^3	0.571 4 $kgce/m^3$～0.614 3 $kgce/m^3$
其他煤气	a. 发生炉煤气	5 227 kJ/m^3	0.178 6 $kgce/m^3$
	b. 重油催化裂解煤气	19 235 kJ/m^3	0.657 1 $kgce/m^3$
	c. 重油热裂解煤气	35 544 kJ/m^3	1.214 3 $kgce/m^3$
	d. 焦炭制气	16 308 kJ/m^3	0.557 1 $kgce/m^3$
	e. 压力汽化煤气	15 054 kJ/m^3	0.514 3 $kgce/m^3$
	f. 水煤气	10 454 kJ/m^3	0.357 1 $kgce/m^3$
氢气（标况）		10 802 kJ/m^3	0.368 6 $kgce/m^3$
蒸气（低压）		3 763 kJ/kg	0.128 6 kgce/kg
热力（当量值）		—	0.034 12 kgce/MJ
电力（当量值）		3 600 kJ/(kW·h)	0.122 9 kgce/(kW·h)

B.2 耗能工质平均折算热量及折标准煤参考系数

耗能工质平均折算热量及折标准煤参考系数见表B.2。

表B.2 耗能工质平均折算热量及折标准煤参考系数

耗能工质名称	平均折算热量	折标准煤系数
外购水	2.51 MJ/t	0.085 7 kgce/t
软水	14.23 MJ/t	0.485 7 kgce/t
除氧水	28.45 MJ/t	0.971 4 kgce/t
压缩空气(标况)	1.17 MJ/m^3	0.040 0 $kgce/m^3$
鼓风(标况)	0.88 MJ/m^3	0.030 0 $kgce/m^3$
氧气(标况)	11.72 MJ/m^3	0.400 0 $kgce/m^3$
氮气(标况)	19.66 MJ/m^3	0.671 4 $kgce/m^3$
二氧化碳气(标况)	6.28 MJ/m^3	0.214 3 $kgce/m^3$

ICS 01.020;35.240.30
A 22

中华人民共和国国家标准

GB/T 16786—2007
代替 GB/T 16786—1997

术语工作　计算机应用　数据类目

Terminology work—Computer applications—Data categories

(ISO 12620:1999 Computer applications in terminology—
Data categories,NEQ)

2007-08-24 发布　　　　2008-01-01 实施

中华人民共和国国家质量监督检验检疫总局
中国国家标准化管理委员会　发布

前 言

本标准对应于 ISO 12620:1999《术语中的计算机应用 数据类目》,与 ISO 12620:1999 的一致性程度为非等效。本标准包含了国际标准 ISO 12620:1999 的全部内容,主要技术差异为:根据汉语汉字的特点,增加了部分内容和汉语的示例;对有些条目中不适合汉语的内容增加了注解。

本标准代替 GB/T 16786—1997《术语工作 计算机应用 数据类目》。主要差别为:为了便于查询数据类目,将 GB/T 16786—1997 中的第 5 章的数据类目作为本标准的附录 A,并对部分数据类目的定义、汉语示例进行了补充和完善。

本标准的附录 A、附录 B 为规范性附录,附录 C、附录 D、附录 E、附录 F 为资料性附录。

本标准由全国术语标准化技术委员会提出。

本标准由全国术语标准化技术委员会归口。

本标准由中国标准化研究院起草。

本标准主要起草人:程永红、于欣丽、周长青、肖玉敬、宋敏。

本标准所代替标准的历次版本发布情况为:

——GB/T 16786—1997。

术语工作　计算机应用　数据类目

1　范围

本标准规定了术语信息处理的各类系统中(计算机环境或非计算机环境;单语种或多语种;单专业领域、多专业领域或跨专业领域;单一用途或多用途等)所涉及的数据类目的名称、内容和表达法。

本标准适用于术语数据库的研究、开发、维护及其管理工作,对于跨系统的信息检索和数据交换尤其重要。在其他涉及术语信息处理的工作中也可参照使用。

2　规范性引用文件

下列文件中的条款通过本标准的引用而成为本标准的条款。凡是注日期的引用文件,其随后所有的修改单(不包括勘误的内容)或修订版均不适用于本标准,然而,鼓励根据本标准达成协议的各方研究是否可使用这些文件的最新版本。凡是不注日期的引用文件,其最新版本适用于本标准。

GB/T 2659—2000　世界各国和地区名称代码(eqv ISO 3166-1:1997)

GB/T 4880.1—2005　语种名称代码　第1部分:2字母代码(ISO 639-1:2002,MOD)

GB/T 7408—2005　数据元和交换格式　信息交换　日期和时间表示法(ISO 8601:2000,MOD)

GB/T 10112—1999　术语工作　原则与方法(neq ISO/DIS 704:1997)

GB/T 12200.2—1994　汉语信息处理词汇　02部分:汉语和汉字

GB/T 13143—1991　情报与文献工作词汇　传统文献(neq ISO 5127-2:1983)

GB/T 13725—2001　建立术语数据库的一般原则与方法

GB/T 15237.1—2000　术语工作　词汇　第1部分:理论与应用(eqv ISO 1087-1:2000)

GB/T 15835—1996　出版物上数字用法的规定

GB/T 16159—1996　汉语拼音正词法基本规则

GB/T 17532—2005　术语工作　计算机应用　词汇(ISO 1087-2:2000,MOD)

GB/T 18155—2000　术语工作　计算机应用　机器可读术语交换格式(MARTIF)协商交换(eqv ISO 12200:1999)

GB/T 20000.1—2002　标准化工作指南　第1部分:标准化和相关活动的通用词汇(ISO/IEC 指南 2:1996,MOD)

ISO 690:1987　文献工作　文献题录参考:内容、形式和结构

ISO 999:1975　文献工作　出版物的索引

ISO 5127-6:1983　文献和信息工作　词汇　第六部分:文献语言

ISO 7098:1991　文献　中文拉丁化

ISO 12083:1994　信息和文献工作　电子文本的编制和置标

《汉语拼音方案》

《普通话异读词审音表》

《中国人名汉语拼音字母拼写法》

《中国地名汉语拼音字母拼写规则》

3　术语和定义

本标准参照使用 GB/T 15237.1—2000 和 GB/T 17532—2005 中的术语和定义。

4 数据类目的选择

为满足术语资源建立者和使用者的需要，应根据各个术语信息资源系统的应用要求选择附录 A 中所规定的合适的数据类目。

术语数据库和其他术语信息系统(计算机环境或非计算机环境)的设计者应保证其系统所用数据类目的内容与本标准所规定的内容一致，用于交换的术语数据应符合附录 A 所规定的数据类目的名称和定义。

如果应用所要求的数据类目在本标准中不存在，系统设计者应向本标准的协调人(见附录 F)通报。

5 数据类目的编录

供各种术语数据集使用的数据类目的编录，应该能够使用户对数据类目的解释不产生歧义。对数据类目的说明要让用户可以对术语数据集中使用的不同数据类目，以及数据交换伙伴所使用的数据类目在内容上加以区分。

附录 A 中标准的数据类目说明是以 GB/T 15237.1—2000 和 GB/T 17532—2005(分别对应 ISO 1087-1，ISO 1087-2)，以及 GB/T 13143—1991 和 ISO 5127-6:1983 等所定义的有关术语管理的概念为基础的。如果某个具体应用所要求的数据类目未出现在附录 A 中，则应该将该数据类目建立在特定应用条件所涉及的领域中某个完全确立的概念基础之上。总之，系统设计人员要创建新的数据类目并用于 GB/T 18155—2000 所规定的交换格式时，应通知附录 F 中所列出的机构。

如果针对某个数据类目使用了不同于自然语言中所使用的编码或表达形式，那么在该数据类目的说明之中，要包括必要的信息以避免歧义。在存在标准化代码的情况下，附录 A 中的说明均提供了一些可选择编写方法。

6 术语管理中使用的数据类目标准规定

6.1 数据类目条目格式

附录 A 中的数据类目规范遵守下列格式(并非每一个术语条目均出现所有的数据类目)：

规范类目	表示形式
标记号码：	**黑体数字**
优选数据类目名称：	**黑体字**
许用名称：	许用名称：**黑体字**【可重复】
全称：	全称：**黑体字**
相关名称：	相关名称：**黑体字**【可重复】
禁用名称：	禁用名称：**黑体字**【可重复】
数据类目描述：	数据类目描述：
注：	注：【可重复】
许用实例：	许用实例：*斜体字*
例：	例：【可重复】

6.2 数据类目的类型

在附录 A 中的数据类目划分为 3 组：术语和与术语相关信息的数据类目、描述性数据类目、管理性数据类目。这些组进一步划分成 10 个部分。附录 B 中的数据类目为第四组。具体内容如下：

第一组：术语和与术语相关信息的数据类目

第一部分为术语数据库中各种类型的术语规定了数据类目，这些数据类目的内容应该是一条术语或能与术语等同对待的其他信息(例如，熟语和标准语块)。

第二部分为与术语相关的信息规定了数据类目。

第三部分为两个或两个以上指称相同概念或相似概念的术语之间的等义性信息规定了数据类目。

第二组:有关概念描述的数据类目

第四部分为专业领域和子领域概念分类及其他与分类方法相关的信息规定了数据类目。

第五部分为与概念相关的描述规定了数据类目,即,不同种类的定义、说明和语境资料,用于定义或确定术语所指称的专业领域和概念。

第六部分为表示概念体系内概念间的关系规定了数据类目。

第七部分为说明概念的结构规定了数据类目。

第八部分规定了数据类目“注”。它作为独立的数据类目是因为它可以与其他任何一项类目相联系,因而不能从属于任何其他数据类目。

第三组:管理性数据类目

第九部分为文献语言和叙词表规定了数据类目。

第十部分为所有其他管理信息规定了数据类目。

第四组:文献题录数据类目。

附　录　A
（规范性附录）
数　据　类　目

A.1　术语　term

定义：专门语言中表达已定义概念的词语指称。

注：术语可由单个词或者多个词构成。术语仅指称单一概念，而熟语以词汇化的形式组合多个概念，表达复杂状态。Quality assurance system（质量保证体系）是一个术语，satisfy quality requirements（满足质量要求）是一种熟语，具体地讲是一个语词搭配。

A.2　术语相关信息　term-related information

A.2.1　术语类型　term type

定义：指称术语的一种数据类目。

A.2.1.1　主条目术语　main entry term

许用名称：**条头术语　head term**

定义：术语记录条头概念的指称。

A.2.1.2　同义词　synonym

定义：术语条目中，表达与主条目术语相同概念的任何术语。

例：

自然数（natural number）—非负整数（nonnegative integer）

合取（conjunction）—“与”运算（AND operation）—交（intersection）

注1：有些概念还存在一种特殊的同义词，指称相同的概念，但词面意义相反。例如：光洁度—粗糙度，安全线—危险线。

注2：同义词通常是相对的，很少能涵盖同一概念在所有例证情况的所有方面，由此而造成的“同义程度（A.2.10）”按照有关“等义程度（A.3.1）”的规定来处理。

A.2.1.3　准同义词　quasi-synonym

许用名称：**近义词　near synonym**

定义：在同一语言中表达与主条目术语相近概念的术语，但只限于在某些语境中与主条目术语可互换，在其他一些情况下不适用。

例：同义词和准同义词之间的划分具有主观性和很强的语境相关性。例如，一些人可能认为“domain（领域）”和“subject field（专业领域）”是同义词，而另一些人则认为“domain（领域）”含义更宽泛一些，但在许多相同的语境中可通用，因此是一个准同义词。

A.2.1.4　国际科学术语　international scientific term

定义：被适当的科学团体所采用作为国际科学学名的术语。

例：homo sapiens（拉丁学名：智人）

A.2.1.5　俗名 common name

定义：某一语言普遍常用话语中使用的国际科学术语的同义词。

注：俗名的形成通常是基于比喻、类比和功能，而没有参考应用于科学学名的分类规则。虽然俗名广泛地用于普通语言，它们也用于技术和科学写作。俗名在不同语言间是不同的，并且在一些语言内还常有区域性的变化。

英语例：Kalmia latifolia（山月桂，北美的一种常绿灌木）在美国北部常称作“mountain laurel”，在南部则常称“calico bush”或“sheep′s bane”。

汉语例：食盐（氯化钠）；双氧水（过氧化氢）。

A.2.1.6 国际化形式 internationalism

定义：在许多语言中具有相同或相近的正字形式或音位形式的术语。

注：国际化形式时常反映出拉丁语、希腊语或英语的语源，但是像阿拉伯语、法语、俄语、汉语和日语等其他语言也提供国际化的创建形式。

例：英语的 alcohol（乙醇），法语的 alcool，德语的 Alkohol 均来自阿拉伯语的 al · kuhl。

A.2.1.7 完整形式 full form

许用名称 1：**扩展形式 expanded form**

许用名称 2：**扩展 expansion**

定义：存在缩略形式的某一术语的完整表达形式。

注：汉语中此形式也常称为“全称”。

A.2.1.8 术语的缩写形式 abbreviated form of term

许用名称：**缩写形式 abbreviated form**

定义：省去术语中某些部分而形成的仍指称同一概念的术语。

亦见：GB/T 15237.1—2000 中的 3.4.9。

例：见以下罗列的各单独的缩写形式类型。

缩写形式的类型包括：

缩写词（abbreviation）

缩略形式（short form）

首字母缩略语（initialism）

缩合词（acronym）

缩略术语（clipped term）

注：每一种缩写形式都是从术语的完整形式得来的。

A.2.1.8.1 缩写词 abbreviation

定义：由简单术语省略了一些字符而形成的缩略形式。

例：完整形式：adjective（形容词）

缩写词：adj.（形）

A.2.1.8.2 术语的缩略形式 short form of term

许用名称：**缩略形式 short form**

定义：多词术语的变体，包括的词比术语的完整形式少。

例 1：

完整形式：Intergovernmental Group of Twenty-four on International Monetary Affairs（国际金融事务二十四国政府间团体）

缩略形式：Group of Twenty-four（二十四团体）

例 2：

完整形式：单板微型计算机

缩略形式：单板机

A.2.1.8.3 首字母缩略语 initialism

定义：由构成多词术语的词或者形成复合词术语的术语元素的首字母组成的缩略形式，后一情况只限于这些字母分别发音时。

英语例：

完整形式：International Electrotechnical Commission（国际电工委员会）

首字母缩略语：IEC

汉语中有时使用汉语拼音首字母缩略语。

汉语例：

火车车厢型号：YZ(Yingxi Zuoche，硬席座车)；RW(Ruanxi Woche，软席卧车)

A.2.1.8.4 缩合词 acronym

定义：从一个多词术语的完整形式中取出一些字母，串在一起而形成的缩略形式，一种按音节发音的字母序列。

注：缩合词自身作为一个术语也能被广泛地接受(例如：下列示例中的 radar)。

例：radar(雷达)＝radio detecting and ranging(无线电定向和测距)

A.2.1.8.5 缩略术语 clipped term

省略词；**截断术语 truncated term**

定义：由省略了一个或多个术语元素或音节而形成的缩略形式。

例：完整形式：influenza(流行性感冒)

缩略术语：flu(流感)

A.2.1.9 变体 variant

定义：某个术语的可变换形式之一。

注：在汉语中，存在着"异形词"或称"异体词"，指音义相同而写法不同的词。

英语例：

拼写变体：catalogue(目录，英国英语)；catalog(目录，美国英语)

汉语例：

孢子—胞子；碱性—硷性

A.2.1.10 转写形式 transliterated form

定义：将一种字母书写系统的字符用另一种字母书写系统的字符表达的术语形式。

例：西里尔字母：окружающая среда (environment，环境)

拉丁字母：okružaûŝaâ sreda

(按照 ISO 9:1995 转写)

okruahayushchaya sreda

(按照 BS 2979:1958 转写)

A.2.1.11 标音形式 transcribed form

定义：考虑所转换字符的发音，将一种书写系统的字符用另一种书写系统的字符表达的术语形式。

注1：汉语应采用汉语拼音标音，应遵循：

——《汉语拼音方案》；

——ISO 7098:1991；

——《普通话异读词审音表》；

——《中国人名汉语拼音字母拼写法》；

——《中国地名汉语拼音字母拼写规则》；

——GB/T 16159—1996 汉语拼音正词法基本规则。

注2：用汉字标记外语发音，通常称作"译音"，是标音的一种形式。

例1：

日语：	台風
片假名按音节注音：	たいふろ
按照 ISO 3602:1989 拉丁化：	taihuu
英语标音：	typhoon
俄语标音：	тайфун

例2：

汉语：	功夫

按照 ISO 7098:1991 拉丁化:　gongfu

英语标音:　kung fu

俄语标音:　кунфу

A.2.1.12　拉丁化形式　Romanized form

定义:由非拉丁书写系统转换成拉丁字母书写的术语形式。

注:拉丁化是标音法的一种特殊形式。

例:见 A.2.1.10 和 A.2.1.11 中示例。

A.2.1.13　符号　symbol

定义:用字母、数字、图符以及它们的任意组合来指称概念的形式。

例:符号 § 可用于表示一个法律文件中的节或条款。

A.2.1.14　公式　formula

定义:用于简明表达一个概念的图、符号或类似物,如数学公式或化学式。

注:在不存在其他表达形式的一些情况下,公式能像术语一样表达概念。

例:H_2O 是水的化学分子式。

A.2.1.15　等式　equation

定义:用于表示一个概念的表达式,该表达式基于两个数学式是相等的,例如,由等号(=)或类似的记号相连接。

例:$E=mc^2$

A.2.1.16　逻辑表达式　logical expression

定义:基于数学或逻辑关系的、用于表达概念的表达式。例如不等式、集的各种关系、布尔运算和类似的命题。

例:$x \neq y$,$x \in y$,x NOT y 等。

A.2.1.17　材料管理类目　materials management categories

A.2.1.17.1　库存单位　sku

完整形式:库存单位　stockkeeping unit

定义:在存货控制系统中,赋予物品的唯一字母数字标识的目录项。

例:

目录条目:"PLAID FLANNEL PANTS(方格法兰绒短裤)#5193-6 Sizes(尺寸号)3,4,6,7,10,12"中,"#5193-6"表示一项"样式号为#5193,尺寸号为 6"的库存单位。

注:连接存货控制系统和生产系统的术语数据库包括库存单位和零部件号,其功能是系统内表示上述物品的指称。因此,它们的功能像术语,甚至在常见的论著和文本作品中具有术语的特征。

A.2.1.17.2　零部件号　part number

定义:在制造系统中,赋予物品的唯一的字母数字式指称。

例:汽车传动系制造系统中的几个零部件号,其中每个零部件号的每一段表示此系统中的不同分类层次:

clutch cover(离合器盖)	1 110 036 00 a
driven disk flange(从动盘法兰)	3 125 125 04 b
driven disk retainer plate(从动盘限位板)	3 124 119 01 a
driven disk cover plate(从动盘盖板)	3 122 234 00 c
diaphragm spring(膜片弹簧)	4 220 100 00 g

注:连接存货控制系统和生产系统的术语数据库包括库存单位和零部件号,其功能是系统内表示上述物品的指称。

因此,它们的功能像术语,甚至在常见的论著和文本作品中具有术语的特征。

A.2.1.18　熟语　phraseological unit

定义:由两个或多个词组成的一个单位,其意思是确定的,一般不能根据其所包括的每个词的词义逐词推断出来。

熟语的类型包括：

——固定搭配　collocation；

——固定短语　set phrase；

——同义短语　synonymous phrase；

——标准语块　standard text。

注：虽然它们是由一个以上的词构成，并且通常包含一个以上的概念，熟语在术语数据库中可以作为单独的术语单位对待，在这种意义上各类术语常和“术语”组织在一起。然而，在一些数据库中它们也能作为语境材料对待。

A.2.1.18.1　固定搭配　collocation

定义：反复出现的词的组合，其中，该固定搭配的组件必须同时出现在某个语言片段内，尽管它们不必一个紧挨另一个。

英语例：

在“immunization against [measles]”中，用“against”而不用“with”或“about”。

在“in or during [someone]'s absence”中，用“during”而不用“while”。

在“submit or hand in an application”中，用“hand in”而不用“hand up”或“pass out”。

注：固定搭配不同于固定短语，后者的组件顺序必须是固定的。

A.2.1.18.2　固定短语　set phrase

定义：固定的词汇化短语。

英语例：efficient and effective（ISO 9000 中）。

汉语例：当且仅当（数学中）。

A.2.1.18.3　同义短语　synonymous phrase

定义：一种语言中表达相同语义的另一个短语。

英语例：短语“response to open flame exposure”和“effect of open flame exposure”在一些防火标准中作为同义短语。

汉语例：在防汛工作中，一种标定水位线。“水位安全线（表明水位在此线之下是安全的）”、“水位危险线（表明水位在此线之上是危险的）”和“水位警戒线（表明在此水位需充分警惕）”是同义短语。

A.2.1.19　标准语块　standard text

定义：反复出现的一种固定的文本块。

例：标准合同中的“不可抗拒力（force majeure）”条款。

出售条款和条件

保单失效

注：虽然它们由多个词组成，并且包含多个概念，在术语数据库中标准语块的单位也可作一个独立的术语单位对待。这些在话语分析中被称为“文本块”。

A.2.2　语法　grammar

定义：关于术语的语法信息。

注：根据具体语言惯例的不同，语法类目可包括：

——词类　part of speech；

——（词法）性　grammatical gender；

——（语法）数　grammatical number；

——生命性　animacy；

——名词类（专有名词或普通名词）　noun class；

——形容词类（专用或通用）　adjective class。

A.2.2.1　词类　part of speech

定义：具有共同的语法特征的词的类别。

英语例：术语数据库中一般包括以下词类：

——名词　noun；

——动词　verb；

——形容词　adjective。

A.2.2.2　(语法)性　grammatical gender

定义：标志句子中词之间的语法关系的一种语法类别。

注：(语法)性的使用因语言而异，它不是所有语言的普通特征。

例：法语中"vie(生命)"是阴性名词，它与阴性不定冠词"une"和形容词的阴性形式"longue"一起使用，例如，"une vie longue(漫长的一生)"。

在术语数据库中，可能包括的(语法)性为：

——阳性　masculine；

——阴性　feminine；

——中性　neuter；

——其他　other。

A.2.2.3　(语法)数　grammatical number

定义：在许多语言中，表达术语所指事物数量的语法类别。

英语例1：The child eats his dinner.(小孩吃饭)

The children eat their dinner.(孩子们吃饭)

单数：child(小孩)是单数名词；eats(吃)是动词第三人称单数现在时(原形动词 eat 后加 s)

复数：children(孩子们)是复数名词；eat(吃)是动词第三人称复数。

英语例2：物质名词：smoke(烟)，water(水)，food(食物)

注1：英语中物质名词不分单复数。

注2：术语的单数形式和复数形式不一定指称相同的概念，此时，在面向概念的术语库中，应将单数形式和复数形式作为独立的条目分别列出，并用注的形式对惯用法加以说明。

a)　**单数　singular**

定义：用于指称单个客体的术语的形式(通常是一个名词形式)。

注：当名词的复数形式作为主条目术语时，本类目用于指明该名词的单数形式。

英语例：在术语条目"works(著作)"中，本数据类目可用于指出"work(工作)"是单数形式，附加一个合适的注释或转义注解以说明单数形式和复数形式意义上的区别。

b)　**复数　plural**

定义：用于指称多个客体的术语的形式(通常是一个名词形式)。

注：当复数形式不符合标准的复数化规则或复数不同于单数而有一些特殊含义时，本类目用于指明该名词的复数式。

英语例：

术语：child(孩子)；复数：children(孩子们)(名词复数的不规则变化)。

c)　**双数　dual**

定义：在一些语言中，专门用于指称两个人或物的术语形式。

d)　**物质(名词)　mass**

定义：不可数和不能使用不定冠词或复数形式的术语。

e)　**其他　other**

定义：使用不同于上述标准分类法的与数的分类相关的语法信息的指称。

A.2.2.4　生命性　animacy

定义：词的一种特性，用于指明在某一指定的话语交际群体中，考虑其指示物是有生命的或具有意志或意识的。

英语例：在英语中，典型的生命性名词具有阳性或阴性，而几乎所有非生命性的名词都作为中性考虑。

种马(stallion)是阳性的(生命性)＝他(he)

母马(mare)是阴性的(生命性)＝她(she)

恶梦(nightmare)是非生命性的＝它(it)

生命性可包括：

有生命的　animate

定义：具有活的特征或可视为活的。

无生命的　inanimate

定义：具有非生命特征或可视为非生命的。

A.2.2.5　名词类　noun class

定义：名词的分类，指明它是一个特指客体还是一类客体。

注：在英语中，专有名词首字母需大写，普通名词则不必。

专有名词　proper noun

定义：表示单一客体的名词。

例：Europe(欧洲)

普通名词　common noun

定义：表示一类客体的名词。

例：continent(洲)

A.2.2.6　形容词类　adjective class

定义：形容词的分类，指明它是从属于一个特指客体还是一类客体。

注：在英语中，专指形容词需大写，通用形容词则不必。

专指形容词　proper adjective

定义：基于专有名词而形成的形容词。

例：Arabian stallion(阿拉伯种马)

通用形容词　common adjective

定义：从属于一类客体的形容词。

例：thoroughbred horse(良种马)

A.2.3　惯用法　usage

A.2.3.1　惯用法注　usage note

定义：包含所关联术语的惯用法信息的注。

A.2.3.2　地域惯用法标记　geographical usage

定义：反映地区差别的术语惯用标记。

英语例：

术语：挡风玻璃

windshield　　美国惯用

windscreen　　英国惯用

注1：如果存在代码并且适用，地域惯用法标记应采用GB 2659—2000所规定的代码。

注2：特殊情况下，也可自行规定GB 2659—2000中没有的地域代码，但必须向用户说明。

汉语例1：术语：information

信息　　中国惯用

资讯　　中国台北惯用

汉语例2:术语:data

数据　　中国惯用

资料　　中国台北惯用

A.2.3.3　语域标记　register

定义:指明分别赋予某一词汇单位、术语或文本类型的应用级别的分类标记。

注:在某些区域或某些术语管理环境(例如,计划生育系统),按照语域对术语进行分类是至关重要的。

与术语工作有关的语域限定标记的类型包括:

a)　**中性语域标记　neutral register**

许用名称:**标准语域标记　standard register**

定义:适合于通用文本或话语的语域标记。

b)　**技术语域标记　technical register**

定义:适用于科学文本或专业语言的语域标记。

c)　**内部使用语域标记　in-house register**

内部:特定机构的并且在此环境之外不能轻易使用的术语的语域标记。

英语例:在某个汽车公司对于汽车运行特性"gear rattle(齿轮格格响)"称作"crowds(挤着了)"。

注:内部使用的术语不一定等同于作坊用语,前者能在研究和发展的较高层次得以繁荣。内部使用的术语常常是新技术术语的来源,最终可能在更广泛的范围获得认可。

d)　**作坊语域标记　bench-level register**

许用名称:**店铺语域标记　shop term**

定义:与语言的理论或学术层次相反的,面向应用的术语的语域标记。

英语例:广义的"retrieval end"通常在作坊语域惯称为"puller"。

e)　**俚语语域标记　slang register**

定义:一个词、术语或文本的不正式用法的语域标记,通常用作于口语和日常语言,很少用于文件。

英语例:在航空领域,短语"fly by the seat of your pants(凭感官操作飞行)"是更正式术语"fly without instrument(非仪器操纵飞行)"的俚语。

f)　**俗语语域标记　vulgar register**

定义:一种术语或文本类型的语域标记,其特点是通俗。

注:尽管俗语在正式的技术术语中应该避免,但是对于广泛传播的语言,如英语、西班牙语,可能也需要对"有问题的术语"编纂文献,这些术语在不同区域的语域有所不同。

A.2.3.4　频度　frequency

定义:有关术语出现的常见程度。

注1:频度可表达为:

常用　commonly used

不常用　infrequently used

罕用　rarely used

注2:这些项的定义是不言自明的。术语频度方面的指称可根据主观的准则,或者反映文本语料库计算机分析的结果,此种情况下,它也可以表达为在一定数量的语料中词的出现次数或覆盖率。

英语例:在汽车驱动系技术领域中,术语"Belleville spring(贝氏碟形弹簧)"和"diaphragm spring(膜片弹簧)"涉及到离合机构的基本元件时是常用的。标准化的术语"conical disk spring(锥形碟形弹簧)"在标准之外不常用,而术语"disk spring(碟形弹簧)"则更罕用。

A.2.3.5　历时性限定符　temporal qualifier

定义:与术语使用持续的时间相关的属性。

历时性限定包括下列几种人为的区别:

a) 古语术语 archaic term

定义：虽然保留用于特别目的，但平常不再使用的术语。

英语例：donjon（城堡主塔，现代词 dungeon 的古语形式）；tetters（湿疹，eczema）

汉语例：履（现代词为“鞋”）；粝（现代词为“糙米”）

b) 过时术语 outdated term

定义：已经不再流行，但其意思仍很容易辨认的术语。

英语例：horseless carriage（汽车，老式的）；ague（疟疾）[malarial fever]

汉语例：洋火（火柴），洋灰（水泥）

c) 废弃术语 obsolete term

定义：因科学知识发展而不再使用的术语。

英语例：spiraeic acid（水杨酸），（salicylic acid 的旧名称）

汉语例：残废人（“残疾人”的废弃术语）

注：废弃术语（obsolete term）与已被替代术语（superseded term）的区别在于后者地位已改变，但极可能在旧的标准或非标准环境下使用；而前者在通常的情况下已经完全不用。一些废弃术语也是古语，即，具有非常古老的语源，但不必然如此。同样，许多现行使用的术语在语源上也是古语。

A.2.3.6 时间限制 time restriction

定义：一段时间的指示标记，在这段时间内，某个术语是以特殊的惯用法为依据的。

A.2.3.7 专利限制 proprietary restriction

定义：某种对术语的限制，用于保护某个公司对该术语的唯一使用权。

专利限制的类型包括：

a) 商标 trademark

定义：一种对术语惯用法的限制，即该术语是为明显地表示出来商品的来源或所有权而设计使用的（如品牌），并且为制造者或出售者依法保留自己唯一使用。

例：术语：facial tissue（面巾纸）

商标：Kleenex（一种面巾纸的商标）

b) 商用名 trade name

定义：企业进行商务活动所使用的专门名称或设计

例：“E. I. du Pont de Nemours & Co.”使用“Du Pont（杜邦）”。

A.2.4 术语的形成 term formation

A.2.4.1 术语的起源 term provenance

定义：按照确立术语时所用的方法对该术语的分类。

术语的起源包括：

a) **跨学科借用 transdisciplinary borrowing**

定义：术语来自其他专业领域。

英语例：

术语：ram

→（生物学，biology）animal 动物（ram，公羊）

→（军事科学）battering ram 破城锤

→（制造工程）press ram 冲压杆

汉语例：

术语：运动

→（物理学）物体的位置变化（运动）

→（体育）锻炼身体的活动（运动）

术语：反馈（一台机器、一个系统或一个过程的一部分输出向输入的返回，以改变或影响输入）
→（电子学）反馈振荡器
→（机械工程）反馈控制系统
→（化学）反馈抑制
→（未来学）反馈预测法

注：源学科、专业领域或范围可以使用数据类目“语源”指明。

b) **跨语言借用 translingual borrowing**

许用名称：**借用词 loan word**

定义：术语来自其他语种并且至少部分地采用外来语。

英语例：

de Raster（德语“光栅”）→en raster（英语“光栅”）［意义无变化：grid（栅）用于数字化数据］

en handy（英语“手边的”）→de Handy（德语“手持移动电话”）

汉语例：

C^3I 系统（command，control，communication and information system；指挥、控制、通信和信息系统）；

FORTRAN 语言（FORmula TRANslator language，公式翻译程序语言）

注：源语言可以使用数据类目“语源”指明。目标语言中借用词和源语言中来源词之间的关系既可以是相等的（上例：Raster-raster）又可以是有语义变化的（上例：handy-Handy）。

c) **外来语翻译 loan translation，仿造词 calque**

定义：该术语的术语元素逐一译自某种外语的术语元素。

外语例：

定义：计算机显示屏的视窗。

en（英语）window→de（德语）Fenster→es（西班牙语）ventana

汉语例：football→足球；spaceman→太空人

注1：跨语言借用是一种语言直接采用另一种语言的某个术语，而外来语翻译是在对该术语组成成分分析的基础上按术语元素翻译。源语言可以使用数据类目“语源”指明。

注2：法语术语“calque”在英语中常常误用作指明某个不正确或不恰当的外来语翻译，而它在法语中的意思是确切的外来语翻译。

d) **新词 neologism**

定义：新创造的术语。

英语例：（药理学）immunosuppressant（免疫抑制剂），用于抑制移植物排斥的一种物质。

A.2.4.2 语源 etymology

定义：一个词的来源及其词义变迁的信息。

注：详细的语源最初是与词汇学相关的，虽然术语在一些有关的示例中也具有这样的特性，尤其是在语言规划和新术语的创造和术语的形成等方面。

英语例：

术语：aspirin（阿斯匹林）

语源：来自 acetyl（乙酰）＋spiraeic acid（水杨酸）（旧名为 salicylic acid）

A.2.5 注音 pronunciation

定义：术语发音的表达法。

注1：注音最典型的方式是使用国际音标。

注2：汉语的注音应采用汉语拼音。

英语例：thermoplastic /θəːməuˈplæstik/（热塑性）

汉语例：热塑塑料 rèsù sùliào

A.2.6 音节划分 syllabification

变体:syallabication

定义:按音节(即连续发音的单位)划分词发音的方法。

英语例:ther・mo・plas・tic

注:音节划分经常用于词典的词条,也用于口语。

A.2.7 连字符连接 hyphenation

定义:书写词的划分方法,如在行尾按照指定的规则换行。

英语例:pho-ne-ti-cian

注:音节划分和连字符连接规则在一些语言和一些情况下可能不同。

A.2.8 词法 morphology

A.2.8.1 语素 morpheme(morphological element)

定义:语言的最小的功能单位之一。

英语例:语素成分 in+com+ing 组合创立一个词 incoming。

注:现代汉语中,语素是最小的语音语义结合体,是最小的语法单位,语素是构词单位,字是书写单位。

汉语例1:桌、洁(单音节语素);吩咐、咖啡(双音节语素);巧克力、奥林匹克(多音节语素)。

汉语例2:"非霍奇金氏淋巴瘤"是由"非、霍奇金氏、淋巴、瘤"四个语素构成的词。

A.2.8.2 术语元素 term element

定义:由一个或多个语素成分组成的,用于创立复杂术语(complex term)和复合术语(compound term)的语义单位。

注:在术语数据库中,不连续的术语元素可由特殊的符号组配或其他约定加以分隔,以便于以完整词索引或半自动二次键索引的形式查检。划分有一定的任意性,这取决于所需要查检的术语元素。

英语例:immuno suppressant

A.2.9 术语状态标记 term status

定义:指明术语在给定语境的赞成使用、可接受性或可应用性状况的限定符。

注:本标准将术语状态限定符(term status qualifiers)作为与术语状态(term status)相联系出现的一种数据类目的内容对待。一些数据库中,则将这些数据类目自身作为独立的要素,将各具特征的术语作为其数据内容。这种现象称作"双象性(bimodality)",详细的用法见 ISO 12200:2000 附录 D。

与术语状态(term status)相联系的数据类目包括:

规范的授权状态 normative authorization

管理状态 administrative status

处理状态 process status

语言规划限定符 lanuage-planning qualifier

A.2.9.1 规范的授权状态 normative authorization

定义:由权威性团体(如标准化机构、具有行政管理功能的政府实体)所规定的术语状态限定符。

注:该类目常需与上述权威性团体代码配合使用或连接到上述权威性团体。

规范的授权状态限定符包括:

a) **标准化术语:standardized term**

许用名称:**标准术语 standard term**

定义:已经由标准化机构标准化的术语。

注:标准化术语也是优先术语,但是许用术语也可以包括在此类目。

b) **优先术语 preferred term**

定义:权威机构推荐的术语。

c) **许用术语 admitted term**

定义:权威机构承认作为优先术语的同义词的术语。

d) **拒用术语　deprecated term**

许用名称：**禁用术语　rejected term**

定义：权威机构反对使用的术语。

e) **被取代术语　superseded term**

定义：不再优先使用或不再允许使用的术语。

f) **法律术语　legal term**

定义：以法律形式确定的并用于具有法律约束性文献的术语。

例："不可抗拒力(force majeure)"用于合同的标准条款中。其内涵为：合同各方面在出现超出其所能控制的情况(如地震、洪水、战争)而无法履行其义务时可以免除的责任。

g) **法定术语　regulated term**

定义：由法律或法规确定的术语。

例："消费后再利用产品(post-consumer recycled product)"是在国家和国际环境保护和消费者保护立法中严格规定其内涵的术语。

A.2.9.2　语言规划限定符　language-planning qualifier

定义：在语言规划或描述性术语工作中，赋予暂用术语的限定符。

语言规划限定符类型包括：

a) **推荐术语　recommended term**

定义：由学科专家推荐的术语。

注：如在社会科学中，以描述性术语工作为指导，避免优先术语或拒用术语的规范形式。

b) **未标准化的术语　nonstandardized term**

定义：还没有进入标准化过程或语言规划过程的候选术语。

c) **暂用术语　proposed term, paraphrase, suggested term**

定义：尚无满意术语存在的概念所暂时使用的术语。

注1：在面向翻译的术语工作中，暂用术语可能是对某个在目标语言中不存在合适术语的概念或者直接采用外来语翻译却又不适宜的概念的释义。随着时间的推移，暂用术语或者其自身被承认作为术语，或者最终被更简洁和实用的术语所取代。

注2：在描述性术语工作中，术语学家或专家可以提供一个术语，用于帮助用户认出已存在术语的缺陷，选择一个更适合的术语，或为没有术语的概念提供一个术语。

例：英语词"seeing"在天文学领域我国曾译为"大气宁静度"、"星象宁静度"、"明析度"，现定名为"视宁度"。

d) **新术语　new term**

定义：在标准化过程或语言规划过程中处于刚刚引入阶段的术语。

注：在标准化活动中本数据类目仅涉及对某个术语的工作进展。涉及术语的语源或术语形成方面的数据类目见"新词(neologism)"和"暂用术语(proposed term)"。

A.2.9.3　管理状态　administrative status

定义：在标准或语言规划工作环境内赋予术语的关于其管理级别的状态标记。

注：在一些语言规划环境中用于工作管理。在标准化过程中术语自身的实际状态由"规范的授权状态(normative authorization, A.2.9.1)"规定。该类目常需与上述权威性团体代码配合使用或连接到上述权威性团体。

A.2.9.4　处理状态　process status

定义：在术语标准化过程中，术语工作的进展状态。

处理级别包括：

a) 未处理　unprocessed

定义：术语还没有进入标准化过程时的状态。

b) 临时性处理　provisionally processed

定义:术语已经完成,但还没有到标准化程序的最后阶段的状态。

c) 定稿 finalized

定义:术语已经完成了标准化全部过程的状态。

A.2.10 同义程度 degree of synonymy

定义:在同一语言中,某一术语与另一术语所涵括的概念的相同程度。

注:同义程度(degrees of synonymy)与等义程度(degrees of equivalence)的类型相似,包括:狭等义(narrower)、同义(synonymous),近义(approximately synonymous)、广等义(broader)和不同义(nonsynonymous)。

A.3 等义 equivalence

A.3.1 等义程度 degree of equivalence

定义:两种语言中两个或更多的概念内涵重叠的程度。

等义程度的类型包括:

a) **狭等义 narrower**

定义:赋予某个术语以表明该术语所指概念比认定为全等义或同义的术语所指概念外延较小的限定符。

例:英语术语"test(测试)"比德语术语"Prüfung(检验和测试)"表达了一个较小的外延。

b) **全等义 equivalent**

定义:赋予等义术语的限定符。

例:英语术语"living being(生物)"与法语术语"etre vivant"是等义术语。

c) **准等义 quasi-equivalent**

许用名称:**近等义 near-equivalent**

定义:赋予某个术语的限定符,表明该术语所指概念比在第二种语言中的平行概念所含的特征多或少。

例:德语"Prüfung(检验和测试)"包括英语"inspection(检验)"和法语"controle(检验、检查)"的涵义,而且其含义广于英语或法语的上述术语,它也包含了"test(测试)"的概念,"test"是清楚地排除在英语"inspection"和法语"controle"概念之外的。

d) **广等义 broader**

定义:赋予某个术语的限定符,表明该术语所指概念比认定为全等义或同义的术语所指概念外延较大。

注:德语术语"Prüfung(检验和测试)"比英语术语"test(测试)"概念外延大。

e) **等义短语 equivalent phrase**

定义:在某语种中,赋予某个熟语的限定符。该熟语表达了与另一语种中某个熟语相同的语义内容。

注1:某一语种中的熟语可以在许多实例中等同其他语种中的单词术语或多词术语。

例1:英语 technically equivalent

法语 éqvivalents sur le plan echnique

汉语 技术等同

例2:英语 third-party certification

法语 certification par tierce partie

汉语 第三方认证

注2:多语种术语对(multilingual term pairs)可按其所属概念的相似程度标记为等义(equivalent)或准等义(quasi-equivalent)(见"等义(equivalence)"),也可按其等义关系操作具有单一方向还是两个方向,限定为单向等义或双向等义(见"(译文)方向性(directionality)")。不等义(nonequivalence)也时常作为一种等义程度(degree of equivalence)罗列出,但应区别对待,因为它们在同一术语条目中并不作为等义术语(equivalent term)(见"假

等义”(false friend))。

A.3.2 假等义 false friend

许用名称：误等义 faux amis，不等义 nonequivalent

定义：一种语言中的某个术语仅表现出与另一语言中的某个术语的形式或语义相似性，但并不表达相同的概念。

注：假等义(false friend)常见的类型是假同源(false cognates)，即术语在语源的来源方面相同或非常相似，但是在两种语言中不具有相同的意义。它们也可以是假仿造词(false calques)或者假外来语翻译(false loan translations)，即不正确或误导的字面翻译，这种情况或者是由于某个专用的等义词在目标语言中已经存在，或者是由于用作翻译的术语元素与源语言所使用的术语元素本身就不等义。

例1：假等义(false friend)

汉语中“手纸”是指“一种卫生用纸”，而日语中“手纸”是指“信”。

例2：假同义词(false cognates)：

法语中的“contrôle”意思是“check up on(检验)”或者“inspect(检查)”，是英语术语“control(控制)”的一个假同源词，“control”的意思是“to have power over(有支配……的权力)”。

例3：假仿造词(false calques)

德语中的“Schneidenscheibe”意思是一种矩形垫圈，译成英语“knife-edge disk(按字面直译为“刀刃盘”)”是一种假仿造词，因为这种翻译暗示该概念是一种圆形切削轮。

A.3.3 (译文)方向性 directionality

定义：一种多语种等义的术语属性，指明从第一种语言译成第二种语言和反过来从第二种语言译成第一种语言时，是否存在类似的等义程度。

注：对于(译文)方向性“等义”可以分成：

a) **双向性 bidirectional**

定义：用于多语种等义术语的限定符，指明从第一种语言译成第二种语言和从第二种语言译成第一种语言存在类似的等义程度。

b) **单向性 monodirectional**

定义：用于多语种等义术语的限定符，指明只存在从第一种语言译成第二种语言的等义，不存在从第二种语言译成第一语言的等义。

例：一些等义关系是双向的，即，在第一种语言的等义术语可以自由地被第二种语言中的等义术语取代，反之亦然。这种状态多半存在于已标准化的、完全协调的技术术语中。等义关系也时常受到限制，在这种情况下，关系可以指定为单方向。一般存在以下情况：

当两种语言术语是一对一对应的，等义关系一定是双向的。

当两种语言中术语是一对一对应时，第一种语言中的术语与第二种语言中的优先术语的等义关系应该是双向的；而第二种语言中任何其他非优先术语与第一种语言中术语的对应关系应该规定为单向，即，可以将第二种语言的非优先术语译为第一语言的术语(唯一的术语)，反之，第一种语言中术语译为第二语言时则应受到限制，只应译为优先术语。

当两种语言中术语是多对多对应时，两种语言的优先术语的等义关系应该是双向的；其他对应关系中，应规定单向性，允许一种语言中的非优先术语译为另一种语言中的优先术语，优先术语译为非优先术语应受到限制。

以上是术语标准化的要求。

A.3.4 可靠性代码 reliability code

定义：赋予某个数据类目或记录的代码，用以指明其精确性和完整性。

注：可靠性代码广泛地用于评价等义关系，其判定是主观的，因此本身并不可靠。虽然详尽的文献说明可在大范围内排除可靠性代码的需求，但是代码在交换数据时作为暂时的标记是有用的。

A.3.5 转译注释 transfer comment

定义：包括在一个术语条目中的注释，提供更明确的关于某种语言的一个术语与第二种语言的另一个术语间的等义程度、(译文)方向性或其他影响等义的特殊特征的信息。

A.4 专业领域 subject field

许用名称1：**领域 domain**

许用名称2：**专业标记 subject label**

定义：某个术语记录所属的人类知识的范围。

注：在数据库或其他术语集中，通常将会定义一系列专业领域、领域或分类法代码。在术语科学及其实际应用中，专业领域是通过概念体系的建立而确定的。

例：多层级：

领域：疾病(diseases)

子领域(第一级)：癌(cancer)

子领域(第二级)：非霍奇金氏淋巴瘤(non-Hodgkins lymphoma)

A.4.1 分类体系 classification system

定义：概念的层级排列，用以表达概念间关系。

注：用于术语集合(terminology collection)中的分类体系可以以某种标题代码(header code)的形式出现，指明术语文卷或文件自始至终所用的分类体系。例如，UDC(国际十进制分类法)，也可以在不同条目中变化并且在每一条中分别记录。

A.4.2 分类号 classification number

定义：一套含有应用规则的符号，用于表达领域类别及其内部关系。

例：UDC 621.3＝"electrical engineering(电机工程)"

注：如果层级是由词而不是标记表达，它们可能作为专业领域和子领域的参考文献对待。

A.5 概念相关的描述 concept-related description

定义：用于阐明概念的任何种类的说明材料。

概念相关的描述(concept-related description)的类型包括：

定义 definition

说明 explanation

语境 context

A.5.1 定义 definition

定义：描述一个概念并使其区别于同一概念体系内其他概念的表述。

定义的类型包括：

内涵定义 intensional definition

外延定义 extensional definition

整体部分定义 partitive definition

a) **内涵定义 intensional definition**

定义：指明该概念最近的上位概念和与其他并列概念间的区别特征的定义。

b) **外延定义 extensional definition**

定义：穷举某概念所包含的全部客体或下一抽象层面的全部种概念的定义。

例：太阳系的行星

水星、金星、地球、火星、木星、土星、天王星、海王星和冥王星。

c) **整体部分定义 partitive definition**

定义：穷举组成某综合概念的所有部分概念的定义。

例：标准计算机工作站由中央处理器(CPU)、显示终端、可变的用户输入界面(例如，键盘、鼠标器、扫描器或者这些装置的组合)、可变的输出装置(例如，打印机、绘图仪、扬声器等)组成。

A.5.2 说明 explanation

定义：描述和澄清某个概念并使其可理解，但并不一定使其区别于其他概念的表述。

例：催化剂的说明：(化学)激发或加速化学反应的材料。

注：为了构成一个合适说明(如果将其作为定义是有缺陷的)需要包括催化剂自身不随反应而变化的信息。

A.5.3 语境 context

定义：出现某术语的文本或文本的一部分。

注：在信息技术的一些领域，“语境”一词有时又习惯称作“上下文”。

语境的类型包括：

定义性语境 defining context

说明性语境 explanatory context

关联性语境 associative context

语言性语境 linguistic context

注：在描述术语工作中和面向翻译的术语工作中时常需提供语境，在数据库中使用“例(example)”表示语境参考。为了数据交换，这样的数据类目应该转换到“语境(context)”的数据类目。除了提供关于概念的信息外，语境还提供对确定术语惯用法和固定搭配的有价值的文本类型的信息。一些数据库将“语境”划分到“与术语相关的数据类目”。

a) **定义性语境 defining context**

定义：为形成一个合适的定义提供所有所需的信息的语境。

例：“质量”的定义性语境：质量是反映实体满足明确和隐含需要的能力的特性总和。

b) **说明性语境 explanatory context**

定义：提供概念的概要说明的语境。

例：“质量”的说明性语境：在某些文献中，质量是指“适用性”、“适合目的性”、“顾客满意”或“符合要求”。

c) **关联性语境 associative context**

定义：包含表达某个概念的术语，但是缺少该概念的描述性信息的语境。

例：“质量”的关联性语境：“质量水平”和“质量度量”(如验收抽样)，表示在“定量意义上进行精确的技术评价”。

d) **语言性语境 linguistic context**

定义：论述术语时，用来说明术语功能的语境，但不提供概念信息。

A.5.4 例 example

定义：在条目中，提供包含所定义客体或实体的样本的描述性材料。

注：一些数据库用“例(example)”表示语境参考，为了数据交换，这样的数据类目应该转换到“语境(context)”的数据类目。

A.5.5 非文本性说明 nontextual illustrations

A.5.5.1 图 figure

定义：用于说明某个概念或一组概念的图解、图片或其他图形材料。

例：附录C图C.1是一个示图，用于与一个术语条目相连接。

A.5.5.2 音频 audio

定义：声音、口头词、音乐或其他可声音化的用于表示或说明术语或概念的表达法。

例：在多媒体环境，与一个术语条目相配合的术语的发声记录。

A.5.5.3 视频 video

定义：用于表达或图示术语信息的录制视觉影像。

例：用于图示一个概念、一种过程、一种试验方法等的视频影像。

注：数字化视频可包括音频组分。

A.5.5.4 表格 table

定义：在术语集合中，用于归档、说明或描述某个概念而以行和列的方式安排数据的列阵。

A.5.6 单位 unit

定义：由一个权威机构所定义的参考值与所度量的量之间的关系。

例：

力以牛[顿]度量；

长度以米度量；

质量以克度量。

注：在标准国际单位制中，每一个量只能有一种单位。在术语集合中，度量质量所用的单位非常有价值。在一些情况下，它可以表达一种主要的特征，以确定所引用概念的精确性，当文本中如果由于多义或精度不够引起歧义时尤其如此。

A.5.7 范围 range

定义：在量的度量下，一系列限制间的关系，以标出上下限的范围值表示。

例：在标准大气压下，0℃～100℃＝水的液态。

注：范围与单位类似，在定义概念时可以是一个决定的限定特征，特别是在材料数据库中。

A.5.8 特征 characteristic

定义：反映一个客体的某一特有属性的思维表达，用于形成并限定其概念。

例：可压缩性(气体)

可燃性(燃料)

A.6 概念关系 concept relation

定义：两个或多个概念间的联系，概念间的语义关系。

概念关系形成概念体系的基础。概念关系的类型包括：

属种关系 generic relation

整体部分关系 partitive relation

序列关系 sequential relation

时间关系 temporal relation

空间关系 spatial relation

因果关系 casual relation

来源关系 relation of origin

发展关系 relation of development

联想关系 associative relation

反义术语(关系) antonym

互补式 complement

对比式 contrast

工具关系 instrumental relation

……

[开放的列表]

A.6.1 属种关系 generic relation

定义：以属概念、种概念和并列概念、不并列概念的内涵的部分相同为基础的一种层级关系。

注：属种关系可以具有这样的特征，所有属于狭义概念(种)范畴的概念是广义概念(属)的外延的部分。

例：

生物

　植物

　　隐花植物

　　显花植物

　动物

　　原生动物

　　后生动物

A.6.2　整体部分关系　partitive relation

定义：以上位概念指称整体客体，下位概念侧指称其部分的一种层级关系。

例：

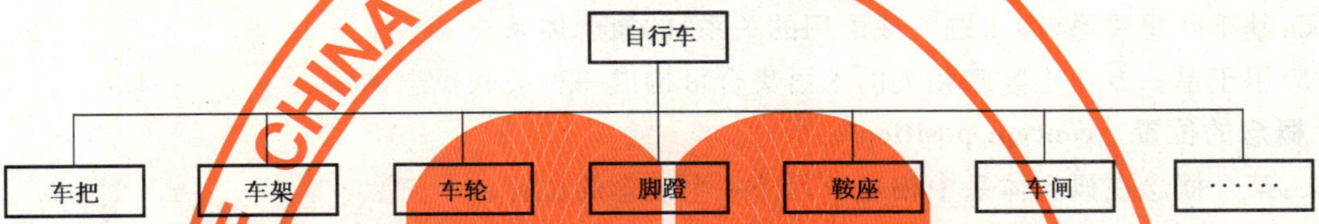

A.6.3　序列关系　sequential relation

定义：表达时间或空间相关之客体的诸概念间的依存关系。

序列关系的类型包括：

时间关系　temporal relation

空间关系　spatial relation

原因与结果关系　casual relation

来源关系　relation of origin

发展关系　relation of development

注：由于相关性法则，在一些情况下区分时间或空间组份可能是困难的。例如，装配流水线的各工作站之间可以视作时间关系也可以视作空间关系。

A.6.3.1　时间关系　temporal relation

定义：表达时间临近之客体的诸概念间的依存关系。

例：生物的进化树、产品的生产过程、生物个体的发育过程、法律程序等。

A.6.3.2　空间关系　spatial relation

定义：表达基于空间位置关系之客体的诸概念间的依存关系。

例：人体的右边和左边；球面的特征。

A.6.4　联想关系　associative relation

许用名称1：**主题关系　thematic relation**

许用名称2：**语用关系　pragmatic relation**

定义：以主题相关为基础建立的概念间的关系。

例：教师—学校；汽车—公路

A.7　概念的结构　conceptual structures

A.7.1　概念体系　concept system

定义：根据概念间的关系建立的结构化概念集合，其中每个概念是由它在该集合中的位置所确定的。

注：在同一术语条目中，类目“概念体系(concept system)”可与类目“概念的位置(concept position)”一起使用，用于记录概念的位置和所包括的概念体系的类型。

概念体系的类型包括：

a) 属种概念体系 generic concept system

定义：某种概念体系，其中狭义概念(种)是广义概念(属)外延的部分。

例：见附录C图C.2“属种概念体系”图示。

b) 整体部分概念体系 partitive concept system

定义：基于整体部分或部分整体关系的概念体系。

例：附录C图C.3“整体部分概念体系”图示。

c) 序列概念体系 sequential concept system

定义：基于空间和时间关系的概念体系。

例：在一个制造生产线上的连续进行的过程构成了一种典型的序列概念体系。

d) 联想概念体系 associative concept system

定义：基于联想关系(即主题的或语用的关系)的概念体系。

例：应用于单一专业不紧密相关的术语集合可构成一种关联概念体系。

A.7.2 概念的位置 concept position

定义：某个概念在概念体系中相对于另外一个概念的位置。

概念位置的类型包括：

广义概念 broader concept

上位概念 superordinate concept

下位概念 subordinate concept

并列概念 coordinate concept

注：如果在数据库中表示概念体系，其值可以是以上罗列的一种类型，也可以用分类号(classification number，A.4.2)数据类目指明。

A.7.2.1 广义概念 broader concept

定义：层级概念体系中，比所研究对象概念抽象层级高两级以上的概念。

例：附录C图C.2和图C.3中“紧固件(fastener)”和“臂(arm)”是广义概念。

注：广义概念既可以存在于属种概念体系，也可以存在于整体部分概念体系。

A.7.2.2 上位概念 superordinate concept

定义：层级体系中，可划分为若干个下一级概念的概念。

例：附录C图C.2中“钉(nail)”是“普通钉(common nail)”和“板钉(panel nail)”的上位概念。图C.3中“下臂(lower arm)”是“尺骨(ulna)”和“桡骨(radius)”的上位概念。

注：在属种概念体系中，上位概念指概念自身；而在普通语言学中术语“上义词(hyperonym)”指表达该概念的术语。

在整体部分体系中，上位概念也可称作综合概念。

A.7.2.3 下位概念 subordinate concept

定义：层级体系中，可与一个或一个以上同级概念组合形成上一级概念的概念。

例：附录C图C.2中“暗钉(finishing nail)”相对于“钉(nail)”是下位概念。图C.3中“尺骨(ulna)相对于“下臂(lower arm)”是下位概念。

注1：下位概念强调概念自身，而在普通语言学中术语“下义词(hyponym)”指表达该概念的术语。在属种体系中，下位概念可称作种概念。在整体部分体系中，下位概念可称作部分概念。

注2：“下位概念“数据类目必须可进行层次迭代。例如，附录C图C.3中将“腕骨”视作可再细划的区域，而可引入更深的下位层级系统。

A.7.2.4 并列概念 coordinate concept

定义：在层级体系中与一个或多个其他概念同属一层的概念。

例:附录C图C.2中“暗钉(finishing nail)”和“图钉(tack)”是并列概念。图C.3中“尺骨(ulna)”和“桡骨(radius)”是并列概念。

注:并列概念指的是概念自身;而在普通语言学中术语“并列下义词(co-hyponym)”指的是表达该概念的术语。

A.7.2.5 相关概念 related concept

定义:与其他概念有关联关系的概念。

例:教师和学校是相关概念。

A.8 注 note

许用名称1:**备注 remark**

许用名称2:**注释 comment**

定义:关于数据集中任何其他元素的补充信息。

注:如果可能,补充信息可与更专指的数据类目一起标识,例如,惯用法注、转译注释等。

A.9 文献语言 documentary language

定义:用来表示数据或文献内容,以便其存储和检索的规范语言。

A.9.1 叙词表名称 thesaurus name

许用名称:**叙词表 thesaurus**

定义:某个叙词所源于的叙词表的名称。

注:作为术语来说,叙词表(thesaurus)和叙词表名称(thesaurus name)是非同义词。但是作为数据类目的名称,两个类目的内容的确都是叙词表的名称。

A.9.2 叙词 thesaurus descriptor,descriptor

定义:叙词表中用于表示文献中或检索要求中的一个主题概念而规范化的术语。

注:虽然概念体系和叙词表都能用于表达信息和知识,在术语和信息管理中概念体系用于表达概念结构,而叙词表是为图书馆学和文献管理环境的信息检索而专门设计的。两种传统服从不同的约定和规则,并且通常不能组合。然而,在一个术语条目中可以指明某个术语在文献语言中是某个叙词表中的叙词。

A.9.2.1 族首词 top term

定义:在叙词表的层级关系中,表达最上位概念的叙词。

A.9.2.2 广义词 broader term

定义:叙词表叙词层级关系中的上位术语。

注:相关术语定义参见ISO 5127-6:1983 3.4.6.2-01。

例:在附录C图C.4中,“AERODYNAMIC NOISE(空气动力噪声)”相对于“BLADE SLAP NOISE(叶轮转动噪声)”是一个广义词。

A.9.2.3 狭义词 narrower term

定义:叙词表叙词层级关系中的下位术语。

注:相关术语定义参见ISO 5127-6:1983 3.4.6.2-04。

例:在附录C图C.4中“SONIC BOOMS(声爆)”相对于“NOISE(噪声)”是一个狭义词。

A.9.2.4 相关词 related term

定义:根据组配或联想关系与另一个术语相关的术语。

例:在附录C图C.4中“NOISE INJURIE (噪声损害)”是一个相关词。

A.9.3 非叙词 nondescriptor

定义:叙词的同义词或准同义词,在叙词表中人为规定的不能用于文献标引和情报检索,只起指引作用的词,又称“入口词”。

注:相关术语定义参见ISO 5127-6:1983 3.4.6.2-03。

A.9.4 关键词 keyword

定义：由文献标题或文本中提取的能提示文献内容主题并有利于检索的词或词组。

例：本标准中的术语“数据类目”和术语条目是关键词。

A.9.5 索引词 index heading, index word

定义：在文献中，被选择用于索引的表达一项内容或一个概念的术语。

注：关键词时常用作索引词，但并不是所有的索引词都需在文献中实际存在。实践中，最好将潜在的读者喜欢用于检索的那些术语选作索引词。

例：本标准中所规定的所有数据类目均作为索引词包含在索引中，还包括一些轮排形式、普通同义词和变体。

A.10 管理信息 administrative information

A.10.1 术语管理事务 terminology management transactions

定义：术语条目的确立、批准和使用所包括的步骤之一。

术语管理功能（terminology management functions）直接连接到以下术语管理事务（terminology management transactions）。

a) **创建 origination**

定义：创立术语条目的数据库事务。

b) **输入 input**

定义：输入术语条或相关信息到数据库的数据库事务。

注：输入可等同于创立，但不必然如此，因为可由某人采集信息，再由另一个人将信息输入数据库。

c) **更新 update**

定义：更新术语条目的数据库事务。

d) **校验 check**

定义：校验术语条目的数据库事务。

e) **批准 approval**

定义：明确认可术语条目的数据库事务。

f) **注销 withdrawal**

定义：注销术语条目的数据库事务。

g) **标准化 standardization**

定义：术语条目标准化的数据库事务。

h) **转出 exportation**

定义：转出术语条目到外部数据库或交换格式的数据库的事件。

i) **转入 importation**

定义：从外部数据库转入术语条目的数据库的事件。

A.10.2 术语管理功能 terminology management functions

定义：关于工作组活动内术语管理的类目。

术语管理功能可包括：

日期 date

责任者代码 responsibility

A.10.2.1 日期 date

定义：数据库处理步骤或事件发生的时间点。

日期的类型可包括：

创建日期 origination date

输入日期　input date

更新日期　update date

校验日期　check date

批准日期　approval date

注销日期　withdrawal date

标准化日期　standardization date

转出日期　exportation date

转入日期　importation date

注：应该按照GB/T 7408—2005“CCYY-MM-DD”的格式表达日期。如果数据库未使用这种格式，在交换数据前，要求将有关日期的数据转换成这种格式。

事实上，“日期”数据类目可在任何种类的记录中与任何数据元素相联系。当输入、编辑或审定记录时，它可用作为指明时间的管理标记，也可作为记录自身实际知识内容的部分，如在文献题录记录中。

A.10.2.1.1　创建日期　origination date

定义：数据元素（子段、记录、条目等）创建的日期。

A.10.2.1.2　输入日期　input date

定义：将数据元素（子段、记录、条目）等输入到数据集中的日期。

注：“创建日期（origination date）”和“输入日期（input date）表达的数据库处理步骤可以是相同的，此时后者就不必要了。

A.10.2.1.3　更新日期　update date

许用名称：**修正日期　modification date**

定义：以编辑或其他方式修正字段、记录等的日期。

A.10.2.1.4　校验日期　check date

定义：检验字段、记录等的日期。

A.10.2.1.5　批准日期　approval date

定义：批准或公布记录、条目等的日期。

A.10.2.1.6　注销日期　withdrawal date

定义：将记录或条目从当前的数据集移存到存档文件的日期。

A.10.2.1.7　标准化日期　standardization date

定义：在权威机构最终批准的基础上，将术语作为标准术语正式引入的日期。

A.10.2.1.8　转出日期　exportation date

定义：将术语条目从一个数据库转出到另一个数据库或交换格式的日期。

A.10.2.1.9　转入日期　importation date

定义：将术语条目转入到另一个数据库的日期。

A.10.2.2　责任者代码　responsibility

定义：标识术语管理事务的专门代码。

责任者代码的类型可包括：

创建者码　originator

输入者码　inputter

更新者码　updater

校验者码　checker

审定者码　approver

注销者码　withdrawer

转出者码　exporter

转入者码　importer

用户码　user

子集拥有者码　subset owner

A.10.2.2.1　创建者码　originator

定义：标识创建字段、记录等的责任者的专门代码。

A.10.2.2.2　输入者码　inputter

定义：不同于源码时，标识输入字段、记录等的责任者的专门代码。

A.10.2.2.3　更新者码　updater

定义：标识编辑或其他方式修正字段、记录等的责任者的专门代码。

A.10.2.2.4　校验者码　checker

定义：标识校验字段、记录等的责任者的专门代码。

A.10.2.2.5　审定者码　approver

定义：标识批准统一或确定的字段或记录的责任者的专门代码。

A.10.2.2.6　注销者码　withdrawer

定义：标识将某个术语条目从主术语集合注销的责任者的专门代码。

A.10.2.2.7　转出者码　exporter

定义：标识将某个术语条目从一个术语数据库转出的责任者的专门代码。

A.10.2.2.8　转入者码　importer

定义：标识将某个术语条目从一个术语数据库转入的责任者的专门代码。

A.10.2.2.9　用户码　user

定义：标识某一术语条目指定用户的代码。

A.10.2.2.10　子集拥有者码　subset owner

定义：标识管理一个术语记录子集的指定责任者的专门代码。

A.10.3　子集标识符　subset identifier

定义：数据库内所标识的具有某种与其他子群成员共有特性的标识符，如单用户管理或特殊应用的任何术语的(管理或使用)子群。

子集的类型可包括：

客户子集　customer subset

初始客户子集　initial customer subset

项目子集　project subset

初始项目子集　initial project subset

产品子集　product subset

业务单位子集　business unit subset

应用子集　application subset

环境子集　environment subset

安全性子集　security subset

注：由子集拥有者(subset owner)所标识的项目实际上组成了子集的另一类型，但是对于这种区别，若包含的单独的数据类目作为子集标识符(subset identifier)则是多余的。这个子集群中的实例是可组合并且相互独立的，即同一条目可能要求包括多子集标识符。

A.10.3.1　客户子集标识符　customer subset identifier

定义：用作标识与特定客户相关的术语记录的代码。

A.10.3.2　初始客户子集标识符　initial customer subset identifier

定义：用作标识与特定初始客户相关的术语记录的代码。

A.10.3.3　项目子集标识符　project subset identifier

定义:赋予某一特定项目的代码,某条术语、记录或条目与该项目相关。

A.10.3.4　初始项目子集标识符　initial project subset identifier

定义:赋予某一特定初始项目的代码,某条术语、记录或条目与该项目相关。

A.10.3.5　产品子集标识符　product subset identifier

定义:赋予某一产品的代码,某条术语与该产品相关。

A.10.3.6　业务单位子集标识符　business unit subset identifier

定义:标识与企事业单位具体部门相关的术语或术语记录的代码。

A.10.3.7　应用子集标识符　application subset identifier

定义:标识与特定的应用相关的术语条目的代码。

注:原为在计算机应用中使用的术语标识而设计的,本数据类目也可用于标识其他类型的应用中的术语。

A.10.3.8　环境子集标识符　environment subset identifier

定义:标识与指定的计算机环境相关的术语条目的代码。

A.10.3.9　安全性子集标识符　security subset identifier

定义:单位内部术语的安全分类代码。

注:在产品开发阶段,需要保密时,安全分类代码时常赋予决定性的术语。安全性限制可与日期限制、授权代码或其他子集标识符一起出现。

安全性子集限定符的类型包括:

a)　公开的　public

定义:系统中所有用户均可以访问的条目的安全性限定符。

b)　保密的　confidential

定义:系统中仅授权用户可以访问的条目的安全性限定符。

A.10.4　授权信息　authorization information

A.10.4.1　授权功能代码　authorization function

定义:分配给用户运行系统或可访问的数据的功能代码。

注:典型功能包括读、写和删除。

A.10.4.2　授权标识符　authorization identifier

定义:分配给系统用户的个人登录名称标识符。

注:典型的标识符是真实名字或别名。

A.10.4.3　授权密码　authorization password

定义:分配给系统用户访问一个数据库或数据条目的密码名称。

注:密码是唯一的并且是用户选择的。

A.10.4.4　工作头衔　job title

定义:分配给系统用户创建、维护、使用数据库功能的责任头衔。

注:典型的工作头衔包括翻译员、术语学家、高级用户和客人用户。

A.10.5　用户建议　user suggestion

定义:对术语、记录或条目的修改建议。

注:该数据类目用于群体的术语管理场合,其中一些成员无权改变术语条目,但是可以提出修改建议,由负责的术语学家去完成。

A.10.6　管理术语限制　administrative term qualifiers

A.10.6.1　引用术语　entailed term

定义:术语条目中所使用的,在同一词典、词汇表、术语集、词汇集中另已定义的术语。

注:引用术语可以是用在定义中的“属”或“种差”;或用在注、相互参照或其他文本单元中的术语。

A.10.6.2 排序键 sort key

许用名称：**排序形式 sorting form**

定义：在术语数据库中进行排序与合并操作时，作比较用的字符串。

注：术语的排序键可允许按字母或按概念体系存取。

例：2，2—Dihydropyran 按“Dihydropyran”排序，不按“2，2”排序；α′—Dimethyl—γ—pyrone 按“Dimethyl”排序，不按“α”排序。

A.10.6.3 检索用术语 search term

定义：术语条目中用于检索的术语。

例：许多在术语数据库中生成的第二索引键作为检索用术语。例如，单向多语种条目，目标语言对应词可标识为第二键并用作检索术语。

A.10.7 语种代码 language code

许用名称：**语言符号 language symbol**

定义：用于指明语种名称的代码。

注：应使用 GB/T 4880.1—2005 中规定的代码。理想的情况是在术语集合的任何必要的地方都包括语言信息。

例：本标准中引用的通用双字符语种代码包括：

en＝英语　fr＝法语　ru＝俄语

de＝德语　es＝西班牙语　zh＝汉语

A.10.8 外语文本标记 foreign text

定义：用于标识一个词、名子或扩展的文本属于当前文本使用的语种之外的其他语种的标记。

例：

ISO 9000-1 德语文本中保留了一些英语术语。

Vertragliche Anwendung von Beurteilungs-und Genehmigungs-oder Registrierungs-Systemen (second party)

A.10.9 理序序列 collating sequence

定义：用于指明文本排序约定的代码。

排序的类型主要包括：

a) **按字母顺序（连续排序）continuous alphabetical sequence**

许用名称：**逐字母排序 alphabetization，letter by letter**

定义：按照条目术语的字母编排值逐字母排列条目，不考虑空格、连字符、省略号、括号或类似的符号。

b) **按字母顺序（不连续排序）discontinuous alphabetical sequence**

许用名称：**逐词排序 alphabetization，word by word**

定义：按照条目术语的字母编排值逐词排列条目。

c) **特殊排序 special alphabetical sequence**

定义：按照满足特殊语言或专业的约定的字母化顺序。

例：西里尔字符顺序、特别的拉丁字母字符顺序。A.10.6.2 中描述的那些特殊的应用表明的顺序。

d) **系统排序 systematic sequence**

定义：基于概念体系的条目排序。

e) **混合排序 mixed sequence**

定义：在按体系排列的部分（章、条）内，按字母顺序排列条目。

f) **ASCII 码排序 ASCII sequence**

定义：基于标准的 ASCII 码的条目排序。

注：汉语中还有笔画、部首排序等。

A.10.10　条目类型　entry type

定义：与某个术语文件中的条目相关联的类目。

注：此处，一些情况下几个物理记录可以连接形成一个虚拟条目，所有的条目类型可以记录类型的形式存在。

条目类型可以包括：

a)　术语条目　terminological entry，term entry

定义：罗列了特别指定的专业领域内给定概念相关的术语和其他相关信息的数据条目。

b)　概念条目　concept entry

定义：由一个概念标识符所标识的术语条目。该条目通常定义一个专门的概念并且列出该要领相关联的术语。

注：典型的概念条目可由定义而不是术语构成或引入。

c)　词汇条目　lexical entry

定义：提供与某个给定词汇单位(条头词，head word)相关联的所有词义的数据条目。

注：通常不将辞书编纂条目包括在严格的术语文件中，但是在学生的工作文件或探讨术语研究的工作条目时可以作为例外存在。建议将辞书编纂条目和术语条目包括在相同的术语文件中。应该清楚地标记这样的条目以避免数据交换中出现问题。

d)　熟语条目　phraseological entry

定义：提供熟语或固定搭配的限定性和描述性信息的术语条目。

e)　固定搭配条目　collocation entry

定义：作为固定搭配对待的条目。

f)　固定短语条目　set phrase entry

定义：作为固定短语对待的条目。

g)　标准语块条目　standard-text entry

定义：提供标准语块信息的条目。

h)　相互参照条目　cross-reference entry

定义：某一条目其内容是构成的数据库中另一条目的相互参照。

i)　责任条目　responsibility entry

定义：包含某一术语元素责任人信息的条目。

A.10.11　[元素]工作状态代码　element working status

定义：指明术语集合中某一元素(字段、记录、条目)的完善性和精确性级别的代码。

工作状态级别包括：

a)　初始元素　starter element

定义：截断的或未完成的初始化工作元素。

注：初始记录或条目可仅仅是一条术语和一个空的模式、表格、一条定义或外语词而无源语言术语。

b)　待批元素　working element

定义：实际已经完成，但还未经负责的术语学家批准的术语元素。

c)　已批元素　consolidated element，definitive element

定义：经负责的术语学家最终批准的术语元素

d)　归档元素　archive element

定义：已经从常用的数据库中移出，但仍用于保留数据库的历史存档的术语元素。

e)　转入元素　imported element

定义：源于与另一个数据库交换而得来的术语元素。

f)　转出元素　exported element

定义：已经转出到一个或多个数据库或一种交换格式的元素。

A.10.12 目标数据库 target database

定义：数据所转出到的数据库或格式。

A.10.13 条目来源 entry source

定义：转入条目的数据库或格式。

A.10.14 概念标识符 concept identifier

定义：用于标识一个术语数据记录(概念记录或概念条目)以连接分散的实体元素而形成一个虚拟概念条目的代码。

例：如果将该数据元作为一个术语条目对待，记录标识符(record identifier，A.10.16)可作为概念标识符使用。

注：在同一概念与几个记录相关的情况下必须使用概念标识符。由于各个记录标识符不同，所以不得不用一个连接标识符以便维护所有的概念条目的统一性。概念标识符在术语排列体系化时也是重要的，此时它们作为与字母顺序目录相连的相互参照标识符。

A.10.15 条目标识符 entry identifier

定义：作为术语条目唯一标识符的代码。

A.10.16 记录标识符 record identifier

定义：作为术语记录唯一标识符的代码。

注：几个实体记录连接成一个虚拟条目时，必须设置单独的记录标识符。

A.10.17 文件标识符 file identifier

定义：作为术语数据库管理系统中文件的唯一标识符的代码。

注：当数据转入和转出时，合并几个文件的数据或把集合文件分割成子集时，文件标识符是有价值的。

A.10.18 相互参照 cross-reference

定义：数据集中引导用户到另一个相关位置(例如另一个记录)的指针字段或记录。

A.10.18.1 见 see

定义：术语集合中所使用的指针字段或记录，从一个不包含信息的位置指向能找到信息的位置。

例：在附录C图C.4中的叙词表示例中，术语集合的一个条目可以包含转换术语"Noise，engine(声，发动机)"，它用"see(见)"指向"ENGINE NOISE(发动机噪声)"主记录。

A.10.18.2 亦见 see also

定义：术语集合中所使用的指针字段或记录，从一个不包含信息的位置指向能找到相关信息的一个或多个位置。

注：在数据集中，"亦见(See also)"可以指向任何条目、记录或数据元。

A.10.18.3 倒排术语 inverted term

定义：重排一个词串以建立一个新条目，目的在于将出现在该字符串末尾的具有检索意义的关键词放到合适的字母顺序位置。是轮排术语的一种。

注：倒排术语通常与"见"(A.10.18.1)一起使用。

英语例：

术语：International Organization for Standardization(国际标准化组织)

倒排术语：Standardization，International Organization for(标准化，国际组织)

汉语例：

术语：国际标准化组织

倒排术语：组织，国际标准化

术语：急性化脓性中耳炎

倒排术语：中耳炎，急性化脓性

A.10.18.4 轮排术语 permuted term

定义：重排一个词串以建立一个或几个新条目，目的在于将出现在该术语中的具有检索意义的关键词放到首位。

注：轮排术语通常与相互参照符“见”(A.10.18.1)一起使用。

英语例：

术语：International Organization for Standardization(国际标准化组织)

轮排术语：Organization for Standardization，International(标准化组织，国际)

汉语例：

术语：国际标准化组织

轮排术语：标准化组织，国际组织，国际标准化

术语：急性化脓性中耳炎

轮排术语：化脓性中耳炎，急性中耳炎，急性化脓性

A.10.18.5　同形[异音异义]词　homograph

定义：与另一个词具有相同的拼写，但是具有不同的发音、意义和来源的词。

英语例：

lead(领导)，lead(铅)

wind(风)，wind(转动)

汉语例：

公差(gōngchā)—公差(gōngchāi)

便宜(piányí)—便宜(biànyí)

注：与多义术语(同一词应用于不同概念)相反，同形词是那些来自不同来源的词。另一方面，更多的情况下，同形词自身作为一个数据类目出现，并且其内容(或许是同形词自身)通常作为一个指针，引向一个或多个包含实例的条目，在这些条目中该词用于其他有关联的不同概念。

同形异音异义词编号(homograph number)是一个用于区分同形词的序列号。许多印刷词典使用上角标作为同形词编号，这种约定也常用于传统的数据库，在图形用户界面(Graphical User Interfaces，GUI)下很容易实现。

英语例：

术语：$lead^1$　(v)　(领导)

术语：$lead^2$　(n)　(铅)

A.10.18.6　反义术语(关系)　antonym

定义：其概念与另一个术语所表达的概念正好相反的术语。

例：过端量规—不过端量规；公差之内—公差之外

反义术语的子类型可以包括：

互补式：　complements

定义：其概念与另一个术语所表达的同位概念相互补充的术语，此两个术语共同构成了某个整体。

例：阴/阳；静摩擦系数/动摩擦系数

对比式：　contrasts

定义：其概念的特征与由另一个术语所表达的概念显著区别或正好相反的术语。

例：红—绿；黑—白

A.10.19　源文献　source

定义：关于一个文献或其他资源的文献题录信息的完整引文。

注：标准号可构成一个完整的文献题录引文，或者在术语条目中可以包括完整的文献管理信息。数据库管理环境，在每个术语条目中包括文献题录来源完整的信息会导致术语集合中的冗余数据存在。

例1：ISO 10241　国际术语标准的制定程序与编排格式

例2：Wüster，Eugen，1968，The Machine Tool(机床). London：Technical Press.

A.10.20　源文献标识符　source identifier

许用名称1：**文献题录源代码　bibliographic source code**

许用名称2：**术语源代码　terminological source code**

定义：在术语集合中，赋予某个文献的代码，它既是文献题录条目标识符，也是独立术语条目中指该代码所标识的文献题录条目的指针。

例：在术语记录中"WEmt 1968"或"Wüster-1968"引导用户到文献题录条目"Wüster，Eugen，The Machine Tool（机床）1968"。

A.10.21　创建者实体代码　originating entity

定义：用于标识文献信息来源的某个人、机构、公司等的代码。

注：在A.2.9.2描述的语言规划或标准化环境，这些数据类目也能用于标识新术语的来源。

A.10.21.1　创建人代码　originating person

许用名称1：**专业人员代码　expert**

许用名称2：**专家代码　specialist**

定义：文献题录处理中使用的、当作信息源来处理的人的代码。

A.10.21.2　（术语的）创建机构代码　originating institution

定义：文献题录处理中使用的、当作信息源来处理的机构（公司、政府机构等）的代码。

A.10.21.3　（术语的）创建数据库代码　originating database

定义：文献题录处理中使用的、当作文献来处理的数据库的代码。

附　录　B
（规范性附录）
文献题录数据类目

ISO 12083 附录 B 罗列了用于机器可读文本编制和置标的数据类目标识元素。该目录包括的元素可用作术语数据库中引用文献题录中的数据类目。下列各项对应的元素源于该目录。

B.1　文献题录目录　bibliographic list

定义：某一文件中的文献题录条目的目录。

B.2　文献题录条目　bibliographic entry

定义：通过引用标准形式的文献题录而构成的条目。

注：文献题录条目的标识符是赋予该文献的源标识符，并且在其他条目中作为指针用于引导用户到该条目。

B.3　丛书通告　advertisement

定义：系列出版物内的广告或公告。

B.4　文章　article

定义：形成出版物一部分的独立文本。

B.5　作者 author

定义：文献的知识或艺术内容等的责任者。

B.6　获取处　available

定义：能获得所引用文献的商业机构或能查找到该文献的处所。

B.7　书　book

定义：以单卷本形式完成的出版物或以（计划以）有限卷完成的出版物。

B.8　种类　category

许用名称：**出版物种类　publication category**

定义：出版物的类型。

在术语管理中，出版物的种类可包括：

文章（通俗著作）　article(popular literature)
论文（技术著作）　article(technical literature)
作业规范　code of practice
术语汇编　glossary
古文献　grey literature
国际标准　international standard
法律　law
法律文献　legal document
词典　lexicon

手册　manual
国家标准　national standard
标准文献　normative document
专利文献　patent document
期刊(杂志)periodical
地方标准　provincial standard
预标准　prestandard
公共关系文献　public relations document
区域标准　regional standard
法规　regulation
标准　standard
技术规范　technical specification
技术法规　technical regulation

B.9　引文　citation

定义:对书、文章或其他原始文献的引用。

B.10　城市　city

定义:文献出版的城市。

注:必要时,国家(country,B.15)也可与城市一起被包括。

例:

城市:伦敦(city:London);

安大略,国家:加拿大(Ontario country:Canada)

注:ISO 12083 未规定分别指明的州或省。

B.11　刊名代码　CODEN

完整形式:code number(for periodicals)

定义:作为明确的、固定不变的标识符,赋予系列和专题的出版物的简明、独一无二的字母数字代码。

B.12　团体作者:corporate author

定义:对全部或部分知识或艺术内容的确立负责的组织。

B.13　版权　copyright

定义:授予作者、设计者等或其他指定的人在指定的期限内印刷、出版、演出、拍摄、记录原始的艺术、美术或音乐材料的专有法律权利。

B.14　版权持有人 copyright holder

定义:出版物出版时版权所有者的名字。

B.15　国家　country

定义:文献出版的国家。

B. 16　出版日期　date of publication

定义：出版的年份，如果必要，也可指出月份、日期。

B. 17　版本　edition

定义：根据一种排版或同一母片生产出的文献复制品的集合。

B. 18　编辑　editor

定义：从知识内容的角度对文献出版负责的人或组织。

B. 19　篇幅　extent

定义：著作的页码数。

B. 20　人名　first name

定义：某个人的名字。

B. 21　术语汇编　glossary

定义：包含专业学科领域或相关领域的术语并且基于术语工作的术语目录或术语小词典。

B. 22　国际标准书号　ISBN

定义：赋予书或其他专著每一版本用于标识的、国际承认的唯一标准号。

B. 23　国际标准连续出版物号　ISSN

定义：赋予系列出版物用于标识的、国际承认的唯一标准号。

B. 24　期号　issue number

定义：定期出版的文献的单元号。

B. 25　美国国会图书馆卡片号　Library of Congress card number

定义：由美国国会图书馆为提供查检某一著作完整的目录记录而赋予的号。

B. 26　组织名称　organization name

定义：学会、商会或其他实体的名称。

B. 27　其他信息　other information

B. 28　页　page

许用名称：pages
定义：文献每张的一面。

B. 29　出版者名称　publisher name

定义：对文献的出版和传播有责任的个人或组织的名称。

B.30　报告标识符　report identifier

定义：唯一标识报告的完整格式化的字母数字指称。

B.31　角色　role

定义：文献的原作者所起的特别的作用。
例：编者、评论者、译者。

B.32　丛书名　serial title

定义：系列丛书的书名。

B.33　姓氏　surname

定义：某个人的家庭世袭名。

B.34　题名　title

定义：通常出现在文献表面上的词或短句，方便查阅，也用于标识，并且经常(并不总是)可将该文献与其他文献相区别。

B.35　卷标识符　volume identifier

定义：某种资料单元的标识符，该资料单元是一定数量书页的汇编，使用同一封面，形成一个整体或系列的一部分。

附 录 C
（资料性附录）
本标准引用的插图

图 C.1 用于图解概念的图

- fastener（紧固件）
  - nail（钉）
    - common nail（普通钉）
    - box nail（盒钉）
    - finishing nail（暗钉）
    - casing nail（加固钉）
    - barbed nail（刺钉）
    - duplex head nail（双头钉）
    - panel nail（板钉）
    - tack（图钉）
  - masonry nail（水泥钉）
    - screw（螺钉）
    - standard wood screw（普通木螺钉）
    - dowel screw（双头螺钉）
    - lag screw（方头螺钉）
    - drywall screw（水泥墙螺钉）
    - sheet metal screw（薄金属板螺钉）
  - hook（钩）
    - screw eye（带眼螺丝）
    - screw hood（钩头螺丝）
    - swag hook（吊钩）
    - gate hook（门钩）
  - nut（螺母）
    - hex nut（六角螺母）
    - square nut（方螺母）
    - screw nut（滚花螺母）
    - cap nut（锁紧螺母）
    - wing nut（蝶形螺母）
  - bolt（螺栓）
    - machine bolt（机器螺栓）
    - stove bolt（炉用螺栓）
    - carriage bolt（车身螺栓）
    - U-bolt（U 形螺栓）
  - washer（垫圈）
    - flat washer（平垫圈）
    - lock washer（锁紧垫圈）
    - internal tooth washer（内齿垫圈）
    - external tooth washer（外齿垫圈）
    - Belleville washer （贝氏碟形垫圈）

图 C.2 属种概念体系

人体上肢骨骼

arm(臂)
- upper arm(上臂)
  - humerus(肱骨)
- lower arm(下臂)
  - radius(桡骨)
  - ulna(尺骨)
- wrist(手腕)
  - carpus(腕骨)
    - upper row(上排)
      - scaphoid(舟骨)
      - semilunar(月骨)
      - cuneiform(楔形骨)
      - pisiform(豆状骨)
    - lower row(下排)
      - trapezium(大多角骨)
      - trapezoid(小多角骨)
      - os magnum(头状骨)
      - unciform(钩状骨)
- hand(手)
  - metacarpals(掌骨)
  - phalanges(指骨)

图 C.3 整体部分概念体系

NOISE (SOUND)噪声(声音)

UF NOISE HAZARDS 噪声危害

GS ELASTIC WAVES 弹性波

. SOUND WAVES 声波

.. NOISE(SOUND) 噪声(声音)

... AERODYNAMIC NOISE 空气动力噪声

.... BLADE SLAP NOISE 叶片振动噪声

... AIRCRAFT NOISE 飞机噪声

.... BLADE SLAP NOISE 叶片振动噪声

.... JET AIRCRAFT NOISE 喷气飞机噪声

.... SONIC BOOMS 声爆

... ENGINE NOISE 发动机噪声

.... ROCKET ENGINE NOISE 火箭发动机噪声

... THERMAL NOISE 热噪声

RT ACOUSTICS 声学

AEOLIAN NOISE 风鸣噪声

AUDITORY STIMULI 听觉刺激

...

FLIGHT HAZARDS 飞行危害

HYPERSONIC SHOCK 超音刺激波

JET BLAST EFFECTS 喷射效应

LOUDNESS 音量

NOISE INJURIES 噪声损害

...

图 C.4 叙词表条目

附 录 D
（资料性附录）
按体系编排的数据类目目录

第一组:术语和与术语相关信息的数据类目
第一部分:术语

A.1 **术语** term

第一组:术语和与术语相关信息的数据类目
第二部分:术语相关数据类目

A.2 术语相关信息 term-related information
A.2.1 术语类型 term type
A.2.1.1 主条目术语 main entry term
A.2.1.2 同义词 synonym
A.2.1.3 准同义词 quasi-synonym
A.2.1.4 国际科学术语 international scientific term
A.2.1.5 俗名 common name
A.2.1.6 国际化形式 internationalism
A.2.1.7 完整形式 full form
A.2.1.8 术语的缩写形式 abbreviated form of term
A.2.1.8.1 缩写词 abbreviation
A.2.1.8.2 术语的缩略形式 short form of term
A.2.1.8.3 首字母缩略语 initialism
A.2.1.8.4 缩合词 acronym
A.2.1.8.5 缩略术语 clipped term
A.2.1.9 变体 variant
A.2.1.10 转写形式 transliterated form
A.2.1.11 标音形式 transcribed form
A.2.1.12 拉丁化形式 Romanized form
A.2.1.13 符号 symbol
A.2.1.14 公式 formula
A.2.1.15 等式 equation
A.2.1.16 逻辑表达式 logical expression
A.2.1.17 材料管理类目 materials management categories
A.2.1.17.1 库存单位 sku
A.2.1.17.2 零部件号 part number
A.2.1.18 熟语 phraseological unit
A.2.1.18.1 固定搭配 collocation
A.2.1.18.2 固定短语 set phrase
A.2.1.18.3 同义短语 synonymous phrase

A.2.1.19　标准语块　standard text
A.2.2　语法　grammar
A.2.2.1　词类　part of speech
A.2.2.2　(语法)性　grammatical gender
A.2.2.3　(语法)数　grammatical number
A.2.2.4　生命性　animacy
A.2.2.5　名词类　noun class
A.2.2.6　形容词类　adjective class
A.2.3　惯用法　usage
A.2.3.1　惯用法注　usage note
A.2.3.2　地域惯用法标记　geographical usage
A.2.3.3　语域标记　register
A.2.3.4　频度　frequency
A.2.3.5　历时性限定符　temporal qualifier
A.2.3.6　时间限制　time restriction
A.2.3.7　专利限制　proprietary restriction
A.2.4　术语的形成　term formation
A.2.4.1　术语的起源　term provenance
A.2.4.2　语源　etymology
A.2.5　注音　pronunciation
A.2.6　音节划分　syllabification
A.2.7　连字符连接　hyphenation
A.2.8　词法　morphology
A.2.8.1　语素　morpheme(morphological element)
A.2.8.2　术语元素　term element
A.2.9　术语状态标记　term status
A.2.9.1　规范的授权状态　normative authorization
A.2.9.2　语言规划限定符　language-planning qualifier
A.2.9.3　管理状态　administrative status
A.2.9.4　处理状态　process status
A.2.10　同义程度　degree of synonymy

第一组:术语和与术语相关信息的数据类目
第三部分:等义

A.3　等义　equivalence
A.3.1　等义程度　degree of equivalence
A.3.2　假等义　false friend
A.3.3　(译文)方向性　directionality
A.3.4　可靠性代码　reliability code
A.3.5　转译注释　transfer comment

第二组:有关概念描述的数据类目
第四部分:学科领域

A.4　专业领域　subject field

A.4.1　分类体系　classification system

A.4.2　分类号　classification number

第二组:有关概念描述的数据类目

第五部分:概念相关的描述

A.5　概念相关的描述　concept-related description

A.5.1　定义　definition

A.5.2　说明　explanation

A.5.3　语境　context

A.5.4　例　example

A.5.5　非文本性说明　nontextual illustrations

A.5.5.1　图　figure

A.5.5.2　音频　audio

A.5.5.3　视频　video

A.5.5.4　表格　table

A.5.6　单位　unit

A.5.7　范围　range

A.5.8　特征　characteristic

第二组:有关概念描述的数据类目

第六部分:概念关系

A.6　概念关系　concept relation

A.6.1　属种关系　generic relation

A.6.2　整体部分关系　partitive relation

A.6.3　序列关系　sequential relation

A.6.3.1　时间关系　temporal relation

A.6.3.2　空间关系　spatial relation

A.6.4　联想关系　associative relation

第二组:有关概念描述的数据类目

第七部分:概念的结构

A.7　概念的结构　conceptual structures

A.7.1　概念体系　concept system

A.7.2　概念的位置　concept position

A.7.2.1　广义概念　broader concept

A.7.2.2　上位概念　superordinate concept

A.7.2.3　下位概念　subordinate concept

A.7.2.4　并列概念　coordinate concept

A.7.2.5　相关概念　related concept

第二组:有关概念描述的数据类目
第八部分:注

A.8　注　note

第三组:管理性数据类目
第九部分:文献语言

A.9　文献语言　documentary language
A.9.1　叙词表名称　thesaurus name
A.9.2　叙词　thesaurus descriptor,descriptor
A.9.2.1　族首词　top term
A.9.2.2　广义词　broader term
A.9.2.3　狭义词　narrower term
A.9.2.4　相关词　related term
A.9.3　非叙词　nondescriptor
A.9.4　关键词　keyword
A.9.5　索引词　index heading,index word

第三组:管理性数据类目
第十部分:管理功能和数据集管理数据类目

A.10　管理信息　administrative information
A.10.1　术语管理事务　terminology management transactions
A.10.2　术语管理功能　terminology management functions
A.10.2.1　日期　date
A.10.2.1.1　创建日期　origination date
A.10.2.1.2　输入日期　input date
A.10.2.1.3　更新日期　update date
A.10.2.1.4　校验日期　check date
A.10.2.1.5　批准日期　approval date
A.10.2.1.6　注销日期　withdrawal date
A.10.2.1.7　标准化日期　standardization date
A.10.2.1.8　转出日期　exportation date
A.10.2.1.9　转入日期　importation date
A.10.2.2　责任者代码　responsibility
A.10.2.2.1　创建者码　originator
A.10.2.2.2　输入者码　inputter
A.10.2.2.3　更新者码　updater
A.10.2.2.4　校验者码　checker
A.10.2.2.5　审定者码　approver
A.10.2.2.6　注销者码　withdrawer
A.10.2.2.7　转出者码　exporter
A.10.2.2.8　转入者码　importer

A. 10. 2. 2. 9　用户码　user

A. 10. 2. 2. 10　子集拥有者码　subset owner

A. 10. 3　子集标识符　subset identifier

A. 10. 3. 1　客户子集标识符　customer subset identifier

A. 10. 3. 2　初始客户子集标识符　initial customer subset identifier

A. 10. 3. 3　项目子集标识符　project subset identifier

A. 10. 3. 4　初始项目子集标识符　initial project subset identifier

A. 10. 3. 5　产品子集标识符　product subset identifier

A. 10. 3. 6　业务单位子集标识符　business unit subset identifier

A. 10. 3. 7　应用子集标识符　application subset identifier

A. 10. 3. 8　环境子集标识符　environment subset identifier

A. 10. 3. 9　安全性子集标识符　security subset identifier

A. 10. 4　授权信息　authorization information

A. 10. 4. 1　授权功能代码　authorization function

A. 10. 4. 2　授权标识符　authorization identifier

A. 10. 4. 3　授权密码　authorization password

A. 10. 4. 4　工作头衔　job title

A. 10. 5　用户建议　user suggestion

A. 10. 6　管理术语限制　administrative term qualifiers

A. 10. 6. 1　引用术语　entailed term

A. 10. 6. 2　排序键　sort key

A. 10. 6. 3　检索用术语　search term

A. 10. 7　语种代码　language code

A. 10. 8　外语文本标记　foreign text

A. 10. 9　理序序列　collating sequence

A. 10. 10　条目类型　entry type

A. 10. 11　[元素]工作状态代码　element working status

A. 10. 12　目标数据库　target database

A. 10. 13　条目来源　entry source

A. 10. 14　概念标识符　concept identifier

A. 10. 15　条目标识符　entry identifier

A. 10. 16　记录标识符　record identifier

A. 10. 17　文件标识符　file identifier

A. 10. 18　相互参照　cross-reference

A. 10. 18. 1　见　see

A. 10. 18. 2　亦见　see also

A. 10. 18. 3　倒排术语　inverted term

A. 10. 18. 4　轮排术语　permuted term

A. 10. 18. 5　同形[异音异义]词　homograph

A. 10. 18. 6　反义术语(关系)　antonym

A. 10. 19　源文献　source

A. 10. 20　源文献标识符　source identifier

A. 10. 21　创建者实体代码　originating entity

A. 10. 21. 1　创建人代码　originating person

A.10.21.2（术语的）创建机构代码　originating institution
A.10.21.3（术语的）创建数据库代码　originating database

第四组：文献题录数据类目

B.1　文献题录目录　bibliographic list
B.2　文献题录条目　bibliographic entry
B.3　丛书通告　advertisement
B.4　文章　article
B.5　作者　author
B.6　获取处　available
B.7　书　book
B.8　种类　category
B.9　引文　citation
B.10　城市　city
B.11　刊名代码　CODEN
B.12　团体作者　corporate author
B.13　版权　copyright
B.14　版权持有人 copyright holder
B.15　国家　country
B.16　出版日期　date of publication
B.17　版本　edition
B.18　编辑　editor
B.19　篇幅　extent
B.20　人名　first name
B.21　术语汇编　glossary
B.22　国际标准书号　ISBN
B.23　国际标准连续出版物号　ISSN
B.24　期号　issue number
B.25　美国国会图书馆卡片号　Library of Congress card number
B.26　组织名称　organization name
B.27　其他信息　other information
B.28　页　page
B.29　出版者名称　publisher name
B.30　报告标识符　report identifier
B.31　角色　role
B.32　丛书名　serial title
B.33　姓氏　surname
B.34　题名　title
B.35　卷标识符　volume identifier

附 录 E
（资料性附录）
数据类目汉语拼音索引

Z

附 录 F
（资料性附录）
获得进一步信息的联系方法

希望获得国际标准 ISO 12620 的进一步信息或要求增加新数据类目，请与下述地址联系：

Kent State University
Institute for Applied Linguistics
C/O Prof. Sue Ellen Wright
109 Satterfield Hall
Kent OH44242-0001
U. S. A

电话：+1 330 672 2150
传真：+1 330 672 4009
电子邮件：swright@kent. edu

希望获得本国家标准的进一步信息或要求增加新的数据类目，请与下述地址联系：

全国术语标准化技术委员会
北京市海淀区知春路 4 号
邮政编码：100088
电话：+86 10 58811710
传真：+86 10 58811705

ICS 33.140
L 89

中华人民共和国国家标准

GB/T 16821—2007
代替 GB/T 16821—1997

通信用电源设备通用试验方法

General test methods of power supply equipments for telecommunications

2007-03-07 发布

2007-09-01 实施

中华人民共和国国家质量监督检验检疫总局
中国国家标准化管理委员会
发布

前言

本标准代替 GB/T 16821—1997。

本标准与 GB/T 16821—1997 相比主要变化如下：

——本标准的格式是按 GB/T 1.1—2000 的要求编写的；

——第 1 章中适用范围增加了通信用高频开关组合电源、通信用不间断电源——UPS、通信用交流稳压设备及移动通信手机用充电器等通信用电源设备；

——第 2 章中删除了对 GB/T 7260—1987、GB/T 10292—1988、IEC 1000-4-5:1995 和 IEC CISPR 22:1993 等标准的引用；增加了 GB 4943—2001《信息技术设备的安全》、YD/T 625《杂音计技术条件》、YD/T 731—2002《通信用高频开关整流器》、YD/T 777—1997《通信用逆变设备》、YD/T 983—1998《通信用电源设备电兼容性限值及测量方法》和 YD/T 1095—2000《通信用不间断电源——UPS》等标准的引用；

——修订第 4 章，增加了电话衡重杂音电压值、峰-峰杂音电压值等通信用电源设备专用的定义；见本版第 3 章；

——修订 4.2 并联工作定义，改不同规格为同规格；见本版 3.10；

——按照 GB 4943—2001《信息技术设备的安全》：

修订 5.2，用安全试验替代电气绝缘强度试验；见本版 5.22；

修订 5.2.2，用抗电强度试验替代绝缘试验；见本版 5.22.2；

——增加 5.17 接触电流试验；

——修订 5.11，用电磁兼容试验替代电磁干扰试验。增加谐波电流限值、电压起伏和闪烁限值、静电放电抗扰性、辐射电磁场抗扰性、电快速瞬变脉冲群、射频场感应的传导骚扰抗扰性、浪涌(冲击)抗扰性、电压暂降及电压短时中断抗扰性等试验。相关内容均引用 YD/T 983—1998《通信电源设备电磁兼容性限值及测量方法》标准的规定；见本版 5.24；

用传导骚扰限值替代传导干扰；

用辐射骚扰限值替代辐射干扰；

——增加 5.8.2 负载效应(负载调整率)试验、5.8.3 源效应(电网调整率)试验、5.16 中线电流试验、5.18 蓄电池管理及保护功能试验、5.23.5 输出电流峰值系数试验、5.23.6 输入电流谐波成分试验、5.23.7 输入频率变化范围试验、5.23.8 输入频率跟踪范围试验、5.23.9 输入频率跟踪速率试验等；

——修订 5.13，杂音电压试验电路中 2 μF/100 V 无极性电容器串联在杂音计输入端；见本版 5.11 中图 5；

——修订 5.13.1.1，增加杂音计应符合 YD/T 625 的规定；见本版 5.11.1.2；

——修订 5.14.4，改“启动时间”试验为“软启动时间试验”；见本版 5.6.1；

——增加了试验用仪器仪表设备基本要求，见本标准的规范性附录 A；

——YD/T 585、YD/T 637、YD/T 731、YD/T 733、YD/T 777、YD/T 1058、YD/T 1074 及 YD/T 1095等标准是各类通信用电源设备技术指标与进行试验项目的依据。

本标准的附录 A 为规范性附录。

本标准由中国通信标准化协会提出并归口。

本标准起草单位：武汉普天通信电源集团有限公司、中兴通讯股份有限公司、艾默生网络能源公司、北京动力源科技股份有限公司。

本标准主要起草人：徐晓祥、胡先红、王英、郑振英、胡怡、陈重发、郑松梅、郭红莉。

本标准于1997年5月首次发布，本次为第一次修订。

通信用电源设备通用试验方法

1 范围

本标准规定了通信用电源设备(以下简称受试设备)通用试验项目试验的一般规定:试验用仪器仪表设备及要求、试验部位、试验条件和方法、计算方法。

本标准适用于通信用的整流器、高频开关组合电源、直流-直流变换设备、逆变设备、配电设备、交流稳压电源设备、通信用不间断电源(UPS)及移动通信手机用充电器。

2 规范性引用文件

下列文件中的条款通过本标准中的引用而成为本标准的条款。凡是注日期的引用文件,其随后所有的修改单(不包括勘误的内容)或修订版均不适用于本标准,然而,鼓励根据本标准达成协议的各方研究是否可使用这些文件的最新版本。凡是不注日期的引用文件,其最新版本适用于本标准。

GB/T 2423.1—2001 电工电子产品环境试验 第二部分:试验方法 试验A:低温(idt IEC 60068-2-1:1990)

GB/T 2423.2—2001 电工电子产品环境试验 第二部分:试验方法 试验B:高温(idt IEC 60082-2-2:1974)

GB/T 2423.5—1995 电工电子产品环境试验 第二部分:试验方法 试验Ea和导则:冲击(idt IEC 60082-2-27:1987)

GB/T 2423.9—2001 电工电子产品环境试验 第2部分:试验方法 试验Cb:设备用恒定湿热(idt IEC 60082-2-56:1988)

GB/T 2423.10—1995 电工电子产品环境试验 第二部分:试验方法 试验Fc和导则:振动(正弦)(idt IEC 60082-2-6:1982)

GB/T 3768—1996 声学 声压法测定噪声源声功率级 反射面上方采用包络测量表面的简易法(eqv ISO 3746:1995)

GB/T 3873—1983 通信设备产品包装通用技术条件

GB 4943—2001 信息技术设备的安全(idt IEC 60950:1999)

YD/T 282 通信设备可靠性通用试验方法

YD/T 625 杂音计技术条件

YD/T 731—2002 通信用高频开关整流器

YD/T 777—1999 通信用逆变设备

YD/T 983—1998 通信用电源设备电兼容性限值及测量方法

YD/T 1095—2001 通信用不间断电源——UPS

3 术语和定义

下列术语和定义适用于本标准。

3.1

电话衡重杂音电压值 psophometrically weighted noise voltage

通信用电源设备输出电压中的交流分量,通过YD/T 625杂音计标准规定的“电话衡重加权网络”,测得的杂音电压值。

3.2

峰-峰杂音电压值　peak to peak noise voltage

通信用电源设备输出电压中交流分量的峰-峰值。

3.3

宽频杂音电压值　wide-band noise voltage

通信用电源设备输出电压中一定频带内的交流分量方均根值。

3.4

离散频率杂音电压值　discrete frequency noise voltage

通信用电源设备输出电压的交流分量中各个频率的准峰值。

3.5

反灌杂音电流　refleoted cnrrent

输入用直流供电的受试设备运行中直流电流中产生的脉动成份。

3.6

反灌相对宽频杂音电流　refleoted wiod band noise cnrrent

输入端反灌杂音电流宽频有效值与输入直流电流额定值之比。

3.7

反灌相对电话衡重杂音电流　refleted relative psophometrically weighted noise current

输入端反灌杂音电流中，用 YD/T 625 杂音计标准规定的“电话衡重加权网络”测得的杂音电流值与输入直流电流额定值之比。

3.8

直流配电设备电压降　voltage drop of battery discharge circuit in a D.C distribution equipment

从直流配电设备的蓄电池端子到直流配电设备的负载端子通以该设备额定电流时的电压降。

3.9

主保护接地点　main protection earthing point

受试设备工作时不带电的金属外壳或机架上设置的与本体连通的接地螺母或螺柱。

3.10

并联工作　working in parallel

同型号同规格的同种设备输出并联工作状态。

3.11

均分负载　load sharing

多台受试设备并联工作时，各台受试设备自动输出比例相同的电流。

3.12

定点　setting working point

在给定条件下调整受试设备输出(或输入)的电流(电压)工作点。

3.13

限流　current limitting

工作在稳压状态的受试设备在输出电流超过该设备产品标准规定限流值时，输出电压自动降低限制输出电流上升的状态。

3.14

三遥　remote controlling,signalling and measuring

对受试设备的遥控、遥信和遥测。

3.15

本地三遥　local controlling,signalling and measuring

将受试设备的监控单元用直接连线的方式与监控设备(中心)相连,通过监控设备(中心)对受试设备进行遥控、遥测和遥信。

3.16

远程计算机三遥　remote computer controlling,signalling and measuring

受试设备的监控单元通过通信网络与计算机终端连接,并通过计算机终端对受试设备进行遥控、遥测和遥信。

4　试验的基本要求

4.1　试验环境条件

在本标准中,除气候环境试验和可靠性试验外,其他试验均在下述正常大气条件下进行。

环境温度:15℃～35℃;

相对湿度:45%RH～75%RH。

大气压力:86 kPa～106 kPa。

4.2　受试设备的配置与要求

4.2.1　按受试设备技术标准规定的输入、输出容量、监控装置等进行配置。

4.2.2　按受试设备技术标准、使用说明规定的安装方法,连接输入、输出、保护接地等相应的线路。

4.2.3　受试设备在通电前尽可能的与环境温度平衡。

4.2.4　按受试设备技术标准的规定对受试设备进行加载预热。

4.3　试验用测量仪器仪表

4.3.1　试验用仪器仪表设备应有合格证书、在有效期内的计量检定证书。

4.3.2　试验用仪器仪表设备应采用比受试设备技术指标至少高一个等级,且具有足够的分辨率、准确度和稳定度。

4.3.3　试验用测量仪器仪表及设备的基本要求见附录 A。

5　试验方法

5.1　输入电压、输出电压和输出电流范围试验

输入电压、输出电压和输出电流范围试验,适用于测量受试设备输入电压、输出电压和输出电流范围。

5.1.1　试验电路

见图 1。

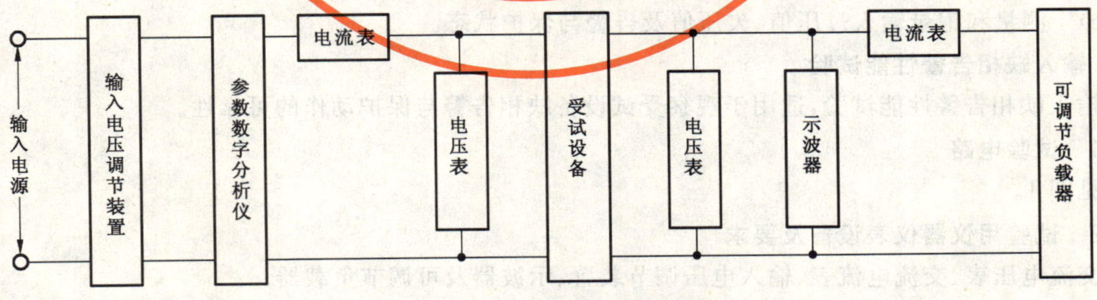

图 1　输入电压、输出电压和输出电流测试电路

注:按不同类型受试设备技术标准的规定进行输入、输出端连接。

5.1.2 **试验用仪器仪表设备及要求**

不同类型受试设备试验用仪器仪表设备按以下配置。仪器仪表的量程均应满足受试设备的最大值。

a) 交流输入、直流输出受试设备

输入端用:交流数字功率分析仪、交流电压表、互感器、交流电流表及调压装置;

输出端用:直流电压表、直流电流表及可调节阻性负载器。

b) 交流输入、交流输出受试设备

输入端用:交流数字功率分析仪、交流电压表、互感器、交流电流表及调压装置;

输出端用:交流数字功率分析仪、交流电压表、互感器、交流电流表及可调节线性负载器。

c) 直流输入、直流输出受试设备

输入端用:直流电压表、直流电流表及直流电源调节装置;

输出端用:直流电压表、直流电流表及可调节阻性负载器。

d) 直流输入、交流输出受试设备

输入端用:直流电压表、直流电流表及直流电源调节装置;

输出端用:交流数字功率分析仪、交流电压表、互感器、交流电流表及可调节线性负载器。

5.1.3 **试验条件和方法**

a) 按受试设备技术标准规定的输入电压范围进行调节;

b) 按受试设备技术标准规定的输出电压、电流范围进行调节;

c) 测量和记录输入、输出电压或电流连续变化范围内各种组合状态极限条件下的数据。

5.2 **输入过压、欠压保护与告警性能试验**

输入过压、欠压保护与告警性能试验适用于测量或观察受试设备输入过压、欠压保护值及动作可靠性。

5.2.1 **试验电路**

见图1。

5.2.2 **试验用仪器仪表设备及要求**

见5.1.2。

5.2.3 **试验条件和方法**

按受试设备技术标准规定的过压及欠压值:

a) 调节输入电压值至过压保护值(过压告警及过压关断)或欠压保护值,受试设备应出现相应的保护及告警。

b) 调节受试设备的输入电压值、从高于过压保护值降低至过压保护值以下(或从低于欠压保护值升至欠压保护值以上),受试设备的保护及告警消失、恢复正常。

c) 测量和记录输入过压值、欠压值及告警与保护状态。

5.3 **输入缺相告警性能试验**

输入缺相告警性能试验,适用于观察受试设备缺相告警与保护动作的可靠性。

5.3.1 **试验电路**

见图1。

5.3.2 **试验用仪器仪表设备及要求**

交流电压表、交流电流表、输入电压调节装置、示波器及可调节负载器。

5.3.3 **试验条件和方法**

a) 制造缺相状态,受试设备应出现相应的告警或保护动作;

b) 测量和记录交流输入缺相告警或保护状态。

5.4 输出过压、欠压保护与告警试验

输出过压、欠压保护与告警性能试验，适用于测量或观察受试设备输出过压、欠压保护值及动作可靠性。

5.4.1 试验电路

见图1。

5.4.2 试验用仪器仪表设备及要求

见5.1.2。

5.4.3 试验方法与步骤

a) 调节受试设备的输出电压值至其标准规定的过压保护值（过压告警及过压关断），受试设备应出现相应的保护及告警；

b) 受试设备的输出电压恢复至过压保护值以下，受试设备的保护及告警消失；

c) 调节受试设备的输出电压值至标准规定的欠压保护值，受试设备应出现相应的保护及告警；

d) 受试设备的输出电压恢复至欠压保护值以上，受试设备的保护及告警消失。

5.5 均分负载（并机）性能试验

均分负载（并机）性能试验适用于测量具有并联工作性能的受试设备在并联工作条件下受试设备的性能指标。

5.5.1 试验电路

见图2。

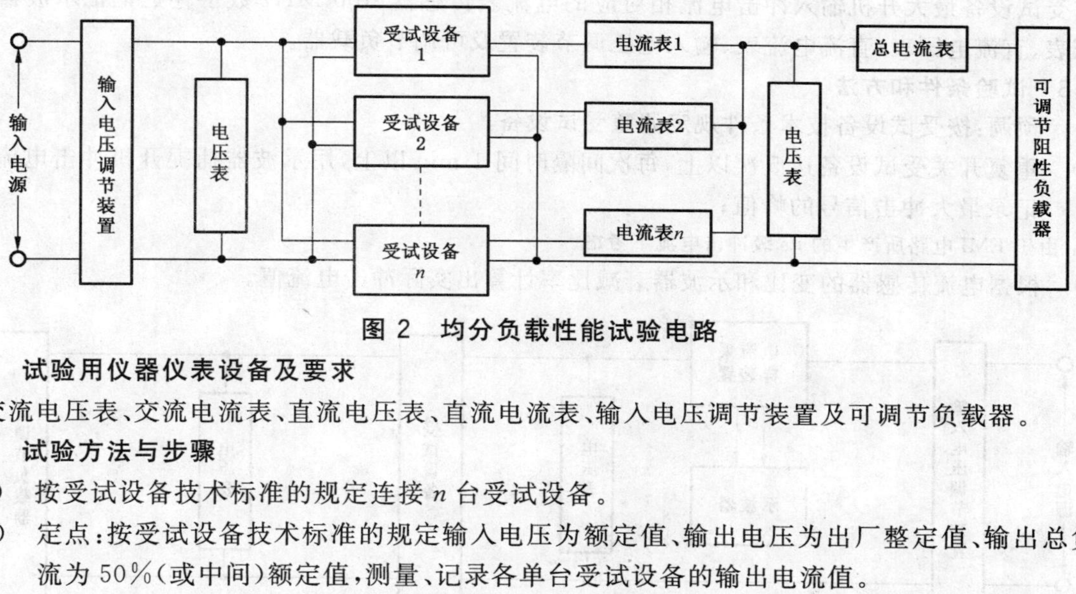

图2 均分负载性能试验电路

5.5.2 试验用仪器仪表设备及要求

交流电压表、交流电流表、直流电压表、直流电流表、输入电压调节装置及可调节负载器。

5.5.3 试验方法与步骤

a) 按受试设备技术标准的规定连接 n 台受试设备。

b) 定点：按受试设备技术标准的规定输入电压为额定值、输出电压为出厂整定值、输出总负载电流为50%（或中间）额定值，测量、记录各单台受试设备的输出电流值。

c) 按受试设备技术标准规定的负载均分范围内调整负载电流，测量、记录总负载电流及各单台受试设备的输出电流值。

d) 根据测试记录数据，不同受试设备的均分负载不平衡度分别按相应标准规定的计算方法进行：整流器设备、变换设备等按YD/T 731—2002中公式(1)；

逆变设备按YD/T 777—1999中公式(6)；

不间断电源按YD/T 1095—2000中公式(4)。

5.6 启动性能试验

5.6.1 软启动时间试验方法

软启动时间试验适用于测量具有软启动性能的受试设备从开机启动至输出电压上升到设定值的过程时间。

5.6.1.1　试验电路

见图1。

5.6.1.2　试验用仪器仪表设备及要求

交流电压表、交流电流表、直流电压表、直流电流表、输入电压调节装置、数字存贮示波器及可调节负载器。

5.6.1.3　试验方法与步骤

a)　预调：按受试设备技术标准规定，调节输入电压为额定值、输出电压为出厂整定值、负载电流为100％额定值，保持调节状态不变，关断受试设备输入电源；

b)　测试：重新启动受试设备；用数字存贮示波器记录从开机到输出电压上升到设定值的整个过程；

c)　判读：从数字存贮示波器的记录，测量开机到输出电压上升到设定值的时间间隔为软启动时间。

5.6.2　开机输入冲击电流试验

开机输入冲击电流试验适用于测量受试设备由于开机启动引起的输入冲击(浪涌)电流变化的过程及冲击电流峰值。

5.6.2.1　试验电路

见图3。

5.6.2.2　试验用仪器仪表设备及要求

与受试设备最大开机输入冲击电流相对应的电流表传感器、100 MHz 数字存贮记忆示波器、交直流电压表、直流电压表、直流电流表、输入电压调节装置及可调节负载器。

5.6.2.3　试验条件和方法

a)　预调：按受试设备技术条件规定调整受试设备；

b)　重复开关受试设备达5次以上，每次间隔时间1 min以上，用示波器捕捉开机冲击电流信号，记录最大冲击信号的峰值；

注：由于EMI电路所产生的μs级冲击电流不考虑。

c)　根据电流传感器的变比和示波器衰减比率计算出实际冲击电流值。

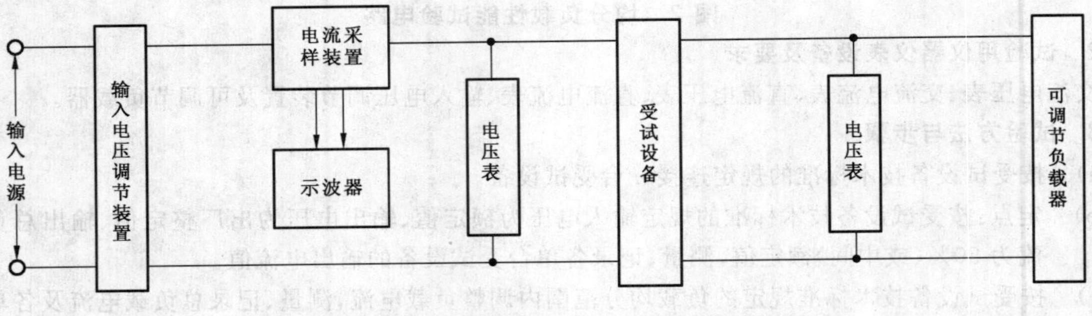

图3　开机输入冲击电流试验电路

5.6.3　开机特性试验

开机特性试验适用于测量受试设备开机正常启动工作过程。

5.6.3.1　试验电路

见图3。

5.6.3.2　试验用仪器仪表设备及要求

交直流电压表、直流电压表、直流电流表、输入电压调节装置、示波器及可调节负载器。

5.6.3.3　试验条件和方法

a)　预调：按受试设备技术标准规定调整受试设备；

b) 重复开关受试设备达 5 次以上，每次间隔时间 1 min 以上；

c) 每次开机受试设备应工作正常。

5.6.4 开机输出电压过冲试验

开机输出电压过冲试验适用于测量受试设备在开机过程中输出电压过冲程度。

5.6.4.1 试验电路

见图 4。

5.6.4.2 试验用仪器仪表设备及要求

100 MHz 数字存贮记忆示波器、交直流电压表、电流表、直流电压表、直流电流表、输入电压调节装置及可调节负载器。

5.6.4.3 试验条件和方法

a) 预调：按受试设备技术标准规定分别在输出 0、50%、100%额定负载状态调整受试设备；

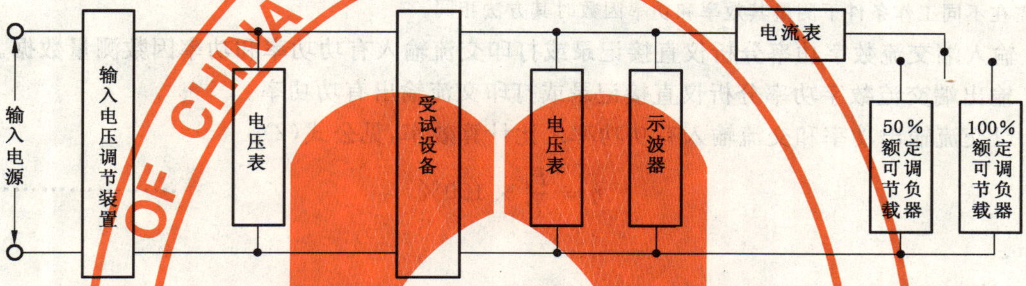

图 4 开机输出电压过冲试验电路

b) 用示波器分别测量、记录受试设备输出 0、50%、100%额定负载状态时的开、关机过程输出电压冲击峰值与稳态输出的电压差。

5.7 效率与功率因数试验

效率和功率因数试验适用于测量受试设备在规定条件下的效率和功率因数。

5.7.1 交流输入、直流输出的受试设备的效率和功率因数试验

5.7.1.1 试验电路

见图 1。

5.7.1.2 试验用仪器仪表设备及要求

交流数字功率分析仪、交流电压表、互感器、交流电流表、直流电压表、直流电流表及调压装置与可调节负载器。

所用仪器仪表的量程均应满足受试设备的最大值。

5.7.1.3 试验条件和方法

a) 按受试设备技术条件规定调整受试设备。

b) 输入为额定电压值、输出为额定电流值和稳压上限电压值。

注：需在不同工作条件下测量其效率和功率因数时其方法相同。

c) 输入端交流数字功率分析仪直接记录或打印交流输入有功功率和功率因数测量数据。

d) 输出端直流电压、电流表直接记录直流输出功率测量数据。

e) 以直流输出功率和交流输入有功功率之比计算效率，见公式(1)。

$$\eta = \frac{UI}{P} \times 100\% \qquad \cdots\cdots(1)$$

式中：

η——效率；

U——输出电压稳压上限值，单位为伏(V)；

I——额定负载电流值,单位为安(A);

P——输入交流有功功率,单位为瓦(W)。

5.7.2 交流输入、交流输出的受试设备的效率和功率因数试验

5.7.2.1 试验电路

见图1。

5.7.2.2 试验用仪器仪表设备及要求

交流数字功率分析仪、交流电压表、互感器、交流电流表及调压装置与可调节线性负载器。

所用仪器仪表的量程均应满足受试设备的最大值。

5.7.2.3 试验条件和方法

a) 按受试设备技术标准规定调整受试设备。

b) 输入为额定电压值、输出为额定电流值和稳压上限电压值。

注:需在不同工作条件下测量其效率和功率因数时其方法相同。

c) 输入端交流数字功率分析仪直接记录或打印交流输入有功功率和功率因数测量数据。

d) 输出端交流数字功率分析仪直接记录或打印交流输出有功功率。

e) 以交流输出功率和交流输入有功功率之比计算效率,见公式(2)。

$$\eta = \frac{P_i}{P} \times 100\% \quad \cdots\cdots(2)$$

式中:

η——效率;

P_i——输出交流有功功率,单位为瓦(W);

P——输入交流有功功率,单位为瓦(W)。

5.7.3 直流输入、直流输出的受试设备的效率试验

5.7.3.1 试验电路

见图1。

5.7.3.2 试验用仪器仪表设备及要求

直流电压表、分流器、直流电流表及直流电源调节装置与可调节负载器。

所用仪器仪表的量程均应满足受试设备的最大值。

5.7.3.3 试验条件和方法

a) 按受试设备技术标准规定调整受试设备。

b) 输入为额定电压值、输出为额定电流值和稳压上限电压值。

注:需在不同工作条件下测量其效率和功率因数时其方法相同。

c) 用直流电压表、电流表分别测量输入端直流电压、电流,计算输入功率。

d) 用直流电压表、电流表分别测量输出端直流电压、电流,计算输出功率。

e) 以直流输出功率和直流输入功率之比计算效率,见公式(3)。

$$\eta = \frac{U_2 \cdot I_2}{U_1 \cdot I_1} \times 100\% \quad \cdots\cdots(3)$$

式中:

η——效率;

U_2——输出直流额定电压值,单位为伏(V);

I_2——输出直流额定电流值,单位为安(A);

U_1——输入直流额定电压值,单位为伏(V);

I_1——输入直流额定电流值,单位为安(A)。

5.7.4 直流输入、交流输出的受试设备的效率和功率因数试验

5.7.4.1 试验电路

见图1。

5.7.4.2 试验用仪器仪表设备及要求

直流电压表、分流器、直流电流表、交流数字功率分析仪、交流电压表、互感器、交流电流表及直流电源调节装置与可调节线性负载器。

所用仪器仪表的量程均应满足受试设备的最大量值。

5.7.4.3 试验条件和方法

a) 按受试设备技术条件规定调整受试设备。

b) 输入为额定电压值、输出为额定电流值和稳压上限电压值。

注：需在不同工作条件下测量其效率和功率因数时其方法相同。

c) 用直流电压表、电流表分别测量输入端直流电压、电流，计算输入功率。

d) 输出端交流数字功率分析仪直接记录或打印交流输出有功功率和功率因数测量数据。

e) 以交流输出功率和直流输入功率之比计算效率，见公式(4)。

$$\eta = \frac{P_2}{P_1} \times 100\% = \frac{P_2}{U_1 \cdot I_1} \times 100\% \quad \cdots\cdots\cdots\cdots\cdots\cdots\cdots\cdots (4)$$

式中：

η——效率；

P_2——输出有功功率，单位为瓦(W)；

P_1——输入功率值，单位为瓦(W)；

U_1——输入直流额定电压值，单位为伏(V)；

I_1——输入直流额定电流值，单位为安(A)。

5.8 稳定工作性能试验

稳定工作性能试验适用于测量受试设备在规定的工作条件下及稳定工作状态下的各性能指标。

5.8.1 稳压精度试验

稳压精度试验适用于测量受试设备输出电压稳定偏差程度。

5.8.1.1 试验电路

见图1。

5.8.1.2 试验用仪器仪表设备及要求

交直流电压表、交直流电流表、直流电压表、直流电流表、输入电压调节装置及可调节负载器。

5.8.1.3 试验方法与步骤

a) 定点：按受试设备技术标准规定输入电压为额定值，以50%额定负载电流值，调整受试设备的输出电压至整定值并以此为标准值。

注：为保证测量、计算结果的精度，输出电压测量值应至少保留小数点后两位数。

b) 受试设备有较宽的输出电压范围，则取浮充下限、浮充上限、均衡上限三个输出电压为定点值。

c) 在输入电压允许变化的范围内逐一测量输出电压并填入表1中。

d) 在负载电流允许变化的范围内逐一测量输出电压并填入表1中。

e) 依照表1记录的数据，按公式(5)计算受试设备的稳压精度：

$$\delta = \frac{U - U_0}{U_0} \times 100\% \quad \cdots\cdots\cdots\cdots\cdots\cdots\cdots\cdots (5)$$

式中：

δ——稳压精度；

U——分别为测得电压的最大值和最小值,单位为伏(V);

U_0——输出电压整定值,单位为伏(V)。

表 1　稳压精度测量记录

输出电压整定值 U_0/V		输入电压/V		负载电流下限值 A	负载电流 50% A	负载电流 100% A
				输出电压测量值 U/V		
浮充下限		输入上限				
		额定值				
		输入下限				
浮充上限		输入上限				
		额定值				
		输入下限				
均充上限		输入上限				
		额定值				
		输入下限				
注 1:输出电压整定值 U_0 简化测试时可选一项进行。 注 2:可用于负载调整率与电网调整率的测量记录。						

5.8.2　负载效应(负载调整率)试验

负载效应(负载调整率)试验适用于测量受试设备仅由于输出负载的变化引起输出电压稳定偏差程度。

5.8.2.1　试验电路

见图 1。

5.8.2.2　试验用仪器仪表设备及要求

同本标准 5.8.1.2。

5.8.2.3　试验方法与步骤

a)　定点:按受试设备规定的输入电压为额定值,以 50%额定负载电流值,调整受试设备的输出电压至整定值并以此为标准值;

b)　保持输入电压为额定值;

c)　在输出负载电流为 5%额定值及 100%额定值分别测量受试设备输出电压值记入表 1;

d)　依照表 1 记录的数据,按公式(5)计算负载调整率。

5.8.3　源效应(电网调整率)试验

源效应(电网调整率)试验适用于测量受试设备仅由于输入电源的变化引起输出电压稳定偏差程度。

5.8.3.1　试验电路

见图 1。

5.8.3.2　试验用仪器仪表设备及要求

同本标准 5.8.1.2。

5.8.3.3　试验方法与步骤

a)　定点:按受试设备规定的输入电压为额定值,以 50%额定负载电流值,调整受试设备的输出电压至整定值并以此为标准值;

b)　保持输出为 50%额定负载电流值;

c) 调整输入电压在允许最高及最低值，分别测量受试设备输出电压值记入表 1；

d) 依照表 1 记录的数据，按公式(5)计算电网调整率。

5.8.4 稳流精度试验

稳流精度试验适用于测量具有稳流性能的受试设备输出电流稳定偏差程度。

5.8.4.1 试验电路

见图 1。

5.8.4.2 试验用仪器仪表设备及要求

同本标准 5.8.1.2。

5.8.4.3 试验方法与步骤

a) 定点：按受试设备规定输入电压为额定值，输出电压范围的中间值调整负载电流 50%额定值为稳流整定值并以此为标准值。

注：为保证测量、计算结果的精度，输出电流测量值应至少保留小数点后两位数。

b) 在输入电压允许的变化范围内逐一测量输出电流并填入表 2 中。

c) 在输出电压允许的变化范围内逐一测量输出电流并填入表 2 中。

d) 依照表 2 记录的数据，按公式(6)计算受试设备的稳流精度。

$$\delta_i = \frac{I - I_0}{I_0} \times 100\% \qquad \cdots\cdots(6)$$

式中：

δ_i——稳流精度；

I——分别为测得电流的最大值和最小值，单位为安(A)；

I_0——输出电流整定值，单位为安(A)。

5.8.5 温度系数试验

温度系数试验适用于测量受试设备仅由于温度的变化引起输出电压、电流稳定偏差程度。

5.8.5.1 试验电路

见图 1。

5.8.5.2 试验用仪器仪表设备及要求

表 2 稳流精度测量记录

输出电流整定值 I_0/A		输入电压/V	输出电压下限值 V	输出电压中间值 V	输出电压上限值 V
			输出电流测量值 I/A		
下限值		输入上限			
		额定值			
		输入下限			
50%值		输入上限			
		额定值			
		输入下限			
额定值		输入上限			
		额定值			
		输入下限			

a) 试验用仪器仪表设备同本标准 5.8.1.2。

注：用于测量输出电压、电流的仪表应保留小数点后 3 位测量值。

b) 试验在高低温环境试验系统(人工气候室、高低温试验箱)中进行,应符合 GB/T 2423.1—2001、GB/T 2423.2—2001 的规定。

5.8.5.3 试验方法与步骤

a) 受试设备置于高低温环境试验系统中间部位、按相关标准的规定进行调整;

b) 通常试验三种环境温度:工作环境温度下限值、25℃和工作环境温度上限值;

c) 当受试设备处于本标准 5.8.5.3 b)中的任一种工作温度并达到其受试设备技术标准规定的输入电压、输出电压、输出电流以及热稳定时间后,记录此刻工作环境温度和受试设备的输出电压(稳压设备)或电流(稳流设备)值;

d) 重复 5.8.5.3.c),记录受试设备技术标准规定的三种环境温度下的测量数据;

e) 根据 5.8.5.4 计算方法计算出规定全部的温度系数并取最大值。

5.8.5.4 计算方法

温度系数计算公式:

$$温度系数(下降)=\frac{V_{t_{下}}-V_{t_0}}{V_{t_0}\cdot(t_{下}-t_0)}\times 100\%$$

$$温度系数(上升)=\frac{V_{t_{上}}-V_{t_0}}{V_{t_0}\cdot(t_{上}-t_0)}\times 100\% \quad\cdots\cdots\cdots\cdots(7)$$

式中:

t_0——20℃;

$t_{下}$——工作温度下限值,单位为摄氏度(℃);

$t_{上}$——工作温度上限值,单位为摄氏度(℃);

V_{t_0}——直流输出电压整定值,单位为伏(V);

$V_{t_{下}}$——工作温度下限时的直流输出电压值,单位为伏(V);

$V_{t_{上}}$——工作温度上限时的直流输出电压值,单位为伏(V)。

5.9 输出电流限制性能试验

输出电流限制性能试验适用于测量具有电流限制功能的受试设备在输出负载电流超过规定的限流值时,保护受试设备的特性。

5.9.1 试验电路

见图 1。

5.9.2 试验用仪器仪表设备及要求

同本标准 5.7.1.2。

5.9.3 试验方法与步骤

a) 按受试设备技术标准规定调整受试设备;

b) 调整输出负载电流,使其达到规定的限流值,观察输出电压并进一步调节负载电流,使输出电压下降到超出受试设备的稳压精度,该点为限流点,记录限流电流值和电压值;

c) 比较受试设备技术标准规定的限流特性曲线,继续增加负载电流,分别记录每一组电流值和输出电压值,直至输出电压下降到低于规定的输出下限值时,根据记录绘制出限流特性曲线。

5.10 过载能力试验

过载能力试验适用于测量具有过载指标要求的受试设备的过载能力。

5.10.1 试验电路

见图 1。

5.10.2 试验用仪器仪表设备及要求

交直流电压表、交直流电流表、直流电压表、直流电流表、输入电源调节装置、输出可调负载器、秒表。

5.10.3 试验方法与步骤

a) 按受试设备技术标准规定调节输入电源、输出负载；

b) 记录受试设备达到过载时的输出电压、电流及时间，以及受试设备正常与否的状态。

5.11 杂音电压、杂音电流试验

杂音电压、杂音电流试验适用于测量受试设备本身产生的杂音电压、电流对供电电源及负载的影响程度。

5.11.1 电话衡重杂音电压试验

电话衡重杂音电压试验适用于测量受试设备的直流输出端电话衡重杂音电压对其用电设备的电性能影响的程度。

5.11.1.1 试验电路

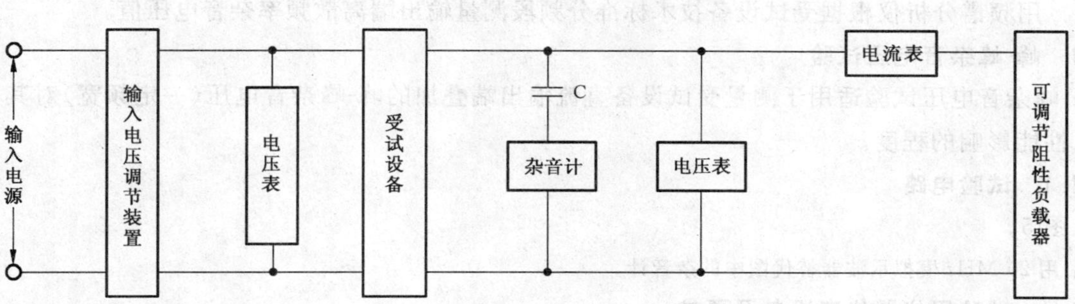

图 5 杂音电压试验电路

5.11.1.2 试验用仪器仪表设备及要求

a) 杂音计(应符合 YD/T 625)、交直流电压表、电压、电流表及输入电压调节装置与阻性可调节负载器；

b) 杂音计测量输入端串联 2 μF/100 V 无极性电容器。

5.11.1.3 试验方法与步骤

a) 按受试设备技术标准规定调整受试设备；

b) 杂音计测量线(按本标准 5.11.1.2 b))尽可能短地接入受试设备输出端；

c) 用杂音计“电话衡重”测量方式测量输出端电话衡重杂音电压值。

5.11.2 宽频杂音电压试验

宽频杂音电压试验适用于测量受试设备的直流输出端叠加的宽频杂音电压对其用电设备的电性能影响的程度。

5.11.2.1 试验电路

见图 5。

5.11.2.2 试验用仪器仪表设备及要求

见本标准 5.11.1.2。

5.11.2.3 试验方法与步骤

a) 按受试设备技术标准规定调整受试设备；

b) 杂音计测量线(按 5.11.1.2 b))尽可能短地接入受试备输出端；

c) 用杂音计“宽频”测量方式测量输出端宽频杂音电压值。

5.11.3 离散频率杂音电压试验

离散频率杂音电压试验适用于测量受试设备的直流输出端叠加的离散频率杂音电压对其用电设备的电性能影响的程度。

5.11.3.1 **试验电路**

见图5。

注：用30 MHz频谱分析仪替代图中的杂音计。

5.11.3.2 **试验用仪器仪表设备及要求**

a) 频谱分析仪(频宽：9 kHz～30 MHz)、交直流电压表、电压、电流表及输入电压调节装置与阻性可调节负载器；

b) 频谱分析仪测量输入端串联0.1 μF/100 V无极性电容器。

5.11.3.3 **试验方法与步骤**

a) 按受试设备技术标准规定调整受试设备；

b) 频谱分析仪测量线(按5.11.3.2 b))尽可能短地接入受试设备输出端；

c) 用频谱分析仪根据受试设备技术标准分频段测量输出端离散频率杂音电压值。

5.11.4 **峰-峰杂音电压试验**

峰-峰杂音电压试验适用于测量受试设备直流输出端叠加的峰-峰杂音电压(一定频宽)对其用电设备的电性能影响的程度。

5.11.4.1 **试验电路**

见图5。

注：用20 MHz模拟示波器替代图中的杂音计。

5.11.4.2 **试验用仪器仪表设备及要求**

a) 20 MHz模拟示波器、交直流电压表、电压、电流表及输入电压调节装置与阻性可调节负载器；

b) 示波器用电须经隔离变压器与市电隔离且示波器机壳不接地。

5.11.4.3 **试验方法与步骤**

a) 按受试设备技术标准规定调整受试设备；

b) 示波器测量探头尽可能短或绞线接入受试设备输出端；

c) 示波器水平扫描低于0.5 s测量输出端峰-峰值杂音电压值。

5.11.5 **输入端反灌相对宽频杂音电流试验**

输入端反灌相对宽频杂音电流试验适用于测量直流供电的受试设备输入反灌相对宽频杂音电流对与受试设备共用直流电源的其他通信设备电性能影响程度。

5.11.5.1 **试验电路**

见图5。

5.11.5.2 **试验用仪器仪表设备及要求**

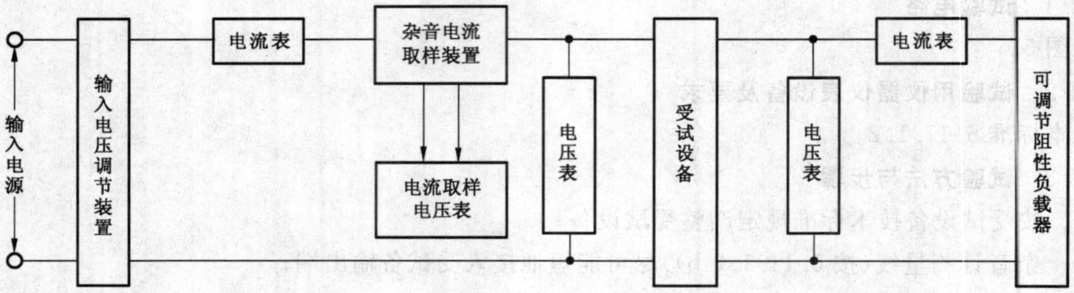

图6 输入端反灌相对宽频杂音电流试验电路

输入电流取样装置(或0.5级75 mV分流器)、高输入阻抗的真方均根值宽频杂音电压表或

a) 具有真方均根值测量功能的示波器；

b） 直流电源调节装置、直流电压、电流表、可调节负载器。

5.11.5.3　试验方法与步骤

a） 按受试设备技术标准规定调整受试设备；

b） 用宽频杂音电压表或示波器与杂音电流取样装置测量输入端反灌相对宽频杂音电流值；

c） 调整输出负载记录测试数据。

5.11.6　输入端反灌相对电话衡重杂音电流试验

输入端反灌相对电话衡重杂音电流试验适用于测量直流供电的受试设备输入反灌相对电话衡重杂音电流对与受试设备共用直流电源其他通信设备电性能影响的程度。

5.11.6.1　试验电路

见图6。

5.11.6.2　试验用仪器仪表设备及要求

a） 输入电流取样装置(或0.5级75 mV分流器)、符合YD/T 625—93杂音计；

b） 直流电源调节装置、直流电压、电流表、可调节负载器；

5.11.6.3　试验方法与步骤

a） 按受试设备技术标准规定调整受试设备；

b） 用杂音计与杂音电流取样装置测量输入端反灌相对电话衡重杂音电流值；

c） 调整输出负载记录测试数据。

5.12　直流配电电压降试验

直流配电电压降试验适用于测量直流配电设备内部的直流电路电压降。

5.12.1　试验用仪器仪表设备及要求

毫伏表、直流电源、可调节负载器。

5.12.2　试验部位

受试设备的蓄电池输入端子或直流输入端子到负载端子之间。

5.12.3　试验方法与步骤

a） 按受试设备技术条件规定；

b） 通以直流额定电流。用直流毫伏表直接测量受试设备的蓄电池端子到负载端子之间的电压降。

注：若环境温度超过20℃，受试设备电压降应按公式(8)计算：

$$U_{20}=\frac{U_t(1+20a)}{1+at} \quad \cdots\cdots(8)$$

式中：

U_{20}——20℃时直流配电设备电压降值，单位为微伏(mV)；

U_t——t℃时直流配电设备电压降值，单位为微伏(mV)；

a——铜导体电阻温度系数；

t——测试时的环境温度，单位为摄氏度(℃)。

5.13　动态响应试验

动态响应试验适用于测量受试设备在输入电压、输出负载突变和切换过程中输出电压变化对负载影响的程度。

5.13.1　输入交流电压突变试验

输入交流电压突变试验适用于测量受试设备因输入交流电压突变而引起输出电压的变化。

5.13.1.1　试验电路

见图1。

5.13.1.2 试验用仪器仪表设备及要求

100 MHz存储记忆示波器,电源突变装置且该突变装置应满足:

a) 受试设备输入视在功率的120%以上;

b) 可调范围应大于受试设备的输入突变范围;

c) 突变上升值和下降的幅值和时间应满足受试设备的技术标准。

5.13.1.3 试验方法与步骤

a) 按受试设备技术标准规定额定值调整受试设备;

b) 输入电压从额定值按受试设备技术标准规定的正向阶跃幅值和时间突变,测量并记录输出电压变化的突变值和恢复时间;

c) 输入电压从额定值按受试设备技术标准规定的负向阶跃幅值和时间突变,测量并记录输出电压变化的突变值和恢复时间。

5.13.2 输入直流电压突变试验

输入直流电压突变试验适用于测量受试设备因输入直流电压突变而引起输出电压的变化。

5.13.2.1 试验电路

见图1。

5.13.2.2 试验用仪器仪表设备及要求

100 MHz存储记忆示波器、直流电源突变装置且该突变装置应满足:

a) 受试设备输入视在功率的120%以上;

b) 可调范围应大于受试设备的输入突变范围;

c) 突变上升值和下降的幅值和时间应满足受试设备的技术标准。

5.13.2.3 试验方法与步骤

a) 按受试设备技术标准规定的额定值调整受试设备;

b) 直流输入电压从额定值按受试设备技术标准规定的正向阶跃幅值和时间突变,测量并记录输出电压变化的突变值和恢复时间;

c) 直流输入电压从额定值按受试设备技术条件规定的负向阶跃幅值和时间突变,测量并记录输出电压变化的突变值和恢复时间。

5.13.3 输出负载电流突变试验

输出负载电流突变试验适用于测量受试设备因输出负载电流突变而引起的输出电压的变化。

5.13.3.1 试验电路

见图1。

5.13.2.2 试验用仪器仪表设备及要求

100 MHz存储记忆示波器、负载突变装置且该突变装置应满足:

a) 按受试设备技术标准规定的突变范围;

b) 按受试设备技术标准规定的突变时间。

5.13.2.3 试验方法与步骤

a) 按技术标准规定额定值调整受试设备;

b) 按受试设备技术标准规定的负载突变范围进行“突加”或“突减”负载;

c) 用示波器捕捉突加或突减时输出电压的波动幅值和恢复时间并记录测量数据。

5.14 转换时间试验

转换时间试验适用于测量受试设备输入交直流转换时输出状况。

5.14.1 试验电路

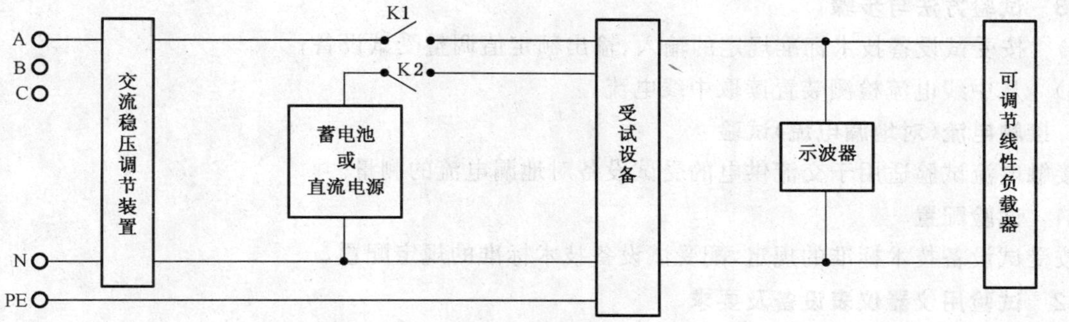

图 7 转换时间试验电路

5.14.2 试验用仪器仪表设备及要求

a) 输入交流稳压调节装置、蓄电池或直流电源；

b) 100 MHz 数字存储示波器、可调节线性负载器。

5.14.3 试验方法与步骤

a) 按受试设备技术标准规定的输入、输出额定值调整受试设备；

b) 用人工操作方法进行逆变与旁路状态的转换；

c) 用数字存储示波器记录转换过程中输出电压波形并测量其转换时间。

5.15 保护接地试验

保护接地试验适用于测量受试设备主保护接地点与可能触及金属部分的接地电阻。

5.15.1 试验用仪器仪表设备及要求

毫欧表、凯文电桥或数字微欧仪。

5.15.2 试验部位

受试设备主保护接地点与柜壳或应予接地的导电金属之间。

5.15.3 试验方法与步骤

a) 断开受试设备与供电网络及负载间的连接，并清洁测量点；

b) 用毫欧表(凯文电桥或数字微欧仪)分别测量主保护接地点与柜壳或其他应接地的导电金属之间的电阻值。

5.16 中线电流试验

中线电流试验适用于测量三相交流供电的受试设备中线电流值。

5.16.1 试验电路

见图 8。

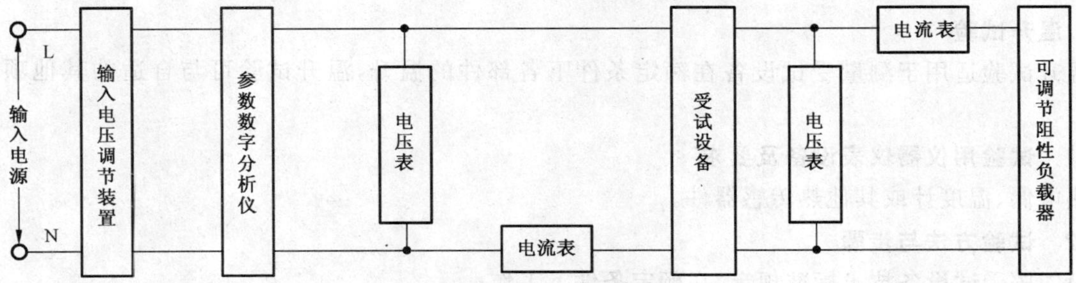

图 8 中线电流试验电路

5.16.2 试验用仪器仪表设备及要求

a) 输入电压表、中线电流表、输入电压调节装置；

b) 输出电压、电流表、可调节负载器。

5.16.3 试验方法与步骤

a) 按受试设备技术标准规定的输入、输出额定值调整受试设备；

b) 从中线电流检测装置读取中线电流。

5.17 接触电流(对地漏电流)试验

接触电流试验适用于交流供电的受试设备对地漏电流的测量。

5.17.1 试验配置

按受试设备技术标准的规定，配受试设备技术标准的规定配置。

5.17.2 试验用仪器仪表设备及要求

漏电流测试仪及相应测试仪。

5.17.3 试验方法

a) 按受试设备技术标准规定的输入、输出额定值工作；

b) 按 GB 4943—2001 中 5.1 分别测量输入相线、中线与保护地间的漏电流值。

5.18 蓄电池管理及保护功能试验

蓄电池管理及保护功能试验适用于具有蓄电池管理及保护功能的受试设备。

5.18.1 试验配置

按受试设备技术标准的规定连接蓄电池、监控系统。

5.18.2 试验方法与步骤

a) 管理功能：按受试设备技术标准的规定，检查受试设备是否具备相应的蓄电池管理功能；

b) 保护功能：按受试设备技术标准的规定，检查受试设备蓄电池保护电路和保护功能。

5.19 本地、远程计算机三遥试验

本地、远程计算机三遥试验适用于观察和测量受试设备通过计算机接口、网络接口和通信网络与计算机通信时，计算机对受试设备的三遥性能。

5.19.1 试验配置

按受试设备技术标准的规定连接计算机系统(包括支持软件)、调制解调器或其他网络接口、通信线、交流电压表、交流电流表、频率计、直流电压表、直流电流表、温度计。

5.19.2 试验方法与步骤

a) 按受试设备技术标准和有关规定，受试设备、监控系统应正常运行；

b) 记录实测模拟量和对应的计算机显示模拟量；

c) 通过计算机对受试设备进行遥控，记录设备受控状态；

d) 在受试设备上模拟故障和恢复，记录故障状态及计算机响应情况；

e) 根据受试设备技术标准和有关规定，对计算机应用软件规定的功能进行验证，记录验证结果。

5.20 温升试验

温升试验适用于测量受试设备在额定条件下各部件的温升，温升试验可与合适的其他项目合并进行。

5.20.1 试验用仪器仪表设备及要求

热电偶、温度计或其他热传感器件。

5.20.2 试验方法与步骤

a) 按受试设备技术标准规定，在额定条件下工作；

b) 受试设备在最不利散热的条件下进行温升试验；

c) 受试设备达到热稳定后对指定的受试部位进行温升测试。

注：同一测量点连续两次测量间隔，温度变化不超过 1℃则认为已达到热稳定。

5.21 音响噪音试验

音响噪音试验适用于测量受试设备正常运行时产生的音响噪音。

5.21.1 试验用仪器仪表设备及要求

声级计。

5.21.2 试验方法与步骤

a) 受试设备按技术条件在额定条件正常运行；

b) 受试设备周围 2 m 内没有声音反射的场所；

c) 测量应在正对受试设备操作面，垂直距离 1 m，受试设备高度的 1/2 处，取至少两点作为测试点，测量时，测试话筒正对受试设备噪音源，取噪音最严重一点的值为测试值；

d) 测试按 GB/T 3768—1996 的规定进行，采用 A 声级计，测试时应尽量避免周围环境噪音对测量结果的干扰；当在每个测量点上测量 A 声级时，若与背景噪音的 A 声级之差小于 10 dB 时，则应按 GB/T 3768—1996 中表 2 所列修正量对所测得的 A 声级加以修正。

5.22 安全试验

安全试验适用于测量受试设备的电气绝缘状况。

5.22.1 绝缘电阻测量试验

绝缘电阻试验适用于测量受试设备的绝缘电阻值。

5.22.1.1 试验用仪器仪表设备及要求

绝缘电阻表(兆欧表)应符合受试设备技术标准的规定。

5.22.1.2 试验部位

a) 彼此无电连接的电路之间；

b) 电路与机壳之间。

5.22.1.3 试验方法与步骤

a) 受试设备应与外部供电网络和负载断开；

b) 受试设备输入(输出)端子与主电路相连的电容器以及半导体器件的各级端子应短接或断开；

c) 主电路中的开关器件常开触点均应闭合或短接；

d) 主电路中不能承受试验的器件应从电路中拆除或短接；

e) 辅助设备(如系统控制装置、风机)与主电路无电连接，则应与柜壳相接。若与主电路有电连接则应断开。插入的或多端子的印刷板和组件可以拔下；

f) 用绝缘电阻表测量所应测量的部位与机壳间及相互部位间的绝缘电阻值。

5.22.2 抗电强度(绝缘强度)试验

抗电强度试验适用于测量受试设备的电气绝缘耐受电压程度的能力，进行抗电强度(绝缘强度)试验前应先测量其绝缘电阻，绝缘电阻大于 1 MΩ 时才能进行。

5.22.2.1 试验用仪器仪表设备及要求

频率为 50 Hz，试验电压及漏电流范围、精度和容量应符合受试设备技术标准要求的试验设备。

5.22.2.2 试验部位

试验电压根据受试设备技术标准施加于：

a) 输出端子与柜壳之间；

b) 输入端子与柜壳之间；

c) 输入端子与输出端子之间；

d) 交流配电设备的各相之间；

e) 控制电路对地。

5.22.2.3 试验电压和漏电流

a) 试验电压和漏电流应符合受试设备技术标准的规定；

b) 受试设备技术标准中未规定的应按照 GB 4943—2001 的规定进行；

c) 当受试设备不便施加交流试验电压时，可以施加与上述规定试验电压的峰值相等的直流试验电压。

5.22.2.4 试验方法与步骤

a) 按本标准 5.22.1.3 分开相应的部位；

b) 试验电压从零升至规定电压值的时间应不大于 10 s，或者由规定电压值的 50%开始，以每级为规定值的 5%的有级调整方式上升至规定值，到达规定值后维持 1 min，漏电流应符合受试设备技术标准规定；

c) 出厂检验时，可在 1 s 内逐渐施加到规定的试验电压值；

d) 重复的电气绝缘强度试验应降低前次试验电压 15%的试验电压进行。

5.23 交流电能质量试验

交流电能质量试验适用于测量交流输出的受试设备输出电性能对负载的影响程度。

5.23.1 交流输出电压相对谐波总含量试验

交流输出电压相对谐波总含量试验适用于测量受试设备交流输出电压相对谐波总含量。

5.23.1.1 试验电路

见图 1。

5.23.1.2 试验用仪器仪表设备及要求

用失真度测量仪、交流数字分析仪接入受试设备输出端。

5.23.1.3 试验方法与步骤

a) 受试设备按技术标准规定额定条件下运行；

b) 用失真度测量仪或交流数字分析仪直接测量受试设备输出端的交流输出电压相对谐波总含量。

5.23.2 交流输出频率稳定精度试验

交流输出频率稳定精度试验适用于测量受试设备的输入电压和负载在其技术标准规定范围内变化时，交流输出频率稳定精度。

5.23.2.1 试验电路

见图 1。

5.23.2.2 试验用仪器仪表设备及要求

用频率计、交流数字分析仪接入受试设备输出端。

5.23.2.3 试验方法与步骤

a) 受试设备按技术标准规定的额定条件运行；

b) 用频率计或交流数字分析仪直接测量受试设备输出端的交流输出频率的最大及最小值；

c) 按公式(9)计算输出频率稳定精度 δ_f 值。

$$\delta_f = \left|\frac{f - f_H}{f_H}\right|_{max} \times 100\% \quad \cdots\cdots\cdots\cdots (9)$$

式中：

δ_f——输出频率稳定精度；

f——输出频率的最大值或最小值，单位为赫兹(Hz)；

f_H——额定频率，单位为赫兹(Hz)。

5.23.3 三相输出电压相位偏差试验

三相输出电压相位偏差试验适用于测量受试设备在技术标准规定范围内变化时三相输出电压相位偏差。

5.23.3.1 试验电路

见图 1。

5.23.3.2 试验用仪器仪表设备及要求

相位测试仪、示波器、交流数字分析仪接入受试设备输出端。

5.23.3.3 试验方法与步骤

a) 按受试设备技术标准规定额定条件运行；

b) 用相位测试仪、示波器或交流数字分析仪直接测量受试设备输出端的交流输出电压相位偏差值。

5.23.4 三相输出电压不平衡度试验

按 YD/T 1095—2000 中 5.10 的规定进行。

5.23.5 输出电流峰值系数试验

按 YD/T 1095—2000 中 5.17 的规定进行。

5.23.6 输入电流谐波成分试验

按 YD/T 1095—2000 中 5.3 的规定进行。

5.23.7 输入频率变化范围试验

按 YD/T 1095—2000 中 5.4 的规定进行。

5.23.8 输入频率跟踪范围试验

按 YD/T 1095—2000 中 5.5 的规定进行。

5.23.9 输入频率跟踪速率试验

按 YD/T 1095—2000 中 5.6 的规定进行。

5.24 电磁兼容试验

5.24.1 传导骚扰限值试验

按 YD/T 983—1998 中 5.5.1 的要求进行。

5.24.2 辐射骚扰限值试验

按 YD/T 983—1998 中 5.5.2 的要求进行。

5.24.3 谐波电流限值试验

按 YD/T 983—1998 中的 6.3 的要求进行。

5.24.4 电压起伏和闪烁限值试验

按 YD/T 983—1998 中 6.5 的要求进行。

5.24.5 抗扰性试验

5.24.5.1 静电放电抗扰性试验

按 YD/T 983—1998 中 7.4.1 的要求进行。

5.24.5.2 辐射电磁场抗扰性试验

按 YD/T 983—1998 中 7.4.2 的要求进行。

5.24.5.3 电快速瞬变脉冲群试验

按 YD/T 983—1998 中 7.4.3 的要求进行。

5.24.5.4 射频场感应的传导骚扰抗扰性试验

按 YD/T 983—1998 中 7.4.4 的要求进行。

5.24.5.5 浪涌(冲击)抗扰性试验

按 YD/T 983—1998 中 7.4.5 的要求进行。

5.24.5.6 电压暂降、电压短时中断抗扰性试验

按 YD/T 983—1998 中 7.4.6 的要求进行。

5.25 可靠性试验

可靠性试验适用于测量受试设备在正常使用条件下的可靠性指标。

可靠性试验的试验方法按 YD/T 282 中规定的方法进行。其试验条件、试验方案、试验时间、失效

判据等按受试设备的技术标准规定。

根据受试设备的使用特点，可以采用现场试验的方法。但应符合 YD 282 中关于现场试验的特殊规定。

5.26 环境试验

环境试验适用于人工的方法创造各种环境条件，模拟客观环境的影响，以测量受试设备的环境适应性能。

5.26.1 低温工作温度下限试验

低温工作温度下限试验适用于测量受试设备在低温工作温度环境条件下，受试设备的适应性能。

5.26.1.1 试验配置

按受试设备技术标准的规定，此时受试设备应无包装，在额定输入、输出状态。

5.26.1.2 试验用仪器仪表设备及要求

a) 人工气候室、低温试验室或低温箱；

b) 符合受试设备技术标准规定的相关试验用仪器仪表。

5.26.1.3 试验方法与步骤

按 GB/T 2423.1 试验 Ad 的试验方法进行。

a) 试验温度按受试设备技术标准规定的低温工作温度下限±3℃；

b) 试验持续时间按受试设备技术标准的规定；

c) 试验持续时间内每隔 15 min 记录受试设备的状态与相应参数。

5.26.2 低温贮存、运输温度下限试验

低温贮存、运输温度下限试验适用于测量受试设备在低温贮存、运输温度环境条件下，受试设备的适应性能。

5.26.2.1 试验配置

按受试设备技术标准的规定，此时受试设备应无包装。

5.26.2.2 试验用仪器仪表设备及要求

a) 人工气候室、低温试验室或低温箱；

b) 符合受试设备技术标准规定的相关试验用仪器仪表。

5.26.2.3 试验方法与步骤

按 GB/T 2423.1 试验 Ad 的试验方法进行。

a) 试验温度按受试设备技术标准规定的低温贮存、运输温度下限±3℃；

b) 试验持续时间按受试设备技术标准的规定；

c) 试验持续时间达到后，试验温度应恢复到正常工作温度；

d) 试验温度恢复后对受试设备通电，按受试设备技术标准规定的额定输入、输出进行测量与记录。

5.26.3 高温工作温度上限试验

高温工作温度上限试验适用于测量受试设备在高温工作温度环境条件下受试设备的适应性能。

5.26.3.1 试验配置

按受试设备技术标准的规定，此时受试设备应无包装，在额定输入电压、额定输出电压、电流时进行试验。

5.26.3.2 试验用仪器仪表设备及要求

a) 人工气候室、高温试验室或高温箱；

b) 符合受试设备技术标准规定的相关试验用仪器仪表。

5.26.3.3 试验方法与步骤

按 GB/T 2423.2 试验 Bd 的试验方法进行。

a）试验温度按受试设备技术标准规定的高温工作温度上限±3℃；

b）试验持续时间按受试设备技术标准的规定；

c）试验持续时间内每隔 15 min 记录受试设备的状态与相应参数。

5.26.4 高温贮存、运输温度上限试验

高温贮存、运输温度上限试验适用于测量受试设备在高温贮存、运输温度环境条件下，受试设备的适应性能。

5.26.4.1 试验配置

按受试设备技术标准的规定，此时受试设备应无包装。

5.26.4.2 试验用仪器仪表设备及要求

a）人工气候室、高温试验室或高温箱；

b）符合受试设备技术标准规定的相关试验用仪器仪表。

5.26.4.3 试验方法与步骤

按 GB/T 2423.1 试验 Ad 的试验方法进行。

a）试验温度按受试设备技术标准规定的高温贮存、运输温度上限±3℃；

b）试验持续时间按受试设备技术标准的规定；

c）试验持续时间达到后，试验温度应恢复到受试设备技术条件规定的正常工作温度；

d）试验温度恢复后对受试设备通电，按受试设备技术标准规定的额定输入、输出进行测量与记录。

5.26.5 恒定湿热试验

恒定湿热试验适用于测量受试设备在恒定湿热环境条件下受试设备的湿热适应性能。

5.26.5.1 试验配置

按受试设备技术标准的规定，此时受试设备应无包装。

5.26.5.2 试验用仪器仪表设备及要求

a）人工气候室、高温恒定湿热试验室；

b）符合受试设备技术标准规定的相关试验用仪器仪表。

5.26.5.3 试验方法与步骤

按 GB/T 2423.9 试验 Cb 的试验方法进行：

a）试验严酷等级（温度、相对湿度、时间）按受试设备技术标准的规定；

b）试验持续时间达到后，试验温度、湿度应恢复到受试设备技术标准规定的正常工作温度、湿度；

c）试验温度恢复后对受试设备通电，按受试设备技术标准规定的额定输入、输出及安全性能进行测量与记录。

5.26.6 振动试验

振动试验适用于测量受试设备耐受机械振动适应性能。

5.26.6.1 试验配置

按受试设备技术标准的规定，此时受试设备应无包装。

5.26.6.2 试验用仪器仪表设备及要求

a）振动试验台；

b）符合受试设备技术标准规定的相关试验用仪器仪表。

5.26.6.3 试验方法与步骤

按 GB/T 2423.10 中试验 Fc 的试验方法进行。

采用运输试验代替振动试验时，按 GB/T 3873—1983 附录 A 中的 A10 公路运输试验方法进行。

a）试验严酷等级（频率范围、振幅值和持续时间）按受试设备技术标准的规定；

b) 试验持续时间达到后对受试设备通电、观察，按受试设备技术标准规定的额定输入、输出及安全性能进行测量与记录。

5.26.7 冲击试验

冲击试验适用于测量受试设备耐受机械冲击的适应性能。

5.26.7.1 试验配置

按受试设备技术条件的规定，此时受试设备应无包装。

5.26.7.2 试验用仪器仪表设备及要求

a) 冲击试验台；

b) 符合受试设备技术条件规定的相关试验用仪器仪表。

5.26.7.3 试验方法与步骤

按 GB/T 2423.5 试验 Ea 的试验方法进行。

a) 试验严酷等级（加速度、保持时间、冲击次数、波形）按受试设备技术条件的规定；

b) 试验持续时间达到后对受试设备通电、观察，按额定输入、输出及安全性能进行测量与记录。

附 录 A
（规范性附录）
试验用仪器、仪表、设备基本要求

A.1 单相/三相稳压可调电源

单相或三相额定电压：220 V或380 V；0～130％可调；功率15 kVA～150 kVA（功率大于5～10倍受试设备输入功率）。

A.2 单相/三相阶跃可调电源

单相或三相额定电压：220 V或380 V；阶跃范围：额定值到±30％连续可调；阶跃时间：不大于1 ms；

输出波形不间断；功率15 kVA～150 kVA（功率大于5～10倍受试设备输入功率）。

A.3 单相/三相变频电源

频率47.5 Hz～52.5 Hz可调，功率大于3～5倍被测整流器。

A.4 仪表用单相电源隔离变压器

主要用于：由交流市电供电的测量仪器仪表与受试设备输入交流市电的隔离之用。要求隔离变压器的输入市电相线、中线及地线与输出220 V完全隔离。隔离变压器的功率应大于用电仪器功率的总和1倍以上。

一般为：220 V/1 kVA。

A.5 可调节阻性负载器

应满足受试设备的输出电压范围及0～125％额定电流范围；

并具有5％、25％、50％、75％、100％、125％额定负载的连续调节功能及微量调节功能。

A.6 仪表用交流电流互感器（或其他交流电流测量装置）——用于扩大交流电流量程

最大量程应满足受试设备的最大输入电流（交流）120％；精度：0.2级。

A.7 仪表用直流电流分流器——用于扩大直流电流量程

按受试设备直流输出电流系列要求配备各挡分流器：精度：0.2级。

A.8 交/直流数字多用电压表

交流量程：0～600 V；直流量程：0～200 V、0～200 mV；精度：0.5级。

A.9 直流数字电压表

量程：0 V～200 V；精度：0.1％±1个字；分辨率：4位半以上。

A.10 交流数字电压表

量程：0 V～1 000 V；精度：0.2％±1个字；分辨率：4位半以上。

A.11 数字存储示波器

带宽：100 MHz；采样率：不低于 200 Msa/s；分辨率：8 bit；通道数：2 通道；时基：5 ns/div～50 s/div。

A.12 模拟示波器

带宽：20 MHz；扫描：50 ns/div～50 s/div。

A.13 高低频杂音计

应符合 YD/T 625 杂音计标准规定。

具有：频率带宽：15 Hz～30 MHz 且分为 3.4 kHz～150 kHz 与 0.15 MHz～30 MHz 两种频带；"电话衡重加权网络"；75 Ω、600 Ω、10 kΩ 高阻三种输入阻抗；0.1 mV～100 V 测量范围。

A.14 单相/三相交流参数数字分析仪

具有适用于市电单相或三相电源的功能；能同时进行电压、电流、频率、功率、功率因数等项目的测试；电压、电流、频率等测量范围应满足受试设备的规定。

A.15 选频电平表（或频谱分析仪）

频率带宽：0.3 kHz～30 MHz。

A.16 绝缘电阻测试仪

测试电压：DC 500 V；量程：0～1 000 MΩ。

A.17 绝缘强度测试仪

测试电压：AC/DC 0～5 000 V；漏电流量程：0～100 mA；测试时间控制：0～60 s；

A.18 声级计

量程：0 dB～100 dB；A 计权工作方式。

A.19 恒温、恒湿试验箱

温控范围：应不低于本标准要求。

温控误差：±1℃。

容积：应不小于 5～10 倍被测样品的体积。

A.20 振动、冲击试验台

应符合本标准相关试验条件。

A.21 低温低气压试验箱

低温、低气压范围：应不低于本标准要求。

控制误差：温度±1℃

压力±0.5 kPa

容积：应不小于 5～10 倍被测样品的体积。

A.22　电磁兼容测试设备

a)　传导骚扰限值测试设备应符合 YD/T 983—1998 中 5.5.1.1～5.5.1.4 要求。

b)　辐射骚扰限值测试设备应符合 YD/T 983—1998 中 5.5.2.1～5.5.2.4 要求。

c)　谐波电流限值测试设备应符合 YD/T 983—1998 中 6.3.1 要求。

d)　电压起伏和闪烁限值测试设备应符合 YD/T 983—1998 中 6.5.1 要求。

e)　抗骚扰性测试设备：

1)　抗静电放电骚扰测试设备应符合 YD/T 983—1998 中 7.4.1.2 要求；

2)　抗电磁场辐射骚扰测试设备应符合 YD/T 983—1998 中 7.4.2.2 要求；

3)　抗电快速瞬变脉冲群骚扰测试设备应符合 YD/T 983—1998 中 7.4.3.2 要求；

4)　抗射频场感应的传导骚扰测试设备应符合 YD/T 983—1998 中 7.4.4.1 要求；

5)　抗浪涌骚扰测试设备应符合 YD/T 983—1998 中 7.4.5.2 要求；

6)　抗电压暂降、电压短时中断骚扰测试设备应符合 YD/T 983—1998 中 7.4.6.2 要求。

A.23　对地漏电流测试设备

对地漏电流测试设备应满足 GB 4943—2001 中 5.1 的要求。

ICS 35.040
A 24

中华人民共和国国家标准

GB/T 16828—2007
代替 GB/T 16828—1997

商品条码　参与方位置编码与条码表示

Bar code for commodity—Global location number and symbol marking

2007-07-27 发布　　　　2007-12-01 实施

中华人民共和国国家质量监督检验检疫总局
中国国家标准化管理委员会　发布

前　言

本标准参照国际物品编码协会(GS1)制定的《EAN・UCC 通用规范》第 7 版第 2 章第 4 节“位置的编码与符号表示”一节，并结合我国的实际情况对 GB/T 16828—1997《位置码》进行了修订。本标准在技术内容上与国际规范的技术要求一致。

本标准代替 GB/T 16828—1997《位置码》。本标准与 GB/T 16828—1997 相比主要变化如下：

——标准的名称改为“商品条码　参与方位置编码与条码表示”，是商品条码系列标准中的一个。

——增加 GB 12904《商品条码》、GB/T 12905《条码术语》和 GB/T 16986《EAN・UCC 系统应用标识符》为规范性引用文件。

——代码结构由一种改为三种。

——增加了管理的有关内容。

——增加了应用标识符的有关内容。

本标准的附录 A 为规范性附录，附录 B 为资料性附录。

本标准由全国物流信息管理标准化技术委员会提出并归口。

本标准起草单位：中国物品编码中心、北京交通大学。

本标准主要起草人：张成海、李素彩、黄燕滨、王耀球、张培英、杜景荣。

本标准于 1997 年首次发布，本次为第一次修订。

商品条码　参与方位置编码与条码表示

1　范围

本标准规定了参与方位置编码的定义、代码结构、管理和条码符号表示与应用。

本标准适用于电子数据交换、自动识别与数据采集等领域。

2　规范性引用文件

下列文件中的条款通过本标准的引用而成为本标准的条款。凡是注日期的引用文件，其随后所有的修改单(不包括勘误的内容)或修订版均不适用于本标准，然而，鼓励根据本标准达成协议的各方研究是否可使用这些文件的最新版本。凡是不注日期的引用文件，其最新版本适用于本标准。

GB 12904　商品条码(GB 12904—2003，ISO/IEC 15420：2000，NEQ)

GB/T 12905　条码术语

GB/T 15425　EAN·UCC 系统 128 条码

GB/T 16986　EAN·UCC 系统应用标识符(GB/T 16986—2003，ISO/IEC 15418：1999，NEQ)

3　术语和定义

GB/T 12905 中确立的以及下列术语和定义适用于本标准。

3.1

参与方位置编码　global location number

对参与供应链等活动的法律实体、功能实体和物理实体进行唯一标识的代码。

注 1：法律实体是指合法存在的机构，如：供应商、客户、银行、承运商等。

注 2：功能实体是指法律实体内的具体的部门，如：某公司的财务部。

注 3：物理实体是指具体的位置，如：建筑物的某个房间、仓库或仓库的某个门、交货地等。

4　代码结构

参与方位置编码由厂商识别代码、位置参考代码和校验码组成，用 13 位数字表示，具体结构见表 1：

表 1　参与方位置编码结构

结构种类	厂商识别代码	位置参考代码	校验码
结构一	$X_{13}X_{12}X_{11}X_{10}X_9X_8X_7$	$X_6X_5X_4X_3X_2$	X_1
结构二	$X_{13}X_{12}X_{11}X_{10}X_9X_8X_7X_6$	$X_5X_4X_3X_2$	X_1
结构三	$X_{13}X_{12}X_{11}X_{10}X_9X_8X_7X_6X_5$	$X_4X_3X_2$	X_1

其中：

a)　厂商识别代码：由 7～9 位数字组成，具体结构见 GB 12904。

b)　位置参考代码：由 3～5 位数字组成。

c)　校验码：为 1 位数字，计算方法见附录 A。

5　管理

参与方位置编码由中国物品编码中心统一管理与维护。

6 条码符号表示与应用

6.1 条码符号表示

当用条码符号表示参与方位置编码时，应与参与方位置编码应用标识符(见 GB/T 16986)一起使用。条码符号采用 UCC/EAN-128 条码(见 GB/T 15425)。参与方位置编码应用标识符见表 2，条码符号表示示例见图 1。

表 2 参与方位置编码应用标识符

参与方位置编码应用标识符	表示形式	含 义
410	410＋参与方位置编码	交货地
411	411＋参与方位置编码	受票方
412	412＋参与方位置编码	供货方
413	413＋参与方位置编码	货物最终目的地
414	414＋参与方位置编码	物理位置
415	415＋参与方位置编码	开票方

(410)6901234567892

图 1 条码符号表示示例

6.2 应用

参与方位置编码主要应用于条码符号自动识别与数据采集(见 6.1)和电子数据交换(见附录 B)中。

附　录　A
（规范性附录）
校验码的计算方法

校验码以 10 为模数，3、1 为权重因子，按下列步骤计算：

步骤：

第一步：将 13 位数字（包括校验码）自右向左顺序编号，由 1 开始；

第二步：将所有序号为偶数的位置上的数值相加；

第三步：用数值 3 乘第二步的结果；

第四步：从序号 3 开始，将所有序号为奇数的位置上的数值相加；

第五步：将第三步的结果与第四步的结果相加；

第六步：用一个不小于第五步的结果且为 10 的最小整数倍的数减去第五步的结果，其差即为所求的校验码的值。

例：计算 690123456789C 的校验码 C 的值。

第一步：

序号	13	12	11	10	9	8	7	6	5	4	3	2	1
代码	6	9	0	1	2	3	4	5	6	7	8	9	C

第二步：9＋7＋5＋3＋1＋9＝34

第三步：34×3＝102

第四步：8＋6＋4＋2＋0＋6＝26

第五步：102＋26＝128

第六步：130－128＝2

校验码 C 的值为 2。

附　录　B
（资料性附录）
参与方位置编码在电子数据交换中的应用示例

B.1　在 EDI 中的应用

以下是参与方位置编码在 EDI 中应用的示例。该交换包括三个发货通知和四个发票。交换的发送日期为 2005 年 1 月 2 日。发送方的参与方位置编码为 5412345678908，接收方的参与方位置编码为 6901234567892。

```
UNB+UNOA:2+5412345678908:14+6901234567892:14+050102:1000+12345555+++++EANCOM'
UNG+DESADV+5412345678908:14+6901234567892:14+050102:1000+98765555+UN+D:93A:EAN00X'
    …
(三个发货通知)
    …
UNE+3+98765555'
UNG+INVOIC+5412345678908:14+6901234567892:14+050102:1000+98765556+UN+D:93A:EAN00X'
    …
(四个发票)
    …
UNE+4+98765556'
UNZ+2+12345555'
```

B.2　在 XML 中的应用

以下是参与方位置码在 XML 中应用的示例。交换发送的时间是 2001 年 8 月 2 日 12 时。发送方的参与方位置编码为 0614141000012，接收方的参与方位置编码为 0012345000065。

```
<messageHeader creationDate="2001-08-02T12:00:00">
    <userId>OJGROWER-12345</userId>
    <password>SECRET</password>
    <messageIdentifier>MSG - 123</messageIdentifier>
    <to>
        <gln>0012345000065</gln>
    </to>
    <from>
        <gln>0614141000012</gln>
    </from>
</messageHeader>
```

ICS 13.110
J 09

GB

中华人民共和国国家标准

GB/T 16855.2—2007/ISO 13849-2:2003

机械安全　控制系统有关安全部件
第2部分:确认

Safety of machinery—Safety-related parts of control systems—Part 2: Validation

(ISO 13849-2:2003,IDT)

2007-03-02 发布　　2007-09-01 实施

中华人民共和国国家质量监督检验检疫总局
中国国家标准化管理委员会　发布

前　言

GB/T 16855《机械安全　控制系统有关安全部件》分为3个部分：

——第1部分：设计通则；

——第2部分：确认；

——第100部分：GB/T 16855.1的应用指南。

本部分为GB/T 16855的第2部分。

GB/T 16855的本部分是等同采用国际标准ISO 13849-2:2003《机械安全　控制系统有关安全部件　第2部分：确认》(英文版)制定的。

本部分等同翻译ISO 13849-2:2003，其结构和内容与ISO 13849-2:2003一致，但按照我国标准的编写规则对国际标准做了编辑性修改，本部分与ISO 13849-2:2003主要有以下几点不同：

——取消了国际标准的前言；

——取消了附录A～附录D中的目录；

——对国际标准的引言进行了部分修改；

——本部分引用的相关国际标准，已转化成我国国家标准的均直接引用相应的国家标准。

本部分的附录A、附录B、附录C和附录D为资料性附录，结构如下表所示：

表1　附录A～附录D的结构

附录	技术	基本安全原则清单	经验证的安全原则清单	经验证的元件清单	故障清单和故障排除
		章节			
A	机械	A.2	A.3	A.4	A.5
B	气动	B.2	B.3	B.4	B.5
C	液压	C.2	C.3	C.4	C.5
D	电气	D.2	D.3	D.4	D.5

本部分由全国机械安全标准化技术委员会(SAC/TC 208)提出并归口。

本部分负责起草单位：机械科学研究总院中机生产力促进中心。

本部分参加起草单位：德国皮尔磁有限公司、国家机床质量监督检验中心、南京食品包装机械研究所、中联认证中心。

本部分主要起草人：聂北刚、宁燕、杨岭、李勤、赵钦志、居荣华、汪希伟、张维、隰永才、张晓飞、富锐、程红兵、黄祖广。

引　言

GB/T 16855 本部分属于安全通用标准(B1 类)。

本部分规定了控制系统有关安全部件的安全功能和类别的确认方法,包括分析和试验。GB/T 16855.1中对安全功能以及类别划分的要求进行了表述。GB/T 16855.1 中给出了有关安全功能的描述和分类要求的设计通则。有些确认要求是一般性的,有些则是专门针对所采用的技术。GB/T 16855.2还规定了控制系统有关安全部件的确认试验实施条件。

GB/T 16855.1 规定了控制系统有关安全部件的安全要求,并给出了其设计通则(见 GB/T 15706.1—2007)的指南。无论其采用何种能源类型,该部分都规定了这些部件的类别并描述了其安全功能的特征。GB/T 16855.100 则给出了对 GB/T 16855.1 的补充建议。

可以通过分析(见第 4 章)和试验(见第 5 章)的任意方式组合来确认是否达到要求。在设计过程中,应尽早进行分析。

机械安全　控制系统有关安全部件
第2部分:确认

1　范围

本部分规定了确认要遵循的程序和条件。确认是利用设计者提供的设计原理,对符合GB/T 16855.1的控制系统有关安全部件所提供的安全功能和所达到的类别进行分析和试验。

本部分没有对可编程电子系统提供完整的确认要求,因此还需要使用其他标准。

注:有关可编程电子系统确认的更详细规定见 IEC 62061。

2　规范性引用文件

下列文件中的条款,通过GB/T 16855的本部分的引用而成为本部分的条款。凡是注日期的引用文件,其随后所有的修改单(不包括勘误的内容)或修订版均不适用于本部分,然而,鼓励根据本部分达成协议的各方研究是否可使用这些文件的最新版本。凡是不注日期的引用文件,其最新版本适用于本部分。

GB/T 15706.1—2007　机械安全　基本概念与设计通则　第1部分:基本术语和方法(ISO 12100-1:2003,IDT)

GB/T 16855.1—2005　机械安全　控制系统有关安全部件　第1部分:设计通则(ISO 13849-1:1999,MOD)

3　确认程序

3.1　确认原则

确认程序的目的是为了确认控制系统有关安全部件的设计和技术规范是否符合机械安全的相关要求。

确认应能够证明各有关安全部件符合GB/T 16855.1的要求,特别是:

——设计原理提出的,由该部件提供的安全功能所规定的安全特性;

——所规定类别的要求(见GB/T 16855.1—2005第6章)。

确认工作应由独立于有关安全部件设计工作的人员来完成。

注:所谓独立的人员并不意味着一定要求第三方试验。

独立程度应与有关安全部件的安全性能相关。

确认包括应用分析(见第4章),以及必要时按确认计划进行的试验(见第5章)。图1为确认程序图。分析和(或)试验之间的平衡取决于使用的技术。

分析工作应尽可能与设计过程同时进行,以便尽早解决相对容易解决的问题,即在GB/T 16855.1—2005中4.3的步骤3和步骤4之间。部分分析工作必需推迟到设计完成后进行。

对于大型系统,由于其控制系统的规模、复杂性或采用与机器集成一体的控制系统形式,可按以下方式确认:

——在集成前单独对控制系统有关安全部件进行确认,包括模拟相应的输入和输出信号;

——在机器使用情况下,确认有关安全部件与控制系统内其余部分的集成效果。

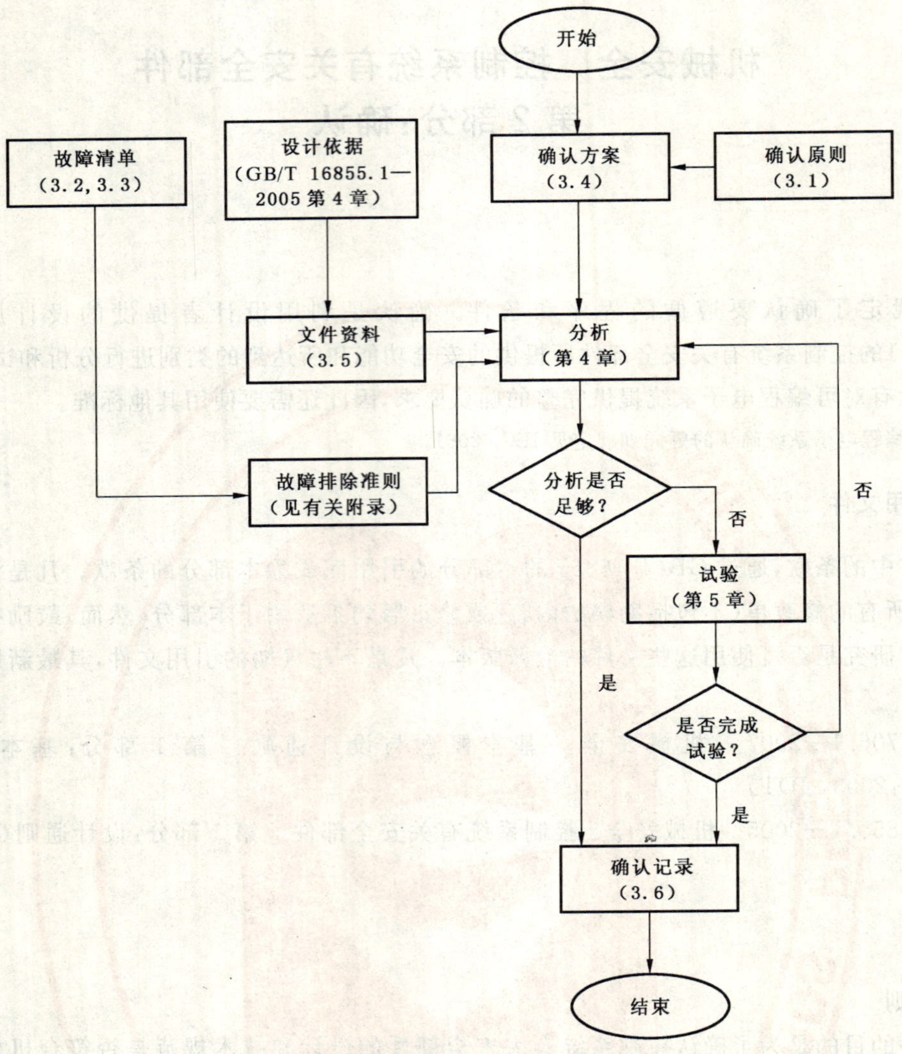

图1 确认程序图

3.2 一般故障清单

确认程序包括考虑控制系统有关安全部件性能的各种故障因素。根据经验,在资料性附录(A.5,B.5,C.5 和 D.5)中给出了故障清单。一般故障清单有如下内容:

——包括部件/元件,如导线/电缆(见 D.5.2);

——考虑了诸如导体间短路等故障;

——允许排除的故障;

——备注栏给出了故障排除理由。

仅考虑常发故障。

3.3 特殊故障清单

特殊产品的相关故障清单应作为有关安全部件确认过程产生的参考文件。此清单基于附录中相应的一般故障清单而构成。

基于一般故障清单的特殊相关产品的故障清单应规定以下内容:

——包括一般故障清单中列出的故障;

——包括一般故障清单中尚未列出的其他相关故障(例如:共模故障);

——一般故障清单中列出的可以排除的故障,至少满足一般故障清单中规定的要求(见

GB/T 16855.1—2005 的 7.2 条)；

——一般故障清单列出的，根据故障排除的理由和原理，不能排除的其他相关故障(见 GB/T 16855.1—2005的 7.2 条)。

对于一般故障清单中未列出的那些故障，设计者应在本清单中给出故障排除的原理。

3.4 确认方案

确认方案应确定和描述进行指定安全功能及其类别的确认过程的要求。

确认方案也应确定用于确认指定安全功能和类别的方法。应在适当的地方给出以下内容：

a) 选定的规范文件；

b) 操作和环境条件；

c) 基本安全原则(见 A.2,B.2,C.2 和 D.2)；

d) 经验证的安全原则(见 A.3,B.3,C.3 和 D.3)；

e) 经验证的部件(见 A.4 和 D.4)；

f) 需要考虑的假定故障和故障排除方法，例如资料性附录中 A.5,B.5,C.5 和 D.5 所列出的故障清单；

g) 待进行的分析和试验。

按相同技术规范已确认的有关安全部件，只需要参考以前的确认结果。

3.5 确认信息

随着所使用的技术、类别、系统设计原理以及控制系统有关安全部件对风险减小作用的发展，确认需要的信息将随之变化。在证实有关安全部件的类别和已达到的安全功能的确认程序中，应包括具有下列有足够信息的文件：

a) 安全功能、预期性能与类别的说明；

b) 图纸和技术文件，如：对机械、液压和气动部件，印刷线路板，组合板，内部接线，外壳，材料，安装等的描述；

c) 描述装置功能的框图；

d) 包括接口/连接的线路图；

e) 线路图的功能描述；

f) 与安全有关的信号、开关部件的时序图；

g) 已确认的部件有关的特性描述；

h) 对于其他有关安全部件[g)项所列的除外]，元件清单需包括：元件名称、额定值、允差、相应的工作压力、型号规格、失效率数据、元件制造者以及其他与安全有关的数据；

i) 列出的所有相应故障(如 A.5,B.5,C.5 和 D.5)的分析(也可见 3.2)，包括所有故障排除的理由；

j) 加工材料影响的分析。

表 2 给出了类别的详细信息。对于安全功能有关的软件，其文件应包括：

a) 清楚、明确的技术说明，且规定软件需要达到的安全性能；

b) 软件的设计达到所要求的安全性能的依据；

c) 表明安全性能已达到要求所进行试验的细节(特殊试验报告中)。

表 2 各类别所需的文件

所需文件	类别				
	B	1	2	3	4
基本安全原则	×	×	×	×	×
预期操作应力	×	×	×	×	×

表 2(续)

所需文件	类别				
	B	1	2	3	4
加工材料的影响	×	×	×	×	×
受其他相关外部影响时的性能	×	×	×	×	×
经验证的部件	—	×	—	—	—
经验证的安全原则	—	×	×	×	×
安全功能检验程序	—	—	×	—	—
有规定时,检验的时间间隔	—	—	×	—	—
设计中考虑的、可预见的单一故障和采用的检查方法	—	—	×	×	×
已识别的共模失效及防止方法	—	—	—	×	×
可预见的单一故障的排除	—	—	—	×	×
待检查的故障	—	—	×	—	×
设计中考虑的各种故障累积的变化	—	—	—	—	×
非关联故障情况下如何保持安全功能	—	—	—	×	—
故障并发时如何保持每种安全功能	—	—	—	—	×
注:×表示需要;—表示不需要。					

注:表 2 中所涉及的类别即为 GB/T 16855.1 中给出的类别。

3.6 确认记录

通过分析和试验进行的确认都应形成记录。记录应反映各项安全要求的确认过程。如果以前的确认记录有效,也可以引用。

确认过程中部分未通过确认的有关安全部件,确认记录中应对未能通过的这部分确认试验和(或)分析作出描述。

4 分析确认

4.1 概述

应通过分析对控制系统有关安全部件进行确认。分析包括:

——机器分析过程识别出的危险(见 GB/T 16855.1—2005 中图 1);

——可靠性(见 GB/T 16855.1—2005 的 4.2 条);

——系统结构(见 GB/T 16855.1—2005 的 4.2 条);

——影响系统性能的不可量化的、定性的因素(见 GB/T 16855.1—2005 的 4.2 条);

——确定的结论。

通过分析而不是试验来确认安全功能时,需要给出简洁明确的确认结论。确认结论不同于其他的证明,因为它表明了所要求的系统特性从逻辑上是根据系统的型式得出的。确认结论可以用简单易懂的概念进行解释,如机械联锁的正确性。

注:确认结论是依据定性的因素(如制造质量、失效率、使用经验)得出的。这一方法取决于具体应用。这和其他因素都会对确认结论产生影响。

4.2 分析方法

分析方法的选择取决于需要实现的目标。分析方法分为两种基本类型:

a) 自上而下(演绎)方法适合于确定可导致顶事件的起始事件,并通过起始事件的概率计算顶事件的概率。该方法也可用来研究已知多重故障的因果关系。自上而下方法的范例有:故障树分析(FTA——见 IEC 61025)和事件树分析(ETA);

b) 自下而上(归纳)方法适合于研究已知单一故障的因果关系。自下而上方法的范例有:故障模式影响分析(FMEA——见 IEC 60812)和故障模式影响与危害性分析(FMECA)。

有关分析方法的更多信息见 GB/T 16855.1—2005 中附录 B。

5 试验确认

5.1 概述

在分析确认不足以证明已实现规定安全功能的情况下,应通过类别试验来完成确认过程。试验往往是分析的补充,通常情况下也是必要的。

确认试验的规划和实施应遵循逻辑方法。尤其是:

a) 在开始试验之前,应制定试验方案。试验方案应包括:

——试验技术说明;

——预期试验结果;

——试验的时间顺序安排。

b) 应形成试验记录。试验记录应包括以下内容:

——试验人员姓名;

——环境条件(见第 8 章);

——试验程序和所使用设备;

——试验结果。

c) 应将试验记录和试验方案进行对比,以确保达到规定的功能和性能目标。

试验样品应尽可能在与最终工作配置相似的条件下运行,如:连接上所有的外围装置和外罩。

试验可由人工进行,也可自动进行(如通过计算机)。

试验时,应向控制系统有关安全部件施加各种组合的输入项对安全功能进行确认,并将相应的输出结果与规定的输出结果进行比较。

建议向控制系统和机器系统地施加各种组合输入项,例如:电源接通、启动、操作、换向、重新启动。对于需要输入数据的扩展范围的地方,所造成的反常或不正常的情况应引起重视,并观察控制系统有关安全部件的响应。此类输入数据的组合应考虑可预见的误操作。

试验结果取决于试验进行的环境条件,试验进行的条件可能是:

a) 预定使用环境条件;

b) 某一特定条件;

c) 给定的范围(如果存在漂移)。

注:在给定范围内进行的试验可认为是在稳定条件下进行的试验。在给定范围之外进行的试验,其有效性的确定应经设计者同试验负责人共同协商同意,并应作记录。

5.2 测量的不确定性

确认试验过程中发生的测量的不确定性应在所实施试验允许的范围内。一般情况下的测量不确定性,对于温度测量应在 5 K 以内,以下测量则应在 5%以内:

——时间测量;

——压力测量;

——力的测量;

——电气测量;

——相对湿度测量;

——线性测量。

如果超出上述测量的不确定性,应说明正当理由。

5.3 更高要求

依照随附的文件中的信息,如果控制系统满足的要求高于本标准,那么应该采用更高的要求。

注:当控制系统必须经受特别恶劣的工作条件时,可能会用到此类更高要求,如:野蛮操作、湿度影响、水解、环境温度变化、化学物质影响、腐蚀、因靠近发射装置造成的高强度电磁场等。

5.4 试验样品数量

除非另有规定,否则有关安全部件的试验应采用单一产品样品进行,且该产品样品应能经受所有相关试验。

试验过程中,不得对进行试验的有关安全部件作任何改动。

有些试验可能会使某些零部件的性能发生永久的改变。如果因零部件永久性改变使得有关安全部件不再符合其设计技术规范,应采用一个新的样品进行后续试验。

如果某一特定试验为破坏性试验,且通过对部分独立提供安全功能的控制系统有关安全部件进行试验可以获得相同的结果,则可以采用该部分的一个样品代替全部有关安全部件进行试验获得试验结果。该方法仅适用于通过分析确认部分有关安全部件的试验能够充分表明提供安全功能的全部有关安全部件的安全性能。

6 安全功能的确认

其中一个重要步骤就是确认控制系统有关安全部件提供的安全功能完全符合其规定特性。确认过程中,重要的是按照设计基本原理检查所编制的规范有无错误和疏漏。

对安全功能进行确认的目的是:根据技术规范要求,确认与安全相关的输出信号的正确性,以及与输入信号的逻辑相关性。此确认应涵盖在动态和静态模拟下所有正常和可预见的非正常分条件。

应在机器所有工作方式下对规定的安全功能(按照 GB/T 16855.1—2005 第 5 章)进行确认。这意味着确认的实施应能证明其正确的功能性:

——在不同的配置下,足以保证在整个规定范围内实现所有有关安全输出信号。有必要通过试验(如:过载试验)来确认规定的安全功能。

——对任何输入源可预见的非正常信号的响应,包括动力中断和恢复。

注:根据具体情况考虑不同配置的组合。

7 类别的确认

7.1 类别的分析和试验

类别的确认应证明其满足规定的要求。主要有下列几种确认方法:

——从电路图进行分析(见第 4 章);

——在实际电路上进行试验和对实际元件进行故障模拟试验,尤其是针对在分析过程中已经确认的性能存在疑点的地方(见第 5 章);

——模拟控制系统的性能,如采用硬件和(或)软件模型。

在一些应用中,可能有必要把连接起来的有关安全部件分为几个功能组,并对这些功能组及其接口进行故障模拟试验。

通过试验方式进行确认时,根据实际情况,试验可能包括以下内容:

——对产品样品进行故障引入试验;

——对硬件模型进行故障引入试验;

——故障的软件模拟;

——子系统故障,如:动力源。

故障引入系统的准确瞬间非常关键。应通过分析确定所引入故障的最坏影响,并根据此分析,在适当的关键时间将故障引入。

7.2 类别规范的确认

7.2.1 B类

B类控制系统有关安全部件的确认应遵循基本安全原则(见 A.2,B.2,C.2 和 D.2),并证明元器件的规格、设计、构造和选型符合 GB/T 16855.1—2005 的 6.2.1 条的规定。这一确认可以通过检查该控制系统有关安全部件是否与确认文件(见 3.5)中所规定的一致来完成。环境条件的确认见 5.1。

7.2.2 1类

1类控制系统有关安全部件的确认应证明:

a) 它们符合B类的要求。

b) 如果元件至少满足下列条件之一则说明元件是经验证的(见 A.4 和 D.4):

——在类似使用条件下已广泛成功的应用;

——制造时所采用的原则证明其用于有关安全用途的适用性和可靠性。

c) 已经正确实施经验证的安全原则(根据具体情况,见 A.3,B.3,C.3 和 D.3)。如果采用了新近发展的原则,则应对以下内容进行确认:

——预期失效模式是如何避免的;

——故障是如何避免的,或如何降低其发生概率的。

可以利用相关元器件的标准来证明与此条款的一致性(见 A.4 和 D.4)。

7.2.3 2类

2类控制系统有关安全部件的确认应证明:

a) 它们符合B类的要求。

b) 所使用的经验证的安全原则(如果适用)满足 7.2.2 中 c)的要求。

c) 在检查过程中,检查设备逐一探测所有相关故障并产生适当的控制动作,这些控制动作包括:

——启动安全状态;

——或者无法启动安全状态时,提供危险警告。

d) 设备检查本身不会造成不安全状态。

e) 开始进行检查是在:

——机器启动时或出现危险情况之前;

——如果根据风险评价和运行的类型表明有必要的话,在运行期间定期进行检查。

7.2.4 3类

3类控制系统有关安全部件的确认应证明:

a) 它们符合B类的要求;

b) 所使用经验证的安全原则(如果适用)满足 7.2.2 中 c)的要求;

c) 单一故障不会导致安全功能丧失;

d) 单一故障(包括共模故障)按照设计原理进行检查。

7.2.5 4类

4类控制系统有关安全部件的确认应证明:

a) 它们符合B类的要求;

b) 所使用的经验证的安全原则(如果适用)满足 7.2.2 中 c)的要求;

c) 单一故障(包括共模故障)不会导致安全功能的丧失;

d) 单一故障在下一个安全功能命令发出时或之前被检查到;

e) 如果 d)无法实现,那么故障的累积不应导致安全功能的丧失,所允许的故障累积程度应依照设计基本原理。

7.3 有关安全部件组合的确认

如果安全功能由两个或两个以上有关安全部件实现，应对该组合进行确认(通过分析和必要的试验)，确保该组合满足设计规定的性能。可以考虑采用已有的有关安全部件的确认记录结果。

8 环境要求的确认

设计规定的控制系统有关安全部件性能确认，应在控制系统规定的使用环境条件下进行。

确认应通过分析和必要的试验来完成。分析和试验的范围取决于有关安全部件，其安装所在的系统，所采用的技术，以及确认的环境条件。采用系统或其元件的工作可靠性数据或采用确认的相关环境试验标准(如：防水、防振)，会有助于确认过程。

适用确认的地方应注明：

——因冲击、振动、污染物进入产生的预期机械应力；

——机械耐久性；

——电气等级以及动力源；

——气候条件(温度和湿度)；

——电磁兼容性(抗扰度)。

如果有必要通过试验来确定是否符合环境要求时，那么应根据具体应用的要求按相关标准中规定的程序进行。

通过试验完成确认之后，安全功能仍应符合安全要求的技术规范，或者控制系统有关安全部件应能提供安全状态的输出信号。

9 维护要求的确认

确认过程应能证明维护要求已按 GB/T 16855.1—2005 第 9 章的第 2 段的规定实施。

附 录 A
（资料性附录）
机械系统的确认方法

A.1 概述

当机械系统与其他技术结合使用时，应考虑基本的和经验证的安全原则的相关表格。更多故障排除见3.3。

A.2 基本安全原则清单（见表A.1）

表 A.1 基本安全原则

基本安全原则	备 注
使用合适的材料以及适当的加工方法	材料、加工方法和处理方式的选择与应力、耐久性、弹性、摩擦力、磨损、腐蚀、温度等有关
正确的尺寸和外形	考虑压力、张力、疲劳、表面粗糙度、公差、黏性、生产制造等因素
元件/系统正确的选择、组合、排列、装配和安装	使用制造商的使用说明，如目录表、安装说明、技术规范和在类似元件/系统的成功应用的实例等
释放原则的使用	通过能量释放得到安全状态。有关停止的主要操作见GB/T 15706.2—2007的4.11.3条。提供的能量用于启动机械装置的运动。有关启动的主要操作，见GB/T 15706.2—2007的4.11.3条。 考虑不同的模式，如：操作模式、维修模式。 这个原则在特殊的应用中不适用，例如夹持设备需要保持的能量
正确的紧固	为了使螺钉锁紧，可以考虑制造商的使用说明。 使用适当的扭矩加载技术可以避免过载
力的产生和（或）传输以及类似参数的限制	例如安全销、安全片、扭矩限制器
环境参数范围的限制	例如安装位置处的温度、湿度、污染等参数。见第8章并考虑厂商的使用说明
速度及类似参数的限制	考虑使用中需要的速度、加速、减速等
固有反应时间	考虑弹簧疲劳度、摩擦、润滑、温度、加速和减速过程中的惯性、公差配合等
防止意外启动	考虑操作、维护等不同模式下，恢复能量"供应"后以及储能所引起的意外启动。 有必要用特殊装置来释放储能。 对于特殊的应用，例如：夹持装置或保证一定位置要保持的能量，需要单独考虑
简化	减少在有关安全系统中的元件数量
分离	有关安全的功能与其他功能分离开
适当润滑	—
流体和灰尘进入的正确防护	考虑IP等级[GB 4208]

A.3 经验证的安全原则清单(见表 A.2)

表 A.2 经验证的安全原则

经验证的安全原则	备　注
谨慎选用材料和加工	选择合适的材料,适当的加工方法和与应用有关的处理方法
具有定向失效模式元件的使用	一个元件的主要故障模式是预先知道的并且通常是相同的,见 GB/T 15706.2—2007 的 4.12.2 条
裕量/安全系数	安全系数是由标准或在有关安全的应用中取得的成功经验给出的
安全位置	元件的可移动部分通过机械方法(仅有摩擦是不够的)来保持在一个可能的位置。必须要有力才能改变其位置
增加闭合力	通过增加与开启力有关的闭合力来得到安全的位置/状态
谨慎选择、组合、排列、装配以及与应用有关的元件/系统的安装	—
谨慎选择与应用有关的紧固件	避免仅依靠摩擦力
强制机械动作	部件间的从属操作(例如并行操作)是通过强制机械连接获得的。弹簧及"易变形"的元件不应用作连接部分(见 GB/T 15706.2—2007 的 4 .5 条)
多重部件	减小由多重部件引起的故障影响,例如一个弹簧(多个弹簧)的故障不会导致危险的状态
使用经验证的弹簧 (见表 A.3)	经验证的弹簧要求: ——使用经仔细谨慎选择的材料、制造方法(例如使用前的预调整和循环)和处理方法(例如轧制和喷丸硬化); ——弹簧有足够的导向力; ——对于疲劳应力有足够的安全系数(也就是不会发生大概率的断裂)。 经验证的压簧也按以下要求来设计: ——使用经谨慎选择的材料、制造方法(例如使用前的预调整和循环)和处理方法(例如碾压和喷丸硬化); ——弹簧有足够的引导力; ——空载时,线匝间的空隙要小于导线直径; ——断裂后还保留足够的作用力(也就是断裂不会导致危险状态)
力和类似参数的限制范围	所采取的必要限制与经验和应用有关。例如:采用安全销、安全片、扭矩限制器进行限制
速度和近似参数的限制范围	所采取的必要限制与经验和应用有关。例如:采用有离心调速器、速度或受限位移的安全监测进行限制
环境参数的限制范围	采取必要的限制。例如:安装位置处的温度、湿度、污染等。见第 8 章以及考虑制造商的使用说明
反应时间的限制范围,限制滞后	采取必要的限制。 考虑弹簧疲劳、摩擦、润滑、温度、在加速和减速过程中的惯性、公差配合等

A.4 经验证的元件清单(见表 A.3)

表 A.3 所列清单列出了有关安全应用中的经验证的元件是基于采用经验证的安全原则和(或)为其特殊应用所定的标准。

对于某些应用中的经验证的元件可能不适于其他应用。

表 A.3 经验证的元件

经验证的元件	经验证的条件	标准或规定
螺钉	考虑所有影响螺钉联接和应用的因素，见表 A.2“经验证的安全原则”	机械连接所用的螺钉、螺母、垫圈、铆钉、销、螺栓等都是经过标准化的
弹簧	见表 A.2“使用经验证的弹簧”	ISO 4960 中给出了弹簧钢和其他特殊应用的技术规范
凸轮	考虑所有影响凸轮排列的因素(例如联锁装置部分)，见表 A.2“经验证的安全原则”	见 GB/T 18831(联锁装置)
安全销	考虑所有影响应用的因素，见表 A.2“经验证的安全原则”	—

A.5 故障清单和故障排除

A.5.1 概述

本清单表述了一些故障排除的方法和原理。更多的故障排除见 3.3。

故障发生的精确时间很关键(见 7.1)。

A.5.2 各种机械装置、元件及单元(见表 A.4)

表 A.4 机械装置、元件及单元

(例如凸轮、从动件、链条、离合器、刹车、轴、螺钉、销、导向装置、轴承)

故障确认	故障排除	备注
磨损/腐蚀	根据规定的使用寿命，在仔细选择材料、(配合)尺寸、制造过程、处理方法和合理的润滑的情况下，故障可排除(见表 A.2)	见 GB/T 16855.1—2005 的 7.2 条
泄漏/松动	根据规定的使用寿命，在仔细选择材料、生产过程、锁紧方法和处理方法的情况下，故障可排除(见表 A.2)	
断裂	根据规定的使用寿命，在仔细选择材料、(配合)尺寸、制造过程、处理方法和合理的润滑的情况下，故障可排除(见表 A.2)	
由超负载引起的变形	根据规定的使用寿命，在仔细选择材料、(配合)尺寸、制造和处理过程的情况下，故障可排除(见表 A.2)	
硬度/黏性	根据规定的使用寿命，在仔细选择材料、(配合)尺寸、制造过程、处理方法和合理的润滑情况下，故障可排除(见表 A.2)	

A.5.3 压簧(见表 A.5)

表 A.5 压簧

故障确认	故障排除	备注
磨损/腐蚀	使用经验证的弹簧和仔细选择紧固件的情况下，故障可排除(见表 A.2)	GB/T 16855.1—2005 的 7.2 条
安装和断裂引起的压力减少		
断裂		
硬度/黏性		
松动		
超负载引起的变形		

附 录 B
（资料性附录）
气动系统的确认方法

B.1 概述

当气动系统与其他技术结合使用时，应该考虑基本的和经试验的安全原则的相关表格。气动元件用来电气连接/控制的地方，应考虑附录D中适当的故障清单。

注：对于简单压力容器、压力装置等设备，可按适用的特殊指令的要求。

B.2 基本安全原则清单（见表B.1）

表 B.1 基本安全原则

基本安全原则	备 注
使用合适的材料以及适当的加工方法	所选材料、加工及处理方法，与应力、耐久性、弹性、摩擦力、磨损、腐蚀及温度等有关
正确的尺寸和外形	考虑诸如压力、张力、疲劳度、表面粗糙度、公差、黏性、加工性等
元件/系统的正确选择、组合、排列、装配及安装	使用制造商的使用说明，如目录表、安装说明、技术规范和在类似元件/系统中成功应用的工程实例等
释放原则的使用	通过能量释放得到安全状态。关于停止的主要操作见GB/T 15706.2—2007的4.11.3条。 能量用于启动机构装置的运动。关于启动的主要操作见GB/T 15706.2—2007的4.11.3条。 考虑不同的模式，如操作模式、维护模式等。 此原则在某些应用中不适用，例如气动装置压力损失的地方会增加额外的危险
正确的紧固	采用螺纹锁紧、配置、胶合、锁紧圈等进行紧固时，考虑制造商的使用说明。 使用适当的扭矩加载技术可以避免过载
压力限制	例如压力安全阀、减压阀/控制阀
速度限制/速度降低	例如通过流量阀和节流阀限制速度
充分避免流体污染	考虑流体中固体微粒与水的过滤和分离
适当的转换时间范围	考虑诸如管道长度、压力、排放量、力、弹簧疲劳度、摩擦、润滑、温度、加速和减速过程中的惯性以及公差的配合
耐环境条件	所设计的装置能够在预期的环境中工作，并能在任何可预见的不利的条件中工作，例如温度、湿度、振动、污染。见第8章以及考虑制造商的技术规范/使用注意
防止意外启动	考虑操作、维修等不同模式下，恢复能量供应后以及储能所引起的意外启动。 有必要用特殊装置来释放储能（见GB/T 19670—2005的5.3.1.3条）。 对于特殊的应用（例如夹持装置或保证一定位置需要保持的能量）需要单独考虑
简化	减少在有关安全系统中的元件数
合适的温度范围	应考虑整个系统
分离	有关安全的功能与其他功能分离开

B.3 经验证的安全原则清单(见表 B.2)

表 B.2 经验证的安全原则

经验证的安全原则	备　注
裕量/安全系数	安全系数是由标准或通过有关安全的应用取得的成功经验来给出
安全位置	系统中的运动部分通过机械方式保持在一个可能的位置(仅有摩擦是不够的)。需要外力来改变位置
增加关闭力	一种解决方法是移动阀槽到安全位置(关闭位置)的面积比明显大于移动阀槽到打开位置的面积比(安全系数)
通过载荷压力关闭阀门	通常是针对座阀,例如提升阀、球阀。 考虑即使在弹簧断裂等情况下,为了保持阀门关闭,如何施加载荷压力
强制机械动作	强制机械动作用于气动装置内部件的移动。见表 A.2
多重部件	见表 A.2
经验证的弹簧的使用	见表 A.2
通过阻力限定流量来控制速度限制/速度降低	例如固定的孔,固定的节流阀
力的限制/力的减小	可以通过一个经验证的减压阀来实现,例如合理选择安装一个适当尺寸并经验证的弹簧
工作条件的合理范围	限制工作条件,例如应考虑压力范围、流量比和温度范围
合理避免流体污染	考虑流体中的固体部分与水的充分过滤与分离
在滑阀中充分的正重叠	正重叠是确保停止功能和防止未允许的移动
滞后限制	例如增加摩擦会增加滞后,公差配合也会影响滞后

B.4 经验证的元件清单

目前还未给出经验证的元件清单。经验证的元件主要是为特殊用途。如果符合 GB/T 16855.1—2005 的 6.2.2 条和 GB/T 7932—2003 第 5 章~第 7 章的规定,则可以认为元件是经验证的。

某些应用中的经验证的元件可能不适合其他的应用。

B.5 故障清单和故障排除

B.5.1 概述

本清单表述某些故障排除的方法和原理。更多的故障排除见 3.3。

故障发生的精确时间很关键(见 7.1)。

B.5.2 阀

几种阀的故障清单和故障排除见表 B.3~表 B.6。

表 B.3 方向控制阀

故障判定	故障排除	备　注
转换时间改变	只要致动力足够大,在运动元件强制机械动作情况下,故障可排除(见表 A.2)	—
无转换(保持在末端或零位置)或不完全转换(保持在任意中间位置)	只要致动力足够大,在运动元件强制机械动作情况下,故障可排除(见表 A.2)	

表 B.3(续)

故障判定	故障排除	备 注
初始转换位置自发改变(没有输入信号)	只要自持力足够大,在运动元件强制机械动作情况下(见表 A.2),故障可排除; 如果使用了经验证的弹簧(见表 A.2)并在正常安装和工作条件下使用[见备注 1)],故障可排除; 阀槽具有带弹性密封的情况下,且在正常的安装和工作条件下使用[见备注 1)],故障可排除	1) 满足以下条件即为采用正常安装和工作条件: ——遵守了制造商规定的条件; ——运动元件的重量在安全方面不会有不利影响(例如水平安装); ——没有特别的惯性力影响运动元件(例如:运动方向要考虑运动机械部件的倾向性); ——没有极限振动和冲击应力产生
泄漏	只要表明带弹性密封的滑阀有充分的正重叠[见备注 2)],在正常的工作条件下,并且提供了足够的压缩空气处理和过滤方法,故障可排除; 对于座阀,只要在正常工作条件下使用[见备注 3)],并且提供了恰当的压缩空气处理和过滤方法,故障可排除	2) 在使用带弹性密封的滑阀的情况下,由于泄露的影响通常能排除。然而,在长期使用后可能会发生少量的泄漏。 3) 当遵守了制造商规定的条件时即为在正常工作条件下使用
长期使用后,泄漏流量比改变	无	
阀套破裂或运动元件的损坏,也包括支架或压紧螺钉引起的损坏/破裂	如果结构、尺寸和安装与成功的工程实践一致,故障可排除	—
对于伺服系统和比例阀:气动故障引起的不可控行为	如果使用可评估的伺服系统和比例方向阀的情况下,根据技术安全,由于其设计和结构而使用常规的方向控制阀,故障可排除	—
注:如果控制功能时通过一些单个功能阀来实现,那么应对每个阀进行故障分析。主导阀也应执行相同的步骤。		

表 B.4 停止(关闭)阀-单向(止回)阀/速动通风阀/往复阀等

故障判定	故障排除	备 注
转换时间的改变	无	
不可打开,不完全打开,不可关闭或不完全关闭(保持在末端或任意的中间位置)	运动元件的引导系统设计方式与不带阻尼装置的不可控球阀一致[见备注 1)],并且使用了经验证的弹簧(见表 A.2),故障可排除	1) 对于不带阻尼系统的不可控球座阀,通常应将导向系统设计成其运动元件几乎没有任何的沾黏现象
初始转换位置自然改变(没有输入信号)	在正常的安装和工作条件下[见备注 2)],如果依据其压力和面积,提供足够的关闭力,故障可排除	2) 满足以下条件时为正常的安装和工作条件: ——遵循了制造商规定的条件; ——没有特殊的惯性力影响运动元件,例如:运动方向要考虑运动机械部件的倾向性; ——没有极限振动和冲击力产生

表 B.4(续)

故障判定	故障排除	备　注
对于往复阀:同时关闭两侧的输入连接	如果运动元件的结构和设计使得阀门不太可能同时关闭,故障可排除	—
泄漏	如果在正常工作条件下使用[见备注3)],有恰当的压缩空气处理和过滤方法,故障可排除	3) 当遵守了制造商规定的条件时即为在正常的工作条件下使用
长期使用后,泄漏流量比改变	无	—
阀套破裂或运动元件的损坏,也包括支架或压紧螺钉引起的损坏/破裂	如果结构、尺寸和安装与好的工程实践一致,故障可排除	

表 B.5　流量阀

故障判定	故障排除	备　注
不改变设定装置的情况下流量比改变	不带运动部件的流量控制阀[见备注1)],例如节流阀,在正常工作条件下使用[见备注2)],有恰当的压缩空气处理和过滤方法,故障可排除	1) 设定装置并不是运动部件。因为压力不同而引起的流量比的改变,在这类阀门中受到物理上的限制,且这类改变不包含在此类假定故障中。 2) 当遵守了制造商规定的条件时即为在正常工作条件下使用
使用不可调节的、循环的孔和喷嘴的情况下,流量比改变	如果直径≥0.8 mm,并且在正常工作条件下使用[见备注2)],有恰当的压缩空气处理和过滤方法,故障可排除	
对于比例流量阀:由于无意识的改变了设定值而引起流量比改变	无	—
设定装置的自发改变	依据安全技术规范,适合特殊场合的设定装置有有效保护时,故障可排除	
设定装置的操作元件无意识的松开(旋松)	如果采用防止松开(旋松)的强制锁紧装置,故障可排除	
阀套破裂或运动元件的损坏,也包括支架或压紧螺钉引起的损坏/破裂	如果结构、尺寸和安装与成功的工程实践一致,故障可排除	

表 B.6　压力阀

故障判定	故障排除	备　注
当超过设定压力时,由于运动元件的卡住或迟滞运动造成的暂时的空间上打不开或打开不足[见备注1)]	如果: ——运动元件引导系统的设计与不可控球座阀或隔膜阀的情形类似[见备注2)],例如对于减压阀,需要二级卸压; ——安装的弹簧是经验证的弹簧(见表A.2)。 故障可排除	1) 此故障只适用压力阀用于强制动作,如:夹紧。 此故障不适用于在气动系统中压力阀的正常功能,如:压力限制、压力减小。 2) 对于不可控球座阀或隔膜阀,引导系统通常的设计风格是运动元件几乎没有任何的沾黏现象
压力降低至低于设定值时,由于运动元件的卡住或迟滞运动造成的暂时的空间上打不开或打开不足[见备注1)]		

表 B.6(续)

故障判定	故障排除	备　注
不改变设定装置时,压力调节性能改变	对于直接压力限制控制阀和压力转换阀,如果安装的是经验证的弹簧(见表 A.2),故障可排除	
对于比例压力阀:因为设定值无意识的改变而引起的压力调节性能改变[见备注 1)]	无	见备注 1)和备注 2)
设定装置的自发改变	在应用需求内,设定装置有有效的保护时,故障可排除。例如:铅封	
设定装置的操作元件无意识的旋松	如果提供了有效的防旋松的强制锁紧装置,故障可排除	
泄漏	在正常工作条件下使用[见备注 3)],对于带有弹性密封的座阀,隔膜阀和伺服阀,如果提供了恰当的压缩空气处理和过滤方法,故障可排除	3) 当遵守了制造商规定的条件时即为在正常工作条件下使用
长期使用引起的泄漏流量比的改变	无	
阀套破裂或运动元件的损坏,也包括支架或压紧螺钉引起的损坏/破裂	如果结构、尺寸和安装与成功的工程实践一致,故障可排除	

B.5.3　管道工程管,软管装配与连接

管道、软管组件和连接器件的故障清单和故障排除见表 B.7～表 B.9。

表 B.7　管道

故障判定	故障排除	备　注
破裂和泄漏	如果尺寸、材料的选择和修理与好的工程实践一致,故障可排除[见备注 1)]	1) 使用塑料管时,有必要考虑制造商的数据,尤其是工作环境的影响,例如:热影响、化学影响、辐射影响。使用没有经过抗腐蚀处理的钢管时,提供足够干燥的压缩空气尤其重要
接头失效(如:开裂、泄漏)	如果使用卡式装置或者螺纹管(如钢制接头、钢管),并且尺寸、材料的选择、加工、结构和修理与成功的工程实践一致,故障可排除	—
堵塞(阻塞)	对于电源电路中的管道,故障可排除。 对用于控制和测量的管道,如果其公称直径≥2mm,故障可排除	—
小公称直径塑料管的弯结	如果采用合理的保护和安装并考虑了制造商相关的数据,例如最小弯曲半径,故障可排除	—

表 B.8 软管组件

故障判定	故障排除	备 注
泄漏和附属装置的破裂、开裂	如果软管组件中的软管是按照 GB/T 15329.1 制造的，或者与相应的软管装置类似的软管，故障可排除[见备注 1)]	1) 以下情形故障排除不予考虑： ——预定使用寿命到期； ——可以加强疲劳特性； ——外部损伤不可避免
堵塞(阻塞)	对于电源电路中的软管组件，故障可排除。 对于用于控制和测量的软管组件，如果其公称直径≥2 mm，故障可排除	

表 B.9 连接器件

故障判定	故障排除	备 注
螺钉破裂、断裂或者螺纹脱落	如果管道系统和(或)采用射流技术的元件的尺寸、材料的选择、加工、结构和连接与成功的工程实践一致，故障可排除	—
泄露(气密损失)	无[见备注 1)]	1) 由于磨损，老化，弹性退化等原因造成的。长期使用后故障不可能排除。假定气密的主要故障不会意外发生
堵塞(阻塞)	对于在电源电路中使用的连接器件，故障可排除。 对于用于控制和测量的连接器件，如果其公称直径≥2 mm，故障可排除	—

B.5.4 压力传送器和液压变换器

压力传送器和液压变换器的故障清单和故障排除见表 B.10。

表 B.10 压力传送器和液压变换器

故障判定	故障排除	备 注
压力舱气密性/油密性的损失或改变	无	—
压力舱的破裂，以及附件和盖用螺钉的破裂	如果尺寸、材料的选择、结构和附件与成功的工程实践一致，故障可排除	

B.5.5 压缩空气处理

过滤器、注油器和消音器的故障清单和故障排除见表 B.11～表 B.13。

表 B.11 过滤器

故障判定	故障排除	备 注
过滤器元件的堵塞	无	
过滤器元件的破裂或部分破裂	如果过滤器元件足以耐压，故障可排除	
粉尘指示器或粉尘监控器失效	无	
过滤器壳体、罩或连接元件破裂	如果尺寸、材料的选择、结构和附件与成功的工程实践一致，故障可排除	

表 B.12　注油器

故障判定	故障排除	备　注
在不改变设定装置的情况下，设定值(单位时间的油量)改变	无	—
设定装置的自发改变	如果适用于特殊情况的设定装置有有效保护，故障可排除	
设定装置的操作元件无意识的旋松	如果有防止旋松的强制锁紧装置，故障可排除	
过滤器壳体、罩或连接元件破裂	如果尺寸、材料的选择、结构和附件与成功的工程实践一致，故障可排除	

表 B.13　消音器

故障判定	故障排除	备　注
消音器堵塞(堵住)	如果消音器元件的设计与结构满足备注1)，故障可排除	1) 如果消音器的直径适当大，并且其设计满足了工作条件，那么消音器元件的堵塞和(或)排气回压的增加超过了临界值是不太可能发生的

B.5.6　储压器和压力容器

储压器和压力容器的故障清单和故障排除见表B.14。

表 B.14　储压器和压力容器

故障判定	故障排除	备　注
储压器/压力容器或连接器的破裂/爆裂，或者固定用螺钉的螺纹脱落	如果结构、设备的选择，材料的选择和排列与成功的工程实践一致，故障可排除	—

B.5.7　传感器

传感器的故障清单和故障排除见表B.15。

表 B.15　传感器

故障判定	故障排除	备　注
有故障的传感器[见备注1)]	无	1) 此表中的传感器包括信号接收，特别对压力、流量比、温度等进行处理和输出
检测或输出特性改变	无	—

B.5.8　信息处理

逻辑单元、延时装置和转换器的故障清单和故障排除见表B.16～表B.18。

表 B.16　逻辑单元

故障判定	故障排除	备　注
由于转换时间改变，未能转换，不完全转换等引起的逻辑单元(如“与”门、“或”门、逻辑存储单元)的故障	相应的故障假设和故障排除见表B.3～表B.5	—

表 B.17 延时装置

故障判定	故障排除	备　注
有故障的延时装置，例如：气动、气动/机械计时器以及计数单元	对于不带运动元件的延时装置，例如：固定的阻力，在正常工作条件下使用[见备注1)]，如果提供了恰当的压缩空气处理和过滤方法，故障可排除	1) 当遵守了制造商规定的条件时即为在正常工作条件下使用
检测或输出特性的改变		
壳体破裂，或者罩或固定元件破裂	如果结构、尺寸和安装与成功的工程实践一致，故障可排除	—

表 B.18 转换器

故障判定	故障排除	备　注
有故障的转换器[见备注1)]	对于没有运动元件的转换器，例如：反射喷嘴，在正常工作条件下使用[见备注2)]，如果提供了恰当的压缩空气处理和过滤方法，故障可排除	1) 这包括气动信号转换为电信号，位置检测(气缸开关，反射喷嘴)，气动信号的放大等。 2) 当遵守了制造商规定的条件时即为在正常工作条件下使用
检测或输出特性改变		
壳体破裂，或者罩或固定元件破裂	如果结构、尺寸和安装与成功的工程实践一致，故障可排除	—

附 录 C
（资料性附录）
液压系统的确认方法

C.1 概述

当液压系统与其他技术结合使用时，应该考虑基本的和经验证的安全原则的相关表格。与电气连接/由电气控制的液压元件，应参考附录D故障清单中适应的故障。

注：如压力设备可能还要满足特殊指令的要求。

C.2 基本安全原则清单（见表C.1）

注：应避免液压流动中的气泡和气穴现象，因为它们会造成附加危险，如：无意识的运动。

表 C.1 基本安全原则

基本安全原则	备　注
使用合适的材料和适当的加工方法	材料、加工方法和处理方法等的选择与压力、耐久力、弹力、摩擦、磨损、腐蚀、温度、液压流动性等因素有关
正确的尺寸和外形	考虑压力、张力、疲劳、表面粗糙度、公差、加工等因素
元件/系统的正确的选择、组合、排列、装配和安装	使用制造商的使用说明，如：目录表、安装说明、技术规范，以及在类似元件/系统成功的工程应用等
释放原则的使用	通过释放所有相关装置的能量得到安全状态。见GB/T 15706.2—2007的4.11.3条中有关停止的主要操作。 提供能量用于启动机械装置的运动。见GB/T 15706.2—2007的4.11.3条中有关启动的主要操作。 考虑不同的操作模式，如：运行模式、维护模式。 有些应用中不允许使用此原则，如：压力泄漏将会产生附加危险
正确的紧固	对于螺钉锁紧、配件、胶合、锁紧圈等的应用，应考虑制造商的使用注意。 使用适当的扭矩负载技术可避免过载
压力限制	如：减压阀、压力调节/控制阀
速度限制/速度降低	如：通过流量阀或节流阀来控制活塞速度
充分避免流体污染	考虑流体中固体颗粒/水的过滤/分离。 还需考虑过滤需求的显示
合适的转换时间范围	考虑如：管道长度、压力、排气减压能力、弹簧疲劳、摩擦、润滑、温度/黏性、加速和减速过程中的惯性、公差的配合
耐环境条件	所设计的装置能够在预期的环境中工作，并能在任何可预见的不利环境中工作，例如：温度、湿度、振动、污染。见第8章以及制造商的技术要求和使用注意
防止意外启动	考虑操作、维修等不同模式下，恢复能量供应以及储能所引起的意外启动。 可能需要释放储能的特殊设备。 特殊的应用（如：保持紧固装置的能量或者保证位置）需要分开考虑
简化	减少有关安全系统的元件数量
合理的温度范围	从整个系统来考虑
分离	有关安全功能和其他功能分离开

C.3 经验证的安全原则清单(见表 C.2)

表 C.2 经验证的安全原则

经验证的安全原则	备 注
裕量/安全系数	安全系数是由标准或通过有关安全的应用取得的成功经验来给出
安全位置	系统中的运动部分通过机械方式保持在一个可能的位置(仅有摩擦力是不够的)。需要外力来改变位置
增加关闭力	一种解决方法是移动阀槽到安全位置(关闭位置)的面积比明显大于移动阀槽到打开位置的面积比(安全系数)
通过载荷压力关闭阀门	例如插装阀和座阀。 考虑即使在弹簧断裂等情形时,为了保持阀门关闭,如何施加载荷
强制的机械作用	强制的机械作用用于液压元件中的运动部分,见表 A.2
多重部件	见表 A.2
经验证的弹簧的使用	见表 A.2
通过阻力限定流量来达到速度限制/速度降低	例如固定的孔、固定的节流阀
外力限制/外力减小	使用经验证的减压阀可得到,例如配备了经验证的弹簧、恰当的尺寸和选择
工作条件的合理范围	工作条件的限制,例如应考虑压力范围,流量比和温度范围
监测流体的状态	考虑流体中固体颗粒/水的高水平过滤/分离,还须考虑流体的化学/物理状态,在有必要的过滤器上使用指示装置
在滑阀中充分的正重叠	正向重叠确保停止功能和阻止未允许的移动
滞后限制	例如增加摩擦会增加滞后,公差配合也会影响滞后

C.4 经验证的元件清单

目前尚未给出经验证的元件清单。经验证的元件主要用于特殊用途。如果与 GB/T 16855.1—2005 的 6.2.2 条和 GB/T 7932—2003 第 5 章~第 7 章中的描述一致,元件可以认为是经验证的。某些应用中的经验证的元件不适合其他的应用。

C.5 故障清单和故障排除

C.5.1 引言

本清单表达某些故障排除的方法和原理。更多的故障排除见 3.3。

故障发生的精确时间很关键(见 7.1)。

C.5.2 阀门

几种阀的故障清单和故障排除见表 C.3~表 C.6。

表 C.3　方向控制阀

故障判定	故障排除	备　注
转换时间的改变	只要致动力足够大,在运动元件强制机械动作情况下(见表 A.2),故障可排除; 对于插装座阀的特殊类型——非开口型,当其至少与一个其他阀门使用,用来控制流体的主流量时,故障可排除[见备注 1)]	1) 特殊类型的插装座阀需满足以下条件: ——启动有关安全部件转换运动的有效面积至少是运动元件(提升阀)整个面积的 90%; ——有效面积上的有效控制压力能增加到与被怀疑的座阀性能相符的最大的工作压力(与 GB/T 3766—2001 的 3.5 条一致); ——与最大工作压力相比,运动部件与其法向相反的有效面积上的有效控制压力,降低至很低的值,如:回压时使用泄压阀或者供压时使用吸入/填充阀; ——运动部件(提升阀)带有外围平衡槽; ——在集合管区域,这种座阀与其控制阀设计在一起(例如:这些阀门的连接处不带软管组件和导管)
不可切换(保持在末端或零位置)或不完全切换(保持在任意中间位置)	只要致动力足够大,在运动元件强制机械动作情况下(见表 A.2),故障可排除; 对于插装座阀的特殊类型——非开口型,当其至少与一个其他阀门使用来控制流体的主流量时,故障可排除[见备注 1)]	
初始切换位置的自发改变(没有输入信号)	在运动元件强制机械动作(见表 A.2)下,只要保持力足够大,故障可排除; 如果使用经验证的弹簧(见表 A.2),且在正常的安装和工作条件下使用[见备注 2)],故障可排除; 对于插装座阀的特殊类型——不可打开式,当其至少与其他一个阀门使用来控制流体的主流量时,且在正常的安装和工作条件下使用[见备注 2)],故障可排除	2) 满足以下条件时为正常安装和工作条件: ——遵守了制造商规定的条件; ——运动元件的重量在安全方面不会有不利的作用,例如:水平安装; ——没有特别的惯性力影响运动元件,例如:运动方向要考虑运动机械部件的倾向; ——没有极限振动和冲击应力产生
泄漏	对于座阀,如果在正常的安装和工作条件下使用[见备注 3)],并且提供了合适的过滤系统,故障可排除	3) 遵守了制造商规定的条件即为在正常的安装和工作条件下使用
长期使用后,泄漏流量比的改变	无	
阀套破裂或运动元件损坏,例如:支架或压紧螺钉损坏/破裂	如果结构、尺寸和安装与成功的工程实践一致,故障可排除	
对于伺服和比例阀:压力故障导致的不可控行为	对于在安全方面可评价的伺服和比例方向阀,由于它们的设计和结构被用作常规的方向控制阀,故障可排除	

注:如果控制功能是通过许多单一功能的阀来实现的,那么应该对每个阀进行故障分析。先导控制阀也应进行相同的步骤。

表 C.4　停止(关闭)阀门-止回(单向)阀/往复阀等

故障判定	故障排除	备　注
转换时间的改变	无	—
不可打开,不完全打开,不可关闭或不完全关闭(保持在末端或任意的中间位置)	如果运动元件引导系统的设计方式与不带阻尼装置的不可控球座阀一致[见备注1)],并且使用了经验证的弹簧(见表A.2),故障可排除	1) 对于不带阻尼系统的不可控球座阀,通常应将导向系统设计成其运动元件几乎没有任何卡住的现象
初始转换位置的自发改变(没有输入信号)	对于正常的安装和工作条件[见备注2)],如果依据其压力和面积,提供足够的关闭力,故障可排除	2) 满足以下条件时为正常安装和工作条件: ——遵循了制造商规定的条件; ——没有特殊的惯性力影响运动元件,例如:运动方向要考虑运动机械部件的倾向性; ——没有极限振动和冲击力产生
对于往复阀:两侧的输入接口同时关闭	如果运动元件的结构和设计使得阀门不太可能同时关闭,故障可排除	—
泄漏	如果在正常工作条件下使用[见备注3)],有足够的压缩空气处理和过滤方法,故障可排除	3) 当遵守了制造商规定的条件时即为在正常工作条件下使用
长期使用后,泄漏流量比的改变	无	—
阀套破裂或运动元件损坏,例如:支架或压紧螺钉损坏/破裂	如果结构、尺寸和安装与成功的工程实践一致,故障可排除	

表 C.5　流量阀

故障判定	故障排除	备　注
不改变设定装置的情况下流量比改变	不带运动部件的流量控制阀[见备注1)],例如节流阀,并且在正常工作条件下使用[见备注2)],有足够的压缩空气的处理和过滤方法,故障可排除[见备注3)]	1) 设定装置并不是运动部件。因为压力不同而引起的流量比的改变在这类阀门中受到物理上的限制,且这类改变不包含在此类假定故障中。 2) 当遵守了制造商规定的条件时即为在正常工作条件下使用。 3) 止回阀与流量阀结合的地方,还需对止回阀的假定故障进行检查
使用非调节、循环孔和喷嘴的情况下,流量比改变	如果直径≥0.8 mm,并且在正常工作条件下使用[见备注2)],有足够的压缩空气的处理和过滤方法,故障可排除	
对于比例流量阀:因为无意识的改变了设定值而引起流量比改变	无	—
设定装置自发改变	依据安全技术规范,适合特殊场合的设定装置有有效保护时,故障可排除	
设定装置的操作元件无意识的松开(旋松)	如果有防止松开(旋松)的强制锁紧装置,故障可排除	
阀套破裂或运动元件的损坏,也包括支架或压紧螺钉引起的损坏/破裂	如果结构、尺寸和配置与成功的工程实践一致,故障可排除	

表 C.6 压力阀

故障判定	故障排除	备　　注
当超过设定压力时，由于运动元件的卡住或迟滞运动，造成空间上和暂时的打不开或打开不足[见备注 1)]	对于筒式座阀的特殊类型——不可打开式，当其至少与其他一个阀门使用来控制液体的主流量[见表 C.3 的备注 1)]时，故障可排除；	1) 此故障只适用压力阀用于强制动作和控制危险运动，如：夹紧、暂停加载。此故障不适用于在液压系统压力阀的正常功能，如：压力限制、压力减小。 2) 对于不带阻尼装置的不可控球座阀，引导系统通常的设计方式是使运动元件几乎没有任何的沾黏现象
压力降低至低于设定值时，由于运动元件的卡住或迟滞运动，造成空间上和暂时的打不开或打开不足[见备注 1)]	如果运动元件的引导系统与不带减振装置的不可控球座阀类似[见备注 2)]，并且已安装的弹簧是经验证的弹簧（见表 A.2），故障可排除	
不改变设定装置时压力控制性能改变	对于直接驱动的泄压阀，如果安装的弹簧是经验证的弹簧（见表 A.2），故障可排除	
对于比例压力阀：因为设定值无意识的改变而引起的压力控制性能改变	无	
设定装置的自发改变	依据安全技术规范中相应的特例，对设定装置有有效保护时（例如：铅封），故障可排除	
设定装置的工作单元无意识的旋松	如果提供了防止旋松的有效锁紧装置，故障可排除	
泄漏	对于座阀，如果在正常的工作条件下使用[见备注 3)]并且提供了合适的过滤系统，故障可排除	3) 当遵守了制造商规定的条件时即为在正常的工作条件下使用
长期使用引起的泄漏流量比改变	无	
阀套破裂或运动元件的损坏，也包括支架或压紧螺钉引起的损坏/破裂	如果结构、尺寸和安装与成功的工程实践一致，故障可排除	

C.5.3 金属管道、软管组件和连接器件

金属管道、软管组件和连接器件的故障清单和故障排除见表 C.7～表 C.9。

表 C.7 金属管道

故障判定	故障排除	备　　注
破裂和泄漏	如果尺寸、材料的选择、加工、结构和修理与成功的工程实践一致，故障可排除	
接头失效（如：开裂，泄漏）	如果使用了焊接式接头、焊接法兰或者扩口式管接头，并且尺寸、材料的选择、加工、结构和修理与成功的工程实践一致，故障可排除	
堵塞（阻塞）	对于电源电路中的管道，故障可排除。 对用于控制和测量的管道，如果公称直径 ⩾3mm，故障可排除	

表 C.8　软管组件

故障判定	故障排除	备　注
泄漏和附属装置的破裂、开裂	无	—
堵塞(阻塞)	对于电源电路中的软管组件，故障可排除。 对用于控制和测量的软管组件，如果公称直径≥3mm，故障可排除	—

表 C.9　连接器件

故障判定	故障排除	备　注
螺钉的破裂、断裂或者螺纹脱落	如果管道系统和(或)采用射流技术的元件，其尺寸、材料的选择、加工、结构和连接与成功的工程实践一致，故障可排除	—
泄露(气密损失)	无[见备注 1)]	1) 由于磨损、老化、弹性退化等原因造成的，长期使用后故障不可能排除。假定气密的主要故障不会意外发生
堵塞(阻塞)	对于电源电路中使用的连接器件，故障可排除。 对用于控制和测量的连接器件，如果其公称直径≥3 mm，故障可排除	—

C.5.4　过滤器

过滤器的故障清单和故障排除见表 C.10。

表 C.10　过滤器

故障判定	故障排除	备　注
过滤器元件的堵塞	无	
过滤器元件的破裂	如果过滤器元件足以耐压，并且提供有效的分流阀，或提供有效的污物监测，故障可排除	
分流阀失效	如果引导系统的分流阀的设计方式与不带阻尼装置(见表 C.4)的不可控的球座阀类似，并且使用了经验证的弹簧(见表 A.2)，故障可排除	—
污物指示器或污物监控器失效	无	
过滤器软管的爆裂、罩或连接元件破裂	如果尺寸、材料的选择，系统中的布置和维修与成功的工程实践一致，故障可排除	

C.5.5 储能器

储能器的故障清单和故障排除见表 C.11。

表 C.11 储能器

故障判定	故障排除	备 注
储能容器、连接器或盖板螺栓(如:螺纹脱落)的破裂/爆裂	如果结构、设备的选择,材料的选择和系统中的布置与成功的工程实践一致,故障可排除	—
气体和工作液体之间隔离元件的泄漏	无	
在气体和工作液体之间的隔离元件的故障/损坏	在气罐/汽缸存储的条件下[见备注 1)],故障可排除	1) 不考虑严重的突发泄漏
注入阀的排气端失效	如果注入阀的安装与成功的工程实践一致,并且提供足够的防止外部影响的保护,故障可排除	—

C.5.6 传感器

传感器的故障清单和故障排除见表 C.12。

表 C.12 传感器

故障判定	故障排除	备 注
传感器故障[见备注 1)]	无	1) 此表中的传感器包括信号接收、处理和输出,尤其是对于压力、流量比、温度等
探测或输出特性改变	无	—

附 录 D
（资料性附录）
电气系统的确认方法

D.1 概述

当电气系统与其他技术结合使用时，应当考虑基本的和经验证的安全原则的相关表格。

注1：电子元件不能认为是经验证的元件。

注2：如果规定其他环境条件，GB 5226.1中规定的环境条件不适用于本确认过程。

D.2 基本安全原则清单（见表D.1）

表 D.1 基本安全原则

基本安全原则	备 注
使用合适的材料和适当的加工方法	材料、加工方法和处理手段等的选择等与压力、耐久力、弹力、摩擦、磨损、腐蚀、温度、传导率和绝缘体硬度等因素有关
正确的尺寸和外形	考虑诸如压力、张力、疲劳、表面粗糙度、误差、加工等因素
元件/系统的正确选择、组合、排列、装配和安装	应用厂商的使用说明，例如：目录表、安装说明书、技术规范、使用成功的工程实践
正确的保护连接	电磁操动设备控制电路一端，操动器工作线圈的一个端子或者是其他电器件的一个端子都应连接到保护连接电路（全文见GB 5226.1—2002的9.1.4条）
绝缘监测	应配备绝缘监控装置，当显示接地故障，或是接地故障出现后自动切断电路（见GB 5226.1—2002的9.4.3.1条）
释放原则的使用	安全状态是通过释放所有相关装置的能量来获得的，例如：使用常闭（NC）输入触点（按钮和位置开关）以及常开（NO）继电器触点（也可见GB/T 15706.2—2007的4.11.3条）。 某些应用中会有例外，例如：电力供应损耗产生的附加危险。有必要使用时间延迟功能来达到系统的安全状态（见GB 5226.1—2002的9.2.2条）
暂态抑制	使用抑制设备（RC、二极管、变阻器）与负载并联，但并不与接触器并联。 注：二极管会增加关闭时间。
响应时间的减少	开关元件激励加快使延迟时间减至最小
兼容性	元件与所用电压和电流兼容
耐环境条件	所设计的装置能够在预期的环境中工作，并能在任何可预见的不利环境中工作，例如：温度、湿度、振动和电磁干扰（EMI）（见第8章）
输入设备可靠的固定	可靠的输入设备，例如：联锁开关、位置开关、限位开关、接近开关，在预计的所有条件下能保持其位置、定位和开关容隙，例如：振动、正常磨损、异物进入、温度。 见GB/T 18831—2002第5章
防止意外启动	防止意外启动，例如：动力供应恢复后（见GB/T 15706.2—2007的4.11.4条，GB/T 19670，GB 5226.1—2002）
控制电路的保护	控制电路的保护应当符合GB 5226.1—2002的7.2.4条和9.1.1条
冗余信号的连续触点电路有序的切换	为了避免两个触点焊死而导致的共模失效，触点不能同时进行切断和闭合，以使得一个触点总是在没有电流的情况下进行转换

D.3 经验证的安全原则清单(见表 D.2)

表 D.2 经验证的安全原则

经验证的安全原则	备注
强制机械连接接触	使用强制机械连接接触,例如用于监测等功能(见 GB/T 15706.2—2007 的 4.5 条)
避免电缆中的故障	避免两个相邻导线之间的短路: ——用屏蔽电缆连接到每个独立导线上的保护连接电路; ——在扁平电缆中,在每一个信号导线之间使用一个接地导线
隔离间距	在端子之间、元件和导线之间留有足够的间距,以避免意外的连接
能量限制	用电容器提供有限的能量,例如:应用在定时器中
电气参数限制	限制电压、电流、功率或者频率,如使用扭距限制、带位移/时间限制的止一动装置、减速,以避免导致不安全的状况
无模糊状态	避免控制系统中模糊状态。设计和构建的控制系统可在正常操作条件下和所有能预料的工作条件下预知其状态,例如:能够预知其输出
强制模式致动	通过刚体的形状(不是通过力)来传递直接的动作,例如:致动器和接触点之间的弹簧(见 GB/T 18831—2002 的 5.1 条)
失效模式定向	只要可能,装置/电路应未达到安全状态或条件
定向失效模式	具有定向失效模式的元件或系统应能在可用的任何地方使用(见 GB/T 15706.2—2007的 4.12.2 条)
余量	在安全电路中使用时,减小元件的额定值,例如通过: ——流过切换触点的电流应当小于其额定电流的一半; ——元件的切换频率应当小于其额定值的一半; ——元件预计的切换操作次数略少于该器件电气耐用度的 10 倍。 注:可依据设计基本原理来减小。
最小化故障发生的可能性	区分有关安全的功能与其他功能
平衡复杂/简单	需要平衡下面两者之间的关系: ——复杂,可得到更好的控制性; ——简单,可得到更好的可靠性

D.4 经验证的元件清单(见表 D.3)

如果表 D.3 中所列的元件与 GB/T 16855.1—2005 中 6.2.2 的描述一致,就可以认为这些元件是经过验证的。表中所列出的标准能够证明这些元件在特殊应用中的适用性和可靠性。

某些应用中的经验证的元件可能不适合其他应用。

表 D.3 经验证的元件

经验证的元件	"经验证的"附加条件	标准或规范
带强制模式致动的开关(可直接打开),如: ——按钮; ——位置开关; ——凸轮操作选择开关,如:对于模式操作	—	GB 14048.5—2001 中附录 K

表 D.3(续)

经验证的元件	"经验证的"附加条件	标准或规范
急停装置	—	GB 16754
熔断器	—	GB 13539.1
断路器	—	GB 14048.2
差动电路断路器/RCD(剩余电流检测)	—	GB 14048.2—2001 中附录 B
主接触器	只有满足以下条件才是经验证的: a) 考虑了其他的影响,例如:振动; b) 通过合适的方法避免失效,例如:余量(见表 D.2); c) 通过热保护装置限制负载的电流。 通过一个保护装置防止电路过载	GB 14048.4
控制和保护性开关装置(设备)(CPS)	—	GB 14048.9
辅助接触器(例如:接触器式继电器)	只有满足以下条件才是经验证的: a) 考虑了其他的影响,例如:振动; b) 强制给电作用; c) 用合适的方法避免失效,例如:余量(见表 D.2); d) 用保险丝或断路器限制触点的电流,以避免触点焊死; e) 用于监测时,触点有强制机械引导	EN 50205 GB 5226.1—2002 中 5.3.2 和 9.3.3 GB 14048.5
变压器	—	IEC 60742:1983
电缆	应对电缆外壳进行保护,以防止机械损坏(包括例如:振动或弯曲)	GB 5226.1—2002 第 13 章
插头和插座	—	预定用途可依照相关的电气标准。 对于联锁,也可见 GB/T 18831
温度开关	—	电气方面见 GB 14048.5—2001 中附录 K
压力开关	—	电气方面见 GB 14048.5—2001 中附录 K 压力方面见附录 B 和附录 C
电磁阀	—	无相关标准

D.5 故障清单和故障排除

D.5.1 概述

本清单表示某些故障排除方法原理。更多的故障排除见 3.3。

确认时应注意常发故障和暂时干扰。

故障发生的精确时间很关键(见 7.1)。

D.5.2 导线和连接器

导线/电缆、印刷电路板/集成电路板、接线盒和多针连接器的故障清单和故障排除见表D.4～表D.7。

表D.4 导线/电缆

故障判定	故障排除	备注
任意两根导线之间短路	两根导线之间短路,可以: ——永久连接(固定)并防止外部损坏,例如:采用电缆管道、电缆外壳; ——单独的多芯电缆; ——在电气绝缘外壳的内部[见备注1)]; ——个别带接地的屏蔽装置	1) 所提供的导线和外壳应符合正确的要求(见GB 5226.1)
任何导线与一个裸露的导电部分,或与地,或与保护连接导线之间短路	在电气绝缘外壳内的导线和任何裸露的导电部分之间短路[见备注1)]	
任何导线开路	无	—

表D.5 印刷电路板/集成电路板

故障判定	故障排除	备注
两个相邻导线/焊点之间短路	相邻导线之间短路依照备注1)～备注3)	1) 所使用的基本材料依照IEC 60249-1,并至少要按照GB/T 16935.1—1997中污染等级2/安装类别Ⅲ,来确定爬电距离和电器间隙的尺寸。 2) 集成电路板的印刷面涂有防老化清漆或者依照GB/T 16935.1,将所有印刷线路覆盖上保护层。 3) 按照说明贴装时,控制系统有关安全部件的所有外壳,包括那些远程贴装的,应当提供至少达到IP 54的保护等级(GB 4208)
任何导线的开路	无	—

表D.6 接线盒

故障判定	故障排除	备注
相邻端子之间短路	相邻端子之间短路依照备注1)或备注2)	1) 依照相关标准使用端子,并且满足GB 5226.1—2002中14.1.1。 2) 自身的设计确保避免短路发生,如:在连接点处按其形状热套塑料管
单端子开路	无	—

表 D.7 多针连接器

故障判定	故障排除	备 注
任何两个相邻针之间短路	相邻针之间短路依照备注1)和备注2)	1) 对于使用金属箍或其他类似多股胶合线，至少要按照 GB/T 16935.1—1997 中的安装类别Ⅲ来确定爬电距离和电器间隙的尺寸。 2) 集成电路板应被安装在一个防护等级至少为 IP 54 的外壳之中(见 GB 4208)，并且集成电路板的印刷面涂有防老化清漆或者依照 GB/T 16935.1，将所有印刷线路覆盖上保护层
无机械方式保护时，位置交替和不正确的插入连接器	无	—
任何接地的导线、导电部件或者保护性导体的短路[见备注 3)]	无	3) 电缆的芯线看作是多针连接器的一部分
独立连接器插脚开路	无	—

D.5.3 开关

机电式位置开关、手动操作开关，机电式设备，接近开关和电磁阀的故障清单和故障排除见表 D.8～表 D.11。

表 D.8 机电式位置开关、手动操作开关

（例如：按钮、复位致动器、DIP 开关、磁操作触点、簧片开关、压力开关、温度开关）

故障判定	故障排除	备 注
触点不闭合	无	—
触点不打开	依照 GB 14048.5—2001 中附录 K，触点可打开	—
相邻绝缘触点之间短路	依照 GB 14048.5，触点之间短路故障能够被排除[见备注 1)]	1) 松动的导电部分不应该在触点之间桥接绝缘
转换触点的三个端子之间同时短路	依照 GB 14048.5，开关同时短路的故障能够被排除[见备注 1)]	见备注 1)
注：机械部分的故障清单在附录 A 中列出。		

表 D.9 机电式设备

（例如：继电器、接触器式继电器）

故障判定	故障排除	备 注
当线圈放电的时候，所有的触点保持在给电位置(例如：由于机械故障)	无	—
供电的时候，所有的触点保持在放电位置(例如：由于机械故障、线圈开路)	无	
触点不打开	无	
触点不闭合	无	

表 D.9(续)

故障判定	故障排除	备　注
转换触点的三个端子之间同时短路	如果满足备注 1)和备注 2),可以排除同时短路故障	1) 至少依照 GB/T 16935.1—1997,污染等级 2/安装类别Ⅲ,来确定爬电距离和电器间隙的尺寸。 2) 松动的导电部分不应在触点之间桥接绝缘
两对触点之间和(或)触点与线圈端子之间的短路	如果满足备注 1)和备注 2),可以排除短路故障	
常开和常闭触点同时闭合	如果满足备注 3),可以排除同时闭合的故障	3) 使用强制致动(或机械连接)触点

表 D.10　接近开关

故障判定	故障排除	备　注
输出恒定低阻抗	无[见备注 1)]	1) 见 GB 14048.5
输出恒定高阻抗	无[见备注 2)]	2) 应该说明防止故障的措施
电源中断	无	—
由于机械失效,开关无法操作	当满足备注 3)时,由于机械失效导致的无法操作可以排除	3) 开关的所有部分应该充分良好地固定。机械部分见附录 A
转换开关三个接线之间的短路	无	—

表 D.11　电磁阀

故障判定	故障排除	备　注
不得电	无	—
不失电	无	
注:气动和液压阀的机械部分的故障清单请见附录 B 和附录 C。		

D.5.4　独立的电气元件

变压器、电感器、电阻、电阻网络、电位计和电容器的故障清单和故障排除见表 D.12～表 D.17。

表 D.12　变压器

故障判定	故障排除	备　注
单个线圈开路	无	—
不同线圈之间短路	如果满足备注 1),可以排除不同线圈之间的短路故障	1) 应符合 IEC 60742:1983 的要求。此外,对于额定电压低于 500V 的变压器,其绝缘应达到 2500V 交流测试电压的要求。采取适当的步骤,以避免绕组和线圈发生短路,例如: ——浸制线圈可以使单个线圈之间和线圈本体以及线圈铁芯的所有空隙都得以浸泡; ——使用良好绝缘的绕组导体和高温额定值。 2) 如果发生二次短路,不应出现产生的热超过了规定的工作温度
一个线圈短路	如果满足备注 1),可以排除一个线圈的短路故障	
有效匝数比的改变	如果满足备注 1),可以排除有效匝数比改变的故障。也可以见备注 2)的指南	

表 D.13 电感器

故障判定	故障排除	备　注
开路	无	—
短路	如果满足备注 1)，可以排除短路故障	1) 线圈为单层，镀瓷或陶，轴向连接和轴向安装
数值的随意改变 $0.5L_N<L<L_N+$公差 此处 L_N 为感应系数的额定值[见备注 2)]	无	2) 根据结构的类别，可以考虑其他范围

表 D.14 电阻

故障判定	故障排除	备　注
开路	无	—
短路	如果满足备注 1)，可以排除短路故障。 对采用外表封装工艺的电阻无法排除	1) 带有防止破损时线开卷的模式或线绕式电阻，并且轴向连接，轴向安装、浸制过
数值的随意改变 $0.5R_N<R<2R_N$ 此处 R_N 为额定阻抗值[见备注 2)]	无	2) 根据结构的类别，可以考虑其他范围

表 D.15 电阻网络

故障判定	故障排除	备　注
开路	无	—
任意两个连接之间短路	无	
任意连接之间短路	无	
数值的随意改变 $0.5R_N<R<2R_N$ 此 R_N 处为额定阻抗值[见备注 1)]	无	1) 根据结构的类别，可以考虑其他范围

表 D.16 电位计

故障判定	故障排除	备　注
单个连接开路	无	
所有连接之间短路	无	
任意两个连接之间短路	无	
数值的随意改变 $0.5R_P<R<2\ R_P$ 此处 R_P 为额定阻抗值[见备注 1)]	无	1) 根据结构的类别，可以考虑其他范围

表 D.17 电容器

故障判定	故障排除	备 注
开路	无	—
短路	无	
任意更改数值 $0.5C_N < C < 2C_N$ + 公差 此处 C_N 为额定容抗值[见备注 1)]	无	1) 根据结构的类别,可以考虑其他范围
tan d 值改变	无	—

D.5.5 电子元件

独立的半导体、光耦合器、非可编程集成电路、可编程和(或)复杂集成电路的故障清单和故障排除见表 D.18～表 D.21。

表 D.18 独立的半导体
(例如:二极管、稳压二极管、晶体管、三端双向可控硅元件、稳压器、水晶振子、光电晶体管、发光二极管[LEDs])

故障判定	故障排除	备 注
任意连接的开路	无	—
任意两个连接之间短路	无	
所有连接之间短路	无	
特性变化	无	

表 D.19 光耦合器

故障判定	故障排除	备 注
单个连接开路	无	—
任意两个输入连接之间短路	无	
任意两个输出连接之间短路	无	
任意两个输入和输出连接之间短路	如果满足备注 1),可以排除输入和输出之间的短路故障	1) 基础材料的使用应依照 IEC 60249-1,并且至少依照 GB/T 16935.1—1997 中污染等级 2/安装类别Ⅲ,来确定爬电距离和电器间隙的尺寸

表 D.20 非可编程集成电路

故障判定	故障排除	备 注
每一单个连接开路	无	—
任意两个连接之间短路	无	
固定型故障(也就是独立输入或者未连接输出的高电平信号"1"和低电平信号"0"的短路)。所有输入和输出单独或同时出现静态高电平信号"1"和低电平信号"0"	无	
输出寄生震荡	无	
值的改变(例如:模拟设备的输入/输出电压)	无	
注:在本部分中,少于 1000 门和(或)少于 24 针的 ICs(集成电路)、运算放大器、移位寄存器和混合微膜组件可以认为是非复杂元件。		

表 D.21 可编程和(或)复杂集成电路

故障判定	故障排除	备　注
全部或部分功能出现故障,包括软件故障	无	
每个单独连接开路	无	
任意两个连接之间短路	无	
固定型故障(即独立输入或者未连接输出的高电平信号“1”和低电平信号“0”的短路)。所有输入和输出单独或同时出现静态高电平信号“1”和低电平信号“0”	无	
输出寄生震荡	无	
值的改变,如:模拟设备的输入/输出电压	无	
由于集成电路的复杂性,硬件中被忽视的未识别的故障	无	
注:本部分中,如果一个 IC 由超过 1000 门和(或)超过 24 针组成就可以认为是复杂的。对识别出的附加故障进行分析,并应考虑这些故障是否会影响安全功能的工作。		

参 考 文 献

[1] GB/T 15706.2—2007 机械安全 基本概念与设计通则 第2部分:技术原则(ISO 12100-1:2003,IDT)

[2] GB 16754 机械安全 急停 设计原则[GB 16754—1997,eqv ISO/IEC 13850:1995 (EN 418)]

[3] GB/T 15329.1 橡胶软管和软管组合件 织物增强液压型 第1部分:油基流体用[GB/T 15329.1—2003,ISO 4079-1:2001 (EN 854),MOD]

[4] GB/T 16855.100—2005 机械安全 控制系统有关安全部件 第100部分:GB/T 16855.1—2005的应用指南[ISO/TR 13849-100:2000(CR 954-100),MOD]

[5] GB/T 3766—2001 液压系统通用技术条件[eqv ISO 4413:1998 (EN 982:1996)]

[6] GB/T 7932—2003 气动系统通用技术条件[ISO 4414:1998(EN 983:1996),IDT]

[7] GB/T 19670—2005 机械安全 防止意外启动[ISO 14118:2000(EN 1037:1995),MOD]

[8] GB/T 16856—1997 机械安全 风险评价的原则[eqv prEN 1050:1994(EN 1050:1995,ISO 14121:1999)]

[9] GB/T 18831—2002 机械安全 带防护装置的联锁装置 设计和选择原则[ISO 14119:1998 (EN 1088:1995),MOD]

[10] EN 50205:2002 带有强制引导触点的继电器

[11] GB 5226.1—2002 机械安全 机械电气设备 第1部分:通用技术条件(IEC 60204-1:2000,IDT)

[12] GB 13539.1—2002 低压熔断器 第1部分:一般要求[IEC 60269-1:1998(EN 60269-1),IDT]

[13] GB 4208—1993 外壳防护等级(IP代码)[eqv IEC 60529:1989(EN 60529)]

[14] GB 14048.2—2001 低压开关设备和控制设备 低压断路器[idt IEC 60947-2:1995 (EN 60947-2:1996)]

[15] GB 14048.4—2003 低压开关设备和控制设备 机电式接触器和电动机起动器[IEC 60947-4-1:2000(EN 60947-4-1:2001),MOD]

[16] GB 14048.5—2001 低压开关设备和控制设备 第5-1部分:控制电路电器和开关元件 机电式控制电路电器[eqv IEC 60947-5-1:1997(EN 60947-5-1:2001)]

[17] GB/T 14048.13—2006 低压开关设备和控制设备 第5-3部分:控制电路电器和开关元件 在故障条件下具有确定功能的接近开关(PDF)的要求(IEC 60947-5-3:1999,IDT)

[18] GB 14048.9 低压开关设备和控制设备 多功能电器(设备) 第2部分:控制与保护开关电器(设备)(GB 14048.9—1998,idt IEC 60947-6-2:1992)

[19] ISO 4960 碳含量超过0.25%的冷轧碳钢片

[20] IEC 60249 印刷线路的基本材料

[21] GB/T 16935.1—1997 低压系统内设备的绝缘配合 第1部分:原理、要求和试验(idt IEC 60664-1:1992)

[22] GB/T 16935.3—2005 低压系统内设备的绝缘配合 第3部分:利用涂层、罐封和模压进行防污保护(IEC 60664-3:1992,IDT)

[23] IEC 60812 系统可靠性的分析技巧 故障模式和效果分析的程序

[24] IEC 61025 故障树分析(FTA)

[25] IEC 61508 与安全相关的电气/电子/可编程电子系统的功能安全

[26] IEC 62061 机械安全 功能安全 电气、电子、可编程电子控制系统

[27] 指令 87/404/EEC 关于协调各成员国简单压力容器的法律,1987/6/25

[28] 指令 90/488/EEC 关于协调各成员国简单压力容器的法律,1990/9/17

[29] 指令 97/23/EC 压力设备指令,1997/5/29

[30] IEC 60742 隔离变压器和安全隔离变压器技术要求

ICS 53.100
P 97

中华人民共和国国家标准

GB/T 16936—2007
代替 GB/T 16936—1997

土方机械 发动机净功率试验规范

Earth-moving machinery—Engine test code—Net power

(ISO 9249:1997,MOD)

2007-11-01 发布 2008-01-01 实施

中华人民共和国国家质量监督检验检疫总局
中国国家标准化管理委员会 发布

前　言

本标准修改采用 ISO 9249:1997《土方机械　发动机净功率试验规范》(英文版),包括其技术勘误 ISO 9249 Cor.1:1999。

本标准根据 ISO 9249:1997 重新起草。

本标准与 ISO 9249:1997 的主要技术差异如下:

——对 ISO 9249:1997 中引用的国际标准,用已被采用为我国的标准代替对应的国际标准。

——对表 1 中的脚注编号[1a),1b),2)]……进行重新编号,改为[a,b,c]……。

——对全文脚注进行了重新编号,并对全文的公式增加了编号。

——增加了表 4,将 8.4 内容放到表 4 中,并对其脚注进行重新编号。原表 4 改为表 5。

——本标准将表述公差数值的 $a\%$、$b\%$、$c\%$ 和 $d\%$ 改为 a、b、c 和 d 的形式表述(因 9.3.1.4 中规定 a、b、c 和 d 已为百分数值)。

为了便于使用,本标准还做了下列编辑性修改:

——"本国际标准"一词改为"本标准";

——用小数点"."代替作为小数点的",";

——删除了国际标准的前言。

本标准是对 GB/T 16936—1997《土方机械　发动机净功率试验规范》的修订。

本标准与 GB/T 16936—1997 相比,主要修改内容如下:

——在 5.3 中增加进气压降、发动机进口处绝对压力和排气背压等内容;

——在 5.3 中燃油温度的规定按点燃式发动机和压燃式发动机分别进行规定;

——对第 7 章"压燃式发动机烟度的测量和校正"进行了详细的规定;

——第 8 章中按压燃式发动机和点燃式发动机分别进行规定;

——增加了"9.3　公差"的规定。

本标准自实施之日起代替 GB/T 16936—1997。

本标准由中国机械工业联合会提出。

本标准由中国机械工业联合会归口。

本标准起草单位:天津工程机械研究院。

本标准主要起草人:阎堃。

本标准所代替标准的历次版本发布情况为:

——GB/T 16936—1997。

土方机械　发动机净功率试验规范

1　范围

本标准规定了 GB/T 8498 中定义的土方机械用发动机净功率的试验规范。

本标准适用于评价土方机械发动机的性能，用于介绍发动机在满负荷条件下功率、燃油消耗率对转速的特性曲线。发动机可以是自然吸气式的也可以是增压式的(采用机械增压器或是涡轮增压器)。

本标准涉及土方机械上用的内燃机和以下类别的内燃机：

——除自由活塞式发动机外的往复式内燃机(点燃式或压燃式)；

——旋转活塞式发动机。

注：本标准提供的发动机功率校正系数与 ISO 1585:1992 是一致的。

2　规范性引用文件

下列文件中的条款通过本标准的引用而成为本标准的条款。凡是注日期的引用文件，其随后所有的修改单(不包括勘误的内容)或修订版均不适用于本标准，然而，鼓励根据本标准达成协议的各方研究是否可使用这些文件的最新版本。凡是不注日期的引用文件，其最新版本适用于本标准。

GB/T 1883.1　往复式内燃机　词汇　第 1 部分：发动机设计和运行术语(GB/T 1883.1—2005，ISO 2710-1:2000,IDT)

GB/T 1883.2　往复式内燃机　词汇　第 2 部分：发动机维修术语(GB/T 1883.2—2005，ISO 2710-2:1999,IDT)

GB/T 1884　原油和液体石油产品密度实验室测定法(密度计法)(GB/T 1884—2000,eqv ISO 3675:1998)

GB/T 6809.1　往复式内燃机零部件和系统术语　第 1 部分：固定件及外部罩盖(GB/T 6809.1—2003,ISO 7967-1:1987,IDT)

GB/T 6809.2　往复式内燃机零部件和系统术语　第 2 部分：气门、凸轮轴传动和驱动机构(GB/T 6809.2—2006,ISO 7967-3:1987,IDT)

GB/T 6809.3　往复式内燃机零部件和系统术语　第 3 部分：主要运动件(GB/T 6809.3—2006，ISO 7967-2:1987/Amd.1:1999,IDT)

GB/T 6809.4　往复式内燃机　零部件和系统术语　第 4 部分：增压及进排气管系统(GB/T 6809.4—2007,ISO 7967-4:2005,IDT,Reciprocating internal combustion engines—Vocabulary of components and systems—Part 4:Pressure charging and air/exhaust gas ducting systems)

GB/T 6809.5　往复式内燃机零部件和系统术语　第 5 部分：冷却系统(GB/T 6809.5—1999，idt ISO 7967-5:1992)

GB/T 6809.8　往复式内燃机　零部件和系统术语　第 8 部分：起动系统(GB/T 6809.8—2000，idt ISO 7967-8:1994)

GB/T 8498　土方机械　基本类型　术语(GB/T 8498—1999,eqv ISO 6165:1997)

ISO 1585:1992　道路车辆　发动机净功率试验规范

ISO 3104:1994　石油产品　透明和不透明石油液体　运动黏度的测定和动力黏度的计算

ISO 5163:2005　汽车和航空类燃料　爆震特性的测定　马达法

ISO 5164:2005　柴油发动机燃料　爆震特性的测定　研究法

ISO 5165:1998　石油产品　柴油点火质量的测定　十六烷值法

ISO 7876-1:1990 燃油喷注设备 术语 第1部分:喷油泵

ISO 11614:1999 往复压燃式内燃机 废气的不透明度测量和吸光系数测定用仪器

ASTM D 240—87 弹式量热器测定液烃燃料燃烧热的标准试验方法

ASTM D 3338—88 航空燃料燃烧的有效热估算的标准试验方法

3 术语和定义

GB/T 1883.1、GB/T 1883.2、GB/T 6809.1、GB/T 6809.2、GB/T 6809.3、GB/T 6809.4、GB/T 6809.5、GB/T 6809.8 和 ISO 7876-1 确立的以及下列术语和定义适合于本标准。

3.1

净功率 net power

在试验台上,发动机配备有表1所列部件和附件时,在相应的发动机转速下,曲轴或其等效件的末端获得的功率。

注:如果功率测量仅在安装变速器的情况下才能进行,发动机功率应是测量的功率加上变速器损失的功率。

3.2

标准配置部件 standard production equipment

制造商提供的用于发动机特定用途的部件。

表1 发动机净功率的试验需安装的部件和附件

序号	部件和附件	发动机净功率试验安装情况
1	进气系统 进气歧管 曲轴箱通风装置 双重进气歧管系统的控制装置 空气流量计[a],进气管路系统[a],空气滤清器[a],进气消声器[a] 限速装置[a]	安装,标准配置部件
2	进气歧管预热装置	安装,标准配置部件,如有可能,可调至最佳位置
3	排气系统 排气净化器 排气歧管 增压装置 连接管[b],排气消声器[b],排气尾管[b],排气制动器[c]	安装,标准配置部件
4	输油泵[d]	安装,标准配置部件
5	汽化装置 化油器,电子控制系统,空气流量计等(如安装),汽燃机,减压装置,蒸发器,混合器	安装,标准配置部件
6	燃油喷射装置[点燃式和压燃式(内燃机)] 预滤清器,滤清器,喷油泵,高压油管,喷油嘴,进气气门(如果安装)[e],电子控制系统等(如果安装),调速器:按大气状态控制全负荷自动挡块	安装,标准配置部件
7	水冷装置 散热器,风扇[f,g],风扇罩,水泵,节温器[h]	安装,标准配置部件
8	风冷装置 导风套,风扇或吹风机[f,g],调温装置	安装,标准配置部件

表 1(续)

序号	部件和附件	发动机净功率试验安装情况
9	电气或电子点火装置 发电机[i],火花分配器,线圈,配线,火花塞,包括爆震传感器/火花延迟系统[j] 在内的电子控制系统	安装,标准配置部件
10	增压装置(如安装) 由发动机直接驱动和/或由排出废气驱动的压缩机,增压器[k],中冷器[f,g,l],冷却泵或风扇(发动机驱动),冷却液流量控制装置(如果安装)	安装,标准配置部件
11	辅助试验台风扇	安装,如有必要
12	净化装置[m]	安装,标准配置部件

a 如果不存在对发动机功率有显著影响的风险,可以采用等效的进气系统。在这种情况下,应当进行检查,以确保发动机进气压力与制造商对空滤器规定的限值相差不超过 100 Pa。

b 如果不存在对发动机功率有显著影响的风险,可以采用等效的进气系统。在这种情况下,应当进行检查,以确保发动机排气系统的背压值与制造商规定的上限值之差不能超过 1 000 Pa。

c 如果发动机装有排气制动器,节流阀应固定在全开位置。

d 必要时,可调整供油压力,以重新达到发动机特定应用时的入口泵压力状态(特别是使用了诸如油箱或滤清器的“燃油回油”系统)。

e 空气进气气门是喷油泵的气动调节器的控制阀。喷油调节器包括可控制喷油量的其他装置。

f 散热器、风扇、风扇罩、水泵和节温器在试验台上的位置应与其安装在发动机上的位置保持一致。冷却液循环只能由发动机水泵带动。

倘若这种循环的压力损失及泵进口处的压力与发动机冷却系统的压力保持大体相同,则冷却液的冷却可由散热器或外部循环实现。若装有散热器百叶窗,则百叶窗应处于“开”位置。

如果风扇、散热器和风扇罩不能安装在发动机上,风扇可单独安装,并与散热器和风扇罩(如安装)保持相对正确的位置,风扇吸收的功率应在测定发动机功率的相同转速下确定。发动机功率的测量通过标准特性计算或者实际测试得到。将此功率按 6.2 定义的标准大气状态校正后,应从(发动机)校正功率中减去。

g 若安装有可分离式或分级式风扇或风机,则试验时应将可分离式风扇或风机脱开,或将分级式风扇处于最大滑移下运转。

h 节温器可固定在全“开”的位置。

i 发电机的最小功率:发电机功率应限制在使驱动发动机运转所不可缺少的附件工作所必须的功率(范围内)。若需用蓄电池,则应使用状态良好的、充足电的蓄电池。

j 提前点火应能代表使用状态,该状态应建立在制造商推荐的辛烷燃料最低值范围内。

k 对装有具有按增压或吸收空气温度、辛烷值与/或发动机转速成函数关系的可变增压器的发动机来说,增压压力应对按制造商推荐的最低辛烷燃料建立的装机状态有代表意义。

l 增压冷却发动机无论水冷或风冷都带着增压冷却器进行试验。但如果制造商允许,可以用试验台增压冷却系统代替增压冷却器。这两种情况下,测量各个转速下的功率时,都应使经过增压冷却器或试验台系统的空气压力降或温度降与制造商在整机系统上的规定值相同。

m 净化装置可能包括例如废气再循环(EGR)系统、催化式排气净化器、热反应器、二次进气系统和燃油蒸发保护系统。

4 设备仪器的测量精度

4.1 扭矩

扭矩测量仪的测量精度应在试验所要求测量量程的±1%范围内。

4.2 发动机转速(旋转频率)

发动机转速(旋转频率)测量精度应为±0.5%。

4.3 燃油流量

燃油流量测量精度应为±1%。

4.4 燃油温度

燃油温度测量精度应为±2 K。

4.5 进气温度

进气温度测量精度应为±2 K。

4.6 大气气压

大气气压测量精度应为±100 Pa。

注:1 Pa =1 N/m²。

4.7 排气背压

排气背压测量精度应为±200 Pa,测量应按表1中脚注[b]的要求进行。

4.8 进气压降

按表1中脚注[a]测量,测量精度应为±50 Pa。

4.9 绝对进气压力

绝对进气压力测量精度应为测量压力的±2%。

5 试验

5.1 附件

5.1.1 需要安装的附件

在试验期间,发动机实际使用中所必需的附件(见表1)应安装在试验台上,并尽可能与实际使用位置一样。

5.1.2 需要拆除的附件

某些机器上的附件,只是在机器工作时需要安装在发动机上,试验时应拆除。下面给出一些例子:

——机器液压泵;

——机器控制系统液压泵;

——机器系统空气压缩机;

——空调系统压缩机。

若附件无法拆除,应当测得其无负荷状态下吸收的功率并加到发动机的功率上。

5.1.3 压燃式发动机起动附件

关于压燃式发动机的起动用附件,要考虑下列二种情况:

a) 电气起动:安装发电机,为发动机运转必需的用电附件供电;

b) 非电气起动:除非安装发电机是为发动机运转必需的用电附件供电,否则,将其拆除。

在以上两种情况下,应安装产生和储存起动所需能量的装置,并在无负荷工况下运转。

5.2 调整状况

测定发动机净功率的调整状况应按表2的规定。

表 2 调整状况

序号	项 目	调整状况
1	化油器的调整	应按制造商提供的说明书调整,在特定用途使用时,不再进行改变
2	喷油泵供油系统的调整	
3	点火或喷油正时(正时曲线)调整	

表 2(续)

序号	项　　　目	调整状况
4	调速器调整	应按制造商提供的说明书调整，在特定用途使用时，不再进行改变
5	净化装置	
6	增压控制器	

5.3 试验条件

5.3.1 净功率试验时发动机应装备按表 1 规定的附件。在点燃式发动机中应全开油门，在压燃式发动机中应将油泵固定在全供油量处，以测取净功率。

5.3.2 性能参数应在发动机有充足的新鲜空气供应下，并在稳定的正常运转条件下取得。

发动机应按照制造商推荐的方式磨合。燃烧室允许有限量的沉积物，进气温度应尽可能选择与标准状态(见 6.2)接近，使校正系数的数值最小。

5.3.3 发动机进气温度应在进气管路内测量，并在同一点测量进气压降。

温度计或热电偶应将辐射热屏蔽掉，并应直接固定于气流中。同时还要预防燃油反喷，并且应选择足够多的位置(进行测量)以得到有代表性的平均进气温度。

5.3.4 进气压降应在进口管路、空滤器、进气消声器、限速器(如安装)或其相应设备的下游测量。

5.3.5 如果发动机安装了压缩机和散热器，其下方到发动机入口处的绝对压力应在进气歧管内和任一其他为计算校正系数不得不测量的点上测量。

5.3.6 排气背压应在离排气歧管的出口法兰至少 3 倍排气管直径处测量，且在涡轮增压器下方(如安装)测量。其位置要规定。

5.3.7 在扭矩、发动机转速和温度基本保持稳定在制造商规定值后再测取数据。

5.3.8 在运转或读数时，发动机的转速与选定的转速之间的误差不得大于±1%或±10 r/min，取其中较大者。

5.3.9 应同时观察测功器的载荷、燃油流量和进气温度，并且在每一种情况下，测功器载荷和燃油消耗率至少应取两次变化量不超过 2%的稳定连续读数的平均值。发动机不做任何调整，约 1 min 后读取第二个读数。

5.3.10 发动机冷却液出口温度应保持在制造商规定的恒温控制温度±5 K 以内。若制造商未作规定，则冷却液温度应为 353 K±5 K。

对于风冷发动机，制造商指定点的温度应保持在制造商规定最大值的(−20 K～0 K)以内。

5.3.11 燃油温度应遵循以下规定。

a) 对点燃式发动机来说，燃油温度应当在尽可能接近喷油器总成的进气口处测量，并在制造商规定温度的±5 K 范围以内。然而，允许的最低燃油温度应是环境温度。如果制造商没规定燃油测试温度，则为 298 K±5 K。

b) 对压燃式发动机来说，燃油温度应当在喷油泵的进口处测量。在制造商的要求下，可在代表发动机运转状态的喷油泵的其他点测试燃油温度。燃油温度保持在制造商规定温度的±3 K 以内。无论如何，喷油泵入口处燃油温度的最低值为 303 K，如果制造商没规定燃油温度，则为 313 K±3 K。

5.3.12 润滑油温度应在油道入口、油冷却器(如安装)出口或按制造商规定测量。该温度应保持在制造商规定的极限范围内。

5.3.13 必要时，可使用辅助调整系统，以保证各种温度在 5.3.10、5.3.11 和 5.3.12 的规定范围内。

5.3.14 净功率试验用燃油的选择需经过相关方的同意，并按照表 3 进行选择。

表 3 试验用燃油

试验目的	相关方	燃油选择
型式批准(经证明)	1 鉴定机构; 2 制造商或供应商	——基准燃油(如有规定); ——若没规定基准燃油,则选择商品燃油
验收测试	1 制造商或供应商; 2 用户或检验员	——制造商规定的商业燃料

5.4 试验步骤

在制造商建议的发动机最低和最高转速之间,选取足够多数量的发动机转速点测量,来测定完整的功率和扭矩曲线。速度范围应包括发动机产生其最大功率和扭矩的速度。

5.5 需要记录的数据

需要记录的数据应按第 8 章的规定。

6 校正系数

6.1 功率校正系数 α 的定义

用系数 α 乘以实测功率,即得出在 6.2 规定的标准大气状态下的发动机校正功率。此校正功率(即标准大气状态下的功率) p_{ref} 按式(1)计算:

$$p_{ref} = \alpha p_y \qquad \cdots\cdots(1)$$

式中:

α——校正系数(点燃式发动机的校正系数为 α_a,压燃式发动机的校正系数为 α_c);

p_y——实测功率。

6.2 大气状态

6.2.1 标准大气状态

为了定义发动机功率和燃油消耗率,应采用 6.2.1.1~6.2.1.3 给出的标准状态。

6.2.1.1 温度

标准温度 T_{ref} 为 298 K。

6.2.1.2 干空气压

总气压 p_{ref} 为 100 kPa。

标准干空气压 $p_{d,ref}$ 为 99 kPa。

注:在温度为 298 K 下,相对湿度为 30%,对应 1 kPa 水蒸气压,因此相应的干空气压为 99 kPa。

6.2.1.3 相对湿度

标准相对湿度 ϕ_{ref} 为 30%。

6.2.2 试验大气状态

试验中试验大气状态应在 6.2.2.1 和 6.2.2.2 规定的范围内。

6.2.2.1 温度 T

点燃式发动机:288 K$\leqslant T \leqslant$308 K;

压燃式发动机:283 K$\leqslant T \leqslant$313 K。

6.2.2.2 干空气压力 p_d

对所有发动机:80 kPa$\leqslant p_d \leqslant$110 kPa。

6.3 功率校正系数的确定

该试验应在能将大气状态控制到等于标准状态的空调试验室中进行。

假如可影响的参数由自动仪器控制,而且有关参数在该装置的相应范围之内,则该参数无需功率校正。这特别适用于：

a) 自动空气温度控制使装置保持在 298 K 工作；

b) 自动增压控制，当大气压力在自动增压控制工作时，与大气压力无关；

c) 燃油自动控制，由调速器调整燃油输出以保持恒功率输出（通过补偿环境压力和温度的影响）。

然而，在 a）情况下，在 298 K 满负荷下，自动空气温度装置处于全“关”时（没有热的空气加到进口空气中），试验应在装置全“关”的状态下进行，并且应用正常的校正系数；在 c）情况下，压燃式发动机的燃油消耗率应按功率校正系数的倒数来校正。

6.3.1 自然吸气和增压点燃式发动机——系数 α_a

点燃式发动机的校正系数 α_a 是从式（2）计算出来的：

$$\alpha_a = \left(\frac{99}{p_d}\right)^{1.2} \left(\frac{T}{298}\right)^{0.6} \quad \cdots\cdots\cdots\cdots (2)$$

式中：

T——发动机空气进口处的绝对温度，单位为开（K）；

p_d——干空气压，也就是总大气压减去水蒸气压，单位为千帕（kPa）。

公式（2）适用于配有化油器的发动机和其他发动机上，此类发动机的测量系统设计为当周围环境变化时，仍可保持在相对恒定的燃气比。对于其他的发动机类型见 6.3.3。

公式（2）仅适用于 $0.93 \leqslant \alpha_a \leqslant 1.07$。若超过该限值，则应给出校正值，并且在试验报告里准确地说明试验条件（温度和压力）。

6.3.2 压燃式发动机——系数 α_c

压燃式发动机在恒油量时的功率校正系数 α_c 由式（3）得出：

$$\alpha_c = (f_a)^{f_m} \quad \cdots\cdots\cdots\cdots (3)$$

式中：

f_a——大气系数（见 6.3.2.1）；

f_m——每种发动机形式和调整的特性指数（见 6.3.2.2）。

6.3.2.1 大气系数 f_a

大气系数 f_a 反映了周围条件（压力、温度和湿度）对于发动机进气的影响。大气系数由式（4）～式（6）计算：

a) 自然吸气式和机械增压式发动机：

$$f_a = \left(\frac{99}{p_d}\right)\left(\frac{T}{298}\right)^{0.7} \quad \cdots\cdots\cdots\cdots (4)$$

b) 不带中冷器或带空/空中冷器的涡轮增压发动机：

$$f_a = \left(\frac{99}{p_d}\right)^{0.7} \left(\frac{T}{298}\right)^{1.2} \quad \cdots\cdots\cdots\cdots (5)$$

c) 用发动机冷却液冷却中冷器的涡轮增压发动机：

$$f_a = \left(\frac{99}{p_d}\right)^{0.7} \left(\frac{T}{298}\right)^{0.7} \quad \cdots\cdots\cdots\cdots (6)$$

式中的 T 和 p_d 在 6.3.1 中定义。

6.3.2.2 发动机系数 f_m

f_m 为校正的燃油供给量 q_c 的函数，应按式（7）计算：

$$f_m = 0.036q_c - 1.14 \quad \cdots\cdots\cdots\cdots (7)$$

式中：

$q_c = q/r$。

其中：

q——发动机比排量燃油供给量，由式（8）给出，单位为毫克每升循环[mg/（L·循环）]；

r——如果安装了增压器或中冷器，在其出口处的绝对静压与周围压力的比值（非增压发动机 $r=1$）。

$$q=\frac{(Z)\times(\text{燃油流量},\mathrm{g/s})}{(\text{排量},\mathrm{L})\times(\text{发动机转速},\mathrm{min^{-1}})} \qquad (8)$$

式中：

$Z=120\ 000$（四冲程发动机）；

$Z=60\ 000$（两冲程发动机）。

公式(7)仅当 37.2 mg/(L·循环)$\leqslant q_c \leqslant$65 mg/(L·循环)时才适用。若 $q_c<$37.2 mg/(L·循环)时，则 f_m 为常量 0.2；若 $q_c>$65 mg/(L·循环)时，则 f_m 为常量 1.2（见图 1）。

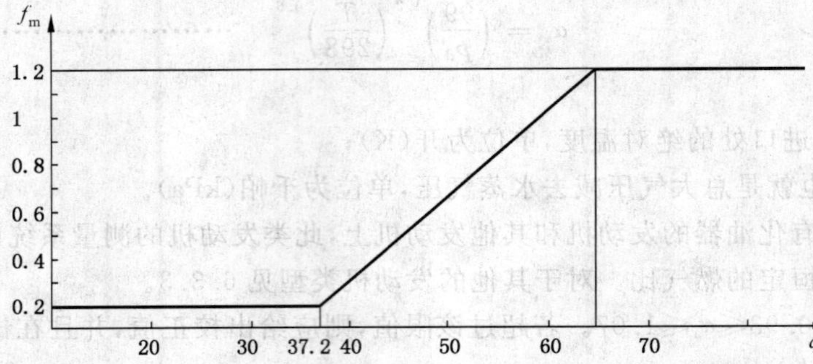

图 1　发动机系数 f_m 与校正的燃油供给量 q_c 的关系图

6.3.2.3　校正公式使用范围

公式(3)仅适用于 $0.9\leqslant\alpha_c\leqslant1.1$。

若超过该范围，则应给出校正值，并且在试验报告里准确地说明试验条件（温度和压力）。

6.3.3　其他类型的发动机

对于不属于 6.3.1 和 6.3.2 的发动机，当周围空气密度在标准状态（298 K 和 99 kPa）的±2%内变化，采用校正系数等于 1。当周围空气密度超过这个限值，不用校正，但是在试验报告中应说明试验条件。

7　压燃式发动机烟度的测量和校正

在每个试验点均需测量和记录烟度。按 ISO 11614 设计安装使用烟度计。

7.1　烟度光吸收系数用校正系数

用此系数乘以以绝对单位表示的烟度光吸收系数 S，式(9)给出在 6.2.1 中规定的标准大气状态的发动机烟度光吸收系数：

$$S_r=\alpha_s S \qquad (9)$$

式中：

α_s——校正系数（见 7.2）；

S——测量的烟度光吸收系数（实测的烟度），单位为每米（$\mathrm{m^{-1}}$）。

7.2　烟度光吸收系数用校正系数的定义

在恒油量输出设置下，压燃式发动机的校正系数 α_s 由式(10)得出：

$$\alpha_s=1-5(f_a-1) \qquad (10)$$

式中：

f_a——大气系数（见 6.3.2.1）。

7.3　应用范围

出于批准目的，此校正系数仅适用于：

——$0.92 \leqslant f_a \leqslant 1.08$；

——$283\ K \leqslant T \leqslant 313\ K$；

——$80\ kPa \leqslant p_d \leqslant 110\ kPa$ 的情况下。

8 试验报告

（在不适用处应标出“无”或删掉。）

8.1 压燃式发动机——基本特性[1)]

8.1.1 发动机

制造商：……

类型：……

循环：四冲程/两冲程[2)]

缸径：…… mm

冲程：…… mm

缸数：……

气缸排列：…… 点火顺序：……

发动机总排量：…… L

压缩比[3)]：……

8.1.2 冷却系统

a) 水冷

冷却液性质：……

循环泵：有/无[2)]

特性或制造商：…… 型号：……

传动比：……

节温器设定值：……

散热器，图纸或制造商：…… 型号：……

减压阀，压力设定值：……

风扇，特性或制造商：…… 型号：……

风扇传动系统：……

传动比：……

风扇罩：……

b) 风冷

吹风机，特性或制造商：…… 型号：……

传动比：……

导流罩（标准型）：……

温度调节系统：有/无[2)]

简要说明：……

8.1.3 制造商规定的温度

水冷

出口最高温度：…… K

1) 在非常规发动机和系统的情况下，制造商应提供与该处要求相当的资料。

2) 不用的划掉。

3) 应规定公差。

风冷

标准点(说明):………………………………………………………………K

标准点最高温度:……………………………………………………………K

最高排气温度:…………………………………………………………………K

燃油温度,最低值:……………………K　　最高值:……………………K

润滑剂温度,最低值:…………………K　　最高值:……………………K

8.1.4　**增压器:安装/未安装**[2)]

系统说明:……………………………………………………………………

制造商:……………………………　类型:……………………………

压缩机系统,制造商:……………………　类型:……………………………

中冷器系统,制造商:……………………　类型:……………………………

8.1.5　**进气系统**

进气装置及其辅助附件(加热装置,进气消声器等等)的说明和简图:……………………

………………………………………………………………………………

进气歧管:……………………………　说明:……………………………

空滤器:……………………………　制造商:……………　类型:……………

进气消声器:…………………………　制造商:……………　类型:……………

8.1.6　**附加净化控制装置(如有,并且包含在另外项目中)**

说明和简图:…………………………………………………………………

8.1.7　**供油系统**

燃油供给

输油泵

压力[3)]:……………………………………………………………kPa

或者特性曲线[2)]:……………………………………………………………

喷油系统:……………………………………………………………………

泵

制造商:……………………………………………………………………

型号:………………………………………………………………………

供油量:……………… mm^3/冲程　　泵转速为……………… r/min[1)](全量喷射下)

或特性图曲线[2)]:……………………………………………………………

提出使用的方法:发动机/泵试验台上[2)]

喷油提前[3)]:…………………………………………………………………

喷油提前曲线:………………………………………………………………

正时:………………………………………………………………………

喷油管

长度:…………………………………………………………………mm

内径:…………………………………………………………………mm

喷油器

制造商:……………………………………………………………………

型号:………………………………………………………………………

开启压力[3)]:…………………………………………………………kPa

或特性曲线[2)]:………………………………………………………………

调速器

制造商：……………………………………………………

型号：……………………………………………………

满负荷时断油点转速：…………………………………… r/min

最大空载的转速：………………………………………… r/min

怠速转速：………………………………………………… r/min

冷起动系统

制造商：……………………………………………………

型号：……………………………………………………

说明：……………………………………………………

8.1.8 **气门正时**

气门的最大升程和相对死点的开启与关闭角度：……………………

基准点和/或设定值范围[2)]：……………………………………

8.1.9 **排气系统**

排气歧管的说明：……………………………………………

如果试验采用制造商提供的全套排气装置，或者指出制造商规定的在最大功率下的最大背压，排气装置其他部分的说明[2)]：……………………………………

8.1.10 **润滑系统**

系统说明：……………………………………………………

润滑油箱的位置：……………………………………………

供油系统(泵循环、喷入进气中、与燃油混合等)：……………………

循环泵：有/无[2)]

制造商：……………………………………………………

类型：……………………………………………………

燃油混合物百分比：…………………………………………

油冷却器：安装/未安装[2)]

图纸或制造商：…………………………… 型号：……………………

8.1.11 **电器设备**

发电机/交流发电机[2)]

特性或制造商：…………………………… 型号：……………………

8.1.12 **试验中不拆除的发动机驱动的附件**

如有必要，列出并简述：……………………………………

8.2 **点燃式发动机——基本特性**[1)]

8.2.1 **发动机描述**

制造商：……………………………………………………

类型：……………………………………………………

循环：四冲程/两冲程[2)]

缸径：…………………………………………………… mm

冲程：…………………………………………………… mm

缸数：……………………………………………………

气缸排列：……………………………… 点火顺序：……………………

发动机总排量：………………………………………… L

压缩比[3)]：……………………………………………………

8.2.2 **冷却系统**

a) 水冷

冷却液性质:……

循环泵:有/无2)

特性或制造商:…… 型号:……

传动比:……

节温器设定值:……

散热器,图纸或制造商:…… 型号:……

减压阀,压力设定值:……

风扇,特性或制造商:…… 型号:……

风扇传动系统:……

传动比:……

风扇罩:……

b) 风冷

吹风机,特性或制造商:…… 型号:……

传动比:……

导流罩(标准型):……

温度调节系统:有/无2)

简要说明:……

8.2.3 **制造商规定的温度**

水冷

出口最高温度:…… K

风冷

标准点(说明):…… K

标准点最高温度:…… K

最高排气温度:…… K

燃油温度,最低值:…… K 最高值:…… K

润滑剂温度,最低值:…… K 最高值:…… K

8.2.4 **增压器:安装/未安装2)**

系统说明:……

制造商:…… 类型:……

压缩机系统,制造商:…… 类型:……

中冷器系统,制造商:…… 类型:……

8.2.5 **进气系统**

进气装置及其附件(缓冲器、加热装置、进气消声器等)的说明和简图:……

……

进气歧管:…… 说明:……

空滤器:…… 制造商:…… 类型:……

进气消声器:…… 制造商:…… 类型:……

8.2.6 **附加净化控制装置(如有,并且没有包含在另外项目中)**

说明和简图:……

8.2.7 **供油系统**

燃油供给

化油器[2)]：　　　　数目：

制造商：

类型：

调速器

量孔：

喉管：

浮子室油面：

浮子质量：

浮子针阀：

或者：相对于空气流量的供油曲线和满足该曲线要求的设定值[2)]

手动/自动阻风门[2)]

关闭度设定值[3)]：

输油泵

压力：　　　　kPa[3)]　　　　或者特性曲线[2)]：

通过燃油喷射[2)]

制造商：

型号：

说明(总体)：

校准：　　　　kPa[3)]　　　　或者特性曲线[2)]：

8.2.8　限时阀

气门的最大升程和相对死点的开启与关闭角度：

基准点和/或设定值范围[2)]：

8.2.9　点火系统

分电器

爆震传感器：有/无[2)]

方法：仅滞后或提前/滞后[2)]

制造商：

类型：

点火提前曲线[3)]：

点火正时[3)]：

触点间隙[3)]或闭合角[3)]：

火花塞

制造商：

类型：

火花塞间隙设定值：

点火线圈

制造商：

类型：

点火电容器

制造商：

类型：

无线电干扰抑制装置

制造商：

类型：

8.2.10 **排气系统**

说明和简图：

8.2.11 **润滑系统**

系统说明：

润滑油箱的位置：

供油系统(泵循环、喷入进气中、与燃油混合等)：

循环泵：有/无[2)]

制造商：

类型：

与燃油混合

百分比[3)]：

油冷却器：有/无[2)]

图纸或制造商： 型号：

8.2.12 **电气设备**

发电机/交流发电机[2)]

特性或制造商： 型号：

8.2.13 **试验中不拆除的发动机驱动用附件**

如有必要，列出并简述：

8.3 **测量发动机净功率的试验条件**

发动机商品名称或商标：

类型及发动机编号：

试验条件

最大功率下压力测试值：

总大气压： kPa

水蒸气压： kPa

排气背压： kPa

排气背压测试点的位置：

进气压降： kPa

进气管绝对压力： kPa

最大功率下测得的温度

a) 进气口温度： K

b) 发动机中冷器出口温度： K

c) 冷却液温度

——发动机冷却液出口温度： K

——风冷情况下标准点的温度： K

d) 润滑油温： K

测试点：

e) 燃油温度

——在进口/燃油喷射系统进口温度[2)]： K

——在燃油流量测量仪上温度： K

测功器特性

制造商： 型号：

形式：……

额定值：……

烟度计特性

制造商：……　型号：……

类型：……

燃油流量测量仪：重量式/体积式[2)]

点燃式发动机(液态燃油)

制造商和类型：……

技术规范：……

理论辛烷数(RON)：……(按照 ISO 5164)[4)]

发动机辛烷数(MON)：……(按照 ISO 5163)[4)]

氧化比及氧化类型：……

在 288 K 下的密度：……g/cm³(按照 GB/T 1884)[4)]

存储压力：……kPa

低热值(测量值)[2)]：……kJ/kg(按照 ASTM D 240)

或低热值(估计值)[2)]：……kJ/kg(按照 ASTM D 3338)

点燃式发动机(气态燃料)

制造商：……

技术规范：……

使用压力：……kPa

低热值：……kJ/kg

压燃式发动机(气态燃料)

供料系统，气体：……

所用气体的规范：……

燃油/气比率：……

低热值：……kJ/kg

压燃式发动机(液态燃料)

制造商：……

所用燃油的规范：……

十六烷值：……(按照 ISO 5165)[4)]

在 40 ℃运动黏度：……(按照 ISO 3104)[4)]

在 288 K 下的密度：……g/cm³(按照 GB/T 1884)

低热值(测量值)[2)]：……kJ/kg(按照 ASTM D 240)

或低热值(估计值)[2)]：……kJ/kg(按照 ASTM D 3338)

润滑油

制造商：……

规范：……

SAE 黏度：……

4) ASTM 标准也存在。

8.4 结果记录(根据发动机转速)

表 4 记录(根据发动机转速)[a]

结果		转速/(r/min)	
实测扭矩/(N·m)			
实测功率/kW			
实测燃油流量[b]/(g/s)			
实测烟度/m^{-1}			
大气压力/kPa			
水蒸气压/kPa			
进气温度/K			
表1之外附件所需功率(8.1.12)/kW	1		
	2		
	3		
功率校正系数			
校正的燃油流量[b]/(g/s)			
校正的制动功率(带/不带风扇)[c]/kW			
风扇功率(若风扇未装则减去)/kW			
净功率/kW			
净扭矩/(N·m)			
单位油耗[d]/[g/(kW·h)]			
烟度校正系数			
校正的烟度/m^{-1}			
出口处冷却液温度/K			
测量点润滑油温度/K			
增压后空气温度[c]/K			
喷油泵进口处燃油温度/K			
经过增压冷却器后的空气温度[c]/K			
增压后压力[c]/kPa			
经过增压冷却器后的空气压力[c]/kPa			

a 根据发动机转速的对应关系绘制净功率、净扭矩、单位油耗和排气烟度值的特性曲线。

b 对点燃式发动机来说,校正的燃油流量用实测燃油流量乘以功率校正系数。引用校正的燃油流量的概念仅是出于计算的目的。对压燃式发动机来说,除了恒功率发动机,校正的燃油流量等于实测燃油流量。

c 若不适用,则划掉此条。

d 用校正过的净功率及燃油量进行计算。

9 发动机性能的声明和校验

9.1 名称

当按本标准测量发动机性能(功率、扭矩和燃油消耗率曲线)时,参考资料中应说明测试方法是“按照 GB/T 16936 的规定进行测量”。

9.2 表示法

9.2.1 标称净功率及相应发动机转速(范围)

标称的净功率及相应发动机转速是制造商在该型号发动机的销售文字中表明的净功率与发动机转速(范围)。

用"GB"字样证明标称的"净功率及发动机转速(范围)"合格

示例：

在 ………… r/min 下 GB 净功率：………… kW(按照 GB/T 16936 测定)

9.2.2 标称净扭矩及相应发动机转速(范围)

标称的净扭矩及相应发动机转速是制造商在该型号发动机的销售文字中表明的净扭矩及相应发动机转速(范围)。

用"GB"字样证明标称的"净扭矩及发动机转速(范围)"合格

示例：

在 ………… r/min 下 GB 净扭矩：………… N·m(按照 GB/T 16936 测定)

9.2.3 标称的燃油消耗率及相应发动机转速(范围)

标称的单位油耗及相应发动机转速是制造商在该型号发动机的销售文字中表明的单位油耗及相应发动机转速(范围)。

用"GB"字样证明标称的"燃油消耗率及发动机转速(范围)"合格

示例：

在 ………… r/min 下 GB 燃油消耗率：………… [g/(kW·h)](按照 GB/T 16936 测定)

9.3 标称值公差

9.3.1 功率

9.3.1.1 最大标称功率时的发动机转速 n_p

在 $n_p(1\pm2\%)$ 的范围内，至少有一个发动机转速应使校正功率不小于标称功率的 $(100\%-a)$，见图 2。[5)]

在任何转速下，发动机的校正功率都不得超过标称功率的 $(100\%+a)$。[5),6)]

在一个给定的发动机转速下，校正功率与标称功率之差不应超出 d。[5)]

9.3.1.2 最大标称功率时的发动机转速范围(n_{p1}～n_{p2})

发动机转速在 $n_{p1}(1+2\%)$～$n_{p2}(1-2\%)$ 范围内，校正功率不应小于标称功率的 $(100\%-a)$，见图 3。[5)]

在任何转速下，发动机的校正功率都不应超过标称功率的 $(100\%+a)$。[6)]

在一个给定的发动机转速下，校正功率与标称功率之差不应超出 d。[5)]

---

5) 见 9.3.4。

6) 正常情况下，当接近标定最大功率发动机转速值时，建议试验按照不小于标称的最大功率发动机转速的 3% 或发动机适当功率范围内的最高发动机转速值 n_{p2} 的 3%，分步测量。

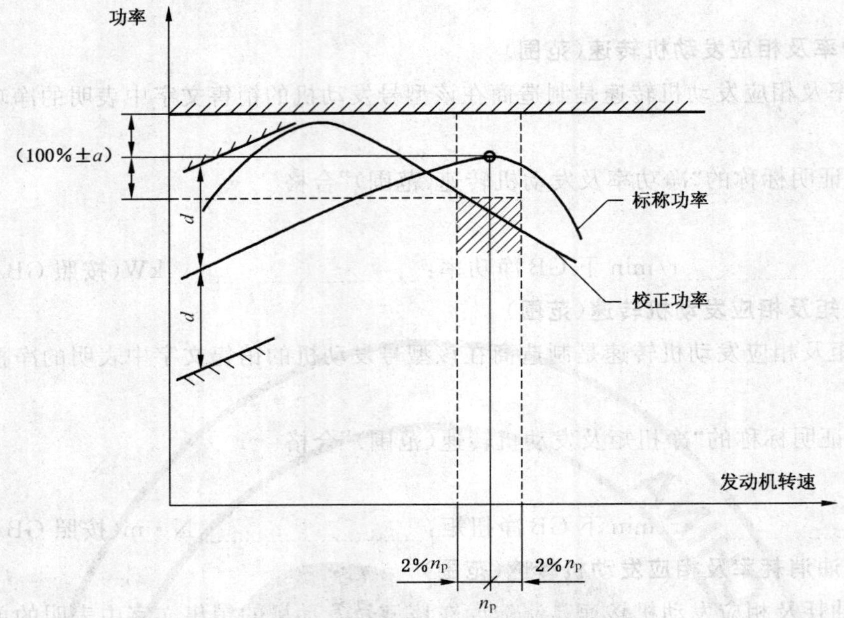

图 2　最大标称功率时的发动机转速

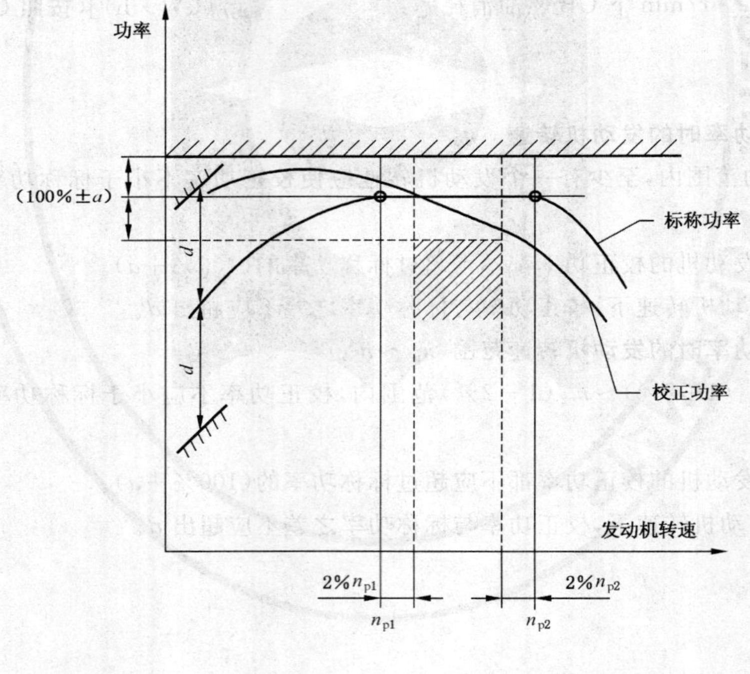

图 3　最大标称功率时的发动机转速范围

9.3.2　扭矩

9.3.2.1　最大标称扭矩时的发动机转速　n_T

在 n_T(1±2%)的范围内，至少有一个发动机转速应使校正扭矩不小于标称扭矩的(100%－b)，见图 4。[5)]

在任何转速下，发动机的校正扭矩都不应超过标称扭矩的(100%＋b)。[5),6)]

在一个给定的发动机转速下，校正扭矩与标称扭矩之差不应超出 d。[5)]

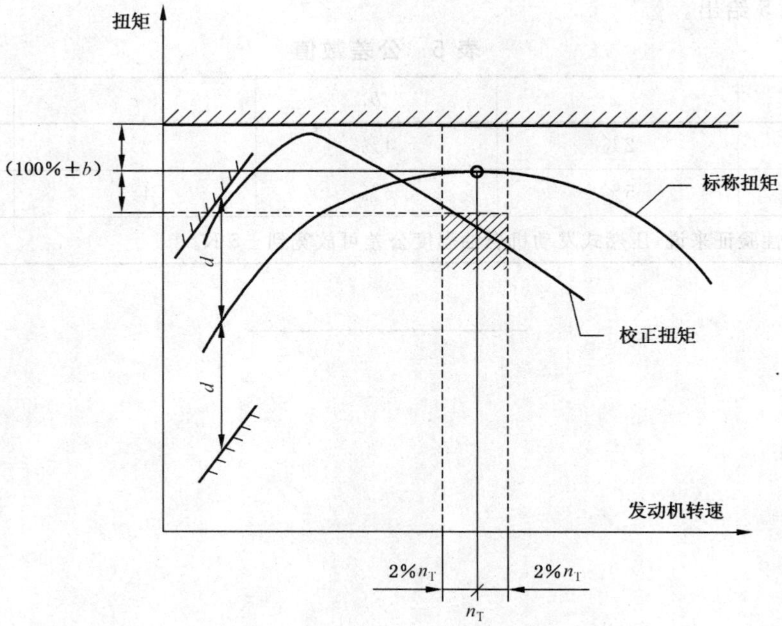

图 4　最大标称扭矩时的发动机转速

9.3.2.2　最大标称扭矩时的发动机转速范围(n_{T1}～n_{T2})

发动机转速在 $n_{T1}(1+2\%)\sim n_{T2}(1-2\%)$ 范围内，校正扭矩不应小于标称扭矩的 $(100\%-b)$，见图 5。[5)]

在任何转速下，发动机的校正扭矩都不应超过标称扭矩的 $(100\%+b)$。[5),6)]

在一个给定的发动机速度下，校正扭矩与标称扭矩之差不应超出 d。[5)]

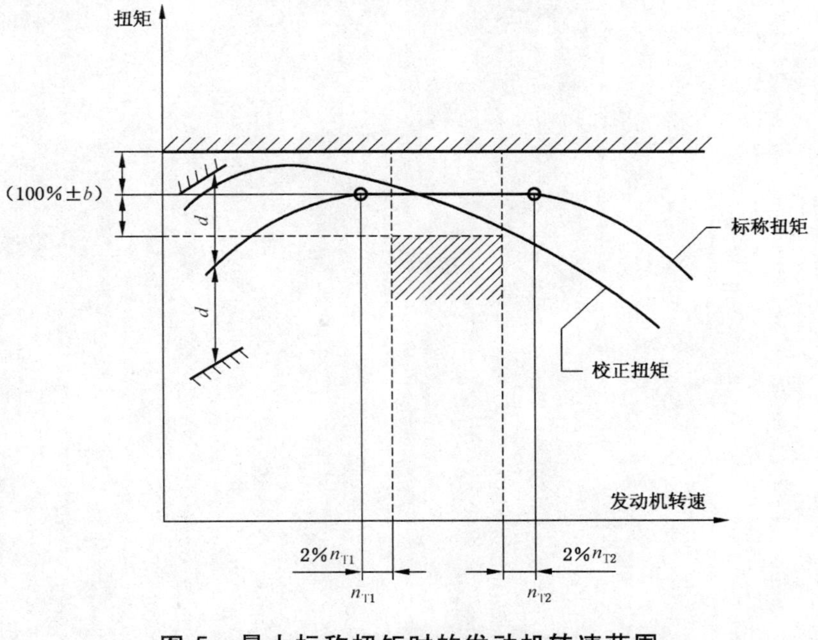

图 5　最大标称扭矩时的发动机转速范围

9.3.3　燃油消耗率

如果在试验中计算得出的燃油消耗率不比标称的燃油消耗率大 c 以上，则认为标称的发动机转速范围下的标称的燃油消耗率已经过校验。

9.3.4 公差数值

公差数值由表 5 给出。

表 5 公差数值

	a	b	c	d
标称值核对	2%	4%	2%	4%
生产符合性验证[a]	5%	6%	4%	6%

[a] 对生产符合性验证来说，压燃式发动机燃油温度公差可放宽到±5 K。

ICS 27.140
K 55

中华人民共和国国家标准

GB/T 17189—2007
代替 GB/T 17189—1997

水力机械(水轮机、蓄能泵和水泵水轮机)振动和脉动现场测试规程

Code for field measurement of vibrations and pulsation in hydraulic machines(turbines, storage pumps and pump-turbines)

(IEC 60994:1991, MOD)

2007-12-03 发布　　2008-05-01 实施

中华人民共和国国家质量监督检验检疫总局
中国国家标准化管理委员会　发布

前 言

本标准修改采用 IEC 60994:1991《水力机械(水轮机、蓄能泵和水泵水轮机)振动和脉动现场测量导则》(英文版)。

为适应我国的情况以及现代测试技术的发展,本标准对 IEC 60994:1991 的部分内容和条款作了改动,有关技术差异在它们所涉及的条款的页边空白处用垂直单线标识。在附录 E 中给出了这些技术性差异及其原因的一览表以供参考。

为了便于使用,本标准对 IEC 60994:1991 还作了下列编辑性修改:

1) 按 GB/T 1.1—2000 的要求,对书写格式进行了修改;

2) 用小数点“.”代替作为小数点的逗号;

3) 删除了 IEC 前言;

4) 将规范性引用文件的内容进行了调整,且将原 IEC 标准中有对应的国家标准或行业标准的均予更换;

5) 第 3 章的引导语按 GB/T 1.1—2000 的要求作了修改。

本标准代替 GB/T 17189—1997《水力机械振动和脉动现场测试规程》。

本标准与 GB/T 17189—1997 相比主要变化如下:

1) 根据近几年测试技术的发展,对原标准在试验工况、压力脉动测点位置、压力传感器和测量管路安装要求、主轴扭矩脉动测量、功率脉动测量、推力轴承轴向载荷脉动测量、数据处理方法等内容进行了部分修改,增减了部分内容,并对规程名称、章条结构和顺序进行了调整,使之尽可能与 IEC 60994 保持一致;

2) 对文字、单位和图表进行了规范化处理;

3) 根据 GB/T 1.1—2000 的编写规定,在编制格式上进行了规范化处理。如取消“篇”层次(不影响章条顺序);图的格式、公式的格式、附录的格式;第 1 章名称规范为“范围”;第 2 章增加了文中引用的标准文件名;第 3 章增加了引导语等。

本标准的附录 A 和附录 B 为规范性附录,附录 C、附录 D 和附录 E 为资料性附录。

本标准由中国电器工业协会提出。

本标准由全国水轮机标准化技术委员会(SAC/TC 175)归口。

本标准起草单位:中国水利水电科学研究院、哈尔滨大电机研究所、东方电机股份有限公司、长江水利委员会长江勘测规划设计研究院、三峡水力发电厂。

本标准主要起草人:潘罗平、刘光宁、符建平、熊浩、陈冬波、胡江艺、孟晓超、姚大坤、赵越、杨家胜、李志民、桂中华。

本标准所代替标准的历次版本发布情况为:GB/T 17189—1997。

水力机械(水轮机、蓄能泵和水泵水轮机)振动和脉动现场测试规程

1 范围

1.1 应用范围

1.1.1 本标准适用于反击式水轮机、冲击式水轮机、可逆式水泵水轮机、蓄能泵,也适用于与之连接的发电机或电动机的机械部分。

1.1.2 本标准适用于水力机械的振动和脉动试验,其测量结果能充分反映机组的一般振动情况。可用于评价机组的振动状况和在使用寿命期限内振动特性的变化及正常运行工况下的振动水平,为水力机械的设计、制造和安装质量提供技术依据,提出有利于机组运行的建议,为故障诊断和事故分析及改善机组振动、脉动水平提供依据。如果在试验中发现某些重要部件上有较强的局部振动(共振),则应另外采用具有针对性的试验方法对有关部件作更深入的试验研究,试验也应参照本标准提出的原则进行。

1.1.3 具体试验的内容和测量项目应参照本标准由有关方面协商确定。在具体机组上,试验内容、测量项目、测点位置和数量等取决于机组的结构型式、设备的具体条件以及重要性,不要求每种情况下都进行本标准所列全部项目的测量。

1.2 目的

确定统一的振动、脉动试验方法、测量方法及试验数据处理的方法,使测量结果在同类的不同型号水力机械上具有一致性和可比性。

1.3 不包括的内容

1.3.1 本标准不包括各种纯属商业性的问题。

1.3.2 本标准不包括为研究目的所作的专门振动和脉动试验。

1.3.3 本标准一般不包括实验室模型和制造厂未组装的真机零部件的振动和脉动试验。但当检验原型和模型机组的某些相似特性参数时,则原型和模型的测试相对部位应尽量一致,并符合本标准。

1.3.4 本标准不包括土木结构的振动测量,也不包括电机(轴、轴承等机械部分除外)的电气参数的脉动测量。

1.3.5 本标准不包括确定振动原因及解决振动的建议。

1.3.6 本标准不包括水力机械声学效应(噪声)的测量和分析。

1.3.7 在水电站中,水轮机调速系统可能引起水力、机械或电气参数的脉动。但本标准不包括对调速器系统进行人为扰动试验的有关规定。

2 规范性引用文件

下列文件中的条款通过本标准的引用而成为本标准的条款。凡是注日期的引用文件,其随后所有的修改单(不包括勘误的内容)或修订版均不适用于本标准,然而,鼓励根据本标准达成协议的各方研究是否可使用这些文件的最新版本。凡是不注日期的引用文件,其最新版本适用于本标准。

GB/T 2900.45 电工术语 水电站水力机械设备

GB/T 6075.5 在非旋转部件上测量和评价机器的机械振动 第5部分:水力发电厂和泵站机组

GB/T 8564 水轮发电机组安装技术规范

GB/T 11348.5 旋转机械转轴径向振动的测量和评定 第5部分:水力发电厂和泵站机组

GB/T 13866 振动与冲击测量 描述惯性式传感器特性的规定

GB/T 15468　水轮机基本技术条件

GB/T 20043　水轮机、蓄能泵和水泵水轮机水力性能现场验收试验规程(GB/T 20043—2005, IEC 60041:1991,MOD)

IEC 60184　确定冲击与振动测量用的机电换能器特性的方法

IEC 60222　冲击及振动辅助测量设备的性能的确定法

ISO 2041　振动与冲击　词汇

ISO 16063　振动和冲击传感器的校正方法

3　术语、定义、符号和单位

GB/T 2900.45 中确立的以及下列术语和定义适用于本标准。

3.1　术语

本标准所用水轮机、水泵水轮机和蓄能泵术语、定义和符号与 GB/T 20043、IEC 60041 有关规定相一致;有关振动和脉动的术语、定义、符号以及数学术语与 ISO 2041 和 IEC 60184、IEC 60222 相一致。

3.2　专用术语一览表

本标准使用的术语、定义、符号和单位如下:(本节中没有定义的术语在规程中另行说明)

条	术　语	定　义	符号	单位
3.2.1	有关振动和脉动参数的一般术语			
3.2.1.1	振动　vibration	机械系统的位置相对于平衡位置随时间的往复变化		
3.2.1.2	脉动　pulsation	压力、应力、应变、转速等物理量相对于平均值随时间的往复变化		
3.2.1.3	周期性振动和脉动　periodic vibration and pulsation	经相等的时间间隔后,能够重复出现的量 注:时间 t 函数的周期性量值 $X(t)$ 可以用 $X=f(t)=f(t+nT)$ 表示,式中 n 为整数,T 为时间间隔常数,t 为运行时间		
3.2.1.4	周期　period	周期量的一个循环的时间	T	s
3.2.1.5	频率　frequency	单位时间内周期量的循环次数,等于周期的倒数	f	Hz
3.2.1.6	主频　basic frequency	振幅最大的振动/脉动频率,也称基频	f_b	Hz
3.2.1.7	转频　rotational frequency	旋转机械的转动频率	f_n	Hz
3.2.1.8	角频率　angular frequency	正弦波频率与 2π 的乘积	ω	rad/s
3.2.1.9	简谐振动或脉动　simple harmonic vibration or pulsation	可用一项正弦函数表示的周期振动或脉动		
3.2.1.10	相位角(相位)　phase angle (phase)	表示正弦量相对于某基准信号位置的偏移值	φ	rad
3.2.1.11	振幅　amplitude	正弦量的最大值	A	
3.2.1.12	峰—峰值　peak to peak value	一个量的最大值和最小值的代数差,正弦量的峰—峰值为振幅的两倍,即 $2A$	ΔX_{pp}	

条	术　语	定　义	符号	单位
3.2.1.13	复合振动或脉动 compound vibration or pulsation	由几个简谐振动或脉动叠加组成的振动或脉动。 注：当简谐振动的每个频率与基频之比为整数时，复合振动被称为多谐振动		
3.2.1.14	共振 resonance	在强迫振动中，激励频率的任何微小的变化都会使系统响应明显降低的这种状态		
3.2.1.15	随机振动或脉动 random vibration or pulsation	在任一给定瞬间时，其大小不可能预先准确确定的振动或脉动		
3.2.2	说明振动和脉动时域函数的术语			
3.2.2.1	振动位移 vibration displacement	振动质点偏离参考平均位置的距离	U,D	m,μm
3.2.2.2	振动速度 vibration velocity	振动质点运动的速度，等于位移对时间的一阶导数	V	m/s
3.2.2.3	振动加速度 vibration acceleration	振动质点运动的加速度，等于速度对时间的一阶导数或位移对时间的二阶导数	W,a	m/s^2
3.2.2.4	绝对振动量(位移、速度、加速度) absolute parameter (displacement, velocity, acceleration)	振动的参考坐标为贯性坐标或大地的振动值(基础)		
3.2.2.5	相对振动量(位移、速度、加速度) reletive parameter (displacement, velocity, acceleration)	振动的参考坐标为非贯性坐标或另一振动体的振动值		
3.2.2.6	压力脉动 pressure pulsation	在选定的时间间隔 Δt 内液体压力相对于平均值的往复变化	ΔH、$\tilde{p}$	Pa
3.2.2.7	应变脉动 strain pulsation	在选定的时间间隔 Δt 内应变相对于平均值的往复变化	$\tilde{\varepsilon}$	m/m
3.2.2.8	应力脉动 stress pulsation	在选定的时间间隔 Δt 内应力相对于平均值的往复变化	$\tilde{\sigma}$	Pa
3.2.2.9	主轴转矩脉动 shaft torque pulsation	在选定的时间间隔 Δt 内主轴转矩相对于平均值的往复变化	$\tilde{M}$	N·m
3.2.2.10	转速脉动 rotational speed pulsation	在选定的时间间隔 Δt 内转速相对于平均值的往复变化	$\tilde{n}$	rad/s
3.2.2.11	功率脉动 power pulsation	在选定的时间间隔 Δt 内功率相对于平均值的往复变化	$\tilde{P}$	W
3.2.2.12	导叶扭矩脉动 guide vane pulsation	在选定的时间间隔 Δt 内导叶扭矩相对于平均值的往复变化	$\tilde{M}_g$	N·m

条	术语	定义	符号	单位
3.2.2.13	径向载荷脉动 radial load pulsation	在选定的时间间隔 Δt 内径向载荷相对于平均值的往复变化	$\widetilde{F}_r$	N
3.2.2.14	轴向载荷脉动 axial load pulsation	在选定的时间间隔 Δt 内轴向载荷相对于平均值的往复变化	$\widetilde{F}_t$	N
3.2.3	数学术语			
3.2.3.1	平均值或算术平均值 average value; mean value; arithmetic mean value	a) 一组同一变量离散值的平均值，等于这些值的代数和除以它们的总个数： $$\overline{X}=\frac{1}{n}\sum_{i=1}^{n}X_i$$ 式中：X_i 为第 i 个值，n 为离散值的总个数。 b) 在 t_1～t_2 时间间隔内连续函数 $X(t)$ 的平均值为： $$\overline{X}=\frac{1}{t_2-t_1}\int_{t_1}^{t_2}X(t)\mathrm{d}t$$	$\overline{X}$	
3.2.3.2	标准偏差(相对于平均值有效偏差值) standard deviation or effective value referred to the mean	一组数(或一个函数)与平均值偏差的均方根($r.m.s$)值 a) 一组数 $X_1, X_2, \cdots, X_n$ 的标准偏差值： $$\overline{X}_{\mathrm{eff}}=\sqrt{\frac{1}{n-1}\sum_{i=1}^{n}(X_i-\overline{X})^2}$$ 式中下标 i 表示第 i 个值，n 为离散值的总个数，$\overline{X}$ 为平均值。 b) $X(t)$ 为 t 的连续函数，则 t_1～t_2 时间间隔内该函数的标准偏差为： $$\overline{X}_{\mathrm{eff}}=\sqrt{\frac{1}{t_2-t_1}\int_{t_1}^{t_2}[X(t)-\overline{X}]^2\mathrm{d}t}$$	$\widetilde{X}_{\mathrm{eff}}$	
3.2.3.3	均方根值(有效值) root-mean-square value; r. m. s value (effective value)	a) 一组数的均方根值($r.m.s$)等于这些数的平方的平均值的平方根： $$X_{\mathrm{rms}}=\sqrt{\frac{1}{n}\sum_{i=1}^{n}X_i^{\,2}}$$ 式中下标 i 表示第 i 个值，n 为离散值的总个数。 b) 在 t_1～t_2 时间间隔内，连续函数 $X(t)$ 的均方根值等于该时间间隔内函数平方的平均值的平方根：		

条	术　语	定　义	符号	单位
		$X_{rms}=\sqrt{\frac{1}{t_2-t_1}\int_{t_1}^{t_2}[X(t)]^2\mathrm{d}t}$ 注：根据振动理论，振动的平均值等于零。此时均方根值 X_{rms} 等于标准偏差 X_{eff}；均方值 X_{rms}^2 等于平方差 X_{eff}^2；当简谐振动的振幅为 A 时，其有效值为 $A/\sqrt{2}$	X_{rms}	
3.2.3.4	方差 variance	标准偏差的平方 注：当变量的平均值为零时，方差等于该量的有效值的平方	$\widetilde{X}_{eff}^2$	
3.2.3.5	均方值　mean square value	在给定区间内，函数（或一组数）的均方值等于该区间内这个函数（或一组数）的平方的平均值。 注 1. 均方值为均方根值的平方； 注 2. 当平均值为零时，均方值等于方差； 注 3. 如果平均值 $\bar{X}$ 不等于零，则 $X_{rms}^2=\widetilde{X}_{eff}^2+\bar{X}^2$	X_{rms}^2	
3.2.4	其他专门术语			
3.2.4.1	导叶数（反击式水轮机）或水斗式水轮机的喷咀数 number of guide vanes or diffuser vanes		Z_0	
3.2.4.2	转轮叶片数（反击式水轮机）或水斗式水轮机的水斗数 number of runner blades (reaction machines), or number of pelton buckets		Z_1	
3.2.4.3	流速 flow velocity	在边界层厚度以外（如 P 点）水流流过所研究的部件的相对流速（见图 1） 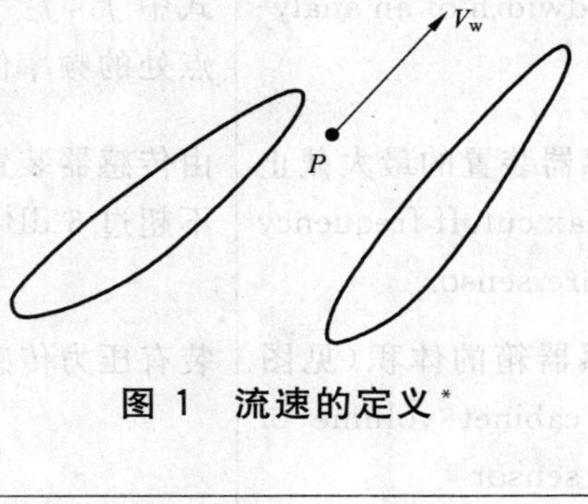 **图 1　流速的定义**[*]	V_w	m/s

条	术　语	定　义	符号	单位
3.2.4.4	水力翼型（导叶、转轮叶片等）出水边厚度 thickness of outlet edge of a hydraulic profile (guide vane, runner blade, etc.)	相切于叶型出水边正背面圆形的最大直径（见图 2） 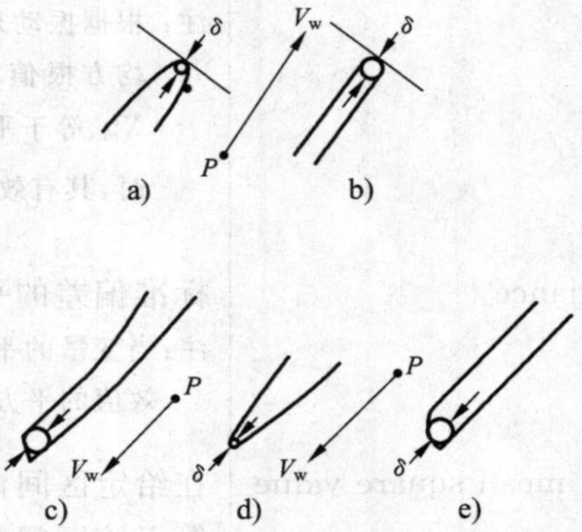 图 2　出水边厚度的定义[a] 注：该定义仅用于利用斯特罗哈数粗略估算频率的数量级	δ	m
3.2.4.5	极限频率（上限/下限） limit frequency (lower, upper)	待研究过程的频率范围的上限/下限。	f_L/f_U	Hz
3.2.4.6	测量通道频率下限/上限 lower/upper limit frequency of measuring channel	测量系统实际频率下限/上限，它们对应频率响应曲线上与平坦部分偏离 3dB 的频率范围	f_{Lr}/f_{Ur}	Hz
3.2.4.7	功率谱密度　power spectral density	某量单位频率带宽内的均方值。在极限情况下，带宽趋近于零，平均时间趋于无穷大	$G(f)$	
3.2.4.8	分析仪的恒等百分比带宽 constant relative (percentage) bandwidth of an analyzer	比值 $\beta=\frac{f_1-f_2}{\sqrt{f_1\cdot f_2}}\times 100$ 式中 f_1, f_2 = 分析仪响应曲线下降 3 dB 点处的频率值	β	%
3.2.4.9	压力传感器装置的最大截止频率　max cutoff frequency of pressure sensor	由传感器装置引起的压力传感器振幅失真不超过 3 dB 时的最大频率	f_c	Hz
3.2.4.10	压力传感器箱的体积（见图 D.1）　cabinet volume of pressure sensor	装有压力传感器箱的体积	V_c	m^3

条	术语	定义	符号	单位
3.2.4.11	压力传感器连接管的断面面积和长度(见图 D.1) section area and length of connecting pipe of pressure sensor	连接压力传感器与水力机械过流通道的连接管的断面面积和长度	A_c L_c	m^2
3.2.4.12	压力波的传播速度 propagation velocity of wave in the pressure pipe	压力管道中压力波的传播速度	a_c	m/s
3.2.4.13	A/D 转换器 A/D converter	将模拟信号转换为数字信号的设备		
3.2.4.14	采样速率 sampling rate	每秒钟信号采样的次数	f_s	Hz
3.2.4.15	采样时间 sampling time	信号采样的累计时间	Δt	s
3.2.4.16	置信概率 confidence level	与置信区间或统计包含区间有关的概率值		
3.2.4.17	信号记录时间 signal recording time	传感器信号记录时间	t_r	s
3.2.4.18	磁带或记录纸的速度 tape or paper speed	磁带或记录纸记录速度	v_r	m/s

3.3 水力机械的主要结构类型

不同参数水力机械的结构和尺寸差别很大,按照轴和轴承的数量和位置并从振动试验角度将水力机械主要结构类型分成以下几种[1)](见图 3):

立式机组:

1) 悬式机组(图 3a):混流式;图 3b):轴流式)

2) 伞式机组(图 3c)、3d))

3) 半伞式机组(图 3e)、3f))

4) 推力轴承布置在主轴下端的蓄能泵组(图 3g))

卧式机组:

1) 两轴承机组(图 3h)、3i))

2) 三轴承机组

3) 四轴承机组(图 3j))

贯流式机组:

1) 转轮和转子为悬臂式的机组(图 3k))

2) 在尾水管进口有附加径向支撑的机组(图 3l))

3) 轴伸贯流式(S 型)机组(图 3m))

图例中各主要部件及其代号:

1 转轮/叶轮

2 主轴

3 发电机/电动机

4 顶盖

5 下导轴承支架

---

1) 本标准仅给出部分例子。

6 上导轴承支架
7 推力轴承支架
8 水轮机(水泵/水泵水轮机)导轴承
9 发电机/电动机导轴承
10 推力轴承
11 组合结构的导轴承和推力轴承
12 联轴器
13 变速箱

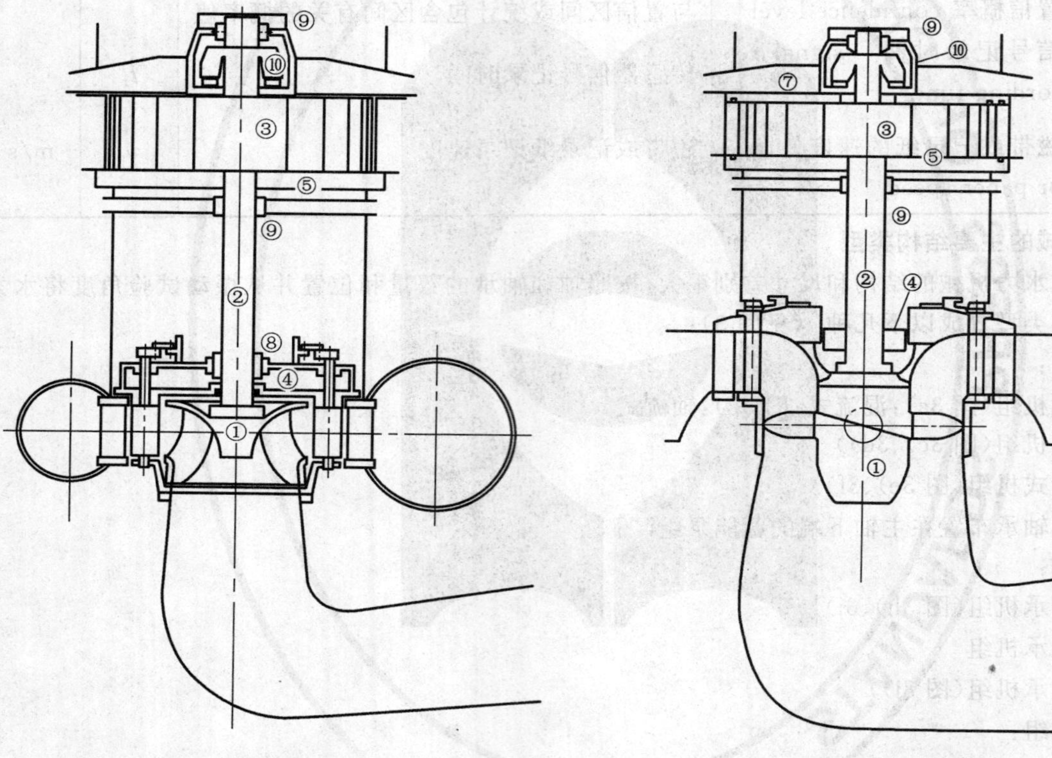

a) 悬式机组(混流式水轮机)　　b) 悬式机组(轴流式水轮机)

图 3 水力机械的主要结构类型图

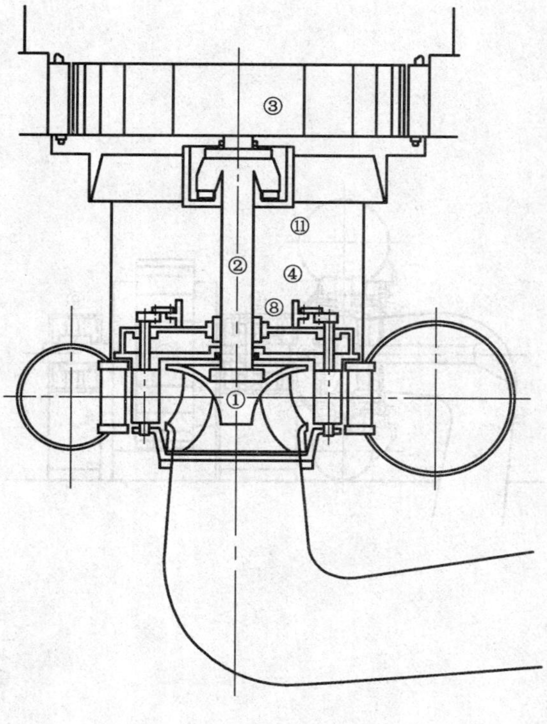

c）伞式机组(推力轴承支撑在下机架)

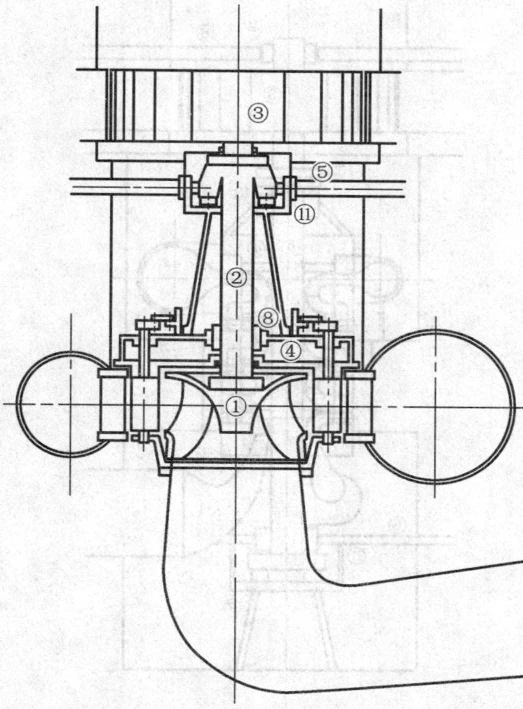

d）伞式机组(推力轴承支撑在顶盖)

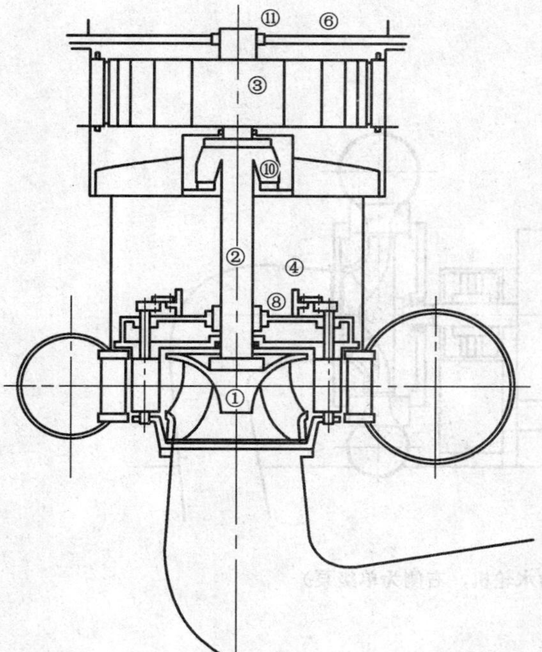

e）半伞式机组(推力轴承支撑在下机架)

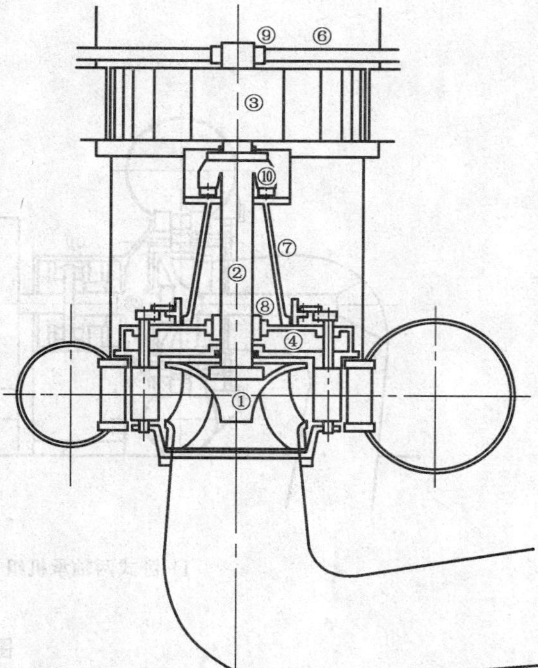

f）半伞式机组（推力轴承支撑在顶盖）

图 3(续)

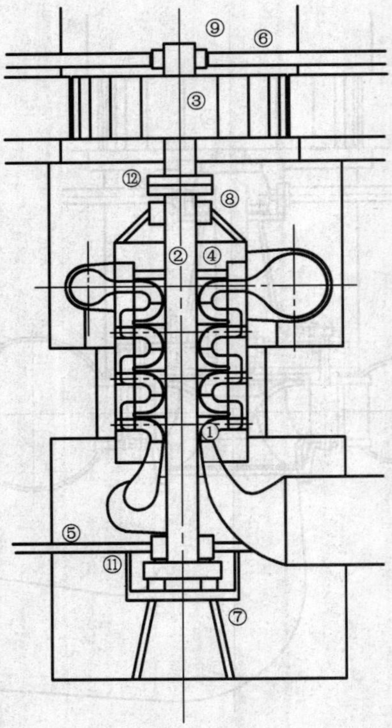

g）推力轴承支撑在主轴下端的蓄能泵组

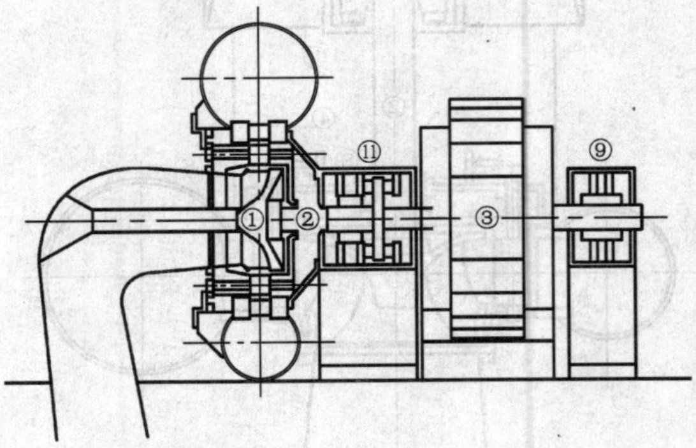

h）卧式两轴承机组

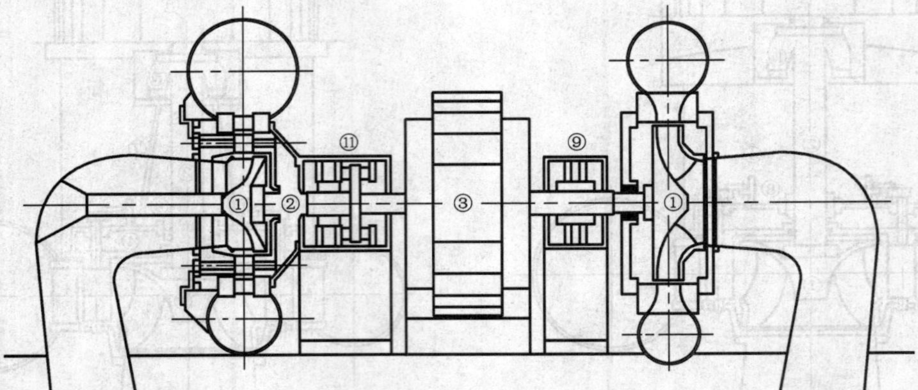

i）卧式两轴承机组（左侧为水轮机，右侧为单级泵）

图 3(续)

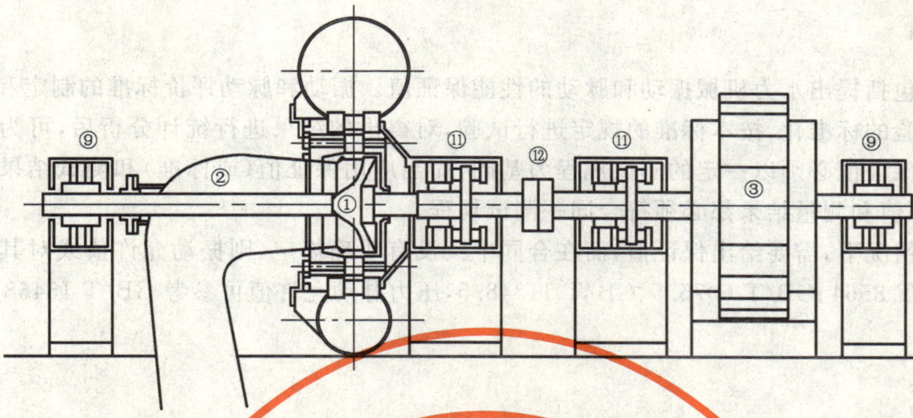

j）卧式四轴承机组

k）转轮和转子为悬臂式的机组

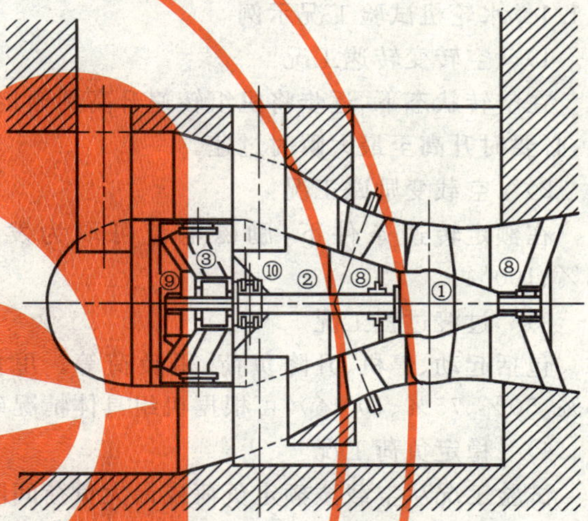

l）在尾水管进口有附加径向支撑的机组

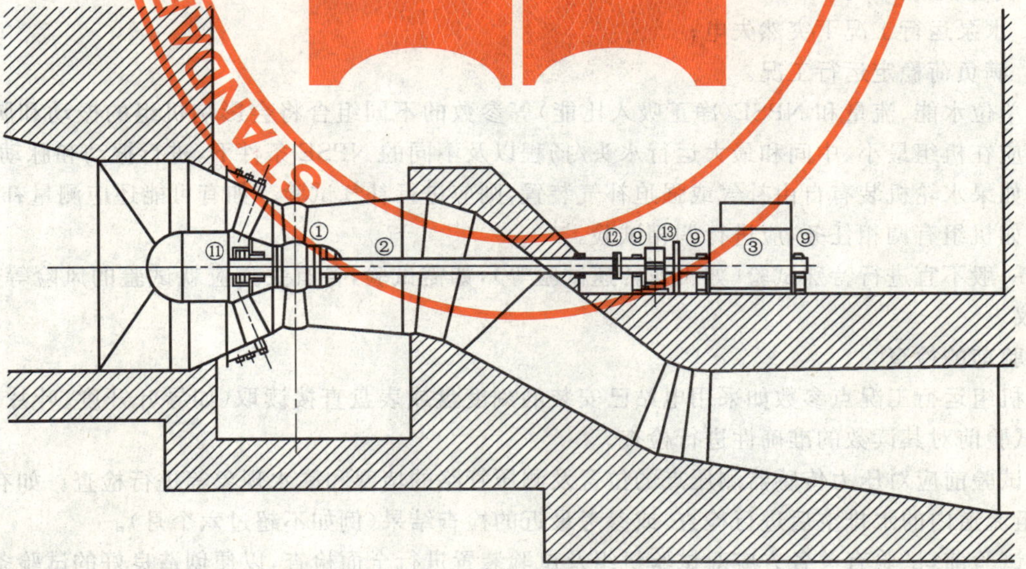

m）轴伸贯流式（S型）机组

图 3（续）

4 关于保证值

本标准不包括提出水力机械振动和脉动的性能保证值。振动和脉动评价标准的制定和施用依赖于振动和脉动试验的标准化,按本标准的规定进行试验,对得出的结果进行统计分析后,可为保证值的确定奠定基础。保证值必须以一定的测试规程为基础,而当应用保证值(或标准)和测试结果对机组进行评价时,则保证值和测量结果都必须符合同一测试规程。

如在某些情况下,需要给出保证值,而在合同中又没有明确规定,则振动允许值或对其振动进行评价可参考 GB/T 8564、GB/T 6075.5、GB/T 11348.5,压力脉动允许值可参考 GB/T 15468。

5 试验条件

5.1 试验工况

需要试验的工况取决于现场条件、机组情况、试验目的和双方的协议。

5.1.1 水轮机试验工况示例

1) 空转变转速工况

在空转状态下,逐步将机组转速升高到额定转速,转速变化范围可在额定转速的 50%~100% 间选定,必要时升高至最大瞬时过速。

2) 空载变励磁工况

在额定转速条件下,励磁电流可取为发电机空载额定电压对应的励磁电流的 25%、50%、75%、100%。

3) 过渡过程工况

包括起动、停机、升降负荷、甩负荷等。甩负荷可由小到大甩 2 次~4 次(如额定或最大负荷的 25%、50%、75%、100%),可根据机组具体情况确定。

4) 稳定负荷工况

试验工况从空载至额定负荷或最大负荷间阶梯式选定,待负荷工况稳定后进行试验。如试验条件允许,试验工况应适当多些,以充分反映不同工况下的振动特性或不同振动区的振动特性。

5.1.2 水泵试验工况示例

1) 水泵起动工况;

2) 水泵运行工况下突然失电;

3) 满负荷稳定运行工况。

5.1.3 单位水能、流量和 NPSE(净正吸入比能)等参数的不同组合将会影响机组的振动和脉动特性。必要时,应在机组最小、中间和最大运行水头/扬程以及不同的 NPSE 条件下,进行振动和脉动试验。

5.1.4 如果水轮机装有自由补气或强迫补气装置,则应进行补气试验。如有可能还应测量补气量。

5.1.5 如机组有调相任务,应进行调相试验。

5.1.6 一般不宜进行特殊试验(如飞逸转速试验等),如需试验,各有关方应就试验的风险等事先达成专门协议。

5.2 试验前的检查

5.2.1 机组运行工况点参数如采用电站已安装的刻度盘或表盘直接读取(如导叶开度、叶片转角等),则应在试验前对其读数的准确性进行检查。

5.2.2 试验前应对压力传感器测压点的位置及测压管路的堵塞和漏水现象等进行检查。如有可能,最好将机组流道内的水排空后进行检查,或参考最近的检查结果(例如不超过六个月)。

5.2.3 试验前,试验有关各方应对试验机组及试验装置进行全面检查,以便创造良好的试验条件。

6 试验程序

6.1 确定工况点的参数

6.1.1 稳态工况

稳态试验时，应测量机组的运行参数，如导叶（喷针或阀门）开度、功率、转速、单位水能和净吸出高度。试验中，机组运行参数保持恒定。对于水库较小的电站，单位水能的波动范围可适当放宽，但不应超过平均值的±3%。

6.1.1.1 机组的有功/无功输出功率或者输入功率用功率表测量，仪表精度应在试验前标定。如果需要更高的精度，可采用专门仪器（如功率变送器）测量。

6.1.1.2 转速测量装置应保证其测量结果的不确定度小于同步转速的±1%，并提供一个轴信号脉冲以确定相位。

6.1.1.3 单位水能可通过测量上、下游水位来初步确定。若需精确测定水头，可按 GB/T 20043—2005 第五篇的规定进行。

6.1.1.4 导叶或喷嘴开度在导叶或喷嘴开度表盘或接力器的行程刻度上读取，或采用接力器行程位移传感器测量，精度应达到全行程的±1%。

6.1.1.5 转轮叶片可调时，叶片角度用反馈机构的位移测量，测量精度应达到接力器全行程的±1%。

6.1.1.6 对于用阀门进行流量调节的特殊情况（如在空载时的不可调多级可逆式水轮机），阀门开度的测量精度应达到接力器满行程的±0.5%。

6.1.1.7 除了上述参数外，必要时还应测量其他参数，如轴承温度、水温等。

6.1.2 过渡过程工况

在过渡过程（如起动、停机、升降负荷、在水轮机运行工况下甩负荷、在水泵运行工况下失电等）试验中，为便于全面分析机组过渡过程，除应记录所需的振动和脉动参数外，还应记录确定过渡过程所必需的其他参数，如转速、单位水能（水头/扬程）、导叶或阀门开度等。

6.1.2.1 机组的输出或输入功率应采用合适的功率变送器测量。

6.1.2.2 转速采用合适的传感器测量，传感器的输出应与瞬时转速成正比。也可直接测量其他与瞬时转速成正比的信号。上述信号应能用于记录，测量不确定度应达到额定转速的±1%。

6.1.2.3 单位水能和净吸出高度由合适的压力传感器测量高压侧和低压侧瞬时压力的方法来确定2)。

6.1.2.4 导叶或喷嘴开度用安装在接力器可动部件或导叶轴上的传感器测量。

6.1.2.5 转轮叶片可调时，叶片转角用与反馈杆连接的（或与位置控制器的测量装置连接的）适当的传感器测量。

6.1.2.6 如需要，阀门和闸门开度也可以用适当的传感器测量。

6.2 测量的振动量和脉动量及测点位置

测量的振动和脉动量及测点位置根据机组情况及双方协议具体确定。

对于结构振动的测量，根据预估的振动频率范围，选择不同类型的测量传感器。机组结构振动的频率范围一般在十分之几赫兹（低频）到几百赫兹（高频）的范围内，见 7.2.1。对于低频振动通常测量振动位移，而对高频振动则优先测量振动加速度，对于中频振动通常测量振动速度。试验中，可根据需要或所含频率范围分别测量振动位移、振动速度、振动加速度，或同时测量两种振动量。

对于过渡过程的振动测量，还必须考虑传感器的暂态响应特性，应根据被测量的暂态类型和时间历程选择传感器的固有频率和阻尼系数。有关规定参考 GB/T 13866、ISO 16063。

6.2.1 机组振动测量的关键部位如下，测量部位和测点数量可根据具体情况和需要适当增减。

2) 单位水能中包括动能项。通常动能项不能直接测量，一般利用瞬时流量值，计算得到该项的数值。在大多数情况下，动能项与单位水能相比是很小的。由此所引起的误差通常可以忽略。

1） 各导轴承和推力轴承的轴承座及支架；

2） 水力机械顶盖；

3） 贯流式水轮机的灯泡体和加强筋；

4） 转轮室的非混凝土部分(轴流式和贯流式机组)；

5） 活动导叶(水轮机及可调式水泵-水轮机)；

6） 固定导叶。

原则上，振动传感器布置如下：

1） 在各导轴承座或轴承支架上，互成90°的两个径向方向；

2） 在推力轴承机架上，尽可能靠近机组转动轴的轴向和径向的一个或两个方向(互成90°)；

3） 在水力机械顶盖上，尽可能靠近机组转动轴的轴向和径向的一个或两个方向(互成90°)；

4） 在灯泡体上，两个横断面的加强筋径向和切向方向，其中一个断面靠近水轮机，另一个断面靠近发电机；

5） 在转轮室上尽量不受混凝土限制的径向方向；

6） 在刚性固定在导叶上的可拆卸部件的三个方向上，即垂直于导叶最小刚度平面的方向；垂直于导叶轴平面且平行于导叶最小刚度平面的方向；平行于导叶轴的方向。

6.2.2 主轴径向振动(主轴摆度，下同)应在靠近导轴承处测量，并在各测量平面相隔90°的两个方向上安装非接触式位移传感器(如电涡流传感器)。测量相对振动时，传感器固定在导轴承座或轴承支架上，且尽量靠近主轴。测量绝对振动时，传感器应安放在固定于基础的测量支架上。

如果需要，也可在两个导轴承间的主轴上不同位置测量其相对于某一固定点的振动(绝对振动)。在此情况下，为了确定传感器的布置位置，应预先进行计算，得出主轴的理论弯曲模型。将传感器布置在弯曲模型的最大振幅位置上，每个位置上布置两个互成90°的传感器。

水轮机、水泵水轮机有可能出现抬机或轴向串动现象，试验时应在适当位置安装测量主轴轴向位移的传感器。

6.2.3 压力脉动应在下述关键部位测量：

1） 水力机械高压侧，如压力钢管末端(蜗壳进口)；

2） 尾水锥管段上、下游侧；

3） 顶盖；

4） 无叶区；

5） 根据需要和布置可能，还可增加其他测量部位，如蜗壳内的其他位置，钢管的某个断面上，扩散段或其他部位等。

压力脉动传感器安装的相对位置应尽量与模型保持一致。压力脉动测量管路应单独引出，传感器应尽量安装在靠近测点位置。

6.2.4 应力脉动由实测应变计算得到，见附录A。应力脉动采用电阻应变片测量，测点应选在应力集中的位置，如孔、槽、倒角或其他应力集中的部位(如水斗根部)。

6.2.5 主轴转矩脉动可在转轮与电机之间适当位置上测量主轴的扭应变计算得到(见图5和附录B)。信号从旋转主轴向固定部分的传输，可采用滑环或无线数字传输装置，也可采用机载信号测试装置，将测试装置安装在旋转主轴上。

6.2.6 转速脉动可用光学式、电磁式或其他装置测量。测量位置可选在主轴的任何可见部位。但对于长轴的情况下，由于轴的扭转振动，在不同部位的测量可能得到不同的结果。

6.2.7 功率脉动用功率变送器测量，通过测量发电机输出功率或电动机输入功率来确定。如果功率脉动受到发电机或电网的激励，则应测量相应激励的影响。主轴的机械功率脉动可通过测量主轴同一部位的扭矩和转速，计算得到机械功率脉动。

6.2.8 导叶扭矩脉动可在导叶枢轴或导叶连杆上用应变片测量(见图6、图7及附录B)。

6.2.9 导轴承径向载荷脉动可用应变片测量。对于分块瓦滑动轴承，径向力必须在每块瓦的支撑结构上测量，以求得轴承所受的合力。对于其他类型轴承，如在设计阶段没有埋设测量仪器，那么径向力的测量是非常困难的，在这种情况下，轴承的径向力只能在导轴承支架上进行应变测量，应变片布置在两个互成90°位置上。

6.2.10 轴向力脉动可用下述方法估算：

1) 在刚度可确定或在现场能够标定（如通过顶起）的支撑部件上测量其应变或变形，从而求得其反作用力脉动。

2) 在每块推力瓦上测量应变脉动；

3) 测量主轴的轴向应变脉动，测量时应对弯曲应变进行补偿（见附录B）。

6.2.11 轴相位信号

轴相位信号用于确定旋转体动态方位随时间的变化，并作为转频振动相对相位角的基准点（0°）。基准标记布置在主轴表面，信号传感器一般安装在机组＋Y方向或与主要测振方向一致。

6.3 人员组织

6.3.1 除非在合同中另有规定，试验承担单位由供需方双方共同协商确定。

6.3.2 合同各方和试验单位协商确定一名试验总负责人。如合同各方同意，试验总负责人也可由试验单位自定。试验总负责人负责组织和指导试验，处理试验过程中的有关问题，编写（或指导编写）试验大纲，并提出最终报告。

6.3.3 合同双方（买方和卖方）应派人员参加试验或作为试验的观察员。

6.4 试验程序

试验程序应由试验总负责人提出，并提前足够的时间提交有关各方协商。

6.5 试验大纲

试验大纲由试验负责人根据下述各项草拟并提交有关各方协商。试验大纲主要内容参照如下，但不限于：

1) 试验目的；

2) 试验测点（列出所有被测量及相应的传感器和安装位置）；

3) 试验工况和试验进度（列出准备试验的工况、每个工况运行的时间，以及试验总持续时间，需要开停机的次数及每次停机的持续时间）；

4) 测试设备（列出所有被测量的测量记录仪器和测量方法，提供必要的标定结果或有关标定方法的说明）；

5) 准备工作（包括需要非试验承担单位配合进行的工作或提供的条件）；

6) 试验结果。

6.6 试验准备

6.6.1 检查机组并确认：

1) 机组完全符合设计技术参数；

2) 导叶或喷嘴开度的刻度、叶片角度刻度与实际测量结果相符合；

3) 流道光滑且无外部杂物；

4) 主要部件没有发生过分磨损；

5) 轴承间隙与设计值一致；

6) 主轴轴线偏差在允许范围内；

7) 机组能满足全部试验条件。

6.6.2 在各施测地点设置通信系统。

6.6.3 按规定的位置安装传感器。

6.6.4 连接传感器、放大器、记录器并进行检查核对、准备投入使用。

6.6.5 建议绘制传感器布置图，下述各项以表格形式给出：

1） 传感器代号及布置位置；

2） 传感器型号及编号；

3） 连接线与电缆的编号；

4） 放大器、记录器、分析仪等的型号与编号；

5） 测量通道编号。

6.6.6 测量仪器应尽可能在安装后进行原位标定，至少应在现场标定。不能在现场标定的仪器应将其最新检定结果的证明带到现场。

在正式试验前，应先确定好各被测量的传感器系数、采样速率及采样时间。

试验完毕后应尽可能进行重复标定。

6.6.7 试验准备工作完成后，试验负责人应进行检查。准备工作过程中如出现与计划不符之处，应与有关各方磋商并达成一致意见。

6.7 预备试验

需要时可在正式试验前安排预备试验。

预备试验的目的是为检验测试系统和信号系统，并使参试人员熟悉试验进行的方法。

预备试验可选择部分典型的或易操作的工况并完全按正式试验的方法进行。

预备试验的结果应加以整理并与以后的正式试验结果相比较如差别较大则应分析原因，必要时作适当处理或评价。

6.8 正式试验及观察

6.8.1 正式试验按拟定的试验大纲进行。每个工况的试验中，都要记录与试验工况有关的所有参数。附录C（见表C.1和表C.2）给出了记录表格的参考示例。

6.8.2 试验中还应记录其他与试验有关的信息，以便计算所有的转换因素，并使单个记录与整个试验联系起来。

6.8.3 试验中，所有用光信号和（或）声信号获得的读数（记录），应在读取（记录）的同时提供给所有的观测者。

6.8.4 稳态工况的试验，在工况调整后，应有足够的时间待新工况稳定后进行信号记录。

6.8.5 振动和脉动试验同时进行，并同步记录。

6.8.6 数据初步处理可在试验中进行或在试验后立即进行。试验结果可填入附录C所示的表格中。

6.9 重复试验

试验完毕后，或在试验过程中，若某一方有充分的理由（根据已有的代表性数据）对某个试验不满意，则该方可以提出重做，试验有关各方应就此进行磋商并作出决定。

7 测量方法

7.1 概述

本章推荐了水力机械振动、压力脉动及其他脉动的测量方法，并对测量系统布置、系统中各独立测试仪器的选择作了原则性规定或建议。

当对振动水平的允许极限有疑问时，可根据应变（应力）脉动水平作辅助判断。

7.2 振动

7.2.1 频率范围

选择测量方法时，必须考虑所测振动和脉动的上、下限频率。频率的上、下限受激振力谱以及叶片、水斗、导叶等的固有频率的影响。可采用下述公式初步估算：

a） 下限频率：

$$f_L = 0.1\ f_n \quad \cdots\cdots\cdots\cdots\cdots\cdots\cdots\cdots\cdots\cdots\cdots\cdots\cdots\cdots\cdots\cdots\cdots\cdots\cdots\cdots\cdots (1)$$

式中：f_n 为对应于额定转速的转速频率。

b) 上限频率：

——对于水斗式水轮机：

$$f_U = z_1 \times \frac{2\pi}{\alpha} \times f_n \quad \cdots\cdots\cdots\cdots (2)$$

式中：当喷咀非对称分布时，α 为喷咀轴线间的最小角度（弧度）；

$z_0 = 1$ 时，$\alpha = 2\pi$

——其他型式的水轮机：

$$f_U = \max\{z_0 \cdot z_1 \cdot f_n, Sh \cdot \frac{V_w}{\delta}\} \quad \cdots\cdots\cdots\cdots (3)$$

式中：Sh 为斯特罗哈数[3)]。

测试仪器必须根据估计的频率范围来选择。需要时，一个测量值可同时用几个不同的测量通道，以覆盖整个频率范围。

在过渡过程试验中，所用传感器的固有周期应小于输入脉冲的历程。当传感器无阻尼时，脉冲历程与传感器固有周期之比应大于 5。见 GB/T 13866、ISO 16063。

7.2.2 测量系统

测量系统可根据图 4 框图构成。具体地说，图 4a）为简单测试系统，适合于稳态试验，配备足够的记录仪器后也可用于简单的暂态过程试验；图 4b）所示系统更为完整，适用于包括暂态过程在内的各种试验。

为适应被测信号的较大变化范围，测量系统的动态范围应足够大。动态范围的下限由测量系统的噪声决定，其中电路噪声占极大部分，接地回路不当也是噪声大的一个原因。为了减少测量系统的噪声，应将传感器与被测物体电气绝缘。

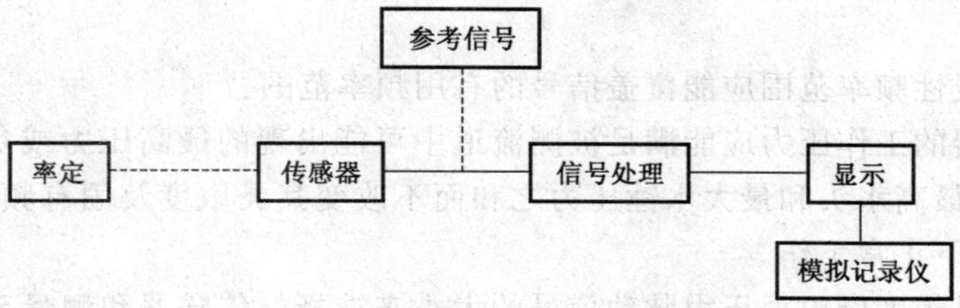

a) 简单系统

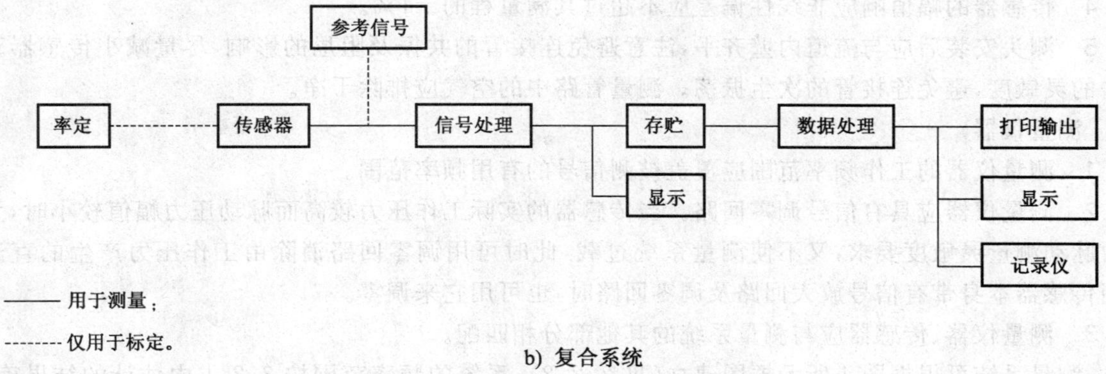

b) 复合系统

图 4 振动测量和分析系统

3）作为一阶近似．可取 $Sh = 0.15 \sim 0.25$（见图 1 和图 2）。

7.2.3 **传感器**

7.2.3.1 各振动量(位移、速度、加速度)应分别采用专门型式的传感器测量。当没有专门传感器时,理论上可对另一种传感器的输出进行积分或微分得到所需振动参数,但需特别注意排除可能由此引起的误差。

7.2.3.2 传感器的灵敏度应使最小被测信号电平大于测量系统的动态范围下限电平 10 dB(约 3 倍)。传感器的灵敏度也不应过大,以避免最大信号电平使测量系统过载。传感器和测量系统的整体分辨率对于振动位移应达到 10 μm。

7.2.3.3 传感器从 f_L 到 f_U 频率范围内其频率—幅值响应非线性偏差应小于±1.5 dB[4)]。

7.2.3.4 使用专门支架安装传感器时,应保证该支架有足够的刚度,使传感器安装后支架的固有频率远大于被测信号的最高频率 f_U。

7.2.3.5 当进行一般振动水平的测量和评价时,宜首先选用位移传感器测量振动位移。

7.2.3.6 在某些情况下,可选用两种不同类型的传感器来覆盖频率范围的不同部分。

7.2.4 **测量仪器**

7.2.4.1 测量仪器包括各种前置放大器、主放大器、滤波器等。它们的频率范围也应覆盖被测信号的有用频率范围。

7.2.4.2 测量仪器的动态范围应足够大,以便能适应信号的变化范围。

7.2.4.3 为便于进行振动分析,建议测量系统配置适当的多档低通滤波器。

7.2.4.4 应尽量避免在前置放大器中使用积分单元,因为它可能产生不可预见的测量误差。

7.3 **主轴径向振动测量**

7.3.1 测量主轴的径向振动时,应优先选用非接触式位移传感器(如涡流传感器)。

7.3.2 测量相对振动时,传感器装在轴承座或轴承支撑部件上。

7.3.3 测量绝对振动时,传感器装在以基础为支点的专门支架上。

7.4 **压力脉动测量**

7.4.1 压力传感器

7.4.1.1 传感器的线性频率范围应能覆盖信号的有用频率范围。

7.4.1.2 压力传感器的工作压力应能满足被测流道中可能出现的最高压力或负压。如装于钢管和蜗壳的传感器应能承受最高水头和最大水锤压力之和而不改变其灵敏度及固有频率,装于尾水管的传感器则应能在负压状态下正常工作。

7.4.1.3 传感器的灵敏度应根据压力脉动信号的大小来选择。传感器和测量系统的整体分辨力应小于 1 kPa(或 0.1 m 水柱)。

7.4.1.4 传感器的幅值响应非线性偏差应不超过其满量程的±1%。

7.4.1.5 测头安装后应与流道内壁齐平,注意避免连接管的共振及阻尼的影响,尽量减小传感器对机械冲击的灵敏度,避免连接管的次生振荡。测量管路中的空气应排除干净。

7.4.2 测量仪器

7.4.2.1 测量仪器的工作频率范围应覆盖被测信号的有用频率范围。

7.4.2.2 测量仪器应具有信号调零回路。当传感器的实际工作压力较高而脉动压力幅值较小时,为满足压力脉动测量灵敏度要求,又不使测量系统过载,此时可用调零回路消除由工作压力产生的直流信号。当传感器本身带有信号放大回路及调零回路时,也可用它来调零。

7.4.2.3 测量仪器、传感器应与测量系统的其他部分相匹配。

7.4.3 测量系统可根据图 4 所示框图建立(见 7.2.2),系统的频率范围按 7.2.1 中估计的结果确定。需要时,直流(零频率)响应也应包括在内。

---

4) 当这一要求不能满足时,可允许此非线性偏差为±3 dB。否则,在测量或数据处理中应根据测量系统的实际频率响应进行修正。

7.5 应力测量

7.5.1 应力测量用应变片电桥法。如需要，应进行温度补偿。

7.5.2 放大器的工作频率范围应为 0～f_U(Hz)；或为其中最重要的频率范围。

7.5.3 当温度为 0～60℃时，宜采用电阻丝式、箔式或其他类型的应变片。它们的特性应满足：

a) 应变测量范围：(－2 500～＋2 500)×10^{-6} m/m；

b) 一批应变片的应变灵敏度系数标准偏差不大于平均值的 3%；

c) 横向变形效应应小于纵向变形效应的 5%。

7.5.4 应了解应变片灵敏度系数(系数 *K*)。生产厂家提供的合格证中应包括此系数。

7.5.5 应变片的粘贴应严格遵守生产厂家的要求。必须采取可靠的防湿绝缘措施。

7.5.6 当主应力的大小和方向未知时，应采用三向应变花测量(参见附录 A)。当主应力的方向已知时，可使用少于三向的应变花。

7.6 主轴扭矩脉动测量

7.6.1 传感器

主轴扭矩脉动可采用应变测量法，此时应将应变片粘贴成专门测扭应变的方式(参见图 5)。由于主轴刚度较大，测量系统的分辨力一般不高。在测量前应估计可能达到的分辨力。

图 5 扭矩测量应变片的粘贴

7.6.2 传输

7.6.2.1 扭矩传感器输出信号从旋转主轴向固定不动部分的测试仪器的传输可采用：

1) 滑环；

2) 非接触式电容或电感发射机；

3) 旋转的电磁波发射机和固定的接收机；

4) 无线数字传输装置；

5) 机载信号测试装置。

7.6.2.2 传输装置的选用应考虑传输装置的噪声对整个测量系统分辨力的影响。

7.7 转速脉动测量

7.7.1 转速脉动可采用数字和模拟两种方式测量。

7.7.2 在模拟方式中，可从固定在机组上的频率发生器或转速表获得测量信号。与转速成正比的频率信号转换成模拟信号，它的幅值脉动就表示转速的脉动。

7.7.3 当采用数字方式时，使用上述相同的频率发生器。此时，两相邻脉冲间的时间间隔(周期)用快速的时间测量装置的数字方式记录(见 9.4)，然后用适当的方法计算出来。

7.8 功率脉动测量

7.8.1 在稳态工况下，机组的功率脉动可通过测量发电机的输出或电动机的输入功率来确定。这一方法也能用于测量起动、停机、负荷扰动等过渡过程的功率变化。

7.8.2 对于甩负荷等过渡过程，则应同时测量主轴扭矩和转速，然后计算得出功率和功率脉动。如测量机械功率脉动，则还应加上应转动部分质量加速或减速所需的功率脉动。

7.9 导叶扭矩脉动测量

导叶扭矩可采用下述两种方法测量：

1) 在导叶轴上贴应变片，将应变片贴成可消除轴向弯曲影响的形式，见图 6；

2) 在导叶连杆上贴应变片，应变片同样贴成能消除连杆弯曲影响的形式，见图 7。测出连杆受力后，根据导叶操作系统的几何尺寸算出导叶扭矩(参见附录 B)。

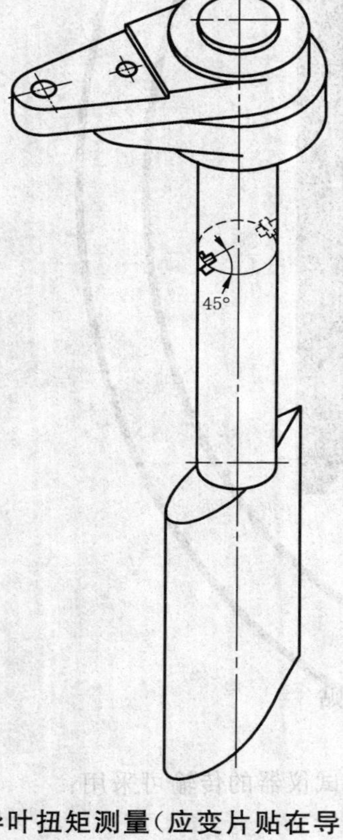

图 6 导叶扭矩测量(应变片贴在导叶轴上)

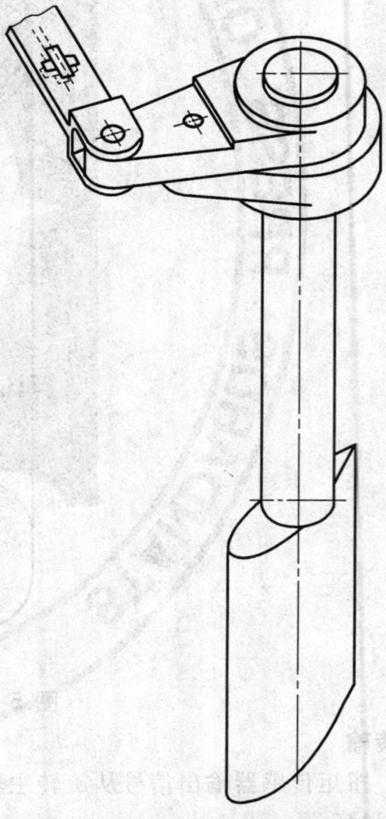

图 7 导叶扭矩测量(应变片贴在导叶连杆上)

7.10 导轴承径向载荷脉动测量

对于分块瓦式导轴承的径向载荷可在导轴承支撑结构上贴应变片进行测量。

7.11 推力轴承轴向载荷脉动测量

轴向载荷脉动可用下列方法间接的测量：

1) 在推力轴承支承部件上贴应变片，测量推力轴承支承部件的轴向变形；

2） 测量主轴的轴向变形；

3） 在推力轴承支承部件内，用专门测量杆测量等。

7.12 机组工况参数的测量

机组工况点参数需在试验中同时记录，或从相关仪表盘上读取并列入表格（见附录C）。

当数据随时间发生很大变化时，下述参数需与振动和脉动量同步记录：

1） 球阀开度、蝶阀开度或闸阀开度；

2） 导叶或喷嘴开度、叶片角度；

3） 机组转速（在甩负荷试验中）；

4） 机组功率；

5） 机组高压、低压侧瞬时压力。

8 标定

8.1 概述

测试系统必须在试验前进行标定，在试验后作检查。在长时间的测试中，试验期间也应进行校核。标定一般应在被测值的全部范围内进行。标定的方法、范围和结果应在试验大纲中说明，并包括在最终报告中。

标定信号的记录及（或）存贮应使用与实际测量相同的记录仪器及（或）存贮器。

标定可用下述两种方法：

1） 直接标定：对包括传感器、放大器、滤波元件、连接电缆及记录仪器在内的完整测量系统按严格指定的方式直接施加标定信号。

2） 标准电信号标定：用已知的标准电信号模拟传感器信号进行标定。

原则上，测量系统的所有技术参数，如灵敏度、频率特性等均应定期地进行直接标定，或至少在出厂后在国家法定计量单位或在厂家的试验室进行检定，并提供检定证书。实际试验时，在确有把握的情况下，可只进行灵敏度自校。

8.2 直接标定

8.2.1 振动

对具有振动质量块的传感器（如加速度计、磁电式拾振器等），需用专门的振动台进行动态标定。也可用其他可发生已知振动量的设备进行灵敏度或幅值响应特性自校。

当采用相对式位移传感器（如涡流式）时，应采用具有足够精确的装置给传感器施加一相对于实际被测表面的已知位移进行静态原位标定。

8.2.2 压力脉动

标准压力由压力机施加给传感器，压力值由已检定的精密压力计或砝码压力计测量。也可用已知高度、温度的水柱施加给传感器。传感器的动态特性由厂家给出。

8.2.3 应力

当应变量用于作用力测量时可进行直接标定。此时，粘贴应变片的部件可能需拆下，并给它施加一个已知的力。

8.2.4 主轴扭矩

一般不进行测量系统的原位标定。

在额定转速下测出发电机或电动机功率，扣除机械、电气损失后可得出主轴的扭矩，用它进行静态标定。

8.2.5 转速

采用仪表盘上转速显示仪表进行静态标定或采用脉冲信号发生器、频率计（模拟量方法）等进行标定。

8.2.6 功率

电功率测量仪器(瓦特表、电压表、电流表)应在专门计量检定单位检定。当连续测量功率脉动时,记录器用已检定的精密瓦特表在稳态条件下标定,瓦特表的传递函数在试验前确定。

8.2.7 导叶扭矩

需专门安排进行,一般不在现场进行静态标定。

8.2.8 导轴承、推力轴承载荷

可给试验导瓦或试验推力瓦施加一个准确的已知力进行静态标定。当立式机组的转动部分质量已知时,用风闸将转子顶起可对推力瓦进行整体静态标定。

8.2.9 导叶开度、轮叶角度、阀门和闸门开度

位置传感器现场安装完后进行静态标定。

8.3 标准电信号标定

这种标定方法不包括传感器。传感器的技术参数需经试验室标定得出,或(如应变片)取厂家给出的典型数据。

标定信号在测量放大器内部产生(静态的或动态的),也可采用外部参考信号。

8.3.1 振动

由内部信号发生器向放大器输入级供给一个幅值和频率都确定的信号用于放大器和记录器的标定。

8.3.2 压力脉动

电桥、放大器和记录器由内部静态信号一起标定。

8.3.3 应力、应变

电桥、放大器和记录器由内部静态信号标定。

8.3.4 主轴扭矩

见8.3.8。

8.3.5 转速

当传感器输出为模拟量时,可采用参考电信号进行间接标定。

8.3.6 功率

当仪表的输出为已知时,仅能标定记录器。

8.3.7 导叶扭矩

见8.3.8。

8.3.8 导轴承和推力轴承推力

放大器、电桥和记录器,用内部静态信号标定。传感器输出与受力间的关系由计算或实测确定。

9 信号记录

9.1 概述

信号记录应采用图形记录器、磁带记录器或数字记录仪直接记录。记录仪的精度应尽可能与测量仪器设备的精度相匹配。

9.2 图形记录器

9.2.1 图形记录器类型

记录器的上限频率需大于信号中有用的最高频率。

常用的图形记录器类型如下:

1) 光线示波器或笔绘记录器;

2) 热敏式或静电式电子记录器。

9.2.2 记录速度的选择

记录速度根据仪器使用说明和要求及所需的时间分辨力(或测量频率)选择。

9.2.3 纸带速度和记录时间的选择

记录时间 t_r 由待研究的频率分量 f_i 和该频率分量在记录中包含的周期数 N_r 来确定。

$$t_r = N_r \cdot \frac{1}{f_i} \quad \cdots\cdots (4)$$

若相应于一个周期的记录长度为 l,则总记录长度为:

$$L = N_r \cdot l \quad \cdots\cdots (5)$$

所需的纸速为:

$$V_r = \frac{L}{t_r} = l \cdot f_i \quad \cdots\cdots (6)$$

记录器中所含周期数 N_r 取决于频谱特性以及所用的分析方法。一个周期的长度 l 应根据最重要的频率成分对应的振幅的大小来选择,使其能在图形上清楚地显示出来。

9.3 磁带记录器

9.3.1 磁带记录器的频率范围应宽于实际测量频率范围。使用时应注意其实际上限频率(由带速决定)。也可用 PCM(脉冲码调制)系统的多通道磁带记录器,此时测量值用数码记录。

9.3.2 几个参数同时记录时应采用多通道磁带记录器。多通道记录器应有单独通道用来记录时间信号或备忘信号或声音信号,以便识别磁带上的内容。

9.3.3 当磁带记录器具有同步记录—重放功能时,应在其输出端接一个阴极射线示波器用于监视记录情况。若不具备这种功能,则需在适当的记录时间间隔后,将记录器脱离测量系统,并把信号重放给一台图形记录器或阴极射线示波器,用以检查记录的质量。

9.4 数字记录仪

9.4.1 数字记录仪 A/D 转换的位数应足够多,使其能包括整个测量的动态范围。

9.4.2 连续数据记录

连续记录时,A/D 转换器对某量连续采样(到满足需要的数量)后再去采集另一个量,这种方式仅能用于稳态工况下,作低速、准静态或监测试验(无限循环)。

9.4.3 巡回数据记录

这种记录方式尤其适用于暂态过程的块储存。在每次测量后,由计算机将数据传送给数据存储器。最大记录时间长度 T_{rm} 受处理器 RAM 存贮器容量的限制。T_{rm} 可用下式计算:

$$T_{rm} = \frac{C_s}{n_{ch} \cdot S_{rch} \cdot b_s} \quad \cdots\cdots (7)$$

式中:

C_s——RAM 容量,字节;

b_s——每个采样占用的字节数;

n_{ch}——通道数;

S_{rch}——每个通道的采样率。

这种限制必须在准备测量仪器时加以考虑。因为最小必须的记录时间与被测量和分析方法有关。

9.4.4 每一通道的采样速率需与测量设备相适合。采样率应不小于信号中的最高频率或需要的最高频率的 2.56 倍。采样前要采用抗混滤波器。

最大扫描速度和(或)A/D 转换器转换时间应满足系统的最大整体采样速率的要求。

9.4.5 如需比较通道间的相位(见 10.2.5),应采取适当的措施以保证在有关的通道间有修正相对时间基准的可能性,或保证各通道具有补偿因顺序扫描引入的时间滞后的可能性。

10 数据处理与分析

10.1 概述

水力机械振动和脉动水平的评价需根据规定的测量部位和规定的分析处理方法得到的振动及脉动测量结果进行。因此，正确的测量和正确的数据分析处理是正确评价振动水平的基础和保证。

通过“在线”或“离线”方式，观察被测振动量（如时域波形图中，以时间为横轴显示或以 X—Y 模式显示），对机组振动进行初步评价，并建议采用永久媒质（如照片或计算机输出硬拷贝），保存观察结果。记录详见第 9 章（信号记录）。

对数据的进一步处理可更深刻地理解振动或脉动现象。分析处理包括手工或自动测量和计算振幅、相应的频率和其他各种专门参数。专门参数的计算一般需通过电子数据处理系统或计算机进行。

10.2 数据处理方法

水力机械的振动和脉动信号可看作下述两类信号的合成：

1） 周期信号；

2） 随机信号。

在稳态工况下，合成信号可认为是稳态的。从实际应用角度周期振动和脉动更重要一些。测量数据的分析处理方法取决于所用的测量仪器和试验目的。

最常用的数据处理方法是：

1） 峰—峰值（或峰值）分析；

2） 有效值分析；

3） 数据统计处理；

4） 功率密度谱分析；

5） 完整的谱分析，包括相位分析。

10.2.1 峰—峰值（或峰值）分析

测点处的振动或脉动水平通常用其峰—峰值来表征。因此，峰—峰值特别适用于峰值振幅不变或稍有变化或瞬时值不重要的情况。

时域峰—峰值分析可采用如下三种方法：

1） 时段法，即把整个记录时间分成若干时段，计算出每一时段中的最大偏移量（从最低峰到最高峰）ΔX_{pp}，即可得出峰—峰值随时间的变化分析结果。分析结果可用表格或直方图示出。

2） 平均时段法，即取一定数量时段的峰—峰值或峰值的平均值。每段时段中至少应有一个尖锐峰值。

3） 置信度法，即对记录的信号时域波形图进行分区，将每个分区的点数统计出来，求出每个分区的点数概率，剔除不可信区域内的数据，计算得到峰—峰值。推荐使用 97%（或 95%）置信度。

峰—峰值也可进行 3.2.3.1 所定义的平均值分析，此时需连续取若干（10～20 或更多）个波的峰—峰值，并求其平均值。

峰值分析中也可采用上述分析方法，计算出偏离平均值的绝对最大值 ΔX_p，在振动相对平均值完全对称的情况下：

$$\Delta X_p = \frac{X_{pp}}{2}\text{，即峰—峰值的一半} \quad \cdots\cdots (8)$$

峰—峰值（或峰值）分析的具体执行方法取决于被测量的类型和试验的目的。对于压力脉动测量，建议选用与模型试验一致的峰—峰值（或峰值）分析方法[5]。

5） 模型压力脉动测量常用 97%（或 95%）置信度的峰—峰值分析方法。

10.2.2　**有效值分析**

有效值分析既可用于周期信号分析，也可用于随机信号分析。当振动过程本质上是随机过程(整体振动水平随时间变化，且出现不规则的尖锐峰)时，进行有效值分析更为合适。

如果所研究的过程为非稳态随机过程(如过渡过程)，可采用类似峰—峰值分析的方法，把整个记录时间分成多个时段，把每一时段内的信号作平稳随机过程处理，求出每一时段的有效值，就可得出整个记录的有效值随时间变化的特性。

有效值分析结果可以列表或以图线示出。

10.2.3　**数据统计处理**

数据统计处理方法适用于随机振动或随机脉动过程，并采用概率密度的概念综合描述振动或脉动现象以及估计它们的强度。

概率密度定义为振动量的瞬时值落在一定范围 ΔX 内的概率除以该范围大小 ΔX。

在指定幅值水平 X 处的概率密度为：

$$\lim_{\Delta x \to 0} \frac{P(X) - P(X + \Delta X)}{\Delta X} \quad \cdots\cdots (9)$$

式中：

$P(X)$——瞬时值大于 X 的概率。

$P(X+\Delta X)$——瞬时值大于 $X+\Delta X$ 的概率。

将 X 的全体值对应的概率密度值画成曲线就得到概率密度曲线。沿该曲线从 X_1 到 X_2 积分就得出瞬时值落在($X_1 \sim X_2$)间的概率。

振动或脉动的最大幅值(峰值)统计分布也可用峰值概率密度曲线表示。该曲线表示振动量在给定水平 X 处的振动幅值窗内峰值出现的概率。

在实际分析中，数据的统计处理都用专门的仪器设备(如 FFT 分析仪)或计算机程序来完成。

10.2.4　**功率密度频谱分析**

谱分析的目的在于得出各频率分量的综合分析，适用于稳态工况。

谱分析技术有两种：

1)　功率密度谱分析；

2)　快速傅立叶变换(FFT)分析。

以上两种分析方法可采用专门的分析仪或计算机程序来完成。

10.2.5　**完整的谱分析(包括相位分析)**

完整的谱分析包括幅值分析和相位分析两部分。

由完整的谱分析得到的完整信息，原则上可以进行信号由频域向时域的反向变换，而且可以判断同一频率分量的不同振动量间的可能联系。

完整的谱分析可得到每一频率 f 下的幅值 $W(f)$ 和相位 $\phi(f)$。因此，在给定频率下，谱密度幅值是复数或向量[6)]：

$$\vec{W}(f) = \{W(f)\cos\phi(f), W(f)\sin\phi(f)\} \quad \cdots\cdots (10)$$

这些量可由模拟量分析系统、数字式信号处理系统(如 FFT 分析仪)或计算机程序对信号进行分析得到。进行这种分析时，应注意可能由分析方法引入的各种误差。

11　测量不确定度

在估计测量不确定度前，尤其在自动估计前，必须保证(例如通过波形图检查)所记录的信号无干

---

6) 10.2.4 中由简单谱分析得出的谱幅值 $G(f)$ 与此处 $\vec{W}(f)$ 的模一致，即 $G(f)=|W(f)|$。$\vec{W}(f)$ 也可由相关函数(单个信号的自相关函数两个信号的互相关函数)的付立叶变换得到。它和由 FFT 分析得到的 $\vec{W}(f)$ 等价。

扰。如果存在干扰(如电磁干扰引起的“脉冲”),则应细心地进行人工计算。

11.1 所有振动量的测量不确定度都应进行估计,估计可采用原位标定曲线或厂商提供的标定曲线进行。要考虑的因素包括传感器、放大器、滤波器、记录器、数据处理系统等。

11.2 确定运行工况的所有参数,如水头、功率、导叶开度、轴流或斜流式水轮机的叶片安放角、吸出高度等的测量不确定度,需要时按有关规程进行计算。

11.3 计算得出的不确定度应保证与下列各项的一致性:仪器的工作状态、标定等级、测量系统最大期望不确定度,以及评价振动或脉动的允许极限等。

11.4 评价时用到的专门参数的相对不确定度应由参数的数学表达式中各物理量的相对不确定度,根据一般误差理论进行计算。通常是,总不确定度等于各单项不确定度平方和的平方根。

12 最终报告

完整的试验报告(见附录C)包括下列各项内容:

1) 试验目的、被测机组的主要技术参数;
2) 试验大纲;
3) 试验单位及人员名单;
4) 试验条件;
5) 仪器设备的型号、参数、生产厂家、标定系数、数据处理方法;
6) 传感器的布置位置说明及示意图;
7) 在数据处理(标定及其他)过程中所用的简图;
8) 试验结果,包括文字、图表、记录实例等;
9) 测量不确定度的说明;
10) 结论和(或)建议。

附 录 A
（规范性附录）
用应变片/花进行动应力测量时的主应力计算公式及信号处理

A.1 计算主应力的公式

主应力不能直接获得而需根据所测应变进行计算。不同的应力条件下的计算公式如下：

A.1.1 单向应力情况

$$\sigma_0 = E \cdot \varepsilon_0 \qquad \text{(A.1)}$$

式中：

σ_0——要计算的应力；

E——杨氏弹性系数；

ε_0——测得的应变。

A.1.2 主应力方向已知时的平面应力情况

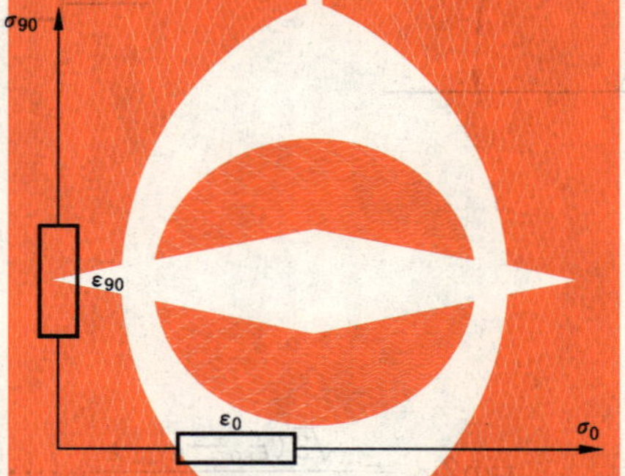

$$\sigma_0 = \frac{E}{1-\nu^2}(\varepsilon_0 + \nu\varepsilon_{90}) \qquad \text{(A.2)}$$

$$\sigma_{90} = \frac{E}{1-\nu^2}(\varepsilon_{90} + \nu\varepsilon_0) \qquad \text{(A.3)}$$

式中：

ν——泊松比。

A.1.3 主应力方向未知时的平面应力情况

在此情况下，必须在测量点贴上由三个应变片构成的应变花。不同形式的应变花（45°、60°、120°）及其计算公式如下：

A.1.3.1 45°应变片花

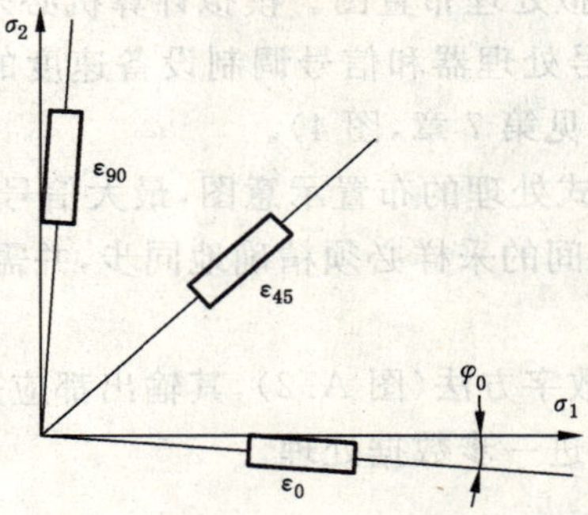

$$\tan 2\varphi_0=\frac{2\varepsilon_{45}-(\varepsilon_0+\varepsilon_{90})}{\varepsilon_0-\varepsilon_{90}} \quad\cdots\cdots\cdots\cdots\cdots\cdots (A.4)$$

$$\sigma_{1,2}=\frac{E}{1-\nu}\cdot\frac{\varepsilon_0+\varepsilon_{90}}{2}\pm\frac{E}{1+\nu}\cdot\frac{\varepsilon_0-\varepsilon_{90}}{2\cos 2\varphi_0}$$
$$=\frac{E}{1-\nu}\cdot\frac{\varepsilon_0+\varepsilon_{90}}{2}\pm\frac{E}{1+\nu}\cdot\frac{\sqrt{2}}{2}\sqrt{(\varepsilon_0-\varepsilon_{45})^2+(\varepsilon_{45}-\varepsilon_{90})^2} \quad\cdots\cdots (A.5)$$

式中：

φ_0——0°方向应变片轴线与最大应力 σ_1 方向间的夹角；

σ_1——最大主应力；

σ_2——最小主应力。

A.1.3.2 60°和 120°应变片花

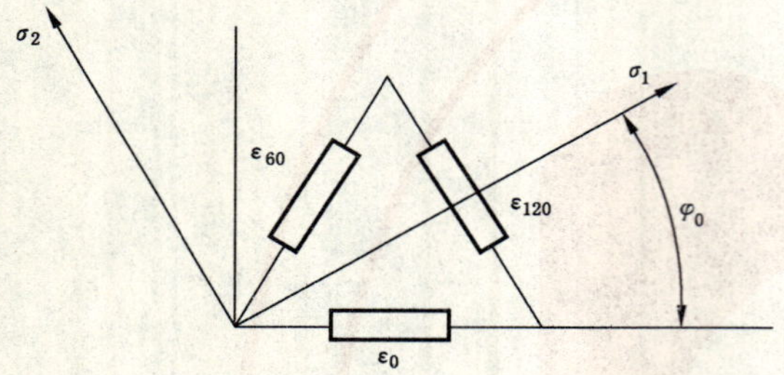

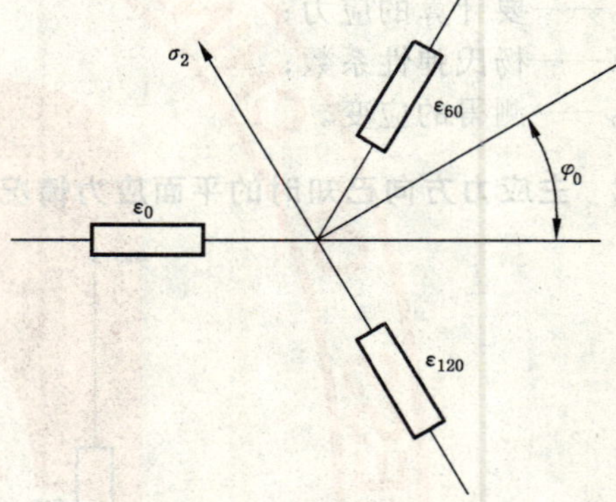

$$\tan 2\varphi_0=\frac{\sqrt{3}(\varepsilon_{60}-\varepsilon_{120})}{2\varepsilon_0-(\varepsilon_{60}+\varepsilon_{120})} \quad\cdots\cdots\cdots\cdots\cdots\cdots (A.6)$$

$$\sigma_{1,2}=\frac{E}{1-\nu}\cdot\frac{\varepsilon_0+\varepsilon_{60}+\varepsilon_{120}}{3}\pm\frac{E}{1+\nu}\cdot\frac{\sqrt{2}}{3}\cdot\sqrt{(\varepsilon_0-\varepsilon_{60})^2+(\varepsilon_{60}-\varepsilon_{120})^2+(\varepsilon_{120}-\varepsilon_0)^2}$$
$$=\frac{E}{1-\nu}\cdot\frac{\varepsilon_0+\varepsilon_{60}+\varepsilon_{120}}{3}\pm\frac{E}{1+\nu}\cdot\frac{2\varepsilon_0-(\varepsilon_{60}+\varepsilon_{120})}{3\cos 2\varphi_0}\cdots\cdots\cdots\cdots (A.7)$$

A.2 用应变花作动应力测量时的信号处理

应变花作动应力测量时的信号处理可用下述两种方法：

1) 在模拟计算机上进行模拟信号处理；

2) 三个应变信号并行采样，在数字计算机上进行处理。

图 A.1 是应变花应变信号的模拟处理布置图。模拟计算机必须能按 A.1.3 给出的公式进行计算。最大可分析频率(在线处理时)受信号处理器和信号调制设备速度的限制。在图中，测量系统中未表示储存和显示传感器信号方面的规定(见第 7 章，图 4)。

图 A.2 为应变花应变信号数字式处理的布置示意图，最大信号处理频率(在线处理时)受采样率及处理器速度的限制。试验时，各通道间的采样必须精确地同步，并需采用模拟低通滤波器来避免信号噪声引起的误差。

不论是模拟方法(图 A.1)还是数字方法(图 A.2)，其输出都应是 σ_1 和 σ_2 的瞬时值和瞬时方向 φ_0，根据这些量的使用情况，可能需要作进一步数据处理。

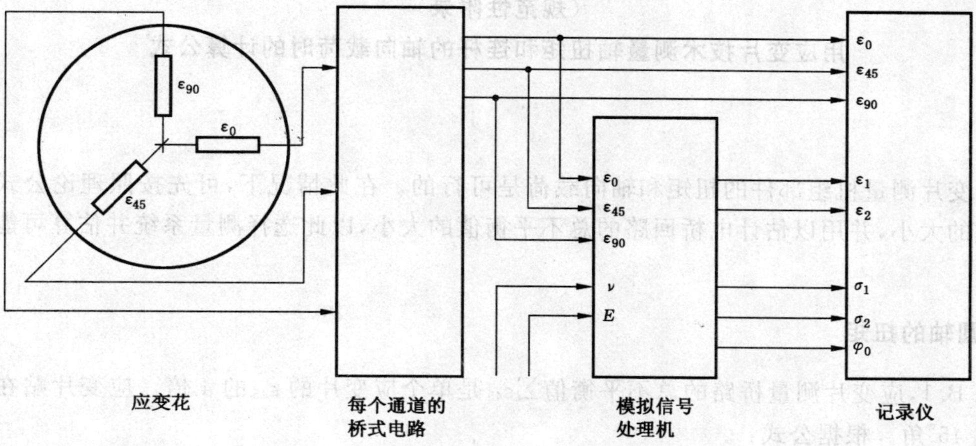

图 A.1　应变花应变数据模拟联机处理的布置示意图

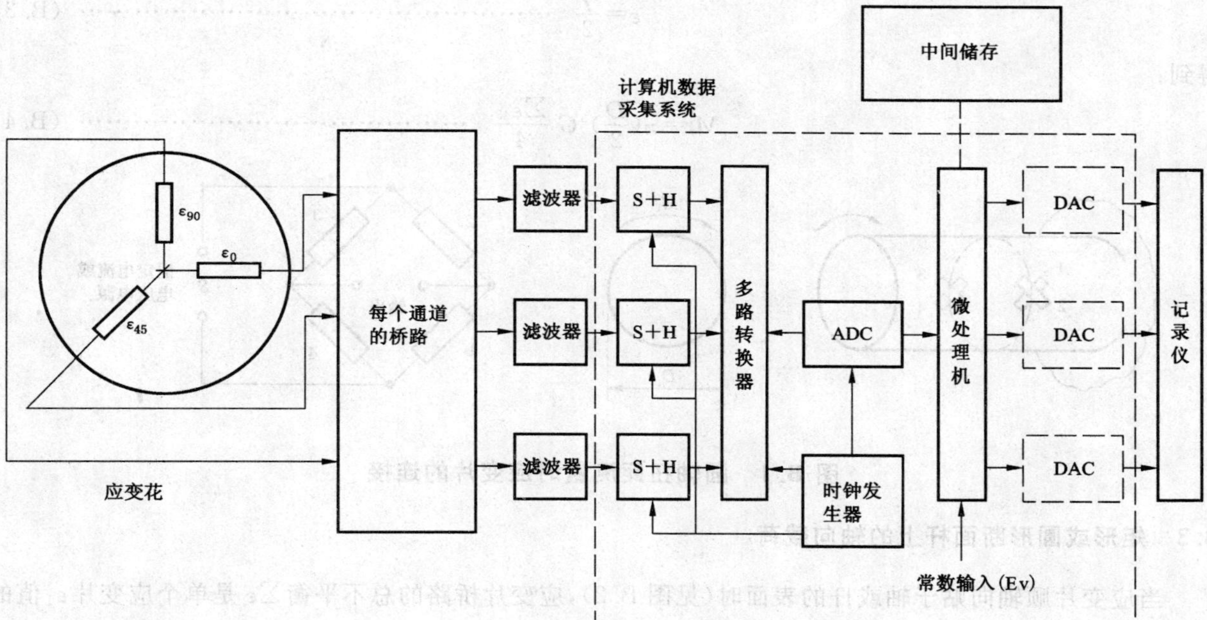

S＋H——采样保持；

ADC——模拟数字转换器；

DAC——数字模拟转换器。

图 A.2　应变花测应力时的数字在线处理系统框图

附　录　B
（规范性附录）
用应变片技术测量轴扭矩和连杆的轴向载荷时的计算公式

B.1　概述

利用应变片测量机组部件的扭矩和轴向载荷是可行的。在此情况下，可先按照理论公式（见 B.2）估算被测值的大小，并用以估计电桥回路的总不平衡值的大小，以此选择测量系统并估算可能达到的分辨率。

B.2　实心圆轴的扭矩

参照图 B.1，应变片测量桥路的总不平衡值$\sum\varepsilon_{45}$是单个应变片的ε_{45}的 4 倍。应变片贴在轴的表面并与轴线成 45°角。根据公式：

$$\tau=\frac{2M_t}{\pi(\frac{D}{2})^3} \quad \cdots\cdots (B.1)$$

$$\gamma=\frac{\tau}{G} \quad \cdots\cdots (B.2)$$

$$\varepsilon=\frac{\gamma}{2} \quad \cdots\cdots (B.3)$$

得到：

$$M_t=\pi(\frac{D}{2})^3G\frac{\sum\varepsilon_{45}}{4} \quad \cdots\cdots (B.4)$$

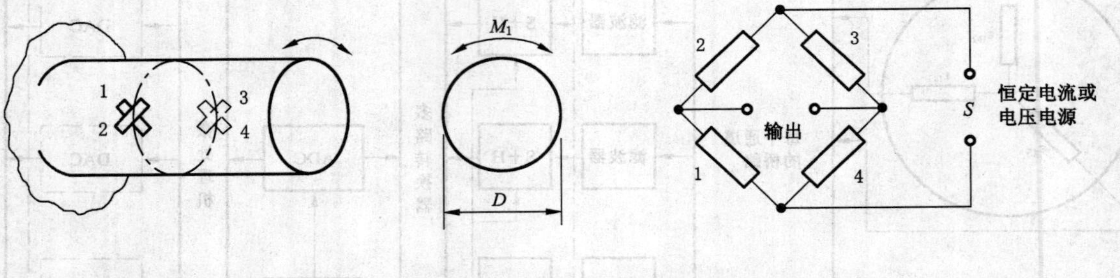

图 B.1　圆轴扭距测量时应变片的连接

B.3　矩形或圆形断面杆上的轴向载荷

当应变片顺轴向贴于轴或杆的表面时（见图 B.2），应变片桥路的总不平衡$\sum\varepsilon$是单个应变片ε_1值的$2(1+\nu)$倍。

根据公式

$$\sigma_1=\frac{P}{A} \quad \cdots\cdots (B.5)$$

$$\sigma_2=0 \quad \cdots\cdots (B.6)$$

$$\varepsilon_1=\frac{\sigma_1-\nu\sigma_2}{E}=\frac{\sigma_1}{E} \quad \cdots\cdots (B.7)$$

$$\varepsilon_2=\frac{\sigma_1-\nu\sigma_1}{E}=\frac{\nu\sigma_1}{E} \quad \cdots\cdots (B.8)$$

得桥路总不平衡为：

$$\sum\varepsilon=\frac{\sigma_1}{E}2(1+\nu)=2(1+\nu)\varepsilon_1 \quad\cdots\cdots\cdots\cdots\cdots\cdots\cdots\cdots\cdots\cdots\cdots\cdots\text{(B.9)}$$

由此得：

$$p=A\sigma_1=\frac{AE\sum\varepsilon}{2(1+\nu)} \quad\cdots\cdots\cdots\cdots\cdots\cdots\cdots\cdots\cdots\cdots\cdots\cdots\cdots\cdots\text{(B.10)}$$

各符号的意义：

τ——切应力；

M_t——轴扭距；

D——轴直径；

γ——剪切扭转角；

G——切变弹性系数，$G=\dfrac{E}{2(1+\nu)}$；

ε——应变（ε_1、ε_2 为主应变）；

σ——垂直应力（σ_1、σ_2 为主应力）；

E——杨氏模量；

ν——泊松比；

A——杆的断面面积；

P——杆的轴向载荷。

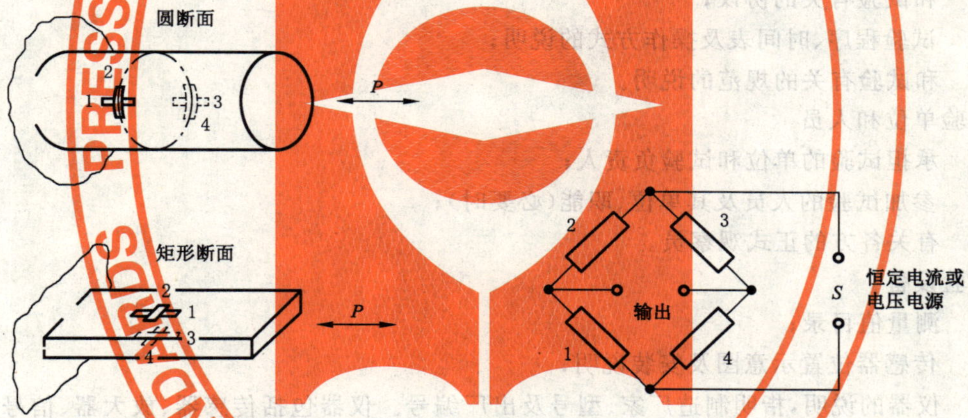

图 B.2 圆形或矩形断面杆轴向载荷测量时应变片的连接

附　录　C
（资料性附录）
最终试验报告示例

下面为最终试验报告的格式和内容的示例，这个示例仅用来帮助编写试验报告，不作为固定的格式。

1）　前言

　a）　电站名称和所有者；

　b）　试验的目的和试验简介；

　c）　提出试验的组织和承担试验的组织；

　d）　试验日期；

　e）　附加说明。

2）　试验对象

　a）　整个机组，特别是水力机械的说明；

　b）　主要技术数据及简图；

　c）　试验期间有关操作和维护条件。

3）　试验程序

　a）　和试验有关的协议；

　b）　试验程序、时间表及操作方式的说明；

　c）　和试验有关的规范的说明。

4）　试验单位和人员

　a）　承担试验的单位和试验负责人；

　b）　参加试验的人员及其单位、职能（必要时）；

　c）　有关各方的正式观察员。

5）　试验设备

　a）　测量值目录；

　b）　传感器位置示意图及安装说明；

　c）　仪器的说明，指明制造厂家、型号及出厂编号。仪器包括传感器、放大器、信号记录仪、监测系统、在线处理系统（如采用），仪器说明还应包括传感器的标定系数（如在现场标定，需说明标定过程），以及测量系统框图。

6）　试验结果

　a）　各次试验的工况或条件表 C.1；

　b）　试验结果表 C.2 和表 C.3；

　c）　试验结果的曲线；

　d）　时域波形图，给出同一测量值的不同试验工况的时域波形（图 C.1），及同一试验工况的不同测量值的时域波形（图 C.2）。

7）　试验结果的评价

　a）　评定和计算方法的说明；

　b）　对任选的一个试验进行计算示例；

　c）　评价和计算结果表及说明评价结果的图，如频谱分析图（图 C.3）。

8）　试验结果的讨论

　a）　试验结果的分析；

b） 对机组不同运行工况的试验结果进行比较和评价；

c） 与模型脉动试验结果(如有)的比较。

9） 结论和建议

a） 根据主要试验和评价结果；

b） 根据试验的目的和各有关方面的共同协议。

表 C.1 试验工况参数表

电站： 机组： 试验日期：

试验号	P 发电机/电动机	上游 水位	下游 水位	毛水头	P 水轮机/水泵	导叶 (喷针) 开度	转轮叶 片角	其他 参数[a]	备注
	MW	masl	masl	m	MW	%或 mm	(°)		

a 其他参数有流量、转速等。

表 C.2 振动试验结果(测点)

电站： 机组： 试验日期：

试验号	P 发电机/电动机	振动量 X[a]						主频率			其他参数		备注[b]
		峰—峰值或峰值			有效值			X_x	X_y	X_z			
		X_x	X_y	X_z	X_x	X_y	X_z						
	MW							Hz					

a 振动量 X：振动位移、振动速度或振动加速度，X_x、X_y、X_z 为直角坐标分量。

b 如分析的频率范围。

表 C.3 压力脉动试验结果(测点)

电站： 机组： 试验日期：

试验号	P 发电机/电动机	幅值 ΔH[a]	FFT 分析[b]						ΔH_{rms}	ΔH_{eff}[c]	运行水头 H	备注
			f_1	ΔH_1	f_2	ΔH_2	f_3	ΔH_3				
	MW	m	Hz	m	Hz	m	Hz	m	m	m	m	

a 除注明者，其余 ΔH 均为峰—峰值。

b f_1、ΔH_1、f_2、ΔH_2、f_3、ΔH_3 为分频幅值最大的前三个频率及其对于的峰—峰值，即 f_1 为主频。

c ΔH_{eff}为压力脉动功率谱中最高峰值的有效值。

图 C.1 同一测量值不同工况的波形图示例

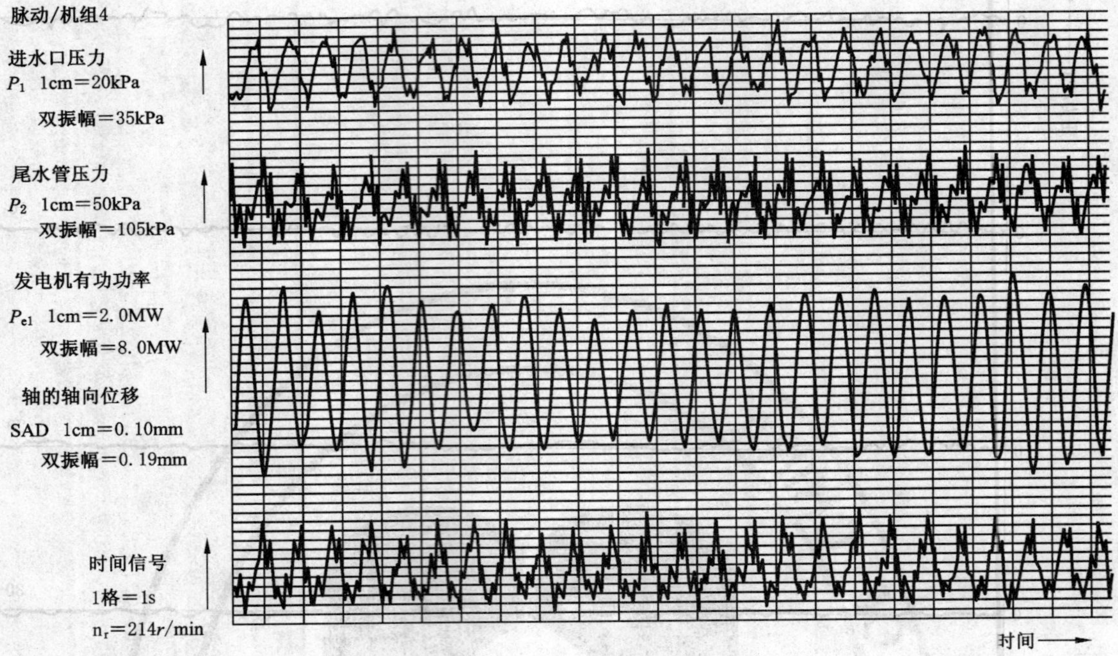

图 C.2 同一工况不同测量值的波形图示例

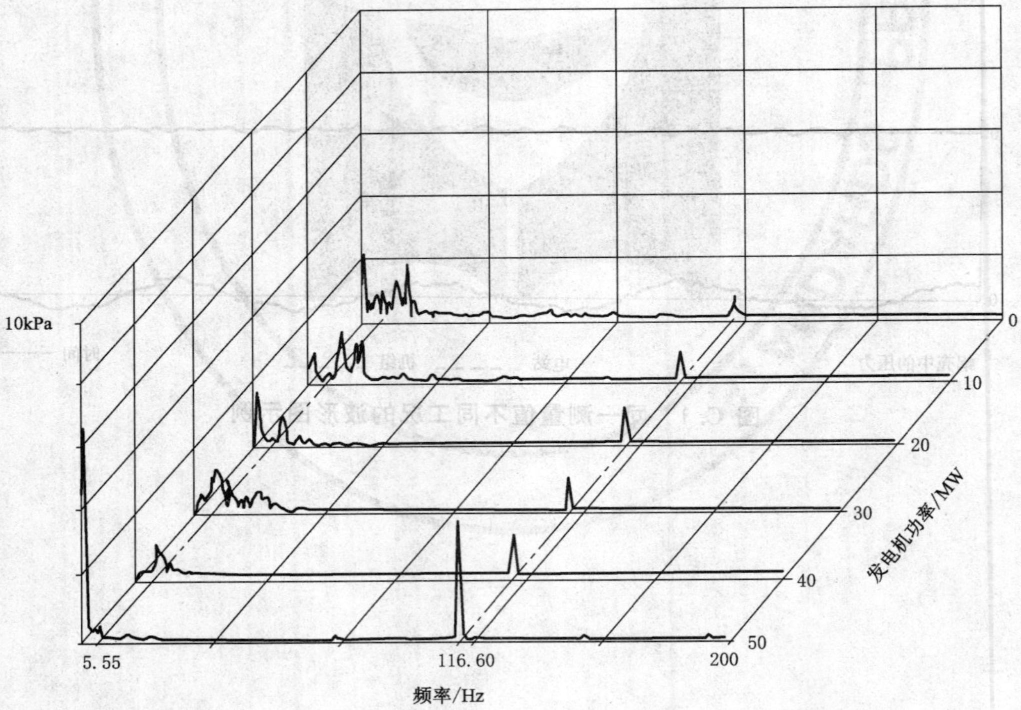

5.55 Hz=333.3 r/min,转速频率

116.6 Hz=5.55 Hz×7×3,转速频率×转轮叶片数×3(2次谐波)

图 C.3 谱分析结果示例

附 录 D
（资料性附录）
传感器装在长连接管上时压力脉动测量结果的偏差

如果在设备上采用连接管和测量室如图D.1所示这种结构，则传感器在Ⅰ室处测得的信号与在被测系统安装连接管处Ⅱ点测得的信号相比将发生偏差。

当信号的频率达到第一临界频率 f_c 时，这一偏差将特别显著。f_c 与下列因素有关：

1） 比值 $\dfrac{V_c}{L_c A_c}$

2） 路与测量室壁的弹性，等。

当壁面为刚性、系统中没有气泡时，并且忽略阻尼、假定为小振幅脉动及管路直径与 a_c/f_c 相比很小，则第一临界频率 f_c 由下式给出：

$$\cot g\,\frac{2\pi f_c L_c}{a_c}=\frac{2\pi f_c V_c}{a_c A_c} \qquad \text{(D.1)}$$

式中：

a_c——连接管中压力波的传播速度。或者，当 $V_c \ll A_c L_c$ 时

$$f_c=\frac{a_c}{4L_c}\times\frac{1}{1+\dfrac{V_c}{L_c A_c}} \qquad \text{(D.2)}$$

实际上，测量仪器应避免在0.1 f_c 以上频率使用，并应使用低通滤波器。

其他偏差可能由系统中的气泡引起，应特别注意系统的安装，充水和清扫。

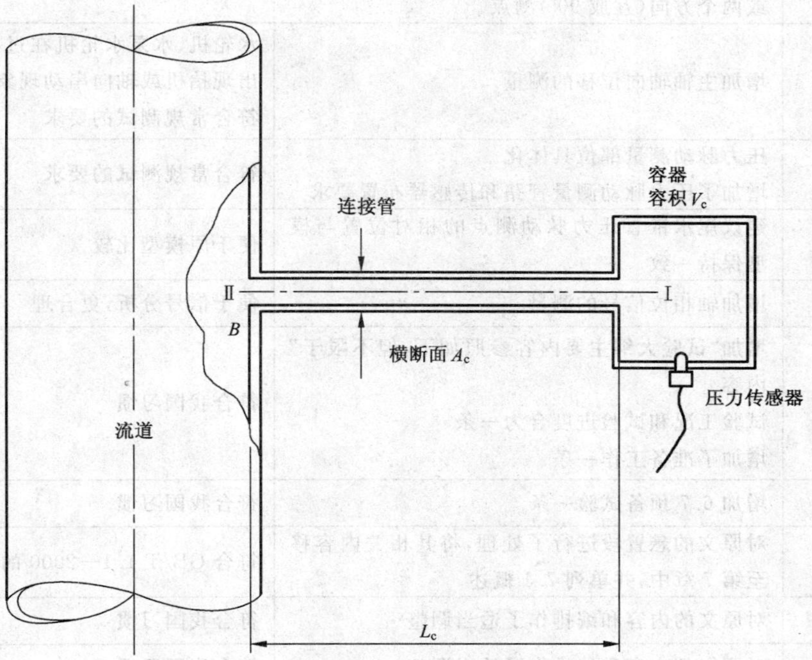

图 D.1 有连接管时压力传感器安装示意图

附 录 E
（资料性附录）
本标准与IEC 60994:1991技术性差异及其原因

表E.1给出了本标准与IEC 60994:1991技术性差异及其原因的一览表。

表E.1 本标准与IEC 60994:1991技术性差异及其原因

本标准章条编号	技术性差异	原 因
1	第1章名称规范为“范围”	符合GB/T 1.1—2000的编写规定
2	增加了“规范性引用文件”一章和相应的引用文件	符合GB/T 1.1—2000的编写规定
3	增加了引导语“GB/T 2900.45中确立的以及下列术语和定义适用于本标准”	符合GB/T 1.1—2000的编写规定
3.1	删除了“3.1单位”	国家标准理应采用国家法定计量单位
3.3	增加了主频、转频、A/D转换器、采样速率、采样时间、置信概率等名词术语。	符合正文内容
3.4	将伞式机组细分为伞式机组和半伞式机组，并增加了示例图 增加了轴流式水轮机示例图	从振动测量的角度考虑细分更合理
5.1	试验工况更具体化，增加了水泵工况示例，增加了机组调相测试工况	符合我国习惯，实用性更强
5.2	对条款进行了分类，并增加了5.2.3	符合中文表达习惯和我国习惯
6.2.1	推力轴承机架的振动测量增加了径向的一个或两个方向（互成90°）测点	符合常规测试的要求
6.2.2	增加主轴轴向位移的测量	水轮机、水泵水轮机在过渡过程工况下可能出现抬机或轴向串动现象 符合常规测试的要求
6.2.3	压力脉动测量部位具体化 增加了压力脉动测量管路和传感器布置要求	符合常规测试的要求
6.2.3	建议尾水锥管压力脉动测点的相对位置与模型保持一致	便于原模型比较
6.2.11	增加轴相位信号的测量	便于信号分析，更合理
6.5	增加“试验大纲主要内容参照如下，但不限于”内容 试验工况和试验进度合为一条 增加了准备工作一条	符合我国习惯
6.7	增加6.7预备试验一条	符合我国习惯
7	对原文的悬置段进行了处理，将其相关内容移至第7章中，并单列7.1概述	符合GB/T 1.1—2000的编写规定
7.2.3	对原文的内容和编排作了适当调整	符合我国习惯
7.2.4	对原文的内容和编排作了适当调整	符合我国习惯
7.4	将传感器和测量系统的整体分辨力由IEC的“应为相应压力下压力波动值的0.5%或更好”，调整为“应小于1 kPa（或0.1 m水柱）”	在满足测试精度的条件下，更具体，便于应用

表 E.1(续)

本标准章条编号	技术性差异	原　因
7.6	增加了无线数字传输装置、机载信号测试装置	符合现代测试技术的发展
7.10	对原文的内容作了适当调整	符合我国习惯
7.11	增加第三种测量方法"在推力轴承支承部件内,用专门测量杆测量"	符合现代测试技术的发展
7.12	对原文的内容作了适当调整	符合我国习惯
10	对原文的内容作了适当调整	符合我国习惯
10.2	增加了 97%(或 95%)置信度峰—峰值分析方法	便于原模型比较
B.1	对原文的悬置段进行了处理,将其内容列入B.1 概述	符合 GB/T 1.1—2000 的编写规定
附录 C	删除 6)试验文件条,增加 9)结论和建议条	符合我国习惯
	取消"篇"层次	不影响章条顺序,符合 GB/T 1.1—2000 的编写规定
	修改了图的格式、公式的格式、附录的格式	符合 GB/T 1.1—2000 的编写规定

ICS 29.180
K 41

中华人民共和国国家标准

GB 17201—2007
代替 GB 17201—1997

组合互感器

Combined instrument transformers

(IEC 60044-3:2002, Instrument transformers—
Part 3:Combined transformers, MOD)

2007-07-02 发布 2008-07-01 实施

中华人民共和国国家质量监督检验检疫总局
中国国家标准化管理委员会 发布

前言

本标准的第 1 章、第 2 章、第 3 章、第 4 章及 7.4 条为推荐性的，其余为强制性的。

本标准修改采用 IEC 60044-3:2002《互感器　第 3 部分:组合互感器》(英文版)。

本标准根据 IEC 60044-3:2002 重新起草。在附录 A 中列出了本标准章条编号与 IEC 60044-3:2002 章条编号的对照一览表。

考虑到我国国情，在采用 IEC 60044-3:2002 时，本标准做了一些修改。有关技术性差异已编入正文中，并在它们所涉及的条款的页边空白处用垂直单线标识。在附录 B 中给出了这些技术性差异及其原因的一览表以供参考。

为了便于使用，本标准对 IEC 60044-3:2002 还做了下列编辑性修改:

a) 按照 GB/T 1.1—2000 的要求增加了第 2 章"规范性引用文件";

b) 删除了 IEC 60044-3:2002 中的前言;

c) 小数点由","改为"."。

本标准代替 GB 17201—1997《组合互感器》。

本标准与 GB 17201—1997《组合互感器》相比主要变化如下:

——按 GB/T 1.1—2000《标准化工作导则　第 1 部分:标准的结构和编写规则》和 GB/T 20000.2—2001《标准化工作指南　第 2 部分:采用国际标准的规则》规定的编写格式进行了编辑性修改;

——标准的英文名称由"Combined transformers"更改为"Combined instrument transformers";

——将温升限值归到第 5 章"额定值"中;

——增加了第 6 章"设计要求"和第 7 章"试验";

——在型式试验中增加了"无线电干扰电压(RIV)测量"项目;

——增加了传递过电压的要求和测量方法;

——将原型式试验中"误差测定"条关于电流互感器和电压互感器间的相互影响部分单独列为"对测量和保护用组合互感器的补充要求"一章。

本标准的附录 A、附录 B、附录 C 和附录 D 均为资料性附录。

本标准需与 GB 1207—2006《电磁式电压互感器》和 GB 1208—2006《电流互感器》配合使用。

本标准由中国电器工业协会提出。

本标准由全国互感器标准化技术委员会(SAC/TC 222)归口。

本标准起草单位:沈阳变压器研究所、传奇电气(沈阳)有限公司、武汉高压研究所、江苏靖江互感器厂、江西赣电互感器有限责任公司、大连北方互感器厂。

本标准主要起草人:肖耀荣、魏朝晖、章忠国、郭克勤、熊江咏、张爱民、李涛昌、王仁焘。

本标准于 1997 年首次发布，本次为第 1 次修订。

组 合 互 感 器

1 范围

本标准适用于频率为15 Hz～100 Hz、供电气测量仪表和电气保护装置用的新制造的组合互感器。

对于组合互感器，本标准规定的以及GB 1208—2006和GB 1207—2006所包括的电流互感器和电磁式电压互感器的要求和试验都是必需的。如果电压互感器采用的是电容式电压互感器，则GB/T 4703所规定的要求和试验也是必需的。

注：本标准是以单相组合互感器为基础的，但有关部分亦适用于三相组合互感器。

2 规范性引用文件

下列文件中的条款通过本标准的引用而成为本标准的条款。凡是注日期的引用文件，其随后所有的修改单(不包括勘误的内容)或修订版均不适用于本标准，然而，鼓励根据本标准达成协议的各方研究是否可使用这些文件的最新版本。凡是不注日期的引用文件，其最新版本适用于本标准。

GB 1207—2006 电磁式电压互感器(IEC 60044-2:2003,Instrument transformers Part 2:Inductive voltage transformers,MOD)

GB 1208—2006 电流互感器(IEC 60044-1:2003,Instrument transformers Part 1:Current transformers,MOD)

GB/T 4703 电容式电压互感器(GB/T 4703—2001,eqv IEC 60186:1987)

3 术语和定义

GB 1207—2006和GB 1208—2006给出的及下列术语和定义适用于本标准。

组合互感器 combined instrument transformer

由电流互感器和电压互感器组合成一体的互感器。

4 正常和特殊使用条件

GB 1208—2006中的第4章和GB 1207—2006中的第5章适用于本标准的电流互感器和电压互感器。

5 额定值

5.1 一般要求

除GB 1207—2006中的第6章和GB 1208—2006中的第5章外，下述条款亦适用本标准。

5.2 温升限值

如果施加到组合互感器的电压符合GB 1207—2006中的6.4的规定，同时，通过电流互感器的一次电流等于额定连续热电流，电流互感器接有对应于额定输出的功率因数为1的负荷，且电压互感器接有额定负荷，或者如果有几个额定负荷时，接有最高额定负荷，负荷的功率因数为0.8(滞后)到1之间，组合互感器的温升不应超过GB 1207—2006中的6.4和GB 1208—2006中的5.6分别规定的相应值。对电压互感器在某些情况下允许的10 K附加裕度同样适用于组合互感器中的电流互感器。

注：如果电压互感器规定了热极限输出，则可在额定电压下连接与其对应的负荷。

6 设计要求

6.1 一般要求

除下面另行规定的以外,GB 1208—2006 中的第 6 章和 GB 1207—2006 中的第 7 章分别适用于本标准的电流互感器和电压互感器。

6.2 传递过电压

此要求适用于 $U_m \geqslant 72.5$ kV 的组合互感器。

施加到一次绕组的冲击电压的特性要求如下：

——施加电压的峰值(U_P)： $1.6\times\frac{\sqrt{2}}{\sqrt{3}}\times U_m$

——常规波前时间(T_1)： $0.5\times(1\pm20\%)\mu s$

——半峰值时间(T_2)： $\geqslant 50\ \mu s$

在 10.2 所述试验和测量条件下,从一次绕组传递到电流互感器以及电压互感器二次端子的过电压峰值(U_s)不应超过 1.6 kV。

注 1:此波形参数代表了由开关操作引起的电压振荡。

注 2:其他传递过电压的限值可由制造方与用户商定。

按 10.2 规定的方法测得的传递过电压峰值的限值为 1.6 kV,以保证连接到二次绕组的电子设备的安全。

7 试验

7.1 试验分类

本标准规定的试验分为型式试验、例行试验和特殊试验。

型式试验

对每种型式的互感器所进行的试验,用以验证按同一技术规范制造的所有互感器均满足除例行试验外所规定的要求。

注:经制造方和用户协商同意,在某一互感器上所进行的型式试验,对具有较小差别的互感器也可认为是有效的。

例行试验

每台互感器都应承受的试验。

特殊试验

不同于型式试验和例行试验的一种试验,由制造方和用户商定。

7.2 型式试验

下列试验为型式试验。详细内容见有关条文：

a) 电流互感器的短时电流试验(见 GB 1208—2006 中的 8.1)；

b) 温升试验(见 8.2)；

c) 额定雷电冲击试验(见 8.3,电流互感器还应见 GB 1208—2006 中的 8.3.2,电压互感器还应见 GB 1207—2006 中的 9.3.2)；

d) 电压互感器的一次绕组截断雷电冲击试验(见 8.3 及 GB 1207—2006 中的 9.3.3)；

注:电压互感器的截断雷电冲击试验在用户另有要求时可作为特殊试验,但其试验电压按 GB 1207—2006 中的附录 C 的规定,并在订货合同中注明。

e) 操作冲击试验(见 8.3,电流互感器还应见 GB 1208—2006 中的 8.3.3,电压互感器还应见 GB 1207—2006中的 9.3.4)；

f) 户外互感器的湿试验(电流互感器见 GB 1208—2006 中的 8.4,电压互感器见 GB 1207—2006 中的 9.4)；

g) 电压互感器短路承受能力试验(见 GB 1207—2006 中的 9.2);
h) 电压互感器的励磁特性测量(见 GB 1207—2006 中的 9.6);
i) 无线电干扰电压(RIV)测量(见 GB 1207—2006 中的 9.5);
j) 误差测定(见第 12 章)。

除非另有规定,所有绝缘试验应在同一台互感器上进行。

互感器在经受本条款的绝缘试验之外,还应经受 7.3 规定的全部例行试验。

7.3 例行试验

每台互感器应进行下列试验:

a) 端子标志检验(电流互感器见 GB 1208—2006 中的 9.1,电压互感器见 GB 1207—2006 中的 10.1);
b) 一次绕组工频耐压试验(见 9.2,电流互感器还应见 GB 1208—2006 中的 9.2,电压互感器还应见 GB 1207—2006 中的 10.2);
c) 局部放电测量(见 GB 1207—2006 中的 10.2.4);
d) 二次绕组工频耐压试验(电流互感器见 GB 1208—2006 中的 9.3,电压互感器见 GB 1207—2006中的 10.3);
e) 段间工频耐压试验(电流互感器见 GB 1208—2006 中的 9.3,电压互感器见 GB 1207—2006 中的 10.3);
f) 电流互感器匝间过电压试验(见 GB 1208—2006 中的 9.4);
g) 介质损耗因数测量(见 9.3,电流互感器还应见 GB 1208—2006 中的 9.5,电压互感器还应见 GB 1207—2006 中的 10.4);
h) 电压互感器的励磁特性测量(见 GB 1207—2006 中的 10.5);
i) 绝缘油性能试验(见 GB 1208—2006 中的 9.6);
j) 密封性能试验(见 GB 1208—2006 中的 9.7);
k) 误差测定(见 12.4)。

各项试验的顺序未标准化,但是误差测定应在其他各项试验之后进行。

对一次绕组的重复性工频耐压试验应按 80%规定电压值进行。

7.4 特殊试验

下列试验应根据制造方和用户之间的协议进行:

a) 电流互感器的一次绕组截断雷电冲击试验(见 8.3 及 GB 1208—2006 中的 10.1);
b) 电流互感器一次绕组多次截断雷电冲击试验(见 8.3 和 GB 1208—2006 中的附录 G);
c) 机械强度试验(见 GB 1207—2006 中的 11.1);
d) 传递过电压测量(见 10.2)。

8 型式试验

8.1 一般要求

除下面另行规定的以外,GB 1208—2006 中的第 8 章和 GB 1207—2006 中的第 9 章分别适用于本标准的电流和电压互感器。

8.2 温升试验

为验证是否符合 5.2 要求应进行本试验。对本试验而言,当温度升高速率不超过 1 K/h 时,即认为组合互感器已达到稳定温度。环境温度可在 5℃～40℃之间。

除非制造方与用户另有协议,当有多个二次绕组时,试验应在每个二次绕组接有相应的负荷下进行。试验时,互感器的安装方式应能代表运行安装状态。将规定的电流和电压同时施加到组合互感器上。为此,对电流互感器励磁的大电流变压器的一次和二次绕组相互间必须按电网的全电压绝缘。

如果没有这种合适的变压器，推荐另外两种试验方案。

a) 组合互感器对地绝缘安装。高电压同时施加到座架、外壳、运行中通常要接地的一次绕组端子和每一个二次绕组的一个端子上，同时，在运行中要接电力线路的一次绕组端子则接地。从而大电流变压器就不必要有高压绝缘结构。

b) 高电压施加到在运行中要接电力线路的端子上，电流互感器的一次端子短路并接高压，用电流互感器的一个或多个二次绕组励磁，使已短接的一次绕组中得到额定连续热电流。

所有三种方法的结果是相同的，方法的选择由制造方决定。

绕组的温升用电阻法测量，对于电阻很小的电流互感器一次绕组，可用热电偶测量。绕组以外其他部分的温升可用温度计或热电偶测量。

8.3 一次绕组冲击试验

对组合互感器进行冲击试验时，冲击电压波施加到已短接的电流互感器一次绕组，以及电压互感器一次绕组在运行时接高电压的端子上。这种接线同样适用于截断雷电冲击和多次截断雷电冲击试验。

电流互感器按 GB 1208—2006 中 8.3 的规定，电压互感器按 GB 1207—2006 中 9.3 的规定进行此试验。

9 例行试验

9.1 一般要求

除下面另行规定的以外，GB 1208—2006 中的第 9 章和 GB 1207—2006 中的第 10 章分别适用于本标准的电流和电压互感器。

9.2 一次绕组工频耐压试验

对电压互感器的感应耐压试验也应视为对电流互感器一次绕组的工频耐压试验。

9.3 电容量和介质损耗因数测量

如果电压互感器的一次绕组是由多个线圈构成，而且每一个线圈与主绝缘内部相应的分级层连接，只能检测与地电位连接的线圈的这部分绝缘，在这种情况下，按 GB 1207—2006 中的 7.1.2.5 规定的试验电压应予降低。介质损耗因数应考虑到线圈电阻的影响予以修正。

10 特殊试验

10.1 一般要求

除下面另行规定的以外，GB 1208—2006 中的第 10 章和 GB 1207—2006 中的第 11 章分别适用于本标准的电流和电压互感器。

10.2 传递过电压测量

电流互感器和电压互感器都应用图 1 所示电路分别进行试验。

低的冲击电压(U_1)施加在诸一次端子中的一个端子与地之间。

各二次绕组拟接地的端子应与座架相连并接地。

传递电压(U_2)应在开路的二次绕组端子上测量。二次绕组端子通过一根 50Ω 的同轴电缆与输入阻抗为 50Ω、带宽为 100 MHz 或更高的能读取峰值的示波器相连。

注：经制造方与用户协商，也可采用其他能够避免干扰的测量方法。

若电流互感器和电压互感器有多个二次绕组，应依次对每一个绕组进行测量。

当二次绕组有中间抽头时，应只在对应的满匝数的出头上测量。

对电流互感器和电压互感器，当规定的过电压(U_P)施加到其一次绕组时，传递到二次绕组的过电压(U_S)都应按下式计算：

$$U_S = \frac{U_2}{U_1} \times U_P$$

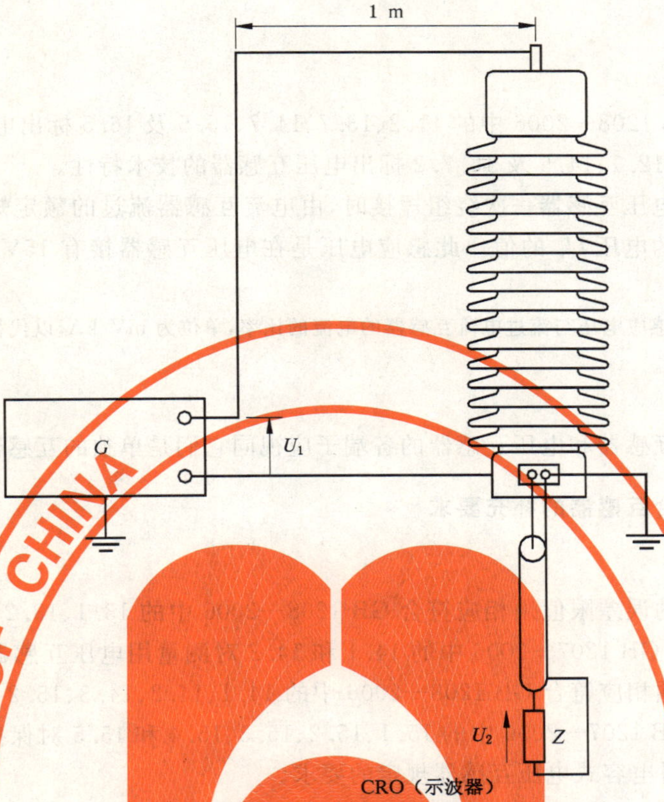

图 1　传递过电压测量

当波峰处有振荡时，须画出平均曲线，并以此平均曲线的最大幅值作为 U_1 的峰值来计算传递电压（见图 2）。

注：电压波振荡的幅值和频率可能对传递电压产生影响。

如果电流互感器和电压互感器的传递过电压值都不超过 6.2 的规定限值，则认为组合互感器通过了此项试验。

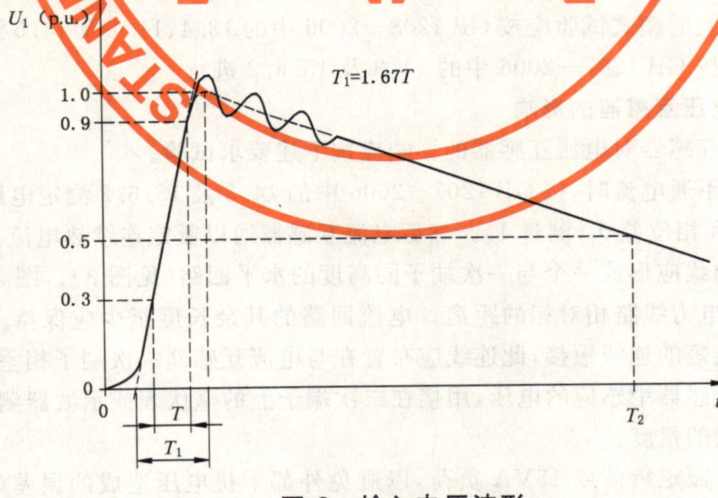

图 2　输入电压波形

11 标志

11.1 铭牌标志

铭牌上应分别按GB 1208—2006中的11.2、13.7、14.7、15.5及16.5标出电流互感器的技术特性，按GB 1207—2006中的12.1、14.5及15.7.2标出电压互感器的技术特性。

铭牌上还应标出当电压互感器一次绕组短接时，由电流互感器流过的额定短时热电流（方均根值）在电压互感器上感应出的电压U_e的值。此感应电压是在电压互感器接有15VA或额定负荷时，在其二次绕组端子上测得的。

注：铭牌上也可标出此感应电压与流过电流互感器的电流的比率，单位为mV/kA，以代替额定短时热电流（方均根值）所感应的电压U_e。

11.2 端子标志

组合互感器中电流互感器和电压互感器的各端子应视同它们是单独的互感器一样标志。

12 对测量和保护用组合互感器的补充要求

12.1 一般要求

测量用组合互感器的误差限值须相应符合GB 1208—2006中的13.1、13.2和13.3对测量用电流互感器规定的要求，以及GB 1207—2006中的14.1和14.2对测量用电压互感器规定的要求。保护用组合互感器的误差限值须相应符合GB 1208—2006中的14.1、14.2、14.3、15.2和15.3对保护用电流互感器规定的要求，及GB 1207—2006中的15.1、15.2、15.3、15.4和15.5对保护用电压互感器规定的要求，以及GB/T 4703对电容式电压互感器规定的要求。

12.2 相互影响

当电流互感器在5%（或1%）额定电流和额定连续热电流之间工作，电压互感器在80%和120%额定电压之间，负荷在规定的范围内时，其电压误差和相位差应不超过其准确级相应的限值。

在此情况下，电流互感器的负荷并不重要，因此可将其二次绕组短路。

电压互感器在80%额定电压和额定电压因数倍额定电压之间工作，电流互感器的电流和负荷在规定范围内时，其电流误差和相位差应不超过其准确级相应的限值。

注：电流与电压互感器之间的相互影响见附录C。

12.3 测量和保护用组合互感器误差的型式试验

12.3.1 一般要求

对于电流互感器，误差的型式试验应按GB 1208—2006中的13.4、14.4及14.5进行。对于电压互感器，误差的型式试验应按GB 1207—2006中的14.3及15.6.2进行。

12.3.2 电流互感器对电压互感器的影响

组合互感器中，电流互感器对电压互感器的影响应按下述要求试验。

首先，在电流互感器不通电流时，按GB 1207—2006中的14.3及15.6.2测定电压互感器在规定负荷范围内的电压误差ε_v和相位差δ_v（测量1）。然后电流互感器通以额定连续热电流。

电流互感器的供电导线应形成一个与一次端子同高度的水平回路（见图3）。图3中用a表示的返回导体的距离，应相当于电力线路相对相的距离。电流回路的其余长度至少应保持1.6 m。电压互感器的一次绕组用一尽可能短的连线短接，此连线应布置在与电流互感器一次端子相垂直的面上。

由这一电流在电压互感器中感应的电压，用接在二次端子上的毫伏表或示波器测量。这一电压U_v是电压误差的最大变化量的量度。

建议电压互感器接有额定负荷或15VA负荷，以避免外部干扰电压造成的误差（测量2）。对保护用电压互感器，变化量$\Delta\varepsilon$只考虑2%额定二次电压下的即可，而对测量用电压互感器则只考虑80%额定二次电压下的即可。

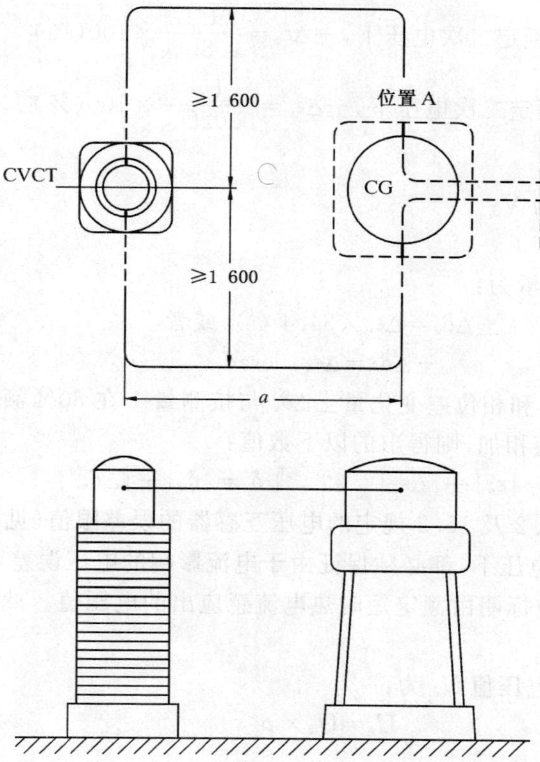

CVCT——组合互感器。

CG——大电流变压器。此变压器的漏磁场不应影响到组合互感器。如果检测出在位置 A 有影响，则应采用位置 B。

a——导体的返回距离，即对应于电力线路中的相间距(见下表。用户如另有要求，导体的返回距离 *a* 可按附录 D 的规定选取，但应在订货合同中注明)。

系统最高电压 kV	距离 *a* 的最小值 mm	
	室内	室外
7.2	100	200
12	125	200
24	180	300
40.5	300	400
72.5	550	650
126	900	1 000
252	2 000	2 000
362	—	2 800
550	—	4 300

注：以上不适用于成套配电装置。

图 3　回路几何布置

此时，电压误差的最大可能变化量为：

$$在\ 80\%额定二次电压下，\pm\Delta\varepsilon_v=\frac{U_v}{0.8U_{sN}}\times100(\%)$$

$$在\ 2\%额定二次电压下，\pm\Delta\varepsilon_v=\frac{U_v}{0.02U_{sN}}\times100(\%)$$

式中：

U_{sN}——额定二次电压，单位为 V；

U_v——单位为 V。

此时，相位差的最大可能变化量为：

$$\pm\Delta\delta_v=\Delta\varepsilon_v\times34.4\ (')，或者$$

$$\pm\Delta\delta_v=\Delta\varepsilon_v\quad crad$$

如果将电压误差变化量$\pm\Delta\varepsilon_v$和相位差变化量$\pm\Delta\delta_v$与按测量 1 在 80%额定电压和规定负荷范围内的测量结果 ε_v 和 δ_v，均以绝对值相加，则得出的以下数值：

$$\pm\varepsilon'=|\varepsilon_v|+|\Delta\varepsilon_v|\quad 和\quad \pm\delta'=|\delta_v|+|\Delta\delta_v|$$

应不超过 GB 1207—2006 中的 14.2 及 15.2 规定的电压互感器的误差限值(见图 4)。

此外，在 100%和 120%额定电压下，都必须保证由于电流影响的电压误差不超过误差限值。

为证明符合 11.1，在铭牌上应标明由额定短时热电流感应出的电压值。此值可用额定连续热电流下测量的电压 U_v 计算得出。

由额定短时热电流感应出的电压值 U_e 为：

$$U_e=U_v\times p$$

式中：

$p=\frac{I_{th}}{I_{cth}}$；

U_v——由连续热电流感应的电压；

I_{th}——额定短时热电流；

I_{cth}——额定连续热电流。

注：为得到较大的误差，最好在尽可能大的电流下测量感应电压 U_v。

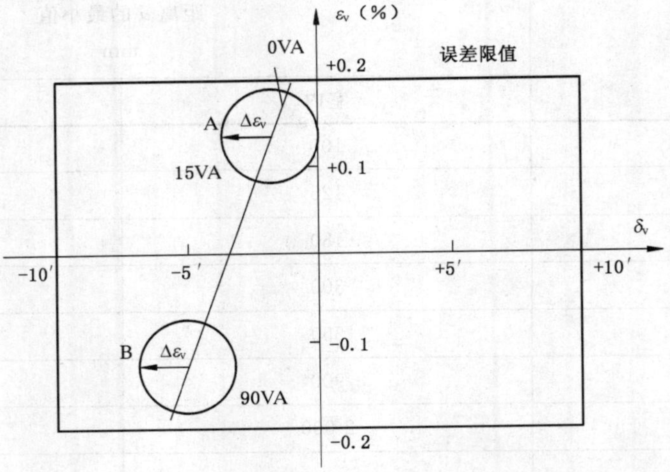

$\Delta\varepsilon_v$——由电流产生的误差变化量；

根据电流与电压相量之间的角度，$\Delta\varepsilon_v$ 的末端点处在以没有电流影响时的电压互感器各误差点为圆心的圆周上。

A——电压互感器输出为 15 VA 时的误差；

B——电压互感器输出为 90 VA 时的误差。

图 4　0.2 级电压互感器的误差图

12.3.3 **电压互感器对电流互感器的影响**

组合互感器中，电压互感器对电流互感器的影响应按下述要求试验。

在电压互感器不励磁时，按 GB 1208—2006 中的 13.4 及 14.4 测定电流互感器的电流误差 ε_i 和相位差 δ_i（测量 1）。

电流互感器不励磁，然后将 120%额定电压及额定电压因数倍额定电压加到电压互感器的端子上，此端子与电流互感器的一个端子直接相连。此电压在电流互感器中产生电容电流，并测量接在电流互感器二次端子间的电阻 R 上的电压降 U_i。电压互感器各二次绕组的负荷不会影响这一结果，因此它们可以开路。

当额定二次电流为 1 A 或 5 A 时，推荐电阻值分别为 100Ω 或 4Ω。电阻 R 值的准确度为±10%即可满足要求。应进行两次测量，首先在电流互感器二次绕组的 S1 端子接地时测量此电压降 U_i（图 5a，测量 2），然后在二次绕组的 S2 端子接地时测量（图 5b，测量 3）。取两次测量的较大值。

注：若制造方与用户协商一致，只用在运行中接地的端子接地也可。

a 测量 2　　　b 测量 3

图 5 电流互感器电压降 U_i 测量

通常，在 5%额定电流时确定电压的影响即可。

因此，电流误差的变化量为：

$$\text{在 5\%额定电流时，} \pm\Delta\varepsilon_i = \frac{U_i}{R \times 0.05 I_{sN}} \times 100\%$$

式中：

R——单位为 Ω；

U_i——单位为 V；

I_{sN}——额定二次电流，单位为 A。

相位差的变化量为：

$$\pm\Delta\delta = \Delta\varepsilon_i \times 34.4\ (')\text{，或者}$$

$$\pm\Delta\delta = \Delta\varepsilon_i \quad \text{crad}$$

如果将电压误差变化量$\pm\Delta\varepsilon_i$ 和相位差变化量$\pm\Delta\delta_i$ 与按测量 1 在 5%额定电流下和规定的负荷范围内测得的结果 ε_i 和 δ_i，均以绝对值相加，则得出的以下数值：

$$\pm\varepsilon_i' = |\varepsilon_i| + |\Delta\varepsilon_i| \quad \text{和} \quad \pm\delta_i' = |\delta_i| + |\Delta\delta_i| \qquad \text{（见图 6）}$$

不应超过 GB 1208—2006 中的 13.2 及 14.3 规定的电流互感器的误差限值。无论是在 5%到 120%额定电流之间，还是在有额定扩大电流的情况时的额定连续热电流下，都必须保证电流互感器的误差不超过限值。

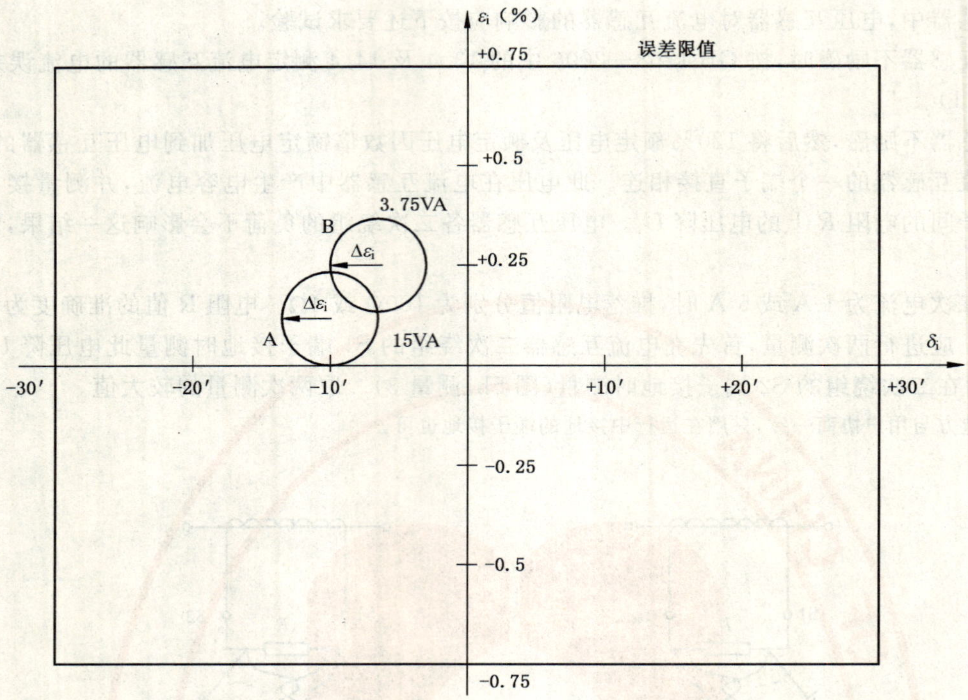

$\Delta\varepsilon_i$——由外加电压产生的误差变化量；

根据电压与电流相量之间的角度，$\Delta\varepsilon_i$ 的末端点处在以没有外加电压影响时的电流互感器各误差点为圆心的圆周上。

A——电流互感器输出为 15 VA 时的误差；

B——电流互感器输出为 3.75 VA 时的误差。

图 6　0.2 级电流互感器在 5%额定电流时的误差图

12.4　测量和保护用组合互感器误差的例行试验

电流互感器的误差试验应按 GB 1208—2006 中的 13.5、14.4 和 14.6 的要求进行。

电压互感器的误差试验应按 GB 1207—2006 中的 14.4 和 15.7 的要求进行。

必须加入型式试验时按 12.3.2 和 12.3.3 确定的误差变化量。

附　录　A
（资料性附录）
本标准章条编号与 IEC 60044-3:2002 章条编号对照

表 A.1 给出了本标准章条编号与 IEC 60044-3:2002 章条编号对照一览表。

表 A.1　本标准章条编号与 IEC 60044-3:2002 章条编号对照一览表

本标准章条编号	IEC 60044-3:2002 章条编号
2	—
3	2
4	3
5	4
6	5
7	6
8	7
9	8
9.3	9.2
10	9
11	10
12	11
附录 A	—
附录 B	—
附录 C	附录 A
附录 D	—

表 A.2 给出了本标准图编号与 IEC 60044-3:2002 图编号对照一览表。

表 A.2　本标准章条编号与 IEC 60044-3:2002 图编号对照一览表

本标准图编号	IEC 60044-3:2002 图编号
图 1	图 6
图 2	图 7
图 3	图 1
图 4	图 4
图 5a	图 2
图 5b	图 3
图 6	图 5

附 录 B
（资料性附录）
本标准与 IEC 60044-3:2002 技术性差异及其原因

表 B.1 给出了本标准与 IEC 60044-3:2002 技术性差异及其原因一览表。

表 B.1 本标准与 IEC 60044-3:2002 技术性差异及其原因一览表

本标准章条编号	技术性差异	原 因
1	将组合互感器符合 GB/T 4703 电容式电压互感器的要求由必要条件改为可选条件，并增加"注"说明本标准是以单相互感器为基础的。	使本标准的适用范围更加明确。
2	增加了规范性引用文件。	以便于查找所引用的文件。
5.2	增加了"注：如果电压互感器规定了热极限输出，则可在额定电压下连接与其对应的负荷"。	说明如果有热极限输出的规定时如何接负荷，便于实际操作。
7.2 和 7.4	型式试验项目中增加了"电压互感器的励磁特性测量"，并将 IEC 标准中为特殊试验项目的"电压互感器截断雷电冲击试验"调整为型式试验项目。	与 GB 1207—2006 保持一致，使互感器制造的质量控制更趋严格，以提高产品的运行安全水平。
7.3 和 7.4	例行试验项目中的"电压互感器的局部放电测量"改为"局部放电测量"； 增加了"电压互感器的励磁特性测量"、"绝缘油性能试验"和"密封性能试验"，并将 IEC 标准中为特殊试验项目的"电容量和介质损耗因数测量"调整为例行试验项目。	局部放电测量是针对整个组合互感器的，只是采用与电压互感器相同的测量方法而已； 与 GB 1207—2006 和 GB 1208—2006 保持一致，使互感器制造的质量控制更趋严格，以提高产品的运行安全水平。
8.2	将试验的环境温度调整为 5℃～40℃。	以适应我国国情。
9.3	将 IEC 标准中为特殊试验项目的"电容量和介质损耗因数测量"调整为例行试验。	与 GB 1207—2006 和 GB 1208—2006 保持一致，使互感器制造的质量控制更趋严格，以提高产品的运行安全水平。
12.2	增加"注"。	将附录 C 引用到正文中。
12.3.2	图 3 表中的"导体的返回距离 a"更改为我国电力系统采用的数值，并将符合 IEC 标准的数值列入附录 D 中。	以适应我国国情。
12.3.3	取消了"2A"（额定二次电流）和与其对应的"25Ω"（推荐电阻值）； 将"输入端子"更改为"S1 端子"，"输出端子"更改为"S2 端子"； 将"测量 2"和"测量 3"合并为同一图中，并增加图的名称。	与 GB 1208—2006 保持一致，以适应我国国情； 直接说明，便于实际操作； 编辑性修改。
附录 D	将 IEC 60044-3:2002 标准的回路几何布置图中导体的返回距离 a 列出作为参考资料。	用户另有要求，导体的返回距离 a 可按 IEC 的规定选取。

附 录 C
（资料性附录）
电流和电压互感器的相互影响

C.1 载流导体磁场对电压互感器误差的影响

电压互感器的误差可能受到邻近载流导体磁场的影响。当导体水平布置且与铁心纵向成直角，而且环绕导体的磁通穿过开路的线圈时，这一影响最大（图 C.1 示出了额定电压 10 kV 互感器的影响）。然而，当导体放置得与铁心纵向平行时，这一影响实际上可以忽略。这对组合互感器是很重要的。在设计时必须将电压互感器装于正确的位置，以使得其铁心纵向与经过互感器顶部的电流导体平行。

图 C.1 影响电压互感器的电流导体和磁场

在使用方向继电器保护的情况下，了解电流导体磁场对电压互感器误差的影响尤为重要。

因为由电流感应的电压相对于一次电压有 90°的相位移，故必须保证电压互感器的误差，特别是关系到二次电压相对于一次电压的相位移。

如果在故障情况下，二次电压为 0.5 V，而感应电压为 50 mV 时，则二次电压的合成误差将可能大于 10%。

如果电网中电流导体位于电压互感器附近，电流导体也会对系统最高电压为 0.6 kV 及以上的任何电压互感器有影响，而不仅是对组合互感器，因此这一要求也适用于单台电压互感器。

C.2 外加电压对电流互感器误差的影响

对于电流互感器的误差测定，不论是高电压结构或是低电压结构，通常是在能产生所需的足够大的电流，且在电压只有几伏时的比较低的电位下确定的。

如果将高电压加到此互感器的一次绕组，则此电压会产生从一次绕组流向二次绕组的电容电流（当二次绕组无屏蔽时），而此电流部分流过与互感器相连的仪器，部分直接流向二次绕组的接地端子，因此其误差或多或少会发生变化。此外，流过一次绕组的电容电流即使是流向二次静电屏，也还是会产生二次绕组被感应的现象。特别是在5%额定电流下，误差可能超过误差限值。

如果在施加高电压的同时测量电流互感器的误差，则用于此试验的参考电流互感器（基准互感器）和大电流变压器必须与高电压绝缘。但用两台分开的变压器测量是可能的，不过更为实际的是基准互感器和大电流变压器二者只有一个大电流绕组，而且此绕组应对高电压绝缘。重要的是对基准互感器的二次绕组与铁心以及大电流变压器的一次绕组进行屏蔽。

大电流绕组也必须用连接到高压变压器的电流绕组侧的电屏来屏蔽，以使得高压对地的电容电流直接从高压变压器流向地下，而不通过大电流绕组。

12.3.2和12.3.3所述的测量电流导体对电压互感器影响的方法为间接法。此方法比直接法更易于实行且能得到同样的结果。对于间接法，上述变压器没有必要对高电压绝缘。

附 录 D
（资料性附录）
IEC 60044-3:2002 标准的回路几何布置图中导体的返回距离 *a*

IEC 60044-3:2002 标准的回路几何布置图中导体的返回距离 *a*，即对应于电力线路中的相间距见表 D.1。

表 D.1 IEC 60044-3:2002 标准的回路几何布置图中导体的返回距离 *a*

<table>
<tr><th colspan="2">系统最高电压
kV</th><th>距离 a 的最小值
mm</th></tr>
<tr><td colspan="2">12</td><td>150</td></tr>
<tr><td colspan="2">24</td><td>215</td></tr>
<tr><td colspan="2">36</td><td>325</td></tr>
<tr><td colspan="2">72.5</td><td>700</td></tr>
<tr><td rowspan="2">全绝缘</td><td>123</td><td>1 100</td></tr>
<tr><td>245</td><td>2 200</td></tr>
<tr><td rowspan="3">降低绝缘</td><td>123</td><td>950</td></tr>
<tr><td>245</td><td>1 850</td></tr>
<tr><td>420</td><td>2 900</td></tr>
</table>

ICS 17.220.20
N 22

GB

中华人民共和国国家标准

GB/T 17215.301—2007

多功能电能表 特殊要求

Particular requirements for multi-function electricity meters

2007-10-18 发布　　2007-12-01 实施

中华人民共和国国家质量监督检验检疫总局
中国国家标准化管理委员会　发布

前　言

本部分在编写中，参考了 GB/T 15284《多费率电能表　特殊要求》、DL/T 614《多功能电能表》、IEC 62053-61《交流电测量设备　特殊要求　第 61 部分：功率消耗和电压要求》、澳大利亚相关国家标准，以及欧盟法制计量组织 1999 年颁布的标准。

本部分应与 GB/T 9092、GB/T 17215、GB/T 17882、GB/T 17883 和 GB/T 17215.211 配合使用。

本部分的附录 A 为规范性附录，附录 B 和附录 C 为资料性附录。

本部分由中国机械工业联合会提出。

本部分由全国电工仪器仪表标准化技术委员会(SAC/TC 104)归口。

本部分起草单位：哈尔滨电工仪表研究所、国家电网公司、山东电力试验研究院、浙江省电力试验研究院、甘肃省电力公司、湖南省电力公司、黑龙江省电力科学研究院、河南省计量测试研究所、上海市计量测试技术研究院、南京供电公司、中国电力科学研究院、华立集团股份有限公司、浙江正泰仪器仪表有限责任公司、长沙威胜电子有限公司、深圳市科陆电子科技股份有限公司、杭州华隆电子技术有限公司、深圳浩宁达电能仪表制造有限公司、深圳思达仪表有限公司、上海英孚特电子技术有限公司、浙江万胜电力仪表公司、深圳捷顺贸易有限公司、武汉国测珠海公司、宁波三星科技有限公司。

本部分主要起草人：徐民、王兆宏、徐和平、陈向群、徐人恒、钟祖安、薛德晋、陈克昌、陆以彪、石雷兵、马睿松、刘得新、郑小平、徐茂林、雷惠博、张绍衡、夏亚莉。

本部分是首次发布。

多功能电能表　特殊要求

1　范围

GB/T 17215 的本部分规定了多功能电能表(以下简称仪表)的术语、技术要求、试验方法、检验规则、标志、包装及贮存。

本部分适用于在额定频率为 50 Hz(60 Hz)的电网中安装使用的静止式多功能电能表。

本部分仅适用于安装于室内以及表箱内使用的静止式电能测量机构、功能部件和计度(显示)器包封在一个表壳内的多功能电能表及其附件的组合,包括内附电流互感器。

仪表的计量性能应符合相应等级指数的静止式电能表的国家标准要求。

如果一个测量机构测量多种电参量(如电流、电压、频率、视在电能、功率因数、相位等)或配备其他功能部件,则也应同时符合与这些电参量及功能部件有关的国家标准。

2　规范性引用文件

下列文件中的条款通过 GB/T 17215 的本部分的引用而成为本部分的条款。凡是注日期的引用文件,其随后所有的修改单(不包括勘误的内容)或修订版均不适用于本部分,然而,鼓励根据本部分达成协议的各方研究是否可使用这些文件的最新版本。凡是不注日期的引用文件,其最新版本适用于本部分。

GB/T 2829—2002　周期检验计数抽样程序及表(适用于对过程稳定性的检验)

GB 4793.1—1995　测量、控制和试验室用电气设备的安全要求　第 1 部分:通用要求(idt IEC 1010-1:1990)

GB/T 9092—1998　费率和负载控制时间开关(idt IEC 61038:1990)

GB 9969.1—1998　工业产品使用说明书　总则

GB/T 15284—2002　多费率电能表　特殊要求

GB/T 15464—1995　仪器仪表包装通用技术条件

GB/T 17215—2002　1 级和 2 级静止式交流有功电能表

GB/T 17215.211—2006　交流电测量设备　通用要求、试验和试验条件　第 11 部分:测量设备(IEC 62052-11:2003,IDT)

GB/T 17441—1998　交流电度表符号(idt IEC 60387:1992)

GB/T 17882　2 级和 3 级静止式交流无功电度表(GB/T 17882—1999,eqv IEC 61268:1995)

GB/T 17883　0.2S 级和 0.5S 级静止式交流有功电度表(GB/T 17883—1999,eqv IEC 60687:1992)

GB/T 18460.3—2001　IC 卡预付费售电系统　第 3 部分:预付费电度表

GB/T 19882.31　自动抄表系统　第 3-1 部分:应用层数据交换协议　对象标识系统(GB/T 19882.31—2007,IEC 62056-61:2002,IDT)

GB/T 19897.1—2005　自动抄表系统低层通信协议　第 1 部分:直接本地数据交换(IEC 62056-21:2002,MOD)

JB/T 50070—2002　电能表可靠性要求及考核方法

IEC 61038:1998　费率和负载控制内部时钟

3　术语和定义

GB/T 17215.211—2006、GB/T 9092—1998 所确定的以及下列术语和定义适用于本部分。

3.1

多功能电能表　multi-function electricity meter

由单一测量机构、数据处理单元、通信接口及其他功能部件组成并包封在一个表壳内，除计量并显示有功电能、无功电能外，还具有分时计量、测量最大需量等两种以上功能，并存贮和输出数据的电能表。

3.2

电能表电压线路失压　voltage failure in voltage circuits

在仪表的负荷大于起动电流的条件下，电压线路发生一相、两相或三相电压低于80%额定电压(U_n)、并且持续时间超过1 min的事件。

3.3

全失压　voltage failure of the all phasees

在仪表的负荷大于起动电流的条件下，所有相电压为零，并且持续时间超过1 min的事件。

3.4

自检　self-diagnostic test

电能表对内部存贮器、电子显示器、(标志)符号及程序的检查。

3.5　视在功率

3.5.1

单相电路的视在功率　apparent power in a single-phase circuit

电压有效值与电流有效值的乘积：$S=U\times I$。

3.5.2

多相电路中的视在功率　apparent power in a polyphase circuit

各单相电路中视在功率之和：

$$S=\sum_{i=1}^{n}S_i$$

3.6

除电能外其他电参量测量误差　measuring error for electrical parameter except electrial energy

除电能外其他电参量测量的百分误差按下式计算：

$$\text{测量的百分误差}(\%)=\frac{\text{仪表测量值}-\text{真值(实际值)}}{\text{被测量的基准值}}\times 100$$

注1：被测量的基准值：电压为电能表的额定电压；电流为最大电流；频率为额定频率；功率的基准值为额定电压、最大电流、功率因数为1时的有功功率。

注2：相位角和功率因数的基准值为90电角度；功率因数的测量值应转换为电角度后，再用上式计算测量误差。

3.7

需量　demand

在一个规定的时间间隔内功率的平均值。

3.8

需量积算周期　demand intergration period

测量需量的连续相等的时间间隔。例如：15 min、30 min。

3.9

最大需量　maximum demand

在规定的周期或结算周期内所记录的需量的最大值。

3.10

区间式需量　block interval demand

在一个没有时段重叠的需量积算周期内测得的需量。例如：对于 30 min 的需量积算周期，它们的积算时间段为 9：00-9：30，9：30-10：00……

3.11

滑窗（差）式需量　sliding window（rolling-interval） demand

按设定的滑窗时间递推的需量积算周期内测得的需量。例如：对于 30 min 的需量积算周期，设定滑窗时间为 5 min，则它们的积算时间段为 9：00-9：30，9：05-9：35，9：10-9：40……

3.12

滑窗（差）时间　sliding window（rolling-interval） time

依次递推来测量最大需量的小于需量周期的时间间隔。

4　分类及标准的电量值

4.1　分类

4.1.1　按接入线路的方式

a）直接接入式；

b）经电流互感器接入式；

c）经电流和电压互感器接入式。

4.1.2　按接入系统的方式

a）单相仪表；

b）三相三线仪表；

c）三相四线仪表。

4.1.3　按电能表的准确度等级

a）有功：0.2S、0.5S、1 和 2 级；

b）无功：2 和 3 级。

4.1.4　按测量电能的方向

a）单方向测量有功、双方向测量无功（第一象限、四象限）；

b）双方向测量有功、双方向测量无功（第一象限加第二象限、第三象限加第四象限）；

c）双方向测量有功、四象限测量无功电能（四象限无功定义按 GB/T 17882 的规定）。

4.2　标准的电量值

按 GB/T 17215.211—2006 的规定。

5　要求

5.1　功能要求

5.1.1　基本功能

5.1.1.1　电能计量功能

仪表应具有计量单向或双向有功各费率电能量和总电能量，以及计量双向或四象限无功电能量。

5.1.1.2　最大需量测量功能

a）仪表应具有在规定的时间区间内测量单向或双向最大需量、各费率最大需量及其出现的日期和时间。

b）区间式积算的最大需量周期可在 15 min、30 min 中选择；滑窗式积算的最大需量周期可在 5 min、10 min、15 min、30 min、60 min 中选择；滑窗式需量周期的滑窗时间可在 1 min、2 min、3 min、5 min 中选择。需量周期应为滑窗时间的 5 及以上整数倍。

c) 仪表应具有检测最大需量周期的措施。

d) 最大需量除按指定时刻能自动复零外，应具有手动和（或）抄表器复零功能，但应有防止非授权人复零的措施。

e) 需量周期的要求

仪表应提供两种需量周期积算方式供选择：区间式、滑窗（差）式。

注1：采用滑窗式积算时，当时钟调整以及发生失压时，仪表应在当前费率时段进行需量比较，然后开始一个新的需量周期。

注2：采用区间式积算时，当费率转换、复零、时钟调整以及发生失压时，仪表应在当前费率时段进行需量比较，然后开始一个新的需量周期。

5.1.1.3 测量数据存贮功能

a) 指定结算日，至少能存贮前两个月或前两个结算周期的总电能和各费率的电能数据，数据转存分界时间的默认值为每月的最后一日的24时（月初零时）或设定每月1～28日内的任意时刻。

b) 指定结算日，仪表应能存贮单向或双向最大需量、各费率最大需量及其出现的日期和时间数据。至少能存贮前两个月或前两个结算周期的数据，数据转存分界时间的默认值为每月的最后一日的24时（月初零时或设定每月1～28日内的任意时刻。转存的同时，当前最大需量值应自动复零。

c) 非指定的结算日，仪表至少应能每月存贮三次总电能和各费率的电能数据，电能量值存贮时，最大需量不存贮，也不复零。存贮时间由用户设定。

注：更多的非指定结算日存贮次数，可通过订货合同规定。

d) 仪表电源失电后，所有存贮的数据保存时间至少为10年。

5.1.1.4 费率时段设置功能

a) 仪表应配置内部时钟，日历的闰年自动切换并保证自出厂后20年有效（不出错），日历和时钟的修改应有防止非授权人操作的措施并应在不损坏校准封缄的条件下进行。

b) 在24 h内至少可以任意设置8个时段，最小时段为15 min。

c) 在24 h内至少可以任意设置4种费率。

5.1.1.5 事件记录功能

仪表应具有以下的记录功能：

a) 记录编程总次数及最后一次的编程时间（年、月、日、时、分）。

b) 记录总电能和各费率寄存器被清零的次数和清零前的数据。

c) 记录最大需量复零次数及最后一次复零时间（年、月、日、时、分）。

d) 记录各相失压时间和恢复时间以及失压时刻和恢复时刻的有功电能和无功电能。

e) 记录全失压（断相）时间和恢复时间以及全失压时刻和恢复时刻的有功电能和无功电能。

f) 时钟的设置时间记录（年、月、日、时、分）。

g) 自检错误记录；错误故障一旦出现，显示器必须立即停滞在其错误代码上，并输出报警信息。如：电池低电压以及其他内部重大故障诊断和告警。

h) 设置密钥的时间以及次数。

i) 闭合仪表内设置开关的时间、次数。

以上事件除f)项外，e)、f)事件应至少保存20次记录，其余事件至少保存5次记录。

5.1.2 扩展功能

根据用户的需要，可以通过协商选择增加扩展功能，如：

a) 停电抄录与计费结算相关的电量值；

b) 负荷曲线记录，且记录的数据应带有时标（年、月、日、时、分），数据记录的类型由软件选择，记录的容量根据订货合同确定；

c) 记录每一相电流超过阈值的时间和恢复时间以及超过阈值的最大电流值；
d) 最大需量和其他电参量的监控功能以及负荷开关控制输出；
e) 各相(线)电流、各相(线)电压或三相平均电流、电压以及其他电参量测量；
f) 通过编程预置不同日、季节、周末以及节假日的费率时段；
g) 单向仪表的功率反向指示及其事件记录；
h) 计算视在电能以及铁损、铜损或其他需要的参数；
i) 预付费。

其中，过流事件记录应至少保存 20 次记录。

5.2 机械要求

以下要求和 GB/T 17215.211—2006 的机械要求适用于本部分。

5.2.1 通用要求

仪表的外壳、端子座、端子盖等应完整洁净，无明显划伤和毛刺；使用说明书及附件等应齐全。

5.2.2 机械性能要求

仪表在经受 6.2.2、6.2.3、6.2.4 的机械性能试验后，不应出现损坏或信息改变，并应按本部分要求正确地工作。

5.2.3 结构及部件要求

对时钟、时段、最大需量人工操作清零等均可在不打开表盖条件下改变预置数据，并有软件和硬件双重措施防止非授权人员输入数据或进行其他操作。

按钮操作应灵活可靠，无卡死或接触不良现象。

仪表应提供一个时钟测试输出，在不打开表盖情况下测试其时基频率。

5.2.4 显示

通过一个显示器显示多种量值时，显示器应能显示所有有关存贮的内容。自动顺序显示时，用于结算的每一寄存器数据的显示应至少保留 5 s，并能编程设定显示时间。在显示存贮内容时，应有中文标识，或同时有 GB/T 19882.31 规定的标识。

显示器提供的信息至少应包括：测量数据（电能数据不少于 8 位）和单位、OBIS 码、当前费率指示、有功功率和无功功率方向的指示、象限的提示、监视的电压状态、电池已运行时间(h)或电池电压低和辅助电源状态（如有时）、本地和远程通讯的响应等。

当使用中文标识时，其组合应简明、易懂。

显示器的每一数字位应能显示 0～9 字码，字高不小于 5 mm。当仪表未通电时，显示器不必显示。

电能量值的基本单位应是千瓦时(kWh)、千乏时(kvarh)或兆瓦时(MWh)、兆乏时(Mvarh)，在额定电压、最大电流和 $\cos\phi=1.0$（或 $\sin\phi=1.0$）的条件下，总电能寄存器应记录和显示从零开始至少 1 500 h 的电能值；各费率寄存器的记录值应不少于 900 h 的电能值；其他电参量的单位应明确标识并符合法定计量单位的要求，单位标识应靠近其测量值。

注：更多时间的记录值，可通过订货合同规定。

显示内容以及显示的时间应可编程设置，并应具有检验显示器所有数字和字符完整性的自检功能。

自检出错故障一旦发生，显示器必须立即停滞在该代码上。出错代码至少包括下列故障：

a) 内部程序错误；
b) 时钟晶振频率错误；
c) 存储器故障或损坏；
d) 硬件故障。

仪表运行时，显示器应为抄表人员提供一个可视信息，表明其各电压输入端子的实际电压是否存在。

仪表的显示方式应可设置，并应具有试验所必需的分辨力。

5.2.5 测试输出装置

仪表应有能用适当的测试设备进行测试的输出装置。

仪表的测试输出装置与显示器示值的关系应与铭牌的常数标志一致。

测试输出装置产生的脉冲序列可能不均匀，因此，为保证在不同的负荷点上测量准确度不低于仪表准确度等级指数的1/10，制造厂应在技术文件中注明对应不同负荷点测量所必需的脉冲数。

光电测试输出装置的电气特性和光特性应符合GB/T 17215.211—2006的要求。

工作指示器，（如装设时）应从仪表正面看到。

5.2.6 数据通信

仪表应有数据通信接口（例如光电接口、红外通信、RS485总线或其他通信方式）。其技术要求和通信规约应符合有关标准的规定，例如GB/T 19897.1。

5.2.7 辅助接线端的标记

仪表辅助接线端及其标记应符合图1的要求。

15	16	17	18	19	20	21	22	23	24	25	26	27	28	29	30	31	32	33	34	35	36
通信						脉冲输出								输入输出量							
地	A	B	地	A	B	正向有功		感性无功		反向有功		容性无功									
						+	−	+	−	+	−	+	−	1		2		3		4	

图1 仪表辅助接线端及相应标记

5.3 气候条件

5.3.1 参比温度

参比温度为23℃。

5.3.2 温度范围

仪表所适应的温度范围由表1中给出，表1中值引自GB/T 17215.211—2006。

表1 温度范围

工作范围	室内仪表
规定的工作范围	−10℃～45℃（3K5级修订）
极限工作范围	−25℃～55℃（3K6级）
贮存和运输极限范围	−25℃～70℃（3K8H级）
注1：特殊使用范围的仪表，可在订货合同中规定其他温度值。 注2：在贮存和运输温度范围下最长时间不应超过6 h。	

仪表经6.3.1、6.3.2试验后，不应出现损坏和信息改变，并能正确地工作。

对显示器，应在极限工作范围的条件下，进行6.3.1、6.3.2的试验，其显示状态应不影响数据的读出。

5.3.3 相对湿度

仪表使用环境的相对湿度见表2。温度和湿度组合的交变湿热试验见6.3.3。

表2 相对湿度

年平均	<75%
30天，一年中这些天是以自然方式分布的	95%
在其余时间有时达到	85%

5.4 电气要求

5.4.1 功率消耗

5.4.1.1 电压线路

仪表的每一相电压线路在参比电压、参比温度、参比频率下，有功功率消耗和视在功率消耗应不超过表3中的规定。

5.4.1.2 电流线路

仪表电流线路的功耗应符合 GB/T 17215—2002、GB/T 17882、GB/T 17883 的规定。

表3 单相和三相仪表的电压线路(包括供电电源)的功率消耗

仪表	供电电源连接到电压线路	供电电源不连接到电压线路
电压线路	不大于 2 W;10 VA	0.5 VA
辅助供电电源	—	10 VA

注1：对多相仪表，负荷应均匀地分配于两相或三相。若某相失电，其余相的最大功耗可能高于规定值，但仪表应正确工作。

注2：为了匹配与仪表连接的电压互感器，制造厂应注明负荷是感性还是容性的。

注3：以上数值是平均值，开关电源的峰值允许超过上述值，但应确保与仪表所连接的电压互感器的额定值相适应。

5.4.2 电源电压影响

5.4.2.1 电压范围

仪表的电压范围见表4。

表4 电压范围

规定的工作范围	$0.9U_n \sim 1.1U_n$
扩展的工作范围	$0.8U_n \sim 1.15U_n$
极限的工作范围	$0.0U_n \sim 1.15U_n$
辅助供电电源规定的工作范围	$0.8U_n \sim 1.2U_n$

电压在规定的工作范围内改变时引起的允许误差改变量极限，应相应符合 GB/T 17215—2002、GB/T 17882、GB/T 17883 的要求。

电压在 $0.8U_n \sim 0.9U_n$ 和 $1.1U_n \sim 1.15U_n$ 范围内改变时引起(仪表电能测量单元)的允许误差改变值，应不超过其在规定范围内允许误差改变值极限的3倍；当电压低于80%额定电压时，仪表的误差可能在+10%～－100%的范围内变化。试验见6.4.2.1。

仪表在按6.4.2.1试验后，不应发生死机或信息改变。

5.4.2.2 电压短时中断和暂降对仪表的影响

仪表在电压短时中断和暂降时，不应使电能测量总和及各费率寄存器产生大于 x(kWh)(或 x(kvarh))的改变，测试输出装置不应产生大于 x(kWh)(或 x(kvarh))的(等效)信号。

$$x = 10^{-6} \cdot m \cdot U_n \cdot I_{max} \qquad (1)$$

式中：

m——测量单元数；

U_n——参比电压，单位为伏(V)；

I_{max}——最大电流，单位为安(A)。

当电压恢复时，仪表计量特性不应降低。在试验时，仪表各费率寄存器的分辨力应满足公式(1)的要求。

注：若仪表有测量视在电能的功能，也适用此公式。

5.4.2.3 **电压短时中断对仪表时钟的影响**

试验后，仪表内部时钟应无损坏并正确地工作，计时误差的改变不大于400 ms。

5.4.2.4 **电压暂降对仪表时钟的影响**

试验后，仪表内部时钟应无损坏并正确地工作，计时误差改变应不大于20 ms。

5.4.2.5 **电压长时间中断对仪表内部时钟的影响**

在供电电压中断不超过电池的有效寿命期间，仪表内部时钟应保持规定的准确度；当仪表恢复供电时，仪表的日历和时钟不应发生混乱。

5.4.2.6 **电压长时间中断对仪表存贮数据的影响**

在供电电压中断不超过电池的有效寿命时间，当恢复供电时，仪表应正确存贮月末或指定日的数据(如果有)，存贮的数据不应丢失。

5.4.2.7 **电压和直流电源同时中断对仪表程序和存贮数据的影响**

在电压中断24 h内并发生直流电源中断5 min，当恢复供电时，仪表程序应运行正常，存贮的数据不应发生变化。

5.4.3 **短时过电流影响**

短时过电流不应造成仪表的损坏。

a) 直接接入的仪表

仪表应经受$30I_{max}$、允差为+0%～-10%的短时过电流，施加时间为额定频率的半个周期。

b) 经电流互感器接入的仪表

仪表应经受相当于$20I_{max}$、允差为+0%～-10%的电流，施加时间为0.5 s。

当经6.4.3的试验后，在回到初始工作条件时，仪表的信息不应改变并应正确地工作，其误差改变量不应超过表5的规定。

表5 短时过电流允许的误差

仪表	0.2S	0.5S	1	2	3
直接连接	—	—	1.5%	1.5%	1.5%
经互感器连接	0.05%	0.05%	0.5%	1%	—

注：本要求不适用于在电流电路中带触点的仪表。

5.4.4 **功率方向**

双向测量的仪表应符合相应表述的功能，即：

a) 双向测量分别累积有功、无功电量；

b) 双向测量绝对值(单向)累积有功、无功电量；

c) 双向测量代数和累积有功、无功电量；

d) 四象限测量的无功电量。

仪表在功率方向变化时，应有识别的标志。

5.4.5 **负荷控制开关(部件)要求**

如仪表具有负荷控制功能，其配置的开关的额定切断电压和切断电流等应符合GB/T 9092—1998的有关要求。

如仪表具有IC卡预付费功能，并具有内部负荷控制开关，则其配置的负荷开关应符合GB/T 18460.3—2001的有关要求。

5.4.6 **自热影响**

相应地符合GB/T 17215—2002、GB/T 17882、GB/T 17883的有关规定。

5.4.7 **温升影响**

按GB/T 17215.211—2006的有关规定。

5.4.8 绝缘

5.4.8.1 交流电压试验

对于Ⅰ类防护仪表,电压、电流和参比电压大于 40 V 的辅助线路连接在一起,与地之间施行 2 kV、1 min 的试验;

对于Ⅱ类防护仪表,电压、电流和参比电压大于 40 V 的辅助线路连接在一起,与地之间施行 4 kV、1 min 的试验。目视检查是否符合 GB/T 17215.211—2006 中 5.7 的要求。

使用中不相连的线路之间施行 2 kV、1 min 的试验。

5.4.8.2 脉冲电压试验

按 GB/T 17215.211—2006 的有关规定。

5.4.9 抗接地故障(能力)(仅适用于带接地故障抑制器电网上使用的仪表)

工作在配有接地故障抑制器或星形点不接地的星形网络中的三相四线经互感器接入的仪表(在有接地故障及相对地产生 10%过电压的情况下,没有接地的两相的对地电压将会达到 1.9 倍的标称电压),仪表经 6.4.9 的试验后,不应出现损坏和信息的改变,并应正确地工作。

当仪表恢复到标称工作温度时,仪表电能测量单元的误差变化量不应超过 GB/T 17215.211—2006 的有关规定。

5.5 电磁兼容(EMC)

5.5.1 对电磁骚扰的抗扰度

仪表的设计应保证在传导、辐射以及静电放电等电磁骚扰的影响下,不会损坏仪表或实质性地影响测量结果。

经电磁兼容试验后,仪表不应出现损坏或信息的改变,所显示的时间准确、预置的时段不应产生任何变化。各费率寄存器不应产生大于 x(kWh)(或 x(kvarh))的改变,测试输出不应产生大于 x(kWh)(或 x(kvarh))的(等效)信号。x 值由式(1)算出。

注:骚扰量为:

——静电放电;

——射频电磁场;

——快速瞬变脉冲群;

——射频场感应的传导骚扰;

——浪涌电压;

——衰减振荡波。

5.5.2 无线电干扰抑制

仪表不应发生能干扰其他设备的传导和辐射噪声。

5.6 准确度要求

5.6.1 电能量和其他电参量的测量准确度

5.6.1.1 电能测量单元

仪表测量有功电能的准确度应符合 GB/T 17215—2002 或 GB/T 17883 相应测量准确度等级指数的要求,无功电能的准确度等级应符合 GB/T 17882 相应测量准确度等级指数的要求,仪表视在电能的准确度等级应不低于 2 级。

仪表的常数应保证在 $1\%I_b(I_n)$、功率因数为 1 时,每个脉冲间隔小于 1.5 min。

5.6.1.2 其他电参量的测量准确度

仪表的有功功率和无功功率的等级指数应与其相应的有功电能和无功电能的等级指数一致。

仪表测量电压、电流有效值以及频率的准确度等级应不低于 1 级;相位和功率因数的测量准确度等级应不低于 2 级。电流的测量范围为 $0.05I_b \sim I_{max}$;电压的测量范围为 $0.5U_n \sim 1.2U_n$;频率的测量范围为 0.98～1.02 的额定频率;相位的测量范围为 0°～±90°;功率因数的测量范围为 0～±1。

5.6.1.3 需量的测量准确度

仪表需量的准确度等级指数应与其有功电能的准确度等级指数一致。

5.6.2 时钟的准确度

5.6.2.1 参比温度下，内部时钟计时准确度应不大于 0.5 s/d。启动工作储备 36 h 后，计时准确度应优于 1 s/d。

5.6.2.2 时钟计时准确度随温度的改变量每 24 h 应小于 0.1 s/℃。

5.6.3 费率寄存器示值的组合误差

在参比电压、参比频率、电流变化范围从 $0.1I_b(I_n)\sim I_{max}(1.2I_n)$、$\cos\phi=0.5\sim1$(或 $\sin\phi=0.5\sim1$)条件下，仪表经 6.7 的试验，各费率寄存器电能量示值(增量)的组合误差应不大于公式(2)的要求。

$$|\Delta W_D-(\Delta W_{D_1}+\Delta W_{D_2}+\cdots+\Delta W_{D_n})|\leqslant(n-1)\times10^{-\beta} \quad\cdots\cdots\cdots\cdots(2)$$

式中：

ΔW_D——试验时间内，显示器显示的总电能费率寄存器电能增量，单位为千瓦小时或千乏小时(kWh 或 kvarh)；

ΔW_{D_1}、$\Delta W_{D_2}\cdots\Delta W_{D_n}$——试验时间内，费率 1、2…$n$ 对应的各费率寄存器的电能增量，单位为千瓦小时或千乏小时(kWh 或 kvarh)；

β——总电能寄存器小数位数。

5.7 仪表编程设置要求

仪表参数应能编程设置，如：

a) 日期和时间(年、月、日、时、分、秒)设置；
b) 密码设置；
c) 仪表编号和用户编号设置；
d) 仪表常数设置；
e) 结算日设置；
f) 各费率寄存器电量的起始读数设置；
g) 费率和时段设置；
h) 最大需量测量方式和积算周期以及滑窗时间设置；
i) 最大需量复零方式和自动复零的日期设置；
j) 事件记录限值以及参数的设置；
k) 显示方式的设置；
l) 输入、输出量的设置；
m) 其他费率或节假日以及运行状态等参数的设置；
n) 测量用互感器变比的设置。

5.8 数据安全性要求

5.8.1 数据安全性的一般要求

当其他设备通过接口与仪表交换信息时，仪表的计量性能、存贮的计量数据和参数不应受到影响和改变。

仪表的设置软件应注明版本号。

在任何情况下，仪表的电量数据以及运行参数不应因非法操作或干扰而发生改变。

5.8.2 数据的安全措施

数据安全性措施应包括硬件和软件两方面的措施。

5.8.2.1 软件措施

a) 采用双备份数据区加校验技术；
b) 记录打开仪表可封缄设置按钮及内置的设置开关的时间和次数；

c) 访问权限分级管理。例如将权限设定为4级。高级权限可以设置低级密码,但设置时应在可封缄的设置按键按下时进行。

级别1:抄表访问。可访问和抄读电能量、需量、瞬时量等数据,无需密码。

级别2:诊断访问。可访问仪表的全部的设置参数、事件记录、负荷曲线数据、状态字、运行状态字、有调节值限制以及次数限制的时钟设置。

级别3:设置访问。可进行仪表数据复位、需量复位、负荷曲线记录复位、参数设置(包括时段和费率参数、设置时钟、显示设置参数等)。

级别4:管理访问。可设置仪表工作模式。

d) 密码校验如果连续5次不正确,应闭锁密码诊断访问、设置访问或管理访问;使用高级密码设置正确后才可以开锁;如果最高级密码锁死,必须闭合仪表内置开关才可以开锁。

e) 仪表出厂时为默认密码,在投入运行前应能重新设置密码。

5.8.2.2 硬件措施

a) 可封缄的设置按键

仪表应具有外部可触及的、可封缄的设置按钮。在诊断、设置访问时除需要软件安全措施外,还需要按下此键后有效。

b) 内置开关

仪表内部设置有开关,打开表盖才可以触到该开关。在进行管理访问时,要闭合该开关。

5.9 电池要求

5.9.1 电池的寿命要求

电池寿命应不少于10年且应保证在工作储备启动后至少工作10 000 h。

宜采用一次性不含重金属(汞、铅、镉)的环保电池。

5.9.2 电池的安装

不能因电池安装不当或者电池安装的极性错误,使电池的电解液泄漏或爆裂而影响人身安全或削弱仪表的安全性并影响仪表的功能。

应在仪表电池盒(或安装电池处)上标有电池极性标志,并且应在使用说明书中提供电池安装操作说明。

在仪表安装电池位置应注明电池更换日期。

5.9.3 电池的充电和放电

电池的充放电不应引起爆裂或由于过充或过放而产生着火的危险。如果需要,仪表内部应采用复合防护措施,除非制造厂使用说明书规定只使用具有内部防护的电池。

为避免因安装了非指定型号的电池而造成电池的爆裂或着火,应在仪表电池盒(或安装电池处)上标有警告标志,并且制造厂的使用说明书中应有警告说明。

5.10 平均寿命

仪表在本部分规定的条件下安装使用,其平均寿命(MTTF)应不低于10年,相应的平均寿命下限值(m_1)应不低于2.19×10^4 h。

6 试验方法

6.1 功能符合性试验

仪表通电后,目视检查显示器及发光元器件,显示是否清晰;显示的内容、测量单位等是否符合5.2.4的规定。按键操作是否灵活可靠,自检项目是否正常。程序设置、数据通信安全是否正确,并符合5.2.6、5.7、5.8的规定。基本功能是否符合5.1要求,扩展功能是否符合其产品说明书的要求。对仪表测试输出装置的试验按GB/T 15284—2002中6.7的规定。

6.2 机械性能试验

6.2.1 外观检查

目视检查外壳、端子座、端子盖、辅助接线端的标记、使用说明书、附件等齐全；标志应符合 8.1 的要求。

按 5.9 的规定检查电池安装等措施设计。

6.2.2 弹簧锤试验

按 GB/T 17215.211—2006 中 5.5.5.1 的规定进行试验。

6.2.3 冲击试验

按 GB/T 17215.211—2006 中 5.5.5.2 的规定进行试验。

6.2.4 振动试验

按 GB/T 17215.211—2006 中 5.5.5.3 的规定进行试验。

6.2.5 耐热和阻燃试验

按 GB/T 17215.211—2006 中 5.8 的规定进行试验。

6.2.6 防尘和防水试验

按 GB/T 17215.211—2006 中 5.9 的规定进行试验。

6.3 气候影响试验

6.3.1 高温(干热)试验

按 GB/T 17215.211—2006 中 6.3.1 的规定进行试验。

6.3.2 低温试验

按 GB/T 17215.211—2006 中 6.3.2 的规定进行试验。

6.3.3 交变湿热试验

按 GB/T 17215.211—2006 中 6.3.3 的规定进行试验。

6.3.4 防阳光辐射试验

按 GB/T 17215.211—2006 中 6.3.4 的规定进行试验。

6.4 电气性能试验

6.4.1 功率消耗试验

在相关电能表标准规定的参比温度、参比频率、参比电压或规定的电流下，仪表的显示器处于正常显示状态下进行试验。试验设备的等级指数不应低于 2 级。功率消耗测量的综合最大误差应不超过 5%。

6.4.2 电源电压影响试验

6.4.2.1 电压范围试验

a) 在参比频率和基本电流 I_b(对经互感器接入式的仪表为 I_n)下测量参比电压下 $\cos\phi$(或 $\sin\phi$)= 1.0 和 0.5(L)时的准确度。对于多相仪表各相电压应处于平衡状态下；然后分别将电压调整至规定的工作范围和扩展的工作范围的上限和下限。多相仪表的电压仍然处于平衡状态下，测量上述相同测试点上的由电压改变引起(电能测量单元)的改变量。

b) 在参比频率和基本电流 I_b(对经互感器接入式的仪表为 I_n)下将电压依次平稳地降至 $0.6U_n$，$0.5U_n$，$0.4U_n$，$0.3U_n$，$0.2U_n$，$0.1U_n$，试验应进行到仪表不能正常工作为止。对于多相仪表，电压应处于平衡状态，$\cos\phi$(或 $\sin\phi$)=1.0 的条件下，记录仪表测试输出的 10 个脉冲的时间 t，按公式(3)计算误差：

$$E = \frac{t - t_0}{t_0} \times 100\% \qquad \cdots\cdots(3)$$

式中：

t——实际测得的 10 个脉冲的时间，单位为秒(s)；

t_0——对应于 $0.6U_n$,$0.5U_n$…$0.1U_n$ 计算的时间,单位为秒(s)。

t_0 按公式(4)计算:

$$t_0 = \frac{36 \times 10^6}{U_i \times I_{b(n)} \times C} \quad \cdots\cdots(4)$$

式中:

U_i——分别为 $0.6U_n$,$0.5U_n$…$0.1U_n$ 之一;

$I_{b(n)}$——直接接入式为 I_b,互感器接入为 I_n;

C——脉冲常数,imp/kWh。

c) 如果仪表带有辅助电源,除应进行上述 a)和 b)项试验外,还应在参比频率和基本电流 I_b(对经互感器接入式的仪表为 I_n)的条件下,将电压降至零,保持 30 min,检测仪表的测试输出或观察仪表的工作指示器,应无脉冲输出。

d) 仪表的电流线路无电流,电压在 60 s 内从 $1.1U_n$ 均匀地下降至 0 V,再以相同的时间从 0 V 均匀地上升到 $1.1U_n$,反复进行 10 次。试验后,仪表应不出现损坏或信息改变,并应按本部分要求正确地工作。

6.4.2.2 电压暂降和短时中断影响试验

按 GB/T 17215.211—2006 中 7.1.2 的规定进行试验。

6.4.2.3 电压短时中断对时钟的影响试验

被试时钟经受连续 20 次电源中断,每次中断时间之间的间隔至少 5 s,其中断时间是:

20 ms、50 ms、100 ms、200 ms、500 ms、1 s、2 s。

试验后测试时钟的准确度。

6.4.2.4 电压暂降对时钟的影响试验

电压线路和辅助线路接参比电压,电流线路无电流,并在下述条件下进行试验:

电压暂降:$\Delta U = 50\%$;

暂降时间:1 min;

暂降次数:1。

试验后测试时钟的准确度。

6.4.2.5 电压长时间中断对时钟影响试验

按 GB/T 9092—1998 中 5.4.2 的规定进行。

6.4.2.6 电压长时间中断对仪表影响试验

按下述步骤进行试验:

仪表施加参比电压;

仪表的时钟、日历设置在某月最后一天(或指定日前一天)的 23:50;

读取仪表的当前值、存贮值后,中断供电电压;

至少 30 min 后再恢复电源供电,立即读取仪表的当前值、存贮值;

对前、后两次数据进行比对。

6.4.2.7 电压和直流电源同时中断对仪表程序和存贮数据的影响试验

将仪表电压中断,在 24 h 期间内,使其直流电源中断 5 min。然后恢复供电,检查仪表程序运行是否正常,存贮的数据与试验前的数据相比较,不应发生变化。

6.4.3 短时过电流影响试验

a) 直接接入的仪表:仪表应经受 $30I_{max}$,允差为+0%~-10%的短时过电流,施加时间为额定频率的半个周期。

b) 经电流互感器接入的仪表:仪表应经受相当于 $20I_{max}$,允差为+0%~-10%的电流,施加时间为 0.5 s。

试验线路应近似无感。

根据仪表接入线路的方式，仪表电压线路施加参比电压，对其（按 5.4.3a）或 5.4.3b）的要求）施加一次短时过电流后；在电压线路保持参比电压的条件下，使仪表回到初始温度（约 1 h）。试验结果应符合 5.4.3 的要求。

仪表电压线路施加参比电压，电流电路根据仪表接入线路的方式，分别施加上述 a）或 b）的电流。对于多相仪表，应依次对每一相电流电路进行试验。试验后在电压线路保持参比电压的条件下，使仪表回到初始温度（约 1 h），观察有无损坏，并测试其准确度。

6.4.4 功率方向试验

仪表在参比电压、参比频率、I_b（I_n）及 $\cos\phi=\pm0.5$（或 $\sin\phi=\pm0.5$）条件下进行（试验过程中，费率时段不应改变），功率方向的变化由切换电流方向或改变相位来实现。

6.4.5 负荷控制开关（部件）试验

如仪表具有负荷控制功能，按 GB/T 9092—1998 中 5.5.3 和 5.4.4 的规定进行试验。

如仪表具有 IC 卡预付费功能，按 GB/T 18460.3—2001 中 6.9 的规定进行试验。

6.4.6 自热影响试验

按 GB/T 17215—2002、GB/T 17882 或 GB/T 17883 中的相关规定进行试验。

6.4.7 温升影响试验

按 GB/T 17215.211—2006 中 7.2 的规定进行试验。

6.4.8 绝缘性能试验

按 GB/T 17215.211—2006 中 7.3 以及 GB/T 17215—2002 中 5.4.6.3 的规定进行试验。

6.4.9 抗接地故障（能力）试验

按 GB/T 17215.211—2006 中 7.4 的规定进行试验。

6.5 电磁兼容性试验

6.5.1 一般试验条件

在所有的 EMC 试验中，仪表处于正常工作位置，装上表盖和端子盖；所有需接地的部件应接地。

6.5.2 静电放电抗扰度试验

按 GB/T 17215.211—2006 中 7.5.2 的规定进行试验。

6.5.3 射频电磁场抗扰度试验

按 GB/T 17215.211—2006 中 7.5.3 的规定进行试验。

6.5.4 快速瞬变脉冲群抗扰度试验

按 GB/T 17215.211—2006 的中 7.5.4 的规定进行试验。

6.5.5 射频场感应的传导骚扰抗扰度试验

按 GB/T 17215.211—2006 中 7.5.5 的规定进行试验。

6.5.6 浪涌抗扰度试验

按 GB/T 17215.211—2006 中 7.5.6 的规定进行试验。

6.5.7 衰减振荡波抗扰度试验

按 GB/T 17215.211—2006 中 7.5.7 的规定进行试验。

6.5.8 无线电干扰抑制的测量

按 GB/T 17215.211—2006 中 7.5.8 的规定进行试验。

6.6 准确度试验

6.6.1 电能量和其他电参量测量准确度试验

6.6.1.1 电能测量单元准确度试验

仪表各类型电能测量单元的准确度相应地按 GB/T 17215—2002、GB/T 17882、GB/T 17883 中的相关规定进行试验。

6.6.1.2 **其他电参量准确度试验**

测量误差要求按 3.6 和 5.6.1.2,试验方法:

a) 电压有效值准确度试验采用标准表直接比较法,测量点为 $0.5U_n$、U_n 和 $1.2U_n$。

b) 电流有效值准确度试验采用直接比较法,测量点为 $0.05I_b(0.05I_n)$、$I_b(I_n)$和 I_{max}。

c) 有功和无功功率准确度试验采用直接比较法,测量点为 $U_n \times 0.05I_b(0.05I_n)$、$U_n \times I_b(I_n)$和 $U_n \times I_{max}$($\cos\phi$ 为 1、±0.5 ;$\sin\phi$ 为 1 和±0.5)。

d) 相位准确度试验采用直接比较法,测量点为 0°、±60°、±90°和±180°电角度。

e) 功率因数试验采用相位表比较法,调节试验装置的相位,使其功率因数分别指示为 0、0.5(感性、容性)和±1,观察相位表指示的相角,计算电角度误差。

f) 频率准确度试验采用直接比较法,测量点为 $0.98f_n$、f_n 和 $1.02f_n$ 频率。

6.6.1.3 **需量测量准确度试验**

试验条件应与确定电能测量准确度的条件相同。确定需量示值误差时应选择负载点为:$0.1I_b(I_n)$、$I_b(I_n)$和 $I_{max}\cos\phi=1$,试验方法可以为:

a) 标准功率表法测量需量示值误差

试验期间,测试装置的功率稳定度应不低于 0.05%,标准功率表的准确度等级应不低于 0.1%。按公式(5)计算需量示值误差:

$$\gamma_P = \frac{P - P_0}{P_0} \times 100\% \quad \cdots\cdots(5)$$

式中:

P——被测仪表的最大需量示值,单位为千瓦(kW);

P_0——标准功率表的示值,单位为千瓦(kW)。

若标准功率表连接在装置的二次侧,则需要由标准功率表的读数折算出测量装置一次侧的实际值。

b) 标准电能表法测量需量示值误差

记录在一个需量周期内标准电能表累计的脉冲数,用公式(6)求得由标准电能表计算的功率 P_0,然后依据公式(5)计算需量示值误差:

$$P_0 = \frac{60 \times m \times K_I \times K_U}{C_0 \times T_0} \quad \cdots\cdots(6)$$

式中:

m——标准电能表累计的脉冲数;

P_0——由标准电能表计算得出的施加在被检仪表的实际功率,单位为千瓦(kW);

C_0——标准电能表的常数,imp/kWh;

T_0——最大需量测量周期,单位为分(min);

K_I——试验装置的电流互感器变比;

K_U——试验装置的电压互感器变比。

6.6.2 **时钟日计时准确度试验**

6.6.2.1 **时钟日计时准确度**

a) 计时准确度按 GB/T 9092—1998 中 5.5.1、5.5.3 的规定进行测量;

b) 也可采用时钟日误差测量方法(采用此方法时,制造厂应给出测量时间),在时钟输出接口直接测量计时准确度,并在下列条件下进行:

环境温度 23℃,相对湿度 65%±10%,施加参比电压;

时钟准确度测量仪或数字频率计预热达热稳定状态;

仪表通电 60 min 后,在仪表时基频率测试点进行测量;

连续测量 5 次，取平均值。

测量结果应符合 5.6.2.2 的规定。

注：若环境温度偏离 23℃时，应有温度系数补偿。

6.6.2.2 时钟计时准确度随温度变化试验

将仪表放在一个气候箱中，在 23℃下测量时基，然后温度升至 45℃，在此温度下保温 2 h，获得热平衡后再测量时钟，所测得的结果与 23℃条件下测量的结果之差值应不超过 25×10^{-6}，符合 5.6.2.2 的要求。

温度降至 −10℃，在此温度下保温 2 h，获得热平衡后再次测量时钟，所测得的结果与 23℃条件下测量的结果之差值应不超过 38×10^{-6}，符合 5.6.2.2 的要求。

6.6.3 费率寄存器示值组合误差试验

在 5.6.3 规定的试验条件下，将仪表各费率时段任意交替编制，日切换 7 次并读取总电能费率寄存器和各费率寄存器电能量(初始)示值；然后连续运行，中间切换负载电流，运行不少于 24 h，读取总电能费率寄存器和各费率时段相应费率寄存器的电能示值，计算出总电能费率寄存器及各费率时段费率寄存器所计的电能增量，按公式(2)计算组合误差。

6.7 编程要求检查

在功能符合性试验时同时进行编程设置要求的检查。

6.8 仪表的数据安全性检查

按仪表的使用说明书的规定，检查数据安全性的硬件设施应符合要求，密码和安全性授权应符合要求。

6.9 电池检查

目测检验仪表的电池安装应符合 5.9.2、5.9.3 的要求。

6.10 可靠性验证试验

可靠性验证试验按 JB/T 50070—2002 规定的方法进行。

7 检验规则

7.1 出厂检验

由制造厂质量检验部门对所生产的每个产品按本部分规定的项目进行检验。合格后应加封印，并出具质量合格证明。检验项目见附录 A。

7.2 型式检验

除非在相应条款中另有说明，所有试验应在参比条件下进行。

型式试验应在由制造商选择的仪表样品上进行，以确定其规定的特性并证明其与本部分要求的符合性。

推荐的试验顺序在附录 A 中给出。

若在型式试验后，对仪表所进行的调整仅影响仪表部分性能时，则只需对因调整而可能影响到的特性进行有限的试验。

下列情况应进行型式检验：

a) 新产品定型鉴定；

b) 当仪表的结构、工艺或主要材料(元器件)以及软件有重大改变时。

7.3 周期检验(过程稳定性检验)

正常生产时应进行周期检验，并按 GB/T 2829—2002 规定的程序进行。

周期检验每年进行一次，检验项目见附录 A。

7.3.1 抽样方案

按 GB/T 2829—2002 的规定，选择判别水平 I、不合格质量水平 RQL=30 的一次抽样方案。

即：
$$(n,Ac,Re)=[3,0,1]$$
式中：

n——抽样数；

Ac——合格判定数；

Re——不合格判定数。

7.3.2 不合格分类

不合格分为A、B、C三类。A类不合格权值为1，B类不合格权值为0.6，C类不合格权值为0.2。

检验不合格类别的划分见附录A。

7.3.3 检验结果的判定

a) 检验中，以样本的A类不合格或其他类不合格折算为A类不合格，作为不合格判定数。

b) 除另有说明外，对在同一样本上重复出现的不合格(以A类计算)，均以一个不合格计。

c) 根据合格或不合格的样本数，按抽样方案中的合格判定数Ac和不合格判定数Re，确定检验是否合格。

7.4 监督检验

由国家质量技术监督部门按有关规定进行。

8 标志、说明书、包装及贮存

8.1 标志

产品标志所用文字应为规范中文。可以同时使用外文。标志的汉字、数字和字母的字体高度应不小于1.8 mm。

产品标志应清晰、牢固，易于识别。使用的符号应符合GB/T 17441—1998的规定。

仪表应有下列标志：

a) 名称及型号；

b) 制造厂名称及注册商标；

c) 本标准的编号；

d) 制造顺序号和年份，如顺序号标在固定于表盖的标牌上时，则也应标在表底上或存贮在仪表的非易失存贮器中；

e) 计量单位，如"kWh"；

f) 制造计量器具许可证编号及标志；

g) 仪表电能测量准确度等级指数；

h) 仪表的相、线数(例如：单相二线、三相三线、三相四线)，可由GB/T 17441—1998中规定的图形符号代替；

i) 参比电压、参比频率；

j) 对直接接入的仪表，标志基本电流值和最大电流值，对经互感器接入的仪表，标志与其所连互感器的二次额定电流值及仪表的最大电流值；

k) 仪表的常数，以imp/kWh(kvarh)或x Wh(varh)/imp形式表示；

l) 参比温度(不是23℃时，应标出)；

m) 端子盖内侧应标有接线图；

n) Ⅱ类防护绝缘包封的仪表，应加双方框符号回。

8.2 产品使用说明书

产品应附使用说明书。产品使用说明书中应注明：

a) 为保证在不同的测试点上测量准确度不低于仪表准确度等级指数的1/10所必须的采样脉冲数(或时间)；

b) 内部时钟的时基频率测试点及采样时间；

c) 所有其他电参量的等级指数；

d) 其他需要说明的事项。

产品使用说明书的编制应符合 GB 9969.1—1998 的规定。

8.3 包装及贮存

8.3.1 包装

产品的包装应采用符合环保要求的材料，应根据产品的性质、外形和尺寸、储运装卸条件和用户要求进行设计，达到包装紧凑、防护周密、结构合理、安全可靠、美观适销等要求。

包装要求应符合 GB/T 15464—1995 的规定。

8.3.2 贮存

保存仪表的地方应清洁，其环境温度应为 0℃～40℃，相对湿度不超过 85%，且在空气中含有的有害物质不足以引起仪表的腐蚀。

附 录 A
（规范性附录）
多功能电能表试验项目

表 A.1 多功能电能表的试验项目和推荐的试验顺序

序号	试验项目	标准要求	试验方法	不合格类别	出厂检验	周期检验	型式检验
1	外观检查						
1.1	标志	8.1	6.2.1	B	√	√	√
1.2	外观	5.2.1	6.2.1	C	√	√	√
1.3	附件	5.2.1	6.2.1	C	√	√	√
2	绝缘性能试验						
2.1	脉冲电压试验	5.4.8	见相关标准	A		√	√
2.2	交流电压试验ª	5.4.8	见相关标准	A	√	√	√
3	功能符合性试验	5.1	6.1	A	√	√	√
3.1	编程要求	5.7	6.7	C		√	√
3.2	数据安全性试验	5.8	6.8	A	√	√	√
	电池要求	5.9	6.9	C		√	√
4	准确度要求试验						
	基本误差	见相关标准		A	√	√	√
	起动	见相关标准		A	√	√	√
	潜动	见相关标准		A	√	√	√
	各影响量影响	见相关标准		B		√	√
4.1	仪表常数试验	5.2.5	5.2.5	A	√	√	√
4.2	内部时钟	5.6.2	6.6.2	A	√	√	√
4.3	其他电参量测量准确度	5.6.1.2	6.6.1.2	C		√	√
4.4	最大需量的测量准确度	5.6.1.3	6.6.1.3	B		√	√
4.5	费率寄存器示值组合误差	5.6.3	6.6.3	C		√	√
5	电气要求试验						
5.1	功率消耗试验	5.4.1	6.4.1	C		√	√
5.2	电源电压影响试验						
5.2.1	电压范围	5.4.2.1	6.4.2.1	B		√	√
5.2.2	暂降、短时中断	5.4.2.2	6.4.2.2	B			√
5.2.3	时间开关电压暂降	5.4.2.4	6.4.2.4	B		√	√
5.2.4	时间开关电压短时中断	5.4.2.3	6.4.2.3	B		√	√
5.2.5	时间开关电压长时中断	5.4.2.5	6.4.2.5	B		√	√

表 A.1(续)

序号	试验项目	标准要求	试验方法	不合格类别	出厂检验	周期检验	型式检验
5.2.6	电压长时中断对仪表存贮	5.4.2.6	6.4.2.6	B		√	√
5.2.7	电压和直流电源同时中断	5.4.2.7	6.4.2.7	B		√	√
5.3	短时过电流影响试验	5.4.3	6.4.3	B			√
5.4	功率方向试验	5.4.4	6.4.4	A	√	√	√
5.5	负荷开关工作电压影响	5.4.5	6.4.5	C			√
5.6	自热影响试验	5.4.6	6.4.6	C		√	√
5.7	温升影响	5.4.7	6.4.7	C		√	√
5.8	接地故障抑制试验	5.4.9	6.4.9	B		√	√
6	电磁兼容(EMC)试验						
6.1	无线电干扰	5.5.2	6.5.8	B			√
6.2	电快速瞬变脉冲群试验	5.5.1	6.5.4	B			√
6.3	射频电磁场抗扰度试验	5.5.1	6.5.3	B			√
6.4	射频场感应的传导骚扰抗扰度试验	5.5.1	6.5.5	B			√
6.5	静电放电抗扰度试验	5.5.1	6.5.2	B			√
6.6	浪涌抗扰度试验	5.5.1	6.5.6	B			√
6.7	衰减振荡波	5.5.1	6.5.7	B			√
7	气候影响试验						
7.1	高温试验	5.3.2	6.3.1	B		√	√
7.2	低温试验	5.3.2	6.3.2	B		√	√
7.3	交变湿热试验	5.3.3	6.3.3	B			√
8	机械要求试验						
8.1	振动试验	5.2	6.2.4	B			√
8.2	冲击试验	5.2	6.2.3	B			√
8.3	弹簧锤试验	5.2	6.2.2	B			√
8.4	防尘和防水试验	5.2	6.2.6	B			√
8.5	耐热和阻燃试验	5.2	6.2.5	A			√
9	可靠性验证试验[b]	5.10	6.10	A			√

a 绝缘性能的出厂检验,可按 GB 4793.1—1995 的附录 K 生产线常规试验进行。

b 可靠性验证试验项目为否决项。但是不列入设计定型的型式试验中。

附 录 B
（资料性附录）
有功功率、非有功功率和视在功率的部分定义

B.1 纯有功功率（watt）

纯有功功率是瞬时功率的平均值。瞬时功率是电压电流的瞬时值的乘积。这等于发电机提供的功率减去负载输出的任何谐波功率，常常少于基波有功。实际上，平均值是 n 个周期的积分。

另一个纯有功的定义是，在所有频率分量上，每个频率上呈现的功率的算术和，该频率上的功率由该频率的电压、电流有效值的乘积乘上它们间的相角的余弦。

B.2 总的视在功率（VA）

单相电路的正弦波或其他波形的总的视在功率定义为电流和电压的有效值乘积。

亦即： $$S=U\cdot I$$

B.3 视在功率的符号（或方向）

视在功率（VA）是一个无符号的量。如果要给予视在功率一个符号（或方向），它将是相应的基波的或适用的总的有功功率的符号。

B.4 非有功（non active power）（无功）功率（var）

适用于正弦和非正弦信号的无功功率的定义，其大小由下式给出：

非有功（无功）功率：

$$non\text{-}active\text{-}power=\sqrt{(S^2-P^2)} \qquad 无功功率=\sqrt{(视在功率^2-总有功功率^2)}$$

注：视在功率依据电压和电流的有效值计算得到。总有功功率包括谐波的有功功率。非有功功率是一个无符号的量。如果赋予其符号，那么，通常选成基波无功的符号。

如果用一个非有功表示无功，则正三角形定律存在。否则，只在纯正弦波下成立。

a) $S=U\times I$，其中电压：所有谐波和直流部分；电流：所有谐波和直流部分。

b) $S=\sqrt{P^2+Q^2}$，其中 P：电压和电流基波量；Q：电压和电流基波量。

附 录 C
（资料性附录）
电能损耗的计算

C.1 电能损耗分类

电能损耗可按其损耗的特点、性质和变化规律进行分类。

C.1.1 按损耗的特点分类

可分为不变损耗和可变损耗两大类。

C.1.1.1 不变损耗（或固定损耗）

这种损耗的大小与负荷电流的变化无关，与电压变化有关，而系统电压是相对稳定的，所以其损耗相对不变。如变压器、互感器、电动机、电能表等铁芯的电能损耗，以及高压线路的电晕损耗、绝缘子损耗等。

C.1.1.2 可变损耗

这种损耗是电网各元件中的电阻在通过电流时产生，大小与电流的平方成正比。如电力线路损耗、变压器绕组中的损耗。

C.2 电能损耗计算

C.2.1 输电线路损耗

单一线路有功功率损失计算公式为：

$$\Delta P = I^2 R_L ; \Delta Q = I^2 X_L$$

式中：

ΔP——损失功率，W；

I——负荷电流，A；

R_L——导线电阻，Ω；

ΔQ——损失无功；

X_L——导线电抗。

三相电力线路 线路有功损失计算公式为：

$$\Delta\sum P = \Delta P_A + \Delta P_B + \Delta P_C = 3I^2 R_L ; \Delta\sum Q = \Delta Q_A + \Delta Q_B + \Delta Q_C = 3I^2 X_L$$

C.2.2 配电变压器损耗（简称变损）功率

配电变压器分为铁损（空载损耗）和铜损（负载损耗）两部分。铁损对某一型号变压器来说是固定的，与负载电流无关。铜损与变压器负载率的平方成正比。

C.2.3 配电变压器铁损（空载损耗）

配电变压器铁损有功损耗：$\Delta P_B = U^2 / R_B$

配电变压器铁损无功损耗：$\Delta Q_B = U^2 / X_B$

式中：

ΔP_B——变压器空载损失功率，W；

U——平均电压，V；

R_B——变压器等值电阻，Ω；

ΔQ_B——变压器空载损失无功；

X_B——变压器等值电抗。

注：上述计算公式中的 R_L、X_L、R_B、X_B 的数值，由用户通过软件设置到仪表中。

ICS 17.140
A 59

GB

中华人民共和国国家标准

GB/T 17248.6—2007/ISO 11205:2003

声学 机器和设备发射的噪声 声强法现场测定工作位置和其他指定位置发射声压级的工程法

Acoustics—Noise emitted by machinery and equipment—Engineering method for the determination of emission sound pressure levels *in situ* at the work station and at other specified positions using sound intensity

(ISO 11205:2003,IDT)

2007-11-14 发布 2008-05-01 实施

中华人民共和国国家质量监督检验检疫总局
中国国家标准化管理委员会 发布

前　言

GB/T 17248《声学　机器和设备发射的噪声》包括以下6个部分：

——GB/T 17248.1—2000　声学　机器和设备发射的噪声　测定工作位置和其他指定位置发射声压级的基础标准使用导则

——GB/T 17248.2—1999　声学　机器和设备发射的噪声　工作位置和其他指定位置发射声压级的测量　一个反射面上方近似自由场的工程法

——GB/T 17248.3—1999　声学　机器和设备发射的噪声　工作位置和其他指定位置发射声压级的测量　现场简易法

——GB/T 17248.4—1998　声学　机器和设备发射的噪声　由声功率级确定工作位置和其他指定位置的发射声压级

——GB/T 17248.5—1999　声学　机器和设备发射的噪声　工作位置和其他指定位置发射声压级的测量　环境修正法

——GB/T 17248.6—2007　声学　机器和设备发射的噪声　声强法现场测定工作位置和其他指定位置发射声压级的工程法

本部分是GB/T 17248的第6部分，本部分等同采用ISO 11205:2003《声学　机器和设备发射的噪声　声强法现场测定工作位置和其他指定位置发射声压级的工程法》(英文版)。

本部分的附录A、附录B、附录C为规范性附录，附录D为资料性附录。

本部分由中国科学院提出。

本部分由全国声学标准化技术委员会(SAC/TC 17)归口。

本部分由全国声学标准化技术委员会负责解释。

本部分主要起草单位：中国科学院声学研究所、合肥工业大学、上海电器科学研究所。

本部分主要起草人：吕亚东、李志远、陈业绍、程明昆、徐欣。

声学　机器和设备发射的噪声　声强法现场测定工作位置和其他指定位置发射声压级的工程法

1　范围

本部分规定了一种工程方法(2 级准确度),该方法利用声强法现场测定机器和设备工作位置和其他指定位置发射声压级,该方法是 GB/T 17248.2、GB/T 17248.3 和 GB/T 17248.5 之外的另一种可供选用的现场测量方法。当背景噪声和声场指数满足要求时,该方法适用于所有的测试环境。

本部分适用于发射稳态宽带噪声的设备。这些噪声在不同的运行周期内可以有所不同,噪声可以有或没有离散频率成分或者窄带成分。

2　规范性引用文件

下列文件中的条款通过本部分的引用而成为本部分的条款。凡是注日期的引用文件,其随后所有的修改单(不包括勘误的内容)或修订版均不适用于本部分,然而,鼓励根据本部分达成协议的各方研究是否可使用这些文件的最新版本。凡是不注日期的引用文件,其最新版本适用于本部分。

GB/T 14573.1　声学　确定和检验机器设备规定的噪声辐射值的统计学方法　第一部分:概述与定义(GB/T 14573.1—1993,neq ISO 7574-1:1985)

GB/T 19052　声学　机器和设备发射的噪声　噪声测试规范起草和表述的准则(GB/T 19052—2003,ISO 12001:1996,IDT)

IEC 60942　电声　声校准器

IEC 61043　电声　声强测量仪　用配对声压传声器测量

3　术语和定义

下列术语和定义适用于 GB/T 17248 的本部分。

3.1

声强　sound intensity

I

声场中某点处,与瞬时质点速度方向垂直的单位面积上单位时间内通过的瞬时声能的时间平均值:

$$\boldsymbol{I} = \lim_{T\to\infty} \frac{1}{T}\int p(t)\boldsymbol{u}(t)\mathrm{d}t$$

式中:

$p(t)$——某点的瞬时声压,单位为帕(Pa);

$\boldsymbol{u}(t)$——对应该点的瞬时质点速度,单位为米每秒(m/s);

T——积分时间,单位为秒(s)。

注 1:声强是矢量,单位为瓦每平方米(W/m²)。

注 2:在指定方向 $\boldsymbol{n}$ 的声强 I_n 等于 $\boldsymbol{I}\cdot\boldsymbol{n}$。

注 3:在自由平面波或球面波的情况,在传播方向的声强是

$$I_0 = p^2/\rho c$$

式中:

p——有效声压,单位为帕(Pa);

ρ——媒质密度,单位为千克每立方米(kg/m³);

c——声速,单位为米每秒(m/s)。

3.2

声强矢量　sound intensity vector

$\boldsymbol{I}_{xyz}$

测量得到的声强三个正交分量的矢量和，单位为瓦每平方米（W/m^2）。

3.3

声强矢量级　level of the sound intensity vector

L_{Ixyz}

声强矢量的模与基准声强 I_0 比值的以 10 为底的对数乘以 10，单位：dB。由下式计算：

$$L_{Ixyz} = 10\lg\left(\frac{|\boldsymbol{I}_{xyz}|}{I_0}\right)$$

注：基准声强是 $I_0 = 10^{-12}\ W/m^2$。

3.4

声场声压-声强指数或声场指数　sound field pressure-intensity indicator or field indicator

F_{pIxyz}

时间平均的测量声压级 L'_p 和声强矢量级 L_{Ixyz} 之间的差值，单位：dB。计算式如下：

$$F_{pIxyz} = L'_p - L_{Ixyz}$$

注 1：当在笛卡儿坐标中沿 x,y,z 方向分别测得该指数时，则分别用 F_{pIx}，F_{pIy}，F_{pIz} 表示，一般简记为 F_{pI}。

注 2：在 GB/T 16404 中，采用的符号是 F_2。

3.5

声压-残余声强指数　pressure-residual intensity index

δ_{pI0}

当声强探头放在声场中使其轴线沿着声强为零的方向时，测量到的声压级和声强级之差，单位：dB。

示例：该指数可以在声学耦合腔或者其他经过设计的适合于测量探头的装置中进行测量，该测量装置应能使传声器轴线方向垂直于平面波的传播方向。

3.6

发射声压级　emission sound pressure level

L_p

当机器安装在一个反射平面上，且在规定的运行和安装条件下运行时，机器附近指定位置的声压级，不包括背景噪声以及除测试允许的一个或几个反射面之外的其他反射影响。

注：单位：dB。

3.7

指定位置　specified position

针对某一个机器而定义的一个点，包括机器操作者的位置，但不局限于此。

注：该点可以是一个固定的点，或者沿着某一个路径的一系列点，或者是距离机器指定距离的一个平面上的点，如果有测试规范的话，则由有关的测试规范确定。工作位置附近或者无人看管机器附近的位置，可以作为"旁观者"位置来定义。

3.8

动态能力指数　dynamic capability index

L_d

声压-残余声强指数和偏差因子 K 之间的差值，单位：dB。

$$L_d = \delta_{pI0} - K$$

注：在本部分中，$K = 10$ dB。

3.9

半自由场声强修正　hemi-free field intensity correction

K_5

表明声强级略小于半自由场中声压级的一个修正量，单位：dB。

注 1：本部分中，$K_5=1$ dB。

注 2：通过引入该修正，可以将发射声压级的系统低估的可能性尽量减到最小，参见文献[9]～[16]。K_5 和频率无关，对于 A 计权声压级用 K_{5A} 来表示。

4　测量不确定度

在一个确定测量点上，参照本部分中规定的方法测量得到一个噪声源的发射声压级和真值之间会存在差异，这种差异应在测量不确定度范围之内。发射声压级的测量不确定性来源于多种因素：有些是和测试室的环境条件有关，有些是和试验技术有关。文献[8]规定了确定多种因素对于测量不确定度影响的方法。

在不知道更多的专业信息以前，可根据 GB/T 14573.1 有关再现性标准偏差和重复性标准偏差的已有资料来估计测量不确定度。为了得到某个测量点发射声压级的再现性和重复性标准偏差，就需要更多的测量数据；任何情况下按照本部分得到的这些标准偏差对不同机器设备类型可能会有很大的出入，因此不可能提供一个对任何机器都广泛适用的信息，只能对个别类型机器有关参数噪声测试规程提供参考。

表 1 给出了再现性标准偏差的典型数值。根据表中数据和有关重复性标准偏差的其他信息，可以推导出对应于覆盖因子 2 的置信概率近似为 95％的合成标准偏差和扩展测量不确定度。

表 1　A 计权发射声压级的测量不确定度

稳态噪声源的再现性[a] 标准偏差 σ_{RA}/ dB	非稳态噪声源的重复性[b] 标准偏差 σ_{rA}/ dB	合成标准偏差/ dB	扩展不确定度[d]/ dB
1.5[c]	σ_{rA}	$\sqrt{\sigma_{RA}^2+\sigma_{rA}^2}$	$2\sqrt{\sigma_{RA}^2+\sigma_{rA}^2}$
注：测量不确定度的数值来自参考文献[11]、[12]、[15]、[16]和[17]。			

a　由不同的操作者使用不同的测量设备，在不同环境下测量同一个机器来得到。这个数值包含了一个较小的重复性标准偏差（$\sigma_r \approx 0.5$ dB）。

b　由同一操作者在同一测量环境下，使用同一测量设备测量同一机器得到（只有在 $\sigma_r > 0.5$ dB 时才使用）。

c　当 5 000 Hz 以上频率占 A 计权声级的主要成分的时候，σ_{RA} 可能较大，此时需参见附录 B。

d　在高斯分布的假设下，置信度为 95％。

5　原理

本部分测试方法的基本原理为：扩散声场中声强是很小的（理论上它应该为零），在自由行波中，测点处的声压级数值等于声强级数值。本方法假设反射声会叠加形成扩散声场。来自被测机器的直达声尽管不是扩散声场的一部分，但构成了自由行波。

如果被测机器不同部分都具有相近的声强幅值，它们在一定程度上将在探头位置互相抵消，从而使得上述假设不成立。在这种情况下，声强会变得较小，而且假设不相关叠加，声压则会变得较大。这样用声强矢量级就会低估发射声压级。可以通过增加 K_5 来消除地面反射的低估影响。对于大型机器，要求声场声压-声强指数满足 8.5 规定的准则，则这种低估是可以忽略的。

6 仪器

6.1 概述

声强测量仪器应能够测量倍频带或者1/3倍频带声强级(单位:dB,基准声强为10^{-12} W/m²)。包括探头在内的仪器,应该满足IEC 61043中规定的1级仪器要求。如果探头在5 000 Hz以上不具有平直的频率响应时,应参照附录B进行操作。

传声器探头和分析仪的残余声压-声强指数δ_{pI0}在每个倍频带或1/3倍频带上应大于$F_{pI}+10$。

6.2 校准

测量系统要按照合适的标准定期校验与IEC 61043要求的一致性。

在每次系统测量之前,仪器系统和探头都要在200 Hz～1 000 Hz范围内至少在一个频率上按照校准步骤进行校准。

在每次系统的测量之前应进行如下现场校验:

a) 按照仪器制造厂家的技术要求进行现场校验;如果制造厂家的技术说明中没有指定现场检定,应按照b)和c)规定进行。

b) 声级计:使用符合IEC 60942的1级校准器,对用作声压级测量的声强探头的每个声压传声器进行校验。

c) 声强:用声强校准器校准。如果没有这样的校准器或者探头结构不允许进行校准时,应按照下面的步骤执行:把声强探头放置在一个地方,这个地方要能够表征该机器的噪声特征,探头要对准最重要的噪声发射源。此时,探头要固定在一个架子上,以保证探头位置在测量校验过程中保持不变。在第一次声强测量完成后,把声强探头方向翻转180度,再次测量声强。两次测量的倍频带或者1/3倍频带上声强级最大值的差值(无符号的,绝对值)小于1.5dB时,测量仪器是可以接受的。

7 声源的安装和运行

7.1 概述

被测机器的安装和运行方式对指定位置处的发射声压级有很大的影响。本章规定了有关安装和运行条件,以保证最大限度地减小由被测机器安装和运行而引起的发射噪声的变化。对于被测机器所属机器设备系列,如果有噪声测试规程的,则应遵照其有关规定进行测试。在被测机器系列中测定发射声压级和声功率级时,应该采用相同的安装和运行条件。有关机器的噪声测试规程应该详细介绍其安装、固定和运行条件。

注:对于在台面上使用的设备,噪声测试规程可以不要求具备相同的安装、固定和运行条件。在测定声功率级时,该设备可以放置在地面上。

尤其对于大型机器,有必要确定被测机器附属的部件、组件、辅助设备、动力源等。

7.2 机器位置

被测机器应按正常使用状况,应安装在相对反射面的一个或多个位置上。除非机器典型的安装位置是靠墙、靠天花板或者靠反射物,则被测机器尽可能固定在远离这些反射面的位置。

注:对于一些机器来讲,典型的安装条件包括:两个或多个反射面(如:靠墙安装的装置)或自由空间(如:升降机)或在一个带有开口的反射面(声辐射出现在垂直平面的两侧)。详细安装条件应以本部分和有关噪声测试规程(如果有的话)的一般要求为准。机器靠近反射面时的测试方法在本部分的后面章节中指出。

7.3 机器安装

7.3.1 概述

许多情况下,被测机器指定位置的噪声发射与机器的支承或安装条件有关。当机器具备典型安装条件时,如果可能,应使用和模拟该条件。

若不具备典型安装条件或这些条件不能用于测试时，要尽量避免因测试使用的安装系统而引起机器辐射噪声的变化，并采取措施降低任何来自机器安装结构的辐射噪声。

只有当被测的机器在实际现场也是弹性安装的情况下，才应采用弹性安装方式。许多小型机器，尽管其本身很少辐射低频声，但由于安装方面的原因，其振动能量被传递到具有更高辐射效率的大表面上，从而使更多的低频声辐射出来。此时，应在被测机器和其支承面之间加入弹性支承，使其向底座的振动传输及声源的响应减至最小。这种情况下，安装基座应该采用刚性基座(具有足够高的力阻抗)，防止因过大的振动而产生额外声辐射。

注：耦合方式(如原动机和被驱动机器之间)也会对被测声源声辐射产生明显的影响。

7.3.2 手持式机器和设备

这种机器设备在测试时应悬挂或手持，以使结构声不会经由任何不属于被测机器的附件进行传递。若被测机器工作时需用支座，则该支座的结构应很小，可看作是被测机器的一部分，并按照相应的噪声测试规程(若有的话)进行操作。

7.3.3 基础支承安装和墙壁安装的机器和设备

这一类机器设备应放在反射平面上(声学硬表面，如地板或墙壁)。对于靠墙安装的有基础的机械，应将机器设备安装在声学硬壁前的声学硬表面上。台式机器设备应按照被测机器噪声测试规程运行要求，将其放置在台面或支架上。台面或支架到测试间任何吸声表面的距离应至少为 1.5 m，这类机器设备应放在标准测试台的顶面中心位置。测试台的设计见附录 D。

7.4 辅助设备

应采取必要的措施保证与被测机器相连的任何电缆管道、空气管路等对测试环境无明显的声能辐射。

如果可能，应将被测机器的附属部分(见 7.1)，但却是被测机器运行所必需的所有辅助设备，放在测试环境以外；如果不可能，则辅助设备应该包括在试验装置中，并且在试验报告中应对运行条件加以说明。

7.5 被测机器的运行状况

噪声测试期间，对于被测机器所属的机器设备系列，如果有噪声测试规程，则应使用测试规程规定的运行条件。如果没有测试规程，则被测机器应在正常使用方式下运行。在这种情况下，应选择如下一种或多种运行条件：

a) 规定负载和运行条件下；

b) 满载条件下；

c) 无负载(空载)条件下；

d) 正常使用时，产生最大噪声输出的工作条件下；

e) 仔细确定运行状况的模拟负载条件下；

f) 具备典型运行周期的条件下。

在任何预期的运行条件下(如温度、湿度、装置速度等)，应测定指定位置的发射声压级。

事先应选择这些测试条件，并在测试过程中保持不变。在进行任何噪声测量之前，被测机器应设定在期望的运行条件下。

如果噪声发射也取决于其他运行参量(如：被加工材料类型或工具型号)，这时，应尽可能选择适当的参量，使之引起的声辐射变化最小并处于典型的运行状态。

对于一些特殊测试，可以适当设定一个或多个条件，以保证同一系列机器设备的噪声发射有较高的再现性，并且对于该系列机器设备来讲，其运行条件是最通用也是最典型的。这些运行条件应在专业噪声测试规程中加以定义。

如果使用模拟运行条件，应选择那些能够得到代表被测机器在正常使用条件下指定位置发射声压级的条件。

特殊情况下,几个运行条件的结果可以通过能量平均的方法进行合成,从而得到主要运行条件下的结果。

噪声测量期间，被测机器的运行条件应在测试报告中完整说明。

8 测试过程

8.1 适用性

本部分规定的方法在声强矢量方向指向被测机器(见附录 A)的情况下不适用。

当机器安装在一个反射墙的前面或者是拐角时,如果测量点不是位于被测机器和反射面之间,则测量得到的结果分别对应于半消声室内机器安装在一个或者两个反射面前面的发射声压级;如果测量点位于被测机器和反射面之间,那么探头应该距离墙面至少 1 m。如果模拟半消声室条件,机器固定处周围墙面必须用吸声材料覆盖。吸声材料厚度取决于要测试的频谱。通常采用 10 cm 厚的矿棉或者是其他等效的材料。

8.2 测量时间

8.2.1 概述

测量时间的选择原则是在规定运行条件下，能够确定指定位置发射声压级和噪声发射的时间特征(若规定要求的话)。

对于给定的被测声源,测量时间 T 由一系列子测量时间 T_i 组成，每一个子测量时间都对应声源的一个规定运行时段。在此情况下,通常可用单一发射声压级 L_{pA}(单位:dB)来描述,该声压级可按式(1)对各个子测量时间的 A 计权发射声压级进行平均:

$$L_{pA} = 10\ \lg\left(\frac{1}{T}\sum_{i=1}^{N} T_i 10^{0.1L_{pA,Ti}}\right) \qquad \cdots\cdots\cdots\cdots(1)$$

式中:

T——总测量时间,单位为秒(s),其中 $T = \sum_{i=1}^{N} T_i$;

T_i——子测量时间,单位为秒(s);

N——子测量时间或运行时段的总数;

$L_{pA,Ti}$——在子测量时间内的 A 计权发射声压级，dBA。

对于具有确定运行周期的机器设备，通常有必要将测量时间扩展至连续运行周期的整数倍。

测量时间只与期望得到的发射声压级和声发射时间特性(若有要求)的运行时段相关。

测量时间、可能要求的子测量时间和测量时间所包含的运行周期数目,应符合被测机器专业噪声测试规程。任何情况下,这些数值都要与为确定被测机器声功率级而规定的数值相同。

8.2.2 稳态噪声

如果在规定运行工况下(见 GB/T 19052),指定位置的噪声发射是稳态噪声的话,那么测量时间应至少为 15 s。

8.3 测量

把声强探头安装在被测机器的指定位置,除了被测机器,在声强探头的 0.5 m 范围内不允许有任何反射物体,包括仪器的操作者。如果有这样的物体存在,应该在物体的外面包裹吸声材料。对于台面设备，这个台面应被看成被测试物体的一个组成部分。

在笛卡儿坐标系的三个方向上(x,y,z)连续进行声强分量测量,测量每一个方向上的声强级、声压级、A 计权声压级和在不同频带上声强级、声压级、A 计权声压级。在 160 Hz 以下(包括 160 Hz)的中心频率上,每个探头位置的平均时间至少 30 s,在中心频率 200 Hz 或者 200 Hz 以上的,每个频带的平均时间至少 15 s。如果可能,同时测量时间积分声压级 L_p。假如不能进行同步测量,测量之后,在声强测量同一测点处测量声压级。

声强矢量级 L_{Ixyz} 按式(2)计算：

$$L_{Ixyz} = 10 \lg \sqrt{(10^{0.1L_{Ix}})^2 + (10^{0.1L_{Iy}})^2 + (10^{0.1L_{Iz}})^2} \quad \text{dB} \qquad \cdots\cdots\cdots\cdots(2)$$

式中：

L_{Ix},L_{Iy},L_{Iz}——在三个方向上测量到的声强级分量。

然后分别计算声场声压-声强指数 F_{pIxyz},F_{pIx},F_{pIy},F_{pIz}。

8.4 风和气流

对风和气流的影响，声强探头要比常规的传声器更加敏感一些。当可以明显感觉到气流时，要用防风罩。当风/气流的速度超过 4 m/s 时，测量结果无效，除非可以证明气流对测试频率内测试结果的影响可以忽略。

注：GB/T 16404.2—1999 附录 C 给出气流中测量的导则。

8.5 满足要求的测量准则

与最大的声强矢量分量相关的声场声压-声强指数，$\min\{F_{pIx}, F_{pIy}, F_{pIz}\}$，应满足式(3)和式(4)要求：

$$\min\{F_{pIx}, F_{pIy}, F_{pIz}\} \leqslant L_d \qquad \cdots\cdots\cdots\cdots(3)$$

$$F_{pIxyz} < 10 \text{ dB} \qquad \cdots\cdots\cdots\cdots(4)$$

当机器最大尺寸大于 2 m 时，在 x,y,z 三个方向上应该有两个方向满足上述条件。对于大型机器，如果这个条件只能在其中的一个方向上满足的话，仍可通过旋转探头坐标系重复测量来进一步验证测量是否满足条件，见附录 C。

8.6 背景噪声的要求

被测机器关闭后，在探头位置测得的背景噪声声强矢量级在计权后的模或者在每个测试频带上的声强级的模，应该始终比被测机器开启时至少低 10 dB。这样就不需进行任何修正。

8.7 测量频率范围

声压级和声强级应使用具有如下中心频率(单位：Hz)的倍频带滤波器进行测量

63　125　250　500　1 000　2 000　4 000　8 000

此外，也可以在中心频率从 50 Hz 到 6 300 Hz 的 1/3 倍频带进行测量，对于频率高于 5 000 Hz 的情况，见附录 B。

注：如果仅仅要求测定 A 计权数值，则任何一个单独出现的、比最高 A 计权频带声级小 10 dB 或者更多的 A 计权频带声级都可以忽略；如果出现了多个频带声级较低的情况，且这些频带的 A 计权声级之和低于最高 A 计权频带声级 10 dB 或以上的话，则可以忽略这些频带。

8.8 测量结果的计算

发射声压级按式(5)计算：

$$L_p = L_{Ixyz} + K_5 \qquad \cdots\cdots\cdots\cdots(5)$$

式中：

$K_5 = 1$ dB。

在任何测量频带内如果声强矢量的方向指向被测机器，则测量结果无效，见附录 A。

9 记录内容

9.1 概述

如果可能，按照本部分进行的所有测量中，应记录如下内容。只有在最终完成计算步骤并对计算数据进行修约之后，才能形成报告。

9.2 被测机器

被测机器的描述，包括：

——型号；
——技术数据；
——尺寸；
——制造厂；
——机器序号；
——生产日期。

9.3 测量条件

记录下面内容：

a) 准确、定量表述运行条件和相关运行时段和运行周期；

b) 安装条件；

c) 测试环境中的机器位置；

d) 若被测机器存在多个噪声源，则应介绍测量过程中各声源的工作情况。

9.4 声学环境

按照下列内容描述测量环境：

——地板、天花板、墙壁的物理处理方式；
——被测机器和房间其他物品的位置示意图。

9.5 仪器说明

包含以下内容：

a) 测量仪器，包括：名称、类型、序列号和生产单位；

b) 测量探头的描述；

c) 测量系统校准检定方法，并给出校准日期、地点及校准结果；

d) 防风罩特性（如有防风罩情况下）。

9.6 指定位置

准确、定量地表述并记录发射声压级的所有的测量位置。

9.7 噪声数据

记录中应包含下列数据：

a) 测得的发射声压级和声强矢量级 L_{Ixyz} 以及测试频带的声场指数 F_{pIxyz}；

b) 用于计算 A 计权发射声压级的频率范围；

c) 不同频带的传声器间距；

d) 如果有的话，频率响应修正；

e) 背景噪声声强级；

f) 测量地点、时间以及测量人员；

g) 测量不确定度。

10 报告内容

只报告那些测量目的所要求的记录数据（见第 9 章）。

附　录　A
（规范性附录）
声强矢量方向满足要求的判据

为了将测量不确定度限制在表1给定的范围内，测点上声强矢量的指向应该背向被测机器，即由从被测机器指向测点的矢量和声强矢量之间的夹角 θ 应该在 $-90°$ 到 $+90°$ 范围内，即：

$$\cos(\theta) > 0 \qquad \text{(A.1)}$$

该值由标量积确定：

$$\cos(\theta) = (\overrightarrow{xyz}, \vec{r}) \qquad \text{(A.2)}$$

式中：

$\overrightarrow{xyz}$——沿着合成的能量流方向的单位矢量（见3.2）。

$$\overrightarrow{xyz} = \frac{1}{I_{xyz}}\{I_x; I_y; I_z\} \qquad \text{(A.3)}$$

式中：

I_x, I_y, I_z 是测量到的三个声强分量；

$I_{xyz} = 10^{0.1L_{Ixyz}}$，$L_{Ixyz}$ 由式(2)定义；且

$\boldsymbol{r} = \dfrac{\boldsymbol{R}}{|\boldsymbol{R}|}$ 是单位矢量，其方向为从机器的声学中心指向测量点，如图A.1所示，$|\boldsymbol{R}|$ 是 $\boldsymbol{R}$ 的模。

如果机器声学中心不明显，应采用其几何中心。

如果判据式(A.1)不能满足，除第9章和第10章提到的记录内容外，还应记录 $\cos(\theta)$ 的数值。在这种情况下，预期测量不确定度会高于表1中给定的值，并且不能够满足工程法准确度等级。

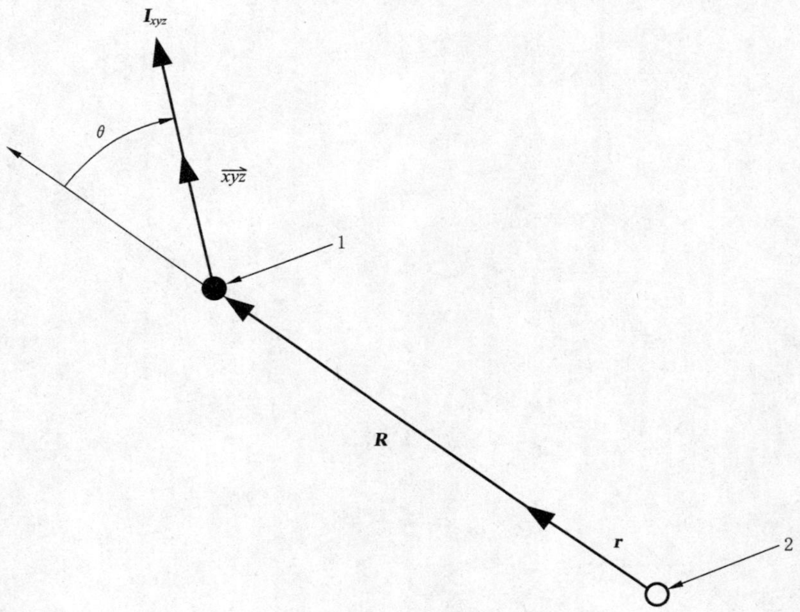

1——测量点位置为 x_i, y_i, z_i；

2——被测机器的中心为 x_0, y_0, z_0；

$\boldsymbol{I}_{xyz}$——测量点 x_i, y_i, z_i 的声强矢量；

$\boldsymbol{R} = \{x_i - x_0; y_i - y_0; z_i - z_0\}$。

图 A.1　角度 θ 的定义

附　录　B
（规范性附录）
频率高于 5 000 Hz 的处理方法

除非声强探头直到 10 000 Hz 都具有平直的频率响应，否则应按如下选项之一进行处理：

a)　如果可能的话，按照仪器生产厂家的技术说明进行；

b)　选择直径 6 mm 传声器，并且传声器间距为 6 mm 的探头装置。

注：关于频率响应的进一步介绍参见文献[18]。

附 录 C
（规范性附录）
测量不能满足要求时的处理方法

当探头对着一个较小的，而且是局部声源占主要作用的一个机器，而机器的最大尺寸又超过 2 m 时，即使测量的结果很好，也可能会发生声场的声压-声强指数只在一个方向上满足要求的情况。在这种情况下，围绕垂直轴旋转探头的坐标系统 45°，在三个新的正交方向上重复测量可以验证测量的有效性。此时，如果声场的声压-声强指数在这三个正交方向的任意两个方向上都满足同一要求，则表 1 中的测量不确定度仍是有效的。

附 录 D
（资料性附录）
测试台示例

测试台面如图 D.1 所示，台面由厚 0.04 m～0.10 m 的胶合板组成，其最小面积为 $0.5\ m^2$，最小横向尺寸为 0.7 m，台面上有机器安装所必需的槽或孔。

单位为米

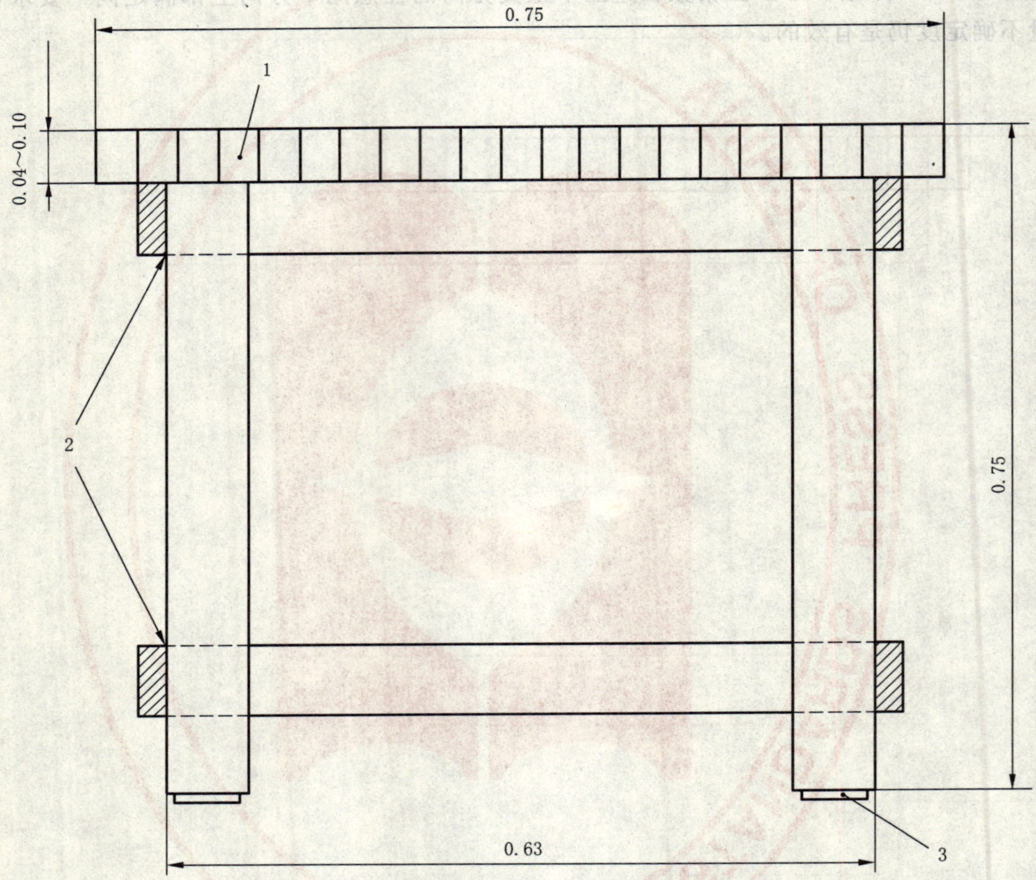

1——顶部胶合板；
2——腿和拉板，螺纹连接或粘接；
3——隔振垫。

图 D.1 测试台示例

参 考 文 献

[1] GB/T 16404—1996 声学 声强法测定噪声源的声功率级 第1部分:离散点上的测量.

[2] GB/T 16404.2—1999 声学 声强法测定噪声源的声功率级 第2部分:扫描测量.

[3] GB/T 17248.1—2000 声学 机器和设备发射的噪声 测定工作位置和其他指定位置发射声压级的基础标准使用导则.

[4] GB/T 17248.2—1999 声学 机器和设备发射的噪声 工作位置和其他指定位置发射声压级的测量 一个反射面上方近似自由场的工程法.

[5] GB/T 17248.3—1999 声学 机器和设备发射的噪声 工作位置和其他指定位置发射声压级的测量 现场简易法.

[6] GB/T 17248.4—1998 声学 机器和设备发射的噪声 由声功率级确定工作位置和其他指定位置的发射声压级.

[7] GB/T 17248.5—1999 声学 机器和设备发射的噪声 工作位置和其他指定位置发射声压级的测量 环境修正法.

[8] GUM,Guide for the expression of uncertainty in measurement(BIPM,IEC,IFCC,ISO,IUPAC,OIML).

[9] JONASSON H. G.,ANDRESEN G. Measurement of emission sound pressure levels using sound intensity. SP Report 1995:75,Borås,Sweden (ISBN 91-7848-604-1,ISSN 0284-5172).

[10] JONASSON H. G.,ANDRESEN G. Determination of emission sound pressure levels. Comparisons between a new intensity method and traditional ISO standards. Proceedings Intemoise 96,Liverpool,1996.

[11] JONASSON H. G. Determination of emission sound pressure level and sound power level in situ. Project SMT-CT 96-2051,SP Report 1999:17.

[12] HÜBNER G.,GERLACH,A. Determination of emission sound pressure levels using three-component sound intensity measurements. Proceedings of Euronoise,München,1998.

[13] HÜBNER G.,GERLACH A. Determination of emission sound pressure levels using sound intensity measurements—Comparisons of different intensity methods. Proceedings of Intemoise 98,Christchurch,1998.

[14] HÜBNER G.,GERLACH A. Report on investigations of the different standards of the ISO 11200-series,especially ISO 11205.

[15] HÜBNER G.,GERLACH A. Further investigations on the accuracy of the emission sound pressure level determined by a three-component intensity measurement procedure. Proceedings of Internoise 99,Ft Lauderdale,1999.

[16] HÜBNER G.,GERLACH A. Untersuchung zur Präzisierung der Intensitätsmesstechnik in Bezug auf die Ermittlung des Emissionsschalldruckpegels. Schriftenreihe der Bundesanstalt für Arbeitsschutz und Arbeitsmedizin,Fb1794.

[17] KEITH S. E.,KRISHNAPPA G.,CHIU V. Determination of sound pressure levels in situ using sound intensity measurements. Noise-Con 2000.

[18] JACOBSEN F.,CUTANDA V.,JUHL P. A numerical and experimental investigation of the performance of sound intensity probes at high frequencies. J. Acoust. Soc. Am.,103(2),1998.

参 考 文 献

[1] GB/T 16404—1996 声学 声强法测定噪声源的声功率级 第1部分：离散点上的测量.

[2] GB/T 16404.2—1999 声学 声强法测定噪声源的声功率级 第2部分：扫描测量.

[3] GB/T 17248.1—2000 声学 机器和设备发射的噪声 测定工作位置和其他指定位置发射声压级的基础标准使用导则.

[4] GB/T 17248.2—1999 声学 机器和设备发射的噪声 工作位置和其他指定位置发射声压级的测量 一个反射面上方近似自由场的工程法.

[5] GB/T 17248.3—1999 声学 机器和设备发射的噪声 工作位置和其他指定位置发射声压级的测量 现场简易法.

[6] GB/T 17248.4—1998 声学 机器和设备发射的噪声 由声功率级确定工作位置和其他指定位置的发射声压级.

[7] GB/T 17248.5—1999 声学 机器和设备发射的噪声 工作位置和其他指定位置发射声压级的测量 环境修正法.

[8] GUM,Guide for the expression of uncertainty in measurement(BIPM,IEC,IFCC,ISO,IUPAC,OIML).

[9] JONASSON H.G., ANDRESEN G. Measurement of emission sound pressure levels using sound intensity. SP Report 1995:75,Boras,Sweden (ISBN 91-7848-604-1,ISSN 0284-5172).

[10] JONASSON H.G., ANDRESEN G. Determination of emission sound pressure levels: Comparisons between a new intensity method and traditional ISO standards. Proceedings Internoise 96,Liverpool,1996.

[11] JONASSON H.G. Determination of emission sound pressure level and sound power level in situ. Project SMT-CT 96-2051. SP Report 1999:17.

[12] HÜBNER G., GERLACH A. Determination of emission sound pressure levels using three-component sound intensity measurements. Proceedings of Euronoise, München,1998.

[13] HÜBNER G., GERLACH A. Determination of emission sound pressure levels using sound intensity measurements-Comparisons of different intensity methods. Proceedings of Internoise 98, Christchurch,1998.

[14] HÜBNER G., GERLACH A. Report on investigations of the different standards of the ISO 11200-series, especially ISO 11205.

[15] HÜBNER G., GERLACH A. Further investigations on the accuracy of the emission sound pressure level determined by a three-component intensity measurement procedure. Proceedings of Internoise 99, Ft Lauderdale,1999.

[16] HÜBNER G., GERLACH A. Untersuchung zur Präzisierung der Intensitätsmesstechnik in Bezug auf die Ermittlung des Emissionsschalldruckpegels. Schriftenreihe der Bundesanstalt für Arbeitsschutz und Arbeitsmedizin, Fb 794.

[17] KEITH S.E., KRISHNAPPA G., CHIU V. Determination of sound pressure levels in situ using sound intensity measurements. Noise-Con 2000.

[18] JACOBSEN F., CUTANDA V., JUHL P. A numerical and experimental investigation of the performance of sound intensity probes at high frequencies. J. Acoust. Soc. Am., 103(2),1998.

ICS 07.060
A 45

GB

中华人民共和国国家标准

GB 17378.1—2007
代替 GB 17378.1—1998

海洋监测规范
第1部分:总则

The specification for marine monitoring—
Part 1:General rules

2007-10-18 发布　　　　　　　　　　　　2008-05-01 实施

中华人民共和国国家质量监督检验检疫总局
中国国家标准化管理委员会　发布

前言

本部分的全部技术内容为强制性。

GB 17378《海洋监测规范》分为七个部分:

——第1部分:总则;

——第2部分:数据处理与分析质量控制;

——第3部分:样品采集、贮存与运输;

——第4部分:海水分析;

——第5部分:沉积物分析;

——第6部分:生物体分析;

——第7部分:近海污染生态调查和生物监测。

本部分为GB 17378的第1部分,代替GB 17378.1—1998《海洋监测规范 第1部分:总则》。

本部分与GB 17378.1—1998相比主要变化如下:

——取消了定义(1998年版的第2章);

——增加了通则(见第3章);

——在海上监测一般规定中,对定位、监测用标准物质使用、船上实验室条件等作了相应的补充规定(1998年版的第9章;本版的7.3、7.4和7.5);

——在海洋监测质量保证中,对监测人员质量控制、监测质量控制工作体系、采样质量保证、实验室质量保证、监测网络质量保证等作了相应的补充规定(1998年版的第7章;本版的8.1、8.2、8.3、8.4和8.5);

——在监测船及其设施要求中,对监测船性能要求作了相应的补充规定,增加了监测船管理要求(1998年版的10.1;本版的9.1和9.2);

——将监测仪器设备的要求合并于监测船及其设施要求,并作了相应的补充规定(1998年版的第11章;本版的9.3);

——对海上作业作了相应的补充规定(1998年版的6.3;本版的11.3.5、11.3.6、11.3.7、11.3.8、11.3.9、11.3.10、11.3.11、11.3.12、11.3.13);

——对样品和原始资料的验收要求作了相应的补充规定(1998年版的12.3;本版的12.2);

——增加了样品室内分析与测试(见第13章);

——在海洋监测资料的整理中,增加了现场作业与室内测试资料汇总、数据处理和计算机处理资料的要求等相应要求(1998年版的13章;本版的14.1、14.2和14.3);

——对监测资料和成果归档的归档时间要求作了补充规定,增加了档案质量要求的相应规定(1998年版的15章;本版的16.3和16.4)。

本部分由国家海洋局提出。

本部分由全国海洋标准化技术委员会(SAC/TC 283)归口。

本部分起草单位:国家海洋环境监测中心。

本部分主要起草人:徐恒振、马永安、于涛、韩庚辰、关道明、王健国、徐春林、徐维龙、张春明、许昆灿、陈维岳。

本部分所代替标准的历次版本发布情况为:

——GB 17378.1—1998。

海洋监测规范
第1部分：总则

1 范围

GB 17378 的本部分规定了海洋环境质量基本要素调查监测的展开程序，包括计划编制、海上调查实施、质量控制、调查装备、资料整理和成果报告编写等的基本方法。

本部分适用于海洋监测的组织管理。

2 规范性引用文件

下列文件中的条款通过 GB 17378 的本部分的引用而成为本部分的条款。凡是注日期的引用文件，其随后所有的修改单（不包括勘误的内容）或修订版均不适用于本部分，然而，鼓励根据本部分达成协议的各方研究是否可使用这些文件的最新版本。凡是不注日期的引用文件，其最新版本适用于本部分。

GB 17378.2　海洋监测规范　第2部分：数据处理与分析质量控制

GB 17378.3　海洋监测规范　第3部分：样品采集、贮存与运输

GB 17378.4　海洋监测规范　第4部分：海水分析

GB 17378.5　海洋监测规范　第5部分：沉积物分析

GB 17378.6　海洋监测规范　第6部分：生物体分析

GB 17378.7　海洋监测规范　第7部分：近海污染生态调查和生物监测

HY/T 058　海洋调查观测监测档案业务规范

《中华人民共和国国家科学技术委员会科学技术成果鉴定办法》

3 通则

3.1 海洋监测的任务

3.1.1　掌握主要污染物的入海量和海域质量状况及中长期变化趋势，判断海洋环境质量是否符合国家标准。

3.1.2　检验海洋环境保护政策与防治措施的区域性效果，反馈宏观管理信息，评价防治措施的效果。

3.1.3　监控可能发生的主要环境与生态问题，为早期警报提供依据。

3.1.4　研究、验证污染物输移、扩散模式，预测新增污染源和二次污染对海洋环境的影响，为制定环境管理和规划提供科学依据。

3.1.5　有针对性地进行海洋权益监测，为边界划分、保护海洋资源、维护海洋健康提供资料。

3.1.6　开展海洋资源监测，为保护人类健康、维护生态平衡和合理开发利用海洋资源，实现永续利用服务。

3.2 海洋监测的分类

3.2.1 研究性监测

研究性监测是旨在弄清楚目标污染物的监测。通过监测弄清污染物从排放源排出至受体的迁移变化趋势和规律。当监测资料表明存在环境问题时，应确定污染物对人体、生物和景观生态的危害程度和性质。

3.2.2 监视性监测

监视性监测又称例行监测，包括污染源控制排放监测和污染趋势监测。在排污口和预定海域，进行

定期定点测定污染物含量，为评定控制排放，评价环境状况、变化趋势以及环境改善所取得的进展情况提供科学依据。

3.2.3 海洋资源监测

海洋资源包括可再生和不可再生资源。海洋资源监测包括生物、矿产、旅游、港口交通、动力能源、盐业和化学等的监测与调查。

3.2.4 海洋权益监测

海洋权益监测是指，为维护国家或地区的海洋权益，在多国或多方共同拥有的海域进行的以保护海洋生态健康和海洋生物资源再生产为目的的海洋监测。

3.2.5 海洋监测

在设计好的时间和空间内，使用统一的、可比的采样和监测手段，获取海洋环境质量要素和陆源性入海物质资料。

海洋监测依介质分类，可分成水质监测、生物监测、沉积物监测和大气监测；从监测要素来分，可分成常规项目监测、有机和无机污染物监测；从海区的地理区位来分，可分成近岸海域监测、近海海域监测和远海海域监测等。

海洋监测包括海洋污染监测和海洋环境要素监测。海洋污染监测包括近岸海域污染监测、污染源监测、海洋倾废区监测、海洋油污染监测、海洋其他监测等。海洋环境要素监测包括海洋水文气象要素、生物要素、化学要素和地质要素的监测。

3.2.6 基线调查

对某设定海区的环境质量基本要素状况的初始调查和为掌握其以后间隔较长时间的趋势变化的重复调查。

3.2.7 常规监测

在基线调查基础上，经优化选择若干代表性测站和项目，进行以求得空间分布为主要目的，长期逐年相对固定时期的监测。

3.2.8 定点监测

在固定站点进行常年更短周期的观测。其中包括在岸(岛)边设一固定采样点，或在固定站附近小范围海区布设若干采样点两种形式监测。

3.2.9 应急监测

在海上发生有毒有害物质泄放或赤潮等灾害紧急事件时，组织反应快速的现场观测，或在其附近固定站临时增加的针对性监测。

3.2.10 专项调查

为某一专门需要的调查。如废弃物倾倒区，资源开发，海岸工程环境评价等进行的调查。

3.3 海洋监测的原则

3.3.1 监测迫切性原则

无论是环境监测、资源监测，还是权益监测，都应遵照轻重缓急、因地制宜、整体设计、分步实施、滚动发展的原则。根据情况变化和海洋管理反馈的信息，随时进行调整、修改和补充。把海洋管理、海洋开发利用和公益服务放在第一位，把兼顾海洋研究和资料积累需求放在第二位。

3.3.2 突出重点，控制一般原则

近岸和有争议的海区是我国海洋监测的重点。在近岸区，应突出河口、重点海湾、大中城市和工业近岸海域，以及重要的海洋功能区和开发区的监测。在近海区，监测的重点是石油开发区、重要渔场、海洋倾废区和主要的海上运输线附近。在权益监测上，重点以海域划界有争议的海域为主。

3.3.3 多介质、多功能一体化原则

建立以水质监测为主体的控制性监测机制，以底质监测为主要内容的趋势性监测机制，以生物监测为骨架的效应监测机制，和以危害国家海洋权益为主要对象的权益监测机制，从而形成兼顾多种需求多

功能一体化的监测体系。

3.3.4 优先污染物监测原则

探明海洋污染物的分布、出现频率及含量，确定新污染物名单，研究和发展优先监测污染物的监测方法，待方法成熟和条件许可时列为优先监测污染物。通常，监测因子具有广泛代表性的项目，可考虑优先监测。

3.4 监测计划与效益分析

3.4.1 监测计划的报批与执行

海洋监测计划由任务技术负责人按计划任务、上级指定或合同内容设计监测范围、站位、项目、频率、层次主持编制。计划编制必须立足现实人员技术条件和物质保证，并应考虑下述内容：任务及依据；站位图、表及参考水深；时间安排、航线顺序和补给地点；监测和采样项目、层次、数量、人员组织及分工、安全预防措施；经费预算、出海携带物品明细表等。

由任务执行单位，在监测前20 d，呈文报监测主管部门，待计划批准后，应遵照执行，如需变动时，应经主管部门批准。有关作业中的航行安全，在制定计划时应充分考虑。计划执行中，不应任意弃站，对遇恶劣天气而未能作业的测站应补测。在应急监测中，技术负责人在现场有权根据实际情况对计划进行修改和补充。在常规监测中，发现重要海洋现象或海损事件，技术负责人有权决定跟踪探索，但应同时上报主管部门。

3.4.2 采样和分析方法的选择

应按照采样规定的方法，切实采取防污染措施，按照规范的操作，结合当地当时的情况，通过实地调查，确定合适的采样方法。

在海洋环境中，待测物处于微量或痕量水平，海水中含盐量之高、组分之多、化合物形式复杂，势必给海洋环境监测带来困难。某些经典的分析方法因灵敏度而受到限制，海洋监测应使用高灵敏度的、统一的测定方法，使各海区获得准确可比的监测数据。

3.4.3 效益分析

监测计划制定中，监测人员应根据所需测项，预算完成监测任务所需的费用。在不影响监测目的的情况下，应选择更为专一、准确度和精密度好的分析方法。

3.5 海洋监测的质量保证和质量控制(QA/QC)

3.5.1 质量保证

海洋监测的质量保证是整个海洋监测过程的全面质量管理，它包含了为保证环境监测数据准确可靠的全部活动和措施，包括从现场调查、站位布设、样品采集、贮存与运输、实验室样品分析、数据处理、综合评价全过程的质量保证。

3.5.2 质量控制

质量控制是为达到监测质量要求所采取的一切技术活动，是监测过程的控制方法，是质量保证的一部分。

3.5.3 准确度与精密度

准确度是指测量结果与客观环境的接近程度；精密度是指测量结果具有良好的平行性、重复性和再现性。

3.5.4 完整性

完整性是指预期按计划取得有系统的、周期性的或连续的(包括时间和空间)环境数据的特性。

3.5.5 代表性

代表性是指在有代表性的时间、地点，并根据确定的目的获得的典型环境数据的特性。

3.5.6 可比性

可比性是指除采样、监测等全过程可比外，还应包括通过标准物质和标准方法的准确度传递系统和追溯系统，来实现不同时间和不同地点(如国际间、区域间、行业间、实验室间)数据的可比性和一致性。

3.5.7 实验室内质量控制

实验室内质量控制又称内部质量控制，是指分析人员对分析质量进行自我控制和内部质控人员实施质量控制技术管理的过程。内部质量控制包括方法空白试验、现场空白试验、校准曲线核查、仪器设备定期校验、平行样分析、加标样分析、密码样分析、利用质控图校核等。内部质量控制是按照一定的质量控制程序进行分析工作，以控制测试误差，发现异常现象，针对问题查找原因，并作出相应的校正和改进。

3.5.8 实验室间质量控制

实验室间质量控制也叫外部质量控制，是指由外部有工作经验和技术水平的第三方或技术组织，对各实验室及分析人员进行定期和不定期的分析质量考查的过程。对分析测试系统的评价，一般由评价单位发密码标准样品，考核各实验室的分析测试能力，检查实验室间数据的可比性。也可在现场对某一待测项目，从采样方法到报出数据进行全过程考核。

4 监测内容

4.1 海洋环境质量监测要素

海洋环境质量监测要素主要包括以下内容：

——海洋水文气象基本参数；

——水中重要理化参数、营养盐类，有害有毒物质；

——沉积物中有关理化参数和有害有毒物质；

——生物体中有关生物学参数和生物残留物及生态学参数；

——大气理化参数；

——放射性核素。

4.2 项目选定原则

除水文气象项目必测外，其他项目的选定原则包括：

——基线调查应是多介质且项目要尽量取全；

——常规监测应选基线调查中得出的对监测海域环境质量敏感的项目；

——定点监测项目为海水的 pH、浑浊度、溶解氧，化学需氧量、营养盐类等；沉积物的粒度、有机质、氧化还原电位等；浮游生物的体长、重量、年龄、性腺成熟度等；

——应急监测和专项调查酌情自定。

5 监测站位布设原则

5.1 站位布设基本要求

5.1.1 依据任务目的确定监测范围，以最少数量测站，所获取的数据能满足监测目的需要。

5.1.2 基线调查站位密，常规监测站位疏；近岸密，远岸疏；发达地区密，原始海岸疏。

5.1.3 尽可能沿用历史测站，适当利用海洋断面调查测站，照顾测站分布的均匀性和与岸边固定站衔接。

5.2 各类水域测站布设原则

5.2.1 海域：在海洋水团、水系锋面，重要渔场、养殖场，主要航线，重点风景旅游区、自然保护区、废弃物倾倒区以及环境敏感区设立测站或增加测站密度。

5.2.2 海湾：在河流入汇处，海湾中部及湾海交汇处，同时参照湾内环境特征及受地形影响的局部环流状况设立测站。

5.2.3 河口：在河流左右侧地理端点连线以上，河口城镇主要排污口以下，并减少潮流影响处。如建有闸坝，应设在闸上游；河口处有支流入汇应设在入汇处下游。

6 监测频率及周期

6.1 基线调查频率

基线调查初始一次，趋势性调查每五年一次。

6.2 常规监测频率

6.2.1 水质监测每年二次。在丰水期、枯水期进行。

6.2.2 沉积物监测每年或每两年一次。

6.2.3 生物质量监测每年一次或二次（在生物成熟期进行）。

6.2.4 气象除到站观测外，航行时每日02、08、14、20时进行定时观测。

6.3 定点监测

6.3.1 按单点观测方式，每1 h～3 h采样1次，连续采样25 h。

6.3.2 按大面观测方式，每月不少于一次。

6.3.3 海上发生海损、赤潮等事件时，有关联的定点站应酌情或按上级指令要求增加观测次数。

6.4 应急监测和专项调查

根据监测和调查目的，由项目负责人设计。

7 海上监测一般规定

7.1 规章制度

应建立值班、交接班、岗位责任、安全保密、仪器设备检查保养、资料校核保管等各项制度。

7.2 时间标准

近海监测一律用北京标准时间，全年不变。每天校对时间一次，记时误差不应超过设计允许范围。远洋监测或国际联合监测，必要时应采用世界标准时，但需在资料载体上注明。注意校对计时器，计时误差不应超过设计允许范围。

7.3 定位要求

海洋监测的定位应满足以下要求：

——海洋环境基本要素监测的导航定位设备一般为全球定位系统（GPS）或差分全球定位系统（DGPS）；

——定位设备应按规定定期进行校准和性能测试，标定其系统参数；

——GPS或DGPS的安装、操作应按其使用说明书进行；

——在海上调查开始前，由导航定位人员将设计好的监测线和测点画在导航定位图上或输入导航定位系统；

——航海部门人员应在航海日志中准确记录与海洋监测有关的时间、站号、站位、航向、航速、水深等信息，并及时向监测人员提供航行参数和测线、测点的编号；

——在河口及有陆标的近岸海域，水、沉积物及生物监测的站点的定位误差不应超过50 m；其他海域站点 定位误差不应超过100 m；

——河口区断面位置，用地名、河（江）名及当地明显目标特征距离表示；

——潮间带生物生态监测，断面间距误差不应超过两断面距离的1%；断面上各测点间距不应超过断面长度0.5%；

——专项监测调查，定位精度按特定要求自行规定；

——实际站位应尽量与标定站位相符，两者相差，近岸不应超过100 m，近海不应超过200 m。

7.4 监测用标准物质

监测用标准物质应满足以下要求：

——使用具有定级证书的有证标准物质；

——标准物质应标明批号，并在有效期内使用；

——没有标准物质产品的项目，应经专门人员、以专用仪器、实验室、用具有出厂检验合格证且在使用有效期内的化学基准试剂配置，并进行互校或比对。

7.5 船上实验室

船上实验室应满足如下要求：

——实验室应安排在方便工作、安全操作的地方；

——应配有满足监测要求的水、电、照明、排风、消防设施和设备；

——实验室内的温度、湿度、空间大小、采光等环境应符合有关规定；

——实验室应避免受外界或内部的污染以及机械、噪声、热、光及电磁等干扰；

——样品、试剂按规定包装、存放，分类摆放有序，标识清楚、安放牢固，防止混淆、丢失、遗漏、变质及交叉污染；

——剧毒、贵重、易燃、易爆物品应以特定程序管理、特殊设施存放；

——建立仪器设备管理制度，严格对仪器设备交接班检查和定期通电检查、维护；

——进出实验室或交接班应认真检查水、电、热供应设施是否处于正常开关状态；

——建立三废处理制度，正确收集、处理、排放废物、废水、废气和过期试剂；

——保持实验室（观测场及作业场）洁净、整齐、有序。

7.6 样品和资料保管

样品取得后，应立即进行预处理和分装，样品登记表和资料载体以及初步计算的结果，均应标注清楚。样品和资料应随时包装、整理，专人负责保管，发生危急事故时，须全力抢救。

8 海洋监测质量保证

8.1 监测人员质量控制

8.1.1 监测人员应专门培训，经考核取得合格证书持证书上岗。

8.1.2 对监测人员进行质量意识教育，明确质量责任。

8.2 监测质量控制工作体系

8.2.1 监测项目承担单位应接受项目委托单位和技术监督机构的监督。

8.2.2 监测项目承担单位应将监测过程的质量控制纳入本单位的质量运行体系，并根据本单位的质量体系和监测项目要求制定质量计划。

8.2.3 监测项目负责人应指定质量负责人，建立监测过程的质量监督管理工作体系。

8.3 采样质量保证

8.3.1 制定采样操作程序，防止采样沾污。

8.3.2 防止样品沾污，应做到：

——严格防止船舶自身以及采样设备的沾污影响；

——根据监测项目，选用合适材料的采样器样品瓶。绞车、缆索，导向轮应采取相应的防沾污措施；

——减少界面富集影响，深层采样建议用闭-开-闭方式采样器；

——沉积物采样，被采样品应不受扰动。待测样品应冷冻贮存；

——予处理的样品（过滤、萃取等）应在采样后在现场即时完成。然后再加入稳定剂，并低温保存。受生物活动影响，随时间变化明显的项目应在规定时间内测定。

8.4 实验室质量保证

8.4.1 实验室应进行计量认证，取得计量认证合格证书方能承担检测任务。

8.4.2 固定级实验室应具有100级超净实验室；海区级应有10万级简易洁净实验室；一般实验室应具备重金属水样前处理用超净工作台。

8.4.3 选定检测方法，主要依据方法的精密度、准确度和检出限，适当考虑分析成本，设备条件和检测时间长短及人员水平等因素。

8.5 监测网络质量保证

8.5.1 凡有两个及以上实验室参加的统一监测任务或网络，由监测业务主管单位负责质量监督和管理。

8.5.2 监测前应进行实验室间互校。经监测业务主管单位评判合格后，方可参加监测任务。

8.5.3 采用统一的标准参比物质，中途若有更换应对先后使用的标准参比物质进行对比检验。求得相互关系，必要时对数据进行订正。

8.5.4 实验室间应使用相同的检测方法和仪器。

8.5.5 文件资料和成果归档，应符合质量标准。

9 监测船及其设施要求

9.1 监测船性能要求

监测船应满足以下要求：

——具有适应海洋监测用的甲板及机械设备；

——有观测、采样和样品存贮的充足空间和样品处理、测试、分析与资料整理所需的实验室；

——电源应满足照明、绞车、拖网采样、实验室检测设施以及各种仪器的需要。

——有周密、可靠、有效的安全、消防措施及设备；

——有准确可靠的测深、导航定位系统和通讯系统；

——远洋监测船应有较大续航力和自持力，能在广泛的洋区监测作业，配备全球导航定位系统；海洋生物监测船有满足需要的拖网绞车，船尾适于拖网作业；

——河口及近岸浅水监测船，要求排水量 100 t～150 t，吃水 0.5 m，航速 12 kn 左右，并具有抗搁浅性能；

——近海水域监测船，要求排水量 600 t ～2 000 t，吃水 2 m～5 m，航速 14 kn ～16 kn；船体结构牢固，抗浪性强，受风压面小，续航力不少于二个月船上，应装有侧推可变螺距及减摇装置；

——具有稳定的 2 kn ～3 kn 慢速性能；专用监测船应设可控排污装置，兼用监测船需改装排污系统，以减少船舶自身对采集样品的沾污。

9.2 监测船管理要求

监测船的管理应满足以下要求：

——应通过船舶和有关检验机构的检查，认定符合适航标准和安全检查条例；

——船长及船员具有相应职位的资质证书，熟悉业务，明确调查任务对船舶的作业要求，并积极主动地配合完成监测任务；

——保证监测人员必要的工作条件和生活条件；

——按计划完成备航和安全检查、教育工作，按时出海作业，在不影响安全的前提下，船舶的行动应尊重监测项目负责人(或首席科学家)的意见；

——按监测任务的需要准确地操纵船舶，保证航行安全；

——凡属船上固定的监测设备，均需经常保持良好状态。

9.3 监测仪器设备的要求

监测仪器设备应满足以下要求：

——出航前应对仪器设备进行全面检查和调试，并将情检查况填入“海上仪器设备检查记录表”；

——监测仪器设备生产单位应取得《制造计量器具许可证》或型式批准证书。研制、开发的科研样机应经授权的国家法定计量检定机构鉴定合格；

——进口的仪器设备应经过国务院计量行政部门型式批准；

——仪器设备应送授权的法定计量检定机构检定或校准。没有授权机构的由持有单位按合法化了的自校或互校方法进行自校或互校；

——仪器设备应在检定、校准证书有效期内使用，并至少在调查前后各进行一次校验。校验可采用室内或现场自校、互校、比对及校准等方式；

——无法在室内检定、校准的仪器设备，应与传统仪器进行现场比对，考察其有效性；

——对测量中需定标的仪器，应按规定定标，并列入操作程序；

——调查仪器设备的运输、安装、布放、操作、维护，应按其使用说明书的规定进行；

——不允许使用超过检定周期的仪器设备。

9.4 采样设施要求

采样设施应满足如下要求：

——水文观测、水样采取、沉积物采样和浮游生物采样绞车至少四部和生物采样用吊杆一部；

——浅海绞车缆绳长 200 m，近海绞车缆绳长 600 m。采取水样的绞车、缆绳及导轮应无油和暴露金属；

——生物采样场所设船艉部，要求宽广平坦，避开通风筒、天窗等突出物并设收放式栏杆；

——采样绞车处应装有保护栏杆的突出活动操作平台；

——采样场所应有安置样品的足够空间。

9.5 专用监测船实验室要求

实验室应满足以下要求：

——设在位置适中，遥摆度较小处。并靠近采样操作场所；

——有良好的通风装置、空调设备、超净工作台、通风橱、水槽等专用设备，有足够的白色照明灯；

——独立的淡水供水系统，排水槽及管道需耐酸碱腐蚀；

——电源：交流 220 V、380 V；直流 6 V、12 V、24V；

——实验桌面耐酸碱，并设有固定各种仪器的支架、栏杆、夹套等装置；

——配有样品冷藏装置、防火器材及急救药品等；

——附近应有装置高压气瓶的安全隔离小间。

10 海洋监测实施计划的编制

10.1 目的

按计划任务，上级指定或合同内容设计监测范围，站位、项目、频率、层次。在上述基础上，各专业组进行采样及检测方法的技术设计。编制监测实施计划。

10.2 监测计划编制原则

监测计划编制应遵循下述原则：

——任务技术负责人主持编制；

——符合任务书、合同和 GB 17378.2～17378.7 的技术要求；

——规定相应的资源配置；

——充分利用已有的具有溯源性的文献和资料；

——提高效益、减少损耗，充分利用资源，进行综合调查；

——立足现有人员的技术状况和物质保证条件。

10.3 主要内容

监测计划内容主要包括：

——任务及其依据；

——站位图、表及参考水深；

——时间安排、航线顺序和补给地点；

——观测和采样项目、层次、数量；

——人员组织及分工；

——安全措施；

——经费预算，根据需要决定是否列入；

——出海携带物品明细表。

10.4 计划的报批

10.4.1 监测计划应由任务执行单位呈文报任务下达单位批准。

10.4.2 航行计划应经主管部门批准下达。

10.5 计划的执行

10.5.1 计划经批准后，应严格执行。若需变动时，应经主管部门批准。

10.5.2 作业中有关航行安全，在制定计划时应予充分考虑。一般在执行任务中，不应以航行安全为由而任意弃站。遇恶劣天气未能作业的测站应尽可能补齐。

10.5.3 应急监测计划不宜过细，项目负责人或首席科学家在现场有权根据实际情况对计划进行修改和补充。

10.5.4 常规监测中，发现重要海洋现象或海损事件，技术负责人有权决定跟踪探索，但应同时上报主管部门。

11 海洋监测的组织实施

11.1 组织准备

11.1.1 按年度计划任务书、上级指令或合同内容确定总体任务。

11.1.2 选定项目负责人或首席科学家。

11.1.3 收集分析监测海区与监测任务有关的文献资料。

11.1.4 由项目负责人编制监测实施计划，报主管部门审批。

11.2 出海准备

11.2.1 组织监测队伍，设立专业组，明确人员分工和岗位职责，列出值班顺序。

11.2.2 选定监测用船，与航海部门商定并申报航行计划，做好航行与监测业务的协调。

11.2.3 配制海上作业用的试剂，对样品盛器和玻璃器皿按规定要求进行洗涤。

11.2.4 按计划监测项目列出装备、仪器、用具、记录用表等数量和规格清单，并逐项进行检查。特别要注意检查消耗品和易损物品的备份是否充足。

11.2.5 对装船仪器进行安装、固定、调试和校准。

11.3 海上作业

11.3.1 项目负责人或首席科学家负责与船长作好海上作业与船舶航行的协调工作。在保证安全的前提下，航行应满足监测作业的需要。

11.3.2 按计划和 GB 17378.2～17378.7 的要求，获取样品和资料。

11.3.3 船到站前 20 min 停止排污和冲洗甲板，关闭厕所通海管路，直至监测作业结束。值班专业组长应负责检查，发现排污或可疑排污，纠正后重新采取样品。

11.3.4 严格禁止用手沾污采样品，防止样品瓶塞(盖)沾污。

11.3.5 样品应按规范要求采集、分割、包装、保存，及时进行必要的预处理和现场描述，并准确地记录其状态并标识，填写有关记录表或记录本。

11.3.6 现场描述项目和内容应简明并表格化，主要包括要素名称、监测海区、监测时间、测线和站位(观测点)层次、编号及样品状态描述等。

11.3.7 值班人员应遵守值班和交接班制度，坚守岗位，认真负责。交接班时应将有关情况交接清楚。

11.3.8 以学科为单位建立值班日志，值班日志应统一、规范，有确保填写记录内容真实的保障制度以及确保记录数据准确可靠的技术规范或规定。值班日志由值班人填写，交接班时由接班人核验，学科负责人定期检查，确保内容完整可靠。

11.3.9 值班日志主要包括以下内容：

——仪器安装调试及运行情况；

——作业情况（时间、站位、人员、观测要素、作业深度、获取数据载体编号登记、采样登记、质量偏离记录和处理措施），并及时将这些信息标注到样品和资料载体的标识上；

——仪器设备故障、维修、更换记录；

——值班人员姓名；

——质量计划现场执行结果；

——事故与处理过程；

——调查中遇到的特殊海洋现象及处理情况等。

11.3.10 观测和样品登记标签一律用黑色铅笔填写，应经第二人校核。各项原始记录不准涂擦，有误时可在错误记录上划一横线，在其上方填写纠正的数字。

11.3.11 按规定的期限记录、保存原始观测数据，以及监测现场状况、突发事件、异常现象、作业概况等信息。原始记录应以“共 页 第 页”的形式标注页码，以空白表示无观测数据，以添划横杠表示漏测、缺测数据，以终结线表示其后无记录。观测、采样、测试的执行人员以及结果校核人员应签名。

11.3.12 应考虑原始自动记录格式与人工记录间的一致性。

11.3.13 某项要素无法监测或因为仪器故障等影响监测结果质量时，应在相关的记录表的记录栏中注明，并在值班日志中详细说明。某项因故提前或延迟监测时，除注明原因外，应记录实际监测时间。

11.3.14 在规定时间内完成现场样品的检测，同时做好非现场检测样品的预处理。

11.3.15 观测和现场检测项目的记录，应当班完成检查、订正、统计等全部整理程序，并由下一班校核完毕。

11.3.16 观测和采样结束后，应及时仔细检查有无遗漏，然后通知船方启航。

11.3.17 将海上观测、采样、检测等作业有关事项以及监测中遇到的特殊海洋现象及处理情况，填入值班日志。监测结束后还应编写航次报告。

11.3.18 遇有赤潮、排污、倾废和溢油等情况，应立即停车，按应急监测规定进行观测和采样。

11.4 监测结束

11.4.1 验收观测原始记录，采样记录和海上测定记录表。

11.4.2 将待测样品移入实验室，并在样品保存期限内完成检测。

11.4.3 整理计算测定数据，编制报表，绘制成果图件，编写成果报告。

11.4.4 监测资料和成果报告归档。

11.4.5 监测成果报告鉴定或验收。

12 样品和原始资料的验收

按任务书、上级有关规定、合同、监测实施计划以及 GB 17378.2～17378.7 的技术要求验收。

12.1 验收内容

验收内容主要包括：

——海上监测仪器设备检查记录；

——测站定位表，值班日志，航次报告；

——记录在不同载体上的数据资料；

——样品及采样记录，现场描述。

12.2 验收要求

验收应满足以下要求：

——在航次结束后 10 d 内，由调查项目承担单位组织三名以上同行专家，根据监测计划以及

GB 17378.2～17378.7的要求组织对原始资料和样品的验收；

——数量不够、已变质、被污染、结构破坏、标识不清、站号和位置混乱不清、取自非规定层位的样品应作废；

——由不符合要求的监测人员、以不合格的仪器设备或标准物质、违反《海洋监测规范》或操作规程获取的资料，记录不清、观测不完整、数据丢失严重、载体破坏严重的资料及不具备溯源性的数据应视为不合格资料；离散严重或达不到准确度的数据应为不合格数据；

——未经验收的样品或资料，不能进行实验室检测、鉴定或整理计算；

——验收不合格的样品或资料，不应做为有效工作量计算，不再进行检测、鉴定或计算整理；

——仪器发生故障时观测的资料，观测不完整，不能表示该要素在该站点分析状况和变化规律的资料，经涂改、记录不清或精密度明显低于任务书要求的资料，按废品处理。

12.3 验收时间

海上作业结束后，样品检测和资料整理之前。

13 样品室内分析与测试

13.1 样品交接与描述

实验室在接收检验样品时，应记录其状态，包括是否异常或是否与相应的检验方法中所描述的标准状态有所偏离。如果对样品是否适用于检验有任何疑问，或者样品与提供的说明不符，或者对要求的检验规定得不完全，实验室应在工作开始之前询问送样者，要求进一步予以说明。样品交接时应办理正式交接手续。

13.2 样品的惟一性标识

实验室建立对送检样品的惟一识别系统。

13.3 样品的预处理与分析测试

实验室应按 GB 17378.3～17378.7 中相应条款规定的方法和技术要求在规定的时间内完成样品预处理、分析、测试和鉴定工作。

13.4 分析测试的质量检查

应在规定的时间内对样品分析、测试与鉴定结果按质量计划规定的要求进行质量检查。如发现误差超出规定范围，应重新分析、测试与鉴定。

质量检查措施为由质量保证人员制定的内控样、平行双样、盲样及实验室间互校等。

13.5 分析测试结果的报出

分析测试结果应以规范的格式和内容，由分析测试者签字，经核验人核验、实验室负责人批准后报出。

13.6 剩余样品和标样的处置

现场分析测试剩余样品不保存；实验室分析测试剩余的生物样品、底质样品和所用标样保留 4 个月以上，有条件的实验室可以长期保存；特殊生物、底质样品应制成标本，永久保存。

14 海洋监测资料的整理

14.1 现场作业与室内测试资料汇总

项目负责人负责按船、航次将监测的现场作业与室内测试资料汇总，并组织数据处理。

14.2 数据处理

数据处理应满足以下要求：

——按 GB 17378.3～17378.7 中相应条款规定的方法和要求处理数据，发现并剔除坏值，修正系统误差，进行针对影响量的订正，整理、计算出各测量要素观测结果。数据分析、计算应有责任制度，分析(计算)者、校核者应签字；

——数据处理及计算应使用法定计量单位。

14.3 计算机处理资料的要求

计算机处理资料应满足以下要求：

——应由同行科技人员认真检查输入数据和软件系统。使用其他计算工具分步计算时，应经第二人对计算公式、方法、步骤进行严格审查和进行复算；

——环境、配套设施、硬件配置和相应工作软件应满足工作要求，建立必要的规章制度；

——计算机工作软件应是正版合法产品；

——委托或自行开发的工作软件应经过评审、测试，鉴定为合格；

——全部工作软件应由监测项目承担单位批准，实现合法化；

——输入计算机或录入报表上的数据，应经第二人校核，应保证误码率低于 1×10^{-4}；

——记录监测资料的电子媒体原件应存档，用其复制品进行资料的整理；

——以磁带、磁盘、光盘等载体记录的监测资料原件存档，另用复制件进行整理。

14.4 报表填写和图件绘制

报表填写和图件绘制应满足以下要求：

——环境质量要素报表，应采用规定的标准格式；

——监测资料汇编、图件及声像资料上的数字、线条、符号应准确、清楚、端正、规格统一、注记完整、颜色鲜明。在图件和报表的规定位置上，有关人员应签名；

——成果图件的图幅、图式、图例等应符合 GB 17378.2～17378.7 的规定；

——使用计算机和自动绘图仪绘制的图件、表格，应由相应水平的科技人员进行检查。对手工编制的图件、报表，应由不低于编制者技术水平的他人进行复核；

——在图件和报表的规定位置上，有关人员应签名。

14.5 监测资料的报送

外业工作结束后，应将计算所得的环境基本质量要素资料，以标准格式，在规定的时间内报送上级主管部门规定的部门。

15 监测成果报告的编写

15.1 编写内容

15.1.1 前言部分

前言部分主要内容包括：

——监测概况

——任务及其来源；

——监测范围及地理坐标；

——监测船及监测时间；

——站位及项目；

——采样和检测方法；

——数据质量评述。

15.1.2 监测区基本环境状况

基本环境状况主要内容包括：

——自然地理状况及水文气象状况；

——陆源性污染源状况。

15.1.3 环境质量状况及其分析

环境质量状况及其分析主要内容包括：

——各介质环境质量要素的特征值分析和空间分布；

——各环境质量要素与有关标准对照分析；
——各介质反映的环境质量状况评述；
——综合环境质量评价及其成因探讨。

15.1.4 环境对策建议

根据海域环境质量评估，结合区域社会经济特点，提出针对性的环境管理和改善环境质量状况的建议。

15.2 报表及成果图件

成果报告文字分析及其所引用的数据统计表、图件应附入成果报告。

15.3 编写要求

成果报告的编写应满足以下要求：
——由项目负责人主持编写；
——符合任务书、上级指令文件、合同和监测实施计划要求；
——内容应重点突出，论据充分，文字简练。

15.4 完成时间

在任务书、合同和上级指令规定时间内完成。

16 监测资料和成果归档

16.1 归档资料的内容

归档资料主要内容包括：
——任务书，合同，监测实施计划；
——海上观测及采样记录，实验室检测记录，工作曲线及验收结论；
——站位实测表，值班日志和航次报告；
——监测资料成果表；
——成果报告最终原稿及印刷件；
——成果报告鉴定书和验收结论。

16.2 归档要求

归档应满足以下要求：
——按照国家档案法和本单位档案管理规定，将档案材料系统整理编目，经项目负责人审查签字，由档案室主管人验收后保存。
——未完成归档的监测成果报告，不能鉴定或验收。
——按资料保密规定，划分密级妥善保管。
——磁盘、磁带等不能长期保存的载体归档资料，应按载体保存限期及时转录，并在防磁、防潮条件下保管。

16.3 归档时间要求

持续时间为两年以内的监测项目，于验收或鉴定前、后两次完成归档。持续时间为两年以上的监测项目，还应在每个航次结束后两个月内归档一次。监测成果报告半年内归档。

16.4 档案质量要求

海洋监测档案质量应符合 HY/T 058 的有关规定。归档不符合要求的项目，不应进行成果验收。

17 监测成果报告的鉴定和验收

17.1 成果报告的鉴定

17.1.1 鉴定内容

鉴定主要内容包括：

——文字报告；

——成果图件；

——资料统计表。

17.1.2　鉴定依据

任务书、上级有关文件、合同书、监测实施计划以及 GB 17378.2～17378.7 规定的技术指标。

17.1.3　鉴定办法

鉴定办法按《中华人民共和国国家科学技术委员会科学技术成果鉴定办法》进行鉴定。通过后应填写科技成果鉴定证书，鉴定未获通过则应限期补充修改，再次报请重新鉴定。

17.1.4　鉴定时间

监测成果报告完成后及时进行。

17.2　成果报告的验收

17.2.1　凡不需进行鉴定的成果，应进行成果验收。

17.2.2　验收办法

由监测任务下达单位或委托单位的主管部门派人组织验收。形成由验收人签字和验收单位盖章的书面验收结论。与验收依据有明显差距的成果报告不予验收，并限期修改，重新验收。如成果报告质量低劣而又无法修改时，应做出“不予验收，只供参考”的结论。

ICS 07.060
A 45

中华人民共和国国家标准

GB 17378.2—2007
代替 GB 17378.2—1998

海洋监测规范
第2部分:数据处理与分析质量控制

The specification for marine monitoring—
Part 2: Data processing and quality control of analysis

2007-10-18 发布　　　　2008-05-01 实施

中华人民共和国国家质量监督检验检疫总局
中国国家标准化管理委员会　发布

前　言

本部分的全部技术内容为强制性。

GB 17378《海洋监测规范》分为七个部分：

——第 1 部分：总则；

——第 2 部分：数据处理与分析质量控制；

——第 3 部分：样品采集、贮存与运输；

——第 4 部分：海水分析；

——第 5 部分：沉积物分析；

——第 6 部分：生物体分析；

——第 7 部分：近海污染生态调查和生物监测。

本部分为 GB 17378 的第 2 部分，代替 GB 17378.2—1998《海洋监测规范　第 2 部分：数据处理与分析质量控制》。

本部分与 GB 17378.2—1998 相比主要变化如下：

——有关规定修改为一般规定（1998 年版的第 4 章；本版的第 4 章）；

——修订和完善了标准空白的定义（1998 年版的 3.6；本版的 3.4）；

——重新给出了方法灵敏度的定义（1998 年版的 3.11；本版的 3.9）；

——修订了检出限、测定下限的概念，更明确了这两个概念的概率意义（1998 年版的 3.12，1.13；本版的 3.10，3.11）；

——在精密度的定义中，补充说明了其常用的度量方式（1998 年版的 3.17；本版的 3.13）；

——给出了系统误差和随机误差更确切的定义（1998 年版的 3.29，3.30；本版的 3.25，3.26）；

——增加了"量值"的定义，对不准确的有效数字定义进行了修订（1998 年版的 5.1.1；本版的 5.1.1）；

——统一规定了含有多个只起定位作用"0"的有效数字的指数形式表示（见 5.1.1）；

——近似计算规则改为有效数字运算规则（1998 年版的 5.1.3；本版的 5.1.3）；

——明确了异常值和可疑数据之间的关系（1998 年版的 5.2；本版的 5.2）；

——修改了 t 检验法判定准则中，原双侧检验适用条件的笔误（1998 年版的 5.3.1.1；本版的 5.3.1.1）；

——修改了检出限的估算方法，增加了空白标准差测定法（见 A.2）。

本部分的附录 A 为资料性附录。

本部分由国家海洋局提出。

本部分由全国海洋标准技术委员会（SAC/TC 283）归口。

本部分起草单位：国家海洋环境监测中心。

本部分主要起草人：于涛、张春明、马永安、徐恒振、韩庚辰、关道明、王健国、陈邦龙、李乃兰、徐维龙。

本部分所代替标准的历次版本发布情况为：

——GB 17378.2—1998。

海洋监测规范
第2部分：数据处理与分析质量控制

1 范围

GB 17378的本部分规定了海洋监测数据处理常用术语及符号，离群数据的统计检验，两均数差异的显著性检验，分析方法验证，内控样的配制与应用，分析质量控制图绘制等。

本部分适用于海洋环境监测中海水分析、沉积物分析、生物体分析、近海污染生态调查和生物监测的数据处理及实验室内部分析质量控制。海洋大气、污染物入海通量调查、海洋倾废和疏浚物调查等也可参照使用。

2 规范性引用文件

下列文件中的条款通过GB 17378的本部分的引用而成为本部分的条款。凡是注日期的引用文件，其随后所有的修改单（不包括勘误的内容）或修订版均不适用于本部分，然而，鼓励根据本部分达成协议的各方研究是否可使用这些文件的最新版本。凡是不注日期的引用文件，其最新版本适用于本部分。

GB 8170 数值修约规则

GB 17378.5—2007 海洋监测规范 第5部分：沉积物分析

GB 17378.6—2007 海洋监测规范 第6部分：生物体分析

3 术语和定义

下列术语和定义适用于GB 17378的本部分。

3.1

原始样 raw sample

现场采集的初始样品。

3.2

分析样 analytical sample

需要经过预处理，才能进行测定的样品。

3.3

平行样 parallel sample

独立取自同一个样本的两个以上的样品。

3.4

标准空白 standard blank

对应标准系列中零浓度的分析信号响应值。

3.5

分析空白 analysis blank

在与样品分析全程一致的条件下，空白样品的测定结果。

3.6

校准曲线 calibration curve

样品中待测项目的量值（X）与分析仪器给出的信号值（Y）之间的相关曲线。校准曲线分为标准曲线和工作曲线。

3.7

工作曲线　working curve

标准系列的测定步骤与样品分析过程完全相同条件下测定得到的校准曲线。

3.8

标准曲线　standard curve

标准系列的测定步骤比样品分析过程有所简化的条件下测定得到的校准曲线。

3.9

方法灵敏度　method sensibility

某一测定方法的灵敏度，在量值上等于响应信号的指示量与产生该信号的待测物质的浓度或质量的比值。它反映了待测物质单位浓度或单位质量变化所导致的响应信号指示量的变化程度。

3.10

检出限(X_N)detection limit

通过一次测量，就能以95%的置信概率定性判定待测物质存在所需要的最小浓度或量。

3.11

测定下限(X_B)　limit of determination

置信概率为95%时，可以被定量测定的被测物的最低浓度或最低量。

3.12

未检出　undetection

低于检出限 X_N 的测定结果。

3.13

精密度　precision

在规定条件下，相互独立的测试结果之间的一致程度。常用标准偏差来度量。

注：精密度仅依赖于随机误差，而与被测量的真值或其他约定值无关。

3.14

极差(R)　range

测定结果样本中最大值与最小值之差。

3.15

偏差(D)　deviation

各个单次测定值与平均值之差。

3.16

相对偏差(RD)　relative deviation

单次测定值与平均值之差再与平均值之比。

3.17

标准偏差　standard deviation

样本分量与样本均值之差的平方和除以样本容量减1的平方根，见式(1)：

$$S=\sqrt{\frac{1}{n-1}\sum_{i=1}^{n}(X_i-\overline{X})^2} \quad \cdots\cdots(1)$$

式中：

S——标准偏差；

X_i——各次测定值；

X——平均值；

n——重复测定次数；

当 $n \geqslant 20$ 时：$S=\sqrt{\frac{1}{n}\sum_{i=1}^{n}(X_i-\bar{X})^2}$。

3.18

相对标准偏差(*RSD*)　relative standard deviation

样本标准偏差与样本均值之比。

3.19

重复性　repeatability

在重复性条件下，相互独立的测试结果之间的一致程度。

3.20

重复性条件　repeatability condition

在同一实验室，由同一操作者使用相同的设备，按相同的测试方法，并在短时间内从同一被测对象取得相互独立测试结果的条件。

3.21

再现性　reproducibility

在再现性条件下，测试结果之间的一致程度。

3.22

再现性条件　reproducibility conditions

在不同的实验室，由不同的操作者使用不同的设备，按相同的测试方法，从同一被测对象取得测试结果的条件。

[GB/T 20001.4—2001，定义 3.14]

3.23

准确度　accuracy

测试结果与被测量真值或约定真值间的一致程度。

3.24

测试误差　error of a test

测试结果与被测量的真值(或约定真值)之差。测试误差包括系统误差和随机误差。

3.25

系统误差　systematic error

由一种或多种确定原因引起的测量误差。

注：无论引起系统误差的原因是已知的还是未知的，理论上应采用适当的方法予以纠正。

3.26

随机误差　random error

由不确定原因引起、服从统计规律、具有抵偿性的测量误差。

注：应通过多次测量求平均值的方法降低随机误差对测量结果的影响。

4　一般规定

4.1　现场原始工作记录在指定的表格上用硬质铅笔书写、字迹端正，不应涂抹。需要改正错记时，在错的数字上划一横线，将正确数字补写在其上方。

4.2　按 5.1 给出的方法记录与修约有效数字的位数。

4.3　表示测试结果的量纲及其有效数字位数，应按照该分析方法中具体规定填报。若无此规定时，一般性原则是一个数据中只准许末尾一个数字是估计(可疑)值，其他各数字都是有效(可信)的，依此决定整数及小数的位数。因量纲的变化不作小数取位的硬性规定，有关计算方法的细节见第 5 章。

4.4　低于检出限 X_N 的测试结果，应报“未检出”，但在区域性监测检出率占样品频数的 1/2 以上(包括

1/2)或不足1/2时，未检出部分可分别取 X_N 的1/2和1/4量参加统计运算。

4.5　未执行业务主管部门规定的质量控制程序所产生的数据，视为可疑数据。可疑数据不得用于海洋环境质量及海洋环境影响评价。

4.6　平行样品测试是分析质量控制的方法之一。原则规定，不与内控样同步测定的项目，一律测试双平行分析样。溶解氧、水中油类等须测原始样双平行(此类不必测分析样双平行)。若分析方法未对海水双样的相对偏差允许值进行规定，则按表1执行。

4.7　沉积物和生物体双样相对偏差表见GB 17378.5和GB 17378.6。

4.8　天然样品加标回收率，不得越出方法给出范围值。若无此规定，按表2执行。

4.9　海洋监测中，若采用本规范以外的分析方法，必须按规定做方法对比验证工作，报请业务主管部门批准备案。

表1　海水平行双样相对偏差表

分析结果所在数量级	10^{-4}	10^{-5}	10^{-6}	10^{-7}	10^{-8}	10^{-9}	10^{-10}	
相对偏差容许限/%	1.0	2.5	5	10	20	30	50	计算 $\frac{\vert A-B\vert}{A+B}\times 100$

表2　回收率容许值表

浓度或含量范围/(μg/L)	回收率/%
<100	60～110
>100	80～110
>1 000	90～110
容量及重量法	95～105

5　数据处理

5.1　有效数字和数值修约

5.1.1　有效数字

5.1.1.1　任何特定量的测量(定)结果，都是通过测量(定)得到的赋予被测量的值，也称为量值。量值一般由一个数字乘以测量单位来表示特定量的大小。由于不能人为地实现完善的测量(定)过程，所以测量(定)结果不可避免地含有误差。为了表达测量(定)结果的准确程度，用有效数字表示特定量测量(定)结果的数字部分。

5.1.1.2　有效数字由一位或多位“可靠数字”和一位“末位欠准数字”组成。有效数字的有效位数是“可靠数字”和“末位欠准数字”的位数之和。由于不同的具体测量(定)条件下，“末位欠准数字”的欠准程度不同，所以原则上本标准不对修约间隔进行具体规定。但在通常情况下，分析领域的修约间隔为“末位欠准数字”的1个单位。

5.1.1.3　有效数字的有效位数的多少，除了反映量值的大小之外，在分析领域中还反映该数值的准确程度。例如0.670 5 g草酸钠，这一数值的可信数字截取在千分位上的0，在万分位的数字5是可疑的，其真值处于0.670 4 g～0.670 6 g之间。

5.1.1.4　有效数字中的“0”是否计算为有效数字的有效位数，要根据“0”的位置及其前后的数字状况而定。常见的有以下四种情况：

——位于非“0”数字之间的“0”，如 2.005，1.025 这两个有效数字中的三个“0”都应计算为有效数字的有效位数（简称有效位数）。

——位于非“0”数字后面的一切“0”都应计算为有效位数（全整数尾部“0”除外）。如 2.250 0，1.025 0。

——前面不具非零数字的“0”，如 0.002 5 中的三个“0”都不应计算为有效位数，只起定位作用。一般可表示为 2.5×10^{-3}。

——整数中后面的“0”，很难判断是否有效数字。例如 1.5 g 也可表示成 1 500 mg，从表观上看，同一个量值的有效数字位数却不同。为了避免误解，统一用指数形式表示，上例可记为 1.5×10^{3} mg，表明是两位有效数字。

5.1.2 数据的原始记录

为确保数据应有的准确度，应从正确地记录原始数据开始，对任何一个有计算意义的数据都要审慎地估量，正确地记载量值的有效位数。例如 50 mL 滴定管的最小分度值为 0.1 mL，又因为允许增加一位估计数字，可以记录到两位小数，如 12.34 mL。这一量值表明十分位上的 3 是刻度指示值，确切可信；百分位上的 4 则是估计判读的，是可疑数字，并知其波动范围为 0.02 mL，其相对误差为（0.02/12.34）×100%＝0.16%。若在原始记录中仅记为 12.3 mL，则表示可能产生 1.6%的相对误差。由于原始记录不合理致使数据的准确度下降一个数量级。但也不可任意增加有效数字的位数。如前例记成 12.340 则是明显失真，因为不可能估计出两位数字。原始记录的有效数字位数既不可少，也不可多。记取的原则是根据仪器、仪表指示的最小分度值如实记录并允许增记一位估计数字。

实验室通用的计量器具可记取的位数如下：

——万分之一天平：小数点后第四位即万分位。

——上皿天平：小数点后第二位即百分位。

——分光光度计：吸光值记到小数点后第三位即千分位。

——玻璃量器：记取的有效数字位数须根据量器的允许误差和读数误差决定。

常见的一等量器准确容量的记录按表 3 和表 4 的格式进行记录。

5.1.3 有效数字运算规则

为了确保最终结果中只包含有效数字（定位“0”例外），有效数字运算要遵守下列规则：

——加减运算：最终计算结果中保留的小数位数，应与参加运算的有效数字中小数位数最少者相同。

——乘除运算：运算结果经修约后，保留的有效数字位数应与参加运算的几个有效数字中有效位数最少者相同。

——对数运算：对数的有效数字位数应和原数（真数）的相同。

——平方、立方、开方运算：计算结果的有效数字位数应和原数的相同。

——π、e 和 $\sqrt{2}$、$\sqrt{3}$、$\frac{1}{3}$ 等的有效位数，须参照与之相关的数据决定保留的位数。

——来自一个正态总体的一组数据，多于 4 个时，其平均值的有效数字位数可比原数的增加一位。

——用于表示方法或分析结果精密度的标准差，其有效数字的位数一般只取一位；当测定次数较多时可取两位，且最多只能取两位。

——报告分析结果有效数字位数，应根据分析方法的精密度即标准差的大小决定。通常可取四分之一个标准差的首数所在数位，定为分析结果的尾数。例如某一测定结果为 25.352，标准差为 1.4，四分之一标准差为 0.35，其首位数字所在数位是十分位，即定为该结果的末位，可报为 25.4。

表 3 一等无分度移液管准确容量的表示 单位为毫升

容量示值	允许差	准确容量
2	±0.006	2.00
3	±0.006	3.00
5	±0.01	5.00
10	±0.02	10.00
15	±0.03	15.00
20	±0.03	20.00
25	±0.04	25.00
50	±0.05	50.00
100	±0.08	100.0

表 4 一等量入式量瓶准确容量的表示 单位为毫升

容量示值	允许差	准确容量
10	±0.02	10.00
25	±0.03	25.00
50	±0.05	50.00
100	±0.10	100.0
200	±0.10	200.0
250	±0.10	250.0
500	±0.15	500.0
1 000	±0.30	1 000.0
2 000	±0.50	2 000.0

5.1.4 数值修约

数值修约应遵守以下规则(详见 GB 8170 有关规定):

——在拟舍弃的数字中,若左边第一个数字小于 5(不包括 5)时则舍去,即拟保留的末位数字不变。

示例 1:

将 14.243 2 修约到保留一位小数:

修约前	修约后
14.243 2	14.2

——在拟舍弃的数字中,若左边第一个数字大于 5(不包括 5)时,则进一,即所拟保留的末位数字加一。

示例 2:

将 26.484 3 修约到只保留一位小数:

修约前	修约后
26.484 3	26.5

——在拟舍弃的数字中,若左边第一个数字等于 5,其右边的数字并非全部为"0",则进一;若 5 的右边皆为"0",拟保留的末位数字若为奇数则进一,若为偶数(包括"0")则不进。

示例 3:

将下列数值修约到只保留一位小数:

修约前	修约后
0.350 0	0.4
0.450 0	0.4
1.050 0	1.0

——所拟舍弃的数字,若为两位以上数字时,不得连续进行多次修约,应根据所拟舍弃数字中左边第一个数字的大小,按上述规定一次修约出结果。

示例 4:

将 15.454 6 修约成整数。

正确的做法是:	修约前	修约后	
	15.454 6	15	
不正确的做法:	修约前	一次修约	二次修约
	15.454 6	15.455	15.46
	三次修约	四次修约(结果)	
	15.5	16	

在修约计算过程中对中间结果不必修约,将最终结果修约到预期位数。

5.2 异常值的统计检验

一组(群)正常的测定数据,应来自具有一定分布的同一总体;若分析条件发生显著变化,或在实验操作中出现过失,将产生与正常数据有显著性差别的数据,此类数据称为离群数据或异常值。离群数据或异常值须经过检验加以判定。表观差异较大的分析数据,但未经过检验判定为离群数据或异常值时,称为可疑数据。

5.2.1 可疑数据的检验

剔除离群数据,会使测定结果更客观;但不应随意删去一些表观差异较大而并非离群的可疑数据。对可疑数据的取舍,应参照下述原则处理。

——仔细回顾和复查产生可疑数据的试验过程,如果是过失误差,则舍弃。

——如果未发现过失,则要按统计程序检验,决定是否作为离群数据或异常值予以舍弃。

5.2.2 离群数据的判别准则

离群数据的判别应遵循以下准则:

——统计量的计算值不大于显著性水平 $\alpha=0.05$ 时的临界值,则可疑数据为正常数据,应保留。

——统计量的计算值大于 $\alpha=0.05$ 时的临界值但又不大于 $\alpha=0.01$ 时的临界值,此可疑数据为偏离数据,可以保留,取中位数代替平均数值。

——统计量的计算值大于 $\alpha=0.01$ 时的临界值,此可疑值为异常值,应予剔除,并对剩余数据继续检验,直到数据中无异常值为止。

5.2.3 异常值的检验方法

5.2.3.1 Dixon 检验法

用于一组测定数据的一致性检验和剔除异常值检验,步骤如下:

——将重复 n 次的测定值从小到大排列为 $X_1, X_2, X_3, \cdots\cdots, X_n$;

——按表 5 列公式,求算 Q 值;

——根据选定的显著水平 α 和重复测定次数 n,查表 6 得临界值 Q_α;

——按 5.2.2 条的判别准则,决定取舍。若 $Q>Q_{0.01}$,则可疑值为异常值,舍弃:

1) 若 $Q_{0.05}<Q\leqslant Q_{0.01}$,则可疑值为偏离值,可以保留,取中位数代替平均数值。

2) 若 $Q\leqslant Q_{0.05}$,则可疑值为正常值,保留。

示例 5：

一组测定值按从小到大的顺序排列为 14.56、14.90、14.90、14.92、14.95、14.96、15.00、15.00、15.01、15.02。

检验最小值 14.56 是否为异常值。

可疑值为最小值 X_1 时，按式(2)计算统计量 Q：

$$Q=\frac{X_2-X_1}{X_{n-1}-X_1}=\frac{14.90-14.56}{15.01-14.56}=0.755 \quad \cdots\cdots (2)$$

当 $n=10$，显著水平 $\alpha=0.01$，查表 6 临界值为 0.597，因 0.755＞0.597 即 $Q>Q_{0.01}$，则判定最小值 X_1 为异常，应予剔除。

表 5 Dixon 检验统计量(Q)计算公式

n 值范围	可疑数值为最小值 X_1 时	可疑数值为最大值 X_n 时
3～7	$Q_{10}=\frac{X_2-X_1}{X_n-X_1}$	$Q_{10}=\frac{X_n-X_{n-1}}{X_n-X_1}$
8～10	$Q_{11}=\frac{X_2-X_1}{X_{n-1}-X_1}$	$Q_{11}=\frac{X_n-X_{n-1}}{X_n-X_2}$
11～13	$Q_{21}=\frac{X_3-X_1}{X_{n-1}-X_1}$	$Q_{21}=\frac{X_n-X_{n-2}}{X_n-X_2}$
14～25	$Q_{22}=\frac{X_3-X_1}{X_{n-2}-X_1}$	$Q_{22}=\frac{X_n-X_{n-2}}{X_n-X_3}$

表 6 Dixon 检验临界值(Q_α)表

n	显著性水平(α)			n	显著性水平(α)		
	0.10	0.05	0.01		0.10	0.05	0.01
3	0.886	0.941	0.988	15	0.472	0.525	0.616
4	0.679	0.765	0.899	16	0.454	0.507	0.595
5	0.557	0.642	0.780	17	0.438	0.490	0.577
6	0.482	0.560	0.698	18	0.424	0.475	0.561
7	0.434	0.507	0.637	19	0.412	0.462	0.547
8	0.479	0.554	0.683	20	0.401	0.450	0.535
9	0.441	0.512	0.635	21	0.391	0.440	0.524
10	0.409	0.477	0.597	22	0.382	0.430	0.514
11	0.517	0.576	0.679	23	0.374	0.421	0.505
12	0.490	0.546	0.642	24	0.367	0.413	0.497
13	0.467	0.521	0.615	25	0.360	0.406	0.489
14	0.492	0.546	0.641				

5.2.3.2 Grubbs 检验法

用于多组测定均值的一致性检验和剔除离群值的检验。也适用于实验室内一系列单个测定值的一致性检验。步骤如下：

——设有 L 组数据，各组平均值分别为 $\overline{X}_1,\overline{X}_2,\cdots\cdots\overline{X}_L$。

——将 L 个均值按大小顺序排列，最大均值记为 $\overline{X}_{max}$，最小均值记为 $\overline{X}_{min}$；

——由 L 个均值($\overline{X}_i$)计算总均值 $\overline{\overline{X}}$ 和标准偏差 S：

$$\overline{\overline{X}}=\frac{\sum_{i=1}^{L}\overline{X}_i}{L} \quad \cdots\cdots (3)$$

$$S=\sqrt{\frac{\sum_{i=1}^{L}(\overline{X}_i-\overline{\overline{X}})^2}{L-1}} \quad \cdots\cdots (4)$$

式中：

S——标准偏差；

$\overline{X}_i$——代表各组测定的平均值。

——根据可疑值 $\overline{X}_{max}$ 或 $\overline{X}_{min}$ 分别按式(5)和式(6)计算统计量 t_1 或 t_2；

$$t_1=\frac{\overline{X}_{max}-\overline{\overline{X}}}{S} \quad \cdots\cdots (5)$$

$$t_2=\frac{\overline{\overline{X}}-\overline{X}_{min}}{S} \quad \cdots\cdots (6)$$

——根据给定的显著性水平 α 和组数 L 查表 7 得临界值；

——按 5.2.2 条的判别准则，决定取舍；

——若本法用于实验室内一组数据检验时，将组数 L 改为测定次数 n，将各组平均值 $\overline{X}_i$ 改为单次测定值 X_i。

示例 6：

有 10 个实验室分析同一样品，其平均值分别为 4.41，4.49，4.30，4.51，4.64，4.75，4.81，4.95，5.01，5.39，检验最大值 5.39 是否为离群值。

$$\overline{\overline{X}}=\frac{\sum_{i=1}^{10}\overline{X}_i}{10}=4.746=4.75 \quad \cdots\cdots (7)$$

$$S=\sqrt{\frac{\sum_{i=1}^{10}(\overline{X}_i-\overline{\overline{X}})^2}{10-1}}=0.305\ 1=0.31 \quad \cdots\cdots (8)$$

$$t_1=\frac{\overline{X}_{max}-\overline{\overline{X}}}{S}=\frac{5.39-4.75}{0.31}=2.11 \quad \cdots\cdots (9)$$

当 $L=10$，$\alpha=0.05$，查表 7 临界值(T_α)应该为 2.18；判定：2.11＜2.18，$t_1<T_\alpha$，最大值 5.39 为正常值。

5.2.3.3 Cochran 最大方差检验法

用于多组测定值的方差一致性检验和剔除离群方差检验。步骤如下：

——设有 L 组数据，每组测定 n 次，标准差分别为 $S_1, S_2, S_3, \cdots\cdots S_L$；

——将 L 个标准差(S_i)按大小顺序排列，最大者记为 S_{max}；

——按式(10)计算统计量 C；

$$C=\frac{S_{max}^2}{\sum_{i=1}^{L}S_i^2} \quad \cdots\cdots (10)$$

若 $n=2$，即每组只有两次测定时，各组内差值分别为 $R_1, R_2, R_3, \cdots\cdots R_L$，则按式(11)计算统计量 C：

$$C = \frac{R_{max}^2}{\sum_{i=1}^{L} R_i^2} \qquad (11)$$

——根据选定的显著性水平 α，组数 L，测定次数 n 查表 8 得临界值 C_α；

——按 5.2.2 条异常值的判别准则，决定取舍。

表 7　Grubbs 检验临界值(T_α)值

	显著性水平(α)					显著性水平(α)			
L	0.05	0.025	0.01	0.005	L	0.05	0.025	0.01	0.005
3	1.153	1.155	1.155	1.155	30	2.745	2.908	3.103	3.236
4	1.463	1.481	1.492	1.496	31	2.759	2.924	3.119	3.253
5	1.672	1.715	1.749	1.764	32	2.773	2.938	3.135	3.270
6	1.822	1.887	1.944	1.973	33	2.786	2.952	3.150	3.286
7	1.938	2.020	2.097	2.139	34	2.799	2.965	3.164	3.301
8	2.032	2.126	2.221	2.274	35	2.811	2.979	3.178	3.316
9	2.110	2.215	2.323	2.387	36	2.823	2.991	3.191	3.330
10	2.176	2.290	2.410	2.482	37	2.835	3.003	3.204	3.343
11	2.234	2.355	2.485	2.564	38	2.846	3.014	3.216	3.356
12	2.285	2.412	2.550	2.636	39	2.857	3.025	3.228	3.369
13	2.331	2.462	2.607	2.699	40	2.866	3.036	3.240	3.381
14	2.371	2.507	2.659	2.755	41	2.877	3.046	3.251	3.393
15	2.409	2.549	2.705	2.806	42	2.887	3.057	3.261	3.404
16	2.443	2.585	2.747	2.852	43	2.896	3.067	3.271	3.415
17	2.475	2.620	2.785	2.895	44	2.905	3.075	3.282	3.425
18	2.504	2.651	2.821	2.932	45	2.914	3.085	3.292	3.435
19	2.532	2.681	2.854	2.968	46	2.923	3.094	3.302	3.445
20	2.557	2.709	2.881	3.001	47	2.931	3.103	3.310	3.455
21	2.580	2.733	2.912	3.031	48	2.940	3.111	3.319	3.464
22	2.603	2.758	2.939	3.060	49	2.948	3.120	3.329	3.474
23	2.624	2.781	2.963	3.087	50	2.956	3.128	3.336	3.483
24	2.644	2.082	2.987	3.112	60	3.025	3.199	3.411	3.560
25	2.663	2.822	3.009	3.135	70	3.082	3.257	3.471	3.622
26	2.681	2.841	3.029	3.157	80	3.130	3.305	3.521	3.673
27	2.698	2.859	3.049	3.178	90	3.171	3.347	3.563	3.716
28	2.714	2.876	3.068	3.199	100	3.207	3.383	3.600	3.754
29	2.730	2.893	3.085	3.218					

示例 7：

6 个实验室分析同一样品，各实验室 5 次测定的标准差分别为 0.84，1.30，1.48，1.67，1.79，2.17。检验 6 个实验室是否为等精度。

其中：$S_{max} = 2.17$

$$C=\frac{S_{max}^2}{\sum_{i=1}^{L}S_i^2}=\frac{2.17^2}{0.84^2+1.30^2+\cdots\cdots+2.17^2}=0.308 \quad\cdots\cdots\cdots\cdots\cdots\cdots\cdots\cdots\cdots\cdots (12)$$

根据选定水平 $\alpha=0.05$，$L=6$，$n=5$，查表 8 得临界 C_α 为 0.480；

判定：$0.308<0.480$，$C<C_{0.05}$。6 个实验室的测定数据为等精度，2.17^2 为正常方差，应予保留。

示例 8：

7 个实验室分析同一样品，各实验室两次测定的差分别为 0.0，0.1，0.1，0.2，0.2，0.2，0.9。检验极差 0.9 的实验室与其他实验室的测定是否为等精度。

$$C=\frac{R_{max}^2}{\sum_{i=1}^{L}R_i^2}=\frac{0.9^2}{0.0^2+0.1^2+0.1^2\cdots\cdots+0.9^2}=0.850 \quad\cdots\cdots\cdots\cdots\cdots\cdots\cdots\cdots\cdots\cdots (13)$$

选定显著性水平 $\alpha=0.01$，$L=7$，$n=2$，查表 8 得临界值 C_α 为 0.838。

判定：$0.850>0.838$，$C>C_{0.01}$。0.9^2 属于离群方差，0.9 与其他实验室的测定精度不等，应予剔除。

5.3 两组数据差异的显著性检验

5.3.1 *t* 检验法

t 检验法适用于样本容量较小、样本方差没有显著性差异的两组数据的比较检验。*t* 检验法可有三种计算公式选择，分别满足不同目的和不同类型的统计检验，见表 9。

5.3.1.1 *t* 检验法的判定准则

t 检验法的判定准则如下：

a) $t<t_{\alpha(0.05)}$，差别不显著；

b) $t_{\alpha(0.05)}<t<t_{\alpha(0.01)}$，差别较显著；

c) $t>t_{\alpha(0.01)}$，差别很显著；

d) 对于 $H_0:\mu=\mu_0$，$H_1:\mu\neq\mu_0$ 的检验：双侧检验；查 *t* 值表（表 22）中 $P(2)$。

e) 对于 $H_0:\mu=\mu_0$，$H_1:\mu<\mu_0$（或 $\mu>\mu_0$）的检验：单侧检验；查 *t* 值表 $P(1)$。

5.3.1.2 成对数据的比较

5.3.1.2.1 应用本法的条件

应用本法的条件如下：

a) 两组测定数据随机配对，不得人为地选择匹配。如果是实验设计中所预期配对比较，则应先配对后测定。

b) 测定过程中除对比的因素不同外，其他一切因素都是相同的。

c) 两组重复测定次数（*n*）相等。

示例 9：

选用新的分析方法和原方法同时测定同一均匀样品，各重复测定 9 次，结果见表 10，问新方法较原方法有无显著性差异。

表 8 Cochran 最大方差检验临界值（C_α）表

L	n=2		n=3		n=4		n=5		n=6	
	α=0.01	α=0.05	α=0.01	α=0.05	α=0.01	α=0.05	α=0.01	α=0.05	α=0.01	α=0.05
2			0.995	0.975	0.979	0.939	0.959	0.906	0.937	0.877
3	0.993	0.967	0.942	0.871	0.883	0.798	0.834	0.746	0.793	0.707
4	0.968	0.906	0.864	0.768	0.781	0.684	0.721	0.629	0.676	0.590
5	0.928	0.841	0.788	0.684	0.696	0.598	0.633	0.544	0.588	0.506
6	0.883	0.781	0.722	0.616	0.626	0.532	0.564	0.480	0.520	0.445

表 8(续)

L	n=2		n=3		n=4		n=5		n=6	
	α=0.01	α=0.05	α=0.01	α=0.05	α=0.01	α=0.05	α=0.01	α=0.05	α=0.01	α=0.05
7	0.838	0.727	0.664	0.561	0.568	0.480	0.508	0.431	0.466	0.397
8	0.794	0.680	0.615	0.516	0.521	0.438	0.463	0.391	0.423	0.360
9	0.754	0.638	0.573	0.478	0.481	0.403	0.425	0.358	0.387	0.329
10	0.718	0.602	0.536	0.445	0.447	0.373	0.393	0.331	0.357	0.303
11	0.684	0.570	0.504	0.417	0.418	0.348	0.366	0.308	0.332	0.281
12	0.653	0.541	0.475	0.392	0.392	0.326	0.343	0.288	0.310	0.262
13	0.624	0.515	0.450	0.371	0.369	0.307	0.322	0.271	0.291	0.246
14	0.599	0.492	0.427	0.352	0.349	0.291	0.304	0.255	0.274	0.232
15	0.575	0.471	0.407	0.335	0.332	0.276	0.288	0.242	0.259	0.220
16	0.553	0.452	0.388	0.319	0.316	0.262	0.274	0.230	0.246	0.208
17	0.532	0.434	0.372	0.305	0.301	0.250	0.261	0.219	0.234	0.198
18	0.514	0.418	0.356	0.293	0.288	0.240	0.249	0.209	0.223	0.189
19	0.496	0.403	0.343	0.281	0.276	0.230	0.238	0.200	0.214	0.181
20	0.480	0.389	0.330	0.270	0.265	0.220	0.229	0.192	0.205	0.174
21	0.465	0.377	0.318	0.261	0.255	0.212	0.220	0.185	0.197	0.167
22	0.450	0.365	0.307	0.252	0.246	0.204	0.212	0.178	0.189	0.160
23	0.437	0.354	0.297	0.243	0.238	0.197	0.204	0.172	0.182	0.155
24	0.425	0.343	0.287	0.235	0.230	0.191	0.197	0.166	0.176	0.149
25	0.413	0.334	0.278	0.228	0.222	0.185	0.190	0.160	0.170	0.144
26	0.402	0.325	0.270	0.221	0.215	0.179	0.184	0.155	0.164	0.140
27	0.391	0.316	0.262	0.215	0.209	0.173	0.179	0.150	0.159	0.135
28	0.382	0.308	0.255	0.209	0.202	0.168	0.173	0.146	0.154	0.131
29	0.372	0.300	0.248	0.203	0.196	0.164	0.168	0.142	0.150	0.127
30	0.363	0.293	0.241	0.198	0.191	0.159	0.164	0.138	0.145	0.124
31	0.355	0.286	0.235	0.193	0.186	0.155	0.159	0.134	0.141	0.120
32	0.347	0.280	0.229	0.188	0.181	0.151	0.155	0.131	0.138	0.117
33	0.339	0.273	0.224	0.184	0.177	0.147	0.151	0.127	0.134	0.114
34	0.332	0.267	0.218	0.179	0.172	0.144	0.147	0.124	0.131	0.111
35	0.325	0.262	0.213	0.175	0.168	0.140	0.144	0.121	0.127	0.108
36	0.318	0.256	0.208	0.172	0.165	0.137	0.140	0.118	0.124	0.106
37	0.312	0.251	0.204	0.168	0.161	0.134	0.137	0.116	0.121	0.103
38	0.306	0.246	0.200	0.164	0.157	0.131	0.134	0.113	0.119	0.101
39	0.300	0.242	0.196	0.161	0.154	0.129	0.131	0.111	0.116	0.099
40	0.294	0.237	0.192	0.158	0.151	0.128	0.128	0.108	0.114	0.097

5.3.1.2.2 检验步骤

按以下步骤进行检验：

a) 检验假设：新法与原法无显著性差别($\mu=\mu_0$)

b) 随机配对，排序列表。见表10。

表9 各计算公式适用领域

名称	公式	适用领域
成对数据的比较(见5.3.1.2)	$t=\frac{\lvert\bar{d}-0\rvert}{S/\sqrt{n}}$	两个实验室、检测人员、分析方法间的分析结果比对
两样本均值比较(见5.3.1.3)	$t=\frac{\lvert\bar{X}_1-\bar{X}_2\rvert-d}{S_{\bar{X}_1-\bar{X}_2}}$	同一方法不同样品，或同一样品不同方法比对；贮存条件等的对比
样本均值与总体均值比较(见5.3.1.4)	$t=\frac{\lvert\bar{X}-\mu_0\rvert}{S/\sqrt{n}}$	方法、仪器准确度检验，回收率检验

表10 新法与原法测定结果

序号	原法 $w_m/10^{-6}$	新法 $w_m/10^{-6}$	d	d^2
1	4.43	4.50	−0.07	0.004 9
2	4.02	4.27	−0.25	0.062 5
3	4.63	4.53	0.10	0.010 0
4	4.58	4.30	0.28	0.078 4
5	4.11	4.21	−0.10	0.010 0
6	4.21	4.10	0.11	0.012 1
7	4.50	4.31	0.19	0.036 1
8	4.30	4.52	−0.22	0.048 4
9	4.57	4.12	0.45	0.202 5
$n=9$			$\Sigma d=0.49$	$\Sigma d^2=0.465$

c) 按式(14)、式(15)和式(16)计算统计量

$$\bar{d}=\frac{\Sigma d}{n}=\frac{0.49}{9}=0.054\,4 \quad\cdots\cdots(14)$$

$$S=\sqrt{\frac{\Sigma d^2-\frac{(\Sigma d)^2}{n}}{n-1}}=\sqrt{\frac{0.465-\frac{(0.49)^2}{9}}{8}}=0.234 \quad\cdots\cdots(15)$$

$$t=\frac{\lvert\bar{d}\rvert}{S/\sqrt{n}}=\frac{0.054\,4}{0.078\,0}=0.697 \quad\cdots\cdots(16)$$

d) 自由度$\gamma=n-1=8$，查t值表(表22)$P(2)$，$t(0.05,8)=2.31$。

e) 判定：$0.697<2.31$，$t<t_\alpha$，两个方法差异不显著，接受检验假设($\mu=\mu_0$)。

5.3.1.3 两样本均值的比较

两个样本的测定次数(n)可以不相同。

5.3.1.3.1 计算公式：

按式(17)、式(18)和式(19)计算如下：

a) 合并标准差S

$$S=\sqrt{\frac{\Sigma X_1^2-\frac{(\Sigma X_1)^2}{n_1}+\Sigma X_2^2-\frac{(\Sigma X_2)^2}{n_2}}{n_1+n_2-2}} \quad\cdots\cdots(17)$$

b) 两样本均值标准误差 $S_{\overline{X}_1-\overline{X}_2}$

$$S_{\overline{X}_1-\overline{X}_2}=\frac{S}{\sqrt{\frac{n_1 n_2}{n_1+n_2}}} \qquad (18)$$

c) 计算统计量 t

$$t=\frac{|\overline{X}_1-\overline{X}_2|}{S_{\overline{X}_1-\overline{X}_2}} \qquad (19)$$

示例 10：

同一样品采用甲，乙两种消解方法，甲法测定 8 次(n_1)，乙法测定 6 次(n_2)，分别测得两组均值如表 11。问两种消解方法，有无显著性差别。

5.3.1.3.2 步骤：

比较步骤如下：

a) 检验假设：差异不显著($\mu=\mu_0$)；

b) 分别按式(20)、式(21)和式(22)计算统计量 S、$S_{\overline{X}_1-\overline{X}_2}$ 和 t；

合并标准差

$$S=\sqrt{\frac{\Sigma X_1^2-\frac{(\Sigma X_1)^2}{n_1}+\Sigma X_2^2-\frac{(\Sigma X_2)^2}{n_2}}{n_1+n_2-2}} \qquad (20)$$

$$S=\sqrt{\frac{144.96-\frac{33.58^2}{8}+35.79-\frac{14.39^2}{6}}{8+6-2}}=0.66$$

标准误差

$$S_{\overline{X}_1-\overline{X}_2}=\frac{S}{\sqrt{\frac{n_1 n_2}{n_1+n_2}}}=\frac{0.66}{\sqrt{\frac{8\times 6}{8+6}}}=0.36 \qquad (21)$$

$$t=\frac{|\overline{X}_1-\overline{X}_2|}{S_{\overline{X}_1-\overline{X}_2}}=\frac{4.20-2.40}{0.36}=5.00 \qquad (22)$$

c) 查 t 值表 $P(2)$(表 22)，得自由度 $\gamma=n_1+n_2-2=12$；$t_{\alpha(0.05,12)}=2.18$；$t_{\alpha(0.01,12)}=3.06$

d) 判定：$5.00>3.06$，$t>t_{\alpha(0.01)}$，两者差异显著，拒绝接受检验假设。

表 11 两组测定值

单位为毫克每升

X_1	X_1^2	X_2	X_2^2
4.30	18.490 0	2.32	5.382 4
4.37	19.096 9	2.34	5.475 6
3.69	13.616 1	1.97	3.880 9
3.01	9.060 1	1.79	3.204 1
4.01	16.080 1	2.87	8.236 9
4.81	23.136 1	3.10	9.610 0
3.86	14.899 6		
5.53	30.580 9		
$\Sigma X_1=33.58$ $\overline{X}_1=4.20$ $n_1=8$	$\Sigma X_1^2=144.96$	$\Sigma X_2=14.39$ $\overline{X}_2=2.40$ $n_2=6$	$\Sigma X_2^2=35.79$

5.3.1.4 样本均值与总体均值比较

本方法适用于测定总体均值为已知的标准物质，用以验证分析方法等。按式(23)计算统计量标准差 S，按式(24)计算标准误差 $S_{\overline{X}}$，按式(25)计算 t 值。

$$S=\sqrt{\frac{\Sigma(X_i-\overline{X})^2}{n-1}} \qquad \cdots\cdots (23)$$

$$S_{\overline{X}}=\frac{S}{\sqrt{n}} \qquad \cdots\cdots (24)$$

$$t=\frac{\overline{X}-\mu_0}{S/\sqrt{n}} \qquad \cdots\cdots (25)$$

示例 11：

某一标准物质中含镉的保证值 w_m 为 12.24×10^{-6}，选用分析方法 B 共重复测定 8 次，结果列于表 12。问分析方法 B 的测定结果与保证值有无显著差别。

显著差别检验步骤如下：

a) 检验假设：$\overline{X}=\mu_0$（双侧）

表 12 B 法测定结果

序 号	X_i	X_i^2
1	12.24	149.817
2	11.48	131.790
3	12.15	147.622
4	12.40	153.760
5	12.71	161.544
6	11.56	133.633
7	12.34	152.275
8	11.93	142.324
	$\Sigma X_i=96.81$ $\overline{X}=12.10$	$\Sigma X_i^2=1\ 172.8$

b) 统计量计算

标准差 $S=\sqrt{\frac{1\ 172.8-96.81^2/8}{7}}=0.42$

标准误差 $S_{\overline{X}}=\frac{S}{\sqrt{n}}=\frac{0.42}{\sqrt{8}}=0.148$

t 值 $t=\frac{|\overline{X}-\mu_0|}{S_{\overline{X}}}=\frac{|12.10-12.24|}{0.148}=0.946$

c) 查 t 值表 $P(2)$ $t_{\alpha(0.05,7)}=2.365$

d) 统计推断 $0.946<2.36$，$t<t_{0.05}$

e) 接受检验假设：用 B 法所测结果与保证值无显著差异。

示例 12：

回收率 P 的检验：向海水样品中添加一定量标准物质，加标形成的浓度为 3.98 mg/L。用 B 方法对此加标样品重复测定 10 次，测定结果列表 13。问方法 B 的回收率是否与 100% 的回收率无显著性差异。

显著性差异检验步骤如下：

a) 检验假设：$\mu\leqslant100\%$，$\mu_0=3.98$ mg/L。

b) 统计量计算

$$RSD = \frac{S}{\overline{X}} \times 100\% = \frac{0.226}{3.858} \times 100\% = 5.9\%$$

$$回收率\ P = \frac{\overline{X}}{\mu_0} \times 100\% = \frac{3.858}{3.980} \times 100\% = 96.93\%$$

$$t = \frac{|\overline{P} - \mu|}{RSD/\sqrt{n}} = \frac{|96.93\% - 100\%|}{5.9\%/\sqrt{10}} = 1.65$$

c) 查 t 值表 $P(1)$ $t_{\alpha(0.05,9)} = 1.83$

d) 统计推断 $1.65 < 1.83, t < t_{\alpha(0.05)}$

接受检验假设，B 法的回收率与 100% 无显著差异。

5.3.2 F 检验法

F 检验常用于两组数据是否具有相同的精密度或方差的齐性检验，即检验在不同的分析条件下（不同的时间，空间，人员，设备，方法以及不同的反应条件等）所得两组数据样本是否来自一个方差为 σ^2 的总体。例如用于进行 t 检验之前预测总体方差是否相等的检验，只有两方差相等时方可进行 t 检验。

进行 F 检验时，首先分别按式(26)和式(27)计算两组数据的样本方差：

$$S_1^2 = \frac{\Sigma(X_1 - \overline{X}_1)^2}{n-1} \quad \cdots\cdots (26)$$

$$S_2^2 = \frac{\Sigma(X_2 - \overline{X}_2)^2}{n-1} \quad \cdots\cdots (27)$$

再以两个方差中较大者为分子，较小者为分母，按式(28)计算两个方差的比值作为统计量—F 值：

$$F = \frac{S_1^2}{S_2^2} \quad (S_1^2 \geqslant S_2^2) \quad \cdots\cdots (28)$$

对于显著性水平 α，S_1^2 和 S_2^2 属于同一总体方差 σ^2 的无偏估计这一假设的拒绝域为：

$$\frac{S_1^2}{S_2^2} > F_{(\alpha, v_1, v_2)};$$

示例 13：

分别用 X_1 型和 X_2 型测汞仪，共测同一海水外控样。X_1 型测 8 次($n_1=8$)，X_2 型测 6 次($n_2=6$)，测得汞的浓度值列表 14，检验两种仪器在 $\alpha=0.10$ 时的精密度是否相等。

表 13 回收率测定结果 单位为毫克每升

序 号	X_i	X_i^2
1	4.12	16.974
2	3.65	13.322
3	3.79	14.364
4	4.16	17.305
5	3.60	12.960
6	4.07	16.564
7	3.69	13.616
8	4.10	16.810
9	3.73	13.912
10	3.67	13.468
	$\Sigma X_i = 38.58$	$\Sigma X_i^2 = 149.3$
	$\overline{X} = 3.858$	$S = 0.266$

表 14 汞浓度测定值

单位为毫克每升

序号	X_1	X_2
1	2.43	2.81
2	2.36	2.86
3	2.45	2.53
4	2.64	2.33
5	2.35	2.65
6	2.38	2.58
7	2.61	
8	2.41	
	$\overline{X}_1=2.454$ $S_1^2=0.0124$	$\overline{X}_2=2.627$ $S_2^2=0.0376$

检验步骤如下：

a) 统计假设：两种型号测汞仪所得结果的精密度相同；

b) 计算统计量：

$$S_1^2=\frac{\Sigma(X_1-\overline{X}_1)^2}{n-1}=\frac{0.08659}{8-1}=0.0124$$

$$S_2^2=\frac{\Sigma(X_2-\overline{X}_2)^2}{n-1}=\frac{0.1881}{6-1}=0.0376$$

$$F=\frac{S_2^2}{S_1^2}=\frac{0.0376}{0.0124}=3.03$$

c) 查表 15 或表 16 中的 F 值（当显著性水平 $P=0.05$ 时查表 15；显著性水平 $P=0.01$ 时查表 16），较大均方为 S_2^2，其自由度 $\gamma=6-1=5$；较小均方为 S_1^2，其自由度 $\gamma=8-1=7$。$F_{0.05(5,7)}=3.97$；

d) 统计推断 $3.03<3.97$，$F<F_{0.05(5,7)}$，接受检验假设：两种型号测汞仪所测结果的精密度相等。

6 实验室内部分析质量控制

6.1 分析方法验证

本标准多数方法经过多家验证，已给出检出限，精密度，准确度等具体指标。但各指标常因分析条件的改变而变化，而且用于验证的标准物质代表范围有限，当遇有特殊组分的样品，测定可能会受干扰。为此每个实验室或分析人员在使用各方法和遇有特殊样品时，都应进行方法验证，并做出肯定的评价，方可用于样品测定。

6.1.1 校准曲线的统计检验

本标准中的分析方法多数为间接的相对测定，即被测定物的含量与已知浓度的标准系列进行比对而求得。这种比对又常常是通过中间信号转换而实现的。为此，被测物的量（自变量 X）与信号（因变量 Y）两个变量必须密切相关。反映二者相关程度的系数 γ，当浓度点为 4 个～6 个时，不应小于 0.98，通常为 0.99。

表 15 F 值(显著性水平 P=0.05)

γ_2	γ_1(较大均方的自由度)															γ_2
	1	2	3	4	5	6	7	8	9	10	12	14	16	18	20	
1	161	200	216	225	230	234	237	239	241	242	244	245	246	247	248	1
2	18.5	19.0	19.2	19.2	19.3	19.3	19.4	19.4	19.4	19.4	19.4	19.4	19.4	19.4	19.4	2
3	10.1	9.55	9.28	9.12	9.01	8.94	8.89	8.85	8.81	8.79	8.74	8.71	8.69	8.67	8.66	3
4	7.71	6.94	6.59	6.39	6.26	6.16	6.09	6.04	6.00	5.96	5.91	5.87	5.84	5.82	5.80	4
5	6.61	5.79	5.41	5.19	5.05	4.95	4.88	4.82	4.77	4.74	4.68	4.64	4.60	4.58	4.56	5
6	5.99	5.14	4.76	4.53	4.39	4.28	4.21	4.15	4.10	4.06	4.00	3.96	3.92	3.90	3.87	6
7	5.59	4.74	4.35	4.12	3.97	3.87	3.79	3.73	3.68	3.64	3.57	3.53	3.49	3.47	3.44	7
8	5.32	4.46	4.07	3.84	3.69	3.58	3.50	3.44	3.39	3.35	3.28	3.24	3.20	3.17	3.15	8
9	5.12	4.26	3.86	3.63	3.48	3.37	3.29	3.23	3.18	3.14	3.07	3.03	2.99	2.96	2.94	9
10	4.95	4.10	3.71	3.48	3.33	3.22	3.14	3.07	3.02	2.98	2.91	2.86	2.83	2.80	2.77	10
11	4.84	3.98	3.59	3.36	3.20	3.09	3.01	2.95	2.90	2.85	2.79	2.74	2.70	2.67	2.65	11
12	4.75	3.89	3.49	3.26	3.11	3.00	2.91	2.85	2.80	2.75	2.69	2.64	2.60	2.57	2.54	12
13	4.67	3.81	3.41	3.18	3.03	2.92	2.83	2.77	2.71	2.67	2.60	2.55	2.51	2.48	2.46	13
14	4.60	3.74	3.34	3.11	2.96	2.85	2.76	2.70	2.65	2.60	2.53	2.48	2.44	2.41	2.39	14
15	4.54	3.68	3.29	3.06	2.90	2.79	2.71	2.64	2.59	2.54	2.48	2.42	2.38	2.35	2.33	15
16	4.49	3.63	3.24	3.01	2.85	2.74	2.66	2.59	2.54	2.49	2.42	2.37	2.33	2.30	2.28	16
17	4.45	3.59	3.20	2.96	2.81	2.70	2.61	2.55	2.49	2.45	2.38	2.33	2.29	2.26	2.23	17
18	4.41	3.55	3.16	2.93	2.77	2.66	2.58	2.51	2.46	2.41	2.34	2.29	2.25	2.22	2.19	18
19	4.38	3.52	3.13	3.90	2.74	2.63	2.54	2.48	2.42	2.38	2.31	2.26	2.21	2.18	2.16	19
20	4.35	3.49	3.10	3.87	2.71	2.60	2.51	2.45	2.39	2.35	2.28	2.22	2.18	2.15	2.12	20

表 16 F 值(显著性水平 P=0.01)

γ_2	γ_1(较大均方的自由度)															γ_2
	1	2	3	4	5	6	7	8	9	10	12	14	16	18	20	
1	4 052	5 000	5 403	5 625	5 764	5 859	5 928	5 981	6 022	6 056	6 106	6 142	6 169	6 190	6 209	1
2	98.5	99.0	99.2	99.3	99.3	99.4	99.4	99.4	99.4	99.4	99.4	99.4	99.4	99.4	99.4	2
3	34.1	30.8	29.5	28.7	28.2	27.9	27.7	27.5	27.3	27.2	27.1	26.9	26.8	26.8	26.7	3
4	21.2	18.0	16.7	16.0	15.5	15.2	15.0	14.8	14.7	14.5	14.4	14.2	14.2	14.1	14.0	4
5	16.3	13.3	12.1	11.4	11.0	10.7	10.5	10.3	10.2	10.1	9.89	9.77	9.68	9.61	9.55	5
6	13.7	10.9	9.78	9.15	8.75	8.47	8.26	8.10	7.98	7.87	7.72	7.60	7.52	7.45	7.40	6
7	12.2	9.55	8.45	7.85	7.46	7.19	6.99	6.84	6.72	6.62	6.47	6.36	6.27	6.21	6.16	7
8	11.3	8.65	7.59	7.01	6.63	6.37	6.18	6.03	5.91	5.81	5.67	5.56	5.48	5.41	5.36	8
9	10.6	8.02	6.99	6.42	6.06	5.80	5.61	5.47	5.35	5.26	5.11	5.00	4.92	4.86	4.81	9
10	10.0	7.56	6.55	5.99	5.64	5.39	5.20	5.06	4.94	4.85	4.71	4.60	4.52	4.46	4.41	10
11	9.65	7.21	6.22	5.67	5.32	5.07	4.89	4.74	4.63	4.54	4.40	4.29	4.21	4.15	4.10	11
12	9.33	6.93	5.95	5.41	5.06	4.82	4.64	4.50	4.39	4.30	4.16	4.05	3.97	3.91	3.86	12
13	9.07	6.70	5.74	5.21	4.86	4.62	4.44	4.30	4.19	4.10	3.96	3.86	3.78	3.71	3.66	13
14	8.86	6.51	5.56	5.04	4.70	4.46	4.23	4.14	4.03	3.94	3.80	3.70	3.62	3.56	3.51	14
15	8.68	6.36	5.42	4.89	4.56	4.32	4.14	4.00	3.89	3.80	3.67	3.56	3.49	3.42	3.37	15
16	8.53	6.23	5.29	4.77	4.44	4.20	4.03	3.89	3.78	3.69	3.55	3.45	3.37	3.31	3.26	16
17	8.40	6.11	5.18	4.67	4.34	4.10	3.93	3.79	3.68	3.59	3.46	3.35	3.27	3.21	3.16	17
18	8.29	6.01	5.09	4.58	4.25	4.10	3.81	3.71	3.60	3.51	3.37	3.27	3.19	3.13	3.08	18
19	8.18	5.93	5.01	4.50	4.17	3.94	3.77	3.68	3.52	3.43	3.30	3.19	3.12	3.05	3.00	19
20	8.10	5.85	4.94	4.43	4.10	3.87	3.70	3.56	3.46	3.37	3.23	3.13	3.05	2.99	2.94	20

校准曲线包括标准曲线和工作曲线两种类型。

工作曲线是指标准系列的制备步骤与样品的处理步骤完全一致的条件下产生的，它是综合容纳了分析全过程的一切影响因素而形成的终裁线。它更能反映分析条件，操作水平，分析方法本身的真实状况。

若以验证分析方法为目的，必须按工作曲线的程序制备标准系列。用于样品测定的校准曲线则按原方法中规定实施。

标准曲线是指标准系列制备步骤较之样品的分析步骤有所省略，因而零浓度信号值 A_0 与分析空白信号值 A_b 可能不相等($A_0 \neq A_b$)。此时必须分别扣除各自的空白值后计算统计量，绘制校准曲线和查读曲线计算含量或浓度。

6.1.1.1 标准系列的制备与测定

标准系列的制备与测定按以下步骤进行：

——在精密度较差的浓度段，适当增加点数；

——标准系列中最小浓度 c_1 最好选在检出限附近；

——用于光度法的参比液，以纯溶剂(包括水)调零点更稳定，能减小低浓度段的读数误差，操作步骤如下：

a) 将制备好的标准系列(与样品分析步骤完全相同)各点，由低向高逐个移入已校正的测定池中，依次测其信号值 Y_i 记入 Y_i 栏内。

b) 按表 17 所列数据，分别按式(29)～式(33)计算相关系数 r、截距 a、斜率 b、残差 d_i、剩余标准差 S_Y 等各统计量。

$$b=\frac{S_{XY}}{S_{XX}} \quad \cdots\cdots (29)$$

$$a=\overline{Y}-b\overline{X} \quad \cdots\cdots (30)$$

$$r=\frac{S_{XY}}{\sqrt{S_{XX}\cdot S_{YY}}} \quad \cdots\cdots (31)$$

$$d_i=Y_i-(a+bX_i) \quad \cdots\cdots (32)$$

$$S_Y=\sqrt{\frac{(1-r^2)S_{YY}}{n-2}}\sqrt{\frac{\sum_{i=1}^{n}d_i^2}{n-2}} \quad \cdots\cdots (33)$$

6.1.1.2 回归直线的统计检验

6.1.1.2.1 标准系列各点测定值的检验

若相关系数 r 低于规定值或怀疑某一偏离较大的浓度点是否为异常值，按式(34)计算容许值：

$$M=\frac{|d_i|}{S_Y} \quad \cdots\cdots (34)$$

式中：

M——检验浓度点是否为异常值的容许值；

d_i——残差；

S_Y——剩余标准差。

容许值通常为 1.5；若>1.5 须补测该浓度点，直到满意。

6.1.1.2.2 检验直线是否通过原点

理想的回归直线，截距 $a=0$，曲线通过原点；由于存在难以控制的随机因素，多数直线在表现上 $a\neq 0$，不通过原点。遇此情况则要按统计程序检验其是否通过原点($a_0=0$)。检验步骤：

a) 计算统计量

$$t=\frac{a-a_0}{S_Y\sqrt{\frac{1}{N}+\frac{\overline{X}^2}{S_{XX}}}}=\frac{0.0017-0}{0.0028\times\sqrt{\frac{1}{7}+\frac{0.450^2}{0.7950}}}=0.9629$$

b) 查 t 值表 P (2)，$t_{\alpha(0.05,n-2)}=2.571$；

c) 判定：$0.9629<2.571$，$t<t_{\alpha(0.05,n-2)}$，$a=a_0$。曲线通过原点。

6.1.1.3 校准曲线的绘制

在重复性较好的测定中，各数据对的坐标点能很好地落在一条直线上，此时可直观地将各坐标点连线，绘成校准曲线图。

当重复性较差时，各数据对的坐标点散落在直线两侧，此时画直线的任意性很大，对此则要按上述线性回归进行直线拟合。并按线性回归方程式 $Y=a+bX$，分别计算跟零浓度 X_0、平均浓度 $\overline{X}$ 相对应的信号值 a 和 $\overline{Y}$。以浓度 X 为横坐标，信号值 Y(吸光值)为纵坐标，X_0 对 a，$\overline{X}$ 对 $\overline{Y}$，将两个数据对点入相应的坐标点。通过两点画出直线，此即校准曲线(见图 1)。超出曲线范围的测定值不得任意外推。以下为绘制校准曲线应注意的事项：

a) 选定坐标纸两个变量分度值时，要考虑两变量有效数字位数；

b) 两变量的整数值落在格的粗线上。并使曲线图占满坐标纸；

c) 合理做法是标准系列溶液与样品同步测定，同时绘制校准曲线；若分析条件和方法本身比较稳定，曲线最多延用一周，并须每天加测空白和两个浓度点的标准溶液以核对曲线。核对的吸光值应落入该浓度回归直线坐标点 Y_i 的置信区间：

$$Y_i\pm VB_Y=Y_i\pm S_Yt\sqrt{\frac{1}{N}+\frac{1}{n}+\frac{(Y_i-\overline{Y})^2}{b^2\sum(X_i-\overline{X})^2}}\quad\cdots\cdots(35)$$

式中：

Y_i——$a+bX_i$；

n——重复测定次数；

N——浓度点数目；

t——t 值表中临界值，$(N-2,P_1)$；

S_Y——剩余标准差。

示例 1(以图 1 为例)：

加测校准点为 C_5

$$Y_i=0.0017+0.8760\times0.600=0.5273$$

测得 $Y_i=0.520$(已扣除空白 A_0)。

置信区间为：

$$0.5273\pm0.0028\times2.571\times\sqrt{\frac{1}{7}+1+\frac{(0.520-0.396)^2}{0.8760^2\times0.7950}}=0.5273\pm0.0078$$

即 0.519～0.535

判定：$Y_i=0.520$ 已落入置信区间。

加测的各校准点(包括空白 A_0)若全部或两个点未落入置信区间，则须重新测定标准系列，绘制新曲线。

表 17　校准曲线记录、统计表

系列号	C_0	C_1	C_2	C_3	C_4	C_5	C_6	C_7	
浓度值 X_i	0	0.050	0.100	0.200	0.400	0.600	0.800	1.000	$\Sigma X_i=3.150$
信号值 Y'_i	0.025(A_0)	0.070	0.112	0.206	0.378	0.550	0.725	0.905	
$Y_i=Y'_i-A_0$		0.045	0.087	0.181	0.353	0.525	0.700	0.880	$\Sigma Y_i=2.771$
X_i^2		0.002 5	0.010 0	0.040 0	0.160 0	0.360 0	0.640 0	1.000 0	$\Sigma X_i^2=2.212\ 5$
Y_i^2		0.002 0	0.007 6	0.032 8	0.124 6	0.275 6	0.490 0	0.774 4	$\Sigma Y_i^2=1.707\ 0$
X_iY_i		0.002 2	0.008 7	0.036 2	0.141 2	0.315 0	0.560 0	0.880 0	$\Sigma X_iY_i=1.943\ 4$
$\overline{X}$	$=(1/7)\Sigma X_i=(1/7)\times 3.150$								$=0.450$
$\overline{Y}$	$=(1/7)\Sigma Y_i=(1/7)\times 2.771$								$=0.396$
S_{XX}	$=\Sigma X_i^2-(\Sigma X_i)^2/7=2.212-3.150^2/7$								$=0.795\ 0$
S_{YY}	$=\Sigma Y_i^2-(\Sigma Y_i)^2/7=1.707-2.771^2/7$								$=0.610\ 1$
S_{XY}	$=\Sigma X_i Y_i-(\Sigma X_i)(\Sigma Y_i)/7=1.943-3.150\times 2.771/7$								$=0.696\ 4$
残差 $\lvert d_i\rvert=\lvert Y_i-(a+bX_i)\rvert$	0.000 5　0.002 3　0.004 1　0.000 9　0.002 2　0.002 4　0.002 4								
剩余标准差	$S_Y=[(S_{YY}-bS_{XY})/(n-2)]^{1/2}=\{[(1-r^2)S_{YY}]/(n-2)\}^{1/2}$ $=[(1-0.999\ 97^2)\times 0.610\ 1/5]^{1/2}$								$=0.002\ 8$
$\lvert d_i\rvert/S_Y$	0.165 3　0.801 8　1.463 9　0.333 2　0.797 4　0.866 4　0.834 0								<1.5，无离群值
	$a=\overline{Y}-b\overline{X}$ $=0.001\ 7$			$b=S_{XY}/S_{XX}$ $=0.876\ 0$			$r=S_{XY}/\sqrt{S_{XX}S_{YY}}$ $=0.999\ 97$		

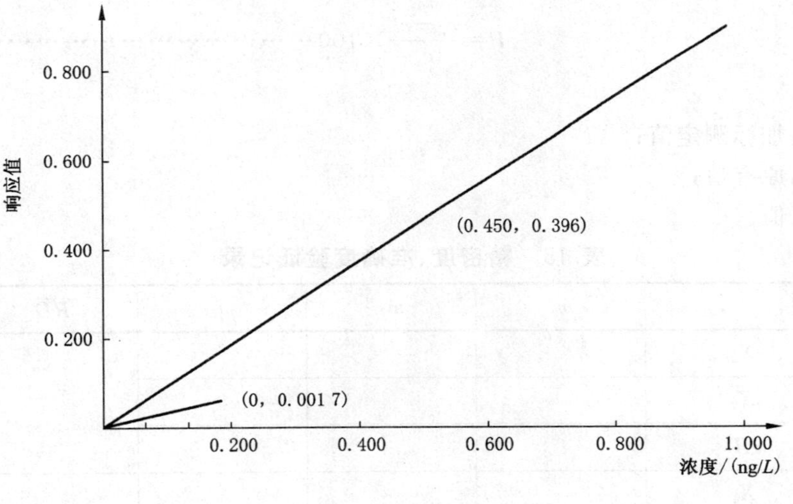

图 1　校准曲线

6.1.2　检出限的估算

检出限估算步骤如下：

a)　检出限 X_N 按式(36)估算：

$$X_N=2\sqrt{2}t\gamma S_{wb} \qquad (36)$$

式中：

t——临界值($\alpha=0.05$)；

γ——批内自由度，等于 $m(n-1)$；

S_{wb}——空白平行测定批内标准偏差。

海水测定的检出限也可参照附录 A 的方法来估算。

b) 气相色谱分析的最小检测量，指检测器恰能产生与噪声相区别的响应信号时，所需进入色谱柱的物质的最小量。一般认为恰能分辨的响应信号最小量应为噪声的两倍。

c) 离子选择电极法的检出限规定为：当校正曲线的直线部分外延的延长线与通过空白电位且平行于浓度轴的直线的交点所对应的浓度值。

6.1.3 精密度、准确度的验证

验证步骤如下：

a) 向天然样品中加入已知其含量的标准物质，加标后的浓度或含量应比原浓度高 0.5 倍～2 倍；

b) 测定表 18 类别栏内空白、标准物、天然样品、天然样品加标共四组。每组测平行双样，连续测定 3 批(m)；

c) 将测定结果换算为浓度并计算 RD、RSD；

d) 分别按式(37)、式(38)和式(39)计算表 18 中各统计量：

相对偏差 RD，数值以%表示：

$$RD=\frac{|X_1-X_2|}{X_1+X_2}\times 100 \qquad (37)$$

相对标准偏差 RSD，数值以%表示：

$$RSD=\frac{\dfrac{\left[\sum_{i=1}^{n}(X_i-\overline{X})^2\right]^{\frac{1}{2}}}{n-1}}{\overline{X}}\times 100 \qquad (38)$$

e) 统计检验

回收率 P，数值以%表示

$$P=\frac{c_i-c_0}{c_s}\times 100 \qquad (39)$$

式中：

c_i——天然样品加标测定值；

c_0——天然样品原有值；

c_s——标准加入值。

表 18 精密度、准确度验证记录

类别		m_1	m_2	m_3	$\overline{RD}$	RSD
空白	X_1					
	X_2					
	RD					
标准物	X_1					
	X_2					
	RD					
天然样品	X_1					
	X_2					
	RD					
天然样品加标	X_1					
	X_2					
	RD					

平均回收率不应小于或大于表 2 的规定值。

平均相对偏差$\overline{RD}$不应超出表 1 的给定值。沉积物分析按 GB 17378.5—2007 中表 2 的给定值，生物分析按 GB 17378.6—2007 中表 2 的给定值。

相对标准偏差 RSD，应与原方法给定值接近。

6.2 内控样的配制与应用

内控样是为了自我控制分析质量而配制的人工合成样或已定值的天然标准参考物。要求在测定环境样品的同时，加测占环境样品总份数 10%～20%的内控样。

内控样的质量要求：含量准确、组分均匀、性质稳定，并与环境样品组成相近。

用于海水中某些测项的内控样，可选经过定值的清洁海水加标制备人工合成样。可加入多种成分，以适应多项目的需要。但要考虑：

a) 各组分的比例应与环境样品相似；

b) 各组分的稳定性相近；

c) 各组分所需贮存条件相同；

d) 各组分浓度应与环境样品相近；当溶质含量极微时，浓度稳定性较差，可先配成较高浓度溶液，临用时稀释；

e) 一次配制足够六个月的用量，稳定期应与此相适应；

f) 贮存中注意室温、光线、微生物影响。尤其在频繁的取用中要特别提防来自环境和器具的沾污。

6.3 分析质量控制图

6.3.1 内控样的测定及数据积累

分析质量控制图是根据内控样的实测数据绘制的，内控样的测定及数据积累应满足以下条件：

a) 测定内控样的分析方法、分析条件与测定环境样品时完全一致；

b) 严禁给内控样以"特殊待遇"；

c) 每批测定至少是双样平行($n=2$)；

d) 考虑到时间变化的影响，每天只测定 1～2 批(m)内控样，经过 10 d～20 d 积累 10 对～20 对数据。

6.3.2 计算统计量

至少积累 10 对(m 批)数据，分别按式(40)～式(44)计算总平均值 $\overline{\overline{X}}$、标准差 s、双样极差 R_i、平均极差 $\overline{R}$、双样平均值 $\overline{X}$，供绘制均数($\overline{X}$)控制图和均数极差($\overline{X}-R$)控制图。

$$\overline{X}_i = \frac{X_i + X'_i}{2} \qquad (40)$$

$$\overline{\overline{X}}_i = \frac{\sum_{i=1}^{m}\overline{X}_i}{m} \qquad (41)$$

$$s = \sqrt{\frac{\sum_{i=1}^{mn}(X_i - \overline{\overline{X}})^2}{mn-1}} \qquad (42)$$

$$R_i = | X_i - X'_i | \qquad (43)$$

$$\overline{R} = \frac{\sum_{i=1}^{m}R_i}{m} \qquad (44)$$

6.3.3 绘制控制图

以下为控制图的基本组成及绘制要求：

a) 图 2 为控制图的基本组成，图 3 为均数控制($\overline{\overline{X}}$)图基本组成；

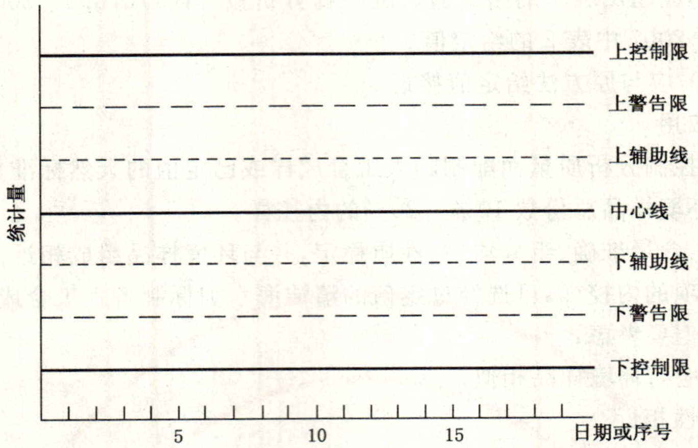

预期值——图中的中心线；

目标值——上、下警告限之间的区域；

实测值的可接受范围——上、下控制限之间的区域；

辅助线——在中心线两侧与上、下警告限之间各一半处。

图 2 控制图的基本组成

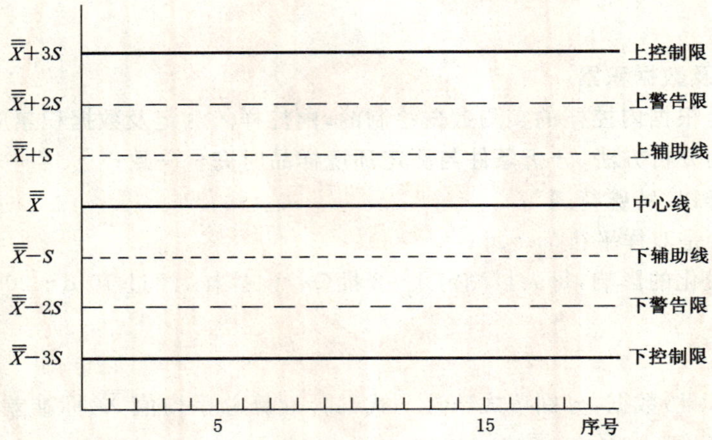

图 3 均数控制($\overline{\overline{X}}$)图基本组成

b) 控制图的绘制：根据内控样测试数据的统计量 $\overline{\overline{X}}$、S、$\overline{R}_i$ 值和内控样各次测定结果绘制均数($\overline{\overline{X}}$)控制图、均数-极差控制图。

6.3.3.1 均数控制图($\overline{\overline{X}}$ 图)的绘制

用表 19 中内控样单次(X_i、X'_i)测定结果，以图 4 为例计算 $\overline{\overline{X}}$ 控制图组成线(限)，并给出应用于实际工作的 $\overline{\overline{X}}$ 图 5。

$$\overline{\overline{X}}=0.500, S=0.012(m\times n=40)$$

中心线为 $\overline{\overline{X}}=0.500$；

上下辅助线，位于中心线与上、下警告限之间的一半处($\overline{\overline{X}}+S$)；

上警告限为 $\overline{\overline{X}}+2S=0.500+2\times0.012=0.524$；

下警告限为 $\overline{\overline{X}}-2S=0.500-2\times0.012=0.476$；

上控制限为 $\overline{\overline{X}}+3S=0.500+3\times0.012=0.536$；

下控制限为 $\overline{\overline{X}}-3S=0.500-3\times0.012=0.464$。

将积累的内控样单次测定结果，依次点入与之相对应的日期(或顺序)点位上。如果有超出上、下控制限的数据，剔除后重新计算统计量并要求落在辅助线以内的数据不少于50%。

控制图在实际应用当中还应继续积累内控样的数据。如以20个数据为一单元则每增一个单元重新计算统计量 $\overline{X}$、S，不断调整控制限水平位置，提高数据质量，直至中心线和控制限基本稳定。

表 19 测定结果

测定序号	测定结果		平均 $\overline{X}_i$	极差 R
	X_i	X'_i		
1	0.501	0.491	0.496	0.010
2	0.490	0.490	0.490	0.000
3	0.479	0.482	0.480	0.003
4	0.520	0.512	0.516	0.008
5	0.500	0.490	0.495	0.010
6	0.510	0.488	0.499	0.022
7	0.505	0.500	0.502	0.005
8	0.475	0.493	0.484	0.018
9	0.500	0.515	0.508	0.015
10	0.498	0.501	0.500	0.003
11	0.523	0.516	0.520	0.007
12	0.500	0.512	0.506	0.012
13	0.513	0.503	0.508	0.010
14	0.512	0.497	0.504	0.015
15	0.502	0.500	0.501	0.002
16	0.506	0.510	0.508	0.004
17	0.485	0.503	0.494	0.018
18	0.484	0.487	0.486	0.003
19	0.512	0.495	0.504	0.017
20	0.509	0.500	0.504	0.009

计算结果：$\Sigma\overline{X}_i=10.005$；$\Sigma R=0.191$；$\overline{R}\cong0.010$

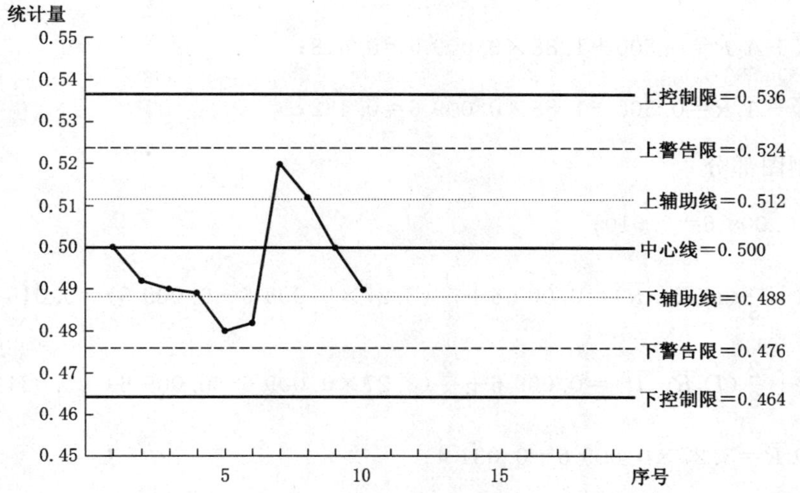

图 4 均数控制($\overline{\overline{X}}$)图实例

6.3.3.2 均数-极差控制图($\overline{\overline{X}}$-R 图)的绘制

绘制 $\overline{\overline{X}}$-R 图除了引用内控样测定数据及其统计量之外，尚须加、减 A_2、D_3、D_4 等因数，这些因数是根据重复测定次数 n 给定的计算值，从表 20 查得。$\overline{\overline{X}}$-R 图由均数控制图和极差控制图两个部分组成：

表 20 控制图系数表(每次测 n 个平行样)

n	2	3	4	5	6	7	8
A_2	1.88	1.02	0.73	0.58	0.48	0.42	0.37
D_3	0	0	0	0	0	0.076	0.136
D_4	3.27	2.58	2.28	2.12	2.00	1.92	1.86

示例 2：

用表 19 中数据，以图 5 为例计算 $\overline{\overline{X}}$-R 控制图的组成线(限)，并给出应用于实际工作的 $\overline{\overline{X}}$-R 控制图 6。

$$\overline{\overline{X}}=\frac{10.005}{20}=0.500$$

$$\overline{R}=\frac{0.191}{20}=0.009\ 6=0.010$$

a) 均数控制图部分

中心线 $\overline{\overline{X}}=0.500$；

上辅助线 $\overline{\overline{X}}+\frac{1}{3}A_2\overline{R}=0.500+0.006=0.506$；

下辅助线 $\overline{\overline{X}}-\frac{1}{3}A_2\overline{R}=0.500-0.006=0.494$；

上警告线 $\overline{\overline{X}}+\frac{2}{3}A_2\overline{R}=0.500+\frac{2}{3}\times1.88\times0.009\ 6=0.512$；

下警告线 $\overline{\overline{X}}-\frac{2}{3}A_2\overline{R}=0.500-\frac{2}{3}\times1.88\times0.009\ 6=0.488$；

上控制限 $\overline{\overline{X}}+A_2\overline{R}=0.500+1.88\times0.009\ 6=0.518$；

下控制限 $\overline{\overline{X}}-A_2\overline{R}=0.500-1.88\times0.009\ 6=0.482$；

b) 极差控制图部分

中心线 $\overline{R}=0.009\ 6=0.010$；

上辅助线 $\overline{R}+\frac{1}{3}(D_4\overline{R}-\overline{R})=0.009\ 6+\frac{1}{3}(3.27\times0.009\ 6-0.009\ 6)=0.016\ 9$；

上警告限 $\overline{R}+\frac{2}{3}(D_4\overline{R}-\overline{R})=0.009\ 6+\frac{2}{3}(3.27\times0.009\ 6-0.009\ 6)=0.024\ 1$；

上控制限 $D_4\overline{R}=3.27\times0.009\ 6=0.031\ 4$；

下控制限 $D_3\overline{R}=0\times0.009\ 6=0$。

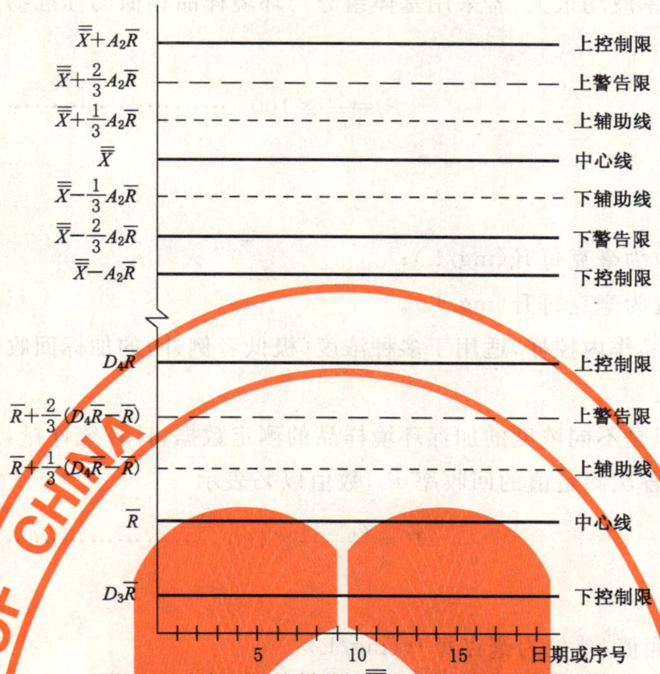

图 5　均数-极差控制($\overline{\overline{X}}$-R)图基本组成

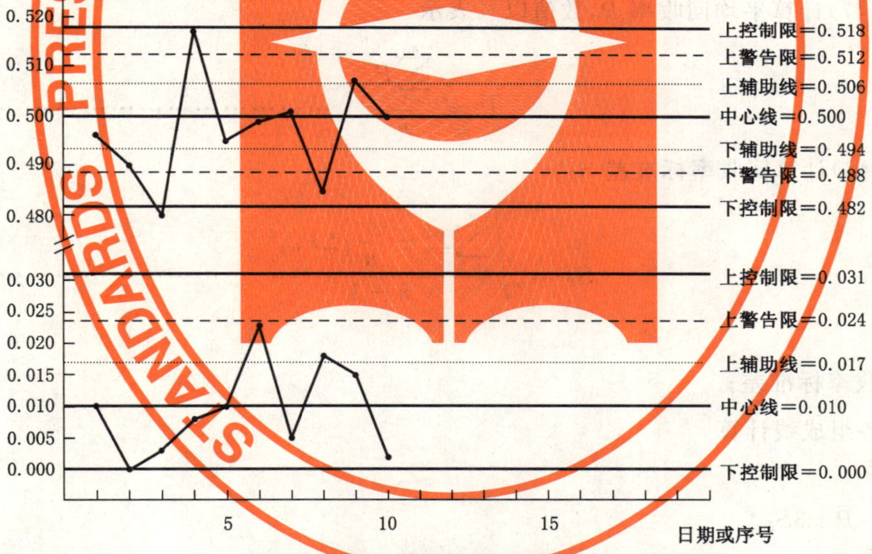

图 6　均数-极差控制($\overline{\overline{X}}$-R)图实例

极差 $\overline{R}$ 越小越好，故极差控制图勿须设下警告限，但有下控制限，即当 R 值稳步下降，逐次变小以至于 $R<D_3\overline{R}$ 而越出下控制限时，表明精密度有所提高，原 R 图部分已失去作用。此时应采用新的 R 值，重新计算平均极差 $\overline{R}$，改绘 $\overline{X}$-R 图中极差图部分。

使用 $\overline{X}$-R 图时，只要二者之一超出控制限，属于失控，应查明原因，重新测定。

6.3.3.3　**准确度控制图($\overline{P}$ 图)的绘制**

绘制准确度控制图所依据的回收率 P 及其标准偏差 S_P，来自一组(至少 20 个)内控样(包括环境样品加标)测定值的统计量。环境样品加标，即向已经定值或未经定值的环境样品中加入已知量的标准物质。加标量应与本底值相近。若加标后总浓度仍低于测定下限，可加标到该限值，但不能超过本底值三倍且亦不能超过校准曲线的测量范围。

低浓度段加标回收率波动很大，若采用基体组分与环境样品相似的标准物质(如沉积物)作内控样，则比较稳定且计算方便：

$$P_i=\frac{c_i}{c_\mu}\times 100 \quad\cdots\cdots\cdots\cdots (45)$$

式中：

P_i——回收率，%；

c_i——测定值，单位为毫克每升(mg/L)；

c_μ——已知值，单位为毫克每升(mg/L)。

采用加标的环境样品作内控样，适用于多种浓度(极低者例外)的加标回收率测定。

$\overline{P}$ 图组成线的计算：

至少收集 20 个可以是不同浓度的加标环境样品的测定数据，计算统计量：

a) 按式(46)计算各次测定值的回收率 P_i，数值以%表示

$$P_i=\frac{c_i-c_0}{c_s}\times 100 \quad\cdots\cdots\cdots\cdots (46)$$

式中：

c_0——环境样品本底值，单位为毫克每升(mg/L)；

c_s——加入标准量，单位为毫克每升(mg/L)；

c_i——测定值，单位为毫克每升(mg/L)。

b) 按式(47)计算平均回收率 $\overline{P}$，数值以%表示

$$\overline{P}=\frac{\sum_{i=1}^{n}P_i}{n} \quad\cdots\cdots\cdots\cdots (47)$$

c) 按式(48)计算回收率标准差 S_P

$$S_P=\sqrt{\frac{\sum_{i=1}^{n}P_i^2-\frac{1}{n}(\Sigma P_i)^2}{n-1}} \quad\cdots\cdots\cdots\cdots (48)$$

式中：

S_P——回收率标准差；

d) $\overline{P}$ 图各组成线计算

中心线 $\overline{P}$

上控制限 $\overline{P}+3S_P$

下控制限 $\overline{P}-3S_P$

示例 14：

准确度控制图($\overline{P}$ 图)的组成与绘制实用举例

在 10 d 内共积累 23 个不同浓度的测定数据于表 21 中，按上列公式计算 $\overline{P}$ 图各组成线及绘 $\overline{P}$ 图。

$$\overline{P}=\frac{2\ 310}{23}=100.4$$

$$S_P=\sqrt{\frac{234\ 074-(2\ 310)^2/23}{22}}=9.70 \qquad 中心线\ \ \overline{P}=100.4$$

表 21 活性磷酸盐测定数据表

编号	已知值/(mg/L)	测定值/(mg/L)	回收率 P_i/%	P_i^2
1	0.34	0.33	97	9 409
2	0.34	0.34	100	10 000
3	0.40	0.40	100	10 000
4	0.49	0.49	100	10 000
5	0.49	0.49	100	10 000
6	0.49	0.63	129	16 641
7	0.50	0.47	94	8 836
8	0.50	0.53	106	11 236
9	0.50	0.56	112	12 544
10	0.52	0.65	113	12 769
11	0.66	0.70	106	11 236
12	0.66	0.60	91	8 281
13	0.67	0.65	97	9 409
14	0.68	0.65	96	9 216
15	0.83	0.80	96	9 216
16	0.98	0.75	77	5 929
17	1.3	1.2	92	8 464
18	1.3	1.3	100	10 000
19	1.6	1.7	106	11 236
20	2.3	2.3	100	10 000
21	2.3	2.4	104	10 816
22	3.3	3.3	100	10 000
23	4.9	4.6	94	8 836

计算结果：$\Sigma P_i = 2\ 310$ $\Sigma P_i^2 = 234\ 074$

上控制限 $\overline{P}+3P_S=100.4+3\times9.70=129.5$； 下控制限 $\overline{P}-3P_S=100.4-3\times9.70=71.3$

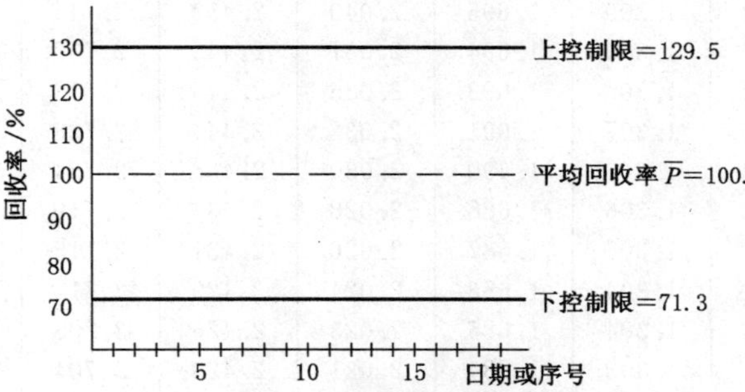

图 7 回收率控制图

6.3.4 控制图的使用

在测定环境样品的同时，加测至少一对内控样品，将测定结果及其统计量分别点入控制图中，根据该数值落点位置判定该批环境样品测定结果的精密度或准确度是否在统计控制之中。判定标准：

a) 落点在中心线附近上、下警告限之间，分析质量正常，测定结果可信；

b) 落点在上、下警告限之外，但仍在上、下控制限之间，提示分析质量变劣，有趋于失控倾向，应进行初步检查；

c) 若落点在上、下控制限之外，表明测定过程失去控制，该批测定数据不可信，应立即查明原因，予以纠正并重新测定。

表 22 t 值表

γ	$P(2)$：	0.50	0.20	0.10	0.05	0.02	0.01	0.005	0.002	0.001
	$P(1)$：	0.25	0.10	0.05	0.025	0.01	0.005	0.002 5	0.001	0.000 5
1		1.000	3.078	6.314	12.706	31.821	63.657	127.321	318.309	636.619
2		0.816	1.886	2.920	4.303	6.965	9.925	14.089	22.327	31.599
3		0.765	1.638	2.353	3.182	4.541	5.841	7.453	10.210	12.924
4		0.741	1.533	2.132	2.776	3.747	4.604	5.598	7.173	8.610
5		0.727	1.476	2.015	2.571	3.365	4.032	4.773	5.893	6.869
6		0.718	1.440	1.943	2.447	3.143	3.707	4.317	5.208	5.959
7		0.711	1.415	1.895	2.365	2.998	3.499	4.029	4.785	5.408
8		0.706	1.397	1.860	2.306	2.896	3.355	3.833	4.501	5.041
9		0.703	1.383	1.833	2.262	2.821	3.250	3.690	4.297	4.781
10		0.700	1.372	1.812	2.228	2.764	3.169	3.581	4.144	4.587
11		0.697	1.363	1.796	2.201	2.718	3.106	3.497	4.025	4.437
12		0.695	1.356	1.782	2.179	2.681	3.055	3.423	3.930	4.318
13		0.694	1.350	1.771	2.160	2.650	3.012	3.372	3.852	4.221
14		0.692	1.345	1.761	2.145	2.624	2.977	3.326	3.737	4.140
15		0.691	1.341	1.753	2.131	2.602	2.947	3.286	3.733	4.079
16		0.690	1.337	1.746	2.120	2.583	2.921	3.252	3.686	4.015
17		0.689	1.333	1.740	2.110	2.507	2.898	3.222	3.646	3.965
18		0.688	1.330	1.734	2.101	2.552	2.878	3.197	3.610	3.922
19		0.688	1.328	1.729	2.093	2.539	2.861	3.174	3.579	3.883
20		0.687	1.325	1.725	2.086	2.528	2.845	3.153	3.552	3.850
21		0.686	1.323	1.721	2.080	2.518	2.831	3.135	3.527	3.819
22		0.686	1.321	1.717	2.074	2.508	2.819	3.119	3.505	3.792
23		0.685	1.319	1.714	2.069	2.500	2.807	3.104	3.485	3.768
24		0.685	1.318	1.711	2.064	2.492	2.797	3.091	3.467	3.745
25		0.684	1.316	1.708	2.060	2.485	2.787	3.078	3.450	3.725
26		0.684	1.315	1.706	2.056	2.479	2.779	3.067	3.435	3.707
27		0.684	1.314	1.703	2.052	2.473	2.771	3.057	3.421	3.690
28		0.683	1.313	1.701	2.048	2.467	2.763	3.047	3.408	3.674
29		0.683	1.311	1.699	2.045	2.462	2.756	3.038	3.396	3.659
30		0.683	1.310	1.697	2.042	2.457	2.750	3.030	3.385	3.646
31		0.682	1.309	1.696	2.040	2.453	2.744	3.022	3.375	3.633
32		0.682	1.309	1.694	2.037	2.449	2.738	3.015	3.365	3.622
33		0.682	1.308	1.692	2.035	2.445	2.733	3.003	3.356	3.611
34		0.682	1.307	1.691	2.032	2.441	2.728	3.002	3.348	3.601
35		0.682	1.306	1.690	2.030	2.438	2.724	2.996	3.340	3.591
36		0.681	1.306	1.688	2.028	2.434	2.719	2.990	3.333	3.582
37		0.681	1.305	1.687	2.026	2.431	2.715	2.985	3.326	3.574
38		0.681	1.304	1.686	2.024	2.429	2.712	2.980	3.319	3.566
39		0.681	1.304	1.685	2.023	2.426	2.708	2.976	3.313	3.563
40		0.681	1.303	1.684	2.021	2.423	2.704	2.971	3.307	3.551
50		0.679	1.299	1.676	2.009	2.403	2.678	2.937	3.261	3.496
60		0.679	1.296	1.671	2.000	2.390	2.660	2.915	3.232	3.460
70		0.678	1.294	1.667	1.994	2.381	2.648	2.899	3.211	3.435
80		0.678	1.292	1.664	1.990	2.374	2.639	2.887	3.195	3.416
90		0.677	1.291	1.662	1.987	2.368	2.632	2.878	3.183	3.402
100		0.677	1.290	1.660	1.984	2.364	2.626	2.871	3.174	3.390
200		0.676	1.286	1.653	1.972	2.345	2.601	2.839	3.131	3.340
500		0.675	1.283	1.648	1.965	2.334	2.586	2.820	3.107	3.310
1 000		0.675	1.282	1.646	1.962	2.330	2.581	2.813	3.098	3.300
∞		0.674 5	1.281 0	1.644 9	1.960 0	2.326 3	2.575 8	3.807 0	3.090 2	3.290 5

注：$P(2)$是双侧的概率，$P(1)$是单侧的概率，γ是自由度。

附 录 A
（资料性附录）
海水分析空白上限、检出限、测定下限的估算

A.1 校准曲线估算法

水质分析的空白上限 X_C、检出限 X_N、测定下限 X_B（见图 A.1）应用下面方法估算：

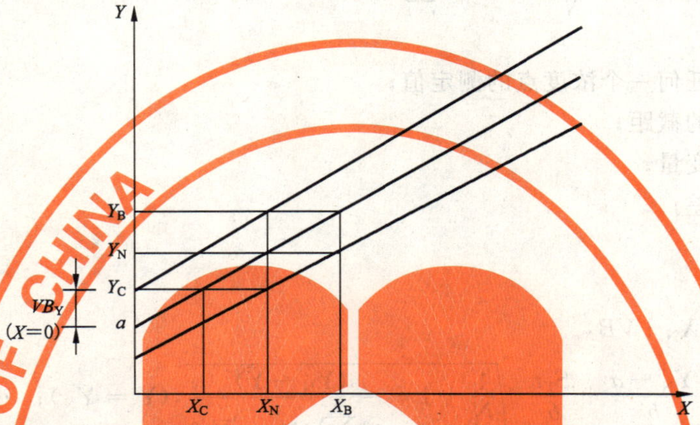

设：a——校准曲线的截距；

b——校准曲线的斜率；

S_Y——剩余标准差；

t——t 值表中的临界值。

图 A.1

VB_X——表示在横坐标上任何一个浓度点 X_i（包括零浓度）的不确定度。横坐标上任何一个浓度点 X_i 的置信区间为：

$$X_i \pm VB_X$$

当浓度为 0，截距 a 的不确定度为 VB_Y，a 的置信上限值为：

$$Y_C = a + VB_Y + a + S_Y t\sqrt{\frac{1}{N}+1+\frac{(0-\overline{X})^2}{\sum_{i=1}^{n}(X_i-\overline{X})^2}},(X=0); \quad \cdots\cdots\cdots\cdots \quad (A.1)$$

式中：

X_i——横坐标上任何一个浓度点的测定值；

a——校准曲线的截距；

VB_Y—随机统计变量；

S_Y——剩余标准差；

t——临界值。

零浓度（空白 X_0）的置信区间 $X_C = VB_X$，$(X=0)$

检出限

$$X_C = \frac{Y_C - a}{b} = \frac{S_Y t}{b}\sqrt{\frac{1}{N}+1+\frac{(0-\overline{X})^2}{\sum_{i=1}^{n}(X_i-\overline{X})^2}},(Y=Y_C); \quad \cdots\cdots\cdots\cdots \quad (A.2)$$

式中：

X_C——检出限；

X_i——横坐标上任何一个浓度点的测定值；

a——校准曲线的截距；

b——校准曲线的斜率；

S_Y——剩余标准差；

t——临界值。

Y_N 是与检出限 X_N 相对应的信号值，又是计算 X_B 的辅助值：

$$Y_N = a + 2VB_Y$$

$$= a + 2S_Y t\sqrt{\frac{1}{N} + 1 + \frac{(X_C - \overline{X})^2}{\sum_{i=1}^{n}(X_i - \overline{X})^2}}, (X = X_C); \quad \cdots\cdots \text{(A.3)}$$

式中：

X_i——横坐标上任何一个浓度点的测定值；

a——校准曲线的截距；

VB_Y——随机统计变量；

S_Y——剩余标准差；

t——临界值。

测定下限

$$X_B = X_N + VB_X$$

$$= \frac{Y_N - a}{b} + \frac{S_Y t}{b}\sqrt{\frac{1}{N} + 1 + \frac{(Y_N - \overline{Y})^2}{b^2\sum_{i=1}^{n}(X_i - \overline{X})^2}}, (Y = Y_N); \quad \cdots\cdots \text{(A.4)}$$

式中：

X_B——测定下限；

X_N——检出限；

a——校准曲线的截距；

b——校准曲线的斜率；

VB_X——随机统计变量；

S_Y——剩余标准差；

t——临界值。

利用上述公式，根据特定校准曲线的截距 a，斜率 b，剩余标准差 S_Y 及随机统计变量 VB_X 计算出来的 X_C，X_N，X_B 三项指标，反映了在给定（校准曲线）条件下分析方法达到水平与数据质量，满足了在报送检测结果时，同时报送检出限的要求。他们随校准曲线的参数（条件）变化而变化，因而仅仅是个参考值，并不代表一种分析方法所能达到的最佳值。

测定限 X_B 之上的校准曲线区域是最佳工作段。超出校准曲线范围的测定值不能保证其统计学上的可靠性。

样品测定值在 X_N 与 X_B 之间时，可以给出定量结果，但应注明 X_B 值，在超痕量分析中，样品测定值大于空白上限，小于检出限（即在 $X_C \sim X_N$ 之间）时也应报告，但应注明 X_N 值。

A.2 空白标准差测定法

a) 检出限按下式估算：

$$X_N = 2\sqrt{2}t\gamma S_{wb} \quad \cdots\cdots \text{(A.5)}$$

式中：

X_N——检出限；

t——t 值表中临界值（a=0.05）；

γ——批内自由度，等于 $m(n-1)$；

m——重复测定的批数；

n——平行测定的次数；

S_{wb}——空白平行测定批内标准偏差。

b) 气相谱分析的最小检测量，指检测器恰能产生与噪声相区别的响应信号时，所需进入色谱柱的物质的最小量。一般认为恰能分辨的响应信号最小量应为噪声的两倍。

c) 离子选择电极法的检出限规定为：当校正曲线的直线部分外延的延长线与通过空白电位且平行于浓度轴的直线的交点为所对应的浓度值。

ICS 07.060
A 45

中华人民共和国国家标准

GB 17378.3—2007
代替 GB 17378.3—1998

海洋监测规范
第3部分:样品采集、贮存与运输

The specification for marine monitoring—
Part 3:Sample collection,storage and transportation

2007-10-18 发布　　　　2008-05-01 实施

中华人民共和国国家质量监督检验检疫总局
中国国家标准化管理委员会　发布

前言

本部分的全部技术内容为强制性。

GB 17378《海洋监测规范》分为七个部分：

——第1部分：总则；

——第2部分：数据处理与分析质量控制；

——第3部分：样品采集、贮存与运输；

——第4部分：海水分析；

——第5部分：沉积物分析；

——第6部分：生物体分析；

——第7部分：近海污染生态调查和生物监测。

本部分为 GB 17378 的第3部分，代替 GB 17378.3—1998《海洋监测规范　第3部分：样品采集、贮存与运输》。

本部分与 GB 17378.3—1998 相比主要变化如下：

——取消了定义(1998年版的第2章)；

——增加了通则(见第3章)；

——在采样站位的布设中，对布设原则作了补充规定，增加了监测断面要求(1998年版的3.2.1；本版的4.5.1和4.5.2)；

——增加了特殊样品的采样和采样中的质量控制内容(见4.10和4.11)；

——在沉积物样品的采集中，对表层样品的采集作了补充规定；增加了采样目的、采样站位的布设、监测时间和频率、样品贮存容器、样品采集的质量保证与质量控制等相关规定(1998年版的第4章；本版第5章的5.1、5.2、5.3、5.4.2、5.6.1和5.7)；

——在生物样品的采集中，对样品采集、采样现场的描述、样品的保存与运输作了补充规定；增加了采样站位布设、样品采集、运输、贮存的质量保证等相关内容(1998年版的第5章；本版第6章的6.3、6.6、6.7、6.8和6.9)。

本部分由国家海洋局提出。

本部分由全国海洋标准化技术委员会(SAC/TC 283)归口。

本部分起草单位：国家海洋环境监测中心。

本部分主要起草人：徐恒振、马永安、于涛、韩庚辰、关道明、王健国、曲传宇、张春明、许昆灿、陈维岳。

本部分所代替标准的历次版本发布情况为：

——GB 17378.3—1998。

海洋监测规范
第3部分:样品采集、贮存与运输

1 范围

GB 17378的本部分规定了海洋监测过程中,进行样品采集、贮存和运输的基本方法和程序。

本部分适用于海洋环境中水质、沉积物、生物的样品采集、贮存、运输,也适用于海洋废物倾倒和疏浚物倾倒中水质、沉积物、生物的样品采集、贮存与运输。

2 规范性引用文件

下列文件中的条款通过GB 17378的本部分的引用而成为本部分的条款。凡是注日期的引用文件,其随后所有的修改单(不包括勘误的内容)或修订版均不适用于本部分,然而,鼓励根据本部分达成协议的各方研究是否可使用这些文件的最新版本。凡是不注日期的引用文件,其最新版本适用于本部分。

GB/T 12763.8 海洋调查规范 第8部分:海洋地质地球物理调查

GB 17378.4 海洋监测规范 第4部分:海水分析

GB 17378.5 海洋监测规范 第5部分:沉积物分析

3 通则

3.1 采样代表性

欲使采集的样品具有代表性,应周密设计监测海域的采样断面、采样站位、采样时间、采样频率和样品数量,使分析样品的数据能够客观地表征海洋环境的真实情况,确保所采样品不仅代表原环境,而且应在采样及其处理过程中不变化、不添加、不损失。

3.2 采样目标

采样目标就是采集运输方便、实验室易处理、能表征整体环境的样品。采取可行的措施,使样品中相关组分的比例和浓度与其在海洋环境中的相同,在实验室分析之前组分不改变,保持采样时的相同状态。

3.3 采样计划

采样计划是整个监测计划的重要部分。一般包括:

——何地如何进行采样;

——采样设备及其校验;

——样品容器,包括清洗、加固定剂;

——样品的舍取;

——样品预处理程序;

——分样程序;

——样品记录;

——样品贮存与运输;

——质量保证与质量控制措施。

3.4 采样程序

在设计采样程序时,首先确定采样目的和原则,采样目的是决定采样地点、采样频率、采样时间、样品处理及分析技术要求的主要依据，采样程序主要包括：

——确定采样目的和原则；

——确定样品采集的时空尺度；

——采样点的设置；

——现场采样方法及质量保证措施。

3.5 样品监管

样品的监管，即从样品采集到样品分析过程的完整性，样品的采集、分析应是可追踪的；对样品封条、现场记事本、监管记录和样品清单、以及使用的程序等，均有明确的要求；对不同阶段样品，保管人职责、采样人、现场监察负责人、交接人均有明确的职责。

4 水质样品

4.1 一般规定

从海洋环境中取得有代表性的样品，并采取一切预防措施，避免在采样和分析的时间间隔内发生变化，是海洋环境调查监测的第一关键环节。采样程序应包括以下几个主要方面：

——采样目的：采样目的通常分为环境质量控制、环境质量表征以及污染源鉴别三种类型；

——样品采集的时空尺度；

——采样点的设置；

——现场采样方法及质量保证措施。

4.2 安全措施

样品采集应采取以下安全措施：

——在各种天气条件下采样，应确保操作人员和仪器设备的安全；

——在大面积水体上采样，操作人员应系好安全带，备好救生圈，各种仪器设备均应采取安全固定措施；

——在冰层覆盖的水体采样前，应仔细检查薄冰的位置和范围；

——监测船在所有水域采样时要防止商船、捕捞船及其他船只靠近，应随时使用各种信号表明正在工作的性质；

——应避免在危险岸边等不安全地点采样。如果不可避免，不应单独一个人，可由一组人采样，并采取相应措施。若具备条件，应在桥梁、码头等安全地点采样。安装在岸边或浅水海域的采样设备，应采取保护措施；

——采样时，应采取一些特殊防护措施，避免某些偶然情况出现，如腐蚀性、有毒、易燃易爆、病毒及有害动物等对人体的伤害；

——使用电操作采样设备，在操作和维修过程中，应加强安全措施。

4.3 样品

4.3.1 样品类型

4.3.1.1 瞬时样品

瞬时样品是不连续的样品。无论在水表层或在规定的深度和底层，一般均应手工采集，在某些情况下也可用自动方法采集。

考察一定范围的海域可能存在的污染或者调查监测其污染程度，特别是在较大范围采样，均应采集瞬时样品。对于某些待测项目，例如溶解氧、硫化氢等溶解气体的待测水样，应采集瞬时样品。

4.3.1.2 连续样品

连续样品通常包括，在固定时间间隔下采集定时样品（取决于时间）及在固定的流量间隔下采集定时样品（取决于体积）。采集连续样品常用在直接入海排污口等特殊情况下，以揭示利用瞬时样品观察不到的变化。

4.3.1.3　**混合样品**

混合样品是指在同一个采样点上以流量、时间、体积为基础的若干份单独样品的混合。混合样品用于提供组分的平均数据。若水样中待测成分在采集和贮存过程中变化明显，则不能使用混合水样，要单独采集并保存。

4.3.1.4　**综合水样**

把从不同采样点同时采集的水样进行混合而得到的水样（时间不是完全相同，而是尽可能接近）。

4.3.2　**对样品的要求**

样品一旦采完，应保持与采样时相同的状态。应避免样品在采集、贮存和分析测试过程中受到来自船体、采水装置、实验设备、玻璃器皿、化学药品、空气及操作者本身所产生的沾污。样品中的待测成分也可因吸附、沉降或挥发而受到损失。

4.4　**采样时空频率的优化**

采样位置的确定及时空频率的选择，首先应在大量历史数据进行客观分析的基础上，对调查监测海域进行特征区划。特征区划的关键在于各站点历史数据的中心趋势及特征区划标准的确定。

根据污染物在较大面积海域分布的不均匀性和局部海域的相对均匀性的时空特征，运用均质分析法、模糊集合聚类分析法等分类方法，将监测海域划分为污染区、过渡区及对照区。

4.5　**采样站位的布设**

4.5.1　**布设原则**

监测站位和监测断面的布设应根据监测计划确定的监测目，结合水域类型、水文、气象、环境等自然特征及污染源分布，综合诸因素提出优化布点方案，在研究和论证的基础上确定。采样的主要站点应合理地布设在环境质量发生明显变化或有重要功能用途的海域，如近岸河口区或重大污染源附近。在海域的初期污染调查过程中，可以进行网格式布点。影响站点布设的因素很多，主要遵循以下原则：

——能够提供有代表性信息；
——站点周围的环境地理条件；
——动力场状况（潮流场和风场）；
——社会经济特征及区域性污染源的影响；
——站点周围的航行安全程度；
——经济效益分析；
——尽量考虑站点在地理分布上的均匀性，并尽量避开特征区划的系统边界；
——根据水文特征、水体功能、水环境自净能力等因素的差异性，来考虑监测站点的布设。同时，还要考虑到自然地理差异及特殊需要。

4.5.2　**监测断面**

监测断面的布设应遵循近岸较密、远岸较疏，重点区（如主要河口、排污口、渔场或养殖场、风景、游览区、港口码头等）较密，对照区较疏的原则。

断面设置应根据掌握水环境质量状况的实际需要，考虑对污染物时空分布和变化规律的控制，力求以较少的断面和测点取得代表性最好的样点。

一个断面可分左、中、右和不同深度，通过水质参数的实测之后，可做各测点之间的方差分析，判断显著性差别。同时分析判断各测点之间的密切程度，从而决定断面内的采样点位置。为确定完全混合区域内断面上的采样点数目，有必要规定采样点之间的最小相关系数。海洋沿岸的采样，可在沿海设置大断面，并在断面上设置多个采样点。

入海河口区的采样断面应与径流扩散方向垂直布设。根据地形和水动力特征布设一至数个断面。

港湾采样断面（站位）视地形、潮汐、航道和监测对象等情况布设。在潮流复杂区域，采样断面可与岸线垂直设置。

海岸开阔海区的采样站位呈纵横断面网格状布设。也可在海洋沿岸设置大断面。

4.5.3 采样层次

采样层次见表1。

表1 采样层次

水深范围/m	标准层次	底层与相邻标准层最小距离/m
小于10	表层	
10～25	表层、底层	
25～50	表层、10 m、底层	
50～100	表层、10 m、50 m、底层	5
100 以上	表层、10 m、50 m、以下水层酌情加层、底层	10

注1：表层系指海面以下0.1 m～1m；

注2：底层，对河口及港湾海域最好取离海底2 m的水层，深海或大风浪时可酌情增大离底层的距离。

4.6 采样时间和采样频率

按以下要求确定采样时间和采样频率：

a) 采样时间和频率的确定原则如下：

——以最小工作量满足反映环境信息所需资料；

——技术上的可能性和可行性；

——能够真实地反映出环境要素变化特征；

——尽量考虑采样时间的连续性。

b) 谱分析可以作为确定采样时间和频率的一种方法，根据大量资料绘制出的污染物入海量的变化曲线，在变化的最高期望或较高期望上确定采样时间和采样频率。

c) 运用多年调查监测资料，以合适的参数作为统计指标，进行时间聚类分析。根据时间聚类结果确定采样时间和采样频率。还可以运用其他统计学方法，进行统计学检验，进而确定采样时间和频率。

注：用于环境质量控制的采样频率一般应高于环境质量表征所需的采样频率。污染源鉴别采样程序与环境质量控制、环境质量表征程序不同，影响确定采样时间和采样频率的因素很多，其采样频率要比污染物出现的频率高的多。

4.7 采样装置

4.7.1 水质采样器的技术要求

以下为水质采样器的主要技术要求：

——具有良好的注充性和密闭性：采样器的结构要严密，关闭系统可靠，且不易被堵塞，海水与采样瓶中水交换应充分迅速。零件应减少到最小数目；

——材质要耐腐蚀、无沾污、无吸附。痕量金属采水器应为非金属结构，常以聚四氟乙烯、聚乙烯及聚碳酸脂等为主体材料，如果采用金属材质，则在金属结构表面加以非金属材料涂层；

——结构简单、轻便、易于冲洗、易于操作和维修，采样前不残留样品，样品转移方便；

——能够抗抵恶劣气候的影响，适应在广泛的环境条件下操作。能在温度为0℃～40℃，相对湿度不大于90％的环境中工作；

——价格便宜，容易推广使用。

4.7.2 采样器类型

以下为几种主要类型的采样器：

a) 瞬时样品采样器

近岸表层采水器:在可以伸缩的长杆上连接包着塑料的瓶夹,采样瓶固定在塑料瓶夹上,采样瓶即为样品瓶。

抛浮式采水器:采样瓶安装在可以开启的不锈钢做成的固定架里,钢架用固定长度的尼龙绳与浮球连接,通常用来采集表层油类等水样。

b) 深度综合采样器

深度综合采样需要一套用以夹住采样瓶并使之沉入水中的机械装置,加重物的采样瓶沉入水中,同时通过注入阀门使整个垂直断面的各层水样进入采样瓶。采样瓶沉降或提升速度随深度不同相应变化,同时具备可调节的注孔,用以保持在水压变化的情况下,注入流量恒定。

在无上述采样设备时,可采用开-闭式采水器分别采集各深度层的样品,然后混合。

开-闭式采水器是一种简便易行的采样器,两端开口,顶端与底端各有可以开启的盖子。采水器呈开启状沉入水中,到达采样深度时,两端盖子按指令关闭,此时即可以取到所需深度的样品。

c) 选定深度定点采水器(闭-开-闭式采水器)

固定在采样装置上的采样瓶呈闭合状潜入水体,当采样器到达选定深度,按指令打开,采样瓶里充满水样后,按指令呈关闭状。用非金属材质构成的闭-开-闭式采水器非常适合痕量金属样品的采集。

d) 泵吸系统采水器

利用泵吸系统采水器,可以获取很大体积的水样,又可以按垂直和水平方向进行连续采样,并可与CTD、STD参数监测仪联用,使之具有独特之处。取样泵的吸入高度要最小,整个管路系统要严密。

4.7.3 采样缆绳及其他设备

水文钢丝绳应以非金属材质涂敷或以塑料绳代替。使锤应以聚四氟乙烯、聚乙烯等材质喷涂。水文绞车应采取防沾污措施。

4.8 采样瓶的洗涤与保存

采样瓶的洗涤要求见4.12.2。每次采样完毕应将采样瓶放入塑料袋中保存,切勿与船体或其他沾污源直接接触。

4.9 现场采样操作

4.9.1 岸上采样

如果水是流动的,采样人员站在岸边,应面对水流动方向操作。若底部沉积物受到扰动,则不能继续取样。

4.9.2 冰上采样

若冰上覆盖积雪,可用木铲或塑料铲清出面积为1.5 m×1.5 m的积雪地,再用冰钻或电锯在中央部位打开一个洞。由于冰钻和锯齿是金属的,这就增加了水质沾污的可能性,冰洞打完后用冰勺(若取痕量金属样品,冰勺需用塑料包复)取出碎冰。此时要特别小心,防止采样者衣着和鞋帽沾污了洞口周围的冰,数分钟后方可取样。

4.9.3 船上采样

采用向风逆流采样,将来自船体的各种沾污控制在一个尽量低的水平上。由于船体本身就是一个污染源,船上采样要始终采取适当措施,防止船上各种污染源可能带来的影响。当船体到达采样站位后,应该根据风向和流向,立即将采样船周围海面划分成船体沾污区、风成沾污区和采样区三部分,然后在采样区采样。发动机关闭后,当船体仍在缓慢前进时,将抛浮式采水器从船头部位尽力向前方抛出,或者使用小船离开大船一定距离后采样。在船上,采样人员应坚持向风操作,采样器不能直接接触船体任何部位,裸手不能接触采样器排水口,采样器内的水样先放掉一部分后,然后再取样。

采集痕量金属水样时,应避免直接接触铁质或其他金属物品。

4.10 特殊样品的采样

4.10.1 溶解氧、生化需氧量样品的采集

应用碘量法测定水中溶解氧,水样需直接采集到样品瓶中。采样时,应注意不使水样暴气或残存气

体。如使用有机玻璃采水器、球阀式采水器、颠倒采水器等应防止搅动水体,溶解氧样品需最先采集。采样步骤如下:

——乳胶管的一端接上玻璃管,另一端套在采水器的出水口,放出少量水样淌洗水样瓶两次;

——将玻璃管插到分样瓶底部,慢慢注入水样,待水样装满并溢出约为瓶子体积的二分之一时,将玻璃管慢慢抽出;

——立即用自动加液器(管尖靠近液面)依次注入氯化锰溶液和碱性碘化钾溶液;

——塞紧瓶塞并用手按住瓶塞和瓶底,将瓶缓慢地上下颠倒 20 次,使样品与固定液充分混匀。待样品瓶内沉淀物降至瓶体三分之二以下时方可进行分析。

4.10.2 pH 样品的采集

pH 样品的采集应按照以下步骤:

——初次使用的样品瓶应洗净,用海水浸泡 1 d;

——用少量水样淌洗水样瓶两次,再慢慢将瓶充满,立即盖紧瓶塞;

——加 1 滴氯化汞溶液固定,盖好瓶盖,混合均匀,待测;

——样品允许保存 24 h。

4.10.3 浑浊度、悬浮物样品的采集

浑浊度、悬浮物样品的采集应按照以下步骤:

——水样采集后,应尽快从采样器中放出样品;

——在水样装瓶的同时摇动采样器,防止悬浮物在采样器内沉降;

——除去杂质如树叶、杆状物等。

4.10.4 重金属样品的采集

重金属样品的采集应按照以下步骤:

——水样采集后,要防止现场大气降尘带来沾污措施,尽快放出样品;

——防止采样器内样品中所含污染物随悬浮物的下沉而降低含量,灌装样品时必须边摇动采水器边灌装;

——立即用 0.45 μm 滤膜过滤处理(汞的水样除外),过滤水样用酸酸化至 pH 值小于 2,塞上塞子存放在洁净环境中。

4.10.5 油类样品的采集

油类样品的采集应按照以下步骤:

——测定水中油含量应用单层采水器固定样品瓶在水体中直接灌装,采样后立即提出水面,在现场萃取;

——油类样品的容器不应预先用海水冲洗。

4.10.6 营养盐样品的采集

营养盐样品的采集应按照以下步骤:

——采样时先放掉少量水样,混匀后再分装样品;

——在采样时,应立即分装样;

——在灌装样品时,样品瓶和盖至少洗两次;

——灌装水样量应是瓶容量的四分之三;

——采样时,应防止船上排污水的污染、船体的扰动;

——要防止空气污染,特别是防止船烟和吸烟者的污染;

——推荐用采样瓶采营养盐样品;

——应用 0.45 μm 过滤膜过滤水样,以除去颗粒物质。

4.11 采样中的质量控制

4.11.1 现场空白样

现场空白是指在采样现场以纯水作样品，按照测定项目的采样方法和要求，与样品相同条件下装瓶、保存、运输，直至送交实验室分析。通过将现场空白与室内空白测定结果相对照，掌握采样过程和环境条件对样品质量影响的状况。

现场空白样所用的纯水，其制备方法及质量要求与室内空白样纯水相同。纯水应用洁净的专用容器，由采样人员带到采样现场，运输过程应注意防止沾污。

4.11.2 现场平行样

现场平行样是指在相同采样条件下，采集平行双样密码送实验室分析。测定结果可反映采样与实验室测定精密度。当实验室精密度受控时，主要反映采样过程的精密度变化状况。现场平行样要注意控制采样操作和条件的一致。对水质中非均相物质或分布不均匀污染物，在样品灌装时摇动采样器，使样品保持均匀。

4.11.3 现场加标样

现场加标样是取一组现场平行样，将实验室配制的一定浓度的被测物质的标准溶液，加入到其中一份已知体积的水样中，另一份不加标。然后按样品要求进行处理，送实验室分析。将测定结果与实验室加标样对比，掌握测定对象在采样、运输过程中变化状况。现场使用的标准溶液与实验室使用的为同一标准溶液。现场加标操作应由熟练的质控人员或分析人员担任。

4.11.4 采样设备和材料的防沾污

采样设备和材料防沾污应采取以下措施：

——样器、样品瓶等均须按规定的洗涤方法洗净，按规定容器分装测样；

——现场作业前，应先进行保存试验和抽查器皿的洁净度；

——用于分装有机化合物的样品容器，洗涤后用 Teflon 或铝箔盖内衬，防止污染水样；

——采样人员手应保持清洁，采样时，不能用手、手套等接触样品瓶的内壁和瓶盖；

——样品瓶应防尘、防污、防烟雾和污垢，应置于清洁环境中；

——过滤膜及其设备应保持清洁。可用酸和其他洗涤剂清洗，并用洁净的铝箔包藏；

——消毒过的瓶子应保持无菌状况直至样品采集；

——外界金属物质不能与酸和水样接触；

——采样器可用海水广泛漂洗，或放在较深处，再提到采样深度采样。

4.12 样品的贮存与运输

4.12.1 样品容器的材质选择

贮存水质样品的容器材质的选择应遵循以下原则：

——容器材质对水质样品的沾污程度应最小；

——容器便于清洗；

——容器的材质在化学活性和生物活性方面具有惰性，使样品与容器之间的作用保持在最低水平。

——选择贮存样品容器时，应考虑对温度变化的应变能力、抗破裂性能、密封性、重复打开的能力、体积、形状、质量和重复使用的可能性；

——大多数含无机成分的样品，多采用聚乙烯、聚四氟乙烯和多碳酸酯聚合物材质制成的容器。常用的高密度聚乙烯，适合于水中硅酸盐、钠盐、总碱度、氯化物、电导率、pH 分析和测定的样品贮存；

——玻璃质容器适合于有机化合物和生物样品的贮存。塑料容器适合于放射性核素和大部分痕量元素的水样贮存。带有氯丁橡胶圈和油质润滑阀门的容器不适合有机物和微生物样品的贮存。

4.12.2 样品容器的洗涤

样品容器的洗涤应遵循以下原则：

——新容器应彻底清洗，使用的洗涤剂种类取决于待测物质的组分；

——对于一般性用途，可用自来水和洗涤剂清洗尘埃和包装物质，然后用铬酸和硫酸洗涤液浸泡，再用蒸馏水淋洗。使用过的容器，在器壁和底部多有吸附和附着的油分、重金属及沉淀物等，重复使用时，应充分洗净后方可使用；

——对于具塞玻璃瓶，在磨口部位常有溶出、吸附和附着现象，聚乙烯瓶特别易吸附油分、重金属、沉淀物及有机物，难以除掉，洗涤时应十分注意；

——使用聚乙烯容器时，先用 1 mol/L 的盐酸溶液清洗，然后再用硝酸溶液(1+3)进行较长时间的浸泡。用于贮存计数和生化分析的水样瓶，还应该另用硝酸溶液浸泡，然后用蒸馏水淋洗以除去任何重金属和铬酸盐残留物，如果待测定的有机成分需经萃取后进行测定，在这种情况下，也可以用萃取剂处理玻璃瓶。

4.12.3 水质样品的固定与贮存

水质样品的固定通常采用冷冻和酸化后低温冷藏两种方法。水质过滤样加酸酸化，使 pH 值小于 2，然后低温冷藏。未过滤的样品不能酸化(汞的样品除外)，酸化可使颗粒物上的痕量金属解吸，未过滤的水样应冷冻贮存。

水样现场处理及贮存方法按照 GB 17378.4 的规定执行。

4.12.4 样品运输

空样容器送往采样地点或装好样品的容器运回实验室供分析，都应非常小心。包装箱可用多种材料，用以防止破碎，保持样品完整性，使样品损失降低到最小程度。包装箱的盖子一般都应衬有隔离材料，用以对瓶塞施加轻微压力，增加样品瓶在样品箱内的固定程度。

4.12.5 标志和记录

采样瓶注入样品后，应立即将样品来源和采样条件记录下来，并标志在样品瓶上。

采样记录应从采样时起直到分析测试结束，始终伴随样品。

5 沉积物样品

5.1 目的

研究海洋环境中各种污染物的沉积、迁移转化规律，确定海区的纳污能力。研究水体污染对海洋生物特别是对海洋底栖生物的影响，进行海洋环境评价、预测和综合管理。

采集有代表性的沉积物样品是实施沉积物监测，反映海洋环境的沉积现状和污染历史的重要环节。

5.2 采样站位的布设

5.2.1 采样站位的布设原则

采样站位布设应遵循以下原则：

a) 沉积物采样断面的设置应与水质断面一致，以便将沉积物的机械组成、理化性质和受污染状况与水质污染状况进行对比研究；

b) 沉积物采样点应与水质采样点在同一垂线上，如沉积物采样点有障碍物影响采样可适当偏移；

c) 站位在监测海域应具有代表性，其沉积条件要稳定。选择站位应考虑以下几个方面：

——水动力状况(海流、水团垂直结构)；

——沉积盆地结构；

——生物扰动；

——沉积速率；

——沉积结构(地貌、粒径等)；

——历史数据和其他资料；

——沉积物的理化特征。

5.2.2 采样站位的布设

采样站位布设原则如下：

a) 选择性布设：在专项监测时，根据监测对象及监测项目的不同，在局部地带有选择性地布设沉积物采样点。如排污口监测以污染源为中心，顺污染物扩散带按一定距离布设采样点。

b) 综合性布设：根据区域或监测目的不同，进行对照、控制、消减断面的布设。如在某港湾进行污染排放总量控制监测中，可按区域功能的不同进行对照、控制、消减性断面的布设。布设方法可以是单点、断面、多断面、网格式布点。

5.3 监测时间和频率

采样频率依各采样点时空变异和所要求的精密度而定。一般说来，由于沉积物相对稳定，受水文、气象条件变化的影响较小，污染物含量随时间变化的差异不大，采样频次与水质采样相比较少，通常每年采样一次，与水质采样同步进行。

5.4 样品采集

5.4.1 沉积物采样的辅助器材

以下为采集沉积物样品所需的辅助器材：

a) 绞车：电动或手摇绞车，附有直径 4 mm～6 mm 钢丝绳，长度视水深而定，负荷 50 kg～300 kg 有变速装置。采柱状样应使用电动绞车或吊杆，钢丝绳直径 8 mm～9 mm，负荷不低于 300 kg；

b) 接样盘：木质或塑料制成，正方形，面积为采泥器张口面积的 2 倍～3 倍；

c) 刀、勺：由塑料制成；

d) 烧杯、记录表格、塑料标鉴卡、铅笔、记号笔、钢卷尺、工作日记等；

e) 接样箱：木质，用于柱状样品采集，按不同要求制作。

5.4.2 表层样品的采集

5.4.2.1 采样器类型及其选择

表层沉积物采样器，一般选择抓斗式（掘式）采泥器、锥式采泥器等。采样器的选择主要考虑以下几个因素：

——穿泥层的深度；

——齿板锁合的角度；

——锁合效率（避免障碍的能力）；

——引起波浪“振荡”和造成样品的流失或者在泥水界面上洗掉样品组成或生物体的程度；

——在急流中样品的稳定性。在选择沉积物采样器时，对生境、水流情况、采样面积以及采样船只设备均应统筹考虑；

——常用的抓斗式采泥器通过水文绞车将其沉降到选定的采样点上，采集较大量的混合样品，能够比较准确地代表所选定的采样地点情况。

5.4.2.2 表层样品的采集

表层样品采集按以下步骤操作：

——将绞车的钢丝绳与采泥器连结，检查是否牢固，同时，测采样点水深；

——慢速开动绞车将采泥器放入水中。稳定后，常速下放至离海底一定距离 3 m～5 m，再全速降至海底，此时应将钢丝绳适当放长，浪大流急时更应如此；

——慢速提升采泥器离底后，快速提至水面，再行慢速，当采泥器高过船舷时，停车，将其轻轻降至接样板上；

——打开采泥器上部耳盖，轻轻倾斜采泥器，使上部积水缓缓流出。若因采泥器在提升过程中受海水冲刷，致使样品流失过多或因沉积物太软、采泥器下降过猛，沉积物从耳盖中冒出，均应重采；

——样品处理完毕，弃出采泥器中的残留沉积物，冲洗干净，待用。

5.4.3 柱状样的采集

柱状样采集按以下步骤操作：

——先要检查柱状采样器各部件是否安全牢固；

——先作表层采样，了解沉积物性质，若为砂砾沉积物，就不作重力取样；

——确定作重力采样后，慢速开动绞车，将采泥器慢慢放入水中待取样管在水中稳定后，常速下至离海 3 m～5 m 处，再全速降至海底，立即停车；

——慢速提升采样器，离底后快速提至水面，再行慢速。停车后，用铁勾勾住管身，转入舷内，平卧于甲板上；

——小心将取样管上部积水倒出，测量取样管打入深度。再用通条将样品缓缓挤出，顺序放在接样板上进行处理和描述。柱状采样器可以采集垂直断面沉积物样品，如果采集到的样品本身不具有机械强度，那么从采泥器上取下样器时应小心保持泥样纵向的完整性。若样柱长度不足或样管斜插入海底，均应重采；

——柱样挤出后，清洗取样管内外，放置稳妥，待用。

5.5 样品的现场描述

5.5.1 颜色、嗅和厚度

颜色：颜色往往能反映沉积物的环境条件，按 GB/T 12763.8 规定执行。

嗅：样品采上后，立即用嗅觉鉴别有无油味、硫化氢味及其气味的轻重。

厚度：沉积物表面往往有一浅色薄层，能指示其沉积环境。取样时，可用玻璃试管轻插入样品中，取出后，测量浅色层厚度。柱状取样时可描述取样管打入深度，样柱实际长度及自然分层厚度。

5.5.2 沉积物类型

沉积物类型的测定按 GB/T 12763.8 规定的分析方法执行。

5.5.3 生物现象

生物现象的描述包括：

——贝壳含量及其破碎程度；

——含生物的种类及数量；

——生物活动痕迹；

——其他特征。

沉积物样品的上述特性应清晰、准确、简要地记入采样记录中。

分析样品的采集、处理与制备按 GB 17378.5 中的有关要求执行。

5.6 样品保存与运输

5.6.1 样品贮存容器

用于贮存海洋沉积物样品容器应为广口硼硅玻璃和聚乙烯袋。聚乙烯袋强度有限，使用时应用两只袋子双层加固或套用白布袋保护。聚乙烯袋不能用于湿样测定项目和硫化物等样品的贮存，应采用不透明的棕色广口玻璃瓶作容器。用于分析有机物的沉积物样品应置于棕色玻璃瓶中。测痕量金属的沉积物样品用聚四氟乙烯容器。聚乙烯袋要使用新袋，不得印有任何标志和字迹。样品瓶和聚乙烯袋预先用硝酸溶液(1+2)泡 2 d～3 d，用去离子水淋洗干净、晾干。

5.6.2 样品保存

凡装样的广口瓶均需用氮气充满瓶中空间，放置阴冷处，最好采用低温冷藏。一般情况下也可以将样品放置阴暗处保存。

5.6.3 样品的运输

样品的运输见4.12.4。

5.6.4 样品登记

样品瓶事先编号，装样后贴标签，并用特种铅笔将站号及层次写在样品瓶上，以免标签脱落弄乱样品。塑料袋上需贴胶布，用记号笔注明站号和层次，并将写好的标签放入袋中，扎口封存。认真做好采样现场记录。

5.7 样品采集的质量保证与质量控制

5.7.1 采取有代表性的样品。由于沉积物样品非均匀性，采样中的不确定度通常超过分析中的不确定度。样品非均匀性、样本大小及其贡献率、采样偏倚都会增大变异。为使沉积物样品具有代表性，在同一采样点周围应采样2次～3次，将各次采集的样品混合均匀分装。现场采双样并制备接近现场样品特性的固体合成质控样。质控样应放相同的贮样容器中，与分析样品同样条件下贮存、运输直至分析。

5.7.2 采样器材质应用强度高，耐磨性能好的材料制成。使用前用洗涤剂除去防锈油脂、冲洗干净。

5.7.3 采样时，如海流速度大可加大采样器配重，保证在采样点准确位置上采样。应避免搅动水体和沉积物，特别是在浅海区。

5.7.4 沉积物表层样品的采集深度不应小于5 cm，否则应重新采样。如沉积物很硬，可在同一采样点周围采样2次～3次。

5.7.5 采样器提升时，如发现沉积物流失过多或因泥质太软从采样器耳盖等处溢出，或采泥器因底质障碍物使斗壳锁合不稳、不紧密或壳口处夹有卵石和其他杂物时均应重采。

5.7.6 沉积物样品采集后，用白色塑料盘和小木杓接样，滤去水分，剔除砾石、木屑、杂草及贝壳等动植物残体，搅拌均匀后装入瓶或袋中。

5.7.7 由采样器中取样应使用非金属器具，避免取已接触采样器内壁的沉积物。采样和分装样应防止采样装置带来的沾污和已采集样品间的交夹沾污。

5.7.8 样品采集后应存放在清洁的样品箱内，有条件的应冷藏保存。

5.7.9 采样完毕后，打开采泥器壳口，弃去残留沉积物，冲洗干净备用。

5.7.10 应特别注意挥发性物质在采样和保存期间的损失，应制定专门的采样和管理程序。

6 生物样品

6.1 样品采集目的及样品来源

6.1.1 目的

了解污染物在生物体内的积累分布和转移代谢规律，评价海域污染物含量及其随时间变化的状况，计算污染物在海洋环境中的质量平衡程度，评价海域环境质量。

6.1.2 生物样品的来源

海洋生物样品以贝类为主(选择生物质量监测种类的顺序依次为贻贝、牡蛎和菲律宾蛤)，根据海区(滩涂)特征可增选鱼、虾和藻类作为监测生物。生物样品的来源主要包括：

——生物测站的底栖拖网捕捞；

——近岸定点养殖采样；

——渔船捕捞；

——沿岸海域定置网捕捞及垂钓；

——市场直接购买，样品来源必须确认监测海区，主要包括经济鱼类、虾蟹类、贝类和某些藻类。

6.2 选择样品的一般原则

样品选择一般应遵循以下原则：

——能积累污染物并对污染物有一定的耐受能力，其体内污染物含量明显高于其生活水体；

——被人类直接食用或作为食物链被人类间接食用的海洋生物；

——大量存在、分布广泛，易于采集；
——有固定的生息环境，有较长的生活周期，至少有寿命一年以上的种类；
——生命力较长，样品采集后依然呈活体；
——有固定的生息环境；
——样品大小适当，有足够肉质供分析；
——生物种群中的优势种和常见种。

6.3 采样站位布设

6.3.1 布设原则

海洋生物监测站位的布设，应在对监测海域自然环境及社会状况进行调查研究的基础上根据监测目的，按照下述原则布设：

——测站的布设应覆盖或代表监测海域（滩涂）生物质量，样品采自潮间带、潮下带和外海海域；
——依据监测海域（滩涂）范围，以最少数量测站，所获取的数据能够满足监测目的的需要；
——尽可能沿用历史测站；
——不同类型滩涂、增养殖海区，测站布设应有所不同；
——应考虑监测海域（滩涂）的水动力状况和功能，开阔海区，测站可适当减少，半封闭或封闭海区，测站可适当加密。

6.3.2 站位布设

站位布设应根据实际情况，以覆盖和代表监测海域（滩涂）生物质量为原则：

——采用扇型（河口近岸海域）或井字型、梅花型、网格型方法布设监测断面和监测站位；
——生物监测断面布设与水质监测相一致，便于监测结果的分析；
——海洋大面监测断面布设基本与沿岸平行、重点考虑河口、排污口、港湾和经济敏感区；
——港湾水域监测断面按网格布设，按监测目的和项目的不同站点布设而有所侧重。

6.4 采样季节

在生物生长处于比较稳定期采样，一般说来应在成熟期采样，如果为了解在不同季节里生物体内所含污染物的变化情况，在每个季节里都应采样。

6.5 样品的年龄和大小

选择生物种群中年龄、大小和重量占优势的类型。

6.6 样品采集

6.6.1 采样工具

采样时应注意采样工具对待测项目的影响，测定金属项目的采样工具应使用木质、竹质、塑料材质。鱼类和贝类的解剖可以用不锈钢材质的刀具、剪子等。一般应配备以下工具：

——铁锹（采取栖息在泥沙中的动物）；
——铁把手（采集栖息在浅层泥沙中的贝类）；
——凿子（采集栖息在岩石或岩石缝隙内的动物，如牡蛎等）；
——解剖不锈钢刀；
——冰瓶（保存样品）；
——组织捣碎机（样品匀浆）；
——一次性塑料袋；
——一次性乳胶手套；
——广口玻璃瓶、聚乙烯袋、纱布、卡尺、记录本、记号笔等。

6.6.2 现场样品采集

现场样品的采集按以下步骤进行：

a) 贝类样品的采集：挑选采集体长大致相似的个体约 1.5 kg。如果壳上有附着物，应用不锈钢刀或比较硬的毛刷剥掉,彼此相连个体应用不锈钢小刀分开。用现场海水冲洗干净后,放入双层聚乙烯袋中冰冻保存,用于生物残毒及贝毒检测;

b) 藻类样品的采集:采集大型藻类样品 100 g 左右,用现场海水冲洗干净,放入双层聚乙烯袋中冰冻保存(−10℃～−20℃);

c) 检测细菌学指标(粪大肠菌群、异养细菌)样品的采集:检测细菌学指标的生物样品,应现场用凿子铲取栖息在岩石或其他附着物上的生物个体。栖息在沙底或泥底中的生物个体可用铲子采取,或铁钩子扒取。在选取生物样品时要去掉壳碎的或损伤的个体(指机械损伤),将无损伤、生物活力强的个体装入做好标记的一次性塑料袋中。然后将样品放入冰瓶冷藏(0℃～4℃)保存不得超过 24 h,全过程严格无菌操作;

d) 虾、鱼类样品的采集:虾、鱼类等生物的取样量为 1.5 kg 左右,为了保证样品的代表性和分析用量,应视生物个体大小确定生物的个体数,保证选取足够数量(一般需要 100 g 肌肉组织)的完好样品用于分析测定。用现场海水冲洗干净,冰冻保存(−10℃～−20℃)。

6.7 采样现场的描述

采样时如实记录下采样日期,采样海区的位置和采样深度,采样海区的特征,使用的采样方法,采集的生物种类。如果已作好样品鉴定,应记下样品的年龄、大小、重量、性别等,待分析项目、贮存方式、处理方法等。

6.8 样品的保存与运输

6.8.1 样品的保存

样品运输前,应根据采样记录和样品登记表清点样品,填好装箱单和送样单,由专人负责,将样品送回实验室冷冻保存。

生物残毒和贝毒检测样品应保存在−20℃以下的冰柜中。

用于微生物检测的样品运回实验室后,应立即进行检测。

6.8.2 样品的运输

样品采集后,若长途运输,需把样品放入样品箱(或塑料桶)中,对无须封装的样品应将现场清洁海水淋洒在样品上,保持样品润湿状(不得浸入水中)。若样品处理,须在采样 24 h 后进行,可将样品放在聚乙烯袋中,压出袋内空气,将袋口打结.将此袋和样品标签一起放入另一聚乙烯袋(或洁净的广口玻璃瓶)中,封口、冷冻保存。

6.9 样品采集、运输、贮存的质量保证

样品采集、运输、贮存过程应遵循以下原则:

——制定一个科学的采样计划,选择合理的采样地点、采样时间和采样方法,确保采样的代表性;

——格各类样品采集、取样、包装、运输和储存的一切器具的选择及按规定清洗,防止样品被沾污;

——采样工具的材料不应干扰分析;

——测定样品时,应单独使用分样,测定完毕后,剩余样品不应再用;

——消过毒的瓶子应保持在灭菌状态直到样品采集;

——样品保存或运输过程中要冰冻保存,不应放在水中。
